第一推动丛书: 物理系列
The Physics Series

宇宙的结构
The Fabric of the Cosmos

[美] 布莱恩·R.格林 著 刘茗引 译
Brian R. Greene

湖南科学技术出版社

THE
FIRST
MOVER

总序

《第一推动丛书》编委会

科学，特别是自然科学，最重要的目标之一，就是追寻科学本身的原动力，或曰追寻其第一推动。同时，科学的这种追求精神本身，又成为社会发展和人类进步的一种最基本的推动。

科学总是寻求发现和了解客观世界的新现象，研究和掌握新规律，总是在不懈地追求真理。科学是认真的、严谨的、实事求是的，同时，科学又是创造的。科学的最基本态度之一就是疑问，科学的最基本精神之一就是批判。

的确，科学活动，特别是自然科学活动，比起其他的人类活动来，其最基本特征就是不断进步。哪怕在其他方面倒退的时候，科学却总是进步着，即使是缓慢而艰难的进步。这表明，自然科学活动中包含着人类的最进步因素。

正是在这个意义上，科学堪称为人类进步的“第一推动”。

科学教育，特别是自然科学的教育，是提高人们素质的重要因素，是现代教育的一个核心。科学教育不仅使人获得生活和工作所需的知识和技能，更重要的是使人获得科学思想、科学精神、科学态度以及科学方法的熏陶和培养，使人获得非生物本能的智慧，获得非与生俱来的灵魂。可以这样说，没有科学的“教育”，只是培养信仰，而不是教育。没有受过科学教育的人，只能称为受过训练，而非受过教育。

正是在这个意义上，科学堪称为使人进化为现代人的“第一推动”。

近百年来，无数仁人志士意识到，强国富民再造中国离不开科学技术，他们为摆脱愚昧与无知做了艰苦卓绝的奋斗。中国的科学先贤们代代相传，不遗余力地为中国的进步献身于科学启蒙运动，以图完成国人的强国梦。然而可以说，这个目标远未达到。今日的中国需要新的科学启蒙，需要现代科学教育。只有全社会的人具备较高的科学素质，以科学的精神和思想、科学的态度和方法作为探讨和解决各类问题的共同基础和出发点，社会才能更好地向前发展和进步。因此，中国的进步离不开科学，是毋庸置疑的。

正是在这个意义上，似乎可以说，科学已被公认是中国进步所必不可少的推动。

然而，这并不意味着，科学的精神也同样地被公认和接受。虽然，科学已渗透到社会的各个领域和层面，科学的价值和地位也更高了，但是，毋庸讳言，在一定的范围内或某些特定时候，人们只是承认“科学是有用的”，只停留在对科学所带来的结果的接受和承认，而不是对科学的原动力——科学的精神的接受和承认。此种现象的存在也是不能忽视的。

科学的精神之一，是它自身就是自身的“第一推动”。也就是说，科学活动在原则上不隶属于服务于神学，不隶属于服务于儒学，科学活动在原则上也不隶属于服务于任何哲学。科学是超越宗教差别的，超越民族差别的，超越党派差别的，超越文化和地域差别的，科学是普适的、独立的，它自身就是自身的主宰。

湖南科学技术出版社精选了一批关于科学思想和科学精神的世界名著，请有关学者译成中文出版，其目的就是为了传播科学精神和科学思想，特别是自然科学的精神和思想，从而起到倡导科学精神，推动科技发展，对全民进行新的科学启蒙和科学教育的作用，为中国的进步做一点推动。丛书定名为“第一推动”，当然并非说其中每一册都是第一推动，但是可以肯定，蕴含在每一册中的科学的内容、观点、思想和精神，都会使你或多或少地更接近第一推动，或多或少地发现自身如何成为自身的主宰。

再版序
一个坠落苹果的两面：极端智慧与极致想象

龚曙光

2017年9月8日凌晨于抱朴庐

连我们自己也很惊讶，《第一推动丛书》已经出了25年。

或许，因为全神贯注于每一本书的编辑和出版细节，反倒忽视了这套丛书的出版历程，忽视了自己头上的黑发渐染霜雪，忽视了团队编辑的老退新替，忽视好些早年的读者，已经成长为多个领域的栋梁。

对于一套丛书的出版而言，25年的确是一段不短的历程；对于科学研究的进程而言，四分之一个世纪更是一部跨越式的历史。古人"洞中方七日，世上已千秋"的时间感，用来形容人类科学探求的速律，倒也恰当和准确。回头看看我们逐年出版的这些科普著作，许多当年的假设已经被证实，也有一些结论被证伪；许多当年的理论已经被孵化，也有一些发明被淘汰……

无论这些著作阐释的学科和学说，属于以上所说的哪种状况，都本质地呈现了科学探索的旨趣与真相：科学永远是一个求真的过程，所谓的真理，都只是这一过程中的阶段性成果。论证被想象讪笑，结论被假设挑衅，人类以其最优越的物种秉赋——智慧，让锐利无比的理性之刃，和绚烂无比的想象之花相克相生，相否相成。在形形色色的生活中，似乎没有哪一个领域如同科学探索一样，既是一次次伟大的理性历险，又是一次次极致的感性审美。科学家们穷其毕生所奉献的，不仅仅是我们无法发现的科学结论，还是我们无法展开的绚丽想象。在我们难以感知的极小与极大世界中，没有他们记历这些伟大历险和极致审美的科普著作，我们不但永远无法洞悉我们赖以生存世界的各种奥秘，无法领略我们难以抵达世界的各种美丽，更无法认知人类在找到真理和遭遇美景时的心路历程。在这个意义上，科普是人类极端智慧和极致审美的结晶，是物种独有的精神文本，是人类任何其他创造——神学、哲学、文学和艺术无法替代的文明载体。

在神学家给出“我是谁”的结论后，整个人类，不仅仅是科学家，包括庸常生活中的我们，都企图突破宗教教义的铁窗，自由探求世界的本质。于是，时间、物质和本源，成为了人类共同的终极探寻之地，成为了人类突破慵懒、挣脱琐碎、拒绝因袭的历险之旅。这一旅程中，引领着我们艰难而快乐前行的，是那一代又一代最伟大的科学家。他们是极端的智者和极致的幻想家，是真理的先知和审美的天使。

我曾有幸采访《时间简史》的作者史蒂芬·霍金，他痛苦地斜躺在轮椅上，用特制的语音器和我交谈。聆听着由他按击出的极其单调的金属般的音符，我确信，那个只留下萎缩的躯干和游丝一般生命气息的智者就是先知，就是上帝遣派给人类的孤独使者。倘若不是亲眼所见，你根本无法相信，那些深奥到极致而又浅白到极致，简练到极致而又美丽到极致的天书，竟是他蜷缩在轮椅上，用唯一能够动弹的手指，一个语音一个语音按击出来的。如果不是为了引导人类，你想象不出他人生此行还能有其他的目的。

无怪《时间简史》如此畅销！自出版始，每年都在中文图书的畅销榜上。其实何止《时间简史》，霍金的其他著作，《第一推动丛书》所遴选的其他作者著作，25年来都在热销。据此我们相信，这些著作不仅属于某一代人，甚至不仅属于20世纪。只要人类仍在为时间、物质乃至本源的命题所困扰，只要人类仍在为求真与审美的本能所驱动，丛书中的著作，便是永不过时的启蒙读本，永不熄灭的引领之光。

虽然著作中的某些假说会被否定，某些理论会被超越，但科学家们探求真理的精神，思考宇宙的智慧，感悟时空的审美，必将与日月同辉，成为人类进化中永不腐朽的历史界碑。

因而在25年这一时间节点上，我们合集再版这套丛书，便不只是为了纪念出版行为本身，更多的则是为了彰显这些著作的不朽，为了向新的时代和新的读者告白：21世纪不仅需要科学的功利，而且需要科学的审美。

当然，我们深知，并非所有的发现都为人类带来福祉，并非所有的创造都为世界带来安宁。在科学仍在为政治集团和经济集团所利用,甚至垄断的时代，初衷与结果悖反、无辜与有罪并存的科学公案屡见不鲜。对于科学可能带来的负能量，只能由了解科技的公民用群体的意愿抑制和抵消：选择推进人类进化的科学方向，选择造福人类生存的科学发现，是每个现代公民对自己，也是对物种应当肩负的一份责任、应该表达的一种诉求！在这一理解上，我们将科普阅读不仅视为一种个人爱好，而且视为一种公共使命！

牛顿站在苹果树下，在苹果坠落的那一刹那，他的顿悟一定不只包含了对于地心引力的推断，而且包含了对于苹果与地球、地球与行星、行星与未知宇宙奇妙关系的想象。我相信，那不仅仅是一次枯燥之极的理性推演，而且是一次瑰丽之极的感性审美……

如果说，求真与审美，是这套丛书难以评估的价值，那么，极端的智慧与极致的想象，则是这套丛书无法穷尽的魅力！

献给Tracy

目 录

宇宙的结构

1

实在性之舞台

第1章 通往实在性之路

空间、时间以及事物为什么是那个样子

我的父亲并不介意别人碰他那布满灰尘的旧书架上的任何一本书。但从小到大，我从未见过任何人从中取下一本。那些书多半是大部头——涉及方方面面的文明史、成套的西方文学巨著以及大量我已记不起来的其他书籍——它们看起来已经和因为数十年牢固的支撑工作而微微弯曲的架子融为一体了。但是在书架的最上一层，有一本薄薄的小书总能引起我的注意，因为它看起来如此不合时宜，就像大人国中的格列佛[1]一样。现在回想起来，很奇怪我那时候竟然没有早点读一读那些书。或许是因为年头太久了，使得那些书不像是用来读的，倒像是祖上留传下来的传家宝一样，令人不敢碰触。不过，这种敬畏之心还是敌不过十来岁孩子不安分的天性。我最终拿起了那本书，拂去表面的灰尘，翻开了第一页。那最开始的几行文字，即使退一步说，也令人非常吃惊。

“只有一个真正的哲学问题，那就是自杀”，这本书就是这样开始的。我有点退缩了。“这个世界是三维空间吗？意识有9种还是12种方式？”这本书提出诸如此类的问题，并解释说这些问题是人类勇敢天

1.《格列佛游记》的主人公。——译者注

性作用下的一部分，但是只有当那个真正的问题解决时这些问题才值得讨论。这本书就是阿尔及利亚哲学家、诺贝尔奖得主阿尔伯特·加缪所作的《西西弗斯的神话》。后来的一段时间内，随着对他所说的话的逐渐理解，我心中感到的那丝冰冷才慢慢融化。当然，我觉得你可以一直思考和分析这些问题，但是真正的问题却在于你所有的思考和分析是否使你确信生命值得存在。那才是所有问题的症结所在，其他事情都只是细节而已。

虽然我只是偶然读到加缪的书，但他的话给我留下了极为深刻的印象，时常萦绕耳旁，这远非我读过的其他书所能比拟的。我一次又一次地想：我所遇到的、听说过的或者在电视上看到的各种各样的人会怎样回答这一根本性的问题呢？回想起来，尽管他的第2个论断——关于科学进步所起的作用——对我来说，更具有特殊意义上的挑战性。加缪认为理解宇宙结构确实有价值，但是据我所知，他并不认为这种理解可以改变我们对生命价值的评价。现在看来，十几岁的我读有关存在主义哲学的书就像巴特·辛普森[1]读浪漫诗歌一样，但是即便如此，加缪的论断仍然带给了我相当大的震撼。对于这个具有抱负的唯物论者而言，对生命做出明智的评价需要对生命舞台——宇宙——有全面的理解。我忍不住想，如果人类居住在深埋在地下的岩石洞穴里，我们就不会发现地球的表面、明媚的阳光、海洋的微风以及远离我们的星球；假设人类沿着一个不同于现在的方向进化：如果人类不能获得除触觉以外的其他感觉，那么我们所知道的一切事物

1. 巴特·辛普森为美国流行动画片《辛普森一家》中的人物，他是居住在斯普林菲尔德的辛普森家中的长子，性格调皮捣蛋，不擅读书学习。他的父亲霍默·辛普森也将在下文出现。下文中出现的巴特·辛普森和霍默·辛普森以及斯普林菲尔德，我们将不再一一注释。——译者注

将来自对周围环境的触觉印象；如果人类大脑发育停止在儿童早期，那么我们的情商和分析能力将不会超过一个5岁的孩子——简而言之，如果我们的经历仅仅是一些对实在性的琐碎描绘——那么我们对生命的评价将大打折扣。当我们最终寻找到通往地球表面的路，当我们具有了视觉、听觉、嗅觉和味觉时，当我们的大脑能够发育到正常水平时，我们对生命和宇宙的看法必然发生根本性的变化。这样看来，我们现有的对实在性的理解将会对所有哲学问题的基础产生非同小可的影响。

会产生什么影响呢？或许你会这样问。任何一位清醒冷静的思考者都会得出这样的结论：虽然我们不可能理解宇宙的每一样东西——关于物质运转和生命功能的方方面面——但是我们仍然可以在大自然的画布上按照自己的意愿添上粗糙的几笔。确实正如加缪所暗示的那样，物理学上的进步，比如对空间维度数目的理解；或者神经心理学的进步，比如对大脑的所有组织结构的理解；或者，就此而言，其他大量的科学进步都可以说是构成了重要的细节，但它们对我们理解生命和实在性的影响却微乎其微。的确，实在性是我们对世界的认识，实在性是通过我们的经验而展现在我们眼前的。

在某种程度上，我们当中的许多人对实在性都会有上述的看法，只是未明确表述出来而已。我发现自己在日常生活中常以这种方式思考，这样我们就很容易为自然的表象所迷惑。但是，从我第一次读到加缪的书以来的几十年间，我发现现代科学给我们上了与众不同的一课：20世纪以来的科学研究告诉我们，人类的经验往往会对我们理解实在性的本质起误导作用。隐藏在日常生活背后的是一个我们几乎没有多少了解的世界。神秘现象的追随者、占星术的信徒以及那些宣扬超自然的宗教主义的人们，尽管其观点各不相同，但都得到了类似的结论。但那并不是我要说的，我要说的是天才的创造者和孜孜不倦的科学家们的工作，如同剥洋葱一样，揭开了宇宙一层层的面纱，探索了一个又一个的难题，向我们展示了一个完全不同于平常人们所认识的宇宙，一个令人惊奇、兴奋和优雅的宇宙。

但是这些科学进展也只是细节而已。自然科学的重大突破已经驱使并且有力量继续驱使我们的宇宙观发生戏剧性的变化。现在，我仍然像几十年前一样确信，加缪把生命的价值作为基本问题来讨论是正确的，但现代自然科学让我相信，通过日常经验来评价生命就像通过一个空可乐瓶来凝视凡·高一样。作为先锋的现代科学，向我们的基本感知发起了一轮又一轮的攻击，使我们对我们存于其间的这个世界产生了很多概念性的迷惑。因此，即便加缪把物理问题分离出来并置于从属地位，我仍然相信科学才是最根本的。在我看来，科学的实在性为反驳加缪的观点提供了舞台和一些启示。评价存在性问题而忽略了现代科学的洞察力就像在黑暗中与一名不知名的对手摔跤。加强对科学实在性的真正本质的理解，将有利于重塑我们的人生观和宇宙观。

这本书的核心在于阐释对实在性的理解起最为关键作用的一些修正，主要集中在那些长期以来影响人类时空观念的工作上。从亚里士多德到爱因斯坦，从罗盘到哈勃望远镜，从金字塔到山顶上的天文台，自思想产生时，时空就为我们的思想确立了框架。随着现代科学的到来，它们的重要性已大大提高。近3个世纪以来，物理学的发展表明，时空观念已被看作最令人困惑且最引人注目的问题，但同时也是对宇宙进行科学分析的基础；时空观念已被列于古老的科学概念之上，而这些古老的科学概念被边缘研究改建得更加奇妙。

对于艾萨克·牛顿而言，空间和时间只不过是一个永恒不变的、普适的宇宙舞台，以便宇宙中的事件能够在此一幕幕地上演。对于同时代可与牛顿匹敌的戈特弗莱德·威廉·范·莱布尼茨而言，“空间”和“时间”只是与物体在哪里和事件何时发生有关系的词语。换句话说，空间和时间对他们而言并不能代表什么。但对于阿尔伯特·爱因斯坦而言，空间和时间是隐藏在实在性下面的原始材料。通过相对论，爱因斯坦震撼了我们的时空观，向我们展示了它们在宇宙演化中所起的重要作用。从那时起，空间和时间就成为物理学界最耀眼的明珠。对我们而言，时间和空间是既熟悉又神秘的。彻底地理解时间和空间已成为最令物理学家胆怯的挑战，而它同时也是受欢迎的猎物。

本书所讲述的物理学进展主要是一些关于时空结构的不同理论。其中的一些理论挑战了人类长久以来——即便没有几千年也有几百年——的时空观。另外一些理论则试图寻找我们对时空理论的理解和日常生活经验之间的联系。而其他理论则质疑普通观念限定范围内所不能解释的一些问题。

我们在本书中将尽可能少地涉及哲学问题（这里当然不是指关于自杀和生命的意义的那些哲学）。但在探寻科学解释空间和时间之奥妙的过程中，我们完全是不受任何限制的。从宇宙最小的微粒和最早的时刻到其所能达到的最远的边界和最遥远的未来，我们将在熟悉和宽广的环境中探索时间和空间，不停歇地去追求其真正性质。科学家们对空间和时间的探索还在继续，此刻我们还无法做出最终的评价。我们将会介绍一系列的进展——有些非常奇怪，有些令人非常满意，有些已被实验证实，有些还只是空想——它们将向我们展示人类对宇宙结构的思考究竟到了何种地步，人类的指尖对实在性真正纹理的触摸已到了何种深度。

经典意义上的实在性

关于现代科学从何时开始，历史学家们众说纷纭，尚无定论。但毫无疑问的是，从伽利略、笛卡儿、牛顿等人开始创造他们的学说时起，现代科学已经走上了正轨。在那个时代，新的科学意识体系正在稳步地建立起来，地球上和天文学上实验数据的规律性使人们越来越清楚地看到，宇宙的过去和未来是有规律可循的，通过精密的推理和数学分析，我们可以找到这些规律。富有现代科学思想的早期先驱们指出：回顾走过的科学之路，宇宙中发生的事件不仅可以解释，而且也可以预测。科学所具有的预言未来方方面面的力量——持续而定量的——早已得到了证实。

早期的科学研究主要集中在我们日常生活中可以看到或体验的各种事物。伽利略从斜塔上抛落重物（大约是人所共知的传奇），或者观察沿斜面滚落的小球的运动；牛顿研究树上落下来的苹果（又是一段传奇）和月球轨道。这些研究的目的在于使新生的科学研究与大自然和谐一致。当然，物理学中的实在性是各种体验的来源，但更富挑战的是聆听自然的和谐之声并寻找隐藏在其背后的原因。许多著名学者和无名英雄都为早期科学的飞速发展做出了巨大贡献，但最后只有牛顿成了舞台上的明星。通过对数学方程的运用，牛顿将地球和天空中的各种已知运动现象综合了起来。就这样，今日所谓的*经典物理学*诞生了。

在牛顿完成其工作之后的几十年间，他的方程被发展出了详尽精密的数学结构，大大丰富了原始理论，扩展了其实际用途，经典物理学逐渐成为一种深奥精妙而又成熟的科学体系。但是照亮科学之路的却是牛顿富有创造性的洞察力。即使今天，300多年过去了，我们可以发现牛顿方程依然出现在世界各地的初级物理学课程中；在NASA（美国国家航空和航天管理局）的飞行计划里依然用牛顿方程来计算太空船的运行轨迹；在前沿研究的复杂计算中也常常有牛顿方程的一席之地。在一个单独的理论体系下，牛顿带来了丰富的物理学现象。

但在总结他的运动学定律时，牛顿遇到了一个棘手的问题，而这个问题对于我们所要讲述的故事也很重要（第2章）。每个人都知道物体可以运动，但是这些运动发生在哪里呢？空间，也许大家都会回答。但是，牛顿却会问，空间又是什么呢？空间是一个真正的物理实体，还是人们根据对宇宙的理解而得出的一个抽象概念呢？牛顿意识到这个关键问题必须得以解决，因为如果没有对空间和时间的正确理解，他的公式将变得毫无意义。理解需要来龙去脉，思考需要正确的方向。

因此，在他的《数学原理》一书中，牛顿用简明的语言阐述了空间和时间的概念，他认为空间和时间是绝对的、不可改变的实体，这就为宇宙提供了一个固定而不可改变的舞台。根据牛顿的理论，空间和时间为宇宙提供了一个不可见的框架，从而形成了宇宙结构。

即使在当时，也并不是每个人都同意牛顿的说法。有些学者就指出，把理论建立在你摸不到又看不着也无法影响的事物上是没有意义的。但是牛顿的解释和牛顿方程惊人的预言能力使这样的观点销声匿迹。在之后的200年里，牛顿关于空间和时间的绝对性观点成为铁律。

相对论意义上的实在性

经典的牛顿世界观之所以令人心悦诚服，并不仅仅是因为它能以惊人的精确度描述自然现象，更是由于这种对大自然的描述的细节之处——数学——是与经验紧密相连的。你用力推一个物体，它就会加速。你掷出球时花的力气越大，球撞墙时所发生的形变也就越大。当你挤压某个物体时，你也会感觉到那个物体在挤压你。一个物体的质量越大，它所具有的重力也就越大。所有这些都是自然世界的最基本性质。当你学习牛顿的力学体系时，你会发现所有的这一切都可由牛顿的方程清晰直观地表示出来。不同于用水晶球占卜那一套完全无法了解的骗人伎俩，任何一个只受过很少数学训练的人都可以掌握牛顿定律。经典力学为人类的直觉提供了坚实的基础。

引力很早就被牛顿纳入其方程之中。但直到19世纪60年代，电力和磁力才由苏格兰物理学家詹姆斯·克拉克·麦克斯韦添加到经典物理体系中。麦克斯韦需要使用新的方程来描述电力和磁力，而他所用到的数学知识需要更高层次的训练才能完全掌握。由麦克斯韦引入经典物理体系中的新的方程在描述电磁现象上恰如牛顿方程在描述运动上那样成功。到了19世纪末，宇宙的奥秘显然已不是人类智力的对手了。

事实上，随着电与磁的成功统一，科学家们逐渐产生了一种认识：理论物理即将完善。有人提出，物理学正在飞速地发展为一门完善的学科，它的定律不久后就会被雕刻在石碑上。1894年，著名的实验物理学家阿尔伯特·迈克耳孙评论道，“大多数重要的基本理论已牢固地建立起来”，他引用了一位著名的科学家的话——大多数人认为这句话是英国物理学家罗德·开尔文说的——物理学界剩下的工作只是确定小数点后的数字之类的问题。[1] 1900年，开尔文曾指出物理学界上空盘旋着两朵乌云，一个与光的运动性质有关，另一个则是物体被加热时的辐射问题，[2] 但在当时，大家都觉得这些也仅是一些细节问题，它们很快就会被解决。

在随后的10年间，一切都改变了。虽然正如人们所预料的那样，开尔文提出的这两个问题很快被解决了，但是它们的解决却带来了更多的故事。每个问题的解决都导致了一场革命，都需要改写基本自然定律。空间、时间和实在性——几百年来它们不仅有效运转，而且精确地表达了我们对世界的直觉——将不得不被丢弃了。

1905—1915年，阿尔伯特·爱因斯坦完成了狭义相对论和广义相对论，掀起了一场解决开尔文第一朵“乌云”的革命（第3章）。在电、磁和光的运动的谜团中挣扎时，爱因斯坦意识到，经典物理学的基石——牛顿的空间和时间概念出现了状况。通过1905年春季几个星期的努力，爱因斯坦提出：空间和时间并不像牛顿认为的那样具有独立且绝对的存在性，两者实际上以一种与日常经验相反的形式相互联系。10年之后，爱因斯坦重写了引力定律，为牛顿定律的棺木敲上了最后一颗钉。这次，爱因斯坦指出空间和时间不仅是一个统一整体的一部分，而且通过自身的蜷曲参与了宇宙演化。空间和时间远非如牛顿所想象的那样具有稳固且不可改变的结构。在爱因斯坦的理论中，它们富有弹性并且可以不断变化。

狭义相对论与广义相对论是人类最宝贵的成就，爱因斯坦正是利用它超越了牛顿体系中实在性的概念。即使牛顿的经典物理学在数学上看起来与我们所能感知的物理世界相符合，但它所描述的实在性并不是我们世界的实在性。我们生活于其中的乃是一个具有相对论意义上的实在性的世界。但是，由于经典物理与相对论物理的实在性之间的偏离只有在极端的情况下（如在速度和引力非常大时）才非常明显，因此在大多数情况下，牛顿理论作为一种近似，仍然具有一定的精确性及有效性。但功用性和实在性是完全不同的标准。我们将会看到，我们习以为常的空间和时间的性质只不过是错误的牛顿式臆想而已。

量子世界中的实在性

罗德·开尔文提出的第二种反常为我们带来了量子革命，它是现代人类在对宇宙的认知上不得不承受的一场剧变。当这场剧变烟消云散、经典物理学的饰面被烧焦后，浮现出了新的量子实在性的理论框架。

经典物理学的一个关键特性在于，如果你知道某一时刻所有物体的位置和速度，那么根据牛顿方程和麦克斯韦添加的新方程，你就可以推算出任意其他时刻（包括过去和未来）所有物体的位置和速度。毋庸置疑，在经典物理学体系下，过去和未来都可以与现在准确地联系起来。而狭义相对论和广义相对论也有此一说。虽然在相对论框架下，过去和现在的概念比我们所熟知的经典物理中的过去和现在（第3章和第5章）的概念要微妙一些，但只要有了相对论方程以及现在这一时刻的所有物理条件，我们还是能够推导出有关过去和未来的一切。

而到了20世纪30年代，物理学家们被迫引进一种全新的理论体系——*量子力学*。令人意想不到的是，人们逐渐发现只有依靠量子定律才可以解开大量谜团，并为其时刚刚从原子和亚原子层次测得的各种数据找到合理的解释。但是根据量子定律，即使你对现在的事物的状态做出最完善的测量，你最多也只能预言物体在未来或过去某个时刻的运动路径的*概率*。根据量子力学，宇宙并*不*能从现在完全推演出，我们所能得到的只是概率。

虽然对于如何解释这些进展仍存在着争议，但大多数科学家都认同概率的概念与量子意义上的实在性是密不可分的。人类直觉及其在经典物理中的表现形式会勾画出一幅有关实在性的图像，在这幅图像中，物体总会明确地朝着这个*或*那个方向运动；但量子力学则不然，它所描绘的只是物体徘徊在各种运动状态之间的实在性。只有当某种观测事件强迫物体放弃量子概率时，我们才会得到确定的结果。而尽管我们不能预言这最终的结果，但我们却可以预言物体处于或这或那的运动状态的概率。

坦白地说，这听起来的确有点不可思议，我们并不习惯这种在具体的观测之前一直保持模糊的实在性。但是量子力学的奇异性并未到此为止。1935年，爱因斯坦和两个年轻同事——内森·罗森和鲍里斯·波多斯基写的一篇论文令人又一次震惊于量子力学的奇妙，在这篇论文中，作者们试图发起一次对量子理论的攻击。[3] 基于科学发展的螺旋式上升说法，我们可以将爱因斯坦的论文看作第一篇指出了量子力学——从表面意义上来说——隐含着某种可能性的文章。这种可能性即在此地发生的事情可以瞬时地与彼地发生的事情联系起来而不用考虑距离的问题。爱因斯坦认为这种瞬时联系荒谬可笑，并将这种来自于量子理论的数学结果视作量子理论仍有待发展的明证。但是到了20世纪80年代，理论和工程技术的极大发展使得用实验来检验这种假想的量子谬论成为现实，研究者们证实了相距甚远的两个不同位置间发生瞬时联系的可能性。在早期实验条件下令爱因斯坦感到荒谬可笑的事情真的发生了（第4章）。

关于量子力学特性对实在性图像的影响是一个正在进行中的研究课题。许多科学家，包括我自己，将它们看作关于空间意义与性质的激进的量子升级中的一部分。正常看来，空间间隔意味着物理上的独立性。如果你想要控制足球场那边发生的事情，你就不得不去那儿，或者，至少，你不得不送某人或某物（助理教练，可以传播声音的空气分子，或能引起注意的闪光，等等）穿越球场以施加你的影响。如果你什么都不做——如果你保持原地不动——你将不会对球场的那边产生任何影响，因为球场中间的大片空间将阻断任何物理联系。而量子力学，至少在某些情况下，通过展现超越空间的能力对这种观点提出了挑战：大范围的量子关联可以避开空间间隔。两个物体在空间上可以相隔很远，但从量子力学的角度考虑，它们似乎就可看作一个整体。而且，由于爱因斯坦所发现的空间和时间之间的紧密联系，量子关联对时间也有影响。我们将在后面的章节中介绍一些巧妙又真正神奇的实验，这些实验最近探测到量子力学中一些令人非常吃惊的时空关联，正如我们所看到的，它们非常有力地挑战了经典的、我们大多数人所持的直觉性观点。

除了上述的那些令人印象深刻的观念，还有一个有关时间的基本特性——它的方向是从过去指向未来的——相对论和量子力学都没法给出解释。关于这一问题，唯一令人信服的进展来自物理学领域名为宇宙学的研究。

宇宙学里的实在性

睁大你的双眼寻求宇宙的真正本质一直是物理学的最基本目的之一。很难想象有什么经历会比认识到——如我们20世纪做到的那样——我们所感受到的实在性只不过是实在性的一缕而已，更能令人觉得不可思议的了。但物理学的另一个同等重要的目标就是解释我们在实际生活中所感受到的实在性。回顾一下物理学史，似乎这个目标已经达到了，似乎普通的生活感受已经被20世纪前的物理学解决了。从某种程度来看，这是正确的。但即使是那些日常之事，我们也远远没有完全理解。我们日常感受到的很多事情都仍未被解释清楚，其中之一即是现代物理学界最深奥的秘密——伟大的英国物理学家亚瑟·爱丁顿爵士把它称为时间之箭。[4]

我们理所当然地认为万物都有一个时间上的发展方向。鸡蛋一旦打碎就不再完整了，蜡烛一旦熔化就不能重塑起来了，记忆一旦成为过去就不再属于未来，人们一旦年老就不再年轻了。这些不对称性主宰了我们的生活，过去和未来的区别是检验实在性的主要因素。如果过去和未来表现出来的对称性与我们所见证过的左与右、后与前的对称性一样，那么这个世界将变得无法认知。每当鸡蛋打碎时，碎片很快就可连接起来；每当蜡烛熔化时，蜡油很快就可重塑；我们会记起很多未来的事情，就像我们回忆过去一样；每当人们变得年老时很快就会再变得年轻。显然，这种时间上的对称性并不具有实在性。但是时间的不对称性来自哪里呢？是什么决定了时间所有的最基本的特点呢？

事实上，一些被广泛接受的著名物理定律并未显示出这样的不对称性（第6章）：时间的每个方向，向前或向后，在定律中都是没有区别的。*而这是一个巨大谜团的起源*。基础物理学的方程中并无时间方向的区别，这与我们的日常生活经验是不一致的。[5]

令人惊奇的是，尽管我们的注意力集中于熟悉的日常生活，但要想令人信服地解决基础物理与基本体验之间的不相容，我们就得思考最不熟悉的事情——宇宙的起源。这种认识植根于19世纪物理学家路德维格·玻尔兹曼的工作，许多研究者对此进行过详尽的说明，其中最著名的有英国数学家罗杰·彭罗斯。我们将会看到，宇宙开端时的特殊物理环境（在宇宙大爆炸之时或之后的高度有序的环境）可能已经为时间选择了一个方向，正如将一个时钟的发条拧紧，使之处于高度有序的初始状态，然后它就会滴滴答答转起来。因此，从某种意义上讲，鸡蛋破碎——而不是破碎的鸡蛋重新完整——见证的是

140亿年前宇宙诞生时即已设定的条件。

日常经验与早期宇宙之间出乎意料的联系使我们认识到为什么事物总是向时间轴的一个方向发展下去而不能反过来进行，但是这并未完全解决时间之箭的神秘性。相反，它把谜团扩大至整个*宇宙学*——针对宇宙起源与整个宇宙的演化的研究，它促使我们寻找宇宙是否有高度有序的开端，而这正是解释时间之箭的关键所在。

宇宙学是令我们人类感到困惑的最古老学科。这一点都不奇怪。我们是讲故事的人，什么故事能比有关创生的故事更伟大呢？过去的几千年间，世界范围内的宗教和哲学教义对万物——宇宙——的起源提出过种种不同版本的诠释。科学，在其漫长的历史中，也早已染指宇宙学。但直到爱因斯坦的广义相对论出现之后，现代科学宇宙学才真正诞生。

在爱因斯坦发表他的广义相对论之后不久，许多科学家，包括他自己，都曾将广义相对论应用于整个宇宙。十几年后，他们的研究导致了试探性的理论体系即所谓*大爆炸理论*的诞生，该理论成功地解释了许多天文学观测现象（第8章）。20世纪60年代中期，支持大爆炸理论的证据进一步增多，通过观测，人们发现空间中存在着近似均匀的微波辐射——虽然肉眼不可见但很容易就能被微波探测器检测到——而这是大爆炸理论预言过的。到20世纪70年代，经过更为细致的研究，人们取得了实质性进展，已经能够确定不同时期热量与温度上的改变与宇宙的基本组成之间的对应关系，大爆炸理论稳固了其在宇宙学理论中的领先地位（第9章）。

尽管其成功毋庸置疑，但大爆炸理论也有非常明显的缺陷。它无法解释太空中为什么会有天文学观测所发现的整体形状，也无法解释为什么微波辐射的温度在整个天空中各向同性——自从微波背景辐射被发现起人们就一直在研究这个问题。而且，从我们研究的最初目的来看，大爆炸理论并未提供令人信服的理由来解释宇宙在最初时刻高度有序的原因，而这正是解释时间之箭的关键所在。

20世纪70—80年代，各种各样未被解决的问题引发了一场重大突破，导致了所谓的*暴胀宇宙学*（第10章）的诞生。暴胀宇宙学修改了大爆炸理论，在宇宙最初时刻插入了一场令人难以置信的急剧膨胀的极短暂的爆炸时期（在该理论中，宇宙在不到百万亿亿亿分之一秒的时间内，其大小增加了百万亿亿亿倍）。年轻的宇宙的疯狂增长填补了大爆炸模型所留下的空隙——从而解释了宇宙形状和微波辐射的均匀性，也暗示了早期宇宙高度有序的原因——于是也就在解释天文学观测和我们所体验到的时间之箭方面取得了实质性进展。

然而，尽管取得了以上成功，但发展了20年的暴胀宇宙论一直隐匿着它令人遗憾的一面。与其所修正的标准大爆炸理论一样，暴胀宇宙论需要借助于爱因斯坦所发现的广义相对论方程。虽然大量的研究文章证明了爱因斯坦方程在精确描述大型重量级物体上确实有效，但是长久以来物理学家们都知道有关小物体的精确理论分析——比如所观测宇宙的年龄还不到1秒时——需要使用量子力学。问题是当广义相对论的方程与量子力学的方程混合在一起时，将发生灾难性的结果。方程完全破产了，这将阻碍我们确定宇宙的诞生过程，以及其在诞生之初时的条件是否能用来解释时间之箭。

将这种情况描述成理论学家的梦魇并非夸张：分析一个实验上无法涉及的重要领域时却找不到数学工具的帮助。因为空间和时间与这一特别的难以企及的领域——宇宙起源——有着千丝万缕的联系，所以要理解空间和时间，我们就得找到这样一种方程——它得能应付早期宇宙高密度、高能量、高温度的极端条件。这绝对是一个具有本质意义的目标，许多物理学家相信，要解决这个问题需要发展所谓的*统一理论*。

统一理论的实在性

过去的几个世纪里，物理学家们通过说明各种各样千变万化的或者在表面上看来全无联系的现象实际上可归结于单独一组物理定律，来肯定我们对自然界的理解。对于爱因斯坦而言，这样统一的目标——用最少的物理原则来解释最广泛的现象——成了他延续一生的激情。借助于他的两个相对论，爱因斯坦统一了空间、时间和引力。但是这种成功只能起到鼓舞他，令他思考得更加深远的作用。他梦想着能找到一个独立的，能涵盖所有自然定律的理论体系；他将这样的理论体系称为统一理论。虽然时不时地有谣传说爱因斯坦已经发现了统一理论，但是所有的传言都毫无根据，爱因斯坦的梦想还没有实现。

在爱因斯坦一生的后30年中，他集中精力研究统一理论，这使他脱离了当时的主流物理学。在许多年轻科学家看来，对于一位像爱因斯坦这样的伟人而言，一意孤行地研究统一理论是走错了方向。但是在爱因斯坦逝世后的几十年里，越来越多的科学家接过爱因斯坦的接力棒，继续他未完成的事业。今天，发展统一理论已成为理论物理学界最重要的问题。

许多年来，物理学家们发现实现统一理论的关键障碍在于20世纪物理学界的两个重大突破——广义相对论和量子力学——之间的矛盾。虽然这两个体系应用于不同的领域——广义相对论应用于宏观物体如星球和星系，而量子力学应用于诸如分子、原子之类的微观物体——但是它们各自都宣称自己具有普适性，可以应用于所有的领域。不管怎样，正如前面所说，一旦将这两个理论结合起来，所得到的方程就会产生毫无意义的答案。比如，当用量子力学结合广义相对论来计算某个过程或与引力有关的事件发生的概率时，答案不是24%、63%、91%之类；相反，所得到的数学结果居然是*无限大*。但这并不意味着某事发生的可能性如此之大，必胜无疑，以至于你应该把所有的钱都赌进去。大于100%的概率是没有意义的。计算得出无限大的概率只能说明将广义相对论和量子力学结合起来所得到的方程是有问题的。

科学家们意识到相对论和量子力学之间存在矛盾已有半个多世纪了，但在相当长的时间内，很少有人感到有必要去解决这个问题。相反，大多数研究者用广义相对论来分析大而笨重的物体，而用量子力学来分析小而轻的物体，他们小心翼翼地在每个理论的安全范围内使用它们，防止了相互矛盾情况的产生。许多年来，这种绥靖政策使得这两种理论在各自的领域取得了相当大的成就，但这并不能带来永久的和平。

很少的一些领域——既具有大质量又具有小尺度的极端物理条件下——即那些需要广义相对论和量子力学同时有效的领域彻底沦为军事禁区。举两个最为人所熟悉的例子：在黑洞中心，一个完整的星球由于自身重力可被压缩成一个微小的点；大爆炸理论假想整个可观测宇宙被压缩成比一个原子还要小很多的核。没有广义相对论和量子力学的成功结合，坍缩星球和宇宙起源将永远是未解之谜。但许多科学家宁愿把这些领域搁置一边，或至少把其他易解决的问题解决之后再来考虑这个问题。

但是有些科学家却无法等待。公认的物理定律之间的矛盾意味着掌握深层次真理的失败，这已经足以使这些科学家无法安心了。尽管路途艰辛，但那些不断探索的科学家们却发现了更加深不见底的水域和更为汹涌的波涛。然而随着时间的慢慢逝去，研究却无多大的进展，一切看起来仍是那么虚无缥缈。尽管如此，那些坚定决心探索这个领域并不断追寻着统一广义相对论和量子力学的科学家们仍然值得嘉奖。科学家们现在正沿着被先驱们照亮的道路继续前进，已经快要实现这两个理论的完美结合。大多数人认为最有竞争实力的理论是“*超弦理论*”（第12章）。

我们将会看到，超弦理论发轫于为一个老问题给出的新答案：最小的、不可再分的物质是什么？几十年来，传统答案是：物质是由粒子组成——电子和夸克——它们被模型化为不可再分，没有大小也没有内部结构的点。传统的理论认为——并有实验证实——这些粒子以各种不同的方式结合起来产生质子、中子和各种各样的原子和分子，进而组成我们平常肉眼所见的各种物体。超弦理论是一个与众不同的理论，它并未否认电子、夸克和实验所发现的其他粒子所起的重要作用，但它声明这些粒子并非是点。相反，根据超弦理论，每种粒子都是由极小的能量丝组成，它们约为单个原子核大小的一万亿亿分之一（远非我们目前所能探测的长度），这种能量丝形成一种形似弦的东西。就像小提琴的弦能按不同的模式振动，而每种振动模式都能产生不同的音调一样，超弦理论中的能量丝也有多种振动模式。这些弦的振动尽管不会产生不同的音调，但根据该理论，它们却会产生不同的粒子性质。按某种模式振动的细小的弦有电子的质量和电荷；据该理论，这就是我们传统意义上的电子。按不同模式振动着的另一根小小的弦将会是夸克、中子或其他类型的粒子。所有不同类型的粒子都可以在超弦理论中得到统一，因为每种粒子都是由相同基本实体的不同模式的振动产生的。

表面看来，从点演变到极小以至于看起来像点的弦似乎并不具有重大意义。但事实并非如此。从这样微小的弦开始，超弦理论把广义相对论和量子力学整合为一个独立、连贯的理论，从而消除了以前尝试统一所得出的无限大的概率。如果那还不够的话，超弦理论已经展现出了将自然界中所有的力和所有的物质都统一于同一理论的必然性。简而言之，超弦理论是爱因斯坦统一理论的重要候选者。

这些伟大的主张，如果正确，将意味着里程碑式的进步。但是超弦理论最激动人心的特征——毫无疑问，这也将使爱因斯坦激动——在于其对我们理解宇宙结构所产生的重大影响。我们将会看到，根据超弦理论，我们的时空观必须来一次巨变，才有可能在数学上合理地将广义相对论和量子力学结合起来。超弦理论要求有9个空间维度和1个时间维度存在，而不是常识中的三维空间和一维时间。在超弦理论更加复杂的化身——所谓的M理论中，统一需要十维空间和一维时间——宇宙在根本上有11个时空维度。由于我们看不见这些额外的维度，超弦理论相当于告诉我们，*我们迄今为止所瞥到的实在性只有那么一点点*。

当然，没有额外维度的观测证据也可能意味着它们并不存在以及超弦理论是错误的。然而就这样得出结论是十分草率的。在发现超弦理论的几十年前，一些富有前瞻性的科学家，包括爱因斯坦，曾经思考过这个问题，或许空间维度远远不止我们所看到的那么多，额外的维度可能隐藏起来了。研究弦论的科学家们充分精炼了这些思想并发现额外维度很难取得突破性进展，因为它们太小以至于无法用现有的设备看到（第12章），也可能它们很大，但是我们探索宇宙的方式无法发现它们（第13章）。每一种猜想都会带来丰富的内涵。通过其弦的振动的影响，微小且有褶皱维度的几何形状在回答大多数基本问题（如为什么我们的宇宙中存在着恒星和行星）上起着关键性的作用。大的额外空间维度所留有的想象余地允许更不可思议的想法：或许存在着其他的，我们至今完全没有察觉到的周边——不是普通空间意义上的周边，而是额外维度上的周边——世界。

虽然只是一个大胆的想法，但额外维度的存在并不只是理论上天马行空的想法，它也许很快就会得到验证。如果额外维度真的存在，我们就有可能在下一代原子对撞机上得到意想不到的结果，比如说人类将有可能第一次人工合成微观黑洞，或是产生一大批新的、从未被发现的粒子（第13章）。各种各样的奇异结果可能为平常不可见的额外维度提供第一手证据，并使超弦理论离人们长久寻求的统一理论更近一步。

如果超弦理论被证明是正确的，那么我们将不得不接受这样一个观点：我们所知道的实在性不过是厚重又纹理丰富的宇宙织物的精美花边而已。尽管据加缪看来，确定空间维度的数目——特别有意义的是，如果真的发现空间维数并不只是3个——所提供的远不只是一些科学上很有趣但最终无多大意义的细节。但额外维度的发现将使我们认识到，全部的人类经验还不足以帮助我们完全知晓宇宙在基本层面上实质性的东西。这将不容辩驳地证明，我们过去以为通过人类感官即可轻易明了的宇宙特性也不一定就如我们认为的那样。

过去和未来的实在性

随着超弦理论的发展，科学家们非常乐观地认为我们已经建立起了一个任何情况下——无论情况多么极端——都将成立的理论体系；而有了这个理论，我们就可以在未来的某一天，在这个理论方程的帮助下，搞清楚宇宙起源的那一刻究竟发生了些什么。迄今为止，还没有人有办法将该理论合理地应用于大爆炸理论，但是从超弦理论的角度来理解宇宙已经成为当代研究的首选之一。过去的一些年里，有关超弦理论的世界范围内的研究计划已经为我们带来了新颖的宇宙学体系（第13章），使我们可以用天文学观测来验证超弦理论（第14章），并使我们有机会初窥超弦理论在解释时间之箭中应起的作用。

时间之箭，因其在我们日常生活中所扮演的重要角色及其与宇宙起源之间的密切联系，而处在我们所感知的实在性与前沿科学试图追寻的更为精确的实在性之间的交汇地带。如上所说，时间之箭的问题串起了我们将要讨论的许多科学的进展，有关时间之箭的问题将会在后面的章节中反复讨论，这样才是恰当的。在影响我们生活的许多因素中，时间占有最重要的地位。当我们能熟练掌握超弦理论及其扩充——M理论时，我们对宇宙学的理解将会更加深刻，对时间起源与时间之箭的理解也将更为锐利。如果我们能让想象自由驰骋，我们甚至能预想到我们理解的深度终有一天能让我们自由地探索时空，进而探索那些远非我们现在的能力所能达到的领域（第15章）。

当然，我们可能永远都没办法拥有这种力量。但即使我们从来都没有控制时间和空间的能力，深刻的理解也会使我们有自己的力量。我们对时间和空间本性的理解将是人类智力的证明，我们最终会了解空间和时间——这一悄然矗立着的限定人类感知范围的界碑。

空间和时间的下一个时代

许多年前，当我翻到《西西弗斯的神话》的最后一页时，我就对文中所体现出的无上的乐观情绪感到惊奇。一个人被诅咒，当他把一块大石头推上山时，这块石头将会滚下来，于是他又不得不再次将石头推上山，这毕竟是那种注定不会有幸福结局的故事。但是加缪却在他身上找到了真正的希望，西西弗斯追求自由的意志，勇敢地面对不可逾越的障碍，英勇地选择了生存，即使他因被诅咒而不得不在冷漠的宇宙里做一项十分荒谬的工作也不放弃。西西弗斯放弃除即时体验外的一切，不去寻找任何一种更深刻的理解或更深刻的意义；在某种意义上，加缪认为，西西弗斯胜利了。

对于在别人看来只有绝望的事情，加缪却有能力发现其中的希望，我对此感到十分震惊。但是作为一个少年，即使在几十年后的今天，我依然无法同意加缪的观点——对宇宙的更深刻的理解将不会使生活更有意义。西西弗斯是加缪心目中的英雄，而我心中的英雄却是最伟大的科学家——牛顿、爱因斯坦、尼尔斯·玻尔和理查德·费恩曼。我读过费恩曼对于玫瑰的描述——他解释他如何感受到玫瑰的芳香和美丽，就像其他人做的那样，而他的物理知识大大丰富了人类的体验，因为他也能理解基本的分子、原子和亚原子中的奇迹和壮丽——我被他深深地迷住了。我推崇费恩曼的描述：在所有可能的层面上体验生活、感知宇宙，而不仅仅停留在那些恰好符合人类感知能力的层面上。寻求对宇宙的深层次理解已经成为我活力的源泉。

作为一名物理学教授，长久以来我认识到我高中时在对物理的沉迷中存在一些天真的想法。物理学家们一般不会怀着对宇宙的敬畏和幻想把时间花在思考花儿上。相反，我们把许多时间花在研究爬满黑板的复杂数学公式上。进展是如此的缓慢，即使富有希望的想法也往往毫无所得，那就是科学研究的本质。但是，即使在只有微小进展的时期，我也会发现在猜测和计算上的努力使我同宇宙之间的联系变得更加紧密了。我觉得一个人开始了解宇宙，并非只能通过解释宇宙的神秘之处了解，也可以通过令自己沉浸在研究宇宙的乐趣之中来了解。获得答案很了不起，获得被实验验证的答案就更了不起。但即便最终被证明是错误的答案，也代表着与宇宙的联系加深了一步——这种联系为我们的问题带来了更多的光亮，进而使我们对宇宙的了解更近了一步。即使与特定的科学探索有关的巨石依然滚回原地，我们还是会学到一些东西并丰富我们对宇宙的体验。

当然，科学史向我们揭示，人类集体科学探索的这块巨石——几个世纪以来各个大陆的无数科学家们所做出的贡献——不会从山上滚下来。不像西西弗斯，我们不用一次又一次从头再来。每一代科学家们从先辈手中接过接力棒，对先人的艰苦工作、洞察力、创造性表示敬意，并把它们再向前推进一点。新的理论和更为精准的测量是科学进步的标志，而这样的进步又建立在以前科学成就的基础上。正是由于这样，我们的任务并不是荒唐而没有意义的。在把巨石推向山顶时，我们承担的是最精细、最高贵的工作：揭开我们称之为家园的这片地方的奥秘，在我们发现的奇境中畅游，把我们的知识传授给我们的跟随者。

作为一个能直立行走的物种，我们所面临的挑战是艰难的。在过去的300年中，我们取得了巨大的进步，从经典物理学到相对论，再到量子的实在性，直到今天对统一实在性的探索，我们的思想和工具都经历了时间和空间上的巨大跨越，使得我们离这个伪装得如此之巧妙的世界更近了。我们正在逐步揭开宇宙的面纱，一步步接近真理。虽然我们的探索之路还很长，但很多人相信，人类已经快要结束童年时期了。

可以肯定的是，我们对银河系[6]的探索已经酝酿了相当长的一段时间。我们以这样或那样的方式探索这个世界、思考整个宇宙已经有几千年了。大多数时候，我们只简单地探索未知之物，每一次尽管稍有收获但大体没有多大的变化。自从牛顿仓促地树起现代科学的旗帜，科学就勇往直前了。跟从前相比，我们正朝着更高的目标前进。而我们的探索之路将从一个简单的问题开始——

什么是空间？

第 2 章 宇宙与桶

空间究竟是人为的抽象，还是物理实体呢

一桶水能够成为一场长达300年之久的论战的核心问题的机会并不多。但是艾萨克·牛顿爵士的这桶水并不寻常。爵士在1689年记述了一个小小的实验，自那以后，这个实验对世界上最伟大的一些物理学家产生了意义深远的影响。这个实验说的是：将一只水桶装满水，然后用绳子吊起来；将绳子紧紧地拧起来，使得松手后桶能够旋转起来；拧紧后松手。起初，桶开始旋转，而其中的水处于静止状态，水的表面光洁平坦。慢慢地，随着桶的速度越来越快，其运动就会通过摩擦力缓缓地传递给桶中的水，从而使得水也开始旋转。这个时候，水的表面变成凹状，边缘高中心低，如图2.1所示。

这就是我们要讨论的实验——并不是那种使人心跳加速的问题。但是我们稍微思考一下，就会发现这桶旋转的水令人困惑不解。接下来我们就好像300年来并没有人研究过它一样，紧紧地抓住旋转的水桶这一问题，将其视为通向了解宇宙奥秘之路的关键几步。当然，理解这个问题需要一些背景知识，但是在这方面下点功夫将会是值得的。

图2.1　水面开始是平的。桶刚开始旋转的时候，水面保持平稳。接下来，水也随之旋转，从而导致水面下凹。在水旋转的过程中，水面将一直下凹，即使桶减速并停止旋转的时候依然如此

爱因斯坦之前的相对论

我们总是将“相对论”这个词与爱因斯坦联系起来，但事实上这一概念可以追溯到更为久远的年代。伽利略、牛顿以及其他的很多人都深知*速度*——物体运动的速率与方向——具有相对性。使用现代术语，我们可以这么解释：在击球手看来，投得不错的快球以差不多100千米/时的速度飞来；但从棒球的角度看，是击球手以差不多100千米/时的速度接近。这两种说法都是准确的，只是立场不同而已。运动只有在相对的条件下才有意义：一个物体的速度究竟如何，只有通过与另一个物体的关系才能说明。或许你曾有过这样的经验：坐在火车中，窗外的另一辆火车与你乘坐的这辆火车相对运动。这时，你不能立刻说出究竟是哪一辆火车真的在动。伽利略在描述这一问题时使用的是他那个时代的交通工具——船。在平稳行驶的船上自然地

松开一枚硬币，如同在陆地上的情况一样，硬币会落到你的脚上。从你的角度来看，你处于静止状态而水流从船边流过。这样的话，由于你并没有运动，硬币相对于你的脚的运动将与你在陆地上的情形一模一样。

当然，在某些情况下，运动似乎具有某种内在性，你可以在没有外界事物作参考的情况下就可以感受并且宣称你肯定在运动。这就是*加速*运动，一种你的运动速度或运动方向发生改变的运动。如果你所乘坐的船突然向某一边倾斜，掉转船头，突然加速或减速，又或者是在漩涡中团团转的时候，你就会知道你正在运动。这个时候你并不需要选好某个参考点就可以知道自己在运动。即使你闭着眼睛也是如此，因为你能感觉到它。但是如果你处于速度大小和方向都不变的运动状态——*匀速直线运动*——你就没法知道自己是否处于运动状态。所以，你所感觉到的是运动的改变。

但是细想一下，这事有点怪。为什么运动的改变那么特别，具有某种内在的意义呢？如果运动是某种只有在比较下——通过与另一个物体对比来说明这个物体处于运动状态——才有意义的概念，那么为什么运动的改变就不是这样呢？为什么它不需要对比就有意义？事实上，它是否也是需要在对比下才有意义呢？有没有可能在我们每次提到或感受到加速运动的时候，都有某种隐含的对比在起作用呢？或许你会感到有点不可思议，但这个就是我们要追寻的核心问题，因为这个问题触及了与空间和时间的意义有关的一些深刻问题。

伽利略对运动的深刻洞察力使他确信地球本身就处于运动之中，

而这却遭到宗教裁判所的憎恨。更加谨慎的笛卡儿为了避免相同的命运，在他的《哲学原理》里采用了一种模棱两可的说法来表述他对运动的认识，不过这样显然无法躲过30年后的牛顿的审慎检查。笛卡儿认为物体对于自身运动状态的改变会自然地抗拒：静止的物体将保持静止状态直到有外力迫使其改变；以匀速沿直线运动的物体将保持匀速直线运动状态直到有外力迫使其改变。就这一说法，牛顿质疑道："静止"或者"匀速直线运动"这样的概念究竟是什么意思？静止或匀速是相对于谁来说的？静止或匀速是从谁的角度看？如果不是处于匀速运动，那么究竟是相对于谁或者说从谁的角度看不匀速？笛卡儿理顺了有关运动意义的几个方面，牛顿却发现了笛卡儿遗漏的一个关键问题。

牛顿，这个执着追求真理的人，曾经为了研究眼部解剖结构而在自己的眼眶与眼睛之间插上一根钝针；后期，他在担任造币局局长时制定了最为严酷的措施惩罚那些制造假币的人，为此超过100人被送上了绞刑架。一个像他这样的人绝不能容忍谬误或者不完备的推理，他要更进一步，于是他想到了水桶。[1]

桶

当我们放开水桶的时候，桶和其中的水会一起旋转起来，水的表面成凹状。牛顿提出的问题是：水的表面为什么会形成这样的形状？你也许会说：因为它在旋转呀，就像突然一个急转弯时，坐在汽车中的我们也会感受到汽车的压力；桶中的水也是如此，旋转的时候，水会受到来自桶壁的压力，在这种压力下，桶壁处的水就只能向上延伸。这种解释当然说得通，却没能抓住牛顿问题的根本意图。牛顿想要问的是水在旋转究竟是什么*意思*：水相对于什么旋转？牛顿那时仍在思索运动的基础，还远未来得及想明白诸如旋转这样的加速运动为何不需要与外部物体做比较这样的事情。[1]

自然而然的选择当然是将水桶当成参照物。但是经过论证，牛顿认识到这样行不通。试想一下，在桶最初开始旋转的时候，桶和水之间一定会有*相对*运动，这是因为桶动起来的时候水不可能立即就动。即使水动起来了，水的表面也会保持平的状态。过了一小会儿后，水旋转起来了，这时水和桶之间没有*相对*运动了，水的表面却凹了下去。所以，如果我们将桶作为参照物的话，我们就将得到与我们所期望的完全相反的结论：有相对运动的时候，水面是平的；而没有相对运动的时候，水面却凹下去了。

其实，我们还可以将牛顿的水桶实验更进一步。桶再转一会儿，绳子又扭在一起（方向不同），于是桶就会慢慢减速并且最终静止下来，但是桶里的水还会继续旋转。这时，水与桶之间的相对运动与实验开始时的状况是*一样的*（除了顺时针旋转和逆时针旋转这一区别）。但是，水面的形状却*不一样*（实验开始时水面是平的，现在是凹下去的），这正好说明了相对运动不能解释表面形状。

将桶作为水的运动的参照物这种可能性排除之后，牛顿继续大胆思考。他进一步论证道：试想一下，我们在一个深冷、完全虚无的

---

1. 虽然离心力和向心力这样的词语常常被用来描述旋转运动，但是它们只是一个名称而已。我们真正想知道的是为什么旋转会产生力。

空间——真空——中继续我们的转桶实验。这时我们不能重复完全一样的实验了，因为水的表面形状是部分依赖于地球引力的，在现在的这个实验条件下根本没有地球存在。为使我们的例子更具可操作性，我们需要一个漂浮在真空中的巨桶——就像游乐场里的摩天轮一样巨大。再想象一下，一位勇敢的宇航员——霍默——被捆在巨桶的内壁（牛顿用的并不是这个例子，他想到的是用一个绳子将两块石头绑在一起来说明问题，但要点都是一样的）。有证据表明巨桶在旋转。与桶中的水会形成凹面类似的是，霍默将会*感受*到被压在桶的内壁上。他面部紧张，腹部缩紧，头发向着桶壁拉伸过去。现在问题来了：在一个*完全*虚无——没有太阳，没有地球，没有空气，没有油炸圈饼，什么都没有——的空间究竟什么东西有可能作为巨桶旋转的参照物？因为我们想象的空间是完全虚无的，除了巨桶本身什么都没有，所以看起来可能没有任何东西可以作为巨桶旋转的参照物。但牛顿并不这么认为。

他的回答是选定终极容器作为参照物，而这个终极容器就是：*空间本身*。牛顿提出，我们所有人都存在于并且所有的运动都发生于一个透明的、虚无的舞台之中，而这个舞台本身就是一个真正的物理实在，他将其称为*绝对空间*。[2] 我们既抓不到、摸不着绝对空间，也闻不到、听不着绝对空间。但是牛顿宣称绝对空间的确存在。牛顿提出绝对空间是描述运动最真实的参照物。如果一个物体相对于绝对空间静止，那它就是真正的静止；一个物体相对于绝对空间运动，那它就是真正的运动。而且最重要的是，牛顿总结道，一个物体相对于绝对空间有加速度，那它就是处于真正的加速状态。

牛顿就这样以如下的方式解释了陆地上的水桶实验。实验开始的时候，桶相对于绝对空间旋转，而水相对于绝对空间静止，因此水的表面是平的。随着水的速度渐渐地接近于桶的速度，水也相对于绝对空间旋转起来了，于是水的表面就成了凹状。绳子拧紧的时候，桶开始逐渐减速，而水继续旋转——相对于绝对空间旋转——所以其表面仍然是凹的。因此，尽管水与桶之间的相对运动解释不了实验现象，但是水与绝对空间之间的相对运动就解释了这一点。空间本身就为定义运动提供了参照系。

桶只不过是个例子，论证过程本身当然是具有一般性的。根据牛顿的观点，当你系上安全带坐在车里时，你之所以能够感觉到你在运动是因为你相对于绝对空间运动；当你乘坐的飞机加速起飞时，你感到被压向座椅是因为你正在相对于绝对空间加速；当你在溜冰场中旋转起来时，感觉双臂被甩出去了是因为你相对于绝对空间加速。从另一个角度看，如果整个溜冰场旋转起来而你保持不动（假定你处于理想的无摩擦滑动状态）——那你和溜冰场之间仍然有相对运动——但是你不会感觉自己的胳膊被甩出去，因为你与绝对空间没有相对加速度。我们一直用人来打比方，为了不被一些无关紧要的细节误导，我们现在再来看看牛顿的例子。牛顿举的例子是用一根绳子拴在一起的两块石头，这两块石头组成的系统在真空中旋转。因为石头相对于绝对空间有加速度，所以绳子会被拉紧。总之，绝对空间对于运动的概念有决定性的意义。

但绝对空间究竟是什么？在这个问题上，牛顿的回应是含混不清加武断的。他首先在《自然哲学之数学原理》中写道，“我并不定义时间、空间、位置与运动，因为（这些）是众所周知的”，[3] 从而回避了严格精确地定义这些概念。然后他又写出了那句著名的话，“绝对空间，只取决于其本身性质，不需要任何外部事物为其做参考，永远保持不变并且不可移动”，也就是说，绝对空间就是永恒。这就是他的回答。但是我们也可以隐约感觉到，牛顿对简单地断言某种你不能直接看到、测量或者作用于其上的事物真的存在并肯定其重要性并不满意。他写道：

> 事实上，发现并且有效地区分某个特别物体的真实运动并不是一件容易的事情，因为运动发生于其中的那个不可变动的空间并不能被我们感知。[4]

这样一来，牛顿就把我们留在了一个有些尴尬的处境中。在描述物理学中最根本、最重要的元素——运动时，他把绝对空间这样一个概念放在首要及核心的地位，却没有清楚地说明其定义，并且承认对将这样重要的鸡蛋放在那么含糊的篮子里感到不快。其他很多人也都感到了这种不快。

空间困境

爱因斯坦曾经说过，要是某人用了诸如“红”“困难”或者“失望”这样的词，我们都知道这是什么意思。但是到了“空间”这个词的时候，“它与心理体验缺乏直接的联系，在加以解释时存在着很大的不确定性”，[5] 这种不确定可以追溯到久远的年代，人们为了解空间的意义而进行了不懈的努力。德谟克利特、伊壁鸠鲁、卢克莱修、毕达哥拉斯、柏拉图、亚里士多德及其众多的追随者们多少个世纪以来在“空间”的意义上来来回回地斟酌。空间与物质之间的区别是什么？空间是否是可以脱离物质而独立存在的客体？是否有真正虚无的空间存在呢？空间与物质彼此对立吗？空间是有限的还是无限的？

几千年来，人们对空间的哲学分析同神学的质疑不可分割。依照某些人的看法，神是无所不在的。这样的思想赋予了空间神圣的特征。这样的思想历程起源于17世纪的神学家、哲学家亨利·摩尔，有的学者认为摩尔是牛顿的导师之一。[6] 摩尔相信完全虚无的空间并不存在，不过这是个完全无关紧要的观测事实。因为按照他的看法，即使空间中的物质全部被清空，空间中仍然充满着精神，因此空间永远不可能真正地空。牛顿的观点稍有不同，他认为空间中除了有实体物质外，还存在着“精神物质”。出于谨慎，牛顿认为这些精神的东西“不能阻挡实体物质的运动，就好像什么都没有一样”。[7] 牛顿宣称，绝对空间，是神的感觉中枢。

对空间的哲学或宗教的思考具有一定的合理性，但正如前文爱因斯坦的审慎评价所言，这些思想在描述上都缺乏严密性。从那些思想中我们可以得到一个基本且可精确阐述的问题：我们到底是要将空间归为独立实体——就像我们对待其他事物，比如你手中的这本书——那样，还是要将空间仅仅视作描述普通物质之间关系的一种语言呢？

与牛顿同时代的伟大德国哲学家戈特弗莱德·威廉·范·莱布尼茨坚信，按传统意义，空间并不存在。在谈到空间时，莱布尼茨宣称，空间只不过是用以描述事物之间相对位置的一种简单又方便的方法而已。在莱布尼茨看来，如果空间中没有物质存在，空间本身就并没有任何独立意义，或者说空间并不存在。比如说英语字母表，它就是按26个英文字母的顺序排列。也就是说字母表只不过是用来表明a与b相连，d后面第6个字母是j，x是u后的第3个字母，诸如此类。但如果字母不存在的话，字母表就没有任何意义——并没有独立存在的“精神字母”。字母表之所以存在是为了给字母提供字典中的顺序。莱布尼茨认为空间也是如此：空间除了在讨论物质位置关系时作为自然的语言出现外没有其他意义。在莱布尼茨看来，如果将空间中的所有物质都拿走——空间完全是空的——空间就像没有了字母的字母表一样无意义。

莱布尼茨提出了一系列的论点支持他的所谓*相对者立场*。比如，莱布尼茨提出，如果空间真的是一个实体，就像某种背景物质，那么神就要在宇宙中选出一块位置来安放空间这一物质。但是，做出的所有的决定都是建立在公正基础上，从不依靠随机和偶然的神，怎样才能在完全一致的虚无中为空间挑选出一块安置之地呢？毕竟，那些虚无完全一样呀。在受过科学训练的耳朵听来，这样的说法无异于诡辩。但是，即使去掉神学的元素，就用莱布尼茨提出的其他一些观点，我们也要面对很棘手的问题：空间在宇宙的什么位置？要是将宇宙整体——保持所有物质的相对位置不变——从左往右移动10英寸（1英寸≈2.54厘米），我们有可能知道吗？整个宇宙穿越空间这个物质时的速度是多少？如果我们根本不能探测到空间，或者对其有所作用，我们还能宣称空间真的存在吗？

就在这个时候，牛顿带着他的桶插了进来，并且戏剧性地改变了论战的性质。尽管牛顿承认绝对空间的某些性质很难或者根本不可能直接探测到，但他同时也提出绝对空间的存在有可观测的效应：加速运动，就像在旋转的桶那里讨论的那样，是相对于绝对空间进行的。因此，根据牛顿的观点，凹下去的水面，就是绝对空间存在的证据。在牛顿看来，一旦有了某物存在的确定证据，不管这个证据多么的间接，论战也应该停止了。就是这样神奇的一击，牛顿将有关空间的哲学式思考转变成了科学上可验证的数据。其效应很明显，莱布尼茨被迫适时地承认"我同意一个物体绝对真实的运动同其相对于另一个物体在位置上的相对改变有区别"，[8] 虽然这并不是向牛顿的绝对空间投降，但这却是对坚定的相对论者的一次重击。

接下来的200年间，莱布尼茨及其追随者关于反对赋予空间独立的实在性的论辩在物理学家中未能激起一丝涟漪。[9] 相反，舆论明显地倒向了牛顿的空间观，建立在其空间观基础上的牛顿运动学定律占据了舞台的中心。很明显，牛顿定律在对实验的精确描述上所取得的巨大成功使人们普遍接受了他的观点。但是，有必要提及的是，牛顿本人仅仅将自己在物理学上取得的巨大成就视为用以支持他所真正看重的伟大发现的坚固基础，这个伟大发现就是：绝对空间。对于牛顿来说，所有的一切都是为了空间。[10]

马赫以及空间的意义

我还是个孩子的时候，常常和我的父亲在曼哈顿的街上玩一种游戏。我们俩中的一人四下张望，悄悄地选定某件正在发生的事情——刚刚过去的公共汽车、落在窗台上的鸽子、某人口袋中掉落的硬币——然后换一个非常规的视角来描述整件事情，比如用公共汽车的轮子、飞翔中的鸽子，或者下落中的硬币的视角来描述这个过程。整个游戏的困难之处在于用不熟悉的描述方式，比如“我走在漆黑、圆柱形的表面上，周围满是低矮却布满花样的墙，一束粗壮的白色蔓枝从天而降”，然后另一个人需要猜出，此时是否是以一个热狗上的蚂蚁的视角在观察，而小摊贩正往热狗上加泡菜呢？早在我接触第一门物理课程之前的很多年，我们就不玩这个游戏了，但是这个游戏还是使我在初次遭遇牛顿定律时有些不满。

这个游戏强调的是要从不同的视角来看待这个世界，每个视角和其他的视角都是一样有效的。但是根据牛顿的说法，你当然可以自由地选择一个视角来观察这个世界，但是不同视角的地位绝不是相同的。从冰面上一只蚂蚁的角度看一位溜冰者的靴子，旋转的是溜冰场和整个体育馆；但是从看台上的观众的角度看，正在旋转的是溜冰者。两个视角看起来是等效的，好像有相同的地位，好像两者之间是彼此对称的关系。但是，根据牛顿的观点，某种视角比其他的视角更加接近于真相。因为，如果*真的*是溜冰者在转的话，他或她的胳膊将向外伸展；而如果*真的*是溜冰场在转的话，他或她的胳膊就不会向外伸展。接受牛顿的绝对空间的观念意味着必须接受绝对化的加速运动概念，特别是，要接受关于谁或什么东西真正在旋转的绝对化的答案。我努力去想为什么会是这样，我参考的每一种资源——教科书或者老师之类的人——都同意当考虑的是匀速直线运动的时候，只有相对运动才有意义。但是，我禁不住想到，为什么在这个世界中加速运动这么特别呢？为什么*相对*加速运动不能是考虑非匀速运动时唯一有关的内容呢？就像相对速度一样。也许在别的地方，绝对空间的存在没有什么；可是对于我，绝对空间实在太古怪了。

很久以后我才知道，在过去的几百年间，很多的物理学家和哲学家——或者大声疾呼，或者悄悄抛出观点——都与相同的问题斗争过。表面上看起来牛顿的桶说明了正是绝对空间使得一种视角比另一种视角更重要（相对于绝对空间旋转的人或物才是*真正的*旋转，其他的则不是），但这样的答案令很多仔细思考过这一问题的人很不满意，直觉上不应该有哪种视角比其他的视角“更加正确”。而且，考虑到莱布尼茨的合理意见，物体之间只有相对运动才有意义，我们不禁要问，为什么绝对空间能告诉我们哪个才是真正的加速运动，却不能告诉我们哪个是真正的匀速直线运动？毕竟，如果绝对空间真的存在，它应当成为所有运动的基准，而不仅仅是加速运动。如果绝对空间真的存在，为什么它不能告诉我们在绝对意义上我们处于什么位置？那样我们就不需要根据另一个作为参照物的物体来确定我们的相对位置了。而且，如果绝对空间真的存在的话，为什么只能是它来影响我们（例如，在我们旋转的时候会使我们的胳膊向外伸展），而我们却无法对它产生影响？

在牛顿宣示其工作之后的上百年里，这些问题时不时成为争论的焦点。但直到19世纪中叶，奥地利物理学家、哲学家欧内斯特·马赫登场之后，一个大胆而极富预见性的，并且产生了深远影响的新的关于空间的观点才出现在世人面前；而这一观点在适当的时候对爱因斯坦产生了深远的影响。

为了理解马赫的洞察力——或者更准确地说，为了用现代知识解读通常归功于马赫的原理[1]——让我们暂时回到桶的问题上。牛顿的论证中有些古怪之处，桶的问题给我们的挑战是解释为什么有些情况下水面是平的，而另一些情况下则是凹的。为了给出解释，我们详细考虑了两种不同情形并且发现不同情形关键的区别在于水是否在旋转。于是问题来了：在引入绝对空间的概念以前，牛顿只把桶当成确定水运动与否的参照物，正如我们所见，这样的尝试带来了失败。然而，我们完全可以用其他一些物体作为参照物来确定水运动与否，比如我们就可以选择做实验的地方作为参照物——实验室的地板、天花板以及墙壁，等等。或许我们还可以在一个晴朗的天气跑到户外的开阔地做这个实验，周围的建筑、树木或者脚下的大地都可以当作是确定水旋转与否的"静态"参照物。要是我们在外太空做这个实验，我们还可以将远方的群星选为静态参照物。

于是我们就提出了下面的问题：是不是牛顿根本没理会这种情况呢？我们在生活中常常自然想到的那些相对运动，比如水与实验室、水与大地或者水与群星之间的相对运动，是不是被他漏掉了呢？这样，一些相对运动能否在不引入绝对空间的情况下解释水面的形状呢？这就是马赫在19世纪70年代提出的问题。

为了更全面地体会马赫的观点，发挥一下你的想象力：你正漂浮

---

1. 关于在下文中提到的马赫观点有些需要交代的地方。马赫的某些著作含混不清，而我们提到的某些观点实际上来自另外一些人对马赫工作的解释。一般认为马赫知道有这些解释，考虑到他并未对这些解释提出批评意见，所以人们通常认为马赫本人是同意这些解释的。为了还历史以本来面貌，我每次写出"马赫认为"或者"马赫的想法"时，亲爱的读者，你应当将其视作"马赫提出的一种方法的盛行的解释"。

在外太空，安静，不动，完全感受不到重量。四下一望，你可以看到远方的群星，它们也处于完美的静止状态（真正禅定的时刻）。就在这个时候，恰巧飘过来的某人抓住了你，使你团团转起来了。这时候你会发现两件事。第一件，你的手臂和腿会感受到向外的拉力，要是你不使劲的话，手脚会自然伸展开。第二件，你再盯着群星看的时候，会发现它们不再是静止的了，天际的群星组成了巨大的弧形，绕着你不停地旋转。你这一刻的体验将身体感受到的力与见证相对于群星的运动紧密联系起来。请先记住这件事，我们稍后换个场景再试一次。

再次发挥一下你的想象力：这次你浸在完全空荡荡的空间中，周围漆黑一片，没有星星，没有银河，没有地球，没有空气，总之除了黑暗什么都没有（真正的存在主义的一刻）。这次你开始旋转时有什么感受呢？你还会感到手脚向外伸展吗？我们的日常生活经验告诉我们是这样的：每次我们从不旋转的状态（什么感觉都没有的状态）进入旋转状态的时候，都会感到肢体向外伸展。但是目前我们面临的这种状况是我们中的任何人前所未有的经历。在已知的宇宙中，总有其他物质，有的就在附近，有的远点（比如远方的群星），可以作为各种运动状态的参照物。但是，在现在的这个例子中，绝对没有任何办法可以让你通过与参照物对比来分辨什么是“旋转”，什么是“不旋转”；这里没有任何其他物体。马赫想到了这一点，并且继续前进了一大步。马赫认为，在这种状况下，我们也没办法区分各种不同的旋转之间的差别。更准确地说，马赫认为，在一个完全虚无的宇宙中，旋转与不旋转没有区别——如果没有比较作为基准的话根本无所谓运动或加速——所以旋转与不旋转是完全一样的。如果将牛顿的那两块用绳子拴在一起的石头放到完全空荡荡的空间中，绳子只能是松弛的。如果你在完全空荡的空间中旋转，你的手脚也不会向外伸展，你耳朵中的液体也不会受到任何影响。总之，你什么感觉也没有。

这一想法深奥而微妙。只有在心里面真正把自己想象成是在漆黑凝滞、完全虚无的空间中，你才能真正理解这一想法。这里说的完全虚无一物的空间并不像一间漆黑的房间，在房间里你的脚还能踩在地板上，慢慢适应一会儿之后，你的眼睛还能习惯黑暗，逐渐能够感受到门缝或者窗户缝里透来的微光。我们需要想象出来的空间是真正的虚无一物，什么都没有，连地板都没有，即使慢慢适应了，你的眼睛也什么光亮都看不到。你彻底陷入宇宙的黑暗之中，没有任何物体与你为伴，没有任何物质可以参照。由于没有参照物，马赫论证道，运动以及加速这些概念都不再有任何意义，现在不再是你感受不到自身的旋转那么简单；现在的事实更加基本，在一个空无一物的宇宙中，你究竟是在安静地站着还是在匀速旋转中是完全不可区分的。[1]

当然，牛顿是不会同意这一点的。牛顿宣称即使在空无一物的空间中仍然有空间。尽管空间无形且无法直接触摸，牛顿依然认为它可以作为衡量物体运动与否的参照物。但是别忘了牛顿是怎样得到他的结论的：他对旋转运动的思索是在一个假设下进行的，即大家所熟知的实验室中得到的结果（水的表面凹下去；霍默能感受到桶壁的压

---

1. 我之所以喜欢用人来举例子是因为这样能够一下子把我们正在讨论的物理问题与我们的内在感受联系起来。但是这也带来一个问题，那就是我们的全身都可以随意识活动，所以身体的某个部分可以相对于另外的部分运动——这样带来的效果是我们可以用身体的一部分作为基准来讨论另一部分的运动（比如你可以相对你的头旋转你的手臂）。所以我要强调统一的旋转运动——全身的每个部位都一起运动——来避免不必要的复杂性。所以，当我说到你的身体处于转动状态时，把你的身体想象成像被牛顿绑在一起的石头或者奥运赛场上做出最后一个动作后保持静止的溜冰运动员一样，你全身的每个部位都以相同的速率转动。

力;旋转的时候你的手臂会向外伸展;两块绑在一起飞速旋转的石头中间的绳子被拉紧)在空无一物的空间中同样能够得到。这样的假设引导他去寻找在真空中可以作为运动的参照物的东西,而他所得到的结论是:那个可以用以定义运动的东西就是空间本身。马赫挑战的正是牛顿这一关键假设:马赫认为在实验室中能够得到的结果并不能在完全空无一物的空间中得到。

200年间,马赫原理第一次真正做到了挑战牛顿体系。接下来的很多年里,马赫原理持续着其对物理学界的影响力(其影响甚至超越了物理学界):1909年,弗拉基米尔·列宁在伦敦的时候著有一本哲学小册子,其中就讨论了马赫原理的有关内容[11]。但是,即使马赫是正确的,即在完全虚无一物的空间中没有旋转的概念——这一论述排除了牛顿提出的绝对空间——地球上进行的水桶实验仍然是个未解之谜,水面的确凹了进去。不采用绝对空间的概念的话——如果绝对空间什么都不是——如何解决这一难题呢?这一问题的答案来自对马赫推理的一个简单异议的思考。

马赫、运动及群星

我们来想象一个不同于马赫的想象——并非完全空无一物的宇宙,在这个宇宙中,有一些星星在天际闪闪发光。在这样的环境下你再来进行外太空旋转实验,这时,那些星星——即使由于距离的原因它们只有针孔般大小的微光——就可以用以标定你的运动状态。开始旋转的时候,远方的星光围绕着你转。既然远方的星光已经为你提供了一种可以看到的方式来确定旋转与否,你会觉得自身也可感受到这种区别。但是远方的星星如何才能做到这一点呢？它们的存在与否是如何开启或关闭你感知旋转的能力（或者更一般地说，感知加速与否的能力）的呢？如果在一个只有少数距离很远的星星的宇宙中你能够感受到旋转运动，这是否意味着马赫错了呢？或者，正如牛顿所言，在一个空无一物的宇宙中你仍 能感受到旋转？

对于这一异议，马赫给出了一种回答。根据马赫原理，在一个空荡荡的宇宙中，你不会感受到你是否旋转（更准确地说，根本就没有旋转或不旋转这样的概念）。另一方面，在由群星以及其他我们真实宇宙中存在的事物组成的宇宙中，旋转的时候你会感受到你的手臂及大腿受到一种向外伸展的力的作用（自己试试）。现在就是问题的关键所在了，在一个既不是完全空无一物，又没有我们的宇宙那么多的物质的宇宙中，马赫认为你在旋转时所感受到的力介于零和在我们的真实宇宙中所感受到的力之间。也就是说，你所感受到的力正比于宇宙中物质的数目。在一个只有一颗星星的宇宙中，你在旋转时所感受到的力极小。有两颗星星存在的话，感受到的力会大一点。依此类推，一直到其中的物质与我们的真实宇宙的物质一样多的时候，你在旋转时所感受到的一切会令你十分熟悉。按这种方法，你从加速运动中所感受到的力实际上是宇宙中所有物质的一种累加效果。

当然，这种观点对于所有的加速运动都成立，而不是仅仅适用于旋转。你所乘坐的飞机加速离开跑道的时候，你开的车伴着刺耳的声音刹住的时候，你所乘的电梯开始攀升的时候，马赫的想法告诉你：你所感受到的力是组成宇宙的所有物质的共同影响。如果宇宙中的物质更多，你所感受到的力也应该更大；如果宇宙中的物质更少，你所感受到的力也应该更小。而如果宇宙中没有物质存在的话，那你将什么都感受不到。所以，按照马赫的方式思考，实际上重要的只有相对运动和相对加速度。*仅当你相对于宇宙中其他物质的平均分布加速的时候你才能感受到加速运动。*什么其他物质都没有的话——没有任何可以参考的基准——马赫则认为没法感受到加速运动。

对于大多数物理学家而言，这是在过去150年间关于宇宙的看法中最诱人的一种。令几代物理学家深感不安的那种触不到、抓不着、理解不了的空间，真的就是可以用来作为衡量运动的根本的、绝对的基准吗？对于很多人来说，这实在太荒谬了。至少在科学的意义上，基于某种完全感觉不到的，大大超过了我们的认知范围的，甚至可以说接近神秘的东西来理解运动，这样的做法并不可靠。但是这些物理学家们也同时受困于如何解释牛顿的水桶。马赫的见解之所以能够带来一股兴奋之情完全在于他发现了新解释的可能性，而其中空间并不是关键，马赫的回答把人们再次带回到莱布尼茨所倡导的空间的相对论者观念。在马赫看来，空间——正如莱布尼茨所想的那样——只不过是表示物体之间相对位置关系的语言。就像没有了单词的单词表什么都不是一样，空间也不喜欢独立存在。

马赫与牛顿

我在读大学的时候知道了马赫的想法，马赫原理真是天赐之物。终于，我们有了一个可以将所有的视角等同起来的空间和运动的理论，而所有视角之所以地位相同是因为只有相对运动和相对加速度才有意义。不同于牛顿判定运动的基准——那个不可见的绝对空间，马赫的基准是让所有人都能看见的——那就是遍布于宇宙的物质。我确信马赫原理必是正确的答案。我也发现我并不是唯一一个有这样反应的人，在我之前的很多物理学家，包括阿尔伯特·爱因斯坦，在初次了解到马赫原理的时候便对其一见钟情。

那么马赫真的是对的吗？牛顿真的陷入桶的泥潭而不可自拔以至于得到的是有关空间的孱弱结论？到底是牛顿的绝对空间真的存在，还是历史的钟摆最终摆回到相对论者的一边呢？马赫引入他的想法之后的几十年里，人们无法回答这些问题。问题的关键在于马赫的想法并不是一种完备的理论或者描述，马赫从未能指出宇宙中的物质是如何施加他所提出的那种影响的。如果马赫的观点是正确的，那么远方的星星和你家隔壁的房子是如何在你旋转的时候使你感受到旋转的呢？由于没能提出一种物理机制来实现他的想法，我们很难定量地考察马赫的观点。

以我们现代的角度看来，合理的猜测是，与马赫提出的影响力有关的可能是引力。在马赫提出他的观点之后的几十年里，这种可能性引起了爱因斯坦的注意。在提出自己的引力理论——广义相对论时，爱因斯坦就从马赫的想法中汲取了大量的灵感。当相对论最终尘埃落定时，关于空间是否是一种物质——或者说相对论者和绝对论者的空间观点哪种正确——这一问题，以一种将以前所有看待宇宙的方式全部粉碎的形式再次出现在我们面前。

第 3 章 相对与绝对

空间究竟是爱因斯坦式的抽象，还是物理实体呢

有些发现可以回答某些问题，有些发现则更为深刻，能够以一种全新的角度提出问题，使人们发现之前的神秘之处不过是因缺乏知识而造成的误解。你可能会穷尽一生的时间——很多古人的确如此——来思考地球的边缘是什么样的，或者试图想出是谁或者何物居住在世界的尽头。但当你发现地球是圆的，你会认识到之前的神秘问题没法回答，实际上，那个问题问得并不切题。

20世纪的头20年，阿尔伯特·爱因斯坦得出了两项重大发现，每一项发现都使人类对于空间和时间的认识发生了巨大的变化。爱因斯坦拆除了牛顿建立的严格、绝对的结构，然后以一种前所未有的方式将时间和空间综合起来进而建立了自己的体系。爱因斯坦完成他的工作之后，时间和空间就成了不可分割的统一整体，空间或时间的实在性再也无法通过分别思考空间或时间来得到了。所以到了20世纪30年代末，有关空间的实体存在问题就彻底过时了。按照爱因斯坦式的重组，我们应该问的是：时空是某种事物吗？就是这一小小的修改，使得我们对于实在性的舞台的理解完全换了一种样子。

真空真的是空的吗

在爱因斯坦于20世纪的头几年编写的相对论剧本中，光才是主角。为爱因斯坦那不可思议的洞察力搭建起舞台的正是詹姆斯·克拉克·麦克斯韦。早在19世纪中叶，麦克斯韦第一次发现通过4个强大的方程，人们可以在一个严格的理论框架下很好地理解电、磁及其之间的密切联系。[1] 仔细研究英国物理学家麦克尔·法拉第的工作之后，麦克斯韦写出了这套方程组。法拉第早在19世纪早期就做了成千上万次实验，研究迄今为止仍未完全搞清楚的电和磁的特点。法拉第的关键性突破在于提出“场”的概念，后来被麦克斯韦和其他科学家加以拓展延伸。“场”的概念在前两个世纪的物理学发展中产生了不可估量的影响，并且解释了我们在日常生活中所遇到的许多小秘密。通过机场安检时，你有没有注意到那台机器是怎样做到不接触你却可以探测到你是否携带有金属物品的？做过核磁共振成像（MRI）吗？一台完全在体外的机器究竟是怎样详细地绘制出体内的图像的？就算你完全不动手，指南针的针头也会自动指向北方，这是怎么回事呢？指南针这个问题与地球的磁场有关。事实上，前两个问题也可以用磁场的概念加以解释。

我见过的最好的感性认识磁场的方式就是小学课堂里的演示：铁屑在条形磁铁附近的分布。轻微的震荡后，铁屑以规则的弓形排列，起于磁铁的北极，止于磁铁的南极，就像图3.1所示。铁屑的分布就是一个直接的证据，它说明磁铁创造了一种存在于周围空间的、不可见的物质——这种物质可以对金属碎屑这样的东西有力的作用。这种不可见的物质就是*磁场*，根据我们的直觉，它类似于可以充满某片空

图3.1 铁屑在条形磁铁附近的分布描绘出了磁场的分布

间的薄雾或香气，并可以作用于磁铁物理范围之外的物体。磁场与磁铁的关系就如同战场与指挥官，或审计员与国税局：影响远在它们的物理范围之外，它允许力在场中作用于其他物体。而这也是磁场被称作力场的原因。

磁场弥漫于空间的能力使其非常有用。机场金属探测器的磁场透过你的衣服，使你带着的金属物体也发出其自己的磁场——这些磁场反作用于探测器，从而使它发出警报。MRI的磁场透过你的身体，使体内特殊的原子以适当的方式旋转并产生它们自己的磁场——然后这些磁场被探测器探测到，解码成一幅内部组织图。地球的磁场透过指南针的外壳，使指针发生偏转，指向北方，这是由于长年地球物理学过程，使地球磁场方向基本与南北极方向相符。

磁场是一种我们很熟悉的场，但法拉第还分析研究了另一种场：*电场*。正是由于这种场的存在，羊毛围巾发出噼里啪啦放电的声音；我们接触金属门把手后，与毛毯接触就会发出吱吱的声音；在一个电闪雷鸣下着暴雨的晚上，我们站在山顶上时会有皮肤刺痛的感觉。如果你碰巧在风雨交加的晚上看指南针，磁针偏转的方向和周围电闪雷鸣的环境就会启示我们：电场和磁场之间存在着深层次的联系——电场与磁场之间的联系是由丹麦物理学家汉斯·奥斯特首先发现的，后来法拉第又勤奋地做了很多实验对其进行进一步研究。这就像股票市场的发展会影响债券市场，反过来债券市场也会对股票市场产生影响一样，科学家们发现，电场的变化会使附近的磁场发生变化，而磁场的变化也会造成电场的变化。麦克斯韦发现了这种联系的数学基础。因为麦克斯韦的方程表明电场和磁场之间是可以相互纠缠的，就像拉斯塔法里教的长卷发[1]互相纠结在一起那样，最终它们被命名为*电磁场*，电磁场可以通过*电磁力*作用于其他物体。

今天，我们长久地生活在电磁场的海洋中。手机和汽车广播在无限宽广的空间内工作着，因为电信公司和广播站的电磁场充斥着广阔的空间。无线网络连接环绕在我们身边，电脑从震荡在我们周围的电磁场——事实上，这些电磁场也穿过了我们——中采集信息形成了整个万维网。当然，在麦克斯韦时代，电磁场技术还没有充分发展起来，但是科学家们已经公认了麦克斯韦的伟大成就：麦克斯韦通过场的理论指出尽管电和磁是有区别的，但它们实际上是一种物理实体的不同方面。

后来，我们遇到了各种各样的场——引力场、核子场、希格斯场，等等——我们越来越认识到场对于现代物理学定律的形成起着十分

---

1. 拉斯塔法里教派，宣扬牙买加政治家加尔维（M. Garvey）的主张，认为黑人要反压迫必须回到非洲。长发是该教的一个标志。——译者注

关键的作用。但到现在，在我们讨论的领域中，关键性的下一步也归功于麦克斯韦。麦克斯韦进一步分析他的方程后发现，变化的电磁场以波的形式传播，速度为300000千米每秒。这正是其他实验所发现的光的传播速度，麦克斯韦意识到光也属于电磁场，它可以作用于我们视网膜上的化学物质，从而使我们产生光感。麦克斯韦得出了举世瞩目的伟大发现：他将磁铁产生的力、电荷产生的力，以及在宇宙中所能看到的光联系起来——但这就提出了一个更为深刻的问题。

当我们说光速是300000千米每秒时，经验以及前面的讨论告诉我们，如果没有参照物的话，这种说法将毫无意义。有趣的是，麦克斯韦只给出了这个数值而并未提到任何参照物。这就像是某人说在北部的35千米外有个聚会，却没有参照坐标，没有说明是*哪儿*的北部。包括麦克斯韦在内的很多物理学家，试图用类似于下面的方式来解释方程中的速度：我们熟悉的波，比如海洋的波或声波，是在物质或者说介质中传播的。海洋中的波涛是在水中传播的，声波是在空气中传播的，这些波的速度都是*相对于介质而言的*。当我们说声波在房间中的速度是340米每秒时（也就是通常所说的1马赫，这里的马赫来自我们在前面提到过的欧内斯特·马赫），我们想要表明声波在空气中是以上述速度传播的。于是很自然的，那时的物理学家推测光波——电磁波——也是在某种特殊的介质中传播的，虽然这种介质从未被人探测到，但它肯定是存在的。这种看不见的传播光的物质被命名为*光以太*，或*以太*；后者是一个古老的术语，亚里士多德曾用它来描述一种可以包罗万象的神奇物质，在想象中，天国的东西就是由它做成。为了使该说法与麦克斯韦的结果一致，有人提出他的方程暗示着采用了相对以太静止的物体作为参照物。他的方程中的300000千米每秒，就是光相对于静止以太的速度。

正如你所看到的那样，光以太和牛顿的绝对空间存在着惊人的相似性。它们都起源于提供一种参照物以定义运动的尝试；加速运动导致了绝对空间的概念，光的运动导致了光以太的概念。事实上，许多物理学家认为以太是圣灵——亨利·摩尔、牛顿和其他科学家认为的充满绝对空间的圣灵——的实际替身（牛顿和他同时代的科学家曾用"以太"描述过绝对空间）。但实际上以太是什么呢？它是由什么构成的？它来自哪里？它存在于每个地方吗？

这些关于以太的问题与几个世纪以来关于绝对空间的问题一样。但是，虽然关于绝对空间的完整的马赫式检验需要在全空的宇宙中旋转，但物理学家们却能提出可行的实验确定以太是否真的存在。比如说，当你游向迎面而来的浪花时，波浪向你移动的速度加快了；当你游向浪花的相反方向时，波浪向你移动的速度减慢了。类似的，当你穿过假设中的以太朝向或背离光波移动时，按照同样的推理，光波向你移动的速度比300000千米每秒加快或减慢了。1887年，阿尔伯特·迈克耳孙和爱德华·莫雷测量了光速。经过一次次实验，他们发现，*不管他们做什么运动，也不管光源做什么运动*，光速总是300000千米每秒。人们想出各种各样的巧妙说法以解释这个结果。有些人说，或许实验者是在不知情的情况下，在移动时拖曳以太与他们一起运动。有些人则大胆地猜测，或许实验设备穿过以太时变得不太正常，从而毁了实验。最后，直到爱因斯坦提出他革命性的理论，人们才终于弄清楚如何解释迈克耳孙-莫雷实验。

相对的空间，相对的时间

1905年6月，爱因斯坦发表了一篇题为《运动物体的电动力学》的论文，彻底结束了光以太的历史。仅仅一击，它就永远改变了我们对空间和时间的理解。1905年4月和5月，经过5个星期的高强度研究工作，爱因斯坦的思想在这篇论文中最终成型，这个问题烦扰了他将近20年。还在少年时代，爱因斯坦就在考虑这样一个问题，假如你以光速奋力追赶光，那光波看起来将会是什么样子。因为你和光都以相同的速度飞快地穿过太空，你将和光保持同样的步伐。爱因斯坦的结论是，这样以你为参照物的话，光是不运动的。如果你伸出手去，就可能抓到一把不运动的光，就像你抓住从天空中飞落的雪花一样。

但问题是，麦克斯韦方程不允许光处于静止状态——光不能看起来不动。而且很明显，没有任何可靠报告说过人能抓住一把静止的光。因此，年轻的爱因斯坦就问，我们的推理究竟是哪里发生了矛盾呢？

10年后，爱因斯坦用他的狭义相对论给了我们一个答案。虽然关于爱因斯坦的发现的理性根源有许多争论，但毫无疑问的是，他对于简易性不可动摇的信念在他发现狭义相对论的过程中起了非常重要的作用。爱因斯坦知道至少有一些实验没有探测到以太的存在。[2] 既然这样，我们为什么非要试图找出实验的错误呢？相反，爱因斯坦认为，从最简单的方面思考：这些实验没有找到以太是因为以太根本就不存在。因为麦克斯韦的方程描述了光的运动——电磁波的运动——不需要任何介质，实验和理论都得出了相同的结论：光，不像我们曾经遇到过的任何一种波，它不需要介质就可以传播。光是一位孤独的旅行者，光可以在真空中穿行。

但是我们是如何根据麦克斯韦的方程得出光速是300000千米每秒的？如果没有以太作为基准的话，那这个速度又是从何而来的？又一次，爱因斯坦颠覆了传统，最终用简单性回答了这个问题。如果麦克斯韦的理论没有使用任何静止的参照物，那最直接的解释就是我们根本不需要参照物。爱因斯坦解释道："光速相对于任何物体而言，速度都是300000千米每秒。"

这种说法显然相当简单，它非常符合爱因斯坦的座右铭："使一切事情尽可能简单化，除非不能更简单。"这个问题看起来有点疯狂。如果你追着一束光跑，常识告诉我们以你为参照物的话，光速比300000千米每秒要慢。反之，如果你朝着光跑，常识告诉我们光速比300000千米每秒要快。在其一生中，爱因斯坦总要挑战常识，这次也不例外。他有力地论辩道，不管你跑得有多快，也不管你是朝着光跑还是背离光跑，你测量到的光速将总是300000千米每秒——不会比这多，也不会比这少。这当然就解决了困扰过少年爱因斯坦的问题：麦克斯韦的理论不允许静态的光存在，因为光永远都不会静止；不管你处于何种运动状态，你朝着光跑或是背离光跑，或者静止不动，光速都不会发生变化，它总是300000千米每秒。但是，我们不禁要问，光为什么会有这么奇怪的现象呢？

先考虑一下速度。速度是通过某物运动的距离除以通过该距离所用的时间而得到的，它是对空间（运动的距离）的测量与对时间（该段路程的运动时间）的测量的比值。从牛顿的时代起，空间被看成是某种绝对存在，某种“与外界的任何物质无关”的存在。因此，空间的测量和空间间隔都是绝对的：不管测量空间中两个物体之间距离的是谁，只要他认真测量，所得到的答案都是一致的。虽然我们没有直接这样说过，但牛顿宣称时间也是如此。牛顿在《自然哲学之数学原理》一书中用他以前描述空间的语言来描述时间：“时间的存在和流逝与外界的任何事物无关。”换句话说，牛顿认为，存在着一个普适的、绝对的时间概念，这样的时间概念可用于任何地点、任何时刻。在牛顿式的宇宙里，不管测量某件事所用时间的人是谁，只要他认真测量，所得到的结果都应是一致的。

这种关于时间和空间的假说与我们在日常生活中的体验一致。正是以这样的常识为基础，我们才会说，如果我们追着光跑，光速看起来将会减慢。为了搞清楚这个观点，我们来想象一下巴特，他曾有一个核动力的溜冰板，他决定用来做终极挑战——追着光跑。虽然当他看到溜冰板的极限速度是800000000千米每小时时有点失望，但他决定还是做出他的惊人举动。他妹妹站在准备好的激光前，从11开始倒数（11是她的偶像叔本华最喜欢的数字）。等数到0时，巴特和激光飞奔出去。莉莎看到了什么呢？过去的每小时里，莉莎看到光移动了1080000000千米，而巴特只走了800000000千米，这样莉莎就得出结论，光每小时都比巴特多走280000000千米。现在我们再来看一下牛顿的理论。他的观点表明莉莎关于空间和时间的观察是绝对的、普遍的，任何人做这个实验都可以得到相同的答案。对于牛顿而言，有关运动在空间和时间中的这些事实，就和2乘以2等于4一样都是客观的。按牛顿的说法，巴特会同意莉莎的看法，他会说光波每小时比他多走280000000千米。

但是回来后的巴特说，他完全不能同意这种看法了。他沮丧地说，不管他做什么——不管他怎样推溜冰板——他看见的光速总是300000千米每秒，一点也不少。[3] 如果你不相信巴特，可以去看看过去100年间数以千计的设计精妙的实验。这些实验都是利用移动的光源和接收者来测量光速，而所有的结果在很高的精度上支持巴特的观测事实。

为什么会这样呢？

爱因斯坦指出，这个答案符合逻辑，而且是对我们到目前为止的讨论内容的深度拓展。巴特对距离和时间间隔的测量——巴特用来搞清楚光比他快多少所需要的信息——一定不同于莉莎对距离和时间间隔的测量。想一下，因为速度无非是距离除以时间，对于巴特而言，在光比他快多少这个问题上，没有理由得出一个不同于莉莎的结果。因此，爱因斯坦得出结论：牛顿关于绝对空间和时间的观念是错误的。爱因斯坦意识到相对于彼此运动的实验家们，就像巴特和莉莎，在空间和时间的测量上，是不会得出相同的结果的。关于光速的这种令人费解的实验数据只能通过空间感和时间感上的不一样来解释。

狡猾但不恶毒

空间和时间的相对性是一种令人惊奇的结论。我已经了解它25年了，但即使是现在，每当我坐下来静静地思考它时仍会感到迷惑。从光速恒定这一乏味的说法中，我们可以得出这样的结论：*空间和时间是针对旁观者的角度而言的*。我们每个人都有一个自己的时钟；对于时间的流逝，我们每个人有自己的认识。每个人的时钟都一样精确，但若我们相对于其他人运动的话，这些时钟就会不一致。它们是不同步的；用它们测量两个给定事件之间流逝的时间，不同的时钟测得的量是不一样的。对于距离也是一样的。我们每个人都有自己的准绳，对于空间中的距离，我们每个人有自己的认识。每个人的准绳都同样精确，但当我们相对于其他人运动的时候，这些准绳就会不一致；用它们测量两个定点之间的距离，不同的准绳测得的量是不一样的。如果空间和时间不是这样的话，光速就不恒定了，它将取决于观测者的运动状态。但光速*是*恒定的，空间和时间*确实是*这样的。空间和时间以精确的方式互相补偿，从而使得人们测量光速时总是得到同样的结果，无论观测者的速度怎样都是如此。

定量上精确地找出空间和时间的测量结果究竟有何不同是非常棘手的，但所需要的却只是高中水平的代数而已。使爱因斯坦的狭义相对论富于挑战性的并不是数学的深度，而是由于他观点上的与众不同，且不符合我们的日常生活经验。但只要爱因斯坦参透了关键的一点——需要打破200多年来牛顿关于空间和时间的观点——完善整个理论的细节之处就将没有任何难度。在每次测量光速都能得到同样结果的前提下，爱因斯坦能够精确地算出两个不同观测者在空间和时间的测量上的差别究竟有多大。[4]

为了更深刻地理解爱因斯坦的发现，让我们再来想想巴特，他曾经激情满怀地拿出了他那最高时速可达65千米的滑板。如果他向着北方高速运动——朗读、吹口哨、打哈欠，或者偶尔在马路旁张望，然后消失在往东北方向去的高速路，那么他朝北运动的时速将小于65千米。原因很明了。刚开始，他所有的速度都是贡献于向北的运动，但是当他转向时，一部分速度贡献给了向东的运动，只留下一部分贡献于向北的运动。这个相当简单的例子实际上帮助我们抓住了狭义相对论的核心内容。以下是解释：

我们习惯于认为物体可以穿越空间，事实上另一种运动也非常重要：物体也可以穿越时间。举个例子来说，腕上的手表、墙上的时钟都显示着时间在滴滴答答地溜走，这就意味着你和你周围的一切事物都在不断地穿越时间，不停地从一秒到下一秒。牛顿认为穿越时间的运动完全不同于穿越空间的运动——他认为这两种运动之间不存在什么联系。但爱因斯坦却发现它们紧密相连。事实上，狭义相对论的革命性发现在于：当你注视某物，比如一辆静止的车时，以你作为参照物的话它是静止的——没有穿越空间，也就是说——这辆车的所有运动仅是穿越时间。车、司机、马路、你以及你的衣服都在同时穿越时间：一秒接着一秒，时间在滴答声中均匀地溜走。但是如果车开走了，它的一部分穿越时间的运动将转换成穿越空间的运动。这正如巴特将一部分向北的运动转换成向东的运动，从而使得向北运动的速度减慢了一样；车子的一部分穿越时间的运动转换成了穿越空间的运动，从而使车穿越时间的运动的速度减慢了。也就是说，汽车穿越时间的运动减慢。因此，相比于静止的你我而言，运动中的汽车和司机所感受的时间流逝要慢一些。

简而言之，这就是狭义相对论。事实上，我们可以更加精确地、一步步地描述这个过程。由于设备问题，巴特只好把时速限制在65千米。这在整个过程中是非常重要的，因为当他转向东北方向时，如果可以加速，它就可以弥补在转速中损失的速度，从而维持朝北的速度。但是由于这个限制，不管他如何努力加速，他的整个速度——北部和东部两个方向的合速度——仍然保持在最多65千米每小时。这样一来，当他把方向向东转一点，当然会减慢向北的速度。

狭义相对论提出了一个适用于所有运动的简单原则：*任何物体穿越空间和穿越时间的合速度总是精确地等于光速*。仅凭直觉你可能不会接受这种观点，因为我们都已经习惯了只有光才能以光速运行。但是这个众所周知的说法*指的只是穿越空间的运动*。而我们现在的讨论与此有关，但更加复杂：一个物体穿越空间和时间的合速度。爱因斯坦发现一个关键的事实：这两种运动总是互补的。当你刚才注视的那辆静止的车开走时，真正发生的情况是穿越时间的运动的一部分速度转换成了穿越空间的运动速度，但*保持合速度不变*。这样的转换无疑意味着汽车穿越时间的运动将会减慢。

我们再来看看刚才那个例子，当巴特以时速800000000千米的速度运动时，如果莉莎能看到巴特戴的手表，她将会发现巴特手表的运转速度是她自己戴的手表的2/3。换句话说，莉莎的手表每过3小时，巴特的手表将只过2小时。他在空间的快速运动大大减慢了他穿越时间的速度。

而且，当穿越时间运动的所有速度都转化为穿越空间运动的速度时，将达到穿越空间的最大速度，即光速——这样我们就能理解为什么不可能以大于光速的速度在空间运动。光在空间总是以光速运动，光的特别之处就在于它总能完成这样的转换。就像只向东行驶中的汽车不需要有向北的速度，光的所有速度都贡献于空间运动，而在时间上无运动！当物体在空间中以光速运动时，时间就停止了。如果光粒子戴有表的话，那这个表将完全不动。光实现了庞塞·德·莱昂和宇宙工业的梦想：它没有年龄。[5]

说得更清楚一点就是，当速度（穿越空间）只比光速小一点时，狭义相对论的效应最明显。但我们所不熟悉的，穿越空间和穿越时间的运动之间的互补性，总是适用的。速度越小，与相对论之前时代的物理——也就是说，物理常识——之间的偏差就越小；但偏差虽然小，却必然是存在的。

真的就是这样。这并不是巧妙的文字游戏、诡辩或者心理上的幻象。宇宙实际上就是这样运行的。

1971年，约瑟芬·海福乐和理查德·基廷乘坐一架商业喷气机飞越了整个世界，飞机上带有当时技术水平所能达到的最精确的铯束原子钟。当他们把飞机上的钟和静止在地面上的钟相比较时，发现飞机上的钟比地上的钟走得慢。尽管差别很微小——1秒钟的几百亿分之一——却与爱因斯坦的发现一致。我们不可能找到比这更能说明问题的证据了。

1908年，传言有更新更精确的实验发现了以太存在的证据。[6]如果这些传言是真的话，就将意味着存在着绝对的静止标准，爱因斯坦的相对论是错误的。听到这个传闻，爱因斯坦回答道："上帝是狡猾的，但他并不恶毒。"窥探大自然的奥秘，弄清空间和时间的本质是一项非常具有挑战性的工作，它几乎打败了除爱因斯坦外的每个人。但是，允许这样一个令人惊奇而优美的理论存在，但又不让它与宇宙有任何联系，无疑是很恶毒的。相信这些实验的话，爱因斯坦的理论就不复存在了；但爱因斯坦根本不相信这些实验。爱因斯坦的信心绝非空中楼阁。这些实验最终被认定是错误的，光以太从此便从科学发现中销声匿迹了。

但是桶呢

对光而言，这当然是一个很利落的理论。理论和实验都认为光的传播不需要介质，无论光在什么样的介质中传播，也不论人们如何观测，光的速度总是恒定不变的。所有的观测点的地位都是一样的，没有绝对的或首选的静止标准。很好。但是我们前面提到的水桶实验中的桶呢？

记住，虽然许多人都由于信任了牛顿的绝对空间，而把光以太看作物理实体，但它却与牛顿 为什么引进绝对空间没有关系。相反，在与一些诸如旋转的桶这样的加速运动奋战之后，牛顿没有选择，只能引进一些无形的背景以使运动可以被明确地定义。对付了以太，却没能对付得了水桶，那么爱因斯坦和他的相对论是如何处理这个问题的呢？

好吧，说真的，在狭义相对论中，爱因斯坦的关注点集中于一种特殊的运动：匀速运动。直到10年之后的1915年，爱因斯坦才通过他的广义相对论，得以全面地把握更为普通的加速运动。虽然如此，爱因斯坦和其他人还是一而再地用狭义相对论来思考旋转运动的问题。他们认为，正如牛顿而不是马赫认为的那样，即使在一个全空的宇宙里，你也可以感受到来自旋转的外推力——霍默会感受到旋转的桶的内壁的压力，旋转的石头之间的绳将由于被拉直而富有张力。[7] 没有了牛顿的绝对空间和时间，爱因斯坦应该如何解释这一切呢？

答案令人惊奇。尽管名字是相对，但爱因斯坦的相对论并没有预先声明一切事物都是相对的。狭义相对论确实声称*某些*事情是相对的：速度是相对的；空间之间的距离是相对的；持续时间是相对的。但狭义相对论实际上引进了一种全新的、颠覆性的绝对概念：*绝对时空*。对于相对论而言，绝对时空是绝对的，正如对于牛顿而言，绝对的空间和绝对的时间是绝对的。部分由于这个原因，爱因斯坦并不建议使用或者特别喜欢"相对论"这个名字。相反，他和其他物理学家建议用*不变性理论*这个名字，以便强调这样的理论，究其本质，乃是与那些对于每个人都一样的事物，而不是*相对的*事物有关的理论。[8]

绝对时空是水桶故事非常重要的下一章，这是因为，即使在定义运动时放弃所有的物质基准，狭义相对论的绝对时空还是能提供某些东西，使得物体可以相对于它们加速运动。

雕刻空间与时间

我们来看一个例子，想象一下玛吉和莉莎，为了追求生活质量，一起注册了伯恩斯学院开设的有关城市重建的拓展课程。她们首次的作业是，重新设计斯普林菲尔德的大街小巷，而且要服从两个要求：第一，街道的网格构成必须使翱翔核纪念碑恰巧位于网格中心，即在第五大街和第五大道交界处；第二，设计必须用100米长的大街，100米长的大道要垂直于大街。就在上课之前，玛吉和莉莎对比她们的设计，意识到一些事情完全搞错了。在合理地设计坐标图以使纪念碑位于中心后，玛吉发现Kwik- E-Mart位于第八大街和第五大道，核电厂位于第三大街和第五大道，如图3.2（a）。但是在莉莎的设计中，位置完全不同：Kwik-E-Mart位于第七大街和第三大道的拐角处，核电站位于第四大街和第七大道，如图3.2（b）。很显然，有一个人犯了个错误。

经过一番思考之后，莉莎意识到是怎么回事了。她和玛吉都是对的，她们只是为她们的大街和大道的坐标图选择了不同的方位。玛吉的大街和大道垂直于莉莎的；她们的坐标图相对于彼此旋转了；她们把斯普林菲尔德切割成两种不同形式的大街和大道［如图3.2（c）］。这个课程很简单，但是很重要。关于如何把大街和大道组成斯普林菲尔德存在着一定的自由性，没有“绝对的”大街和“绝对的”大道。玛吉的选择和莉莎的一样有效——或者说其他可能的方向都是有效的。

当我们把时间画进图片里时也请记着这个观点。我们思考时习惯于把空间作为宇宙的舞台，但在*某段时间内*，物理过程发生在空间的某些区域。比如说，想象一下傻猫和坏鼠[1]正在进行一场决斗，如图

1.《傻猫和坏鼠》为美国流行动画片《辛普森一家》中的风靡于少年儿童中的卡通片，其中主角为傻猫和坏鼠。——译者注

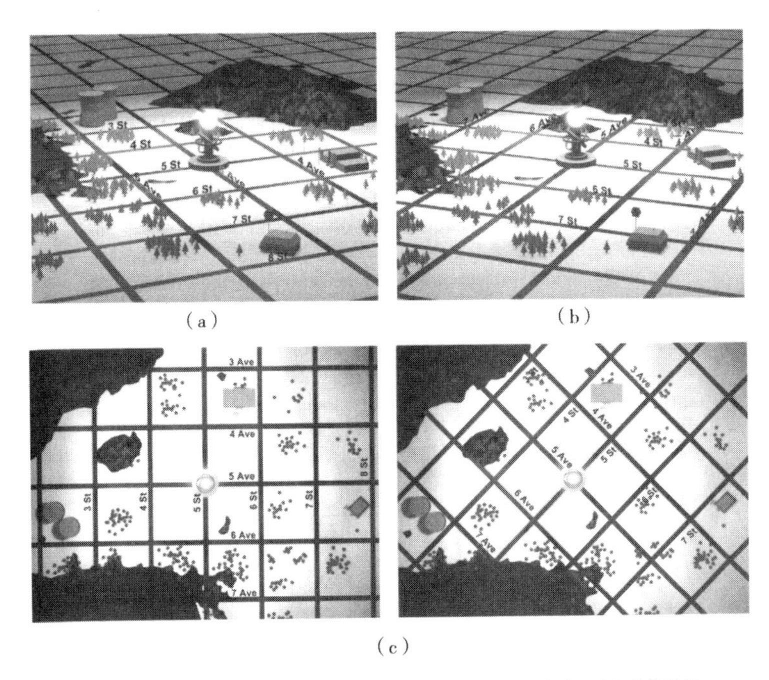

（a）　（b）

（c）

图3.2　(a)玛吉的街道设计。(b)莉莎的街道设计。(c)玛吉和莉莎的街道林荫大道设计全景。她们的坐标图方向旋转了

3.3(a)，发生的事件正按时间顺序以旧时代翻页相册的形式记录下来。每一页都是一个“时间片”——就像电影胶片中静止的每一帧——它显示了在某一时刻的某一区域发生了某件事情。我们翻到不同的页数就可以看到在不同的时刻发生了什么。[1]（当然，空间是三维的，相册是二维的，但我们可以把思维和相册简化一下。）理清一下术语，在一段时间内的空间区域被称为 时空区域；你可以认为时空区域是某一段时间内某个空间区域内发生的所有事情的记录。

---

1. 像翻页相册的页数一样，图3.3中的页数只显示了代表性时刻。这就提示我们时间是否可以分离或是无限分割的。稍后我们将回到这个问题，但现在先想象一下时间是可以无限分割的，这样我们的翻页相册就可以在图中显示的时间片中插入无数页。

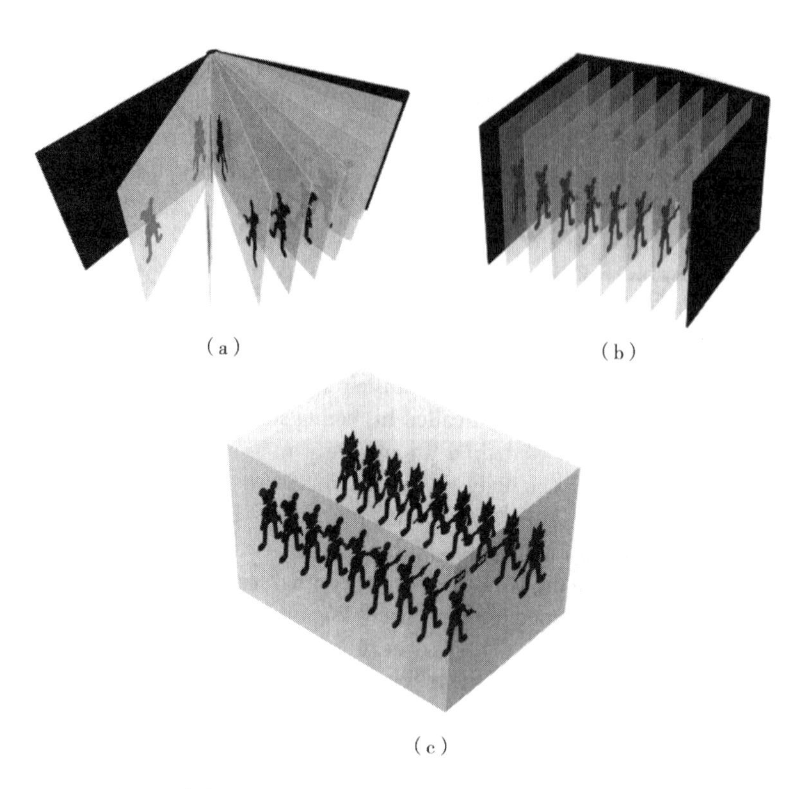

(a)

(b)

(c)

图3.3 (a)决斗的翻页相册。(b)扩展装订的翻页相册。(c)包含决斗的时空模块。页码或"时间片"在模块中组织了事件。时间片之间的空间清晰可见；它们并不意味着时间是分离的，这个问题我们稍后再述

现在，我们来看看爱因斯坦的数学教授赫曼·闵科夫斯基的洞察力（他曾把他的年轻学生叫作一只懒狗），他把时空区域看作实体：把完全的翻动画册看作拥有自己版权的物体。如图3.3（b），想象一下我们扩展了翻动画册的装订，就像图3.3（c），所有的页数都是完全透明的，这样你就会发现一本包含了在某个给定时刻发生的所有事情的书。从这个角度来看，这些页可以被看作是提供了一种组织模块内容的便利方式——即组织时空事件。就像大街-大道坐标图通过标出大街

和大道地址，可以很轻易地帮助我们使定位具体化一样，把时空板块分割成一页页可以使我们很轻易地具体化事件（坏鼠射击，傻猫被打，等等），通过给出事件发生的时间——事件发生的那一页，事件发生的具体地点在那一页有具体的描述。

关键在于：就像莉莎意识到把空间区域分割成街道的等效方式不止一种，爱因斯坦意识到把时空——图3.3（c）中那样的时空条——分割成不同时刻不同区域的等效方式也不止一种。图3.3（a）、（b）、（c）中的页——再说一遍，每一页代表一个时刻——*所画出的只是许多种可能的分割方式中的一种*。这听起来只比我们对空间的直观感受拓展了一点点，但这一点点却是扭转我们几千年来固有的最基本直觉的基础。1905年以前，人们都认为时间的流逝对每个人来说都是一样的；大家对发生在哪一时刻的事情都会有相同的看法；因此，对于时空画册的某一页上发生了什么，大家都会有相同的看法。但是当爱因斯坦意识到相对运动的两个观测者的时钟不同时，所有的一切都变了。相对于彼此运动的时钟不再同步，因此有不同的同时性概念。图3.3（b）中的每一页，只是某一个观测者按他或她自己的时钟上的某个时刻记录下来的发生在空间中的所有事件。而相对于第一个观测者运动的另一个观测者将会发现，某一页上的所有事件并非同时发生。

这就是*同时性的相对论*，我们可以直观地感受到它。想象一下傻猫和坏鼠，手中都拿着手枪，对峙在长长的正在移动的火车两端，一个裁判在车上，而另一个在月台上。为了使决斗尽可能的公平，所有人都同意放弃三步规则，取而代之的是当一小排火药在他们中间爆炸时，决斗者将开始动手。第一个裁判，阿布，点燃了火药抛向空中，然后返回来。当火药发亮爆炸时，傻猫和坏鼠开始开火决斗了。由于傻猫和坏鼠离火药的距离相同，阿布认为闪亮的一刹那发出的光到达他们的时间是相同的，所以他就举起了绿旗声明这个决斗是公平的。但是另一个站在月台上的裁判马丁，抱怨这是不公平的决斗，他认为傻猫比坏鼠先看到爆炸发出的光信号。他解释说因为火车向前开，坏鼠是朝向光前进的，而傻猫是远离光而去的。这就意味着光到达坏鼠不用走那么远，因为坏鼠自己就会向光靠近；而光到达傻猫需要走得更远一些，因为傻猫会远离光运动。因为从任何一个人的角度看光速都是不变的，所以马丁认为光需要更长的时间才能到达傻猫，因此，这样就使决斗不公平了。

谁是正确的？阿布还是马丁？爱因斯坦给出的答案出人意料：他们都对。虽然两个裁判的结论不同，但每个人的观测和推理都没有错误。就像球棒和球，它们对于事件顺序有各自不同的视角。爱因斯坦令人震惊的发现在于，由于各方视角不同，因而导致各方对同时发生的事件会做出不同但同等有效的解释。当然，就日常的速度如火车的速度而言，这个差别是非常小的——马丁认为傻猫看到光的时间比坏鼠要慢万亿分之一秒——但要是火车开得更快，接近光速，那时间上的差异就会变得重要起来。

想想这对于时空画册意味着什么。由于相对于彼此运动的观测者对同一时间发生的事情达不成一致，所以每个人把时空条切成片的方式就会不同——每一片包含的是对某个观测者而言，在某一时刻发生的所有事情。相对于彼此运动的观测者以不同却同样有效的方式把时空条分割成页，分割成时间片。莉莎和玛吉从空间中发现的道理，正是爱因斯坦从时空中发现的。

调调角度

街道坐标图和时间片之间的类比可以进一步深究。就像莉莎和玛吉的设计由于坐标的旋转而不同，阿布和马丁的时间片，他们的翻页相册页——包含了时间和空间——也由于旋转而不同。这在图3.4（a）和3.4（b）中阐释得很清楚，马丁的时间片相对于阿布的发生了旋转，这使得他认为决斗是不公平的。细节的不同在于玛吉和莉莎的设计中的旋转角度只是一个设计上的选择，而阿布和马丁的切片之间的旋转角度是由他们的相对速度决定的。不用花多大的力气，我们就能弄清楚是什么原因。

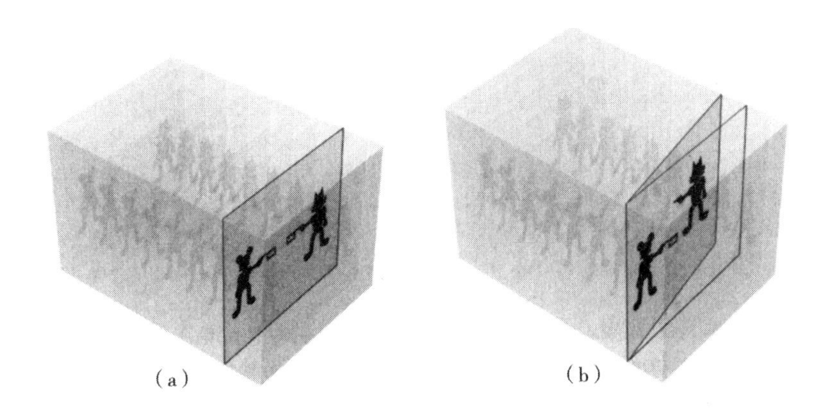

图3.4 （a）阿布的时间片。（b）马丁的时间片。
他们两人处于相对运动中。他们穿越时间和空间的切片由于旋转了一个角度而不同。根据火车上的阿布所言，决斗是公平的；根据月台上的马丁所言，决斗是不公平的。两种观点都同样有效。在（b）中，着重强调了他们穿越时空的切片的不同角度

想象一下，坏鼠和傻猫和解了。他们不再射击对方，只是想确保火车前面和后面的钟完全同步。由于他们与火药的距离是相同的，他们就进行了下列的计划。他们同意把他们的钟都调到中午，就像他们都看到火药爆炸发出的光一样。从他们的角度来看，光运行相同的距离到达他们，由于光速是恒定的，因而光同时到达他们。但是就像之前的推理，马丁和其他在月台上的人都看到坏鼠是朝着光走去而傻猫是远离光而去的，因此坏鼠看到光的信号要比傻猫早一点。月台上的观测者们也因此得出结论：坏鼠把钟调到12：00的时间要比傻猫早，所以坏鼠的钟比傻猫的要快一点儿。举个例子，对于一名马丁这样的月台上的观测者来说，当坏鼠的钟是12：06时，傻猫的钟可能只有12：04（相差的数值取决于火车的速度和长度；火车越长，速度越快，差异就越大）。但是，从在火车上的阿布和其他人的角度来看，坏鼠和傻猫根本就是同时进行这一动作的。虽然很难接受，但这并不矛盾：*处于相对运动中的观测者并未在同时性上达成一致——即他们对于同一时间发生的事情并没有达成一致。*

这就意味着从火车上的人的角度看，画册中的一页，里面包含了他们认为是同时发生的所有事情，比如坏鼠和傻猫同时调整钟；但从月台上的观测者看来，那一页中的事件却应当属于*不同*的页（在月台上的观测者看来，坏鼠要比傻猫早调钟，因此从月台上的观测者的角度看，这些事件应该在不同的页上）。从火车上的观测者的角度来看发生在单独一页上的事件，对于月台上的观测者而言却是发生在不同的页上。这就是为什么马丁和阿布在图 3.4中的时间片相对于彼此发生了转动：从一个观测者的角度看属于同一时间片上的事情，从另一个观测者的角度看就可能属于不同的时间片。

如果牛顿关于绝对空间和绝对时间的观点是正确的，那么大家将认同单独的一张时空片，每一片将代表绝对时间中某一特定时刻的绝对空间。但世界就是这样运转的，从牛顿式的僵化到爱因斯坦新发现的弹性，这样的转变使我们的看法发生了变化。我们不再把时空看作一本不可改变的翻页册，有时有必要把它看作一块巨大的新鲜面包。这就代替了构成一本书的固定页数——牛顿时代固定的时间片，见图3.5（a）。你可以从不同的角度把面包切成平行的切片，从观测者的角度来看，每一片面包代表着某一时刻的空间。但是如图3.5（b）所描述的那样，另一个相对于该观测者运动的观测者，将会从不同的角度来切时空面包。这两名观测者的相对速度越大，他们各自切片的角度差就越大（就像在注释中解释的那样，光速设定的速度极限，使这些切片的最大旋转角度为45度[9]），观测者在同一时间报告的事件的差异就越大。

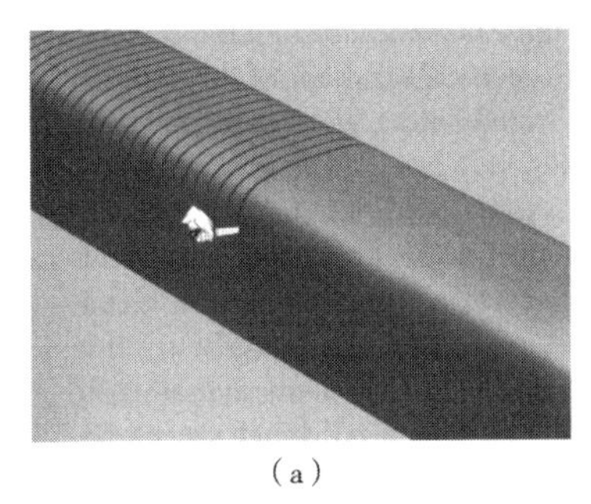
（a）

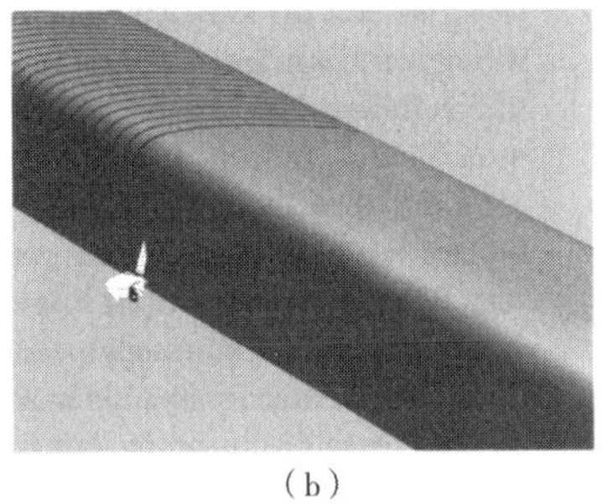
（b）

图3.5 就像一块面包可以从不同的角度切成片一样，时空模块可以被处于相对运动中的观测者从不同的角度切成“时间片”。相对速度越大，角度就越大（由于任何速度都不可能超越光速，最大角度只能是45度）

桶，狭义相对论的观点

理解时间和空间的相对性需要我们思想上的剧变。但有重要的一点，前面提到过但现在用面包来讲，我们不应该忘记：*并不是相对论中的每一件事情都是相对的*。即使你我想以不同的方式切割一块面包，我们仍有可以达成一致的东西，那就是面包的整体性。虽然我们的切片有可能不同，但如果我们同时把切片组合起来，我们将得到相同的面包。为什么会是这样呢？因为我们要切的是同一块面包。

同理，在连续的时间内所有空间切片的完整性，从任意观测者的角度看（见图3.4），都会保证得到同样的时空区域。不同的观测者可以用不同的方式来切割时空区域，但时空区域本身，就像面包一样，有独立的存在性，因此，虽然牛顿肯定是错误的，但他的直觉——总有一些东西是绝对的，总有一些每个人都会认同的东西——不会完全被狭义相对论否定。绝对的空间是不存在的，绝对的时间也是不存在的。但根据狭义相对论，绝对的时空是存在的。了解了这一点，让我们再来看看桶吧。

在一个空的宇宙中，桶是相对于什么旋转呢？根据牛顿的观点，答案是绝对空间；根据马赫的观点，讨论桶的旋转是没有意义的；根据爱因斯坦的狭义相对论，答案是绝对时空。

为了理解这一点，我们再次来看看前面提到的斯普林菲尔德的街道设计图。玛吉和莉莎对于Kwik-E-Mart和核电站在街道中的地址没有达成一致，因为她们的坐标图相对于彼此旋转了。即便这样，先不考虑每个人如何设置坐标图，有一些东西她们是一致同意的。打个比方来说，为了提高午饭时间工人的效率，从核电厂到Kwik-E-Mart的地上画一条直线，玛吉和莉莎就这条线穿过几条大街和几条大道不会达成一致意见，如图3.6所示，但她们都会在这条线的形状上达成一致：必须是一条直线。这条线的几何形状是独立于一个人所使用的街道等特殊坐标的。

图3.6　不论采用哪一种设计图，在该例子中大家都认为轨迹的形状为直线

爱因斯坦意识到对于时空也存在类似的问题。即使两个相对运动的观测者以不同的方式切割时空，他们仍然有达成一致的地方。拿最初的例子来看，想象一条不只穿过空间，而是实际穿过时空的直线。虽然时间的轨线我们不熟悉，但片刻的思考却能解释其意义。由于一个物体穿过时空的轨线是直的，则该物体不仅穿过空间的线是直的，它穿过时间的轨迹也应该是直的；这样的话，它的速度和方向都不变，因此它以恒定的速度运动。虽然不同的观测者以不同的角度切割时空面包，他们就时间流逝了多少以及一条轨线上的两点之间的距离是多长无法达成共识，但像玛吉和莉莎这样的观测者总会一致同意穿过时空的轨线是一条直线。就像到Kwik-E-Mart的轨线的几何形状是独立于街道的坐标图一样，时空中的轨线的几何形状也独立于时间片的选择。[10]

这一认识简单却关键，因为狭义相对论正是利用它，提出了一个关于判断某物是否加速的绝对标准，而这一标准是所有的观测者，不论他们的相对的固定速度是多少，都会同意的标准。如果物体穿越时空的轨迹是一条直线，就像图3.7所示的那个静静坐在那里的宇航员所留下的轨迹（a），那它就没在加速。如果一个物体穿越时空的轨线是直线以外的其他形状，则它是加速的。举个例子，要是宇航员开启引擎，像图3.7中的宇航员（b）那样螺旋运动或是像宇航员（c）那样以越来越快的速度朝着外太空飞行，他穿过时空的轨迹线就会弯曲——这是加速的证据。因而，有了这些新的认识，我们就可以明白：时空轨迹线的几何形状为判断物体是否加速提供了绝对的标准。时空，而不是空间，提供了基准。

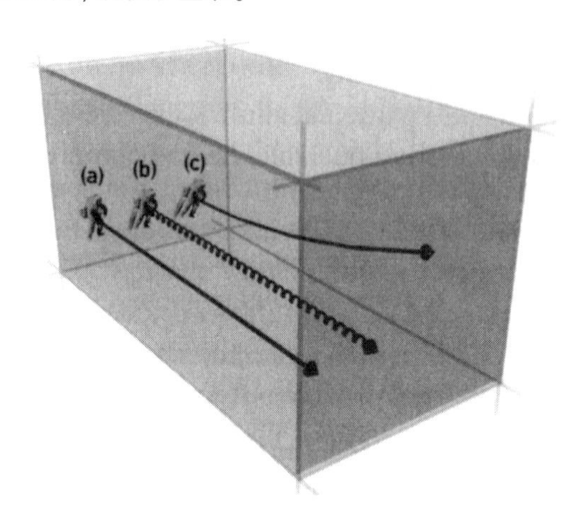

图3.7　3个宇航员通过时空模块的路径。宇航员（a）没有加速，因而穿越时空的轨迹是一条直线。宇航员（b）在上空反复盘旋，因而穿越时空的轨迹呈螺旋形。宇航员（c）加速飞向外太空，因而穿越时空的轨迹线发生了弯曲

从这个意义上来讲，狭义相对论告诉我们时空本身就是加速运动的最终仲裁者。时空为像旋转的桶一样的物体提供了背景，有了这样

的背景，即使在空的宇宙中我们也可以说旋转的桶在加速。从这个角度来看，钟摆又回来了：从相对主义者莱布尼茨到绝对主义者牛顿再到相对主义者马赫，现在又到爱因斯坦，他的狭义相对论又一次展示了实在性的舞台——应该是时空，而不单是空间——足以为运动提供最终的判断标准。[11]

引力和古老的问题

到了这里你可能会以为，我们已经讲完了桶的故事，马赫的观点不再被信奉，而爱因斯坦激进地升级了牛顿关于空间和时间的绝对概念并已经得胜。虽然事实更加奥妙并且更有趣，但如果你对迄今为止我们发现的新观点感兴趣，在进行到这一章的最后一部分之前你可能需要休息一会儿。表3-1的总结将帮助你更新自己的记忆。

表3-1　关于空间和时空性质的不同立场的总结

代表人	观点
牛顿	空间是一个实体，加速运动并非是相对的。绝对论主义者的立场。
莱布尼茨	空间并非一个实体，运动的所有方位都是相对的。相对论主义者的立场。
马赫	空间并非一个实体，宇宙中加速运动是相对于平均质量分布而言的。相对主义者的立场。
爱因斯坦（狭义相对论）	空间和时间都是相对而言的；时空是一个绝对的实体。

好。如果你读了这些话，我想你已经为了解时空观念的关键性的下一步打好了基础，这一步很大程度上正是被欧内斯特 · 马赫促进的。尽管狭义相对论认为——不像马赫的理论——即便在一个空的宇宙中你仍可感受到旋转的桶的内壁的压力，以及连接两个旋转的石头的绳子被拉紧的张力，爱因斯坦仍然深深地着迷于马赫的观点。他意识到，对这些观点的严肃思考要求将这些思想进一步拓展。马赫并没有给出一个框架，以说明遥远宇宙中的星球和其他物质，是怎样在你旋转时使你的胳膊受到向外张开的力的，以及你在旋转的桶内感受到的内壁压力究竟有多大。爱因斯坦开始怀疑是否存在某种与引力有关的机制。

这种想法对爱因斯坦而言有一种特殊的吸引力，因为在狭义相对论中，为了使分析易于理解，他完全忽略了引力。或许，他思考着，存在一种更加健全的理论，既包含狭义相对论又包含引力，并将带来一种完全不同于马赫的观点。或许，他猜测道，对狭义相对论做包括引力的推广可能会告诉我们，物质——不管是远方的还是近处的——将决定我们加速时所感受到的力。

爱因斯坦还有另一个需要将注意力转移到引力上的更加充分的理由。他意识到狭义相对论其核心论断是光速是最快的，与牛顿关于引力的普适定律直接矛盾，而牛顿的定律在过去的200年中曾做出过里程碑式的贡献，比如精确地预测了月球、行星、彗星以及在空中运行的其他天体运动。牛顿定律尽管从实验上来说是成功的，但爱因斯坦意识到根据牛顿的定律，引力的影响无处不在——从某地到另一地，从太阳到地球，从地球到月球，从任何一个地方到另一个地方——且是瞬时产生，这意味着它比光速还快。因而这与狭义相对论直接矛盾。

为了形象地说明这个矛盾，想象一下你拥有一个令人真正失望的夜晚（家乡的球类俱乐部解散了，没有人记得你的生日，有人正在吃着最后一块芝士），你需要一点时间单独待一会儿，于是你驾着家里的轻舟午夜出航。当月亮悄悄爬到头顶时，涨潮了（月球的引力作用造成的），皎洁的月光反射在起伏的波浪上，似在浪尖舞蹈。此时此刻，你的夜晚似乎还不是最令人气馁的，意想不到的其他星系的敌人破坏了这美好的一切，他们轰击月亮，一下子就把它弄没了。月球的突然消失肯定是令人奇怪的，但如果牛顿的引力定律是正确的，刚才的那一幕将展示一些更加奇怪的东西。牛顿的定律预测水将从高潮开始退下去，月球引力消失，一秒半以前还看得见的月亮突然从天空消失了。*就像一个抢跑的赛跑选手，海水却是在一秒半前就开始退潮。*

根据牛顿定律，原因是这样的，在月球消失的一刹那，它的引力效应也随之立即消失了，没有了月球的引力，潮将很快退去。由于光花一秒半的时间才能够从月球传到地球，因而你不会立即看到月球消失。在这一秒半中，虽然皓月当空，但潮水正在退去。因此，根据牛顿的思路，引力可以比光先影响我们——引力比光快。关于这一点，爱因斯坦认为它肯定是错误的。[12]

因此，在1907年左右，爱因斯坦开始沉迷于建立一个新的引力理论，它至少要像牛顿的理论一样精确，而且又不与他本人的狭义相对论相矛盾。这无疑是一个挑战。爱因斯坦那惊人的智力终于遇上了对手。从那时起，爱因斯坦的笔记本上写满了各种半成形的想法，几乎迷失在小小错误诱导的长长的迷途中，每次惊喜地以为就要解决该问题时又遇到了另一个错误。终于，到了1915年的时候，爱因斯坦看到了胜利的曙光。虽然爱因斯坦在一些关键的地方得到了数学家马塞尔·格罗斯曼的巨大帮助，但广义相对论的发现仍是人类在探索宇宙过程中少有的孤胆英雄式的壮举，所得到的结果是前量子时代的物理学皇冠上的明珠。

爱因斯坦的广义相对论之旅开始于一个200多年前牛顿力图回避的问题。引力如何使其影响遍布于无限广阔的空间？遥远的太阳如何影响地球的运动？太阳并未接触地球，那么它是怎样做到这一点的呢？简而言之，引力是如何完成它的工作的？虽然牛顿发现了精确描述引力作用的方程，但他也意识到还留下了一个重要的问题没有解决——引力实际上是如何工作的。在他的《自然哲学之数学原理》一书中，牛顿不怀好意地写道："我把这个问题留给读者思考。"[13] 正如我们所看到的，这个问题与19世纪初麦克斯韦与法拉第解决的问题有类似之处，他们用磁场的观点解释了磁铁为什么可以对它实际上并不接触的物体产生力的作用。鉴于上面的启发，你或许会提出一个类似的答案：引力是通过另一种场来发挥作用的，这种场就是引力场。广义上来说，这个答案是正确的。但弄明白这种形式的答案为什么不与狭义相对论矛盾就不是说说那么简单了。

场的办法更加容易。这正是爱因斯坦致力于研究的问题，在接近20年的在黑暗中的探索之后，爱因斯坦取得了这个耀眼的工作成果，爱因斯坦推翻了牛顿有关引力的理论。同样炫目的是，这个问题终于要画上完美的句号了，因为爱因斯坦的关键性突破与牛顿提出的桶的问题有着密切的联系：加速运动的真正本质是什么？

引力和加速等价

在狭义相对论中，爱因斯坦的注意力主要集中在匀速运动的观测者上——观测者感觉不到自己在运动，因此都声称他们是静止的，剩余的世界是运动的。火车上的坏鼠、傻猫和阿布感觉不到任何运动，从他们的角度来看，马丁和月台上的其他人在移动。马丁也感觉他没有运动，对他而言，是火车上的其他人在运动。从他们的角度看，没有谁比谁正确多少。但加速运动是不同的，你可以感觉到它。当汽车向前加速时，你感觉到自己身体向后靠。当车急转弯时你会感觉到身体被甩向一侧，当电梯向上加速时你会感觉到来自地板的冲击力。

不过，令爱因斯坦吃惊的正是你所感受到的力的平常性。比如说，当你的车急转弯时，为了避免身体被甩向一边，你需要系着安全带，因为这个力是不可避免的，所以只能做点防护措施。没有办法使我们不受这个力的影响，除非我们改变计划不转这个弯了。就是这点使爱因斯坦头脑一震。他意识到引力也具有类似的特点。只要你站在地球上你就会受到地球引力的作用，没有什么方法可以使你避免地球引力的作用。你可以使自己避免受到电磁力和核力的作用，却没有方法逃脱引力的作用。1907年的一天，爱因斯坦意识到加速与引力之间根本就是相似的。这就是许多科学家们花了毕生精力试图得到的灵光一现，爱因斯坦最终意识到引力和加速运动是同一枚硬币的两面。

正如改变原计划的运动（以避免加速）你就可以避开被车座后背挤压或在车上被甩向一边的感觉，爱因斯坦意识到适当地改变运动，可以避免引力所带来的感觉。这个主意非常简单。为了便于理解，想象一下巴尼，他非常想赢斯普林菲尔德的比赛，所有参加腰带尺寸挑战赛的男性，要在一个月的时间里尽量减肥，最后看看谁减肥减得最多。但是经过两周的液体饮食（达夫啤酒）后，他对澡堂的体重秤仍有心理障碍，于是他放弃了所有的希望。紧接着，在澡堂遇到点小麻烦，体重秤黏到了他的脚上，他从澡堂的窗口跳了出去。在他掉下来将要落到邻居的水池时，巴尼回头看了一眼体重秤的读数，他看到了什么？爱因斯坦是第一个意识到巴尼将看到体重秤的读数减为零的人。由于体重秤和巴尼以同样的速度下落，这样他的脚不再对体重秤施压，所以体重秤的读数为零。*在自由落体运动中，巴尼经历了和太空中宇航员同样的经历。*

事实上，如果在我们的想象中，巴尼从窗口跳进的是一个大的升降机，其中的空气都被排空，那么在他下降过程中，不仅没有空气阻力，而且由于他身体中每个原子以相同的速率下降，所有平常身体所承受的外在压力和牵扯——他的脚冲击着他的踝，他的腿顶着他的臀部，他的胳膊拽着他的肩膀——也都将不存在。[14] 下降过程中，闭上眼睛，巴尼将有漂浮在漆黑的太空中的感觉。（我们也可以用无人实验来说明这个问题：用一根绳子拴住两块石头，然后在真空中把它们丢落，绳子始终是松的，就像太空中漂浮的石头一样。）因此，通过改变运动状态——通过完全“屈服于引力”——巴尼能够模拟一个失重环境。（事实上，NASA 训练他们的宇航员以适应失重环境与此有异曲同工之妙，NASA 让他们的宇航员驾驶经过改装的707飞机，代号叫作“*Vomit Comet*”，此飞机的特点是周期性地进入失重状态。）

同理，通过适当地改变运动状态，你就能创造出一种本质上与引力相同的力。想象一下，脚上黏着体重秤的巴尼进入太空船后加入宇航员的失重训练中，体重秤的显示还是零。假如太空船点燃推进器加速，一切就会不一样了。巴尼会感觉到来自太空船地板的压力，就像你站在加速的电梯上感觉到电梯对你的力一样。这时巴尼脚下的体重秤的读数就不再是零了。如果太空船以合适的力度开动推进器，体重秤的读数仍然可以和巴尼在澡堂中看到的一样。通过适当地加速，巴尼能感受到一种与引力难以区别的力。

对于其他种类的加速运动也一样。要是巴尼也加入霍默在太空中的桶中，当桶旋转时，巴尼站在与霍默垂直的方向上——脚和秤都踩着桶内壁——由于他的脚对体重秤施压，秤的读数不再是零了。如果桶以适宜的速率旋转，体重秤的读数与巴尼在澡堂时看到的一样：桶的加速也能模拟地球的引力作用。

以上这些实验和推理使爱因斯坦得出了这样的结论：人们感受到的引力与人们因加速而感受到的力是一样的，它们是等效的。爱因斯坦称其为*等效原理*。

让我们来看看这意味着什么呢？现在你每时每刻都会感受到引力的影响，如果你站着，你会感觉到地板支撑着你的重量；如果你坐着，你会感觉到其他东西支持着你；甚至你在飞机或火车上读书，你可能认为你处于静止状态——你没有加速甚至根本没有运动，但根据爱因斯坦的观点，你实际上是在加速。因为你正静静坐着，所以你觉得这种说法听起来有点愚蠢，但不要忘记问问普通问题：加速是以什么为基准来判定的？加速是选谁作参照物的？

有了狭义相对论，爱因斯坦可以宣布绝对时空为狭义相对论提供了基准，但狭义相对论并没有考虑引力的作用。但通过等效原理，爱因斯坦提供了包括引力在内的更加严格的标准。在认知上，这是一场更加激进的变革。*既然引力和加速运动是等效的，那么如果你感受到引力的作用，你就一定是在做加速运动*。爱因斯坦认为，只有那些根本感觉不到力——包括引力的作用——的观测者才有权利声明他们没有加速。这些不受力的观测者为运动提供了真实的参照系，这种认识，要求我们对思考此类问题的方式做出重大变革。当巴尼从窗口跳到真空的升降机时，通常情况下我们说他向着地球表面加速运动。但这并不是爱因斯坦认同的描述方式。根据爱因斯坦的观点，巴尼并*没有加速*，他并未感觉到力量，他处于失重状态。他感觉他就像漂浮在漆黑的真空中，他才是所有其他运动的标准。以巴尼为参照物的话，如果你静坐在家中，那么你就在加速。从巴尼的角度——根据爱因斯坦的观点，他的角度才是运动真正的基准——看，当他通过你家窗口自由下落时，你、地球以及我们通常所认为的静止的其他所有物体都在做向上的加速运动。爱因斯坦会认为，是牛顿的头撞上了苹果，而不是苹果撞上了牛顿。

很明显，这是一种全然不同的考虑运动的方式。它所依靠的是这样简单的一个认识：只有当你对抗引力时你才能感觉到引力的作用。相反，当你完全无须抗拒引力时你就感觉不到它的存在了。假设你没有受到任何其他影响（比如空气阻力），当你屈服于引力使得自己自由下落时，你会感觉自己就像自由漂浮在真空中——这种状态，不用怀疑，我们认为是没有加速。

总之，只有那些自由漂浮的个人，不管他们是在太空深处，还是在撞向地球表面的过程中，才有权利声明他们并未加速。如果你经过一个这样的观测者，你们之间有相对加速，那么根据爱因斯坦的观点，你就是在加速。

事实上，坏鼠、傻猫、阿布和马丁中没有一个人有资格说他们在决斗中是静止的，因为他们都感觉到引力竖直向下的作用。但这不会影响我们前面的讨论，因为以前我们关心的只是水平运动，竖直方向上的运动不会影响水平运动。但作为一条重要的原理，爱因斯坦发现的引力和加速运动之间的联系意味着——再说一遍——只有那些感觉*不到*力的观测者才能真正地说他们处在静止状态。

爱因斯坦已经发现了引力和加速运动之间的联系，接着开始准备结果牛顿遗留的挑战，寻求引力是如何发挥其影响的合理解释。

蜷曲、弯曲与引力

通过狭义相对论，爱因斯坦指出每个观测者把时空切成平行的片，这些片可以看成是一系列连续时间段的空间；相对于彼此匀速运动的观测者将会从不同的角度切割时空。如果这样一个观测者开始加速，你可能会认为他每一时刻速度的改变或运动方向的改变将会导致他的切片的方向和角度不停地改变。简单地说，就是这样。爱因斯坦（利用卡尔·弗雷德里希·高斯、格奥尔格·伯恩哈德·黎曼以及19世纪其他数学家建立起来的几何学知识）发展了这个观点——断断续续地——指出从不同的角度切割时空将会形成弯曲的片，但合起来却像银盘里的调羹一样完美，如图3.8所示。加速运动的观测者将切出弯曲的时空片。

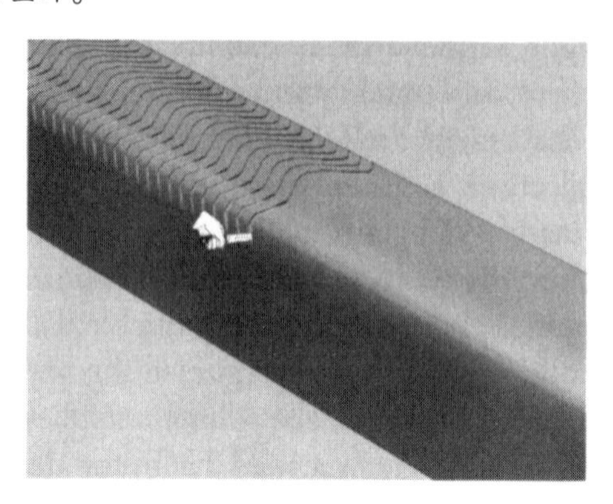

图3.8　根据广义相对论，不仅可以从不同角度（由处于相对运动中的观测者来操作）把时空面包切成片（每一片都代表某一时刻的空间），而且切片本身可以因物质或能量的出现而发生弯曲

有了这样的观点，爱因斯坦就能使等效原理产生深刻的影响。既然引力和加速是等效的，爱因斯坦领会到，引力本身不是别的，正是时空结构中的蜷曲和弯曲。让我们来看看这究竟是什么意思。

如果你沿着光滑的木制地板滚一颗弹球，它的轨迹将是一条直线。但如果最近发洪水了，洪水退后，地板上全是坑坑洼洼，那么滚动的弹球就不再沿着原来的路径了。它将受路的引导，受地表坑坑洼洼的影响。爱因斯坦把这个简单的观点用在宇宙结构上。他假想了一种情景，没有物质和能量——没有太阳，没有地球，也没有其他星球——的时空，就像光滑的木制地板一样没有坑坑洼洼，它是平的，如图3.9（a）所示，其中，我们关注的是一个空间片。

当然，因为空间是三维的，所以图3.9（b）更加精确些，但是把图画成二维的更便于理解，因此我们继续使用它。爱因斯坦认为物质和能量的存在对空间的影响就像洪水对地面的影响一样。物质和能量，比如说太阳，会使空间（和时空[1]）像图3.10（a）和图3.10（b）所描述的那样发生弯曲，就像在崎岖的地板上滚动的弹球是沿着崎岖的路径滚动一样。爱因斯坦指出，在蜷曲空间穿行的任意事物——就像地球在太阳周围运行一样——将会沿着弯曲的轨迹运行，就像图3.11（a）和图3.11（b）所描述的那样。

物质和能量在时空结构中留下了深沟众壑，物体就好像被无形的手引导一样，沿着时空结构中的沟壑运动。根据爱因斯坦的观点，这就是引力施加影响的方式。同样的观点更适用于家中。现在，你的身体有沿着由于地球的存在而造成的时空结构的凹痕滑下的倾向，但是你的下滑趋势被你正坐在或站在上面的地球表面阻挡。你生命中的每一刻都能感受到的向上的推力——来自地板，房间的地面，角落里的便椅或是你的双人床都在阻止你沿着时空的峡谷滑下来。与之相反的是，如果你将自己高高置于跳水板上，让你自己完全屈服于引力，你就会随着时空瀑布自由下落。

图3.9、图3.10、图3.11几个示意图描绘出了爱因斯坦10年奋斗的成果。爱因斯坦这些年来的大部分工作旨在精确定出一定数量的物质

---

1. 画出蜷曲的空间很容易，但由于时间与空间之间的联系紧密，时间也会因物质和能量而蜷曲。就像空间的蜷曲意味着空间被拉伸或压缩，如图3.10所示；时间的蜷曲也意味着时间可以被拉伸或压缩。也就是说，不同引力场中的时钟——比如一个在太阳上，另一个在外太空中——会以不同的速度运转。事实上，普通物体，比如地球和太阳（黑洞不在此列），所造成的空间弯曲远不如它们所造成的时间弯曲明显。[15]

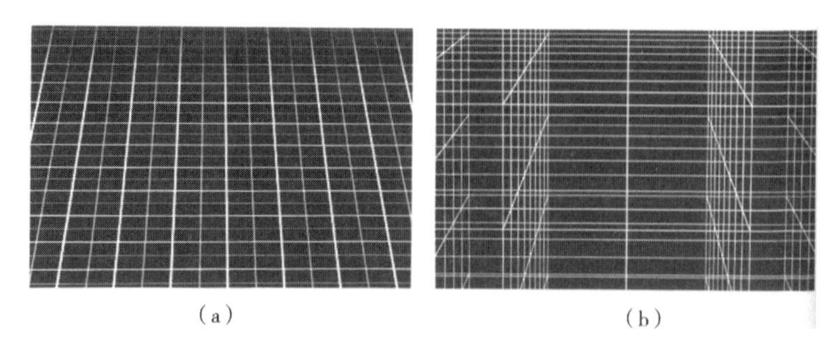

图3.9 （a）平坦的空间（二维）。（b）平坦的空间（三维）

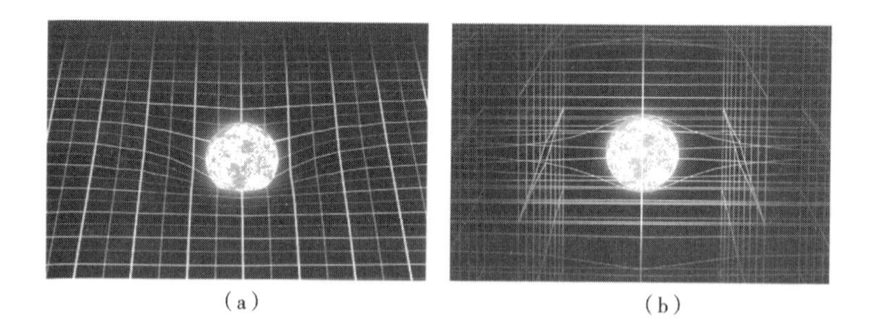

图3.10 （a）太阳使空间发生弯曲（二维）。（b）太阳使空间发生弯曲（三维）

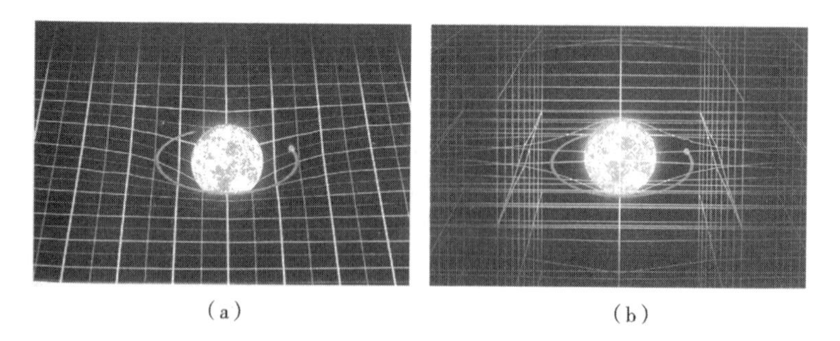

图3.11 地球绕着太阳运行，因为它沿着因太阳出现而造成的时空结构的弯曲而运行。（a）二维版本。（b）三维版本

和能量所造成的时空弯曲的形状和大小。爱因斯坦发现数学成果为这些图奠定了基础，它们在*爱因斯坦场方程*中有具体的表达。正如其名字所启示的一样，爱因斯坦把时空的弯曲看作引力场的表现——几何表现。通过在几何上思考这个问题，爱因斯坦发现方程在解决有关引力问题中所起的作用就像麦克斯韦的方程在电磁学中所起的作用一样。[16] 爱因斯坦和其他科学家们通过这些方程预言了各个星球的运行轨迹，甚至还有遥远的星球发出的光穿过弯曲时空的轨迹。这些预言不仅有很高的精确度，而且可以与牛顿理论在预测方面的成就相媲美，爱因斯坦的理论终于以更高的准确度与实际情况相符。

同等重要的是，由于广义相对论明确了引力工作的细节，因而为确定引力的传播速度提供了重要的数学框架。引力传播速度问题变成了空间的形状改变得有多快的问题。即，空间蜷曲和起涟漪——就像是石子被扔进水池所引起的涟漪——在空间中的传播速度究竟是多少？爱因斯坦能把这个计算出来，而且答案令人非常满意。他发现空间的蜷曲和涟漪——即引力——从一个地方到另一个地方并不是牛顿式的引力计算的那种瞬时传播。相反，*它们以光速传播*，与狭义相对论设置的速度极限完全一致。如果外星人把月球弄没，潮水会在一秒半后以我们看到月球消失的速度退去。牛顿理论失败的地方正是爱因斯坦的广义相对论发挥优势的地方。

广义相对论和桶

广义相对论不仅构建出数学上优美，概念上有力，并且第一次实现自洽的引力理论，而且也彻底重塑了我们的空间观和时间观。在牛顿的理念和狭义相对论中，空间和时间为宇宙事件提供了一个不可变更的舞台。在狭义相对论中，将宇宙分割为连续的时间片——每一片都表示某个时刻的空间——的方式可以有很多种，尽管在牛顿时代的人眼中这有点不可理解，但时间和空间还是不会对宇宙中发生的事件做出回应。时空——我们一直用面包条来指代的时空——被看作是一成不变的。但在广义相对论中，一切都不一样了。时间和空间成了宇宙演化的参与者，它们变得生动起来。物质使空间发生蜷曲，而蜷曲又使物质移动，从而进一步使空间弯曲。广义相对论为空间、时间、物质和能量在宇宙中的舞蹈提供了广阔的舞台。

这是一个令人惊奇的进展。但现在我们回到我们的中心主题：桶怎么样了？广义相对论如爱因斯坦所希望的那样为马赫的相对主义观点提供了物理基础吗？

多年来，这个问题引起了许多争议。最初，爱因斯坦认为广义相对论完全包括了马赫的观点，他认为马赫的观点非常重要，并将其命名为*马赫原理*。事实上，1913年的时候，当爱因斯坦疯狂地工作以期完成广义相对论的最后一块拼图时，他给马赫写了一封热情洋溢的信，在信中他描述了广义相对论究竟是怎样肯定了马赫对牛顿水桶实验的分析。[17] 1918年，爱因斯坦写了一篇文章，列举了广义相对论背后的三个重要观点，他所列举的第三个即是马赫原理。但是广义相对论十分奥妙，对其性质的研究花了包括爱因斯坦在内的科学家的多年时光。当这些困难方面渐渐理清之际，爱因斯坦发现很难把马赫原理纳入广义相对论中。慢慢地，爱因斯坦从马赫原理中醒悟过来，在他生命的最后几年，他逐渐断绝了与马赫原理的关系。[18]

又经过了半个世纪的研究之后，我们事后诸葛亮，重新审视一遍广义相对论对马赫原理的符合程度。尽管还有一些争论，但我认为最准确的说法是，在某些方面，广义相对论显然有一些马赫观点的意味，但是它并不完全符合马赫提倡的相对论观点。下面就是我要讲的意思。

马赫认为，[19] 当旋转的水面开始凹陷时，或者当你感觉到胳膊向外伸展时，或者当两块石头之间的绳子被拉紧时，这些都与假想的——按他的观点，完全是误导——绝对空间（或从我们现在的观点来看的绝对时空）概念毫无关系。相反，他提出加速运动很明显是相对于整个宇宙中的所有物质而言的。没有物质，就没有加速运动的概念，也没有所列举的一系列物理效应（凹陷的水面，张开的胳膊，拉紧的绳子）。

广义相对论又是怎么说的呢？

根据广义相对论，所有运动特别是加速运动的基准是自由落体的观测者——完全屈服于引力且没有感受到任何其他力作用的观测者。现在，关键的一点是，作用于自由落体状态的观测者的引力来源于整个宇宙中传播的所有物质（和能量）。地球，月球，遥远的行星，恒星，大气层，类星体和其他星系都对你所在的位置产生引力场（用几何语言来说是时空的曲率）。体积较大、距离较近的物体产生的引力影响更大些，但是你所感受到的引力场代表着其他所有物体作用的综合影响。[20] 你完全屈服于引力做自由落体运动——你成为判断其他物体是否加速的标准——时走过的路径将会被宇宙中所有物质影响，既包括天空的恒星又包括隔壁的房间。因此，在广义相对论中，当我们说一个物体加速时，就意味着这个物体相对于宇宙中所有物质所决定的基准加速运动。这个结论正是马赫所倡导的。因此，从这个意义上来讲，广义相对论确实在一定程度上包含了马赫的想法。

然而，广义相对论并没有肯定马赫所有的推理，就像我们考虑——再一次——在没有其他物质的真空宇宙中旋转的桶时直接看到的那样。在一个空的、不会变化的宇宙中——没有恒星，没有行星，没有任何东西——没有引力。[21] 没有引力，时空就不会弯曲——这时它所呈现的是图3.9（b）所示的简单的未弯曲的形状——这就意味着我们回到了狭义相对论所描述的更为简单一点的情况中（记住，在提出狭义相对论时爱因斯坦忽略了引力。广义相对论通过包含引力弥补了这个缺陷。但是，当宇宙中什么都没有且不变化的时候，不存在引力，广义相对论就简化成了狭义相对论）。如果我们把桶引进真空宇宙中，由于它的质量太小了，所以它的存在根本不会影响空间的形状。因此，我们以前用狭义相对论对桶进行的有关讨论同样也适用于广义相对论。这与马赫所预言的不一样，广义相对论得出了和狭义相对论一样的结果，并声明即使在没有其他物质的真空宇宙里，你依然可以感觉到旋转的桶的内壁的压力；你旋转时，你的胳膊会感觉到向外拉的张力；系在两个旋转的石头之间的绳子仍然可以被拉直。我们所得到的结论是，即使在广义相对论中，空的时空也可以为加速运动提供一个基准。

因此，虽然广义相对论采纳了马赫想法的一些元素，但它并未完全从属于马赫所提倡的相对论观点。[22] 马赫原理是一种富于启发性的思想，它的确为革命性的发现提供了灵感，即使这最终的发现并未将激发其灵感的观点纳入体系中。

3000年的时空

旋转的桶已经讨论了很长时间。从牛顿的绝对空间和绝对时间，到莱布尼茨和后来马赫的相对论观点；再到爱因斯坦在狭义相对论中认识到的：空间和时间是相对的，但它们组合起来却是绝对时空；再到他的下一个发现，在广义相对论中认识到的：时空是动态宇宙中的一个参与者，在这个过程中，那只旋转的桶总是在那儿。在我们内心深处，旋转的桶提供了一个简单、静态的检验方式，以探明不可见的、抽象的、不可触摸的空间（从广义上来说是时空）是否足以为运动提供最终的参照物。裁判？虽然这个问题还在争论之中，但正如我们所看到的，对爱因斯坦和他的广义相对论最直接的解读就是，时空可以提供这样一种基准：*时空的确是具体的*。[23]

注意，这个结论也是更广意义上的相对主义支持者欢呼庆祝的原因。从牛顿和后来的狭义相对论的角度来看，空间和后来的时空被看作可以为定义加速运动提供基准的实体。因此，根据这些观点，空间和时空是绝对不可变的，加速的概念是绝对的。在广义相对论中，时空的特点就完全不同了。在广义相对论中，空间和时间是动态的：它们是可变的；它们随物质和能量的出现而不同；它们并不是绝对的。时空，特别是它蜷曲和弯曲的方式正是引力场的体现。因此，在广义相对论中，相对于时空的加速运动远非以前的理论提出的绝对的、与相对无关的概念。相反，爱因斯坦，在其逝世前一些年[24]曾意味深长地说，相对于广义相对论中的时空而言，加速运动*是*相对的。这里所说的加速并不是相对于石头、恒星一类的实物而言，而是相对于某种真实的、可触摸的、可变的事物而言的，这种事物就是场——引力场。[1]从这种意义上来讲，时空——通过引力得以彰显——在广义相对论中是如此真实以至于它所提供的基准是许多相对主义者可以舒心接受的。

当我们真正开始理解空间、时间和时空究竟是什么时，我们就本章中所讨论的问题而展开的争论无疑将会继续下去。随着量子力学的发展，问题变得更加厚重。当量子力学登上历史舞台时，真空和虚无的概念呈现出全新的意义。事实上，自打爱因斯坦在1905年废除了光以太，关于空间充满不可见的物质的观点一直试图重新回来。我们在后面章节中将会提到，现代物理学中的关键发展一直在以各种各样的形式重塑以太类物质，不过这些新的以太类概念并不像原始以太概念那样要为运动提供绝对的标准，但是所有的这些以太概念全部会对全空的时空这样的幼稚观点发起挑战。而且，正如我们将要看到的，空间在经典宇宙中所起的最基本作用——比如作为隔离物体的介质，使我们可以明确说明物体彼此区别、彼此独立的无所不入的事物——将遭遇惊人的量子概念的全面挑战。

---

1. 这种观点在狭义相对论中——广义相对论中引力场为零的特例——广为适用：零引力场仍是一种场，它可以测量且可以发生变化，因此为可定义的加速运动提供了一种标准。

第 4 章 纠缠着的空间

在量子宇宙中，分隔是什么意思

接受狭义相对论和广义相对论就意味着放弃牛顿的绝对空间和绝对时间观念。尽管并不容易，但你可以训练自己的思维以做到这一点。当你走来走去时，想象着不随你运动的事物所感受到的此刻与你所感受的此刻是不一样的。当你在高速路开车时，想象着你的手表运转的速率与在家中时是不一样的。当你从山顶上四下张望时，想象着由于时空的弯曲，相比于那些在低处受到更强引力的物体，时间于你而言变得更快了。我之所以说“想象”，是因为在类似的普通情况下，相对论的作用如此之小以至于它们完全不会被注意到。日常经验无法展现宇宙究竟是怎样运行的，而这也就是为什么在爱因斯坦提出相对论之后的一百多年中，没有一个人，即便是专业物理学家，在他的骨骼中感受到相对论的存在。这并不奇怪：人类只有在巨大压力下才有可能得到来自于牢靠掌握相对论的生存优势。而在我们日常生活中所遇到的低速、适度重力的情况下，牛顿关于绝对空间和绝对时间的错误概念运作得非常好，因此，我们的感觉在没有进化压力的情况下无法发展出能感受到相对效应的敏锐性。所以，我们需要努力运用智力以弥补感官上的不足，才能达到真正的觉醒与理解。

相对论代表了对宇宙传统观念的里程碑式的突破，而在1900—1930

年，另一场革命使物理学陷入了混乱之中。它开始于20世纪之初的两篇关于辐射性质的论文，一篇是马克斯·普朗克写的，另一篇是爱因斯坦写的。这两篇文章，在30年的热烈研究后，终于导致了量子力学的诞生。相对论的效应只在极端速度或引力条件下才有意义，和它一样，新物理——量子力学——也只在另一种极端条件下才能充分显现，这种极端条件就是超微观世界。但在相对论带来的剧变和量子力学带来的剧变之间有着明显的区别。相对论的神秘性源于我们每个人的时空体验不同于其他人的时空体验，它的神秘性来自于比较。我们不得不承认我们对于实在性的看法只能算是满足时空要求的众多可能性——事实上是无穷多的可能性——中的一种。

量子力学则不同。它的神秘性显然是无须比较的。很难将你的思维训练成拥有量子力学式的直觉，因为量子力学打破了我们个人对于实在性的概念。

量子眼中的世界

每个时代都有自己关于宇宙孕育形成的观点。根据古印度创世神话，神肢解了原始巨人普鲁萨，将他的头颅化作天空，双足化作大地，呼吸变作风，于是宇宙就这样形成了。对于亚里士多德而言，宇宙是55个同心水晶球的集合体，最外层的是天堂，接着是行星，地球和它的自然环境，最后是七重地狱。[1] 牛顿和他有关运动的精确的、确定性的数学体系，再次改变了对宇宙的描述。宇宙就像是一个巨大宏伟的时钟：上紧发条设定好初始状态后，宇宙就会以高度的规律性和可预见性滴滴答答地从这一刻走到下一刻。

狭义相对论和广义相对论指出了时钟这个比喻的重要细节：根本不存在一个优先的、普遍通用的时钟；关于什么构成了时刻，什么构成了*现在*，没有普遍共识。即便这样，你依然可用一个时钟式的宇宙进化故事。这个时钟是你自己的时钟，这个故事是你自己的故事，但宇宙却会像牛顿体系中的那样呈现出规律性和可预见性。如果你通过某种方法知道了宇宙现在的状态——如果你知道了*每*个粒子在哪，朝向哪个方向，以多快的速度运动——那么，牛顿和爱因斯坦都将同意，从原则上讲，你可以运用物理定律预测未来任意时刻宇宙中将发生的一切，也可以描述过去任意时刻宇宙所曾发生过的一切。[2]

量子力学破坏了这个传统。我们永远也*不可*能知道单独一个粒子的精确位置和速度。我们甚至不可能完全确定地预测哪怕最简单实验的结果，就更不用说整个宇宙的演化了。量子力学告诉我们，我们所能做的事情，不过是预测实验得出或这或那的结果的*概率*。随着量子力学经受住了几十年来各种精确到难以想象的地步的实验检验，牛顿式的宇宙时钟，甚至是爱因斯坦的升级版，都变成了站不住脚的比喻；世界显然*不是*这样运转的。

但过去的突破还是不完全的。尽管牛顿和爱因斯坦的理论在空间和时间的性质上，观点完全不同，但两者却在某些基本方面，某些不证自明的真理上保持一致。如果两个物体之间有空间——比如天空中有两只鸟，一只在你的左边，而另一只在你的右边——那么我们就可以认为这两个物体是独立的，我们把它们看作可以分开的、有所区别的实体。空间，不管从根本上讲它是什么，提供了分割并区分物体的介质，空间干的就是这些事情。位于空间中不同位置的物体就是不同的物体。而且，要想使一个物体影响另一个物体，就必然会以某种方式与隔离它们的空间打交道。一只鸟飞向另一只鸟，穿过它们之间的空间，才可以啄到或靠近另一只鸟。如果一个人想影响另一个人，他可以使用弹弓，使一个小石子穿越他们之间的空间；或者他可以大声喊叫，使活跃的空气分子形成多米诺效应，分子一个碰一个，直到传至接收者的鼓膜。一个人想对另一个人施以影响还有更复杂的方式，发射激光，使电磁波——一束光——穿越他们之间的空间；或者，更野心勃勃的人（就像在上一章中提到的外星恶作剧者），可以摇动或移动巨大的物体（如月球），将引力扰动从一个地方传到另一个地方。可以肯定的是，如果我们想从某个地方影响另一个地方的人，不管我们怎么做，这个过程总是会涉及将某人或某物从一个地方传送到另一个地方，并且只有当某人或某物到达另一个地方时，影响力才能发挥出来。

物理学家们把宇宙的这种特性称为*定域性*，以强调你只能对你附近的物体产生直接影响。魔法就违反定域性，因为使用魔法就可以通过在此地做某事影响彼地的某物，而不需要任何东西从一个地方到另一个地方，但常识却告诉我们那是不可能的，可重复的实验会证实定域性。[3] 而大部分的实验的确也做到了。

但是20世纪末的一些实验却表明，我们在此地做的某件事情（如测量一个粒子的某种特性）*可以*巧妙地与彼地发生的某件事情（如测量某个相距较远的粒子的某种特性所得到的结果）发生联系，而*无须*把一个物体从某地移到另一地。虽然直观上有点令人困惑，但这种现象完全符合量子力学定律。早在相应的技术发展到可以做该实验时，量子力学就已经预言了这种实验结果，而现在实验证明，该预言的确是正确的。这听起来有点像魔法；爱因斯坦，作为最早认识到——并尖刻地批判——量子力学这种可能的特征的物理学家之一，将其称为“鬼魂一般”。但是我们将会看到，这些实验所证实的长距离间的联系是相当敏锐的；而且，在精确的意义上，从根本上超出了我们能力的控制范围。

不管怎样，来自理论和实验的这些结果，强有力地支持这样的结论：宇宙允许非定域关联的存在。[4] 发生在此地的某事可以与发生在彼地的事情有所关联，即便没有任何东西被从一个地方移动到另一个地方——即便没有足够的时间让任何东西，即使是光，在两地之间传播——也没有关系。这就意味着空间不可能像人们曾经认为的那样。实际上，两个物体间的空间，*不论有多大*，都不能确保这两个物体是分离的，因为量子力学允许它们之间存在纠缠，或者说某种关联。一个粒子，比如构成你或我的无数粒子中的一个，能运动却无法隐藏起来。根据量子理论以及证实了很多预言的实验，即便两个粒子分别处于宇宙的两端，它们之间的量子关联依然存在。从它们之间相互关联的角度来看，尽管它们之间隔着几万亿千米的空间，但看起来就像其中一个在另一个正上方一样。

对我们实在性概念的攻击，大都来自于现代物理学；在后面的章节里我们还将会遇到很多。但就这些已经被实验证实的结果来看，没有什么比认识到宇宙不具有定域性更令人难以置信的了。

红和蓝

为了体验一下量子力学的这种非定域性，想象一下史考莉探员[1]，她很长时间没有休过假了，现在返回她在普罗旺斯[2]的别墅度假。还没等她打开包裹，电话铃声就响了。是在美国的探员穆德打来的。

“你拿到那个包裹了吗——用红蓝纸包装的那个？”

史考莉走到门口——她把所有的邮件都堆在那里——看到了那个包裹。“穆德，别这样，我跑这么老远来到爱克斯不是来处理另外一堆文件的。”

“不，不，你搞错了，这个包裹不是我寄给你的。我也收到了一个，里面装着些很小的不透光的钛盒，从1标到1000，有封信说你将会收到同样的一封信。”

“是的，看到了，怎么回事。”史考莉慢慢回答道，担心这些不透光的小钛盒会破坏她的假期。

“这个嘛，”穆德继续说，“信上说每个小钛盒都装着一个不同的小球，一打开上面的门这些小球就会发红光或蓝光。”

“穆德，是要给我什么惊喜吗？”

---

1. 史考莉和穆德都是美国流行剧《X档案》中的探员。——译者注
2. 法国南部省份，下文中的爱克斯为该省的一个旅游胜地。——译者注

“恐怕不是这样。听着，信上说在任何一个盒子打开之前，这个小球都有可能在发红光或蓝光，而在门打开的一瞬间，到底是什么颜色的光是随机决定的。但奇怪的是，信上说虽然你的盒子和我的盒子完全一样——盒子里的球也都是随机发出红光或蓝光——但我们俩的盒子却总是一唱一和的。信上说它们之间有种神秘的联系，我要是打开1号盒子时发现有蓝光的话，你打开你的1号盒子时也会发现蓝光；如果我打开我的2号盒子时发现有红光的话，你打开你的2号盒子时也会发现红光，如此种种。”

“穆德，我真的筋疲力尽了，等我回去再玩这些小把戏吧。”

“史考莉，请别这样。我知道你在休假，但是我们不能不管这些事情啊。我们只需要几分钟看看这是否是真的。”

虽然不情愿，但史考莉认识到抗议是无效的，于是史考莉走过去打开她的盒子。通过对比每一个盒子中所发出的光的颜色，史考莉和穆德发现确实如信上所说的一样。盒子中的小球有时发红光，有时发蓝光，但是打开相同号码的盒子，史考莉和穆德发现盒子中发出的总是相同的光。穆德对此现象感到十分兴奋，但史考莉却没有太大兴趣。

“穆德，”史考莉在电话里严肃地说，“看来你也需要一个假期了。这太傻了。显然，盒子的门被打开时，每个盒子里的小球都是按编好的程序发红光或蓝光。他们送给我们的盒子编有相同的程序，因此我们打开相同号码的盒子，它们都会发相同颜色的光。”

“但是，史考莉，信上说当盒上的小门打开时，小球随机发出红光或蓝光，而不是按预先编好的程序发某一种光。”

“穆德，”史考莉说，“我的解释听起来更合理些，并与事实相符。你还想要怎样？看这儿，信的最底部，这是最令人可笑的。‘外星人’的小印刷字体告诉我们，不仅打开盒子的小门会造成里面的区域发光，其他用来弄清楚盒子是怎样运行的方式——比如，如果我们在门打开之前，先检查盒子这些区域的颜色组成或是化学物质的构成——也同样会使它发光。换句话说，我们无法分析他们所假定的在选择红色或蓝色上的随机性，因为任何这样的尝试都将会影响我们试图得出的实验结果。这就像我告诉你我是金发，但是当你或其他人又或什么东西看我的头发或分析它时，我就变成了红头发。你怎样证明我是错误的？给你这些盒子的人是非常聪明的——他们已经把事情都安排好了，它们的诡计不会被识破。现在，赶紧去玩弄你的那些小盒子吧，而我想要静静地待会儿。”

看来史考莉已经站在了科学一边。但是，实际是这样的。80年来，量子工程师们——科学家们，而不是外星人——一直宣称宇宙的运行方式正如上文中的信上所言。问题是，现在有强有力的科学证据表明，穆德这边——而不是史考莉——才是数据所支持的一边。举个例子来说，根据量子力学，一个粒子可以处于一种特性和另一种特性间的边缘地带——就像在盒子的小门打开之前，一个“外星”小球可以徘徊于发出红光或发出蓝光之间——只有当人们关注（即测量）粒子时，它才会随机地选择其中的一种。好像这也没什么奇怪的，量子力学也是预言粒子之间存在联系，就像前面提到的那些“外星”小球之间的联系。两个粒子因量子效应而产生的纠结如此强烈，以至于它们在随机选取某种特性上也是相互关联的：就像每个“外星”小球随机选择发红光或蓝光，但相同号码的盒子里的小球所选择的颜色却是彼此关联的（都发红光或发蓝光）一样，两个粒子，即便在空间上相隔很远，它们随机选择的特性也会存在类似的某种完美的关联性。简单地说，量子力学告诉我们，即使是相距很远的两个粒子，只要其中一个做了什么，另一个也会做相应的事情。

举一个具体的例子，假如你戴了一副太阳镜，量子力学就会告诉我们，一个特殊的光子——比如从湖面或沥青路面反射到你身上的那种——将有50%的概率穿过你佩戴的偏光眼镜，从而使进入你眼睛中的光强减弱：当光子碰到你的镜片时，它会“随机”选择反射回来或穿过眼镜。令人惊奇的是，这样的光子可以有一个在几千米以外向相反方向传播的伙伴，另一个光子也会以50%的概率通过另一个偏振太阳镜，就像它的伙伴那样。*即便每一个结果都是随机决定的，即便它们在空间上相距很远，但只要一个粒子能通过偏振镜，另一个光子也将通过。*这就是量子力学预言的所谓非定域性。

爱因斯坦本人从来都不是量子力学的推崇者，他不愿意相信宇宙会按这样诡异的原则运行。他支持更为传统的解释，在这样的解释中，不存在粒子会在被测量时才随机选择某种特性或结果这样的概念。与之相反，爱因斯坦认为，即便人们观测到两个距离很远的粒子拥有相同的特性，也并不能证明存在着与粒子属性有瞬时联系的神秘的量子关联。而且，就像史考莉认为小球并不是随机选择发出红光或蓝光，而是被提前设计好了，当被观测时发哪一种光，爱因斯坦认为，粒子并没有随机选择哪一种特性，而是类似的被“设计好了”被观测时拥有哪一种特殊的、具体的性质。爱因斯坦说，相距很远的粒子在属性上的关联，证明了光子在被发射时具有相同的性质，而不是遵循某种诡异的长程量子纠缠。

将近50年过去了，关于这个问题谁是谁非——爱因斯坦对还是量子力学的支持者们对——仍未解决，因为正如我们所看到的，这个争论就像是史考莉和穆德之间的争论：任何试图否定奇怪的量子力学关联且同时保有更为传统的爱因斯坦观点的努力都将是徒劳的——实验本身必然会污染试图得到的实验结果。所有这一切在20世纪60年代都变了。凭借着令人叹服的洞察力，爱尔兰物理学家约翰·贝尔指出这个问题可以用实验来解决，并且，人们的确在20世纪80年代完成了这个实验。从数据得出的直接结果来看，是爱因斯坦错了，距离很远的物体之间的确可以有奇妙诡异的量子关联存在。[5]

这个结论背后的论证如此繁复，以至于物理学家们用了30多年的时间才完全弄清楚一切。但是，在搞清楚了量子力学的本质特征后，我们将看到，这一论证的核心思想不会比一道脑筋急转弯还难。

产生波

取一小张黑色的35毫米胶片，沿着两条非常紧密的细线刮去感光乳剂，然后用激光去照射它，你将看到光是一种波的直接证据。如果你没这样做过，很值得一试（你可以用许多东西来取代胶片，比如咖啡机中的金属丝网）。当激光通过胶片的细缝碰到探测屏时，就会使探测屏上出现如图4.1所示的明暗相间的条带。解释这种图形的出现需要知道一些波的基本特性。水波是最常见的波，因此我们就先以平静的湖面上出现的水波为例，解释一下波的重要性质，然后我们再将讨论推广到光波的解释上。

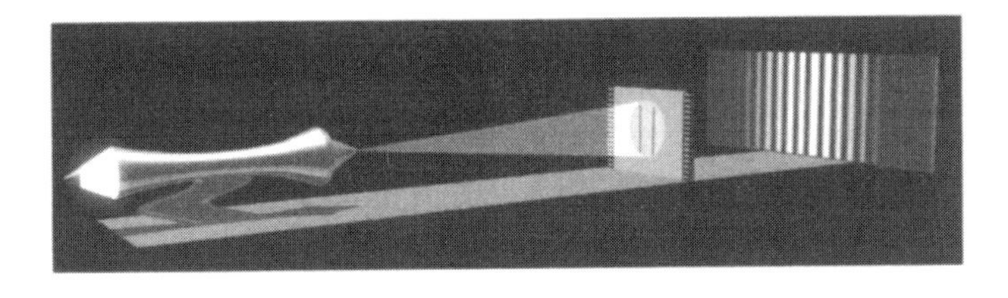

图4.1 激光通过黑色底片上的两条细缝在探测屏上产生干涉图样，表明光是一种波

水波会在平静的湖面上激起涟漪，使得有些地方隆起，有些地方凹下去。波最高的部分称为*波峰*，最低的部分称为*波谷*。典型的波具有周期性，波峰后是波谷，波谷后是波峰，依此类推。如果两列波相遇——举个例子来说，假如你我在湖面上相近的位置各扔下一颗小石子，那就会产生相向的波——当它们相遇时将会产生如图4.2（a）所示的*干涉效应*。当一列波的波峰和另一列波的波峰相遇时，干涉波的振幅将是前面两列波的波峰的叠加。类似的，当波谷与波谷相遇时，水面将会由于两个波谷叠加而凹陷得更深。而最为重要的情形是：当一列波的波峰与另一列波的波谷相遇时，它们将相互抵消，波峰试图将水往上提，而波谷试图将水往下拉。如果一列波的波峰高度与另一列波的波谷深度相等，它们将完全抵消，这样的话该位置的水根本就不会上下波动。

相同的原理也可以用来解释图4.1中一束光通过两条细缝时产生

的图样。光是一种电磁波，当它通过两个细缝时会分裂成两列波，这两列波会在探测屏上相遇。就像上文所讨论过的水波一样，这两列光波发生了干涉。它们在探测屏上不同位置相遇时的情形也不一样，有时波峰和波峰相遇，于是探测屏上的相应位置就会变得更亮；有时是波谷和波谷相遇，那么探测屏上的相应位置也会变得更亮；但当一列波的波峰遇到另一列波的波谷时，它们就会相互抵消，于是探测屏上的相应位置就会变得黯淡，如图4.2（b）所示。

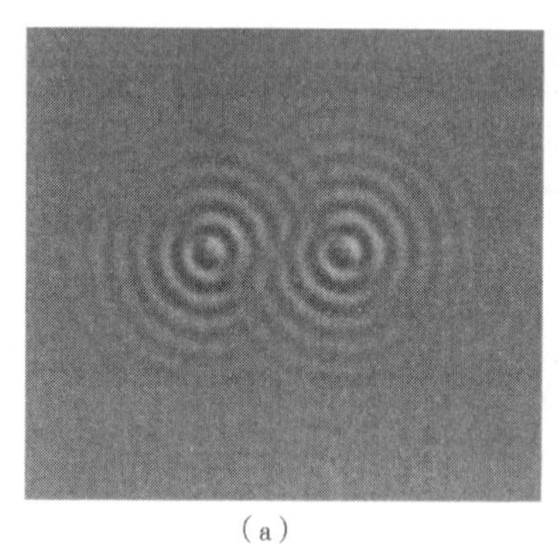

（a）

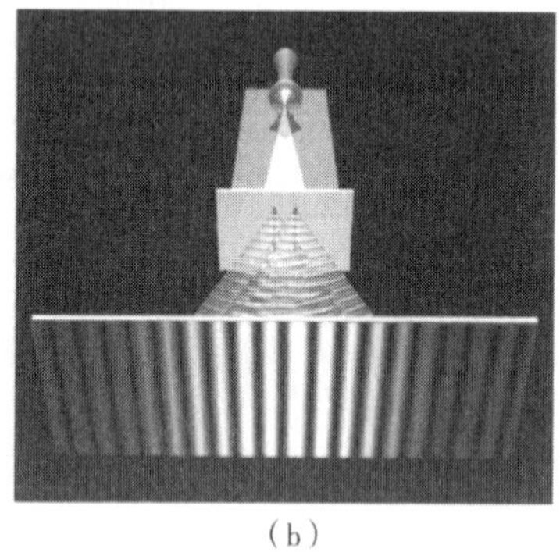

（b）

图4.2　（a）重叠的水波产生了干涉图样。（b）重叠的光波产生了干涉图样

用数学仔细地分析波的运动，包括两列波的波峰和波谷之间的各个不同位置之间部分抵消的情况，我们会发现，计算所得到的明暗分布正如图4.1所示的那样。因此明暗相间的条带的出现说明光是一种波，自从牛顿认为光不是一种波而是由一束粒子组成的（稍后还要就此进一步讨论）以来，这个问题已经争论很久了。我还要指出，这里的分析也同样适用于任何一种波（光波，水波，声波，总之你能叫得上名的任何一种波），而且，干涉图样为我们提供了波的证据：当波被迫通过两条适当大小的细缝时（大小由波峰和波谷之间的距离所决定），就会产生图4.1中所示的加强图样（亮的条带代表着高强度，黑

色条带代表着低强度)，于是我们就知道它的确是一种波。

1927年，克林顿·戴维森和莱斯特·戈默用一束电子——与波没有任何明显联系的微粒实体——穿过一片镍晶体。细节我们并不关心，重要的是这个实验等价于用一束电子撞击两条细缝之间的障碍物。在该实验中，电子穿过细缝射到磷屏上，它们打在磷屏上的位置将会以小亮点的方式记录下来(我们平常所看的电视机的屏幕也是由类似的小亮点组成的)，实验结果令人非常惊奇。想象一下，把电子看作小子弹或小球，我们自然就会想到它们撞击磷屏的位置会与这两条细缝平行一致，如图4.3(a)所示。但那并不是戴维森和戈默得到的结果。他们的实验产生了如图4.3(b)所示的结果：电子撞击磷屏后，呈现出了波所特有的干涉图样。戴维森和戈默发现了干涉图样这个证据。他们的结果出人意料地表明，电子束一定是某种波。

现在，你也许觉得这个结果并不是特别令人惊讶。水是由H_2O分子组成的，当许多分子以一定模式移动时，水波就会出现。一组H_2O分子在某些位置上升，在邻近的位置，另一组H_2O分子却在下降。或许图4.3所示的数据只是表示电子会像H_2O分子一样，有时以一定模式移动，其整体的宏观运动形成了类似于波的干涉图形。乍一看，这似乎是个合理的解释，但事实上，真实的情况更加令人出乎意料。

我们来想象一下，如图4.3那样，从电子枪持续不断地射出电子束，但我们能调节枪使它每秒钟射出的电子越来越少。事实上，我们可以把它调到很低，比如说，使其每10秒射出一个电子。有足够耐心的话，我们可以用很长时间来做这个实验，记录穿过细缝的每个电子

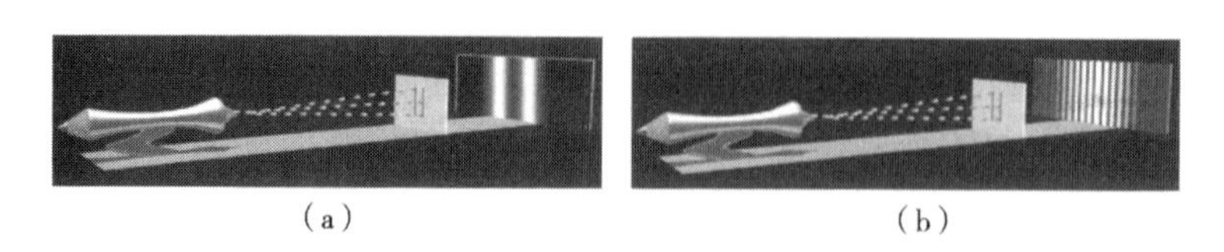

(a) (b)

图4.3 (a)经典物理学预言电子通过障碍物的两条裂缝后将在探测屏上产生两条明亮的条带。(b)量子物理预言并且也得到了实验的证实，电子将会产生干涉图样，这表明它们具有波的特性

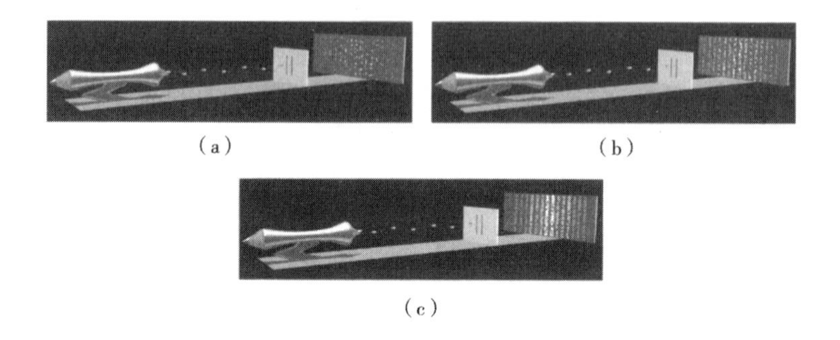

(a) (b) (c)

图4.4 发射出去的一个个电子通过裂缝后在探测屏上形成了干涉图样。图(a)~(c)描述了电子形成干涉图样的过程

撞击探测屏的位置。图4.4(a)~(c)分别显示了在1小时、半天以及一天内所积累起来的数据的结果。20世纪20年代，类似于这样的图像构建起了物理学的基础。我们可以看出，即使单独的电子，分别地、一个接一个地撞击在探测屏上，也会形成波的干涉图样。

这就好像在说一个单独的水分子也可以形成水波。但那怎么可能呢？波的运动看起来是某种集群性质，当应用于单独的微粒时就没有意义了。比如说，球场的看台上，时不时地就会有个别的观众站起来或坐下，但这种起来和坐下无法形成人浪。而且，波的干涉似乎需要两列来自不同地点的波相遇。因此波的干涉怎么可能只与单独的微粒组分有关？但不管怎么说，正如图4.4中干涉图样所证明的那样，即使单个电子是微小的物质粒子，它也可以具有波的某些特点。

概率和物理学定律

假如一个单独的电子也是波，那么是什么在波动呢？欧文·薛定谔迈出了第一步：或许构成电子的物质在空间杳无踪迹，而正是这无影无踪的电子之魂在波动。从这个观点来看，一个电子就是电子迷雾中的一个尖峰。但人们很快就意识到，这种说法不可能正确，因为即使是一个尖锐的波峰——比如巨大的潮汐波——它最终也将传播开来。如果电子波会弥散开来，那么我们就可能在某个地方找到电子电荷的一部分或发现它质量的一部分。但是我们从未发现这样的情况。当我们找到一个电子时，我们总是发现所有的质量和电荷都集中在一个微小的、像点一样的区域内。1927年，马科斯·玻恩提出了另一个看法，而这个观点的提出正是迫使物理学进入一个激进的新领域的过程中起决定性作用的一步。玻恩提出，这种波既不是无影无踪的电子，也不是以前我们在科学中碰到的任何其他东西。玻恩提出，这种波，是一种*概率*波。

为了便于理解，我们来看一张水波的快照，图中既有强度较高的区域（在波峰和波谷附近），又有强度较低的区域（波峰和波谷之间的传播区域）。水波的强度越大，对附近的船或海岸线造成的影响力就越大。玻恩想象的波也有高密度区和低密度区，但是他赋予这些波的意义却令人大跌眼镜：*空间中某点的波的大小与电子位于该点的概率成正比*。最容易找到电子的地方就是概率波最大的地方，不容易找到电子的地方就是概率波较小的地方。而没有电子的地方，概率波在该点的概率就为零。

图4.5给出一张概率波的“快照”，图中说明中强调了玻恩的概率诠释。不像水波的照片，这种图像实际上是不可能用照相机拍出来的。没有人直接看到过概率波，而且根据传统的量子力学的解释，也没有人能看到。相反，我们应用数学方程（薛定谔、尼尔斯·玻尔、沃纳·海森伯、保罗·狄拉克以及其他人发展出来的）来计算出概率波在某些情况下的形状。然后再把理论计算结果与用下面的实验方法得出的结果相对比，计算出给定实验条件下的某个电子的假设概率波后，重复同一个实验多次，每一次都记录下所测得的电子的位置。不同于牛顿的预言，同样的实验、同样的初始条件并不一定会得到同样的结果。相反，我们的测量产生了各种各样的测量位置。有时候电子在这儿，有时候电子又在那儿。如果量子力学正确的话，我们将发现电子在给定位置的次数与我们所计算出来的该点的概率波的大小成正比。80多年的实验显示，量子力学的预言有着非常高的精确度。

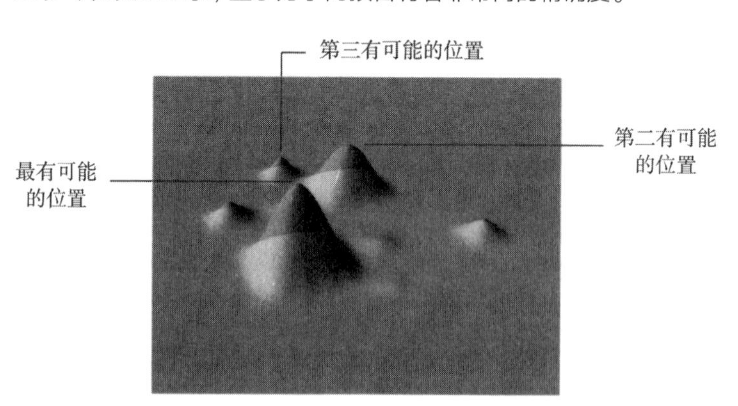

图4.5 粒子（比如说电子）的概率波告诉我们粒子出现在某个位置的可能性

图4.5显示了电子概率波的一小部分：根据量子力学，每个概率波都可以扩展到整个空间，整个宇宙。[6] 在许多情况下，一个粒子的概率波在某些小区域之外迅速衰减为零，表明该粒子出现在该区域内的可能性非常大。在这种情况下，概率波在图4.5外的部分（宇宙空间中的其他所有部分）看起来非常接近其在该图边缘部分的样子：相当平并且几乎接近零。然而，只要电子概率波的值在仙女座星系中的某处非零，不管该值有多小，我们总有一个微小但确实存在的——非零——机会在那里找到电子。

因此，量子力学的成功之处在于迫使我们接受这样的观念：作为物质组成成分的电子，按我们通常的理解，占据着空间中很小的、类似于点的那么一点区域，实际上却也具有波的性质，并且可以弥漫到整个宇宙。而且根据量子力学，这种粒子波的融合适用于大自然中的所有成分，而不仅仅限于电子：质子同时具有粒子的特性和波的特性，中子也是如此。而且，早在20世纪初期就有实验表明，光——看起来是一种波，如图4.1——也可以从微粒的角度加以描述，我们在前面提到过小小的“光束”叫作光子。[7] 打个比方来说，100瓦的灯泡所发出的一系列电磁光波，也可被描述成灯泡每秒发出一万亿亿个光子。在量子力学的世界里，每件事物都同时具有粒子属性和波的属性。

过去的80年中，量子力学的概率波在预言和解释实验结果上的普遍性和功用性已经得到了大家的信服。但量子力学的概率波究竟是什么，人们还没有达成一致的看法。我们应当说电子的概率波就是电子呢？还是只是说与电子有关呢？又或只是描述电子运动的数学工具呢？再或只是电子的某种具体表现形式呢？这一切都还在争论之中。

但可以肯定的是，通过这些波，量子力学以人们无法预料的方式给物理定律注入了概率。气象学家用概率来预言降水的可能性，赌场用概率来预言你赢钱的可能性，但概率之所以会在上述例子中起作用，只是因为我们还没有足够的信息来做出确切的预言。根据牛顿所言，如果我们清楚地知道外部环境的每一点具体细节（每一个微小的组成成分的位置和速度），我们就可以确切地预言出（假定我们有足够的计算能力）明天下午4：07是否降水；如果我们知道有关色子的所有物理细节（色子的精确形状和成分，当色子离开手时的速度和方向，桌子的成分和桌面情况等），我们将能准确预言出色子落下时的具体形式。但从实际操作上来看，我们不可能收集所有的信息（即便我们能，我们也不可能有如此强大的电脑综合分析这么多数据，最后做出预言），于是我们把眼光放低，在讨论有关天气方面或赌场方面的事情时，我们对我们所无法获得的数据做了一定合理的假设后，预言给定结果出现的概率。

量子力学中的概率完全是另一回事，在量子力学中，概率属于更为基本的特性。根据量子力学，不论我们的数据收集能力以及电脑运算力进步到何种地步，我们所能做的最好的事情就是预言这种或那种结果的概率。我们所能做的最好的就是预言电子、质子或中子，或其他物理学组成成分出现在这里或那里的概率。在微观领域里，概率至高无上。

再看图4.4的例子，量子力学关于单个电子逐个通过细缝形成图4.4所示的明暗相间的图样的解释，现在看来再清楚不过了。每个单独的电子都可以用其概率波加以描述。当一个电子射出时，它的概率波通过了两条缝隙。就像光波和水波那样，概率波通过这两条缝隙发散开来产生干涉。在接收屏的一些点上，两个概率波加强，使得强度变大。在另一些点上，两列波相互抵消，强度就低。在另外一些点上，概率波的波峰和波谷完全抵消，结果波的强度就为零。换句话说，电子落在探测屏上某些点处的概率较大，落在另外一些点处的概率较小，而有些点处则电子根本不会落在那里。经过一段时间，电子的落点就会按照概率图分布，因此我们就会在接收屏看到或明或暗乃至完全黑色的区域。详细的分析表明，这些亮区和暗区看起来正像图4.4所示的那样。

爱因斯坦和量子力学

由于固有的概率性质，量子力学完全不同于在其出现之前其他描述宇宙的理论，不论定性还是定量上都是如此。自其诞生之日起，物理学家们就在努力将这个奇怪的、出乎意料的理论体系融入普通的世界观中，这些努力到现在仍在进行中。问题在于如何协调日常生活的宏观经验与量子力学所展现的微观实在性。我们已经习惯于生活在这个物理性质至少看起来稳固而可靠的世界上，尽管有时不得不屈服于各种各样的经济或政治突发事件的反复无常。你不用担心你现在呼吸进去的空气的原子会因其量子性质而突然解体，然后出现在我们看不到的月球那一面并重新组合起来，只留下你气喘吁吁地尽力呼吸着。你不用为这种事情而感到烦恼，因为根据量子力学，这种事情发生的概率即便不是零，也是相当小的。但是究竟是什么使得概率如此之小呢？

简单地说，有两点原因。第一，从原子尺度看，月球无限远。而且，正如我们在上文所提到过的，在许多情况下（虽然绝不是所有），量子方程显示，概率波一般只在空间中的很小区域内才有可测量的值，一旦离开这个区域，概率波就会迅速衰减到几乎为零的程度（如图4.5所示）。因此和你出现在同一空间的单独一个电子——比如你刚刚呼出到空气中的一个电子——立刻出现在月球背面的可能性，即便不是零，也是非常小的。这个概率如此之小，以至于你娶到尼科尔·基德曼或嫁给安东尼奥·班德拉斯的概率都成了无比的大[1]。第二，在你房间的空气中，有许多电子、质子和中子。所有的粒子一起发生这种对一个粒子而言都是概率很小的事情的概率更是非常小，以至于都不值得我们思考。这就好比不仅要与令你心动的电影明星结婚，而且还要在相当长的一段时间内赢得每期的彩票，那么这个相当长的一段时间指的是多长呢？这个嘛，要长到能使现在的宇宙年龄看起来不过是宇宙眨了下眼。

这就使我们有点明白为什么在日常生活中我们不会直接遇到量子力学的概率方面的问题。然而，由于实验证实量子力学确实可以描述基础物理学，所以它对我们有关实在性的基本信念形成了威胁。比如爱因斯坦，就深受量子力学的概率性质的烦扰。他一再强调，物理学决定着什么已经发生，什么正在发生，以及我们周围的世界将会发生什么。物理学家不是赛马活动的下注者，物理学也不是用来计算概率的。但爱因斯坦不能否认量子力学在解释和预言微观世界的实验结果方面非常成功，尽管这只是从统计学数据来看。因此爱因斯坦并未试

---

1. 两者都是好莱坞著名影星。——译者注

图说明量子力学是错误的，因为考虑到它的成功之处，那样做简直就是傻瓜才犯的错误，但他付出了很大的努力试图说明量子力学并不是决定宇宙如何运作的终极理论。虽然不能说明到底是怎么回事，但爱因斯坦试图向大家证实，一定存在着一种更为深刻又不那么诡异的有关宇宙的理论体系有待人们去发现。

前后许多年，爱因斯坦提出了一系列更加复杂的挑战，旨在找出量子力学结构上的缺陷。其中之一，在1927年索尔维研究所举办的第5届物理学会议期间提出，[8] 基于这样一个事实：即使电子的概率波看起来如图4.5所示的那样，但不管何时，只要我们测量电子的位置，我们总是发现电子在或这或那的确切位置上。因此，爱因斯坦问道，这是否意味着概率波只是某种能够预言电子的确切位置的更为精妙的理论——只是尚未发现而已——的一个临时替身呢？毕竟，如果在X处发现了电子，那不就意味着，实际上电子在测量之前就在X处或非常接近X处？如果这样的话，爱因斯坦更进一步，量子力学所依赖的概率波——在本例中，表明电子距离X处有多远的概率的波——不正反映了理论在描述基础事实性方面的不充分性？

爱因斯坦的观点简单而又有说服力。认为粒子一直就在后来发现它的位置或邻近位置处岂不是非常自然的事情？如果是这样的话，物理学上更为深刻的理解需要我们能够给出那些信息，放弃粗糙的概率体系。但是丹麦物理学家尼尔斯·玻尔和量子力学的拥护者们不同意爱因斯坦的观点。他们认为，这样的推理源于传统的思维，即每个电子按照单独的、确定的路径往返。而图4.4强烈地挑战了这种思维，因为如果每个电子确实按照一个明确的路径——就像枪里发射出子弹这样的经典图像——那将很难解释观测到的干涉图样：是什么和什么发生干涉呢？正常情况下，从单独一支手枪一个接一个发射出来的子弹不可能与另一个子弹发生干涉，因此，如果电子像子弹一样运动的话，那图4.4的干涉图样又做何解释呢？

与之不同，根据玻尔和他力推的量子力学哥本哈根诠释，*在人们测量电子的位置之前，问它在哪儿毫无意义*，不会有一个明确的答案。概率波所记录的是，当适当地测量一个电子时，在或这或那的位置发现它的概率，而事实上这就已经是关于其位置所能讨论的全部了，没其他的了。只有当我们“看”电子的那一刻——我们测量其位置的时刻——并找到其具体位置时，它才具有通常意义上的确切的位置。但在我们测量之前（和之后），它所有的全部乃是概率波所描述的潜在位置，而概率波，就像其他任何波一样，具有干涉效应。这并不是说电子有一个位置，只是我们在测量之前不知道它的位置具体在哪儿。与你所想的恰好相反，在测量之前，电子根本就没有确切的位置。

这是一种从根本上来说非常奇怪的实在性。以这种观点看，当我们测量电子的位置时我们并不是在测量某种实体客观的、已经存在的性质。测量行为本身与创造出所要测量的实在性纠结在一起。将这种讨论从电子的尺度逐渐提升到日常生活，爱因斯坦讽刺道：“你真的认为，要是我们不看它，月亮根本就没挂在天上吗？”量子力学的支持者们回应他：如果没有人在看月亮——如果没有人“通过看见它来测量它的位置”——那么我们根本就不知道它是否在那儿，因而根本没有理由提出这样的问题。爱因斯坦认为这种说法令人非常不满意。这同他对于实在性的观点大相径庭；他坚定地认为，不管是否有人看见，月亮总是挂在天空。但量子力学坚定的支持者们并没有被说服。

爱因斯坦的第二次挑战紧随其后，在1930年的索尔维会议中提出。他描述了一套假想中的装置（巧妙地结合了天平、时钟、相机似的快门），该装置看起来能证明电子一类的粒子*必定*有明确的性质——在测到它之前，而量子力学认为这根本是不可能的。细节倒不太重要，但解决方式十分具有讽刺性。当玻尔听说了爱因斯坦的挑战后，他十分震惊——乍看之下，完全无法在爱因斯坦的论证中找出一点瑕疵。但是，几天之后，他卷土重来，完全驳倒了爱因斯坦的观点。令人惊奇的是，玻尔回应爱因斯坦的关键居然是广义相对论！玻尔意识到，爱因斯坦遗漏了他自己发现的引力扭曲时间——时钟运行的速度取决于它所感受到的引力场。当将这一复杂因素考虑进来后，爱因斯坦被迫承认他的结论与正统的量子理论完全一致。

即使他的异议被推翻，爱因斯坦仍然觉得量子力学令人非常不舒服。在后来的几年中，他一直盯着玻尔和他的同事们，不断提出一个又一个挑战。他最富成效及具有深远影响的攻击集中在所谓的*不确定原理*上，这是沃纳·海森伯于1927年发现的量子力学的直接推论。

海森伯和不确定性

不确定原理就概率与量子宇宙之间的联系的紧密程度做出了准确的定量估计。为了便于理解，想想某些中国餐馆的菜单。菜肴编排在A、B两列中，举个例子来说，如果你点了A列菜单里的第一种菜肴，你就不能再点B列里的第一种菜肴；如果你点了A列里的第二种菜肴，你就不能再点B列里的第二种菜肴，如此等等。这样一来，餐馆已经建立起了饮食之间的对应关系，烹调间的互补（特别是那种设计出来防止你一次点很多昂贵菜肴的互补关系）。在菜单上你能点北京烤鸭或广东龙虾，但不能两个都点。

海森伯的不确定原理就是这样。粗略地讲，微观世界（粒子的位置、速度、能量、角动量，等等）的物理学特性能被分成A、B两列，就像海森伯所发现的，对A列第一种性质的了解会妨碍你对B列第一种性质的了解，对A列第二种性质的了解会妨碍你对B列第二种性质的了解，如此等等。而且，就像餐馆也会允许你同时点北京烤鸭和广东龙虾，但是却要在使其配比到总和不超过同样的总价的前提下。你对一列中的某种性质了解得越精确，你对第二列中的对应性质的了解就只能越不精确。从根本上说，海森伯发现的不确定原理说的就是从根本上不可能同时确定两列中的所有性质，即弄清楚微观世界里的所有特性。

举个例子来说，你对一个粒子的位置知道得越精确，你对它的速度知道得就越少。同理，你对一个粒子的速度知道得越精确，你对该粒子的位置知道得就越少。量子力学有它自己的对偶性：你很精确地测定微观世界某种物理特性的同时，就失去了精确测定另一些互补特性的可能性。

为了更好地理解，我们来看看海森伯自己的粗略描述，虽然其在某些特殊方面还不完善，但能给我们有用的直觉图像。当我们测量物体的位置时，我们通常都会以某种方式与它发生相互作用。假如我们要在黑暗的房间里找到灯的开关，那么我们就得靠摸，摸到它就是找到了它的位置。如果一只蝙蝠在寻找一只田鼠，它就会发出声呐，并翻译出从目标身上反射回来的波。最为普通的定位方式就是看——物体上反射的光进入我们的眼睛。关键之处在于，这些相互作用不仅对我们有影响，也会影响我们要定位的物体。即使是光，从物体上反射回来时，也会对物体的位置有一个小小的影响。对于常见的物体——比如你手中的书或墙上的钟表——而言，反射光的轻微推力不会带来明显的影响。但当它撞击一个像电子一样的微小的粒子时就会产生巨大的影响：当光从电子表面反射回来时，它改变了电子的速度，就像你的速度会被一阵强烈的狂风影响一样。事实上，你越想精确地测定电子的位置，所使用到的光束的能量就得越强，对电子运动的影响也就会越剧烈。

这就意味着如果你高精度地测量电子的位置，就必然影响你的实验：精确定位这种行为本身就会影响电子的速度。因此你可以精确地定位电子，但是与此同时你却无法知道它的速度，因为那一刻它正在运动。相反，你能精确地测量出电子的运动快慢，但这样做的同时你会无法知道它的位置。大自然对确定这样的互补性质的精确度有一个内在的限制。虽然我们一直在讨论电子，但要知道不确定原理具有普适性：它适用于一切事物。

在日常生活中，我们常常会说些诸如一辆小汽车正以时速90千米（速度）经过某车站站牌（位置），轻易地定下两种物理性质。事实上，量子力学认为这种说法没有精确的意义，因为你不可能同时测量确定的位置和确定的速度。对物理世界的这样不精确的描述之所以对我们的生活没有影响，是因为相比于日常生活的尺度，与不确定原理相关的尺度非常之小，以至于可以完全忽略不计。你看，海森伯原理指出存在不确定性，还指出了——完全确定地指出了——在任何情况下不确定性的最小*量*。假如我们把他的公式应用于你的小汽车经过一个车站时的速度，若对汽车位置的测量精确到厘米量级，那么速度的不确定度将还不到万亿亿亿分之一千米每小时。如果一名州警完全遵守量子物理原理，那他将会断言你在经过车站时的速度在89.99999999999999999999999999999999999和90.0000000000000000000000000000000001千米每小时之间。但是，如果我们用一个位置需要精确到十亿分之一米的电子来代替你庞大的汽车的话，那么它速度上的不确定度将是160000千米每小时。不确定性总是存在的，但是它只有在微观世界里才有意义。

对测量过程中不可避免的干扰的不确定性解释为物理学家们提供了一种有用的直观导引以及某些特定情况下强有力的认知框架。然而，它也容易造成误导。很容易造成这样一种印象，我们笨拙的实验员乱碰器材导致了不确定性的产生。这种想法是不对的。不确定性植根于量子力学的波动体系本身，不论我们是否做了笨拙的测量，它都一直存在。举个例子来说，我们来看一个特别简单的粒子概率波，有点类似于轻柔翻滚的海浪，如图4.6所示。既然波峰全都一致地向右移动，你可能会认为这列波描述的是以波峰的速度移动的粒子。实验证实了这种猜想。但是粒子在哪儿呢？因为这列波是均一地弥漫于整个空间，所以我们没有理由说电子在*这儿*或*那儿*。测量的话，我们会发现它无所不在。因此，当我们精确地知道粒子的移动速度时，它位置上的不确定性就会变得极大。如你所见，这样的结论与我们是否干扰了这个粒子无关，我们从未触碰过它。换句话说，它取决于波的基本特征：波可以延展。

图4.6 具有均匀分布的波峰和波谷的概率波代表着粒子具有明确的速度，但由于波峰和波谷在空间中均匀分布，粒子的位置无法完全确定，它可能四处都在

虽然细节上更麻烦一些，但类似的推理适用于其他所有波形，因而一般性的规律很清楚了。在量子力学中，不确定性必然存在。

爱因斯坦，不确定性和实在性问题

你可能正在被一个重要的问题烦扰着，即，不确定原理究竟是关于我们能够了解多少实在性呢，还是关于实在性本身呢？虽然理论上讲，量子不确定性告诉我们，我们永远无法同时搞清楚实在性的所有性质，比如位置和速度。但是，构成宇宙的基本成分，是不是像我们从日常事物——高飞的棒球，甬道上慢跑的人，向着太阳慢慢生长的向日葵——中得到的经典印象那样，真的有位置和速度呢？量子不确定性完全破坏了经典模型吗？它告诉我们，经典直觉赋予实在性的一系列属性，以构成世界的物质成分的位置和速度为代表的这一系列属性，是否会是一种误导？量子的不确定性是否告诉我们，在任何时刻，粒子就是不能拥有确定的位置和速度？

对于玻尔而言，这个问题就像禅宗的以心传心一样，物理学家们只处理我们可以测量的事物。从物理的观点来看，这*就是*实在性。试图用物理学来分析“更深层”的实在性——那种远非我们可以通过测量来了解的实在性，就如同试图用物理学来研究孤掌鸣音一般。但在1935年，爱因斯坦和他的两位同事——鲍里斯·波多斯基和内森·罗森以一种有力而又巧妙的方式提出了这个问题，孤掌不再难鸣，他们3人抛出的问题对我们关于实在性的理解带来了连爱因斯坦也未曾预料到的冲击。

爱因斯坦-波多斯基-罗森论文是要证明，量子力学，尽管在做出预言及解释数据方面取得了巨大的成功，但并不能作为微观世界物理学的定论。他们的思路非常简单，基于刚刚提出的问题，他们想要证明，在任意给定的瞬间，每个粒子确实具有确定的位置和确定的速度；因而，他们想要得出不确定原理暴露了量子力学方法的根本局限性这样的结论。假如每个粒子确有位置和速度，而量子力学又不能处理这些实在的性质，那么量子力学就只不过是关于宇宙的部分描述。他们想要证明，量子力学只是一种不完善的物理实在性理论，或许，只是达到尚未发现的更深刻的理论框架的踏脚石而已。事实上，我们将会看到，他们的工作为某种更为奇妙的东西打好了基础，而这种东西就是：量子世界的非定域性。

爱因斯坦、波多斯基和罗森（EPR）的灵感部分是被海森伯对不确定原理的粗略解释激发的：当你测量物体的位置时你必然会扰动它，因而不可能同时测出它的速度。就像我们所看到的，虽然量子不确定性比“扰动”解释更具普适意义，爱因斯坦、波多斯基和罗森却从中发明了一套有说服力的巧妙办法避开任何不确定性的起源。他们提出，是否存在一种间接的测量方法可以同时测出粒子的位置和速度而不会影响粒子本身呢？举个例子，我们来看一个经典物理的类比，想象一下罗德和托德 · 弗兰德斯，他们决定在斯普林菲尔德新形成的核荒漠中独自闲逛。他们返回到沙漠中心，背对背站立，约定朝着各自的方向以同样的速度一直向前走。一段时间，比如9个小时后，他们的父亲——内德——从斯普林菲尔德山返回的时候看到了罗德，他飞快地跑了过去，着急地问罗德，托德跑哪去了。这时候，托德已经走很远了，但是通过询问罗德相关情况，内德了解了有关托德的很多情况。如果罗德从开始的位置向东走了恰好74千米，则托德从开始的位置向西也恰好走了74千米。如果罗德以8千米/时的速度向东走，托德也一定以8千米/时的速度向西走。因此即使托德在145千米开外的地方，内德也能间接知道他的位置和速度。

爱因斯坦和他的同事把类似的策略应用于量子领域。在很多众所周知的物理过程中，两个粒子可以从共同的位置分开向相反的方向运动，就像罗德和托德一样。举个例子来说，如果一个单独的粒子分解成两个质量相等的粒子，它们分别朝“相反”的方向飞出去（就像一颗炸弹爆炸成朝着相反方向运动的两块），这是亚原子粒子领域的常见现象，两部分的速度相等，方向相反。而且，这两个组分粒子的位置也是紧密联系的，简单起见，我们总可以认为这两个组分粒子距离初始位置的距离相等。

有关罗德和托德的经典例子与上文所述的两个粒子的量子描述之间存在着重要的区别，即虽然我们可以肯定地说这两个粒子的速度之间存在着一种明确的关系——假如测量时发现其中一个以给定速度向左运动，那么另一个必然以相同的速度向右运动——但我们却不能预言粒子运动速度的具体数值。相反，我们所能做的就是运用量子物理的原理去预测粒子以某个速度运动的概率。类似的，尽管我们可以肯定地说这两个粒子的位置之间存在着一种明确的关系——假如在某一特定时刻我们测得一个粒子出现在某一位置，那么另一个必然会在距离出发点相等距离的位置上，只是方向相反而已——但我们却不能预言任何一个粒子的确切位置。相反，我们所能做的就是预言粒子在某个特定位置的概率。因此，量子物理并没有给出粒子速度和位置的明确答案，它只是在某些特殊情况下，对粒子的速度和位置之间的关系做出明确的陈述。

爱因斯坦、波多斯基和罗森试图利用这些关系证明，每个粒子事实上在每个特定的时刻都有确定的位置和速度。这就是他们的想法。想象一下，你先测量了向右运动的粒子的速度，通过这种方式，就可以间接了解向左运动的粒子的速度。EPR认为，既然你没有对向左运动的粒子做任何事情，完全没有，那它就一定*在*那个位置上，你所做的只是确定它到底在哪儿，尽管只是间接的。然后，他们又巧妙地指出，你可以选择测量向右运动的粒子的速度。这样，你就可以完全不用打扰向左运动的粒子但间接地测量出了它的速度。EPR再次指出，既然你没有对向左运动的粒子做任何事情，完全没有，它就一定*以*那个速度运动，你所做的只是确定这个速度是多少。将两者——你所做过的测量以及你可能已经完成的测量——结合起来，EPR得出结论：

在任何给定的时刻，向左运动的粒子都有明确的位置和速度。

因为此处非常微妙且关键，所以我再说一遍。EPR的论证是，在你测量向右运动的粒子的过程中，你并没有对向左运动的粒子产生任何影响，因为它们是距离彼此很远的两个实体。向左运动的粒子完全不知道你对向右运动的粒子已经做的或可能做的测量。当你测量向右运动的粒子时，这两个粒子之间可能相距几米、几千米，或几光年远，因此，简而言之，向左运动的粒子不会在乎你究竟做了什么。因此，你通过研究向右运动的粒子的特性而了解的或者至少是理论上可以了解的有关向左运动的粒子的相应特性，一定是向左运动的粒子的*确定的、一直存在着的*特性，并且完全不会受你的测量影响。因此假如你测量了向右运动的粒子的位置，你将会知道向左运动的粒子的位置，同理，假如你测量了向右运动的粒子的速度，你将会知道向左运动的粒子的速度，这样，向左运动的粒子实际上有明确的位置和速度。当然，整个讨论将通过交换向左运动和向右运动的粒子角色而进行（而且，事实上，在做任何测量之前，我们根本没法说哪个粒子向左运动，哪个粒子向右运动），于是我们可以得出这样的结论：粒子具有确定的位置和速度。

就是这样，EPR认为量子力学只是对实在性的不完备描述。粒子有确定的位置和速度，但量子力学不确定性原理却表明，实在性的这些特性远远超出了这个理论的掌控范围。假设你与大多数物理学家一样，相信自然界的完美理论应当能描述客观实在的所有属性，那么量子力学的在同时描述粒子的位置和速度上的失败，就意味着它不能描述某些属性，因此并不是一个完善的理论；量子力学不是自然界最终理论。这就是爱因斯坦、波多斯基和罗森严格讨论的问题。

量子回应

EPR认为，在任意给定的时刻，每个粒子都有确定的位置和速度，如果你顺着他们的过程进行的话，你将会发现，真的要确定下来这些性质将是不可能的。你可以按照上文所说的选择测量向右运动的粒子的速度，你这样做时将会扰乱它的位置；从另一方面来看，你测量它的位置的同时会扰乱它的速度。如果你不可能有向右运动的粒子的这些属性，你也不可能得到向左运动的粒子的这些属性。因此，*不确定原理并没有矛盾*：爱因斯坦和他的同事完全知道他们不能同时确定任意给定粒子的位置和速度。但是，问题的关键来了，即便没有同时确定其中任何一个粒子的位置和速度，EPR的论证表明，每个粒子*都有*确定的位置和速度。对于他们而言，这是一个实在性的问题。在他们看来，如果一个理论不能描述实在性的所有元素的话，它就不能声称自己为一个完善的理论。

量子力学的支持者们对EPR出乎意料的评价进行一番积极的回应后，继续专心于他们日常的实际研究，著名的物理学家沃尔夫冈·泡利总结道："人们不愿意在那些你都不知道到底存不存在的事情上浪费脑力，就像没人愿意理那个古老的问题：针尖上究竟可以站多少个天使。"[9] 一般来说，物理学尤其是量子力学，只能处理宇宙的可观测性质，其他的东西显然不在物理学范畴内。如果你不能同时测量粒子的位置和速度，就没有必要讨论粒子是否同时有位置和速度。

EPR则不同意。他们坚持认为，实在性不只是探测屏上的读数，它的内涵远多于某一时刻所有观测现象的总和。没有人，绝对没有任何人，任何工具，任何仪器，任何物体一直在“看”月亮，但人们都相信，月亮挂在天空。他们仍然相信这只是实在性的一部分。

从某种意义上讲，这些讨论与牛顿和莱布尼茨之间对于空间实在性的争论遥相呼应。如果我们实际上没有办法摸到它，或看到它，或以其他的什么方式测量到它，我们应该认为这样的东西存在吗？在第2章中，我曾讲过牛顿的桶如何改变了有关空间的论战的性质，这个桶使人们突然意识到，空间的影响可以被直接观测到：桶中旋转的水会呈凹面。1964年，通过出人意料的突然一击——有评论者将其称为“最深刻的科学发现”[10]——爱尔兰物理学家约翰·贝尔也为量子实在性的论战做了同样的事情。

在后面的4节中，我们将讨论贝尔的发现。明智地避开了一点技术问题无疑是有好处的。尽管讨论所用的推理都不如计算掷色子中的概率复杂，但有一些我们必须讲述并将其前后串联起来的步骤。每个人对细节的要求不同，你可能读着读着就感到十分厌倦，那么没关系，请直接翻到本章最后，在那里可以找到有关贝尔的结论的讨论概要。

贝尔与自旋

约翰·贝尔把爱因斯坦－波多斯基－罗森论文的核心思想从哲学思考转化成了可以用具体的实验测量回答的问题。令人惊讶的是，达到这一点，他所需要的只是想出这样一种情形，在这里不只有两个由于量子不确定性原理而无法同时测定的性质——比如说位置和速度。贝尔证明，在不确定原理之下，如果同时有3个或更多的物理量——当你测量其中的一个量时，将会影响其他物理量的测量，因此不可能同时测定这3种或更多种性质——则*存在*着一个能提出实在性问题的实验。这类例子中最简单的一个与所谓的*自旋*有关。

20世纪20年代开始，物理学家们已经知道了粒子的自旋——类似于橄榄球飞向目标的过程中会绕着自身旋转，粒子自旋就是这样的旋转运动。不过，量子粒子的自旋在一些重要方面不同于经典物理图像，对于我们而言主要是以下两点。首先，粒子——比如电子和质子——只能绕着特殊的轴以不变的速率顺时针或逆时针旋转；粒子的旋转轴能改变方向但旋转的速度不能减慢或加快。第二，量子不确定性也适用于自旋，正如你不能同时确定粒子的位置和速度，你也不能同时确定绕不同轴的自旋。举例来说，假如一个橄榄球绕着东北指向的轴旋转，那么它的自旋可以分解成绕向北和向东的轴的旋转——通过适当的测量办法，你可以确定下来在每个轴的方向上自旋的分速度。但是，如果你测量绕任意轴旋转的电子，你将无法得出自旋的分量，永远都不会。似乎测量本身会迫使电子将其在各个方向上的自旋运动集合起来，并且绕着你选定的轴顺时针或逆时针旋转。而且，由于你的测量影响了电子的自旋，你将无法确定它是怎样绕着水平轴，或是前后方向的轴，或是你测量之前的任何其他轴旋转的。量子力学自旋的这些性质很难完整被刻画出来，而这种困难无疑凸显了经典物理图像在揭示量子世界真实性质方面的局限性。不管怎样，量子理论的数学结构以及几十年来的许多实验，都使我们确信，量子自旋的这些特性是毋庸置疑的。

在这里介绍自旋的原因并不是为了深究粒子物理的复杂性。我们马上就会看到，粒子自旋的例子为抽取有关实在性问题奇妙而又出人意料的答案提供了很好的实验场。也就是说，虽然由于量子力学的不确定性，我们无法同时知晓绕多个轴自旋的情况，但是，一个粒子可以同时有绕每个轴旋转的确定分量吗？又或者不确定性原理是否告诉了我们其他一些东西呢？它是否要告诉我们，不同于实在性的经典概念，一个粒子就是不会并且不能同时拥有这些性质呢？它是否要告诉我们，一个粒子处于被囚禁在量子监狱里的状态，没有绕着任何轴的确定自旋，除非有人或有某种东西测量它，引起它的注意，从而使其获得——取决于量子理论的概率——以或这或那的特定自旋值（顺时针或逆时针）绕着选定的轴旋转？通过研究这个问题，这个本质上与我们前面所探讨的粒子的位置和速度一样的问题，我们可以利用自旋来探索量子实在性的本质（寻找大大超越自旋这一特殊例子的准确答案）。我们现在来具体看一下。

就像物理学家戴维·玻姆明确证明的那样，[11] 爱因斯坦、波多斯基和罗森的推理很容易推广到粒子绕任意选定的轴能否有确定的自旋这一问题上。下面具体看看。假设有两台探测器，它们能够测量入射电子的自旋，一台被安置在实验室的左边，另一台则在实验室的右边。假设有两个电子背对背从两个探测器中间的光源射出，而其自旋——而不是先前例子中的位置和速度——彼此关联。如何做到这些细节并不重要，重要的是能够这么做，事实上，很容易做到这点。我们可以如此设定其关联性，如果左右两个探测器要测量的是绕着指向相同方向的轴的自旋，它们将得到相同的结果：如果探测器要分别测量它们各自这边的电子绕垂直轴的自旋，那结果将是左边的探测器发现电子是顺时针旋转的，右边的探测器也将发现同样的结果；如果探测器测量的是绕垂直方向顺时针旋转60度的轴的自旋，左边的探测器测量到逆时针方向的自旋，而右边的探测器也将得到一样的结果。如此等等。又一次，在量子力学中，我们所能做的最好的事情就是预言探测器发现粒子顺时针或逆时针自旋的概率，但我们可以100%肯定，不论一个探测器发现什么结果，另一个探测器也将会发现同样的结果。[1]

玻姆对EPR论证的改进之处在于，无论从哪个角度看，现在的讨论都与讨论位置和速度的原始版本一样。粒子自旋的关联性允许我们通过测量绕某轴向右运动的粒子来间接测量绕该轴向左运动的粒子的自旋。由于测量是在实验室的右边完成的，所以无论如何都不可能影响向左运动的粒子。因此后者自始至终都有刚刚确定下来的自旋值；我们所做的只是测量它，尽管只是间接测量。而且，既然我们选择的是绕任意轴进行这一测量，那么相同的结论也应该适用于任意轴：即使我们一次只能确定绕一个轴的自旋，向左运动的电子绕每一

---

1. 为避免语言上的复杂性，我把电子的自旋描述为关联，虽然更为正式的表述方式应为反关联：不管一个探测器发现什么样的结果，另一个都将发现相反的结果。为了与正式表述相比较，可以这样想象，我把其中一个探测器上的顺时针和逆时针的标签互换了。

个轴都有确定的自旋。当然，左边和右边电子的角色可以颠倒，从而使得每个粒子都有绕任意轴的确定大小的自旋。[12]

眼下看来，以自旋为例同以位置或速度为例没有明显的区别，你可能会和泡利的想法一样，认为没有必要思考这类问题。如果实际上你不能测量绕不同轴的自旋，那么去思考粒子是否绕每一个轴都有确定的自旋——顺时针或逆时针——有什么意义呢？量子力学，以及更广义上的物理，仅仅担负着解释可观测世界之性质的责任。而玻姆、爱因斯坦、波多斯基和罗森中，没有一个人认为测量是可行的。相反，他们所认为的是，粒子具有不确定原理所禁戒的性质，即使我们永远不能明确地知道这些性质的具体数值，粒子还是具有这些性质。这些性质是所谓的*隐性性质*，或者按更为普遍的说法则是*隐变量*。

这就是约翰·贝尔改变了一切的地方。贝尔发现，实际上你还是不能确定粒子绕多个轴的自旋，可如果绕所有轴真的都有确定的自旋的话，那么就存在着可检验的、可观测的自旋效应。

实在性检验

为了理解贝尔思想的要旨，让我们再来看看穆德和史考莉，想象一下，他们每人又收到了另外一个盒子，其中也有钛盒，但是有个重要的新特点，每个小钛盒不是仅有一扇门，而是有三扇门：一扇在顶面，一扇在侧面，另一扇在前面。[13] 附带的信上说当盒子的任意一扇门打开时，每个盒子内的小球就会随机选择是发红光还是蓝光，如果某个盒子的不同的门（顶面，侧面，前面）打开，小球随机选择的颜色也有可能不同，但是一旦一扇门打开，小球发出了某种颜色的光，那就再也没有办法确定另一扇门打开时将会发出什么颜色的光了。（在物理学的应用中，这些特点正符合量子力学的不确定性：一旦你测量了其中一个物理量，你就无法测量其他物理量了。）最后，这封信告诉他们：这两套钛盒之间还存在着一种神秘的联系：虽然这些盒子的门被打开时，盒子内的小球随机选择发出哪种光，但如果穆德和史考莉碰巧都打开了相同号码的盒子的同一扇门时，他们将会看到发出相同颜色的光。如果穆德打开了1号盒子的顶面的门看到发蓝光，信上预言史考莉打开她的1号盒子顶面的门时也会发现放出蓝光；如果穆德打开2号盒子的侧门时发出红光，那么史考莉打开她的2号盒子的侧门时也会看到红光，依此类推。确实，当穆德和史考莉打开前几个盒子时——通过电话商量每次打开哪个盒子上的哪扇门——他们证实了信上的预言。

虽然穆德和史考莉面对的是比先前更为复杂的情况，但乍看之下还是会发现，史考莉先前的推理还是适用。

“穆德，”史考莉说，“这和前些天的盒子是一个道理。只不过又来一遍，没有什么神秘的。每个盒子里的小球只是被预先设定好了程序。你不觉得吗？”

“但是现在有三扇门啊，”穆德用警告的口吻说，“这样的话，盒子里的小球是无法知道我们将要选择打开哪一扇门的，对吗？”

“它不需要知道我们打开的是哪扇门，”史考莉解释道，“那也是程序的一部分。我们来看个例子。拿着下一个还没打开的37号盒子，我也一样。现在，想象一下，为了便于讨论，假设我的37号盒子内的小球按这样的程序发光，比方说，如果顶门打开就会发红光，侧门打开就会发蓝光，前门打开就会发红光。我们把这个程序称作红、蓝、红。显然，如果送给我们盒子的人把相同的程序写进了你的37号盒子，那么，如果我们打开相同的门的话，我们就会看到发相同颜色的光，这就解释了'神秘的联系性'。如果我们俩相同号码的盒子都是按相同的指令运作，那么一旦我们打开相同的门的话，就会看到相同颜色的光。这实际上没有什么神秘的！"

但是穆德并不相信这些小球是按程序运行，他相信信上所说的。他相信当他们的盒子的门被打开时，盒子里的小球会随机选择红光或蓝光，因此他毫不怀疑地相信，他和史考莉的盒子间确实存在一些神秘的远程联系。

谁是对的呢？因为随机选择颜色过程中或之前没有办法检查盒子里的小球（记着，任何干扰都会造成盒子里的小球立即随机选择发出红光或蓝光，从而无法弄清楚它是如何工作的），看起来似乎没有办法确证史考莉和穆德中到底谁才是对的。

但是，神奇的是，片刻思考之后，穆德意识到有个实验可以彻底解决这个问题。穆德的推理非常直接，但是需要有点我们在讲其他很多东西时很少使用的明晰的数学论证。毫无疑问，这里的细节还是值得学习的——并没有多少——如果觉得稍有麻烦，也不用担心，我们很快就会总结关键性结论。

穆德意识到，迄今为止，他和史考莉只知道他们打开给定号码的盒子的相同的门时会发生什么。电话一接通，他就兴奋地告诉史考莉，如果他们不打开相同的门，而是随机且各自独立地打开每个盒子上的任意一扇小门，他们可能会了解得更多一些。

“穆德，拜托。请让我享受自己的假期吧。那样做我们又能知道什么呢？”

“喂，史考莉，我们能确定你的解释是正确的还是错误的。”

“好，我听着呢。”

“很简单，”穆德继续道，“如果你是对的，按我的认识我们就应该发现：如果对于给定盒子，我们单独随机选择打开某一扇门，并记录下它们发光的颜色，那么所有的盒子都打开后，我们就应该发现，我们俩看到相同颜色的光的概率在50%以上。如果不是这样的话，我们看到相同颜色的光的概率不足50%的话，那你的说法就是错误的。”

“是吗，怎么回事？”史考莉有点儿感兴趣了。

“好，”穆德继续道，“举个例子来说。假设你是对的，每个小球按照程序运作。具体一点，假设在某个盒子里小球的程序是蓝、蓝、红。因为我们都是从三扇门中选择，所以我们会有9种打开盒子门的组合方式。比如，我选择打开盒子顶上的门，而你选择打开侧门；或者我打开前门，你选择打开顶面的门；等等。”

“是的，当然，”史考莉高兴地说，“如果我们把顶门称作1，侧门称作2，前门称作3，那么9种可能的组合就是(1，1)，(1，2)，(1，3)，(2，1)，(2，2)，(2，3)，(3，1)，(3，2)，(3，3)。”

“嗯，是这样的，”穆德继续道，“现在这是关键：在这9种可能性中，注意其中的5种组合——(1，1)，(2，2)，(3，3)，(1，2)，(2，1)——将会使我们看到盒子里的小球发出相同颜色的光。对于前3种门的组合来说，是我们碰巧选择了相同的门，就我们所知，那会导致看到相同颜色的光。其他两种门的组合——(1，2)，(2，1)也会发出同样颜色的光，因为，如果门1或门2被打开的话，程序就会指定这些小球发相同颜色的光——蓝色。因为5大于9的一半，这就意味着在多半——大于50%——的概率下，我们开门时会看到盒子里的小球发出同样颜色的光。”

“但是，等等，”史考莉抗议道，“这只是一个特殊程序的例子：蓝、蓝、红。在我的解释中，不同号码的盒子可能有不同的程序。”

“事实上，那没有关系。这个结论适合于所有可能的程序。你看，我对蓝、蓝、红程序的推理只依赖于这样一个事实，即程序中有两种颜色是相同的，相同的结论也适合于其他程序：红、红、蓝，或者是红、蓝、红，等等。任何程序中都至少有两种相同颜色；唯一不同于其他程序的是三种颜色都相同的程序——红、红、红和蓝、蓝、蓝。对于按这两种程序运作的盒子来说，不管我们碰巧打开的是哪扇门，我们都会看到同样颜色的光，这样我们俩看到相同颜色光的概率就会增加。因此，如果你的解释是对的，盒子按照程序运行——即使所有编号的盒子的程序都不相同——我们看到相同颜色的光的概率就应该大于50%。”

这就是他的论证。困难的部分已经结束了。最后，的确有一种验证史考莉的说法是否正确，每个小球是否按照程序——程序决定了打开哪一扇门时发出哪一种颜色的光——运行的办法。如果对每个盒子，她和穆德都各自独立又随机地打开三扇门中的一扇，然后对比他们各自看到的颜色——按照号码一个盒子接一个盒子地对比下去——他们一定会发现看到相同颜色的光的概率在50%以上。

正如在下一部分将要讨论的那样，用物理学语言说，穆德的发现正是约翰·贝尔的发现。

用角度来数天使

我们可以直接将这个结果翻译成物理语言。想象一下，我们有两个探测器，一个在实验室的左边，另一个在实验室的右边，这两个探测器可以测量诸如电子之类的粒子的自旋，就像上上小节所讨论过的实验一样。你需要为探测器选择测量哪根轴（垂直的、水平的、前后的，或者它们之间的无数其他轴）的自旋；为简化起见，可以这么想，出于预算的考虑，我们的探测器只能选择3种轴。不论实验如何运行，你都会发现电子只能绕着你选择的轴顺时针旋转或逆时针旋转。

根据爱因斯坦、波多斯基和罗森的想法，每个入射电子带给探测器的信息构成一个程序：即使自旋这样的信息隐藏起来了，即使你不能测量到自旋，EPR还是认为电子会以确定的自旋——顺时针或逆时针——绕每个轴。因此，当电子进入探测器时，电子无疑会确定下来其绕着你所随机选定的轴的自旋究竟是顺时针还是逆时针。举例说明，绕着3个轴都顺时针旋转的电子所构成的程序就是：顺时针，顺时针，顺时针；绕前两个轴顺时针旋转，第3个轴逆时针旋转的电子带来的程序为 顺时针，顺时针，逆时针，如此等等。爱因斯坦、波多斯基和罗森解释向左运动的电子和向右运动的电子之间的关联性的说法非常简单，他们认为，这些电子具有相同的自旋，因而带着相同的程序进入了探测器。因此，如果左边和右边的探测器选择了相同的轴，那么两台自旋探测器上得到的结果将会一模一样。

要知道这些自旋探测器完全等价于穆德和史考莉遇到的问题，只需做简单的替换即可：我们选择的不是钛盒上的门，而是选择轴；看到的不是发红光或蓝光，而是记录顺时针还是逆时针自旋。因此，正如打开一对相同号码的钛盒上的同一扇门时会看到相同颜色的光，两台选择了相同轴的探测器也将会得到同样的自旋结果。正如打开钛盒上的某一扇门会使我们无法知道若打开的是另一扇门的话会发出什么颜色的光一样，根据量子不确定性，测量电子绕某轴的自旋会使我们无法知道若选择另一根轴的话电子的自旋会如何。

上述讨论意味着穆德在判断谁才正确时所用的分析方法也同样适用于这里。如果EPR是正确的，如果每个电子绕3个轴都有确定的自旋——如果每个电子都自带“程序”，可以明确地定出3种可能的自旋测量的结果应该为何——那么我们就能做出下列预言。仔细审查从多次实验——每次实验中，探测器都各自独立地随机选择轴——中收集来的各种数据，我们应该会发现，两个电子的自旋一致，都是顺时针或都是逆时针的概率大于50%。如果两个电子自旋一致的概率并没有大于50%，那么爱因斯坦、波多斯基和罗森的观点就是错误的。

这就是贝尔的发现。他的实验表明，即使你不能实际测出电子绕多个轴的自旋——即使你没法明确地“读出”电子进入探测器时的程序——那也并不意味着试图弄清楚电子在每个轴上是否都有确定的自旋这样的问题，等同于搞清楚针尖上可以站多少个天使。远远不是这样。贝尔发现，粒子是否可以在每根轴上都有确定的自旋这个问题有一个真正的、可通过实验验证的结果。利用不同角度的3根轴，贝尔找到了一种数清泡利的天使的办法。

不期而至

即使你略过了许多细节也没有关系，我们来总结一下。根据海森伯的不确定性原理，量子力学宣称这个世界的一些性质——比如粒子的位置和速度，或粒子绕不同轴的自旋——不能同时有确定的值。根据量子理论，粒子不可能同时具有确定的位置和确定的速度；粒子不可能沿多根轴都有确定的自旋（顺时针或逆时针）；粒子不能同时拥有在不确定性下处于对立面两端的确定属性。相反，粒子处于不稳定的量子状态中，总是处于各种不同状态按概率的叠加中；只有在被测量的时候才会从众多状态中挑出一种确定的结果。显然，这与经典物理学所勾画的客观实在性大相径庭。

出于对量子力学的怀疑，爱因斯坦及其合作者波多斯基以及罗森，试图将量子力学的这个方面当成反对量子理论本身的武器。EPR认为，即使量子力学不允许同时测定所有这些性质，粒子却可以有确定的位置和速度，粒子在所有轴的方向上也可以有确定的自旋；对于所有的性质，粒子都可以具有量子不确定性所禁戒的确定值。因此，EPR认为，量子力学并不能处理物理上的客观实在的所有元素——它不能处理一个粒子的位置和速度，它不能处理一个粒子在多个轴上的自旋——因此量子力学不是一种完善的理论。

相当长的一段时间内，关于EPR是否正确的问题看起来更像是一个宇宙哲学问题而不是物理学问题。但正如泡利所言，如果你在实践中不能测量量子不确定性所禁戒的性质，如果这些性质隐藏在物理实在背后，那么这同它们根本就不存在又有什么不同呢？但是，令人惊奇的是，约翰 · 贝尔发现了爱因斯坦、玻尔以及20世纪其他理论物理学巨匠没有发现的事情。贝尔发现，尽管我们无法通过测量获知某些事物是否真的存在，但如果它们存在的话，那就真的会带来一些不同之处——而这些不同之处可以用实验来验证。贝尔认为，如果EPR是正确的，那两个间隔很远的探测器在测量某些粒子性质（在我们所用的方法中，就是要测量绕各种随机选择的轴的自旋）时所得到的结果，彼此相符的概率将在50%以上。

贝尔在1964年就有过这种设想，但当时的技术还不足以完成这样的实验。到了20世纪70年代早期，技术上的障碍消除了。先后有很多人都做过这个实验，最早的有伯克利的斯图尔特 · 弗里德曼和约翰 · 克罗萨，紧接着有得克萨斯州农工大学的爱德华 · 福莱和兰德尔·汤普森，这个实验在20世纪80年代早期通过法国的艾伦·埃斯拜科特和他的同事们的工作得以完善，后来又涌现出了很多更为精练及令人印象深刻的版本。我们以埃斯拜科特的实验为例，两个探测器间隔13米之远，装有高能量态的钙原子的容器放在它们之间。根据已经非常成熟的物理学知识，当钙原子回到正常状态，即较低能量状态时，将会射出两个背对背的光子，其自旋具有完美的关联性，就像我们先前讨论过的电子之间的自旋关联一样。确实，在埃斯拜科特的实验中，只要这两个探测器的设置一样，两个发射出的光子的自旋就会表现出完美的关联。如果我们还用发光来说明埃斯拜科特的实验，发红光对应顺时针的自旋，发蓝光对应逆时针的自旋，那么入射光子将会使探测器发出相同颜色的光。

但是，这正是关键之处，当埃斯拜科特查看多次运行之后所得出的大量实验数据时——左右探测器的设置并不总是一样的，而是随机且各自独立设置的——他发现两个探测器彼此符合的概率并没大于50%。

这个结果令人异常震惊，这就是那种令人惊讶到不能呼吸的结果。但为防止没说清楚，让我再来进一步解释一下。埃斯拜科特的实验结果表明，爱因斯坦、波多斯基和罗森等人的想法被实验——不是被理论，不是被思考，而是被自然——证明为错误的。而这就意味着，虽然EPR通过论证得出这样的结论：一个粒子可以具有哪些为不确定性原理所禁戒而不能有确定值的物理性质——像绕多个不同轴的自旋——的确定值。但是，在他们的论证过程中存在错误。

但是他们哪儿错了呢？这个嘛，别忘了爱因斯坦、波多斯基和罗森的论证中有一个核心假设：如果你想在某个给定时刻测量某一物体的性质，那么你可以测量空间上距离该物体很远的另一物体的性质，而前一物体总是具有这种性质。他们的这个假设非常简单且合乎道理。你的测量在*此地*进行，而前一物体在*彼处*。这两个物体在空间上相距很远，因此你的测量不可能对前一物体有任何影响。更准确地说，既然没有物体比光的速度更快，那么，即便你对某一物体的测量不知何故影响了另一个物体——比如说使另一个物体也做同样的绕选定轴的自旋运动——在这种影响发生之前也会有一个时间上的延迟，这个延迟时间至少得长到光可以穿越这两个物体之间的间隔。但无论是在我们的抽象论证还是在实际验证中，这两个粒子都是同时被探测器探测到。因此，我们通过测量第二个粒子所得到的关于第一个粒子的性质，一定就是第一个粒子实际具有的性质，这一点与我们如何进行测量毫无关系。简而言之，爱因斯坦、波多斯基和罗森的观点的核心是*彼地的物体不会在乎你对此地物体所做的事情*。

但正如我们刚刚看到的那样，这样的论证会带来如下的预言：两台探测器在多数情况下都会发现同样的结果，可这样的预言又被实验结果否定了。这样一来，我们就被迫得出如下结论，即，不管爱因斯坦、波多斯基和罗森所做的假设看起来多么合理，都不可能是量子宇宙的运行原理。因此，在经过这种间接却经得起推敲的思考之后，实验使我们得出这样的结论：*彼地的物体确实在意你对此地物体所做的事情*。

根据量子力学，粒子在被测量时会随机获得这种或那种性质，而这种随机性，我们现在知道，可以超越空间联系起来。恰当制备好的成对粒子——所谓的纠缠粒子对——不会各自独立地获得它们的测量性质。它们就像一对魔法色子，一个在大西洋，另一个在拉斯维加斯，每一个色子上的数字都随机出现，但这两个色子却不知为何总能保持一致。纠缠粒子对就是这样，只不过它们依靠的不是魔法。纠缠粒子对，即使空间上相隔很远，也不会自主运行。

爱因斯坦、波多斯基和罗森努力证明量子力学并不是有关宇宙的完备理论。半个世纪过去了，由他们的工作所引发的理论思考和实验结果却要求我们转回到他们全部论证的开端，我们最终发现他们的论证中最基本的、合乎直觉的、最有道理的那部分竟是错的：宇宙并不具有定域性。即使没有物体在这两个地点之间传播，即使没有足够的时间让物体在两个地点之间往来，你在一个地方做的事情还是会和另一个地方发生的事情有所关联。爱因斯坦、波多斯基和罗森那直观看来令人放心的想法——之所以有长程关联存在，只不过是因为粒子有确定的、先前就已存在的关联性质——被实验数据排除掉了。这就是为什么这一切如此令人吃惊。[14]

1997年，日内瓦大学的尼古拉斯·吉辛和他的研究组做了另一个版本的埃斯拜科特实验，两个探测器被置于间隔11千米远的两个地方，结果并未改变。相对于光子波长的微小尺度，11千米简直大到难以想象。对于光子而言，那简直是11000000 千米，或是1100000000光年。我们有理由相信，不管探测器相距多远，光子之间的关联性总会存在。

这听起来非常奇怪。但现如今，所谓的量子纠缠早有了确凿的证据。如果两个光子处于纠缠状态，那么成功地测量其中一个光子绕轴的自旋将会“强迫”另一个远方的光子以同样的大小绕相同的轴自旋；测量一个光子会“迫使”另一个远方的光子挣脱概率的迷雾获得确定的自旋值——该值会与远方的光子自旋精确匹配。这真的让人困惑不已。[1]

纠缠与狭义相对论：标准观点

我之所以会在文章中使用“强迫”和“迫使”这两个词，一方面是因为这两个词传递出了我们那经典物理式的直觉所需要的情绪，另一方面更是因为其在这里的精确意思对我们是否能很好地接受更为猛烈的观念转变至关重要。这些词在日常生活中的定义使我们在脑海中勾勒出一幅有关意志的因果关系图：我们在此地做一些事情会*造成*或*迫使*彼地发生一件特殊的事情。如果这就是有关两个光子之间如何纠缠的正确描述，*狭义相对论就危险了*。实验表明，从实验者的角度看，一个光子的自旋被测定的一刹那，另一个光子就会立即获得相同的自旋性质。如果有什么东西从左边的光子飞到右边的光子，告诉右边的光子左边光子的自旋已经被测定，那么它必须得在两个物体之间瞬间移动，而这就会与狭义相对论的速度极限相矛盾。

物理学家们大都认为，此类与狭义相对论有明显冲突的说法是错

1. 许多研究者，包括我在内，都相信贝尔的论证和埃斯拜科特的实验令人信服地解释了空间上相隔很远的粒子之间的可观测的关联性不能由史考莉式的论证说明（在他们的论证中，粒子的关联性源于粒子以前在一起时就具有的明确的、彼此关联的性质）。有一些人则试图避免或削弱由此而带来的、令人吃惊的非定域性结论。我并不赞成他们的怀疑，但我还是在本书最后注释部分列出了适宜于普通读者阅读的有关这些想法的读物。[15]

误的。直观上的原因是，即使两个光子间隔很远，它们的共同起源也会在它们之间建立一种基本联系。虽然它们彼此相背而行，在空间中分离，但它们的历史使它们纠缠在一起；即使相隔很远，它们仍然是整个物理系统中的一部分。这样的话，对一个光子的测量确实不会强迫或迫使另一个遥远的光子具有相同的特性。更确切地说，由于这两个光子关系密切，我们因此可以合理地认为它们——即使空间上相隔——是整个物理实体的一部分。于是我们就可以说，对一个独立整体的测量——该整体包括两个光子——会影响整体；也就是说，它会同时影响两个光子。

虽然这种说法可以使两个光子之间的联系更便于理解，但表述上却不清不楚——把两个空间中相隔很远的物体看作一个整体究竟是什么意思？更准确的说法应该像下面这样。狭义相对论认为没有物体能比光传播得更快，“物体”指熟悉的物质和能量。但现在的情况非常微妙，因为似乎并没有物质和能量在两个光子之间飞行，因此也就没有必要测量速度了。不过，有一种方式可以让我们知道这是否与狭义相对论相冲突。物质和能量的一个特点是，从一个地方传播到另一个地方时会传递信息。光子从广播站传播到你的收音机是为了传递信息。电子从因特网电缆中传播到你的电脑是为了传递信息。因此，在任何情况下如果有某物体——即使是未命名的物体——声称比光传播得还快，最好的检验方法就是看它是否传递或至少能传递信息。如果答案是“不”的话，标准的论证就可以继续，没有物体的速度可以超越光速，狭义相对论仍然未被挑战。实际上，物理学家们经常用这个方法来检验某些微妙的过程是否违背了狭义相对论原理（还没有哪个过程能通过这个验证）。这里我们也来使用一下这个方法。

有没有这样一种方法，通过测量沿某轴向左和向右运动的电子的自旋，我们就可以在两个光子之间传递信息？答案是否定的。为什么呢？这个嘛，左边或右边探测器所得到的数据只不过是由顺时针或逆时针结果组成的随机序列，因为在任何一次实验运行中，粒子选择不同自旋的概率都是一样的。我们没有办法控制或预言某次测量的结果。因此，在这两个粒子随机选择的结果中，没有任何信息，没有隐藏的密码，什么都没有。唯一有趣的事就是这两列结果完全一样，不过，只有把它们放在一起，用传统的比光还慢（传真、电子邮件、电话，等等）的方法做比较时，我们才能看出这一点。因而，根据标准的观点我们可以得出这样的结论：虽然对一个光子自旋的测量貌似会立即影响另一个光子，但它们之间并没有信息传递，狭义相对论的速度极限仍然有效。物理学家们的确说了自旋具有关联性——因为探测器上所得到的两列结果是一样的——但这并不代表传统意义上的因果关系，因为在这两个相距很远的光子之间没有物体传播。

纠缠和狭义相对论：反方观点

真是这样吗？量子力学的非定域性和狭义相对论之间潜在的冲突完全解决了吗？或许吧。在上述思考的基础上，绝大多数物理学家认为狭义相对论和埃斯拜科特关于纠缠粒子对的实验可以和谐共存。简而言之，狭义相对论好不容易才过了这一关。许多物理学家觉得欢欣鼓舞，但有些人挑剔地认为还隐藏有更多的科学本质未被发掘出来。

在内心深处我总是持共存的观点，但并不否定这个问题非常棘手。到了最后，不管有人多么强调整体性，不管有人多么强调缺乏信息，两个相距很远的粒子，都是由量子力学的随机性主宰的，却总是能够保持“联系”，无论其中一个做什么，另一个都会立刻跟着做。所有的这些似乎都在暗示我们，有某种比光还快的物质操纵着它们。

那么我们应该持什么样的观点呢？这个问题没有严格的、被广为接受的答案。一些物理学家和哲学家们认为，要想有所进展，就得认识到迄今为止的讨论焦点有所偏差：他们正确地指出了狭义相对论的真正核心，并不在于光设定了一个速度极限，而是在于所有的观测者，不管是否处于运动状态，对于光速的认识完全一致。[16] 概括地讲，这些研究者们强调，狭义相对论的核心在于，没有哪个观测者处于超越其他观测者的优势地位。因此，他们提出（许多人也同意），如果平等对待所有匀速观测者与纠缠粒子对的实验结果不相矛盾，那么人们对于狭义相对论的疑虑将得到解决。[17] 但要达到这个目标并不是一项容易的工作。为了了解得更为具体，我们先来看看过时的量子力学课本怎样解释埃斯拜科特的实验。

根据标准的量子力学，当我们测量某个粒子，并发现它在这里时，会造成其概率波的改变：潜在的可能结果减为实际测量中看到的那一种，如图4.7所示。物理学家们认为测量会造成概率波坍缩，而且，初始概率波在某个位置处越大，概率波坍缩到该处的概率就越大——就是说，粒子出现在该点的概率就越大。在标准方法中，坍缩过程在整个宇宙中瞬间发生：一旦你在这里发现了粒子，在别处找到它的概率就立即减为零，这就是概率波瞬间坍缩的反应。

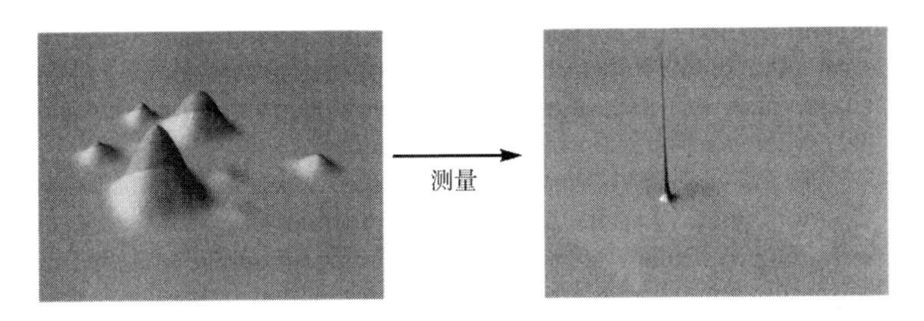

图4.7 当一个粒子在某个位置被观测到时，在其他位置发现它的概率将衰减为零，而在该位置观测到它的概率将变为100%

在埃斯拜科特的实验中，如果测到了向左运动的光子的自旋，比如说发现它绕某根轴顺时针自旋，那么它在整个空间内的概率波就会坍缩，而逆时针旋转的概率则会瞬间归零。既然坍缩无处不在，它也就有可能出现在向右运动的光子所在的位置。而且，向右运动的光子概率波的逆时针旋转部分也会受到影响，同样坍缩为零。因此，不论向右运动的光子距离向左运动的光子有多远，它的概率波都会瞬间受到向左运动的光子概率波变化的影响，进而保证它和向左运动的光子一样绕某特定的轴做自旋。于是，在标准的量子力学中，造成比光速还快的影响的就是概率波的这种瞬间改变。

量子力学的数学使得定性讨论精确起来。而且，实际上，来自于概率波坍缩的长程影响改变了埃斯拜科特实验中左右两个探测器（它们的轴是随机独立选择的）出现相同结果的概率的预言。借助于数学计算才能得到精确的答案（如果感兴趣的话请参考注释部分[18]），数学计算的结果预言，探测器刚好有50%的一致率（而不是以前预言的大于50%的一致率——这个结果，我们已经看到，正是利用EPR的定域宇宙假设才得到的）。难以相信的精确，这正是埃斯拜科特在他的实验中所得出的结果，50%的一致率。标准量子力学竟与实验数据如此的匹配！

这一成就引人注目。不过，还有一个问题。70多年过去了，无人能理解概率波的坍缩是如何发生的，甚至根本无人知道概率波的坍缩能否真正发生。这些年来，概率波坍缩假说把量子理论预言的概率同实验中得到的确定结果有力地联系起来了。但是，概率波坍缩假说本身就是个谜。首先，坍缩并不能由量子理论的数学推出，它是人为放进理论中的，而且也没有妥当的实验方法来验证。其次，我们在纽约的探测器中发现一个电子，结果造成了该电子在仙女座星系中的概率波瞬间归零，这怎么可能呢？当然，一旦你在纽约发现了某粒子，你就不可能再在仙女座星系找到它了。但是，究竟是什么不为人知的机制促使这样的奇迹成真呢？或者，更加形象地说，概率波在仙女座星系的部分，以及在其他任何地方的部分，究竟是怎样“知道”要同时衰减为零的呢？[19]

我们将在第7章中讨论这种量子力学的测量问题（我们将会看到，人们提出了其他一些避免概率波坍缩的观点），但在这儿，只要注意到下面的事情就足够了。正如我们在第3章中所讨论过的那样，从某个角度来看是同时发生的事情，从另一个运动着的视角来看就不是同时发生的了（想象一下傻猫和坏鼠在开动的火车上设置钟的例子）。因此，从某观测者的角度来看，概率波在整个空间同时坍缩，但从另一个运动着的观测者的角度看则不是同时发生的。事实上，由于观测者的运动，一部分观测者告诉我们左边的光子先被测量到，而其他观测者则告诉我们右边的光子先被测量到，他们全都值得信赖。因此，即使概率波坍缩的假说是正确的，我们也没有一个客观的标准用以断定到底是哪一边——左边或右边的光子——的测量影响另一边。因而，概率波的坍缩似乎挑出了一个特别的观测点，即能使波函数的坍缩在整个空间中同时发生的点，能使左边和右边的测量同时进行的点。但选取一个特殊的视角就与狭义相对论核心的平等主义相矛盾。人们已经提出一些方案来规避这一问题，但是，到底哪一种，或哪些观点才是正确的论战仍在继续。[20]

因而，虽然大多数人认为量子力学、纠缠粒子态和狭义相对论可以和谐共存，但也有一些物理学家和哲学家认为它们之间的确切关系仍是一个悬而未决的问题。有可能，在我看来甚至是极有可能，多数派的观点更有可能以某种确定的方式获得最终的胜利。但历史告诉我们，奥妙而基础的问题有时会播下未来解决的种子。关于这点，只有让时间来验证了。

我们将用什么来解释这一切

贝尔的推理和埃斯拜科特的实验表明，爱因斯坦脑中的那种宇宙只存在于思想中，而不是现实中。在爱因斯坦预言的宇宙中，你在彼地所做的事情只会立即影响彼地的事物。物理，在他看来，是纯定域性的。但我们看到，从实验中得到的数据排除了这种想法，进而排除了这种宇宙。

在爱因斯坦预言的宇宙中，物体所有可能的物理性质都具有确定的值。物理性质并非空中楼阁，需要实验家们的测量才能变得实在。大多数物理学家可能会说爱因斯坦在这一点上也是错误的。在大多数人看来，粒子的性质只有在测量的驱使下才会实在起来——我们将会在第7章中进一步探究这一思想。当粒子未被观测或与环境没有相互作用时，粒子特性将会处于一种模糊、混乱的状态，该状态只能用这样或那样的可能成真的概率来描述。持该观点的最极端的那些人甚至声称，当没有人或没有物体“看”月球或与月球以某种方式相互作用时，它根本就不在那儿。

关于这个问题，现在仍有很多争议。爱因斯坦、波多斯基和罗森认为，关于测量竟能够发现空间上相隔的粒子具有相同性质的唯一合理解释是，粒子一直就具有那些确定的性质（并且，由于它们共同的过去，它们的性质彼此关联）。几十年过去了，贝尔的分析和埃斯拜科特的实验数据表明，这种建立在粒子总是有确定性质的基础上的直观上令人满意的说法，无法解释实验上观测到的非定域性关联。但无法解释非定域性的神秘性，并不意味着粒子总有确定的性质的说法本身是错误的。实验数据虽然排除了定域性宇宙，但并未排除粒子具有这样的隐性质。

事实上，在20世纪50年代，玻姆创立了个人版本的量子力学，其中包含了非定域性和隐变量。按玻姆的理论，即便我们不能同时测量，粒子也总是有确定的位置和速度。玻姆的理论所做出的预言与传统量子力学的预言完全一致，但他的理论引进了一种更为明显的非定域性元素——作用于某一位置的粒子的力瞬时依赖于遥远的另一位置处的物理条件。从某种意义上来讲，玻姆版本的量子力学告诉我们的是，向着爱因斯坦恢复被量子革命所摒弃但直观上合理的某些经典物理性质——粒子有确定的性质——这一目标可以前进多远，但它也同时告诉我们，这样做的代价是接受更为夸张的非定域性。付出了这样沉重的代价，恐怕爱因斯坦很难找到一点安慰了。

我们从爱因斯坦、波多斯基、罗森、玻姆、贝尔和埃斯拜科特，以及在该研究方向上曾起过重要作用的其他许多人的工作中所学到的最令人惊讶的一课，就是需要摒弃定域性。由于它们的过去，现在遍布于宇宙不同区域的物体可能是量子力学纠缠整体的一部分。即便空间上相隔很远，这些物体仍然以随机而协调的方式演化。

我们曾经认为空间的基本性质在于分离、区分物体，但我们现在看到，量子力学强烈地挑战了这个观点。*两个物体可以在空间上相隔很远，却并不是完全独立存在。*量子关联可以把它们统一为一个整体，使其中一个的性质取决于另一个的性质。空间并不能阻碍它们之间的相互联系。空间，即使是巨大的空间，也不能削弱它们之间量子力学导致的相互依赖性。

有些人把这解释为“每件事物总是与其他事物相关联”或“量子力学使我们生活在一个整体中”。毕竟，继续思考的话，所有物体在宇宙大爆炸时都来源于一个地方，我们相信，所有我们现在认为不同的位置都可追溯到一个起源。因此，像源于同一钙原子的两个光子一样，每个物体从起源上都源于一个物体，每个事物从量子力学上看都与其他物体纠缠在一起。

虽然我偏爱这种观点，但这样富于感情色彩的说法不严密而且有些言过其实。源于钙原子的两个光子之间的量子关联确实存在，但异常精巧。埃斯拜科特和其他人做他们的实验时，很关键的一点就是光子必须从发射源毫无阻碍地到达探测器。要是光子在到达探测器前与乱溅的粒子碰撞或与仪器的各部分相撞，则光子之间的量子关联将变得难以确定。那样一来，我们需要做的就不仅是找到两个光子性质之间的关联性，而且还要找到光子和它可能碰撞的其他物体之间的复杂关联模式。随着这些粒子又与其他粒子碰撞并且发生纠缠，量子纠缠扩散出去，通过与环境的相互作用而遍布于整个空间，从而变得不可测量。由于这样的原因，光子之间的原始纠缠被擦去了。

然而，令人惊奇的是这些关联确实存在，在恰当调控的实验室条件下，人们可以在很远的距离直接观测到这种关联性。这就告诉我们，从根本上来说，空间并不像我们所认为的那样。

那么时间又是怎样的呢？

2

时间与经验

第 5 章 冰封之河

时间是流动的吗

在人们所接触过的各种概念中，时间是人们最熟悉但最难以理解的一个。我们常说时光飞逝，我们也说时间就是金钱，我们总是试图节约时间，虚度光阴便感伤不已。但是，时间究竟是什么呢？按圣奥古斯丁和波特·斯图尔特大法官[1]的说法，我们看一眼就知道时间是怎么回事。但是，在这新千年破晓之际，我们对时间的理解势必要深刻一些。事实上在某些方面，我们的确理解得深刻了一些，但在另一些方面，却不是这样。经过几个世纪的困惑和思考，我们已经洞悉了时间的一些神秘之处，但留给我们的还有许多未解之谜。时间到底来自何方？一个没有时间的宇宙意味着什么呢？时间能像空间那样不只有一个维度吗？我们能够到过去"旅行"吗？如果能的话，我们可以改变某些事情的结局吗？时间有没有绝对意义上最小的量呢？时间是宇宙组成中真正的基本要素呢，还是单单为了协调人类感知而生的一种有用但无法在写有宇宙的最基本原理的字典中找到的概念呢？时间是不是由某些尚未发现的更基本的概念派生出来的呢？

---

1. 圣奥古斯丁（Saint Augustinus，354—430），古罗马基督教主要作家之一，他认为时间是主观的，"存在于我们心中"。他对时间的哲学研究可参见其著作《忏悔录》。美国已故大法官波特·斯图尔特（Potter Stewart）曾这样描述色情业："我无法给它下定义，但是我看一眼就知道是怎么回事（I know it when I see it）。"本书作者在这里只是借用一下这句名言。——译者注

完备且令人信服地回答这些问题可算是当代科学家最雄心勃勃的目标。但科学家们要回答的并不仅仅是这些大问题，有些最棘手的宇宙学难题甚至来自于日常生活中的时间体验。

时间与体验

狭义相对论与广义相对论粉碎了时间的普适性和唯一性。根据相对论，我们每个人都拥有旧的牛顿体系中的普适时间的一块碎片。它成为我们个人的时钟，无情地把我们从一个时刻推到下一个时刻。相对论令我们震惊，因为当我们每个人的时钟滴滴答答地均匀地前进时，我们大家对时间的直觉感受没问题，但把我们的时钟与其他人的时钟相比时却会发现不同之处。你的时间没必要与我的时间一样。

我们可以把这种思想看作一种给定条件。但对我而言，时间的真正本质*究竟*是什么呢？如果一开始就不与其他人的时间体验做比较，那么个人体验和构想的时间的全部特点是什么呢？这些体验有没有准确地反映时间之本性呢？关于实在性的本质，它们又会告诉我们什么呢？

我们的经验告诉我们，显而易见，过去不同于未来。未来代表了许多可能性，而过去则只有一种可能，就是实际发生的情形。我们有能力在一定程度上去影响、去塑造未来，而过去是不可改变的。在*过去*和*未来*之间的是*现在*的概念——每时每刻都在变化的短暂瞬间，就像电影中的画面，当放映机的强光扫过画面时就成为瞬间的现在。时间看起来以一种无休止的、完美又均匀的节奏不断前进，一次次地抵达每个一闪即逝的*现在*。

我们的体验也告诉我们时间具有很明显的方向性。比如我们没有必要为牛奶洒出而大惊小怪，因为它一旦溢出来就不可能再回去了：我们从未见过洒出的牛奶自己汇聚起来，从地板上一跃而起，然后汇集到厨房柜台直立的玻璃杯里。我们的世界就像一支单向的时间之箭，从未偏离固定的模式：事物开始于*此*而终止于*彼*，但不能反过来，开始于*彼*而终止于*此*。

因此，我们的经验告诉我们时间的两个特点。第一，*时间看起来是可以流动的*。这就像我们站在时间之河的岸旁，看着汹涌澎湃的急流奔腾而去，每一朵未来的浪花经过我们的那一刻就成为现在，当急流远去奔向下游时就是过去。如果你觉得这种理解太过被动的话，可以把这个比喻颠倒一下：时间之河载着我们毫不停歇地向前驶去，从现在到下一刻，经过的景色远远退去之时就成为过去，未来总在下游等待着我们（经验告诉我们，时间这个概念常常激发一些让人多愁善感的比喻）。*第二，时间是有方向的*。时间之流看起来朝向一个方向而且只能朝一个方向，这就意味着事情的发生只能有一种时间上的顺序。如果某人给你一盒关于牛奶溢出的胶卷，但胶卷被切割成了单独的几部分，通过查看这堆图像，你可以按正确的顺序重组这些图片，而完全不用胶片制作人给你任何指示或帮助。时间看起来有内在的方向性，从我们所谓的过去指向未来，事物总在变化——牛奶洒出，鸡蛋破碎，蜡烛燃烧，人会变老——普遍来说总是按照这个方向。

时间的这些最易于为人所感受的特点最使人困惑。时间真的会流动吗？如果答案是肯定的话，那么什么才是实际意义上的流动呢？时间这家伙流动得究竟有多快呢？时间真的有方向吗？举个例子来看，空间看起来就没有内在的方向——对于处在宇宙黑暗中的宇航员而言，左右、前后以及上下，都是一样的——那么时间的方向性是从何而来的呢？如果时间有方向的话，它是绝对的吗？或者说事情可以向时间之箭反向演化吗？

让我们先在经典物理学的背景下，来看看我们对这些问题的理解。在本章其他部分和下一章（我们将会分别讨论时间的流动性和时间之箭）中我们将忽略量子概率和量子的不确定性。不过我们的讨论所得可以直接推广到量子领域，而在第7章中，我们就将从量子的角度来看看这个问题。

时间会流动吗

从有意识的人的角度来看，答案是显然的。当我打出这些字时，清晰地感觉到了时间在流动。每一次按键，都意味着现在将让位于下一刻的到来。当你读这些字，当眼睛从一个字扫到下一个字时，你也一定感觉到了时间的流动。但是，虽然物理学家们努力尝试过，可没有人在物理定律中找到任何令人信服的证据，支持时间可以流动这种直观感受。实际上，对爱因斯坦狭义相对论思想的一些再思考却为时间不会流动提供了证据。

为了便于理解，我们来回忆一下第3章中介绍过的时空的面包片描述。面包条的每一切片是某个观测者的现在；每一片都代表着他或她眼中某一时刻的空间。这些切片一片接一片地按照观测者的体验排列起来的整体，就是一片时空区域。如果我们将这种设想推向极端，将每一片都想象成可以描述观测者眼中某一时刻的全部空间，如果我们再将从古老的过去到遥远的未来间所有可能的切片都考虑进来，这块面包就将代表所有时间内的整个宇宙——整个时空。每一个事件，无论何时何地发生，都可以用面包中的某个点来代表。

如图5.1所示，但这种描述法可能会令你抓狂。站在该图“外面”，我们可以看到整个宇宙，每一时刻的整个空间，这种图在外人的角度是一种虚构的有利位置，没有人有过这种体验。我们都处在时空中。你或我曾经拥有的每一次体验都在某一时刻发生于空间的某个位置。因为图5.1描绘了整个时空，它包含了类似的所有体验——你的，我的，以及每个人和每一件事情。如果你能把镜头推近并密切关注地球上所发生的一切，你将会看到亚历山大大帝正在上亚里士多德的课，列奥纳多·达·芬奇在为蒙娜丽莎画上最后的一笔，乔治·华盛顿横渡特拉华河；[1] 你从左到右继续观看，就将看到你的祖母正在跟一个小女孩玩，你父亲在庆祝他的第10个生日以及你在学校的第一天；再往右边远一点的图像看去，你会看到自己正在看这本书，你的曾孙女出生了，再远一点，有她成为总统的就职典礼。图5.1的分辨率太过粗糙，实际上你不会看到这些，但你能看到太阳和地球的构造史（图解），从它们诞生于气体凝合到太阳变成了红巨星时的地球灭亡。所有发生的事情都可以看到。

---

1. 亚历山大大帝的老师是著名的亚里士多德。美国独立战争期间，1776年12月25日，华盛顿带领军队横渡特拉华河，这次针对黑森雇佣兵的突袭行动是特伦顿战役的第一步。——译者注

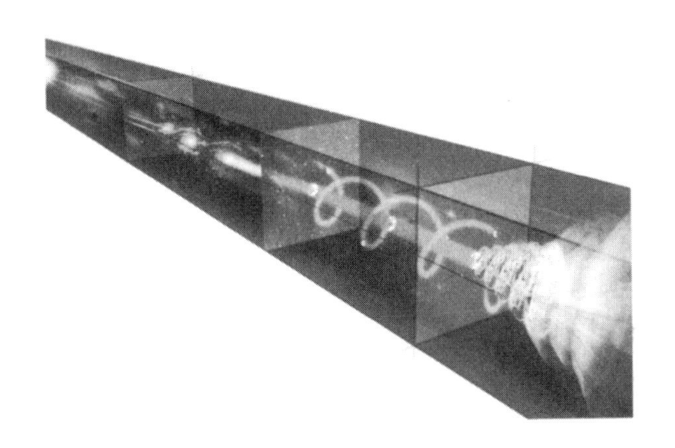

图5.1 所有时间中的全部空间的示意图（当然，图上画的只是一段时间中的部分空间）。图中画出了某些早期星系的形成、太阳和地球的形成，还画出了当太阳终于燃烧殆尽最终成为红巨星时地球的终极命运。我们的未来就在这张图中

毫无疑问，图5.1是想象出来的，它位于空间和时间之外，没有哪个地方，也没有哪个时刻能提供这样的视角。虽然如此——虽然我们实际上无法摆脱时空的限制，遍览宇宙的全貌——图5.1的描述还是为我们提供了一种分析和弄清楚空间和时间基本特性的有力方法。作为主要的例子，在这一框架下，时间流动性的直观感受可以用电影放映机比喻的变体生动地勾画出来。想象有一束光，一片接一片地照亮时间片，使每一时间片短暂地亮一下——使时间片成为瞬间的*现在*——当光照射到下一个时间片时，作为现在的时间片即刻熄灭。现在，按照这种直观方式思考时间，光照亮了某一切片，而时间片中的你在地球上，正在读*这些*字；光又照亮了另一切片，而另一时间片中的你还在地球上，正在读*这些*字。但是，又一次，虽然这种图像看起来与日常经验相一致，科学家们却无法找到适合的物理原理来描述这样一种活动的光。他们仍未找到这样一种物理机制，当其朝着未来

不断演化时，能够使某一时刻瞬间变得真实——变成瞬间的现在。

正相反。尽管图5.1的*视角*是想象出来的，却有令人信服的证据表明，时空条——整个时空，而不是单个的时空片——是真实的。爱因斯坦的工作中尚未引起普遍重视的一点是，在狭义相对论中，所有的时刻都具有同等的地位。虽然*现在*的概念在我们的世界观中起着重要的作用，但相对性却要再一次颠覆我们的直觉，它声称我们的宇宙是一个平等的宇宙，每一时刻都是同样真实的。第3章中在狭义相对论的框架下讨论旋转的桶的问题时，我们就曾遇到过这个问题。在那里，通过类似于牛顿式的间接推理，我们得出结论，时空足可以作为加速运动的基准。在这里，我们从另一个角度再来考虑这个问题并进一步深入。我们认为图5.1中的时空条的每一部分与其他部分具有同等地位，这正表明，就像爱因斯坦所相信的那样，过去、现在和未来具有*同样的*实在性，我们所想象出来的时间之流——时空片一片接一片地变得光亮或黯淡——只是一种幻觉。

过去、现在和未来的持续幻象

为了便于理解爱因斯坦的观点，我们需要实在性的有效定义，如你愿意的话叫作算法也行，以便明确某一给定时刻都存在着哪些事情。现在给出一种通用的办法。当我考虑实在性——在*这*一时刻存在哪些东西——时，我在头脑中立刻勾画出了一幅快照：*此时此刻*整个宇宙的静止图像。当我打下这些字时，我对*此时此刻*存在什么的感觉，对实在性的感觉，可以列很长一张目录——午夜时分厨房时钟的滴答声；我家的猫在地板和窗沿之间攀爬；照亮都柏林清晨的第一缕阳光；东京股票交易所的喧闹声；太阳中两个特殊氢原子的融合；猎户座星云所发射出的光子；垂死的恒星衰变为黑洞的最后一刻——这些就是此刻我头脑中所出现的静止图像。这些就是此时此刻正在发生的事情，因此，它们就是我所宣称的存在于*此刻*的事物。查理曼大帝现在还在吗？不。尼禄现在还在吗？不。林肯现在还在吗？不。埃尔维斯[1]现在还在吗？不。他们当中没有一个出现在我现在的目录中。现在有人在2300年或3500年或57000年出生吗？不。他们中没有一个出现在我头脑中的静止画面里，没有一个在我现在的时间片中，因此，也没有任何一个在我目前的现在列表中。因此，我毫不犹豫地说，他们现在不存在。我就是这样定义任一给定时刻的实在性，这是我们当中大多数人思考存在性时，虽然常常是不知不觉中，但常用的一种直观的方法。

在下面的讨论中，我将会用到这样的概念，但仍然要警醒棘手的一点。一张关于现在的目录——用这种方法来思考实在性——是一件很有意思的东西。你此刻所看见的一切事物都不会出现在你的现在的目录里，因为光需要花一段时间才能到达你的眼睛。任何你看到的事情都是已经发生过的了。你现在读到的该页中的文字这事并不是现在发生的；实际上，如果书离你有1英尺（1英尺≈0.3048米）远，你所看到的字是它们十亿分之一秒之前的样子。如果你在房间中四处看看，你所看到的一切都是它们十亿分之一秒或二十亿分之一秒之前的样子；如果你的目光贯穿整个大峡谷[2]，你所看到的是它万分之一秒之

1. 埃尔维斯·普莱斯利（Elvis Presley，1935—1977），猫王，是20世纪美国最有影响的歌手之一。——译者注
2. 大峡谷（Grand Canyon），美国亚利桑那州西北部高原由科罗拉多河切成的巨大峡谷，最宽的地方有29千米。光速30万千米/秒，所以差不多需万分之一秒才能穿过大峡谷。——译者注

前的样子；当你看月亮时，你看到的是它一秒半之前的情形；当你看太阳时，你看到的是它8分钟之前的情形；对于裸眼可见的恒星，你看到的是几十年乃至1万年之前的情形。令人惊奇的是，虽然头脑中的静止图像描述了我们对于实在性的感觉，我们对“那儿有什么”的直观感觉，但它所包括的却是我们此刻不能去体验，或者影响，甚至不能现在就记录的事件。事实上，一张现在的目录只能事后编辑。如果你知道某物距离你有多远，你就能决定*现在*所看到的光是何时发出的，因而你就能决定它到底属于哪个时间片——上面应当记录着已经过去的时刻的现在目录。不过，这点正是关键，当我们用这些信息去编辑任意给定时刻的现在目录时，我们得根据从更远的源头收集到的光信号不断更新这张目录，上面记录的事情正是我们直觉上相信发生于那一刻的事情。

奇怪的是，这种直截了当的思考方式将会出人意料地扩展实在性的概念。你想，根据牛顿的绝对空间和绝对时间概念，在任一个给定时刻，每个人头脑中的宇宙静态画面都应该包含相同的东西；每个人的*现在*都是同样的*现在*，因此所有人在某一时刻的现在目录都是一样的。如果某人或某物在你的某一时刻的现在目录上，那它必然也在我的同一时刻的现在目录上。大多数人的直觉仍然是这种思维方式，但是相对论却告诉我们不应当如此。再看一下图3.4。处于相对运动中的两个观测者都有*现在*——从每一个人的角度来看，都只是某个时间点——但两者的现在却是不同的：两者在时空中按不同的角度切割他们各自的*现在*时间片。不同的现在意味着不同的现在目录。*相对于彼此运动的观测者对于某一时刻存在什么有不同的概念，因而他们对于实在性有不同的概念。*

在日常生活的速度水平下，两个观测者的现在时间片之间的角度差异是十分微小的，而这就是为什么我们在日常生活中感受不到我们所定义的*现在*和别人所定义的*现在*有什么区别。由于这个原因，大多数狭义相对论的探讨都集中在如果我们以非常大的速度——接近于光速的速度——运动时将会发生什么上，因为这样的运动将会显著地放大相对论的效应。不过，将两个观测者对*现在*的定义之间的差别放大，还有另外一种方法，在我看来，这种方法会对解决关于实在性的问题有独到的启迪。这种方法建立在下列的简单事实上：假如你我以略微不同的角度切开一块普通的面包，则剩下的面包片将不会受到多大影响。但如果面包非常*巨大*，结果就全然不同了。就像一把巨大的剪刀，只要稍稍张开一点，它所展现的刀锋的角度就将极其巨大；要是面包条足够巨大的话，两个切片的角度只要差一点点，它们彼此之间的差别就将极其巨大。参见图5.2。

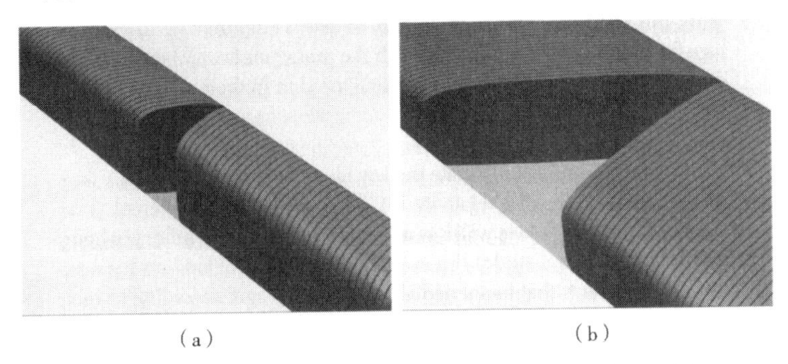

（a）　　（b）

图5.2 （a）以略微不同的角度切开一块普通的面包，切片之间将不会分离多少。
（b）对于大面包而言就不一样了，虽然还是以相同的角度切开，但面包越大，切片之间的偏离就越大

对于时空而言也是一样的。在日常速度下，对于处于相对运动状态的两个观测者而言，描述*现在*的时间片的方向之间只有一个微小的

角度。如果两个观测者距离很近，几乎不会产生什么影响。但是，就像长条面包一样，即便角度很小，可如果要探讨的是非常大的距离的话，切片之间也会产生巨大的差距。对于时空片而言，不同片之间的巨大偏离就意味着不同观测者对现在发生的事件的认识存在着巨大的差异。如图5.3和图5.4所示，这就意味着相对于彼此运动的个人，即使是以普通的日常速度运动，但只要空间上相隔很远，也会有不同的*现在*概念。

为了使讨论更加具体，想象一下丘巴卡[1]。他在一个非常非常遥远的行星上——距离地球大概有100亿光年——他正懒散地坐在他的卧室里。再进一步假设你（只是静静地坐着在读这本书）和丘巴卡相对于彼此静止（简单起见，忽略行星的运动、宇宙的膨胀、引力效应，等等）。由于你和丘巴卡相对于彼此静止，因此在时间和空间问题上，你们将达成一致：你们两人将以类似的方式切割时空条，也就是说你们的现在目录将会彼此吻合。过一小会儿，丘巴卡站起来去散步——非常放松地漫步——但朝着远离你的方向。丘巴卡运动状态的变化意味着他的*现在*概念、他的时空切片，都将发生轻微的旋转（参见图5.3）。这种角度上的微小变化在丘巴卡附近不会产生什么明显的效应：他新定义的*现在*概念，同在他的卧室里的其他人的*现在*概念之间的差异非常小。但是如果相距100亿光年的话，丘巴卡的*现在*概念上的这种微小变化将会被放大[如图5.3（a）和图5.3（b）所述，但是如果所要讨论的两个点距离很远，则这两个点现在的微小改变将被清楚地放大]。*虽然在丘巴卡静坐时，他的现在和你的现在是一样的，但由于丘巴卡的轻度运动，你们两人的现在变得完全不一样了。*

1. 丘巴卡，Chewbacca，昵称Chewie，电影《星球大战》中的人物。——译者注

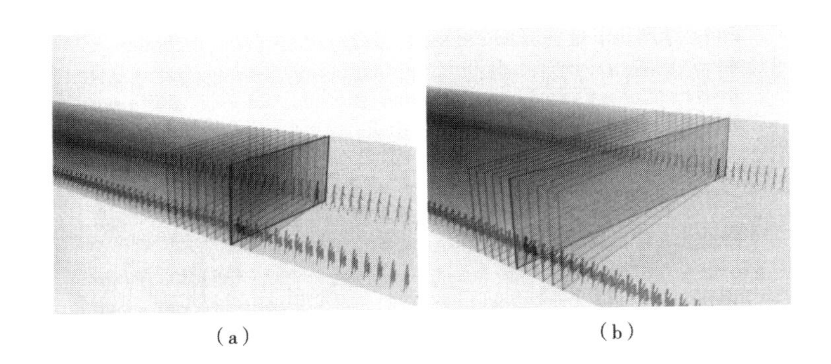

图5.3　(a)两个相对于彼此静止的人对于现在有*相同的概念*，因此就会有相同的时间片。如果一个观察者远离他们的时间片——每个观察者眼中的*现在*，则时间片相对于彼此发生了旋转。如图所示，对于运动的观察者而言，变黑的*现在*的时间片旋转到静止的观察者的过去的时间片中。

(b)观察者之间偏离得越远，时间片产生的偏离就越大——他们对于*现在*的概念的偏离就越大

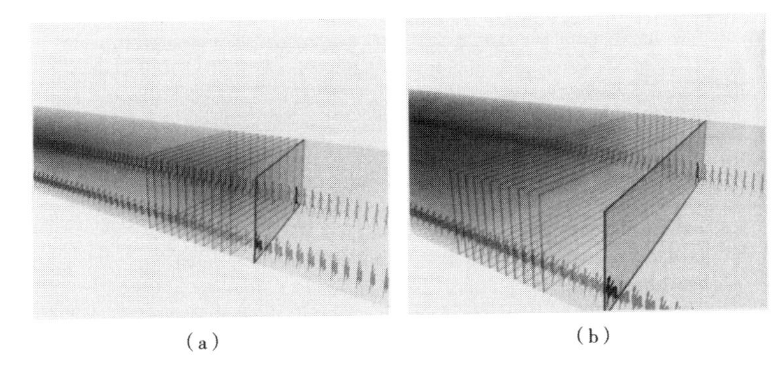

图5.4　(a)和图5.3(a)的唯一区别在于，当一个观察者朝另一个观察者运动时，他或她的*现在*时间片会转到另一个观测者的未来，而非过去。

(b)同图5.3(a)一样——在同样的相对速度下，更大的间隔意味着 *现在*概念上更大的分歧——只不过转动指向未来而不是过去

图5.3和图5.4用图示的方法阐释了关键思想，但运用狭义相对论的方程，我们可以计算出你们的*现在*差别到底有多大。[1] 如果丘巴卡以每小时16千米的速度远离你而去（是的，丘巴卡大步流星地

走着），那么在他的新的现在目录里地球上所发生的事情，对你而言，其实是150年前发生的。依照他的*现在*概念——他的概念与你的概念同样有效，并且就在刚才你们俩对于现在的概念还完全一致——你还没有出生。如果他以相同的速度朝你走来，如图5.4所示的那样，角度变化的方向相反，那么他所谓的*现在*对你而言，将是未来150年后！这样看来，按照他所谓的*现在*，你不再是这个世界的一部分。假如，丘巴卡不是走，而是跳进了千年帝国之鹰飞船[1]以1600千米每小时的速度（比协和式超音速客机[2]的速度慢一点）飞行，如果他的方向是离你而去，那么他所谓的*现在*对你而言，将是15000年前地球上发生的事情，反之则是未来15000年后所发生的事情。如果方向、运动速度合适的话，猫王、尼禄、查理曼大帝、林肯或某个未来才出生的人，都有可能出现在他的现在目录上。

尽管令人惊讶，但不会产生任何矛盾，就像我们前面所解释的，某物距离你越远，接受它所发散出的光就需要越长的时间，从而决定它应该属于哪个现在目录也需要花更长的时间。举个例子来说，即便正在前往福特大剧院总统包厢的约翰·维尔克斯·布思[3]在丘巴卡新的现在目录上（此时丘巴卡正站起来，以15千米每小时的速度远离地球而去[2]），丘巴卡也无法采取任何行动来拯救总统林肯。这么遥远的距离，将需要许多时间来接收和交换信息，因此，实际上只有丘巴卡几十亿年后的后裔，才会接收到有关那一夜的华盛顿的光。问题在于，当他的后裔用这个信息来更新过去的现在目录时，他们将会发现

---

1. 动漫游戏《剑风传奇》中的名字。——译者注
2. 协和式超音速客机，Concord aircraft，英国和法国联合研制的一种超音速客机，这种飞机一共只建造了20架。它的最大飞行速度可达2.04马赫。——译者注
3. 1865年4月14日，约翰·维尔克斯·布思在福特大剧院刺杀了当时的美国总统林肯。——译者注

林肯的被暗杀与丘巴卡站起来远离地球而去都在相同的现在目录上。而且，他们也将发现在丘巴卡站起来前一瞬间，他的现在目录也包含了21世纪的你正坐在那儿读这段话。[3]

类似的，有一些关于未来的事情，比如谁将赢得2100年的美国总统大选，看起来是完全开放的：此次竞选的候选人很有可能还没有出生，更不用说决定竞选了。但是如果丘巴卡从椅子上站起来以10千米每小时的速度朝地球走来，他的现在目录——他对于现在存在什么，发生了什么的认识——将包括22世纪第一届总统的选举。对于我们而言还未决定的一些事情，在他看来却已经发生了。又一次，丘巴卡再过很多亿年才能知道选举结果，因为得花那么长时间，我们才能把信号传递给他。但是当丘巴卡的后裔收到选举结果用来更新丘巴卡的历史册页，更新他过去的现在目录时，他们发现选举结果居然和丘巴卡站起来开始走向地球的时刻记录在同一张现在目录上，丘巴卡的后裔注意到，比这张现在目录早了一点点的现在目录中，记录着你在21世纪的某一天看完这段文字的事件。

这个例子有两点非常重要。第一，虽然对于接近光速时相对论效应会变得非常明显这一事实，我们已经习以为常；但还需要知道，对于低速运动，如果空间上能够相距很远，那么相对论效应也会得以放大。第二，这个例子对下面的问题很有启发性，即时空（面包条）究竟是真的实体还是只是一种抽象的概念，一种空间的现在和它的历史以及所谓未来所组成的抽象整体。

你看，丘巴卡关于实在性的观点，他头脑中定格的画面，他对于

*现在*存在何物的概念与我们的实在性观念是一样真实的。因此，在评价实在性的构成时，如果我们不考虑他的观点，那就未免太狭隘了。对于牛顿而言，这样一种平等主义的做法并不会有多大的不同，因为，在一个有绝对空间和绝对时间的宇宙里，所有人的现在时间片都是一致的。但在相对论的宇宙里，也就是我们的宇宙里，这样的平等主义就会带来很大的不同。尽管我们熟悉的关于现在存在何物的概念只相当于单独的一片现在时间片——我们通常把过去看作已经逝去的，未来是还没有发生的——我们却不得不将丘巴卡的现在切片一起考虑来扩大我们的认识，就如上文中所讨论的，他的现在切片与我们的有很大的不同。此外，由于丘巴卡最初的位置和他移动的速度是任意的，我们必须得将与所有可能性有关的现在时间片都包括进来。这些现在时间片，正如我们上文中所讨论的，将以丘巴卡——或者其他或真实或假设的观测者——在空间中的初始位置为中心，根据给定速度的不同而旋转一定的角度。（唯一的限制是光速的限制，在尾注中将进一步解释，根据图示，光速的限制相当于旋转角度最大为45度，顺时针或逆时针均可。）正如你在图5.5中所看到的，所有的现在时间片充斥于整个时空条。事实上，如果空间是无限的——如果现在时间片能向无限远处扩展——那么旋转的现在时间片可以任意远为中心，因此它们的集合可以遍布于时空中的*每一点*。[1]

因此，如果你认为实在性由你现在头脑中定格的事情组成，如果你同意你的现在概念与位于远方空间中可以自由移动的某人的现在

---

1. 在面包条上任选一点。取一片包含了该点的切片，使其与我们的现在时间片相交的角度小于45度。这个切片将代表一位远方的观测者的现在时间片——他对实在性的认识。开始时他相对于我们静止，就像丘巴卡，但现在以小于光速的速度相对于我们运动。而且我们可以使该切片包含你碰巧选取的面包中的那点（可以为任意的点）。[4]

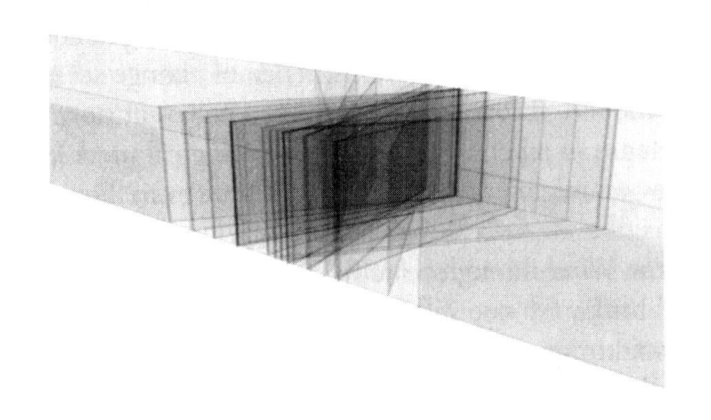

图5.5 一个不同观测者（不管是真实的还是假想中的）的现在片的例子，这些观测者距离地球远近不同，速度也各异。

*概念一样有效，那么实在性将涵盖时空中所有事件。*整个面包都存在。就像我们视所有空间都是真实的存在一样，我们也把所有时间（包括过去、现在和未来）视为真实的存在。过去、现在和未来显然是有区别的。但是，就像爱因斯坦曾经说的，“对于我们这些充满信心的物理学家而言，过去、现在和未来之间的区别只是一种幻觉，虽然它总是存在的”，[5] 唯一真实的事物就是整个时空。

体验和时间的流动

以这种方式来思考问题的话，虽然从不同的视角来看，事件发生的时间不同，但它们总是*存在的*。它们永远占据了时空中的某一点。它们并没有流动。如果你在1999年新年除夕的午夜度过了非常愉快的时光，你一直都会拥有它们，因为那是时空中不可变的一个点。接受这种说法有些困难，因为我们的世界观对过去、未来和现在有着截然不同的看法。如果我们固执于熟悉的时间观念，就会发现它将在现代物理冷酷的事实面前碰壁，它所能有的唯一的安身之处就是人类的意识。

不可否认，我们的意识体验似乎遍布整个时空切片。打个比方来说，我们的思想就好比先前提到过的放映机的光，当时间的某时刻被意识的力量照亮时，它们就成为鲜活的画面了。从某一刻到下一刻的流动感源于我们的思想、感觉和认知在意识上的改变。改变的结果将会导致持续的运动，它会发展成前后一致的故事。但是——不依靠任何心理学或神经生物学的借口——我们可以想象一下我们是如何感受时间的流动，即使实际上并没有这样的事情发生也没关系。为了便于理解我的意思，想象一下现在有一台有点毛病的DVD播放器，它会随意地前进或后退，我们用它来播放电影《飘》：屏幕上刚才还放映某一刻的画面，但下一刻立刻就切换成了完全无关的画面。当你观看这种跳跃性的画面时，你可能很难弄清楚到底在演什么。但对于郝思嘉和白瑞德来说没有问题，在每一帧画面中，他们做他们在那一帧画面中总会做的事情。如果你把DVD停在某个特殊的画面，问他们相关的想法和记忆，他们给你的答案将与DVD功能正常时他们会给你的答案一模一样。如果你问他们是否因南北战争的混乱顺序而迷惑，他们将会疑惑地看着你，认为你一定是喝了太多的冰镇薄荷酒。在任意给定的画面里，他们将会有画面那一刻的思想和回忆——特别是，那些想法和记忆给他们的感觉是时间像平常一样平稳而连贯地逝去。

类似的，时空中的每个时刻——每个时间片——就好比一部电影中的某一帧静止画面，画面的存在与否取决于是否有光照亮它。就像郝思嘉和白瑞德一样，对于正处于任何这样时刻的你来说，这就是

现在，“现在”*就是*你当时感受到的*那一刻*，并且“现在”永远都是你正在感受到的那一刻。而且，在每一个独立的时间片里，你的思想和记忆都足以使你产生时间在不断地流向下一刻的感觉。这种感觉，这种时间正在流动的意识并不需要之前的时刻——之前的画面——来“连续放映”。[6]

稍稍想一下，你就会意识到这是一件非常好的事情。由于另外的更为基本层面的原因，放映机所发出的光有序地将时间激活的概念有非常严重的问题。假如放映机正常地放映着某一瞬间的画面——比如说1999年新年夜的午夜敲钟场面，突然画面暗了下来，意味着什么呢？如果某一时刻已被点亮，那么处于照亮状态就是那一时刻的特性之一，该特性也应该像发生在那一时刻的其他事情一样永恒而无变化。历经照亮——“活”起来，成为此时，成为*现在*，然后再回归黑暗——“休眠”，变成过去，就是经历变化。*但变化的概念与单独的时刻无关*。变化将不得不通过时间来发生，变化标志着时间的流逝，但时间的概念究竟是什么呢？从定义上看，时刻*并*不包括时间的流逝——至少不是我们所说的时间——因为时刻是时间的原材料，并不会变化。某个特殊时刻不再变化就像空间中某个特殊位置一样，如果某位置变化，它就是空间中的另一个位置了；同理，如果某时刻变化，它就是另一个时刻了。放映机的光激活每一个新的*现在*这样的直观图像经不起仔细地推敲。换句话说，每一时刻都被照亮，每一时刻都会保持其被照亮的状态。每一时刻都是这样。仔细想来，时间的河流更像是一块巨大的冰块，每一时刻都永远地冰冻在它自己的位置上。[7]

这样的时间概念与我们的内在感受非常不同。虽然这种概念源于爱因斯坦的洞察力，可他本人也很难完全接受这种观念上的深刻转变。鲁道夫·卡那夫[8]叙述了他和爱因斯坦之间就这个问题展开的精彩对话："爱因斯坦说有关现在的问题困扰着他。他解释说有关现在的体验对人类来说意味着某种特殊的东西，一种从本质上不同于过去和未来的东西，但这种重要的不同却不会也不能出现在物理中。这种无法被科学理解的体验似乎让他很头疼却不得不顺从。"

这种顺从就给我们提出了一个关键问题：究竟是科学不能像解释肺可以吸入空气那样，轻易地解释存在于人们意识中的时间的基本特性呢？还是人类意识强加给时间一种人为的特性，因而无法用物理定律来解释呢？如果你在工作日问我这个问题，我将赞成后一种观点，但夜幕降临，当重要的思想都变为日常生活惯例时，就很难完全抵制前一种观点了。时间是一门深奥的科目，我们还远远没有理解它。很可能未来的某一天，某个聪明的人发现了一种新的看待时间的方式，揭示了流动的时间的真正物理学基础。以上建立在逻辑和相对性基础上的讨论，可能就是故事的全部。当然，时间流动的感觉在我们的生活体验里根深蒂固，并且遍布于我们的思想和语言中，我们已经而且将继续误入用习惯性的口语描述时间的流动这样的歧途。但不要把语言和实在性搞混淆了。比起深刻的物理定律，人类语言更善于描述人们的体验。

第 6 章 偶然和箭头

时间有方向吗

即使时间并不流动，探究时间是否有方向——事物在时间中的发展演变是否有一个可以用物理原理来辨认的方向——仍然自有其意义。这个问题等于是在问，事件在时空中的分布是否存在某种固有的顺序？事件按时间顺序发生与逆着时间顺序发生会有什么不同？就像我们每个人所知道的那样，两者之间一定存在着巨大的不同；正是由于这种不同，生活才会既充满希望，又令人痛苦不堪。但是，我们将会看到，解释过去和未来之间的不同之处比你想象的还要困难。而更令人惊讶的则是，我们将要解答的问题与宇宙起源时的具体条件有着密切的联系。

谜团

每一天中，我们都有成百上千次的机会看出顺着时间方向发生的事件和逆着时间方向发生的事件之间的巨大区别。滚烫的比萨在从烤箱中拿出的过程中会冷却下来，但我们从未看到过比萨从烤箱中拿出后会变得比以前更热。放进咖啡中的奶油搅匀后会变成均质的棕褐色液体，但我们却从未看到一杯淡咖啡不经搅拌，自己会分离出白色奶油和黑色咖啡。鸡蛋坠落、打碎并破碎，但我们却从未看到破碎的鸡蛋和鸡蛋壳自己聚集起来，形成未破碎的鸡蛋。当我们拧开可乐瓶时，压缩的二氧化碳气体会跑出来，但我们却从未看见过分散的二氧化碳聚集起来并“嗖”的一声返回瓶中。室温环境中的杯子里的冰块会融化，但我们却从未看到杯子里的水珠会在室温下凝结成冰。这些习以为常的事件，连同数不胜数的其他事件，只沿一个时间方向发生。它们从不会逆着时间方向发生，因此它们为我们带来了先和后的概念——它们给我们带来了稳定可靠且具有普适性的过去和未来的概念。这些现象使我们确信，从外部（如图5.1所示）观测整个时空的话，我们将看到时间轴具有明显的不对称性。鸡蛋已经破碎的那个世界在时间轴的一端——传统上我们将其称为未来——而对应着的另一端就是鸡蛋尚未破碎的世界。

或许最显而易见的例子是，我们的意识可以存储被我们称为过去的许多事情——这就是所谓的记忆——却没人能够记住被我们称为未来的事情。因此，很显然，过去和未来之间存在着很大的不同。各种各样的事情在时间的长河中总是沿着确定的方向发生。我们能回忆起的事情（过去）和不能回忆起的事情（未来）之间有着明显的区别。这就是为什么我们会说时间具有方向性或有一个箭头。[1]

物理学和广义上的科学，都以规律为基础。科学家们研究自然，发现规律，并用自然定律来解密这些规律。因而，你可能会认为，使我们清楚地感受到时间之箭的各种各样难以计数的规律性，意味着存在这样一条基本的自然定律。构建这样一条定律最笨的办法就是引进溢出牛奶定律或破碎鸡蛋定律，前者说的是牛奶溢出来就不会自己再汇聚起来，后者则是鸡蛋破碎就不可能再自己聚集起来形成一个完整的鸡蛋。但这样的定律对我们毫无用处：它只是描述性的，只是简单地说明观测到发生了什么，而无法提供任何解释。但我们期盼着物理学最深奥的领域中存在着某种不这么傻的定律，我们可以用它来描述组成比萨、牛奶、鸡蛋、咖啡、人和星球的粒子——组成一切事物的基本成分——的运动和性质，这个定律将会告诉我们事物为什么会按照某种特定的顺序演化而不能反过来。该定律将给予我们所观测到的时间之箭一个基本解释。

但令人头疼的是没有人发现这样的定律。而且，从牛顿到麦克斯韦，到爱因斯坦，他们所发现的物理定律，以及今天的所有物理定律，都显示出*过去和未来之间存在着一种完美的对称性*[1]。我们并未在这些定律中发现只可沿着时间轴的某个方向应用该定律的限制条款。这些定律应用于时间轴的不同方向时不会有什么区别，过去和未来在这些定律下看来都是一样的。即使我们的经验一次又一次告诉我们，事件如何随时间发展存在一定的方向性，但这样的时间之箭却不存在于基本的物理定律中。

过去、未来和基本物理定律

怎么会这样？物理定律没有提供用以区分过去和未来的基础吗？为什么会没有物理定律能够解释事件只能按*这种*顺序发展而不能逆过来呢？

1. 也有不同于此处表述的例外，该例外与一些奇特的粒子有关。这与本章中讨论的问题可能没有多大关系，因此就不再进一步探讨了。如果你感兴趣，在注释 2 中有简要的讨论。

这种情况更令人迷惑。众所周知的物理定律实际上声明——与我们的生活经验相反——奶油咖啡可以分离成黑色的咖啡和白色的奶油；破碎的蛋黄和破碎的蛋壳能自己聚集起来形成一个完美光滑的鸡蛋；室温下水杯中已融化的冰可以重新形成冰；你打开苏打水时放出来的气体可以自己返回瓶中。我们现今所知的所有物理定律都完全支持所谓的*时间反演对称性*。这种对称性说的是，如果事件可以按照某种时间顺序发展（奶油和咖啡混合，鸡蛋打碎，气体溢出），那么这些事件也可以按照相反的方向发展（奶油和咖啡分离，鸡蛋完好如初，溢出的气体回到瓶子里）。简短地用一句话来总结就是，物理定律不仅没有告诉我们事件只能按某种方向发展，而且还从理论上告诉我们事件可以向相反的方向发展。[1]

但重要的问题是，*为什么我们从没有看到这样的事情发生呢*？我敢打赌一定没有人亲眼看见打碎的鸡蛋聚集起来恢复成原样。但是如果物理定律允许这种情况存在，而且这些定律平等地对待打碎的鸡蛋和未打碎的鸡蛋的话，为什么一种情况从未发生而另一种情况总是发生呢？

时间反演对称性

解决上述谜团的第一步需要我们更为扎实地理解已知物理定律为什么满足时间反演对称性。为了这个目的，这样想象一下：现在是

1. 注意时间反演对称性并不是指时间本身可以反过来或逆向“奔跑”。相反，正如我们所描述的，时间反演对称性是指按某种特殊的时间顺序发生的事件也可以按相反的顺序发生。更确切的描述可能是，*事件反演或过程反演*，又或*事件顺序反演*，但我们仍然沿用传统的说法。

25世纪，你与你的搭档库斯托克·威廉姆斯在新的星际联盟打网球。由于不太习惯金星上较小的引力，库斯托克用力过猛，一个反手将球打到了深不可测的漆黑星空中。一架正在经过的太空飞船拍摄到了飞驰而过的球，并把胶片送到了CNN（星际新闻网）[1]播出。这儿有一个问题：如果CNN的技术人员犯了错误，把这段网球的片段反过来放映，人们是否能看出来呢？如果你知道拍摄时摄像机的朝向，你可能会指出他们的错误。但是，如果没有任何其他信息，只看底片的话，你能挑出他们的错误吗？答案是否定的。如果顺着时间方向，底片将显示球从右飞向左，如果反过来就会变成球从左飞向右。当然，从经典物理学定律的角度来看，网球朝左或朝右运动都是可以的。因此无论片子是顺着时间的方向还是逆着时间的方向放映，你所看到的运动与物理定律完全一致。

上文中，我们一直在使用这样一个假设，即，没有力作用于网球，因而网球是匀速运动的。现在我们把力加进去考虑一些更普遍的情况。根据牛顿定律，力的作用将会改变物体的速度：力意味着加速度。做了上述的假设后，我们再来看看网球的情况：网球在空中飞行时，由于受到木星引力的作用，向下加速运动，朝着木星表面向右划出一段美丽的弧线，如图6.1（a）和图6.1（b）所示。如果你逆着放这段运动的底片的话，网球将向上加速运动，因而会朝远离木星的方向划出一道弧线，如图6.1（c）所示。现在有了个新问题：底片所描述的逆向打网球的运动——实际上所拍摄到的运动的时间反演运动——是经典物理学定律所允许的吗？这种运动会在真实的世界中发生吗？乍

1. CNN原指美国有线电视新闻网。作者这里自编了一个Celestial News Network。——译者注

看之下，答案显然是肯定的：网球的运动轨迹既可以是向右下的弧线，又可以是向左上的弧线，或者是数不清的其他轨迹。那么，困难之处到底在哪？这个嘛，虽然答案确实是肯定的，但推演过于草率而忽略了问题的真正内涵。

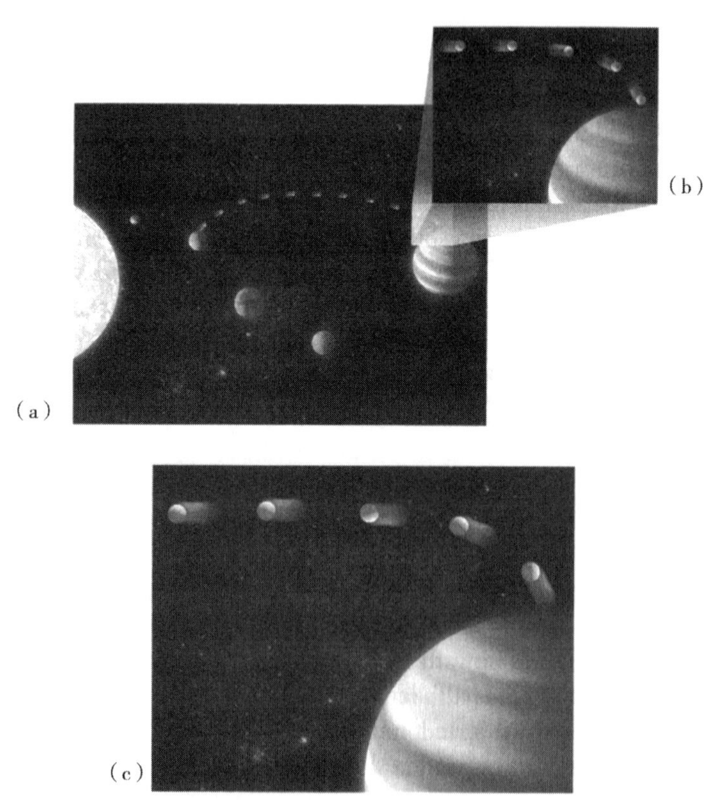

图6.1 (a)从金星飞到木星的一个网球。(b)特写。(c)在撞到木星之前，网球的速度反向，形成新的运动轨迹

当逆向放映片子时，你会看到当网球撞击到木星时，会以相同的速度（但以完全相反的方向）远离木星，朝左上的方向运动。片子的

最初部分显然与物理定律相一致：举个例子来说，我们想象一下，某人在木星表面以该速度击出网球就符合这种情形。关键的问题在于，逆向运动的其余部分是否与物理定律相一致。以该初速度击出的网球——在受到木星向下的引力的作用下——实际上会沿着片子其余部分中所描述的逆向运动的轨迹运动吗？运动反过来之后，它会顺着原始的向下的轨迹运动吗？

这些更为精练的问题的答案是肯定的。为了避免混淆，我们先把它讲清楚。图6.1（a）中，在木星的引力产生有效作用之前，网球是纯向右运动的。图6.1（b）中木星的引力有效地作用于网球，产生一个将它拉向地心的力——正如你在图中所看到的，引力的方向大部分是竖直向下的，不过也有一部分是向右的。这就意味着，当网球接近于木星表面时，它向右的速度将会略微有所增加，而它向下的速度将会增加得非常多。因此，在逆向放映的片子中，从木星表面击出的网球会略微向左主要向上运动，如图6.1（c）所示。木星的引力将对网球向上的速度产生重要影响，使它越来越慢，同时也会减慢球向左的速度，只是没有那么夸张而已。随着球向上的速度的迅速减少，它速度的方向将主要向左，进而使得向上的弧线的运动轨迹偏左。接近弧线的末端，网球向上的速度和在下降过程中因木星引力而产生的额外的向右的分速度，将在引力作用下变为零，此时球以原始大小的速度向左运动。

上述论证都可以定量研究，但值得注意的关键之处在于，该运动轨迹恰与网球初始的运动轨迹相反。如图6.1（c）所示，简单地逆转球的速度——速度相等，但方向完全相反——我们可以使它完全沿着原来的轨迹运动，只是方向相反而已。我们再回到片子的讨论上，我们所看到的向上偏左的弧形轨迹 —— 我们用以计算轨迹的是牛顿的运动定律 —— 正是我们将片子逆过来放映所看到的。因此，逆向放映的片子所描述的网球的时间反演运动，和时间上正向运动一样，都遵守物理学定律。逆向放映电影时我们所看到的运动，在真实世界中可以实际发生。

虽然上述讨论中有一些细节被我放到了注释里，但其结论仍然具有普适性。[2] 所有已知和广为接受的有关运动的定律 —— 从刚才讨论过的牛顿的经典力学，到麦克斯韦的电磁理论，再到爱因斯坦的狭义和广义相对论（记住，我们将在下一章讨论量子力学）—— 都具有时间反演对称性：按时间轴正向发生的运动同样也可以逆着时间轴发生。由于术语有点混乱，我再来强调一下，不是把时间反过来。时间仍然保持原样。我们的结论是，*要想使一个物体的运动轨迹逆转，只要在其路径上任意一点逆转其速度即可*。同样的，相同的程序 —— 在其路径上任意一点逆转其速度 —— 将使物体按我们在反向放映的片子中所看到的方式运动。

网球和破碎的鸡蛋

观察网球在金星和木星之间运动 —— 无论朝向哪个方向 —— 并非十分有趣。但既然我们所得出的结论可以广泛应用，我们现在就来看一些更加有趣的地方吧，比如说你的厨房。把一个鸡蛋放在厨房的餐桌上，让它沿着桌边滚动，然后掉到地上摔碎。可以肯定的是，在这一系列事件中存在许多运动。鸡蛋掉下来，蛋壳摔碎了，蛋黄溅得到处都是，地板震颤，周围的空气中形成漩涡；摩擦产生热量，使鸡蛋、地板以及空气中的原子和分子运动得更快。但是，正如物理定律告诉我们的，如何才能使网球丝毫不差地逆着原来的轨迹运动，同样的定律也会告诉我们如何才能使每一片蛋壳碎片、每一滴蛋黄、每一块地板、每一团空气精确地逆着原来的轨迹运动。我们所需做的“全部”只是将碎鸡蛋每一块碎片的速度反过来。更准确地说，我们在网球问题上的分析告诉我们，只要我们能把与鸡蛋破碎直接或间接相关的每一个分子和原子的速度都同时逆转过来，那么整个鸡蛋破碎的运动就会反过来进行。

再强调一次，就像网球运动一样，如果我们能成功逆转所有的速度，我们所看到的就像一部反向放映的电影。但是，不同于网球之处在于，鸡蛋破碎的逆运动将给人留下极其深刻的印象。厨房各处空气分子碰撞和微小的地板震动所产生的波汇集在碰撞的位置，造成每一片碎蛋壳和每一滴蛋黄都朝着发生碰撞的位置运动。每一种成分都以最初鸡蛋破碎过程中的速度运动，只是方向都相反而已。无数滴蛋黄都飞回形成一个球，就像无数片碎蛋壳完美地排列在一起形成一个光滑的卵形容器。空气和地板的震动与结合在一起的蛋黄和蛋壳碎片的运动配合得非常完美，形成一个重新组合的鸡蛋，恰好反弹离开地板，向上飞到厨房的餐桌上，轻巧地落在餐桌边缘，然后滚动几厘米，优雅地回到原处。如果我们逆转全程中每一样东西的速度，就将发生上述的事情。[3]

因此，不管一件事情是简单，比如网球的运动弧线，还是更为复杂，比如一颗鸡蛋的破碎，物理定律都告诉我们，在一个时间方向上发生的事情，至少从理论上来看，是可以反过来发生的。

原理和实践

网球运动和鸡蛋的故事告诉我们的不只是自然定律具有时间反演对称性，这些故事还告诉我们，为什么我们在真实的经验世界里看到的许多事情只能朝一个方向发生，反过来则不行。让网球逆着其轨迹运动并不难。拿着它，并以相同大小的速度朝相反方向将其掷出，就这样即可。但使鸡蛋所有的混乱碎片逆着原来的轨迹运动就要困难到不可想象了。我们需要抓住每一片鸡蛋碎片，以相同速度但朝相反的方向同时发送回去。很显然，那远非我们（或者聚齐所有人力物力）所能做到的。

我们找到了我们一直寻求的答案了吗？鸡蛋打碎却无法重新复原（即便两种运动都是物理定律所认可的）的原因是因为其中一种可实现而另一种无法实现吗？答案就是那么简单，就是因为鸡蛋打碎容易——使鸡蛋从桌上滚下去——而使鸡蛋复原难吗？

如果答案是这样的，相信我，我将不会在这里大费周折地讲这么半天了。困难与否确实也是答案的一个重要部分，但整个答案更加奥妙和令人惊奇。在以后的章节中我们将解释这个问题，但这里我们首先需要对这一小节进行更加深入的讨论和了解。为了达到这一目的，我们不得不引进熵的概念。

熵

在维也纳中央公墓，贝多芬、勃拉姆斯、舒伯特和施特劳斯的墓穴旁树立着一个刻有“$S = k\log W$”方程的墓碑，这一方程就是熵这个强有力的概念的数学公式。这个墓碑的主人就是生活在19世纪、20世纪之交的路德维格·玻尔兹曼——最具洞察力的物理学家之一。1906年，由于糟糕的健康状况和低沉的心情，玻尔兹曼在和妻女在意大利度假时自杀了。具有讽刺意味的是，就在他离世的几个月之后，有实验证实了玻尔兹曼为之毕生热烈维护的思想是正确的。

熵的概念最初是由工业革命时期的科学家们在考虑锅炉和蒸汽机时所提出的，熵的概念促进了热力学领域的发展。通过多年的研究，尤其是在玻尔兹曼的辛勤钻研之后，熵的基本观点被进一步完善起来。玻尔兹曼版本的熵，可用其墓碑上的方程准确地表述，利用统计学原理将构成物理系统的单独组分的数目与系统的整体性质之间联系起来了。[4]

为了感受一下他的思想，想象拆开一本《战争与和平》，将其693页双面纸都高高抛向空中，然后把所有的纸页收集到一堆。[5] 当你检查那一堆纸时，你会发现页码混乱的纸张远远比整齐排序的要多。原因是显而易见的。纸张混乱的方式有许多种，而按序排列的方式只有一种。要整齐有序，页码就必须精确排列成1、2、3、4、5、6……一直到1385、1386。其他的排列方式都是无序的。一个简单而又基本的事实是，所有排列方式都是平等的，某件事情发生的方式越多，它发生的可能性就越大。如果某件事情有无数多种发生方式，就像落地页码的错误排列一样，该事情发生的可能性就极其大。直观上，我们都可以很好地理解这个问题。如果你买一张彩票，你中奖的方式就只有一种。如果你买了一百万张不同号码的彩票，你就有一百万种中奖的方式，这样你走运的机会就提高了一百万倍。

熵这个概念其实就是该观点的一种具体表述，可以通过数清在物理定律制约下，实现任意给定物理条件的方式的数目来确定相应物理系统的熵的大小。*熵越高就意味着实现该物理条件的方式越多，熵越少就意味着方式越少*。如果《战争与和平》的页码是按照正确的数字顺序来排列的，则是低熵组合，因为满足标准的只有一种排列方式。如果页码是无序排列，那就是一个高熵组合，很简单的计算就可以告诉我们共有124552198453778343366002935370498829163361101
246389045136887691264686895591852984504377394069294743
950794189338751876527656714059286627151367074739129571
382353800016108126465301823420562057147320617202938290
291250213170227821191347358265588154107136014311932215753
415973385542846729869139815159925119085867260993481056143
034134383056377136715110570478694133391293419244096105142
887984779085360950895401401259328506329060341095131494
663898390526767610427804166730154945522818861025024633
866260360150888664701014297085458481514159839254687623
129529334782951868123707745965224321488873516792844834
030007871706366846238435362424516736228610919853939181
503076046890466491297894062503326518685837322713637024
73904018910940649881398380265451114876864895816491403

42644441108719118441642809027571377380906725870843021579
50158991623204581301295083438653790819182377773852143 75
36312253164159858926810597652814480138774869702652546 26
43937189392730592179674716916697815519856976926924946 73
83642278277334577671807331624043363695277118367410428 44
93472234779223402722563072119385391247288092907203427 1
69237793620765019045710978877445354435868033191609592 4
98774431949869977003332494630732437553532290674481765 7
95395621840329516814427104222760812428904871642866487 24
03070364864934832509996672897344642531034930062662 20
14604312051101093282396249251196897828330619215082827 08
14393659987326849047994166839657747890212456279619560 0
18706080576877894787009861069226594487269341000087269
98763399003025591685820639734851035629676461160022515 9
20011372274127331807482954724819280765326640702308327 54
28631264667150135590596642977333713183465474854760701 24
23301287213532123732873272187482526403991104970017214756
47004992922645864352265011199999999999999999999999999999
99999999999999999999999999999999999999999999999999999999
99999999999999999999999999999999999999999999999999999999
999999999999999999999999999999999999999999999999——约为 10^{1878}——种不同的无序排列方式。[6] 如果你把这些纸张扔向空中，然后再收集成一叠，可以肯定它们将处于无序排列的状态，因为这种排列方式比唯一的有序排列拥有更高的熵——达到无序排列的方式有很多种。

理论上讲，我们可以运用经典物理学定律来计算将整沓纸扔向空中后每一页所将降落的位置。[7] 而且，理论上讲，我们也可以精确预测这些页码的最终排列方式，因而（在量子力学中，情况将有所不同，而那是我们在下一章要讨论的内容）看似没必要依靠诸如哪种结果更有可能出现的概率概念。但是统计学确实是强有力且非常有用的工具。如果《战争与和平》只是一本只有几页的小册子的话，我们很快就能成功地完成计算，但是对于真正的《战争与和平》[8] 这么做就不可能了。这693张纸随着温和的风飘荡，相互摩擦、滑落、碰撞，最后落到地上，想要追踪这693张纸的精确运动将是一项非常艰辛的工作，远远超出了当今世上最强有力的超级计算机的运算能力。

而且——这点非常关键——即使得出确切的答案也没有什么用处。当你查看这叠纸时，你不会在乎每一页碰巧在哪儿，你感兴趣的是整体效果——它们是否正确排列。如果它们是，那非常好，你可以坐下来像往常一样继续阅读安娜·帕夫洛夫娜和尼古拉·罗斯托夫。但是如果你发现书页的排列乱七八糟，那么你不会在乎这种错误排列具体是怎样的。如果你看到了一种错误的排序方式，你就相当于看到了所有的错误排序方式。除非出于某种古怪的原因，你需要追究每一页的具体下落，否则你甚至都不会注意到是否有人把你那已经混乱的页码搞得更乱。最初的一堆纸就是混乱排列的，即便进一步弄乱也还是混乱的。因此，并不仅仅因为统计学讨论比较容易进行，还因为利用统计学所能得到的结果——混乱或者不混乱——更与我们真正关心的和需要记下来的事情有关。

这种全局式的思考方式是利用熵来考虑问题的统计学基础的核

心。就像任何一张彩票都有中奖的机会一样，《战争与和平》被多次颠倒顺序后，任何一种排列方式都有可能发生。使统计学变得有用武之地的原因在于，我们感兴趣的页码排列方式只是两类：有序和无序。前一类只有一种（页码正确的排列为1，2，3，4……），而后一类则有多种（除正确顺序之外的每一种可能的排列方式）。这两种分类是便于应用的合理分类，因为，就像上文所述，利用这种分类，你可以对任何一种页码的排列方式做出全局性的评价。

即便如此，你仍然可能建议对这两种分类进行进一步的区分，比如，只有少数几十页的排列是混乱的，只有第1章的页码排列无序，等等。事实上，考虑这些中间状态的分类有时是很有用的。然而，每一种亚分类中的可能的页码排列方式总数与所有的混乱排列方式总数相比是非常小的。比如说，《战争与和平》第一部分排列混乱的方式总数只不过是所有混乱排列方式总数的百分之一的10^{-178}。所以，尽管开始的时候，未装订书所导致的无序页码排列方式可能只属于某种中间状态，而非完全混乱状态，但可以肯定，如果你再三颠倒页码，页码排列顺序最终将展现不出一点规律性。页码排列总是趋向于演变为完全混乱排列的状态，因为这类型的排列方式确实太多了。

《战争与和平》这个例子点出了熵的两个最显著特征。首先，熵*是物理系统中无序度的量度*。高熵意味着构成系统的组分的许多排列方式毫不起眼，这就相当于说系统处于高度无序状态（当《战争与和平》的页码处于混乱状态时，进一步颠倒页码顺序几乎不会被大家注意到，因为页码本身就已经处于混乱状态，再颠倒页码也不会产生什么重要影响）。低熵就意味着只有少数一些排列方式显得不起眼，也就相当于说系统处于高度有序状态（当《战争与和平》的页码排列有序时，你很容易就注意到对其顺序所做的任何改动）。第二，由许多组分构成的物理系统（比如说，很多页处于混乱状态的书）有自然演化成更为无序状态的趋向，因为相比于达到有序状态，达到无序状态的方式更多。用熵的语言来说，物理系统倾向于向着高熵状态演化。

当然，要想使熵的概念准确且具有普适性，其物理定义就不能是在使其不变的情况下数清这本或那本书页码的重新排列数目。事实上，熵的物理定义需要在保持物理系统整体上、大局上不变的情况下，数清其基本组成成分——原子，亚原子粒子，等等——的可能有的排列组合数目。比如在《战争与和平》的例子中，低熵就意味着几乎没有哪次重新排列会不被注意到，因此该系统就处于高度有序状态；而高熵就意味着大量的重排都会显得不起眼，换句话说，整个系统处于无序状态。[1]

让我们来看一个不错的便于说明问题的物理例子，想想先前提到的可口可乐瓶。当气体，比如最初被密封进瓶子里的二氧化碳，传播到房间的每一个角落时，单个分子可能有许多种重排方式，但是这些重排没有什么显著区别。比如说，当你挥动胳膊时，二氧化碳分子将会来回穿梭，迅速改变位置和速度。但从整体上看，分子的调整不会带来整体性质上的变化。在你挥动胳膊之前，分子是均匀分布的，挥动胳膊之后仍然是均匀分布的。气体的这种均匀分布状态对于分子的

---

1. 熵是另一个术语使思想复杂化的例子。要是你把低熵意味着高度有序和高熵意味着低度有序（或者说高度无序）不停地弄混的话，那么别担心，我也常弄混。

大量重排方式是不敏感的，这正是所谓的高熵状态。相比而言，如果气体分布在较小的空间内，比如说瓶子内，或被障碍物密封在房间墙角，就会出现有意义的低熵状态。原因很简单。正如一本薄薄的书的页码只可能有几种排列方式，小地方也只能为分子的排列提供一点点空间，因而也就只会产生很少的排列方式。

但当你拧开瓶盖或是挪开障碍物时，你就为气体分子打开了一个全新的世界，它们开始运动、碰撞，很快播散到房间的各个角落。为什么呢？这和《战争与和平》问题中的统计学推演是一样的。毫无疑问，一些分子经过碰撞将会离开最初的气体团或一些刚刚离开的气体分子又被撞回来。但因为房间的体积远远超过了最初的气体团，如果它们分散开来，分子将会有更多种排列方式。因此，气体从最初的低熵状态——气体聚集在一个小区域内，自然演化到高熵状态——气体均匀地分布在更大的空间内。一旦气体达到这种均匀状态，将一直维持高熵状态：运动和碰撞会使分子四处移动，从而造成一种又一种的重排方式。但大部分重排方式都不会影响气体的全局性、整体性质，而这就意味着此时处于高熵状态。[9]

理论上，就像《战争与和平》的页码一样，我们能用经典物理学定律来精确确定在某一特定时刻每一个二氧化碳分子的位置。但由于二氧化碳的分子数目太大了——一个可乐瓶里大约有10^{24}个，进行这样的计算事实上是根本不可能的。但不管通过什么方式，即使我们做到了，手里拿着一张记有亿亿亿个粒子的速度和位置的单子，对于我们了解分子是如何分布的并没有多大的意义。把焦点集中在全局性的统计特点上——气体四散分布或集中在一起，也就是说，气体处于高熵状态还是低熵状态——才更富有启发性。

熵——第二定律和时间之箭

物理系统趋向于高熵状态就是所谓的*热力学第二定律*（第一定律就是熟悉的能量守恒定律）。如上文所说，该定律的基础是简单的统计学推演：系统有更多的方式达到高熵状态，“更多的方式”就意味着系统更有可能演化为某种高熵状态。注意，尽管从传统的意义上看，这并不是一条定律；这是因为，尽管极为罕见并且几乎不可能发生，但是诸如某物从高熵状态演化到低熵状态的事件是有可能会发生的。当你把一堆混乱的纸扔向空中，然后收集成一小摞时，它们有可能按完美的页码顺序排放。你大概不会想在这种结果上下大赌注，但它的确是可能发生的。运动和碰撞也有可能碰巧使所有分散的二氧化碳分子一起移动，“嗖”的一下全都返回到了打开的可乐瓶中。你当然不会凝神静气睁大双眼等待着这种结果的发生，但它的确是可能发生的。[10]

《战争与和平》庞大的页数以及房间里气体分子的巨大数目使得有序和无序排列之间的熵的差别如此之大，而这使得低熵结果很难发生。如果你把两张双面纸一次次扔向空中，你将会发现它们落地时按正确顺序排列的次数为所扔次数的12.5%。3页纸的话这个概率将减小为2%，4页纸将是0.3%，5页纸将是0.03%，6页纸将是0.002%，10页纸将是0.000000027%，693页纸扔向空中而落回地面时正确排列的概率就更小了——小数点后包含了许许多多的零——我确信出版商不想浪费一页纸来把它详尽地列出来。类似的，如果你只把两个气体分子肩并肩地放进空可乐瓶里，你将会发现在室温下，平均每隔几秒钟，随机运动就会把它们弄到一起（相距1毫米之内）一次。但如果是3个分子，你就不得不等好几天，如果是4个分子就得好几年，如果是最初气体团里有亿亿亿个分子，那就不得不花比现在宇宙年龄还长的时间来等待随机运动使它们同时聚集到一个小而有序的气体团中。比死亡和纳税还要可靠的是，我们可以相信，一个具有很多组分的系统倾向于向无序状态演化。

虽然不会马上看清，但是我得说我们现在遇到了一个有趣的问题。热力学第二定律似乎为我们带来了时间之箭，*这根时间之箭只有当物理系统拥有相当多的组分时才会出现*。如果你看到一部片子正在放映两个二氧化碳分子被放置在一个小盒子里（示踪计显示了每个分子的运动轨迹），你将很难辨别片子到底是在正着放还是反着放。两个分子飞来飞去，一会儿一起运动，一会儿分开运动，但它们不会展现出任何整体的迹象，可以使我们辨别出时间的方向。然而，如果你看到一部片子正在放映10^{24}个分子聚集在盒子里（就像一团小的高密度分子云），你很容易就能辨别出片子是正着放还是反着放：几乎不用怀疑，时间前进的方向就是气体分子变得越来越均匀，*从而达到越来越高的熵*的方向。相反，如果电影正在播放均匀分布的分子“嗖”的一声集中到一小团的场景，你立刻就会意识到片子放反了。

这种推演适用于我们在日常生活中遇到的所有事情——即由很多成分组成的事物：时间之箭的箭头指向熵增长的方向。如果你在片子中看到吧台上有一杯冰水混合物，你就可以通过查看冰是否在融化来判断时间之箭的方向——水分子扩散到整个杯中，因此达到了更高熵的状态。如果你在片子中看到一个破碎的鸡蛋，通过检查鸡蛋的成分是否越来越处于无序状态——鸡蛋破碎就是向着高熵状态——来确定时间的方向是否向前。

正如你所见，熵的概念为我们先前发现的“难易”结论提供了一个精确的版本。《战争与和平》页码容易弄乱是因为有如此多种无序排列方式。这些页码很难按恰好的顺序降落，因为这需要上百张纸降落时恰好按照托尔斯泰的意愿。一个鸡蛋很容易破碎，因为有如此多的破碎方式。一个破碎的鸡蛋很难汇集起来，因为无数个破碎的鸡蛋成分必须以和谐的步调移动才能形成放在桌上的一个独立完整的鸡蛋。对于由多种成分构成的物质而言，从低熵状态达到高熵状态——从有序到无序——是容易的，因此它总在发生。从高熵状态到低熵状态——从无序到有序——是非常难的，因此很少发生。

请注意，这里所说的熵的方向并不是完全严格的，而且也没有声明时间方向的定义就是100%正确的。相反，也有不少方法可以允许这样或那样的过程反向发生。因为热力学第二定律声明熵的增长只是一种统计学的可能性，而不是大自然中不可避免的事实，它允许存在一点这样的可能性：页码落下时能恰好按顺序排列，气体分子能聚合起来并重新回到瓶子里，碎鸡蛋能汇聚起来。通过熵的数学公式，热力学第二定律精确说明了这些事件在统计学上的不可能性是多大（注意，前一小节中那长达一页的巨大数字反映了这些书页无序降落的可能性有多大），但同时这也意味着它们可能发生，只是概率非常小而已。

看起来这个故事很有说服力。统计学和概率论证为我们带来了热力学第二定律。接着，第二定律为我们所谓的过去和未来提供了直观上的区别。熵也为我们日常生活中的现象提供了一种实用的解释，那些由大量组分构成的事物，以*这种*方式开头而以*那种*方式结尾，而我们从未看到它们以*那种*方式开头而以*这种*方式结尾。经过许多年的努力——也多亏了像开尔文勋爵、约瑟夫·洛施密特、亨利·庞加莱、S. H. 勃柏利、欧内斯特·切梅罗以及威拉德·吉布斯等物理学家的重要贡献——路德维格·玻尔兹曼开始意识到，有关时间之箭的整个故事更加令人惊奇。玻尔兹曼意识到，虽然熵阐明了这个谜团的重要方面，但并*没有*回答为什么过去和未来看起来如此不同。正相反，熵以一种重要的方式精炼了这一问题，而这为我们带来了一个出乎意料的结论。

熵——过去和未来

在前文中，通过将我们日常生活中的事实与经典物理中牛顿定律的性质相比较，我们提出了有关过去和未来的难题。我们发现，我们每天所不断经历的事情在时间上具有很明显的方向性，但物理定律却平等地对待时间上的所谓将来和过去。由于物理定律没有表明时间具有方向性，也没有明确声明“只能沿着时间方向上运用这些定律，不可逆向使用”，于是我们不得不追问：如果以经验为基础的定律认为时间在方向上是对称的，为什么这些经验本身却具有时间上的倾向性，总是在一个方向上发生而不会在其他方向上发生呢？我们所观测到和体验到的时间的方向性来自哪里呢？

在上一小节中，我们看似已经通过热力学第二定律取得了一定进展，该定律清楚地将未来定为熵增多的方向。但进一步思考后，我们发现事情并不是这么简单。值得注意的是，我们在关于熵和第二定律的讨论中，并未以任何方式修改经典物理学定律。相反，我们所做的一切，只是在“全局性的”统计框架中运用这些定律：我们忽略了微妙的细节（《战争与和平》未装订页码的准确顺序，鸡蛋组分的精确位置和速度，可乐瓶中二氧化碳分子的精确位置和速度），而把焦点集中在全局性的整体特点上（页码的有序排列和无序排列，鸡蛋的破碎和汇集，气体分子的广布和聚集）。我们发现当物理系统足够复杂（由许多页码组成的书，会破碎成很多片的易碎物品，由许多分子组成的气体）时，其组分处于有序还是无序状态，熵的区别是很大的。这也就意味着，系统很有可能会从低熵状态演变到高熵状态，这正是热力学第二定律的粗略描述。但需要注意的是，第二定律是*派生出来*的：它只是将概率推演应用于牛顿运动定律时得到的结果。

这就导致一个简单而又令人惊奇的问题：*既然牛顿定律没有内在的时间方向，我们用以论证物理系统会沿着未来的方向从低熵向高熵状态演化的全部推演，也同样适用于过去*。又一次，由于深层次的基本物理定律具有时间反演对称性，因而它们无法区分所谓的过去和未来。就像在漆黑的外太空中没有标牌指示哪个方向是上，哪个方向是下一样，经典物理学中没有任何定律说明时间上哪个方向是未来，哪个方向是过去。定律并未提供时间方向，它们对时间方向上的区别完全不敏感。因为运动定律着眼点在于事物的改变——既可以朝向所谓的未来，也可以朝向所谓的过去——热力学第二定律背后的统计或概率推演同时适用于两个时间方向。因此，*一个物理系统的熵*，不仅存在很大的概率在所谓的未来会变高，也有很大的概率在所谓的过去曾非常高。如图6.2所示。

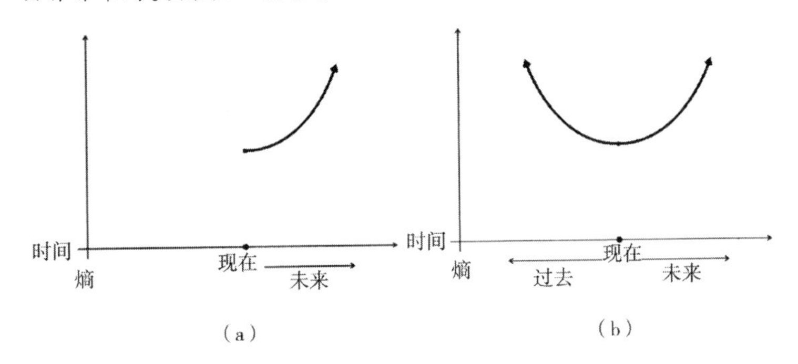

图6.2（a）如通常所言，热力学第二定律告诉我们熵在未来会随着时间流逝而增加。（b）已知的自然定律并未对未来和过去区别对待，因而，热力学第二定律实际上告诉我们，熵在向着未来和过去这两个方向上都是增加的

这一点对下面的讨论非常关键，但也是富有欺骗性的微妙之处。通常的误解是，根据热力学第二定律，如果熵会在朝向未来的方向增加，那么熵当然就会在朝向过去的方向上降低。但这正是微妙之处。第二定律实际上是说，在任一给定时刻，如果物理系统碰巧没有拥有最大的熵，那它很可能在下一刻会拥有且在前一刻曾拥有更高的熵。这正是图6.2（b）的内容。由于定律并不区分过去和未来，时间上的对称性是不可避免的。

这是重要的一课，它告诉我们熵所带来的时间之箭是双向的。从任一明确时刻起，熵增的箭头既会朝向未来也会朝向过去，这就使得很难把熵作为对经验时间具有单向性的解释了。

想象一下熵的双向性在具体例子中的含义。比如在暖和的某一天，你看到一杯水中有一块部分融化的冰块，那么你就可以确信半小时之后冰块会融化得更厉害，因为只有它们融化得更厉害，熵才会变得更高。[11] 但是，你也应同样确信，这块冰半小时之前融化得更厉害，因为完全一样的统计推演告诉我们熵会朝着过去的方向增加。同样的结论也适用于每天我们遇到的无数例子。既然你确信熵会朝着未来的方向增加——四散的气体分子在未来会继续扩散，页码部分混乱的书页会变得更加混乱——那你也应当同样相信熵在过去应该更高。

问题在于，这些结论中的一半，看起来明显是错误的。当熵的推演用于一个时间方向，朝向我们所谓的未来时，就会产生准确而合理的结论；但当应用于我们所谓的过去方向时，就会明显产生不准确而且看起来非常荒谬的结论。杯中带有冰块的水通常不可能一开始就是一杯完全没有冰块的水，然后水分子聚集起来冻成冰块，然后再一次融化。《战争与和平》未装订的书页通常不会开始于无序排列，继而被扔向空中后就变得没有以前混乱了，它只能越来越混乱。再返回厨房，鸡蛋通常不会一开始就是破碎的，然后再集合起来形成一个完整的鸡蛋，它只能由完整的鸡蛋打碎。

难道，它们竟可以这样吗？

跟着数学走

几个世纪的科学研究表明，数学为分析宇宙提供了有力而敏锐的语言。确实，现代科学的历史中，满是数学做出貌似与直觉和经验相违背的预测（比如宇宙存在黑洞以及反物质，间隔很远的粒子可以发生纠缠，等等），但实验与观测却最终证实数学预言的例子。这样的发展历程在理论物理文化中留下了深深的烙印。物理学家们开始意识到，数学，如果使用得足够小心，将是通向真理的可靠路径。

因此，当自然定律的数学分析表明，某一时刻的熵既会朝着未来增加，也会朝着过去增加时，物理学家们并不会立即驳回它。相反，一些类似于物理学家的希波克拉底誓言的信条激励着研究者们对人类体验的明显事实保持深刻而健康的怀疑态度，带着这样的怀疑态度，孜孜不倦地跟着数学走，看看它将把我们带到哪里。只有那时，我们才能正确评价和诠释物理定律和常识之间的不匹配之处。

为了达到这个目标，想象一下现在是晚上10：30，半小时以来你一直盯着一杯冰水（这是酒吧里一个悠闲的夜晚）观测冰块慢慢融化成小块，最后乃至不见。你毫不怀疑半小时之前男服务员往你杯子里放了几个完整的冰块，你毫不怀疑是因为你相信你的记忆力。即使偶尔你对于半小时之内所发生事情的信心动摇了，你可以问问过道里的小伙子，他们看见了冰块的融化（这确实是酒吧里一个悠闲的夜晚），或者看看酒吧监视器摄的录像，它们都可以使你相信你的记忆没有问题。如果你问自己，接下来的半小时内，冰块将会怎样，你可能会想到它们将继续融化。如果你非常熟悉熵的概念，你将把你的预测解释为从你看到冰块的那一刻起，那时刚好是10：30，向着未来的方向，熵将不断增长。所有这些都很合理，并且与你的直觉和经验相符。

但正像我们所看到的，有关熵的这样的推演——简单地认为事物更有可能达到无序的状态是因为有更多种方式可以达到无序状态，这种推演在解释事物是如何向未来发展时无疑是强有力的——告诉我们，熵在过去也有可能更高。这就意味着你在晚上10：30看到的部分融化的冰实际上在早些时候融化得更加厉害；这也就是说，在晚上10：00时，它们还不是固体冰块，而是从那时到晚上10：30这段时间，它们在室温下的水中慢慢地集合起来形成冰块；正如10：30到11：00这段时间它们会慢慢融化成室温下的水一样。

毫无疑问，这听起来非常古怪——或者你会说这太荒谬了。如果是真的，不仅需要杯子里室温下的水分子会自发集合起来形成部分融化的冰块，而且监视器上的数码和你大脑中的神经元，以及过道里小伙子的神经元，都需要在晚上10：30以前有所调整，以便证明水曾形成完整的冰块，即便它实际上从不存在。但是，这种古怪的结论却是在物理定律所展现的时间对称性背景下，应用值得信赖的有关熵的思考——你曾毫不犹豫地用这种思想解释你在晚上10：30看到的部分融化的冰到11：00的这段时间里继续融化——而得出的结论。这就是基本运动定律不能区分过去和未来而造成的麻烦，这些定律的数学以完全相同的方式处理某一给定时刻的过去和未来。[12]

放心好了，我们很快就能找到方向，逃出由于运用熵来思考问题时平等地看待过去和未来而陷入的窘境。我不会试图让你相信存在于你的记忆和记录中的过去从未真的发生过（对《黑客帝国》迷们我只能说抱歉了），但是，我们将会发现，弄清直觉和数学定律之间的不同之处是极为有益的。因此，我们继续抓着这条线索。

一片沼泽地

直觉让你觉得高熵的过去不够满意，因为当用通常的事件向前发展的方式来看时，高熵的过去意味着有序度会自发增加：水分子自发地冷到0摄氏度然后变成冰，大脑自发地获得不曾发生过的事情的记忆，录像机自发地产生从未发生过的事情的图像，等等，所有的这些都极不可能发生——一种连奥利弗·斯通[1]都会嘲笑的解释过去的方式。在这一点上，物理定律和熵的数学公式与你的直觉完全一致。事件的这种发生顺序，当按晚上10：00到10：30的时间方向来看时，与热力学第二定律相违背——熵会减少——因此，虽然不是不可能，却极其不可能发生。

通过对比，你的直觉和经验告诉你，更有可能的事件顺序是，晚上10：00，冰块很完整，到了现在，晚上10：30，你盯着的玻璃杯中的冰块部分融化了。但在这一点上，物理定律和熵的数学公式只与你的期望部分相符。数学公式和你的直觉相一致的是，*如果*晚上10：00时真的存在完整的冰块，则最有可能的事件顺序是，到了晚上10：30，你一直盯着的杯中的冰部分融化了：这一熵增的结果既与热力学第二定律相符，又与你的经验相符。但数学和直觉有所区别之处在于，我们的直觉，不像数学，没法考虑也不会考虑这样的可能性，即*在假定你在晚上10：30时看到冰块部分融化——被我们视为无可辩驳的、可靠的事实——的确发生了的情况下*，晚上10：00时真的存在完整的冰块。

1. 美国著名电影导演。——译者注

这一点非常重要，我们来解释一下。热力学第二定律的核心内容在于，物理学系统强烈地倾向于处于高熵状态，因为这种状态可以通过多种方式实现。并且一旦物体处于高熵状态时，就有很大的倾向继续保持在该状态。高熵是自然形成的状态，你不需要惊讶或感到有必要解释为什么物理系统会处于高熵状态，这样的状态是正常的。相反，需要解释的是为什么给定的物理系统处于有序状态，一种低熵状态，这种状态是不正常的。它们当然会发生。但从熵的角度来看，这种有序状态属于违背常规的少数情况，需要有所解释。因此，上一节中我们毫不怀疑就相信的一个事实——你会在晚上10：30时看到处于低熵状态的部分融化的冰块——实际是需要解释的。

从概率的角度看，借助*更*低熵的状态来解释低熵状态是十分荒唐的；更低熵的状态指的是，晚上10：00时在*更为原始*、*有序*的环境里你所观测到的*更加有序*、*更为完整*的冰块。与之不同的是，事情更有可能开始于毫无奇特之处的、十分平常的、高熵的状态：一杯完全没有冰块的纯净水。然后，通过一种可能性不高但偶尔会发生的统计涨落，这杯水背离了热力学第二定律，演化为含有部分融化冰块的相对低熵状态。这种演化，尽管需要少见且不熟悉的物理过程，但完全规避了更低熵、更不可能发生、更为少见的、拥有完整冰块的状态。在晚上10：00到10：30这段时间的每一时刻，这种听起来有点奇怪的演化过程比正常的冰融化过程拥有*更*高的熵，就像你在图6.3中所看到的，这样，它就以一种比完整冰块融化的可能性更大的方式——更有可能发生——实现了晚上10：30时所观测到的现象。[13] 这才是关键之所在。[1]

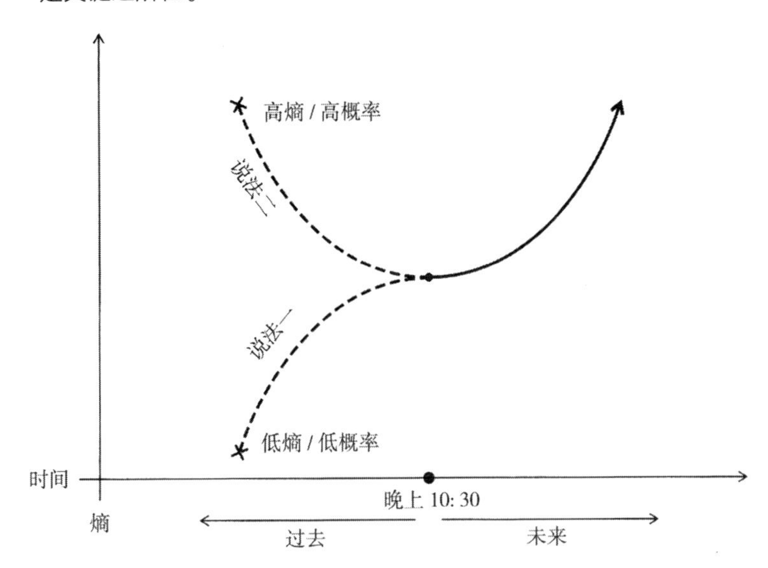

图6.3 关于冰块如何变成现在（晚上10:30）这种部分消融状态有两种说法，这里对比一下这两种说法。说法一与你记忆中的冰融化过程一致，但是需要冰块在晚上10:00开始融化的时候处于熵相对低些的状态；说法二则要挑战你的记忆了，晚上10:30你看到的冰处于部分融化状态，但这种状态却开始于晚上10:00时一个高熵、高度无序的状态。在向着晚上10:30时的状态演化的过程中，说法二的可能性更大一些——因为，如你在图中看到的那样，其熵更高一些——说法二更符合统计要求

---

1. 还记得吗？在前面的小节中，我们展示了一本仅有693页的双面印刷的书所能有的有序状态和无序状态在数目上的巨大差别。而我们现在要讨论的是差不多10^{24}个H_2O分子的情形，毫无疑问，其有序状态和无序状态在数目上的差别将是难以估量的。而且，对你以及环境（大脑、安全摄像机、气体分子，等等）中的所有原子和分子来说，同样的论证一样适用。也就是说，按照标准解释——靠着这个解释你可以相信自己的记忆——晚上10:30时，不但部分融化的冰块会处于更为有序——也就是更不可能——的状态，周围的一切也会如此：摄像机记录下一系列事件时，熵会净增长（记录过程会释放出热及噪声）；类似的，事情在大脑中留下记忆时，尽管我们还没办法清楚地知道细节，但是，熵肯定会净增长（大脑的确会获得某种有序度的增加，但就像任何会产生有序的过程一样，如果我们将所产生的热量也考虑进去，则熵会净增加）。因而，如果我们比较两套方案——一种是你相信自己的记忆，另一种则是，事物会自发地调整自己，使之从初始时的无序态自然地过渡到你现在，即晚上10:30，所看到的情形——之下，晚上10:00和10:30这段时间内酒吧中总的熵，我们就会发现，两种方案里的熵，差别非常之大。后一种方案，其方方面面都比前一种方案有更多的熵，而且是非常的多，因而，从概率的角度看，后一种方案更不可能发生。

对于玻尔兹曼而言，意识到整个宇宙可归结为同样的分析只是迈进了一小步。当你环顾宇宙时，你所看到的会是大量的生物组织、化学结构和物理序列。虽然整个宇宙可以处于一种完全无组织的混乱状态，但它不是这样。这是为什么呢？这种有序来自哪里呢？就像冰块一样，从概率的立场看，我们今天所看到的宇宙不可能从遥远的过去更加有序的状态（这种可能性就更小了）慢慢地演化成今天的样子。实际上，由于宇宙的组成部分如此之多，有序和无序状态的规模就被放大了。因此酒吧里的真实状况就是整个宇宙状况的真实写照：更有可能的是——毫无疑问极有可能——我们今天所见的整个宇宙来自于一种正常的、毫不出奇的、高熵的、完全混乱的状态的统计学涨落。

尝试着用这种方式来思考一下整个问题：如果你将一把硬币一次又一次地抛向空中，它们迟早都会正面落地。如果你有足够多的耐心一次又一次地把《战争与和平》的混乱的页面扔向空中，它们迟早都会以正确的顺序落地。如果你拿一瓶跑了气的可乐等待，随机运动的二氧化碳分子迟早都会重新回到瓶子里的。对于玻尔兹曼的批判者而言，如果宇宙等待足够长的时间——几乎是永恒的等待——其普通的、高熵的、高概率的、完全混乱的状态将通过粒子的移动、碰撞、随机运动和辐射，最终碰巧融合形成我们现在所看到的结构。我们的身体和大脑——储存着记忆、知识和技能——完全形成于混沌，甚至记忆中的过去也可能从未真的发生过。我们所了解的每一件事物，我们所看重的每一件东西，不过是稀有但意料之内会偶尔发生的统计涨落，这种涨落会暂时打破近似永恒的无序状态。如图6.4所示。

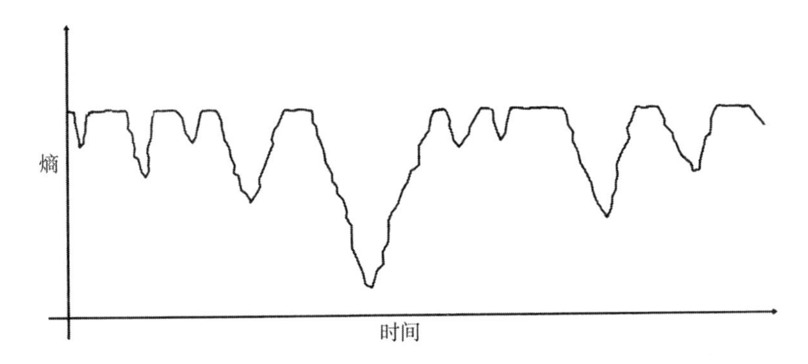

图6.4 宇宙总的熵随时间变化的示意图。从图中我们可以看到，宇宙在大多数时间里都处于完全无序的状态——高熵态。状态上的起伏很频繁，有序度变化很大，也会频繁地变到低熵态。熵上变化越大的涨落越不可能发生。熵上显著的变化——到今天宇宙这种有序度的变化——极其不可能，发生的次数很少

回头看看

许多年前当我第一次了解到这种想法时，我很是震惊。在那之前，我曾经认为我对熵的概念理解得还不错，但事实是，按照我学习的教科书的思路，我只能想到将熵应用于未来。而且，正如我们刚刚看到的那样，若我们将熵的概念用于关于未来的讨论，则一切都和我们的直觉和经验相符，而一旦将熵的概念用于讨论过去，则一切又与我们的直觉和经验相矛盾。这种感觉或许还没差到突然得知自己被相交多年的老朋友出卖了那么糟糕，但是对我来说，其实也差不多。

然而，有时候我们的结论最好不要下得太早，熵的表现未如预期恰恰为我们带来了一个很重要的例子。你或许正在想，我们所熟悉的各种思想突然变得面目全非，这种事情一时真难消化。而且，关于宇宙的这种解释并不"仅仅"动摇了那些我们认为真实又重要的东西，

它还留下了一些尚未有答案的重要问题。比如说，今天宇宙有序度越高——图6.4中的凹陷越深——使其发生的统计涨落就越让人觉得不可思议且不可能。因此，如果宇宙有什么捷径可走，在不需要实际上的那么高有序度的情况下，使事物多少看起来像是我们现在所看到的这样，那么概率上的原因就会使我们相信它真的会那么做。但当我们研究宇宙时，发现错失的机会实在太多了，因为很多事物的有序度都比其本来需要的多。如果迈克尔·杰克逊从没有灌制过《战栗》这张唱片，这张唱片分布在世界各地的数百万份拷贝的存在只不过是朝向低熵的反常涨落，那么相对来说，拷贝只有100万份或50万份甚至只有几份的话，这种反常涨落就显得没那么严重。如果进化从未发生，人类的存在只不过是朝向低熵的反常涨落，那么，根本就不存在证明进化的化石的话就会使涨落没那么严重。如果大爆炸从未发生，我们所看到的数千亿之多的星系只不过是朝向低熵的反常涨落，那么，星系的数目只有500亿，5000，或是更少，甚至只有一个的话就会使反常涨落没那么严重。所以，如果有人认为我们的宇宙只不过是统计学涨落这样的想法——一次幸运的偶然事件——正确的话，那他就需要解释清楚宇宙怎样以及为什么会走得如此之远，以至于达到了今天这种极低熵的状态。

更进一步，如果你真的不能相信记忆和记录，那么你也没办法相信物理定律。它们的正确性取决于数不清的大量实验，而这些实验的结果却又需要记忆和记录的证明。因此，所有基于公认物理定律的时间反演对称性的思考都会有问题，从而干扰我们对熵的理解，破坏当前讨论的整个基础。如果我们相信我们所认识的宇宙只不过是完全无序状态的罕有但偶尔也会发生的统计涨落，那么，我们很快就会陷入困境，我们会发现我们将丧失所有的思维结果，包括一开始为我们带来这种古怪解释的一系列思考。[1]

因此，将怀疑放在一边，努力跟着物理定律和熵的数学公式走——这些概念结合起来会告诉我们，从任意给定时刻开始，无序度很有可能*既*会朝着未来*也*会朝着过去的方向增长——我们很快就会掉入陷阱。虽然听起来不怎么美妙，但这件事的确不错，原因有两点。第一，它准确地说明了为什么怀疑记忆和记录——直觉上我们会鄙视的东西——不合理。第二，当我们发现整个分析框架处于崩溃的边缘时，我们被迫认识到，在我们的推理过程中，某些重要的东西*必定*被漏掉了。

因此，为了避开思维上的深渊，我们问自己：除了熵和自然定律的时间对称性外，我们还需要有哪些思想或概念，才能使我们重新相信自己的记忆和记录——室温下的冰块会融化而不是不融化，奶油和咖啡会混到一起而不会自然分开，鸡蛋会破碎而不会重新组合起来？简而言之，如果我们用熵在未来方向不断增长而在过去方向*降低*的说法来解释时空中事件发展的不对称性，我们将会得到什么样的结果呢？有这种可能性吗？

有。但除非初始时事物非常特殊。[14]

---

1. 与之密切相关的一点是，要是我们使自己相信，我们此刻看到的世界刚刚从总的混沌中脱身出来，那么，完全相同的理由——需要使用之后的时刻——就会要求我们放弃我们所相信的当下的一切，转而将有序的世界归结为更为晚近的涨落。因而，按这种方式思考的话，每个下一时刻都会使在相应的上一时刻时所相信的一切变得无效，这显然不是什么令人信服的解释宇宙之道。

鸡蛋、鸡和大爆炸

为了弄清楚这是什么意思，我们来看看前面提到的，低熵的、完整的鸡蛋。这种低熵的物理系统是如何形成的呢？如果我们能信任记忆和记录的话，我们就知道答案了。鸡蛋来源于一只鸡，鸡来源于鸡蛋，而鸡蛋又来源于鸡，鸡又来源于鸡蛋，如此反复。但是，正如英国数学家罗杰·彭罗斯特别强调的那样，[15] 这个鸡和鸡蛋的故事实际上教会了我们一些更为深刻的东西并使一些问题更为明确。

鸡，或其他生物，是一种令人惊讶的高度有序的物理系统。这种组织性来自哪里并且又是如何维持的呢？鸡仍然存在，并且可以靠不断生蛋、吃食以及呼吸继续存在下去。食物和氧气为生物提取所需的能量提供了原材料。如果我们要真正理解究竟是怎么回事的话，这种能量的一个重要特点就不得不强调一下。在鸡的一生当中，鸡通过摄取食物获得能量，然后又将能量以新陈代谢和日常活动所产生的热量和废物的形式排放到周围的环境中。如果没有这种能量摄取和释放的平衡，鸡将越来越笨重。

问题的关键在于，各种形式的能量并不一样。鸡以热量释放到环境中的能量是高度无序的——这些热量常常导致周围的空气分子的震动碰撞变得比先前剧烈。这种能量的熵很高——这些能量不断散发，并与环境混合在一起——因此不能轻易利用。相反，鸡从食物中摄取的能量的熵则很低，因而很容易用于重要的维持生命的活动。因此鸡，事实上也包括每一种形式的生命，都在摄取低熵能量释放高熵能量。

认识到这一点又会发现另一些问题。鸡蛋的低熵源自哪里？鸡的能源食物又是如何拥有如此低的熵的？我们应如何解释这种反常的有序？如果食物来源是动物的话，我们又回到了最初的问题：动物是如何拥有低熵的？但如果我们追踪食物链，我们最终将发现动物（比如我）只吃植物。植物和果蔬产品又是如何维持低熵的？在光的作用下，植物通过光合作用将周围空气中的二氧化碳转化成氧气和碳水化合物，氧气被释放到空气中，而碳水化合物被植物吸收利用以生长繁殖。因此我们能将低熵的、非动物性的能源追踪到太阳那里。

这又进一步引起了解释低熵的另一问题：高度有序的太阳来自哪里？太阳形成于50亿年前，它最初是由弥漫的气体团在其组成成分相互之间的引力作用下不断地旋转、聚集而形成的。当气体团密度变大时，一个部分施加于另一个部分的引力就会增强，从而造成气体团进一步向自身塌陷。当引力将气体团挤压得越来越紧时，气体团就会变得越来越热。最终，气体团的温度如此之高以至于引发了核反应，从而不断向外辐射热量以阻止引力对气体团的引力压缩作用。这样，一个高温、稳定、明亮燃烧着的恒星就诞生了。

那么，分散的气体团又来自哪里呢？它可能来源于较老恒星的残余物，当恒星的生命走向尽头时，会爆发变成超新星，并将其物质喷向太空。那么，形成早期恒星的分散气体又来自哪里呢？我们相信这些气体是在大爆炸之后形成的。我们有关宇宙起源的最精确理论——我们最为精妙的宇宙学理论——告诉我们，当宇宙的年龄只有几分钟时，宇宙间充满了由约75%的氢，23%的氦，少量的氘和锂组成的近乎均匀的高温气体。最关键的一点是，充满宇宙的这些气体的熵是非常低的。诞生于大爆炸的宇宙始于低熵状态，这种状态正是我们现在看到的有序态的起源。换句话说，*现在的有序态是宇宙的遗迹*。让我们更为详尽地讨论一下这一重要的思想吧。

熵与引力

理论和观测都表明在大爆炸后的几分钟内，原初气体均匀地分布在年轻的宇宙中，你可能会想，考虑到先前讨论过的可乐和二氧化碳分子，原始气体会处于高熵的无序状态。但事实并非如此。早前我们讨论熵的时候完全忽略了引力的影响，当时这样做是十分明智的，因为当少量的气体从可乐瓶里跑出来时引力几乎不起什么作用。在这一假设下，我们发现均匀分布的气体会有很高的熵。但当引力起作用时，情况就不一样了。引力是一种无所不在的吸引力；因此，如果有很大质量的气体，那么每一部分的气体对其他部分的气体有吸引力，而这会使得气体聚集成团，就像蜡纸上的表面张力会使其上的水凝结成小水滴。当引力起作用时，在早期宇宙的高密度状态下，团状结构——而不是均匀分布——才是常态，气体会倾向朝这种状态演化，如图6.5所示。

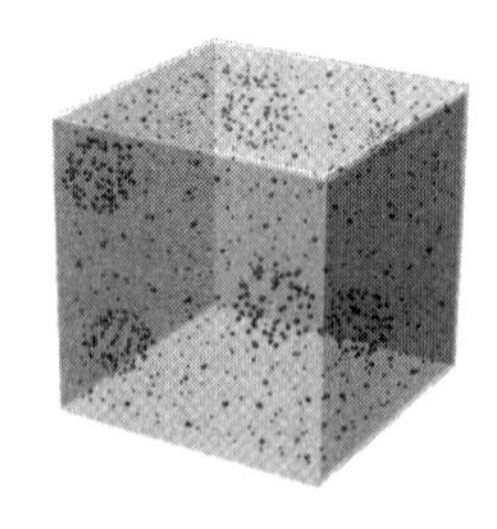
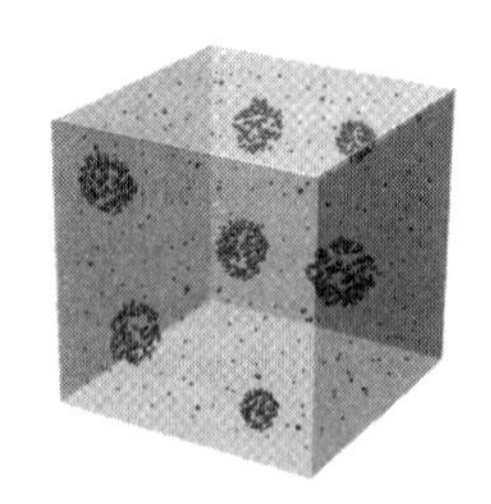

图6.5 对于巨大体积的气体来说，当引力起作用时，原子和分子会从一种平滑均匀的分布演化到具有较大较密团状结构的分布

虽然气体成团比最初的四散状态更为有序——就像玩具整齐地放在游戏室的箱子里，总比玩具扔得到处都是更为有序——但在计算熵的时候你还是需要将所有源头的贡献都考虑进去。在游戏室的例子中，将被扔得四处都是的玩具堆放到箱子和抽屉里，会使熵减少；而家长花了几个小时收拾房间、整理玩具又会消耗脂肪产生热量，这个过程又会造成熵增；不过，后者的熵增足以补偿前者的熵减。类似的，对于最初四散的气体而言，你会发现气体在有序聚集的过程中熵会减少，而气体在压缩过程中所产生的热量以及核反应过程发生时释放的大量热量和光会导致熵的增加，这里的熵增也同样大过熵减。

这一点非常重要，但时常会被人们忽略。朝无序状态的演化虽然不可抗拒，但这并非意味着像恒星和行星那样的有序结构，或者像植物和动物那样的有序生命形式，不能在这个过程中形成。它们可以形成，而且显而易见，的确就是这样。热力学第二定律带来的结果是，在形成有序结构的过程中会生成更多的无序。即使某些成分变得更加有序，熵的账本上仍在不断赢利。在自然界的基本力中，引力对熵的这个特点利用得最为充分。因为引力不仅在长距离上起作用，还无所不在，它引发了有序团块结构——恒星——的形成，而恒星又会发出我们在晴朗的夜空中可以看到的光，所有这一切的净效果就是造成了熵的增加。

气体团压缩得越厉害、密度越大、质量越重，其整体的熵就越大。黑洞——在引力的团聚和压缩作用下宇宙中所能有的最极端形态——将这一点发挥到极致。黑洞的引力如此之强，以至于没有任何东西，即便是光，可以从中逃逸，这就是黑洞黑的原因。因此，不同于普通的恒星，黑洞顽守着其所产生的所有熵：没有任何东西能逃脱黑洞强大引力的吸引。[16] 事实上，正如我们将在第16章中所讨论的那样，宇宙中没有任何东西能比黑洞[1]包含的无序还多，也就是说没有任何东西能有比黑洞更多的熵。这倒与我们的直觉相符：高熵意味着在物体形态不发生改变的情况下，其组成成分的重排数目更多。既然我们不可能看见黑洞内部，我们也就不可能探测到其组分——不管那些成分是什么——的任何重排，所以黑洞的熵必然最大。当引力将其肌肉收缩到极限时，它就成了已知宇宙中最有效的熵生成器。

现在，我们的猎物终于要停下来了。*有序和低熵的终极起源一定是大爆炸本身*。在宇宙的最初时刻，还没有像黑洞这样超大的熵容器存在，我们只能从概率的角度考虑，由于某些原因，新生的宇宙充满了热而均匀的氢气和氦气混合物。尽管这种结构本身熵很高，但由于密度很低，所以我们可以忽略引力，而引力不能被忽略时情况就全然不同了；因此，这种均匀气体的熵非常低。与黑洞相比，这些分散而近乎均匀的气体处于非同寻常的低熵状态。从那时起，根据热力学第二定律，宇宙的总熵渐渐变得越来越高，总的净无序度也在渐渐增长。大约过了10亿年后，在引力的作用下，原初气体不断聚集，最终形成了恒星、星系，其中较轻的形成了行星。于是，至少有一颗这样的行星，它的附近有一颗恒星，这颗恒星提供了相对低熵的能源，这些低熵的能源使得低熵的生命形式得以演化，在这些低熵的生命形式中最终有一只鸡下了一个蛋，而这只蛋几经周折现在摆放在你厨房的餐桌

1. 也就是说，给定大小的黑洞中所包含的熵比任何其他同等大小的物体中的熵都要多。

上，令你气愤的是鸡蛋继续进行着向高熵状态演化的状态，它从桌上掉下来，在地上摔碎了。鸡蛋之所以摔碎而不是聚集起来，是因为它在朝着高熵状态前进，而高熵状态是由宇宙诞生时的低熵状态引起的。宇宙诞生时令人难以置信的有序态正是一切的开始，从那时起我们一直都生活在这种渐渐向高熵状态演变的宇宙中。

这就是串联起整个这一章的神奇线索。*摔碎的鸡蛋告诉了我们一些有关大爆炸的深刻东西*。它告诉我们大爆炸带来了一个高度有序的新生宇宙。

同样的思想也可用于许多其他例子。把一本未装订的《战争与和平》扔向空中会导致高熵状态，是因为这本书*开始*于一种高度有序的低熵形态，其初始的有序形态为熵的增加做好了准备。相反，如果一开始这些页码并没有按顺序排好，则将其扔向空中时，熵不会发生多大变化。又一次，我们不得不提出这个问题：这些书页是怎样变得如此有序的呢？托尔斯泰按一定的顺序写作，印刷工和装订工按照他的原意进行印刷装订。托尔斯泰和这本书的生产者那高度有序的身体和意识允许他们创造出这样一本高度有序的书，而其身体和意识的高度有序则可以用我们解释鸡蛋时的思维来解释，这就又一次使我们回到了大爆炸。你在晚上10：30看到的部分融化的冰块又怎样呢？现在我们姑且相信记忆和记录，你印象中晚上10：00时服务员曾把完整的冰块放进了你的杯子里。他从冰箱里取出了冰块，冰箱是由聪明的工程师设计，天才的机械师制造出来的，他们之所以能创造出如此高度有序的东西是因为他们本身就是高度有序的生命。又一次，我们发现无序态可以追溯到高度有序的宇宙起源。

关键输入

我们所能得到的启示是，我们可以相信记忆中的过去处于低熵而不是高熵状态，只要大爆炸——创造宇宙的过程或事件——所创造的宇宙一开始处于极不寻常的低熵高度有序状态。如果没有关键输入，我们较早前的认识——在任意给定时刻，熵都会既朝未来的方向又朝过去的方向增长——将使我们得出这样一个结论，即我们所见的所有有序态都源于普通的高熵无序态的偶然涨落，我们已经看到，这样一个结论恰恰破坏了推出该结论的基础。但是，通过将看似不太可能的、低熵的宇宙起源纳入我们的分析中，我们现在明白正确结论应该是：熵会朝着未来的方向增长，因为概率论证完全有效并且在该方向上没有限制；但熵不会朝过去的方向增长，因为这样运用概率将与我们新的附加条件——宇宙开始于低熵而非高熵状态——相冲突。[17] 因此，宇宙诞生时条件对时间之箭的方向非常重要。未来就是熵不断增长的方向。*时间之箭——事物这样开始那样结束，而不会那样开始这样结束这个事实——在新生宇宙那高度有序的低熵状态中开始了自己的旅程。*[18]

未解之谜

早期宇宙为时间之箭设定了方向这个结论美妙而令人满意，但故事还没有结束。重大的谜题仍然没有解开。宇宙开始于高度有序的形态，在接下来的几十亿年间，世间万物慢慢地向着有序度低的方向演化，熵一点点地增加，那么，宇宙是怎样做到这些事的呢？千万别忽略这个问题的重要性。我们曾强调过，从概率的观点来看，你之所以会在晚上10：30看到部分融化的冰，更为可能的原因是杯中水发生了统计学上的偶然事件，而不是之前有一块完整的冰块。对于冰块而言正确的东西，对于宇宙而言也总是正确的。从概率的角度来说，现在我们在宇宙中所看到的每一样东西，更有可能源于虽然少见但偶尔会发生的整体无序度的统计偏差；相比之下，从大爆炸所要求的不可思议的高度有序的低熵起点开始，慢慢地演化到现在的高熵状态这种说法，正确的可能性更低。[19]

但是，当我们用概率来考虑问题，将世间万物都想象成由于统计学上的偶然事件才存在于这个世界时，我们会发现自己深陷困境：这种思路让我们开始怀疑物理定律本身。因此我们倾向于反对用统计学上的偶然事件，而更愿意用低熵的大爆炸来解释时间之箭。这样一来，问题就变成了弄清楚宇宙是怎样从这样一种看似不太可能的、高度有序的形态开始一切的。这才是时间之箭所需要的问题。所有一切最后都归结到宇宙学上。[20]

我们将在第8章到第11章中仔细地讨论宇宙学。首先要注意的是，在我们有关时间的讨论中存在着一系列的缺点：我们讨论过的一切都只基于经典物理。现在我们要来看一下，量子物理会对我们理解时间、追索时间之箭产生哪些影响。

第 7 章 时间与量子

从量子角度洞悉时间的奥秘

当我们思考一些事物，比如时间，比如那些我们置身于其中的事物，比如那些完全融入我们日常生活的事物，比如那些四处弥漫的事物时，其实我们很难——哪怕暂时一下——做到不受通俗语言的影响，我们的思考很难摆脱经验的影响。这些日常经验只能算是经典体系中的经验，会在很高的精确度上符合300多年前牛顿所创立的物理定律体系。但是，在过去的100年间所有的物理学发现中，量子力学无疑是最令人吃惊的，因为它破坏了经典物理学的整个概念体系。

因此，我们很有必要将我们的经典物理经验推广到量子领域，看看那些能够展现量子过程随时间演变时出现奇异特性的实验。在这个背景下，我们将继续上一章的讨论，探寻量子力学描述下的自然界中是否存在时间之箭。我们将得到一个结论，虽然该结论在物理学家中还存在着争议。我们将再一次回到宇宙起源的问题上。

量子论中的过去

在上一章中，概率扮演着核心的角色。但是，正如我一再强调的，概率之所以如此重要完全在于它在实际应用上的便捷以及它所提供的信息的有用性。精确地计算一杯水中的10^{24}个H_2O分子的运动远远超越了我们的计算能力；而且，就算我们有这个计算能力，我们又能拿堆积如山的数据怎么办？从10^{24}组位置和速度的数据中看出杯中是否出现冰块绝对是一项艰巨的任务。所以我们还不如干脆寻求概率的帮助呢，概率的好处并不仅仅在于我们能够对付得了其中的计算，还在于使用概率方法时我们讨论的是宏观性质——有序还是无序，比如说，是冰还是水——而这正是我们感兴趣之处。但别忘了，我们还没有办法将概率整合进经典物理学的框架中。原则上讲，如果我们准确地知道了事物现在的状况——构成宇宙的每个单独粒子的位置和速度——经典物理学告诉我们可以利用这些信息来预测事物在未来或过去某一特定时刻的状况。理论上，你是否能弄清事物每时每刻的情况——根据经典物理你可以将其称为过去和未来——取决于你对现在所做观测的精细度。[1]

在本章中，概率将继续扮演着重要角色。但是，因为概率是量子力学中一个不可或缺的因素，它从根本上改变了我们对过去和未来的概念。我们都知道，量子力学的不确定性使我们无法同时知道物体的精确位置和速度。相应地，量子力学预言的只是这样或那样的未来成真的概率。我们当然对这些概率有信心，但它们也只是概率而已，因而预测未来时总是存在不可避免的偶然因素。

在描述过去方面，经典物理和量子力学之间也存在很大的不同。在经典物理学中，为了平等对待所有时刻，我们在描述导致我们所观测到的事物的事件时所用的语言，完全等同于我们在描述观测本身时所用的语言。如果我们在漆黑的夜空看到一颗流星飞过，我们可以讨论它的位置和速度；如果我们想弄明白它是怎样到达这儿的，我们也得搞清楚当它穿过太空飞向地球时的一系列位置和速度。而在量子力学中，一旦我们观测到某物，我们就到了一片净土，在这里，我们对所知道的事情有100%的把握（与该问题有关的仪器精确性及其他类似的问题暂时忽略）。但是，过去——特别是那些“没有被观测到”的过去，在我们，或任何其他人，任何事物进行某一观测之前——存在于量子不确定所带来的概率王国中。即使我们于此时此刻此地碰巧测量到了一个电子的位置，但在此之前，我们所知道的一切不过是这个电子在这儿或在那儿或在其他任意位置的概率。

而且，正如我们所看到的，并非电子（或者是其他粒子）位于这些可能位置中的一个，只是我们不知道到底是哪个这么简单。[2] 实际情况是，所有的位置对电子而言都是有一定意义的，因为每一种可能性——每一种可能的历史——都对我们现在所观测到的结果有贡献。别忘了，在第4章中，我们已经知道可在实验中看到相关证据——电子被迫通过两条缝隙。经典物理学使人们普遍存有这样的信念：任何事物都有其独一无二的固有历史，所以人们会认为任何一个电子要么从左边的缝隙穿过，要么从右边的缝隙穿过，然后才能到达接收屏。然而，有关过去的这种观点会使我们误入歧途：它预测的结果[如图4.3（a）所示]与实际所发生的情况[如图4.3（b）所示]并不相符。只能借助于通过这两条缝隙的某物的叠加才能解释观测到的干涉图样。

量子力学提供了这样一种解释，但这样做戏剧性地改变了我们对过去——我们对自己观测到的某种事物的由来的描述——的认识。

根据量子力学，每个电子的概率波确实穿过了这两条缝隙，正是由于来自每个缝隙的波相互混合，才使得最后的概率波呈现出干涉图样，从而使得电子所落的位置呈现出干涉图样。

与日常经验相比，我们完全不熟悉这种用概率波的混杂来描述电子历史的方式。但是，管他呢，你可能会认为进一步采用这种量子力学描述，会被带到某种更为怪异的可能性前。或许每个单独的电子在到达屏幕之前都会经过两个缝隙，所得到的实验数据不过是两种历史的干涉。也就是说，我们可能会忍不住这样想，来自双缝的波实际代表的是单个电子的两种可能历史——通过左边的缝隙或右边的缝隙，而且，既然这两列波都对我们从屏幕上观测到的结果有贡献，那么量子力学或许是在告诉我们，每个电子的两种可能历史都对结果有贡献。

令人惊奇的是，这种奇妙的想法——20世纪最富有创造性的物理学家之一、诺贝尔桂冠获得者理查德·费恩曼的脑力结晶——提供了一种思考量子力学的完美又可行的方法。根据费恩曼的想法，如果达到某一给定结果的方式有很多种——比如说，一个电子既可通过左边的缝隙到达探测屏的某一点，又可通过右边的缝隙到达探测屏上的同一点——那么我们就可以认为每一种历史都可以发生，而且是同时发生。费恩曼证明，每一种情况都对它们共同实现的结果的概率有贡献，如果将这些贡献正确地加起来，结果将与量子力学所预测的总概率一致。

费恩曼把这种想法称为量子力学的*历史求和方法*，它告诉我们概率波蕴藏着观测之前的所有过去，而且还告诉我们，量子力学要想沿着经典力学失败之处继续前行，就不得不拓展历史的概念。[3]

去往奥兹国[1]

在另一个版本的双缝实验中，不同历史的干涉更加明显，因为到达探测屏的两种路线被分得更开。用光子来做这个实验比用电子更容易一些，因此，我们改用光子源——激光——来做这个实验，我们将激光射入分束器。分束器由半镶银的镜子制成，就像监视器上用的那种，可以使一半光反射回去而使另一半光通过。初始的单束光分裂成两束——左边的光束和右边的光束，就像双缝实验一样，一束光分成了两束。如图7.1那样，合理地放置完全反射的镜子，两束光被一起反射到下面的探测器上。把光看成一种波，就如麦克斯韦描述的那样，我们期望在探测屏上找到干涉图样。左边和右边的光束距离探测屏上除了中心点以外的所有点的光程都略有不同，因此当左边光束在探测屏上某点形成波峰时，右边光束在该点形成的则可能是波谷、波峰或波峰波谷之间的部分。探测屏会记录下两列波合起来的高度，因此会有独特的干涉图样。

当我们显著地减弱激光的强度，使其发射出单个光子，比如说每隔几秒发射一个光子时，经典物理和量子物理之间的区别就变得非常明显了。当单独一个光子进入分束器时，经典物理学会告诉我们，它要么穿过去要么被反射回来。经典物理不允许存在一点干涉，因为没有什么可干涉的：从光源射出到达探测屏的只是一个个独立、特殊的

1. 奥兹国，美国童话小说《绿野仙踪》中的国名，下面的多萝西和稻草人是其中的人物。——译者注

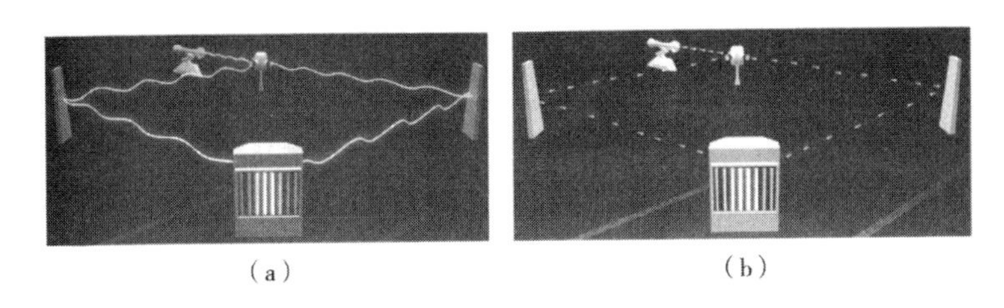

（a） （b）

图7.1 （a）在双缝干涉实验中，激光束分成两股，沿两条路径分别进入探测屏。（b）将激光调小，使得光子一个一个地出来；一段时间以后，我们还是会看到干涉图样

光子，一个接一个，有的从左侧过去，有的从右侧过去。但真正实验时（图4.4），记录下来的一个个光子*确实*产生了如图7.1（b）所示的干涉图样。按照量子力学，这是因为每个探测到的光子*可能*通过左边或右边的路径到达探测器。因此，我们不得不综合考虑两种历史以确定光子撞击在屏上这点或那点的概率。当每个光子的左边概率波和右边概率波按这种方式组合到一起时，就会通过波的干涉产生概率图样。所以，不像多萝西——当稻草人给她指路去奥兹国时既指左又指右，令她很迷惑——我们所得数据可以完美地被解释为每个光子可以同时通过左右路径到达探测器。

选择

虽然我们在上文只通过几个特殊例子来说明可能历史的组合，但这种思考量子力学的思维方式却具有一般性。经典物理学所描述的现在有一个独一无二的过去，而量子力学的概率波扩大了历史的含义：在费恩曼的体系里，我们所观测到的现在代表了一种混合——一种特殊的*平均*——与我们现在所看到的一切相符的所有可能的过去的混合。

在双缝实验和分束器实验中，电子或光子从光源到探测器有两种选择——左边或右边的路径——只有把所有可能的历史组合起来，我们才能解释观测到的一切。如果障碍物有3条缝，我们将不得不考虑3种可能的历史；如果有300条缝隙，我们就需要考虑所有可能历史的贡献。现在我们来考虑一种极限情况，如果障碍物上有无数条缝隙——缝隙如此之多以至于障碍物都可以当作不存在了——则根据量子力学，每个电子会踏遍*每一条*可能的路径以到达探测器上的某一点，只有把与每一种可能历史相关的概率都考虑进去，我们才能解释得到的数据。听起来这或许有点奇怪（确实很奇怪），但正是这种奇怪的处理过去时间的方法解释了图4.4、图7.1（b），以及每一个探索微观世界的其他实验中的数据。

你可能想知道历史求和这种说法的准确含义到底是什么。电子*真的*是踏遍了所有可能的路径才撞到探测器上的吗？还是说费恩曼的说法只是一种能够得到正确答案的巧妙数学设计？这是评价量子实在性本质的关键问题之一，因此我希望我能给出一个明确的答案。但是我做不到。物理学家们常常发现这种把历史求和综合起来考虑的方法非常有用；我在我自己的研究工作中经常使用这种思想，因此我当然觉得它是对的。但是那和说它*就是*真的还不是一回事。关键在于，量子计算明确地告诉我们电子落在屏幕上这一点或那一点的概率，而这些预测又与数据相符。一旦我们考虑到了理论在预言上的有效性，电子究竟是如何到达屏幕上某点的就不再那么重要了。

当然，你可能会进一步想到，我们也可以解决到底发生了什么这个问题，只要我们改变实验条件，我们也能看到带来了所观测到的现在的各种可能过去的大杂烩。这是一个好建议，但我们也知道还存在另外一个问题。在第4章中，我们知道概率波并不能直接观测到；而费恩曼把各种历史结合起来的想法也只不过是一种思考概率波的特殊方式，因而它们也没法被直接观测。确实如此。观测不能区分各种历史；相反，观测反映的是所有可能历史的平均。因此，如果你改变了实验条件，再观测飞行中的电子时，你将会看到每个电子在或这或那的位置穿过额外的探测器，你永远不会看到任何的多重历史。当你用量子力学来解释为什么你会在或这或那的位置看到电子时，答案将与导致中间观测现象出现的所有可能历史的平均有关。但是观测本身只能针对已经求和的历史。观测飞行中的电子时，你已经将你所谓历史的概念推后了。量子力学极其狡猾：它解释了你所看到的东西，但又不让你看到解释。

你可能会进一步追问：那么为什么用单独的历史和轨迹描述运动的经典物理学——常识物理学——竟可以解释宇宙？为什么经典物理学在解释和预测每一样物体（从棒球到行星到彗星）的运动时都如此有效？为什么日常生活中就没有证据说明过去会以这种奇特的方式发展到现在？正如我们在第4章中简要介绍并要在稍后更为详尽地探讨的那样，这里的原因在于，与电子之类的粒子相比，棒球、行星和彗星都比较大。在量子力学中，某物越大，就越会偏离平均：所有可能的轨迹确实都对棒球的飞行有贡献，但我们通常看到的棒球轨迹——牛顿定律所预测的那条——比其他路径合起来的贡献还要大很多。对于大个物体而言，经典路径的贡献是平均过程中的主导贡献，而且远大于其他贡献之和，因此经典路径才是我们最熟悉的路径。但是，当物体非常小时，像电子、夸克和光子，各种历史不分伯仲，都对平均过程的形成起重要作用。

最后你可能会问：为什么观测和测量的作用如此特别，以至于会迫使所有可能的历史结合到一起，导致单独的一个结果？我们的观测行为又是如何告诉粒子该什么时候将历史求和起来，平均一下并得出一个明确结果的呢？为什么我们人类和我们制作出的机器有这种特殊的力量呢？这特殊吗？又或者，人类的观测行为只不过是更为广义的环境影响的一个子集，我们根本就不特殊？在本章的后半部分，我们将着手讨论这些令人迷惑而又富于争议的问题，因为它们不仅对于量子实在性的本质非常重要，还能为探讨量子力学和时间之箭提供一个重要的理论框架。

计算量子力学的平均值需要严格的技术训练。彻底理解平均值是何时何地如何求和起来的，则需借助于物理学家们仍然在努力探索的概念。但关键的一点可以简单地表述为：量子力学是终极的选择舞台，每一种可能的“选择”（从这里到那里时需要做出的抉择）都被包括在与这样或那样的可能结果相关的量子力学概率中。

经典物理和量子物理对待过去的方式完全不同。

修剪历史

以我们所受的经典物理教育去想象一个不可分的物体——电子或光子——同时沿着多条路径运动，是极为不可思议的。即使是我们当中最有自制力的人，也难以抵制偷偷观测一下的诱惑：当电子或光子通过双缝屏幕或分束器时，为什么不偷看一下它们究竟是通过哪条路径到达探测器的呢？在双缝实验中，为什么不把一个小探测器放在每个缝隙前面，以辨别电子到底通过这条缝隙、那条缝隙，还是同时通过这两条缝隙（然后继续前进进入主探测器）？在分束器实验中，为什么不在每条发射路径中放置一个小小的探测器以鉴别光子通过哪条路径？左边的？右边的？还是同时通过这两条路径（继续朝探测器前进）？

答案是你可以插入额外的探测器，但如果你这样做了，你会发现两件事情。第一，你将发现每个电子和每个光子总是会通过一个探测器并且只能通过一个探测器，也就是说，你能确定电子或光子通过了哪条路径，你将发现它总是通过其中一条路径，而不能两条都通过。第二，你将发现主探测器记录的最终数据发生了改变。你看到的不是图3.4（b）和图7.1（b）的干涉图样，而是如图4.3（a）中经典物理学所预测的结果。通过引进新元素——新探测器——你已经在不经意间改变了实验。这种改变规避了你之前要探讨的矛盾——现在你已知道了每个粒子将通过哪一条路径，这样一来又怎么能和它明显没通过的路径发生干涉呢？之所以会这样，可以用上一节中的讨论来解释。你的新观测会挑选出那些你的最新观测可以探明的历史。这些观测确定了光子会通过哪一条路径，这样我们就只需考虑那些通过这条路径的历史，从而排除了干涉的可能性。

尼尔斯·玻尔喜欢用他的互补原理来总结类似的事情。每个电子，每个光子，事实上所有的事物，都同时具有波动性的一面和粒子性的一面。这些性质具有互补性。只按传统的粒子观点——粒子按独一无二的轨迹移动——来考虑问题并不完备，因为它忽略了干涉图样所展现的波动性一面。[1]但只从波动性的一面来考虑问题也是不完备的，因为这样就忽略了定位电子之类的测量——比如说，通过记录屏幕上的点来定位电子——所展现出来的粒子性特点（图4.4）。完整的描述应当同时把互补性的特点都考虑进来。在任意给定的情况下，你可以通过选择相互作用的方式来使其中一个特点更加明显。如果你让电子从光源发射到未观测的屏幕，其波动性的特点将显现出来，产生干涉。但如果你观测到了电子的路径，你知道它走的是哪条路，你就很难解释干涉性。这时实在性会伸出援手。你的观测直接排除了各种可能的量子历史，它使电子表现得像一个粒子，因为粒子总走这条路或那条路，没有干涉图样，所以没有什么需要解释的。

大自然会做出很奇怪的事情。它总爱打擦边球，但又总是很小心地在致命的逻辑陷阱边迂回而过。

历史的不可期

这些实验非常著名，它们提供了简单而有力的证据证明，掌控着我们世界的定律是物理学家在20世纪所发现的量子定律，而不是牛顿、麦克斯韦和爱因斯坦所发现的经典定律——这些定律在描述大尺度上的事件时可作为极为有力的近似。我们现在所看到的量子定律挑战了有关过去的传统概念——那些我们未观测到的事件正是造成

1. 尽管费恩曼的历史求和方法看起来突出了粒子方面，但它实际只是概率波（因为这种方法与每个粒子的所有历史有关，而每一种历史都有自己的概率贡献）的一种特殊诠释，可被纳入互补性的波动一面。而当我们说某物表现出粒子性时，我们指的其实是传统意义上的粒子会按单一轨迹运动这件事。

我们现在所见到的结果的原因。这种实验的一些简单版本以更为令人惊奇的方式冲击着我们直觉上的对事物随时间演化的看法。

第一个变体是所谓的*延迟选择*实验，由著名物理学家约翰·惠勒于20世纪80年代提出。这个实验与一个听起来相当怪诞的问题有关：过去取决于未来吗？注意，这里并不是说让我们回到过去，改变过去（这个问题我们将在第15章中阐述）。相反，惠勒实验——人们已经仔细地分析实行过这个实验——探讨的是那些在我们的想象中过去——即便是遥远的过去——可能发生的事件，与那些我们看到的正在发生的事件之间的富有争议性的相互影响。

为了便于理解物理学，想象一下你是位艺术品收藏家，新斯普林菲尔德艺术与美化协会的主席史密瑟先生来观看你所收集的用于拍卖的各种物品。你知道，他真正感兴趣的是《脱衣舞男》，这是一幅你自己不太喜欢的画，但这是你深爱的伯祖父伯恩斯留给你的，因此决定到底要不要卖它是一番情感上的斗争。史密瑟先生来后，你和他谈论着你的收藏，最近的拍卖，最近在大都会博物馆的展览。令人惊奇的是，你得知，许多年前史密瑟先生曾是你伯祖父的得力助手。谈话的最后，你决定放弃《脱衣舞男》——还有许多你想要的其他作品，你必须学会放弃，否则你的收藏将没有焦点。在艺术收藏的世界里，你总在告诉自己，有时更多就是更少。

当你反思这个决定时，你发现事实上在史密瑟先生到来之前你就已经决定要卖掉它。虽然一直以来你都对《脱衣舞男》有种特殊的感情，但你一直在努力避免没有计划、漫无目的的收藏，而且以20世纪末的色情现实主义为主题的收藏几乎被视为只有最有经验的老手才可踏足的收藏禁地。即使你记着在你的客人到来之前你不知道应该怎么办，但从你现在的做法来看，你当时确实已经决定了。这并不是说未来发生的事件影响了过去，而是说你和史密瑟先生的会面，以及接下来做出的愿意卖画的声明表明，你早以某种方式做出了明确的决定，虽然在当时看来你并没决定。就好像是这次会面和你的声明帮助你接受了这个已经做出的决定，而这个决定只是等待着被发掘出来。未来帮助你知晓过去到底发生了什么。

当然，在这个例子中，未来的事件只是影响了你对过去的观点和阐释，因此这些事件既不令人困惑也不令人惊讶。但是惠勒的延迟选择实验把这种未来和过去之间的心理上的相互作用转移到量子领域，这就变得非常精确而且令人相当吃惊了。实验开始时的设置如图7.1（a），把激光调弱，使其一次只发射一个光子，如图7.1（b）那样，同时在分束器旁加放一台新的光子探测器。如果关掉新的探测器［图7.2（b）］，则我们回到了初始实验条件，接收屏上就会出现光子的干涉图样。但如果打开新的探测器［图7.2（a）］，它就会告诉我们每个光子经过哪一条路径：如果它探测到一个光子，那么光子走的就是这条路径；如果它没探测到光子，光子走的就是另一条路径。这种所谓的“路径选择”信息促使光子表现得像粒子一样，因此不再产生波的干涉图样。

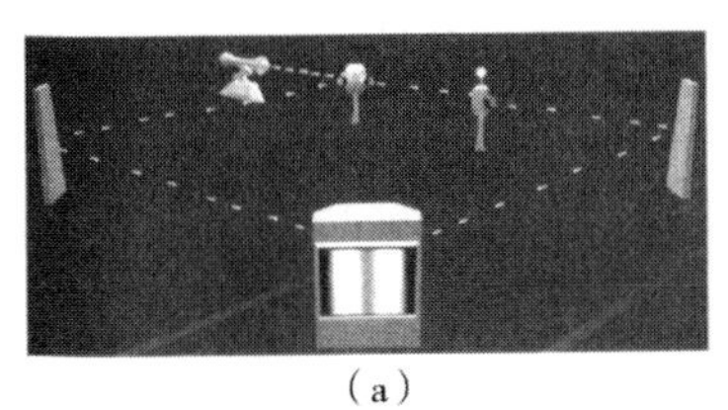
(a)

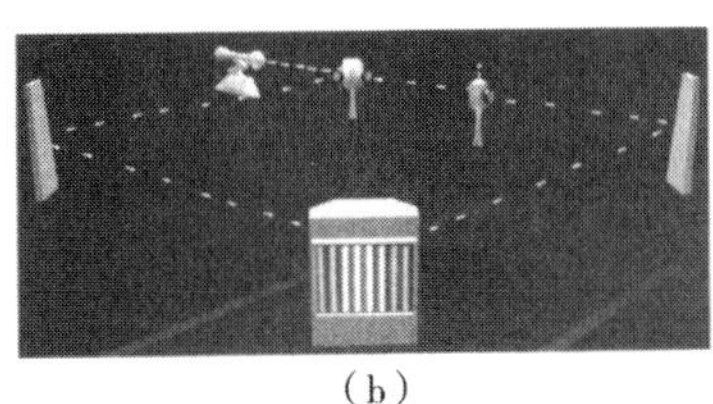
(b)

图7.2 (a)打开“路径选择”探测器，我们就破坏了干涉图样。(b)当新的探测器关掉的时候，我们就回到了图7.1的情形，干涉图样重新出现

现在我们来改变一下实验条件，按惠勒的方式，沿着两条路径之一移动新的光子探测器。从原理上讲，这两条路径可以无限长，因此新的探测器可以与分束器有相当长的距离。如果关掉新的探测器，我们就又处于通常的情况下，屏幕上将全是干涉图样。如果打开它，它将提供路径选择信息，进而排除干涉图样的存在。

新的诡异之处在于这样一个事实：路径选择的测量发生在光子在分束器中不得不“决定”是像波一样同时经过两条路径还是像粒子一样只经过一条路径。很长时间以后，当光子经过分束器时，它无法“知道”新的探测器是关着还是开着——事实上，可以在光子经过分束器之后再设定探测器的开关。在探测器关掉的情况下，光子的量子波最好分裂，同时沿着两条路径传播，这样一来，两列波的叠加就会产生干涉图样。但是，如果新的探测器一直开着——又或是在光子完全经过探测器后才打开——那光子就会遭遇身份危机：光子本来已经通过两条路都走确定了自己具有波动性，但现在在做出选择之后，它“意识”到它需要成为一个粒子，沿着一条路径运动，并且只沿着一条路径运动。

但不管怎样，光子总不会犯错。不管探测器什么时候打开——即使迟至某个光子通过分束器后再打开探测器——光子仍然像个粒子那样运动。我们发现它总是通过单独一条路径飞向屏幕（如果我们在两条路径都放置有光子探测器，那么激光器发射出去的每个光子将只被一个探测器观测到，而不是两个都能观测到），最后的数据将不会展现任何干涉性。无论什么时候关掉探测器——再次，即便是在每个光子都通过分束器后才做出决定——光子也会表现出波动性，产生显著的干涉图样，表明它们通过的是两条路径。似乎光子会根据未来新探测器是打开还是关闭来调整它们过去的行为，似乎光子可以预先得知它们在下面的路途中会遇到何种实验条件并提前做出相应的行为。似乎一段可靠确定的历史只有在其所导向的未来完全定下来之后才会变得清楚。[4]

这与你是否决定要卖出《脱衣舞男》的经历有一定的相似性。在遇到史密瑟先生之前，你正处在一个模糊、还未决定、既愿意卖画也不愿意卖画的混合状态。但是，一起讨论过艺术世界，并且得知史密瑟先生对你伯祖父的感情之后，卖画的想法就在你的头脑中定型了。这次谈话使你下定决心，这样的决定使这段决定的历史从先前的不确定中明晰起来。反思过去，就好像这个决定早就做出一样。但如果你和史密瑟先生相处不是十分愉快的话，如果他没有获取你的信任让你觉得《脱衣舞男》并不会在他手中辱没，你或许就会觉得不卖出去挺好的。在这种情况下，你可能会觉得事实上很久以前你就决定不卖这幅画——不管卖出这幅画是多么的明智，但你内心深处感情的维系让你对这幅画无法释怀。事实上，过去一点儿也没有改变。只是现在的不同使你对过去的描述有所不同。

在心理学领域，重写或重新诠释过去是很常见的事情。我们常常通过现在的经历获知过去的故事。但在物理学领域——一个我们通常认为是很客观的领域——未来的偶然事件竟会使过去变得不同则令我们感到头晕。为了使人们更加头晕目眩，惠勒想出了宇宙学版本的延迟选择实验，光源不是实验室中的激光，而是宇宙深处强有力的类星体。分束器也不是实验室的那种，而是居间星系，它们的引力可以像透镜那样聚焦经过的光子，指引它们向地球运动，如图7.3那样。虽然没有人做过这个实验，但从原理上讲，如果收集到足够多的来自类星体的光子，它们就应该可以在长期曝光的相片底板上产生干涉图样，就像在实验室里的分束器实验一样。但是，如果我们把一个额外的光子探测器放在某条路径的末端，它就会为光子提供路径选择信息，从而破坏干涉图样。

图7.3 来自远方的类星体的光，会因中间的星系劈裂及会聚，这样的光，至少在理论上会产生干涉图样。如果有另外一个可以确定每一个光子所走路径的探测器开着的话，则光子将不会再产生干涉图样

这个版本的实验令人吃惊之处在于，从我们的角度来看，这些光子来自几十亿光年外。到底是像粒子那样沿着一条路径运动，还是像

波那样沿着两条路径运动，它们的这个决定看来早在探测器、我们人类甚至是地球存在以前就已经做出来了。但是，几十亿年后，探测器被制造出来，安装在光子到达地球的路径上并扭开开关。这些近期的行为不知为何确保了被观测的光子呈粒子样运动。它们表现得就好像它们一直都精确地沿着朝向地球的某条路径运动。但是，如果几分钟后，我们关掉探测器，接着到达相片底板的光子就会造成干涉图样，就好像几十亿年来，它们一直与其幽灵般的同伴一道飞向地球一样，只不过它们的同伴在飞越居间星系时会走与它们相反的路径。

我们在21世纪打开或关掉探测器会对几十亿年前的光子运动产生影响吗？当然不会。量子力学并不否定已经发生的过去。问题源于量子中的*过去*概念不同于经典直觉中的*过去*概念。我们的经典教育使我们长时间以来一直说某个光子*做过*这个，*做过*那个。但在量子世界，也就是我们的世界中，这种思维强加给光子一种限制过度的实在性。就像我们所看到的，在量子力学中，正常态是一种不确定的、模糊的、混乱的、千丝万缕的实在性，只有进行一定的观测时，它们才会清楚地变成一种更为大家熟悉的、明确的实在性。光子并不是在几十亿年前就决定了到底是按某条路径绕星系运动，还是同时沿两条路径运动。相反，几十亿年来它一直处在量子的正常态——各种可能性的混合。

这种观测将不熟悉的量子实在性与日常的经典经验联系起来。我们今天所做的观测使量子历史的某一缕在我们探讨过去时变得重要起来。在这种意义上来讲，虽然从过去到现在的量子演化不受我们现在所做的任何事情影响，但是，我们所讲的有关过去的故事则会留有今天行为的痕迹。如果我们在光射向屏幕的途中插入光子探测器，那么，我们有关过去的故事就将包括每个光子走的到底是哪一条路径这样的内容；通过插入光子探测器，我们保证到底是哪条路径这一信息是我们的故事中重要而又确定的细节。但是，如果我们不插入光子探测器，我们有关过去的故事就会全然不同。没有光子探测器，我们就不能说清光子走的到底是哪一条路径；没有光子探测器，就无法获知到底是哪一条路径。两个故事都是正确的，两个故事都很有趣，两者所描述的只是不同的情形而已。

因此，今天的观测帮我们讲完了一个有关开始于昨天、前天，甚至是10亿年前的过程的故事。今天的观测勾勒出的细节，可以而且必须包括在今日之对过去的描述中。

抹掉过去

需要特别注意的是，在这些实验中，过去不会被今天的行为以任何形式改变，实验的任何修正都无法完成这样一个难以企及的目标。这就提出了一个问题：如果你不能改变已经发生的事情，那么你能做哪些事情来消除其对现在的影响呢？从某种程度上讲，有时这种幻想可以成真。一名棒球手，在第9局最后己方已经两人出局的情况下，错失了一次普通的击球，使对方成功将自己一方封在一垒；不过，只要能够将下个投手掷出的球打好，他就可以挽回自己的错误。当然，这样的例子毫无神秘之处。只有当过去的某个事件干脆利落地除掉了未来另一件事情发生的可能性（比如说，那名球员击球后被对方直接接杀就意味着他们队完了），而我们随后又得知那件不可能的事情却发生了时，我们才会意识到有些东西非常奇怪。玛兰·斯考利和

凯 · 德鲁尔于1982年首次提出的*量子橡皮*，就暗示我们量子力学存在这种奇怪现象。

量子橡皮实验的简单版本利用的是双缝实验的装置，只不过要以如下方式稍做修改。每个缝隙前面都放置一个标记装置，它会为每一个经过的光子做记号，这样一来，稍后只要查验光子，你就可以知晓它所通过的到底是哪一条缝隙。如何标记一个光子 —— 你该如何在从左边缝隙通过的光子身上标一个“L”，在右边缝隙通过的光子身上标一个“R”—— 的确是一个好问题，不过细节并不重要。粗略地讲，可以用这样的方法标记，让光子自由地通过某个缝隙，然后迫使其自旋指向某个特殊方向。如果左右缝隙前的装置能使光子的自旋指向特定但又不同的方向，那么我们就可以借助于一台更加精密的接收屏 —— 这个新的接收屏不仅可以标记光子落在屏上何处，还可以记录下光子的自旋指向 —— 来搞清楚光子到底通过的是哪一条缝隙。

实施这个带标记的双缝实验时，光子并没有形成如图7.4（a）所示的干涉图样。现在我们应该已经很熟悉这里的解释了：新的标记装置会获得有关哪一条路径的信息，而哪一条路径信息又能够选定或这或那的历史；实验数据会告诉我们，某个光子通过的到底是左边的缝隙还是右边的缝隙。如果没有经过左边缝隙和经过右边缝隙的轨迹的组合，就不会有概率波的叠加，因而就不会产生干涉图样。

现在，我们来看看斯考利和德鲁尔的想法。在光子撞击接收屏之前，如果你把标签装置对光子所做的标记擦除，从而消除了获知光子通过哪条缝隙的可能性，那又会怎样？这样一来，即使从理论上讲，

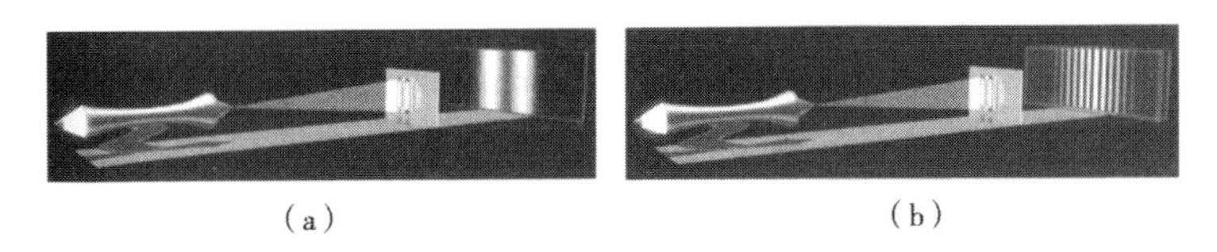

（a） （b）

图7.4 图（a）在量子橡皮实验中，双缝前面的设备用来标记光子，以便弄清每一个光子穿过的究竟是哪一条缝隙。我们在图（a）中看到，这个判断路径的信息破坏了干涉图样。在图（b）中，另一个设备，用于抹掉光子上的标记的设备，被放置在探测屏前，由于判断路径的信息被抹掉了，干涉图样又重新出现了

也没有办法从探测到的光子中获取哪条路径的信息，这会使两种历史发生相互作用，从而形成干涉图样吗？注意这种“取消”过去可比棒球手在第9局最后的神奇接球厉害多了。按下标签装置的开关时，我们可以想象每个光子都像粒子般运动，穿过左边的缝隙或右边的缝隙。不管通过什么方法，在光子撞上屏幕之前，我们将其上所记录的有关通过哪一条缝隙的信息擦除掉了；但是，这似乎对于形成干涉图样而言已太晚。在干涉中，光子呈现波动性，它必须同时经过两条缝隙，这样它才能在到达探测屏的过程中相互混合。但我们起初对光子所做的标记似乎保证它会像粒子一样运动，要么经过左边的缝隙，要么经过右边的缝隙，从而使干涉过程不会发生。

在雷蒙德·齐奥、保罗·奎特和埃弗雷姆·斯特恩伯格做的实验中，实验装置如图7.4（b）所示，有一个新的擦除装置插在探测屏之前。虽然细节并不重要，但还是简要介绍一下。不管光子是从左边的缝隙还是右边的缝隙进入，擦除装置都会使其自旋指向同一个固定方向。这样一来，通过测量自旋就不会获得任何信息，没法发现光子通过的是哪条缝隙，所标记的那一条路径信息被擦除了。神奇的是，擦除之后，屏幕探测到的光子确实产生了干涉图样。当擦除装置被置于

接收屏之前时，它消除了——擦除了——光子通过双缝时被标记所带来的影响。就像延迟选择实验中的情形一样，理论上，这种擦除可以在其所要干扰的事件发生的几十亿年后才进行，即使这样也会有效消除过去，甚至是久远过去的影响。

我们怎样来理解其中的意义呢？这个嘛，要记住这些数据与量子力学的理论预言符合得非常完美。斯考利和德鲁尔之所以提出这个实验，是因为他们所做的量子力学计算使他们确信一定会发生这样的事。确实就是这样。因此，就像有关量子力学的一般问题一样，谜团并不会使理论与实验相矛盾。这样的实验只会使理论——得到了实验验证的理论——与我们对时间和实在性的直觉相违背。还需要知道的是，如果你在每条缝隙前面放一台光子探测器，探测器就会确定地告诉我们光子通过的到底是左边的缝隙还是右边的缝隙，这样确定的信息没法被擦除，因此也就没有办法重现干涉图样。但标记装置是不一样的，因为它们所提供的只是获得有关哪一条路径信息的可能性——而这种可能性是可以被擦除的。简单地讲，标记装置对经过的光子动了点手脚，光子仍然通过两条路径，但标记装置使光子概率波的左边部分变得比右边部分模糊，或者使光子概率波的右边部分变得比左边部分模糊。相应地，本应从每条缝隙中按顺序正常出现的波峰波谷——如图4.2（b）——也会变模糊，因此探测屏上就不会形成干涉图样。关键在于，要认识左边的波和右边的波都还存在。擦除装置之所以会起作用，是因为它重新聚焦了波。就像一副眼镜一样，它会抵消模糊，使两列波重新聚焦，从而得以再次形成干涉图样。似乎在标记装置的作用下，干涉图样从视野中消失了，但它耐心地守候在那里，等待着某人或某物来拯救它。

或许这种解释使量子橡皮不那么神秘，但这里就是终点了——量子橡皮实验令人惊异的变异版对传统意义上的时间和空间概念构成了更为猛烈的挑战。

塑造过去[1]

这个实验，*延迟选择的量子橡皮擦*，也是斯考利和德鲁尔提出的。首先要对图7.1所示的分束器实验加以改进，插入两个所谓的降频转换器，一边一个。降频转换器是这样一种设备，输入一个光子，它就能输出两个光子，而每个光子的能量都是原始光子能量的一半（“降频”）。其中一个光子（被叫作*信号光子*）直接沿着原始光子飞向探测屏的路径运动。同时，降频转换器产生的另一个光子（被叫作闲频光子）则沿不同方向发射出去，如图7.5（a）所示。每次做这个实验时，我们通过观测降频转换器发射出来的闲频光子伴所走过的路径，就可以确定信号光子走的是哪条路径。又一次，获知信号光子走哪条路径的能力——即使是完全间接的，因为我们与任何信号光子之间没有一丝相互作用——阻碍了干涉图样的形成。

现在我们来看一下更加诡异的部分。要是我们改变实验设置，使我们无法获知某闲频光子到底来自哪一个降频转换器，会怎样呢？也就是说，如果我们擦除了闲频光子所带有的那一条路径信息，又会怎样呢？令人惊奇的事情发生了：即使我们并没有直接对信号光子做什么，通过擦除闲频光子所带有的那一条路径信息，我们又可以观测

---

1. 如果你觉得这节有点难度，那么没关系，直接跳到下一节好了，不会连不上。但我鼓励你尝试一下，因为结果会对得起你的努力。

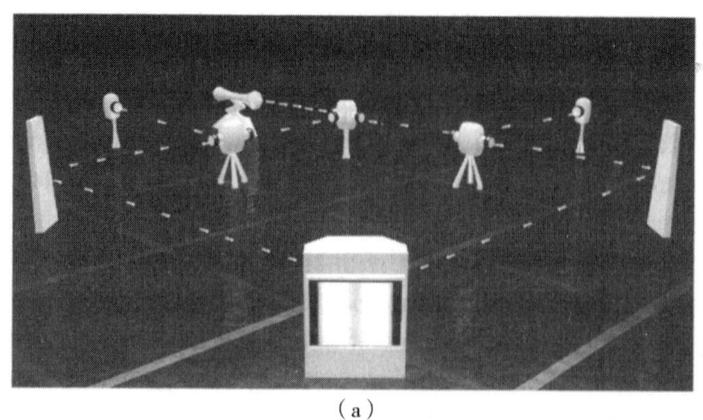

（a）

（b）

图7.5 （a）添加了降频转换器的双缝实验，不会带来干涉图样，因为闲频光子会带来路径判断信息。（b）如果闲频光子没有被直接探测到，而是被送进了图中的迷宫，那么就可以从数据中抽取出干涉图样探测器2或探测器3，探测到的闲频光子不会导致判断路径信息，因而其信号光子还会带来干涉图样

到信号光子所形成的干涉图样。让我来告诉你这个过程是怎样发生的，它实在太神奇了。

看一下图7.5（b），它包含了所有实质性的信息。但不要害怕，它实际上比看上去的简单些，我们现在就按易于处理的步骤看一遍。图

7.5（b）中的设置不同于图7.5（a）中的设置，其区别在于如何探测发射出来的闲频光子。图7.5（a）中，我们可以直接探测到它们，因此很快就可以确定每个光子是从哪个降频转换器发射出来的——也就是说，特定的信号光子走的是哪条路径。在新的实验中，每个闲频光子都要走一个迷宫，从而使我们没法定出信号路径。比如说，想象一下有一个闲频光子从标着"L"的降频转换器发出。这个光子并没有立即进入探测器[如图7.5（a）所示]，而是被送到分束器（标记为"a"）中，这样它就有50%的概率沿着标为"A"的路径运动，50%的概率沿着标为"B"的路径运动。如果光子沿着A路径向前运动，它就会进入一个光子探测器（标记为"1"），并且会被恰当地记录下来。但如果闲频光子沿着B路径向前运动，那它将继续经历这一切。它将向另一个分束器（标记为"c"）运动，并且有50%的概率沿着E路径运动到达标记为"2"的探测器，有50%的概率沿着F路径运动到达标记为"3"的探测器。现在——跟上我，关键之处要到了——相同的论证也可以应用于标记为"R"的另一个降频转换器发出的闲频光子，如果这个闲频光子沿着D路径运动，它将被探测器4记录；如果它沿着C路径运动，那么根据其通过分束器c后所走的路径的不同，它将被探测器3或探测器2探测到。

现在我们来看看为什么要增加这些复杂性。注意，如果一个闲频光子被探测器1探测到，我们就会得知相应的信号光子沿着左边的路径运动，因为对于从降频探测器R发出的闲频光子而言，没有其他路径可以到达这个探测器。类似地，如果一个闲频光子被探测器4探测到，我们就可以知道它的信号光子伴沿着右边的路径运动。但如果一个闲频光子到达探测器2，我们就不知道它的信号光子伴沿着哪一条路径运动了，因为它有50%的可能性从降频转换器L发出，沿着路径B—E运动，也有50%的可能性从降频发射器R发出，沿着路径C—E运动。类似地，如果探测器3探测到一个闲频光子，该光子既有可能是从降频发射器L发出沿着路径B—F运动，也有可能是从降频发射器R发出沿着路径C—F运动。因此，*如果闲频光子被探测器1或探测器4探测到，我们就可以推测出其相应的信号光子的那一条路径信息，但如果闲频光子是被探测器2或探测器3探测到，相应的信号光子的那一条路径信息就被擦除了。*

是不是哪一条路径信息的擦除——即使我们并*没有直接*对信号光子做什么——就意味着干涉效应会重现？确实是这样，但与信号光子相应的闲频光子到达的必须是探测器2或探测器3。也就是说，屏幕上信号光子撞击位置总体上看来与图7.5（a）所示的数据类似，*并没有一丁点干涉图样的痕迹*，就好像光子走的是这条或那条路。但如果我们把注意力集中到数据点的*子集*上——比如说，那些其闲频光子伴进入探测器2的信号光子——那么这些子集中的点将形成干涉图样！这些信号光子——其相应的闲频光子碰巧没有提供关于它们所走路径的任何信息——表现得就像它们沿着两条路径运动一样！如果我们可以将设备连接起来从而实现这样的功能：当信号光子相应的闲频光子被探测器2探测到时，屏幕上就显示一个红点来表示信号光子的位置；当信号光子相应的闲频光子被其他探测器探测到时，屏幕上就会显示绿点来表示信号光子的位置，那么，每个人都会看到红点所组成的明暗相间的条带——干涉图样，除非他是色盲。将这里的探测器2替换成探测器3，也有相同的结果。但那些其闲频光子伴进入的是探测器1或探测器4的信号光子，则不会产生这种干涉图样，因为从这些闲频光子中我们可以知道相应的信号光子的那一条路径信息。

这些结果——已经得到了实验的证实[5]——光彩夺目：由于使用了有可能提供哪一条路径信息的降频转换器，我们无法得到干涉图样，如图7.5（a）所示。没有干涉图样，我们将自然得出结论，每个光子沿左边路径或右边路径运动。但我们现在了解到这个结论下得太仓促了。小心地消除某些闲频光子所带有的潜在的某一条路径信息，我们诱使数据产生干涉图样，而这意味着有一部分光子实际上走的是两条路径。

还需要注意的是，所有结果中最令人惊讶的是：3台额外的分束器和4台闲频光子探测器可以在实验室的另一边，甚至是宇宙的另一边。因为在我们的讨论中，没有任何东西取决于这些装置接收到闲频光子是在信号光子撞击屏幕之前还是之后。想象一下，这些装置相距非常远，明确起见，比如说有10光年之远，想想这意味着什么。今天你做了如图7.5（b）中的实验，连续记录一大批光子碰撞的位置，结果发现没有任何干涉的痕迹。如果有人让你解释数据，你可能会说由于闲频光子会暴露路径信息，因此每个信号光子明确地沿着左边或右边的路径运动，从而消除了干涉的可能性。但如上所言，这个结论下得也有点过早，这是对于过去的一种完全不成熟的描述。

你看，10年以后，4个光子探测器将会接收到——一个接一个——闲频光子。如果你接下来知晓哪个闲频光子被探测器2探到（比如说，第1个，第7个，第8个，第20个……），那么你回过头去查看早年收集的数据并突出加亮相应的信号光子（比如说，第1个，第7个，第8个，第20个……）在屏幕上的位置的话，你将发现加亮的数据点形成干涉图样，从而获知那些信号光子走过的是两条路径。而且，如果9年前，也就是你收集信号光子数据的364天后，一个家伙开玩笑拿走了分束器a和b，从而破坏了实验——这样就保证了第二天闲频光子再到达时，就只能到达探测器1或探测器4，进而保留了所有的某一条路径信息——那么，当你知道这件事时，将得出结论说每个信号光子要么沿左边路径运动或要么沿右边路径运动，因此无法从信号光子的数据中得到干涉图样。因此，就像上述讨论中着力强调的那样，你用来解释信号光子数据的故事强烈地依赖于收集数据10年后所做的测量。

让我再来强调一次，未来进行的测量并不会改变你现在所做实验的任何方面；未来的测量不会以任何方式改变你现在所收集的数据。但是，当你接着描述今天所发生的一切时，未来的测量确实会对你所说的细节有影响。在你获得闲频光子的测量结果之前，有关给定信号光子的某一条路径信息，你真的什么都说不出来。但是，只要你得到了测量结果，你就可以得出结论说，我们成功地利用了信号光子的闲频光子伴，得到了信号光子的路径信息，进而确定信号光子许多年前的运动路径是左边还是右边。同时你也可以得出结论说，如果通过信号光子相应的闲频光子伴所得到的路径信息被擦除，我们就不能说信号光子在许多年前走过的是这条或是那条路径（你可以利用新得到的闲频光子数据来发掘出信号光子数据中隐藏的干涉图样，从而相信这一结论）。因此我们可以看出，未来帮助你讲述过去的故事。

这些实验强烈地冲击着我们传统的空间和时间概念。如果要描述某物，在我们描述某事时，那些发生于其后很久的事件和那些距离其很远的事件非常重要。从经典物理 —— 常识 —— 的角度看，这种说法十分荒谬。当然，这就是问题：将经典物理的思维应用于量子宇宙是一种错误。我们从爱因斯坦-波多斯基-罗森的讨论中学到，量子力学并不具有空间上的定域性。如果你完全理解了那一课 —— 就其本身而言很难理解 —— 这些与跨越了空间和时间的量子纠缠有关的实验，或许看起来就没那么古怪了。但从日常经验的标准看，它们确实古怪。

量子力学和经验

我记得在第一次得知这些实验后的几天中，我十分高兴。我感到自己触及了实在性隐藏起来的一面。通常的经验 —— 世俗、普通的日常活动 —— 突然成为经典物理之假想的一部分，隐藏在量子世界的真实本质背后。突然间，日常生活的世界看起来就像不真实的魔术，哄骗它的观众相信普通的为人所熟知的空间和时间概念，而量子实在性令人吃惊的真相则藏于大自然的妙手之下。

最近一些年来，物理学家们花了很大的力气试图解释大自然的诡计 —— 弄清楚量子物理的基本定律如何幻化成在解释日常经验上如此成功的经典物理定律。从本质上来讲，就是要搞明白当原子和亚原子联合起来成为宏观物体时，它们如何将其魔法般的奇异性隐蔽起来。研究还未到头，但有些问题已经被弄清楚。现在，让我们从量子力学的角度来探讨一下与时间之箭相关的某些特殊问题。

经典物理学基于17世纪晚期牛顿发现的方程；电磁学基于19世纪晚期麦克斯韦发现的方程；狭义相对论基于爱因斯坦1905年发现的方程，而广义相对论则基于他于1915年发现的方程。所有的这些方程都有一个共性，它们都忽略了时间之箭的方向问题，认为过去和未来是完全对称的。在他们的方程中无法区分过去和未来，过去和未来是被同等对待的。

量子力学基于欧文·薛定谔于1912年发现的方程。[6] 你不需了解有关这个方程的其他任何东西，除了下面这个事实：该方程把某一时刻的量子力学概率波波形——如图4.5——当作输入，然后据此来确定在其他更早或更晚时刻概率波的波形。如果概率波与某个粒子有关，比如说与电子，你就可以用它来预测在某一特定时刻某一特定位置发现电子的概率。像牛顿、麦克斯韦和爱因斯坦的经典物理定律一样，薛定谔的量子定律平等对待过去和未来。一场展现概率波开始于此而结束于彼的“电影”也可以反过来放映——概率波可以开始于彼而结束于此——没有方法可以鉴别哪种演化是正确的，哪种演化是错误的。对于薛定谔方程来说，这两种情况都是同等有效的解，这两种情况都可以代表事物演化的合理方式。[7]

当然，现在提到的“电影”是完全不同于上一章中分析的网球运动或鸡蛋摔碎的电影。概率波并不是我们直接看到的事物，并没有摄像机能捕捉到电影中的概率波。相反，我们可以用数学方程式来描述概率波，在我们的脑海中，我们可以想象一下最简单的概率波形状，如图4.5和图4.6所示。我们了解概率波的唯一途径只能是间接的，即通过测量物理过程来实现。

也就是说，正如在第4章和上述实验中反复强调的那样，标准的量子力学公式用两个截然不同的阶段来描述现象的演变。在第一阶段，一个诸如电子之类的物体的概率波——或者用这个领域中更为准确的语言说，*波函数*——会根据薛定谔所发现的方程演化。这个方程确保了波函数的形状平稳渐进地变化，就像水波从湖水的一边运动到另一边时的波形变化一样。[1]在第二阶段的标准描述中，我们通过测量电子的位置而与可观测的实在性发生联系，当我们这样做时，波函数的形状突然改变。电子的波函数不像我们平常所熟悉的水波、声波之类：当我们测量电子的位置时，其波函数会突然变得尖锐，如图4.7所示，在无法测量到电子的位置会发生坍缩变为零，而在能测量到电子的位置则会是百分之百的概率。

第一阶段——波函数随薛定谔方程的演化——从数学上看是非常严格而清晰的，可以完全被物理学界接受。第二阶段——关于测量时波函数的坍缩——却完全相反，在过去80年间，往好的方面讲，我们可以说它使物理学家们感到迷惑，往坏的方面讲，我们可以说它带来的麻烦、谜题以及潜在的矛盾消耗了很多物理学家的职业生涯。就像在第4章末提到的那样，困难之处在于，根据薛定谔方程，波函数并不会坍缩。波函数的坍缩是一种附加物，它是在薛定谔发现方程之后，试图解释实验学家们实际看到的现象时引进的。原始的、不坍缩的波函数使我们产生这样一种奇怪的想法：粒子既在这里又在那里，但实验者从没观测到这样的事。他们总是发现粒子明确地处于某个位

1. 公平地说，量子力学给人的印象并非是平滑渐变的，正如我们将在下一章中看到的那样，它所展现的是狂暴混乱的微观宇宙。这种混乱的起源就是波函数的概率性——即便某物此刻出现在这里，下一时刻它会有一定概率出现在全然不同的另一位置——而不是说波函数本身是一个变化无常的量。

置；他们没有看到粒子一部分在这儿，另一部分在那儿；测量仪器上的指针不会既指这个值又指另一个值。

当然，同样的道理也适用于我们对周围世界的观察。我们从不曾看到一把椅子既在这里又在那里；我们从未看到月亮既在这部分夜空，又在那部分夜空；我们从未看到一只猫既死了又活着。只要假定测量行为可以诱导波函数放弃量子不确定状态并引领很多可能性中的某一种（粒子在这儿或在那儿）成为现实，则波函数坍缩的概念就能与我们的经验相一致。

量子测量之谜

但是，实验人员的测量是如何造成波函数坍缩的呢？而实际上，波函数坍缩真的会发生吗？如果发生的话，微观水平上究竟发生了什么呢？所有的测量都会造成波函数坍缩吗？波函数坍缩何时发生，持续多久？既然根据薛定谔方程，波函数不会坍缩，那么在量子演化的第二阶段，是什么方程代替了薛定谔方程呢？新方程又是如何废黜薛定谔方程，篡夺了其在量子过程中的中坚地位的呢？就我们在这里所关心的时间之箭而言，既然主宰第一阶段的薛定谔方程在区别时间向前和向后上没有多大意义，那么第二阶段的方程是否为测量前后的时间引入了不对称性呢？也就是说，量子力学，*包括其通过测量和观测而与日常世界之间建立的结合点*，是否为物理学的基本定律引入了时间之箭呢？毕竟，我们先前讨论过量子力学对过去的态度不同于经典物理学，这里所谓的*过去*指的是某种观测或测量发生之前。通过第二阶段的波函数坍缩得以具体化的测量，是否能在过去和未来之间，测量前后之间，建立时间上的不对称性呢？

这些问题还没有得到完全解决，仍然存在着争议。但几十年来，量子理论预言能力几乎没有受这个问题的影响。即使第二阶段仍保持着其神秘性，量子理论的这种阶段一-阶段二体系，仍可以预言这种或那种测量结果出现的概率。一次又一次地重复某一实验，弄清或这或那的结果出现的频率，就可以验证理论所给出的预言。这种方法在实验上取得的巨大成功远远超过了由于不能说清第二阶段发生了什么而有的不满意。

但不满意总是有的，这并不是简单地说波函数坍塌的某些细节还没有搞清楚。*所谓的量子测量问题*，恰如其名，是一个有关量子力学局限性和普适性的问题。这一点很容易看出。阶段一-阶段二方法在被观测者（比如说电子、光子或原子）和进行观测的实验者之间造成了一条鸿沟。在实验者观测之前，波函数随薛定谔方程快乐温和地演化着。之后，实验者着手测量，游戏规则突然就变了。薛定谔方程被放到一边，转而由第二阶段的坍塌接手。但是，既然组成实验者及其所用仪器的原子、质子和电子与实验者要研究的原子、质子和电子没有什么不同，那么究竟为什么量子力学会区别对待它们？如果量子力学是一个普适理论，可以毫无限制地应用于一切事物，那它就应当以平等的方式对待被观测者和观测者。

尼尔斯·玻尔不同意这种意见。他认为实验者及其实验仪器不同于基本粒子。虽然它们是由相同的粒子组成，但它们都是基本粒子的“大”集合，因而由经典物理学定律支配。单个原子和亚原子粒子所构成的微观世界与我们所熟悉的人类及其仪器所构成的宏观世界之间，由于大小不同而造成了规则的不同。提出这种界限的动机十分清楚：根据量子力学，微小粒子会既位于这里又位于那里；但对于大的世界，我们日常生活的世界而言，这种事情不复存在。但确切的边界在哪里呢？而且，重要的是，当在日常的宏观世界遭遇原子的微观世界时，这两套规则又是如何衔接的？玻尔认为这些问题已经超出了他或其他人可以回答的范畴。而且，因为不回答相关问题，理论也可以进行精确预言，所以在相当长的一段时间内，这些问题都不在物理学家们亟待解决的关键问题之列。

但为了完全理解量子力学，完全弄清它所说的实在性，了解其在为时间之箭设定方向上所起的作用，我们必须抓住量子测量问题。

在接下来的两小节中，我们将探讨最有希望解决这个问题的一些尝试。要是你在任何时刻都想直奔最后一节——量子力学和时间之箭，那么我可以为你简要地归纳下面两小节的内容：通过一些富于创造性的工作，人们已经取得了一些量子测量问题方面的重大进展，但彻底的解决之道还没有找到。许多人认为这个问题是我们的量子定律中最重要的单独缺陷。

实在性和量子测量问题

这些年来，人们提出了许多解决量子测量问题的办法。具有讽刺意味的是，虽然这些方法有不同的实在性概念——某些方法之间差别非常之大，但当涉及一名研究者在最普通的实验中会测得什么时，各种方法会彼此符合。表面上它们演的是同一出戏，但是瞟一眼后台你就会知道，它们背后的机制全然不同。

谈到娱乐消遣时，你大概没兴趣知道后台发生了什么，你所感兴趣的只是展现出来的结果。当谈及理解整个宇宙时，你会急不可耐地扯下所有的窗帘，打开所有的门，完完全全地暴露实在性的内在机制。玻尔认为这种急不可耐毫无基础且具有误导性。在他看来，实在性*就是*一场演出。就像斯波尔丁·格雷[1]的独白一样，实验学家的测量*就是*全部表演。没有其他什么东西了。按照玻尔的想法，没有什么后台。试图分析波函数何时、如何以及为什么放弃所有可能性只留下一种，并在测量设备上留下确定的数值会使人错过要害之处，所测得的数值本身才是值得关注的一切。

几十年来，这种观点一直占据主导地位。但是，虽然它可以缓解量子力学带来的思想斗争，人们还是忍不住会想，量子力学神奇的预言能力意味着它非常接近隐藏在宇宙表面规律之下的实在性。人们会忍不住想要更进一步，弄清量子力学是怎样与日常经验联系起来的——量子力学是怎样在波函数与观测之间架起一座桥梁的？观测背后的隐秘实在性究竟是什么？这些年来，许多研究者接受过这种挑战，下面我们就来看看他们提出的一些想法。

有一种想法，其历史根源可以追溯到海森伯，是要放弃将波函数作为量子实在性的客观性质的观点，转而将其视为我们所了解的实在

1. 斯波尔丁·格雷（Spalding Gray），美国演员、剧作家、表演艺术家。——译者注

性的一种化身。在我们进行测量之前，我们并不知道电子在什么位置，这种观点提出，电子波函数将电子位置描述为有许多种可能性这件事反映的是我们对电子位置的无知。但在我们测量电子位置的一刹那，我们对其所在何处的认识突然改变了：理论上讲，我们现在准确地知道了它的位置（根据测不准原理，如果我们知道它的位置，我们就完全无法知晓其速度，但这并非我们现在所要讨论的问题）。根据该观点，我们认知上的突然变化，反映在电子波函数的突然变化上：波函数突然坍缩并呈现出图4.7所示的波峰形状，这就意味着我们知道了电子的确切位置。从这一点上来讲，波函数的突然坍缩也没有那么令人惊讶：当我们知道一些新东西时，我们所体验到的认知上的突然改变也无非如此。

惠勒的学生休·埃弗雷特在1957年提出了另一种想法，在他的方案中根本没有波函数坍缩的概念。相反，波函数中所含有的每一种可能结果都有可能发生；只不过每一种结果都发生在各自的宇宙中。这种想法，就是所谓的*多世界诠释*，“宇宙”的概念被扩充为无穷多个“平行宇宙”——我们宇宙的无穷多个版本。这样一来，量子力学预言的任何东西*都有可能*发生，即使只有很小的可能性，也有可能在某一个版本的宇宙中*真正*发生。如果波函数说一个电子既有可能在这儿，也有可能在那儿，或是在某个遥远的位置，那么就会有一个电子在这儿的宇宙版本；而在另一个宇宙版本中，你会发现它在那儿；在第3个宇宙版本中，你会发现电子在遥远的那个位置。我们每个人从这一秒到下一秒所做的一系列观测所反映的不过是在这个巨大、无限的宇宙网上的一部分宇宙中所发生的实在性，而每一个这样的宇宙中都有其他版本的你、我以及每一个生活在这个宇宙中的人；在这些人生活于其中的宇宙中，一定的观测还是会带来一定的结果。在这个宇宙中，你在看这些字；在另一个宇宙中，你在休闲上网；而在另一个宇宙中，你正紧张地等待着你在百老汇舞台上的首次演出。看起来并不存在图5.1所勾勒的单独一个时空块，似乎存在着无限多个时空块，每一个都代表着事件的一种可能性。在多世界理论中，可能出现的结果并不只是一种可能。波函数不会坍缩。每一种可能的结果都会出现在平行宇宙的某一个中。

20世纪50年代，大卫·玻姆（我们在第4章中讨论爱因斯坦–波多斯基–罗森时曾提到过这位物理学家）提出的第3种设想是一种完全不同的想法。[8] 玻姆认为，粒子，比如说电子，就像经典物理学中的观念以及爱因斯坦所希望的那样，*的确*具有确定的位置和速度。但是，为了与不确定原理相一致，这些性质被隐藏起来；它们是第4章中提到的各种隐变量的鲜活例子。你不能同时测量它们。对于玻姆而言，不确定性代表的只是我们认知上的局限性，而非粒子本身的属性。他的方法并没有违背贝尔的结果，因为就像我们第4章结尾所讨论的那样，具有量子不确定性原理所禁戒的确定性质这件事并*没有*被排除掉；被排除掉的只是定域性，而玻姆理论并非定域性理论。[9] 玻姆另辟蹊径，将粒子的波函数想成另一种*单独的实在性元素*，一种*独立于粒子本身*而存在的元素。就像玻尔的互补性哲学的说法：既不是粒子*也*不是波。根据玻姆的观点，既是粒子*又*是波。而且，玻姆提出，粒子的波函数与粒子本身相互作用——它“引导”或“推动”粒子——波函数在某种方式上决定了粒子下面的运动。这种观点与标准量子力学成功的预言完全一致。玻姆发现，波函数在某个位置的变化会立即推动一个遥远位置上的粒子，这个发现清楚地说明了玻姆理论的非定域性。举个例子来说，在双缝实验中，每个粒子穿过这条或那条缝隙，而其波函数则两条缝隙都要穿过并且发生了干涉。既然波函数会引导粒子的运动，那么我们就无须因为方程告诉我们粒子更有可能落在波函数较大的位置而不太可能落在波函数较小的位置而感到惊奇，这样就解释了图4.4中的数据。在玻姆的方法中，并不存在单独的波函数坍缩阶段，如果你测量粒子的位置，发现它在这儿，那么在测量之前的那一刻粒子肯定就在那里。

第4种想法，是由意大利物理学家詹卡洛·吉拉蒂、艾尔波特·里米尼、图里奥·韦伯提出来的，他们以一种巧妙的方式大胆地修改了薛定谔方程，同时这却对单个粒子的波函数演化没有什么影响，只有将新的方程应用于“大”的日常生活中的物体时才会对量子演化产生戏剧性的影响。这个修正版本认为波函数本来就是不稳定的。这些人提出，即使没有任何干预，每个波函数迟早也会按自己的节奏自动坍缩成峰状。吉拉蒂、里米尼和韦伯提出，对于单个粒子而言，波函数的坍缩会自发且随机发生，平均说来，每10亿年大约只发生1次。[10] 坍缩发生的频率太小了，以至于不会使单个粒子的常规量子力学描述有什么改变，这非常好，因为量子力学以前所未有的精确性描述了微观世界。但对于实验者和他们的仪器这种由数以亿计的粒子组成的大物体而言，情况就不一样了。由于粒子数量极多，因而在极短的时间内，都至少有可能有一个组分粒子的波函数自发坍缩，从而使其波函数发生坍缩。就像吉拉蒂、里米尼、韦伯和其他人论证的那样，一个大物体中所有单个波函数的纠缠性质使得该种粒子的波函数的坍缩引起了量子的多米诺效应：所有组分粒子的波函数都发生了坍缩。由于这一切只发生在一眨眼的工夫，吉拉蒂、里米尼和韦伯所提出的修正版确保了大物体总会处于确定的状态：测量仪器上的指针总是指向一个确定的值；月亮总是在天空某个确定的位置；实验者的大脑中总有确定的体验；猫只能要么死了，要么活着，两者必居其一。

以上所述的每一种方法，以及一些我们在这里没有讨论的其他方法，都自有其支持者和反对者。“把波函数当作认知”这种方法否定波函数的实在性，仅把波函数视作我们所知的一切的说明符，从而巧妙解决波函数坍缩的问题。但是反对者会问，基本物理为什么非得与人类意识联系得如此紧密？如果我们没在观测这个世界，波函数是不是就永远不会坍缩？或者说，波函数这个概念是不是就不存在呢？在地球上的人类进化出意识以前，宇宙会不会完全是另外一个样子？如果观测者不是人类而是老鼠、蚂蚁、变形虫或者电脑之类，那又会有什么不同？其“认知”上的变化大到足以与波函数坍缩联系起来吗？[11]

与之相比，多世界诠释规避了整个波函数坍缩概念，因为在这种方法中波函数不会坍缩。但代价是存在无数个宇宙，而这是令很多反对者不能接受的事情。[12] 玻姆的观点同样规避了波函数坍缩，但其反对者认为，如果同时赋予粒子和波以独立实在性，那这个理论未免不太经济。而且，反对者们正确地指出了在玻姆的体系中，波函数对其所推动的粒子的影响速度比光还快。其支持者们则认为，前一种抱怨可算是主观性的，而后者又符合贝尔所证明的不可避免的非定域性，因此这两种批评意见都没什么说服力。然而，对玻姆可能不太公平的是，其方法从没有流行起来。[13] 吉拉蒂-里米尼-韦伯的方法通过改变方程使其包含一种新的自发坍缩机制从而直接解决了波函数坍缩问题。但反对者们指出，还没有实验证据支持其对薛定谔方程的修改。

为寻求量子力学的形式主义与日常生活经验之间可靠而又完全清晰的联系所做的研究无疑会一直进行下去，直到问题得以解决，现在还很难说到底哪种现有方法会最终得到大多数人的认可。要是物理学家们今天就投票，我认为不会有哪种方法获得压倒性的优势。不幸的是，实验数据帮不上什么忙。吉拉蒂-里米尼-韦伯的方法确实给出了在某些情况下不同于标准的阶段一-阶段二量子力学的预言，但偏差非常之小以至于无法用今天的技术加以验证。其他3种方案的情况就更加糟糕了，因为它们更加明确地抗拒实验检验。它们都与标准方法一致，因此对可进行的观测和测量，都只能给出同样的预言。它们之间的区别只在于幕后发生的事情不同。也就是说，它们之间的区别只表现在用量子力学解释实在性的潜在性质时的不同。

即使量子测量问题还没有解决，在过去的几十年间，一种基本框架却一直在发展中，尽管还不完善，却得到了广泛的支持，被认为很可能是可行的解决方案的一个组成部分。这就是所谓的退相干。

退相干和量子实在性

当你初次遇到量子力学的概率时，自然的反应会是它并不比掷硬币或轮盘赌中的概率更为奇妙。但当你了解量子干涉时，你会意识到概率是以一种更为基本的方式进入量子力学中的。在日常例子中，各种与概率有关的结果——正面与反面，红与黑，一个抽奖数字与另一个抽奖数字——都可以这样理解：最终一定会出现这种或那种结果，而每一种结果都是一段独立而又确定的历史的最终产物。掷硬币时，有时旋转运动正好使得正面向上，有时又恰好是反面向上。每种结果50%的概率并不只与最终结果——正面还是反面——有关，还与导致每种结果的历史有关。你有一半的机会掷出正面向上的硬币，也有一半机会使硬币反面向上。这两种历史本身完全分离，各自独立。不同的硬币运动既不会彼此增强也不会彼此抵消，两种历史全都是独立的。

但在量子力学中，事情是不一样的。电子从双缝到探测器所走过的各种路径并不是分离的、孤立的历史。各种可能的历史混合起来产生可观测结果。有些路径会彼此增强，有些路径会彼此削弱。正是各种可能历史之间的量子干涉使得探测屏上出现明暗相间的图样。因此，*量子物理概率概念与经典物理概率概念之间的区别在于，前者可归结为干涉效应，而后者则并非如此。*

退相干性是一种普遍存在的现象，通过压低量子干涉——也就是说强烈地削弱量子概率和经典概率之间的核心差异，退相干架起了小小世界的量子物理和没那么小的世界的经典物理之间的桥梁。早在量子理论的早年岁月，人们就已经认识到了退相干的重要性，但其现代形式则可追溯到德国物理学家迪尔特·泽尔1970年的一篇开创性文章，[14] 之后，包括德国的埃里克·乌斯，美国新墨西哥州洛斯阿拉莫斯国家实验室的沃切克·祖莱克在内的一些物理学家进一步发展了这一理论。

主要思想是这样的，当将薛定谔方程应用于简单的情况，比如通过有双缝的屏幕的单个独立光子，就会形成著名的干涉图样。但实验室中的实验有两个特别之处是真实世界所无法具有的。第一，我们在日常生活中所遇到的事物要比单个光子大得多，复杂得多。第二，我们在日常生活中遇到的事物并不孤立：它们总与我们及周围的环境相互联系。现在在你手中的这本书就与人类有接触，更一般性地说，这本书正持续不断地被光子和空气分子撞击。而且，由于书本身是由许多分子和原子组成的，这些躁动不安的组分本身也会互相碰撞。同样的道理也适用于测量仪器上的指针、猫、人类的大脑，以及你在日常生活中碰到的每一件事物。在天体物理中，地球、月球、小行星以及其他行星不断地被来自太阳的光子撞击。甚至是漂浮在漆黑的太空中的一粒灰尘也不断受着宇宙大爆炸以来遍布于空间的低能微波光子的撞击。因此，为了理解量子力学怎样解释真实世界中的事物——而不仅是原始的实验室中的实验——我们应把薛定谔方程应用到更加复杂、更为麻烦的情况中去。

从本质上来看，这就是泽尔所强调的，而他本人的工作以及其后的许多其他人的工作揭示了一些不寻常的事情。虽然光子和空气分子如此之小以至于对书、猫之类的大个物体不会产生什么实质性的影响，但它们会有别的作用。它们不断地“推动着”大物体的波函数，或者用物理术语讲，它们干扰着大个物体的*干涉性*：它们扰乱了波峰波谷的排列顺序。这一点很关键，因为波函数的有序性对于产生干涉效应是非常重要的（图4.2）。正如将标记装置添加到双缝实验后，由于扰乱了波函数，所以消除了干涉效应；环境中的成分持续不断地撞击物体也有消除干涉现象的可能性。反过来看，一旦量子干涉不再可能，量子力学所固有的概率性，从实际的角度看，就会像掷硬币或轮盘赌所固有的概率性一样。一旦环境的退相干性弄乱了波函数，量子概率的奇异性就会变成日常生活中我们所熟悉的概率。[15] 这表明我们有可能解决量子测量之谜，而这将是大家期待见到的最激动人心的事。接下来我将首先要以最乐观的态度讲讲它，然后再强调还需要做哪些事。

假如一个孤立电子的波函数表明它有50%的概率在这儿，有50%的概率在那儿，则我们必须用量子力学发展成熟的奇异性质来诠释这些概率。由于两种情况皆可通过混合并生成干涉图样来展现自己，我们必须将两者视为同等真实。不那么严格地说，这就意味着电子处于两个位置。如果我们用非孤立的、日常大小的实验仪器来测量电子位置，将会发生什么呢？这个嘛，与电子不确定的位置相对应，测量仪器上的指针也会有50%的概率指向这个值，50%的概率指向另一个值。但由于退相干性，指针不会指向两个值的混合值。由于退相干性，我们可以从通常的、传统的、日常的意义上来诠释这些概率。就像一枚硬币有50%的概率正面朝上，有50%的概率反面朝上，但不能确定是正面朝上或反面朝上；测量仪器的指针有50%的概率指向这个值，有50%的概率指向另一个值，但会明确地指向一个值或另一个值。

类似的论证也适用于其他更为复杂的非孤立对象。如果量子计算告诉我们，一只猫坐在密闭盒子里，有50%的概率死掉，有50%的概率活着——因为一个电子有50%的概率撞上盒子里的陷阱使猫吸进毒气而死亡，也有50%的概率幸运地避过陷阱，那么根据退相干性，猫不会处在既死亡又活着的荒唐的复合状态。虽然几十年来，人们一直在热情不减地讨论着这样一些问题，比如，猫处于既死亡又活着的状态究竟是什么意思？打开盒子的行为和观察猫的行为究竟是如何迫使其选择死或活这样的确定状态的？退相干性却告诉我们，早在你打开盒子之前很久，环境已经完成了无数次观测，并立刻将所有的神秘的量子概率转化为毫无神秘可言的经典对应。在你看猫之前很久，环境已经迫使猫处于一种唯一的确定的状况。退相干性迫使量子力学的许多古怪之处从大个物体中“漏网”，因为量子的古怪之处被来自环境中的无数粒子的碰撞一点一点除去了。

很难想象有更加令人满意的解决量子测量问题的方法。更为现实一点并且放弃忽略环境因素的简单假设——在该领域的早期发展阶段，简化处理对于取得进展十分重要——的话，我们将发现量子力学有一个内在的解决之道。人类的意识、实验者和人类的观测不再起特殊作用，因为它们（我们）只不过是像空气分子或光子一样的环境元素，这些东西在给定物理系统中可以相互作用。在观测对象的演化和做观测的实验者之间，也不再会有阶段一、阶段二的划分。每一样事物——被观测者和观测者——处于同等的地位。每一件事物——被观测者和观测者——都可由薛定谔方程所决定的一模一样的量子力学定律掌控。测量行为不再特别，它只不过是与环境发生作用的一个特殊例子而已。

就这样吗？退相干性解决了量子力学测量问题吗？使波函数关闭其他所有可能实现的可能性而只保留其中一种的是退相干吗？有些人认为是这样。研究者们，如卡内基·梅隆的罗伯特·格里菲思，奥尔塞的罗兰德·奥内斯，圣达菲大学的诺贝尔奖获得者穆雷·盖尔曼和加利福尼亚大学圣巴巴拉分校的吉姆·哈特尔，取得了巨大进展并声称他们已经将退相干发展成了可以解决测量问题的完整理论框架（被称为退相干历史）。其他人，比如我自己，对这个问题非常感兴趣，但是还不完全相信。你看，退相干性的强大之处在于，它成功地破除了玻尔在大小物理系统之间设置的人工障碍，使每一样事物都可以被纳入同一套量子力学体系。这一进展非常重要，我想玻尔也会感到满意。虽然尚未解决的量子测量问题并未削弱物理学家们用实验数据验证理论计算的能力，但它却使玻尔和他的同事们一起制定了一套有着明显不妥当的性质的量子力学体系。许多人发现，这个体系需要一些诸如波函数坍缩或原属于经典物理领域的"大"系统的不准确概念之类的含糊词语，而这令人无法完全信服。某种程度上讲，对退相干性的思考使研究者们认识到那些含混不清的思想没必要存在了。

但是，我在上面的讲述中避开了一个关键问题：就算退相干性抑制了量子干涉，进而使量子概率像熟悉的经典物理对应一样，*波函数中每一潜在结果仍有可能成真*。因此我们仍然好奇，一种结果是如何"胜出"的？而当胜出的可能性成真时，其他可能性又是如何"退散"的？掷硬币时，经典物理也会回答类似问题。如果你知道硬币旋转的准确方式，理论上讲，你可以*预言*它是正面落地还是反面落地。进一步思考发现，每一个结果都是由你最初忽略的细节所精确决定的。在量子物理中，我们不能说类似的话。退相干性允许我们用类似于经典物理的方式来诠释量子概率，却没有再为我们提供任何细节，使我们知晓究竟是怎样从很多可能结果中挑出一种使其实际发生。

在精神实质上，有些物理学家和玻尔一样，认为寻求这样一种解释——用以说明单一确定的结果是如何出现的——是一种误导。这些物理学家认为，量子力学及其包括了退相干的升级版，是一种结构很严谨的理论，其预言可以解释实验室中测量装置的行为。在这种观点看来，这就是科学的目的。为究竟发生了什么寻求一种解释，努力理解一种特殊的结果是怎样出来的，追寻在一定程度上超出了探测器读数和电脑结果的实在性所暴露出来的是非理性的智力贪欲。

另外的许多人，包括我自己在内，持有一种不同的观点。解释数据的确是科学。但很多物理学家们相信，科学也应包含那些实验数据证实的理论，进而利用它们来获得对实在性本质的最大领悟。我坚定地相信，在寻求测量问题的完美解决方案的驱动下，我们会获得更为深刻的领悟。

因此，虽然人们普遍认为环境诱发的退相干性是跨越量子物理-经典物理分界的关键，而且许多人也希望这些想法有朝一日能在量子物理与经典物理之间搭建一座完善且具有说服力的桥梁，但是大家都觉得这座桥梁还远没有建好。

量子力学和时间之箭

我们站在测量问题的哪里？测量问题对时间之箭又意味着什么？宽泛地讲，把我们的日常经验和量子实在性联系起来的方案有两大类。第一类（比如说，将波函数作为认知；多世界理论；退相干性），薛定谔方程是整个问题的根本，这类方案只是提供了不同的用以说明薛定谔方程对物理实在性意味着什么的方式。第二类（比如说，玻姆理论；吉拉蒂-里米尼-韦伯方法)，薛定谔方程必须用其他方程(在玻姆理论中，所需的方程展现了波函数如何影响粒子)来加以补充或加以修正(在吉拉蒂-里米尼-韦伯方法中，需要包含一种新的、明确的坍缩机制)。判定测量问题对时间之箭的影响的关键问题是，这些方案是否引进了时间方向上的基本不对称性。别忘了，薛定谔方程就像牛顿、麦克斯韦和爱因斯坦的方程一样，完全同等地对待时间上向前和向后的方向，它并没有为时间的演化指明方向。这些方案会改变这种局面吗？

在第一类方案中，薛定谔的体系完全没有被修改，因此会继续保持时间上的对称性。在第二类方案中，时间对称性可能存在也可能不存在，这得取决于细节问题。举个例子来说，在玻姆理论中，新提出的方程同等地对待过去和未来，因此不会引进非对称性。但是，吉拉蒂、里米尼和韦伯提出的坍缩机制中确实存在着时间之箭——“不坍缩的”波函数，从峰形变化到延展状的波函数，并不符合修改后的方程。因此，根据方案的不同，量子力学以及量子测量之谜的解决方案，可能会也可能不会平等地对待时间上的不同方向。下面让我们来考虑一下每种可能性的含义。

如果时间对称性得以保有(我怀疑是这样)，上一章中的所有论证和结论不用改变多少就可以应用到量子领域中。有关时间之箭的讨论中的核心物理概念是经典物理中的时间反演对称性。虽然量子物理的基本语言和结构不同于经典物理——波函数代替了位置和速度，薛定谔方程代替了牛顿定律——但所有量子方程中的时间反演对称性保证了对待时间之箭的方式不会改变。只要我们用波函数的语言描述粒子，我们就可以像在经典物理中那样定义量子世界中的熵。而熵总是在增长——朝我们称之为未来和过去的方向上都会增长——这一结论将得以保有。

因而，我们还会遇到在第6章中曾遇到的谜题。如果我们将此刻对世界的观测视为不容置疑的客观实在，如果熵同时朝着过去和未来的方向增长，那么我们该怎样解释世界为何会是现在这个样子，又将如何解释它接下来会怎样演变？于是又会出现同样的两种可能性：或者我们所看到的一切只是由于统计上的侥幸——在一个大部分时间内都处于完全无序状态的永恒宇宙中，你会认为这种侥幸时不时会来上一次——而成为现实；或者由于某种原因，宇宙在大爆炸之后的熵出奇的低，140亿年来事物缓慢演变，而且会朝着未来的方向继续这样走下去。就像在第6章中那样，为了避免陷入不信任记忆、记录和物理定律的困境，我们再次将目光聚焦于第二种选择——低熵的大爆炸，并且为事物怎样以及为什么会开端于这样一种特殊状态这一问题寻求一种解释。

从另一方面来讲，如果时间对称性不复存在——如果最终被接受的测量问题的解决方式表明，量子力学在处理未来和过去上存在着基本的不对称性——那么我们就能为时间之箭提供最直接的解释。比如说，测量问题的解决可能会告诉我们，鸡蛋之所以会破碎而不会聚集起来，是因为不同于我们用经典物理定律发现的那样，打碎的鸡蛋才是完整量子方程的解，而没打碎的鸡蛋则不是。逆向放映打碎鸡蛋的片子，会使我们看到不会在真实世界中发生的事情，这也就解释了为什么我们从未看到过这样的事。事实就是这样。

可能吧。虽然看起来这似乎为时间之箭提供了一种全然不同的解释，但事实上却并非那么不同。就像我们在第6章中强调过的，要想使《战争与和平》的页码越来越乱，则一开始页码必须有序排列；要想通过打碎鸡蛋的办法使其变得无序，一开始就得有一个有序的完好的鸡蛋；熵朝着未来的方向增加，是因为熵在过去很低，因此它有潜力变得更加混乱。然而，某定律对待过去和未来的方式不同，并不能说明该定律规定了过去的熵应该很低。该定律也可能意味着过去的熵应更高（或许熵会在未来和过去这两个方向上呈不对称增长），甚至有可能时间不对称定律根本不能说明过去怎样。后者正是吉拉蒂-里米尼-韦伯方案中的情况，而这个方案是目前市面上唯一具有实质性的时间不对称性的方案。一旦他们的坍缩机制生效，就没有办法将其撤销——不可能从坍缩的波函数开始，令其演化到之前延展的形式。波函数的细节已经在坍缩过程中遗失了——它变成了峰状——因此不可能使事物“重返”其波函数坍缩之前的任何时刻的样子。

因此，即使时间不对称性定律部分地解释了事物为什么只能朝时间的一个方向演变而从不能反过来演变，它仍然同时间对称性定律一样，需要关键性的补充：解释清楚为什么在遥远的过去熵会很低。当然，这是目前为止提出过的对量子力学所做的真正的具有时间不对称性的修改。因此，除非未来的发现弄清楚了有关时间对称性或不对称性的问题——而我认为这都不太可能——那么量子测量问题的时间不对称性解，将会保证在朝着过去的方向上熵会减少。否则的话，我们试图解释时间之箭的努力将又一次把我们带回到宇宙起源的问题上，这个问题将是本书的下一部分所要讨论的内容。

在这几章中我们已清楚地看到，人们关于宇宙学的思考盘绕在有关空间、时间和物质的问题的神秘核心地带。因此，在用现代宇宙学思想探寻时间之箭的奥秘的旅途中，我们不要走马观花，而要漫步于宇宙历史中细细探究。

3

时空与宇宙学

第 8 章 雪花与时空

对称性与宇宙的演化

理查德 · 费恩曼曾经说过，如果让他选择一句话来概括现代科学中最重要的发现，他会选“世界是由原子组成的”这句话。一旦我们认识到我们关于宇宙的诸多知识都是建立在原子的性质和相互作用理论的基础之上——无论是解释星星为什么发光，天空为什么是蓝色的；还是解释你的手为什么能感觉到这本书，眼为什么能看见上面的字，我们都需要用到原子的知识——我们就会明白费恩曼的选择是多么的明智。许多当代最著名的科学家认为，如果有再选一句话的机会，那么所选的将是“对称性是宇宙规律的基础”。过去的数百年间，科学领域的巨变难以计数，但其中最有生命力的发现具有某种共通性：这些发现的着眼点都是那种在多种操作下具有不变性的大自然性质。这种不变的特性就是物理学家们所说的对称性。在很多重要的科学进展中，对称性都在扮演着非常重要的角色。我们有足够的理由相信，躲藏在其神秘面纱之后的对称性，将以耀眼的光辉照亮有待发现的真理的黑暗角落。

事实上，我们将会看到，宇宙的历史在某种程度上可说是对称性的历史。宇宙演化中最关键的时刻就是平衡与秩序被突然打破的时刻，在这样的时刻，宇宙的性质会突然变得不同于之前。根据现代理论，宇宙在其诞生之初的一段时间内经历过数次巨变，我们今日所见到的一切事物都是极早期高度对称的宇宙所残留下来的遗迹。而按照更为深刻的理解，对称性根本就是宇宙演化的关键。时间本身就与对称性密切相关。我们将在后面看到，从实践中得来的作为变化的量度的时间概念，以及宇宙演化过程中某一段特定时期的存在——关于这样的时期，我们可以谈论一些诸如“宇宙作为一个整体的年龄和演化”这样的内容——都与对称性的有关方面密切相关。当科学家们研究宇宙的演化，追本溯源，探求空间和时间真正的性质时，对称性已向我们证明它就是最佳向导，只有它才能帮助我们洞悉那些完全无法触及的真相，找到答案。

对称性与物理定律

对称性无处不在。我们玩台球的时候每次都要击打的白色主球，拿起它，随便怎样转一下它，绕哪个轴都行，它看起来还是原来的那个样子。让一个没有花纹的圆盘子绕着它的中心转，它看起来在转动中没有任何改变。轻轻地拿起一片刚落下的雪花，把它的每个角转到相邻角的位置，你会发现很难看出这片雪花经过了转动。让一个字母“A”绕着穿过其顶端的垂直轴翻转一下，你将得到一个看起来一模一样的“A”。

这些例子很清楚地告诉我们，一个物体所具有的对称性指的是一种操作，不管这种操作是真实的还是想象的，只要在这种操作下，该物体看起来没有发生任何变化，我们就可以将这种操作称为该物体所具有的对称性。对于一个物体来说，能令其保持不变的操作种类越多，它所具有的对称性就越多。完美的球体具有高度的对称性，因为任何一种转动，不论是绕上下贯通的轴，还是绕左右贯通的轴，又或者是绕前后贯通的轴，只要其轴经过球体中心，该转动都无法使球有任何变化。立方体的对称性则要少一些，因为只有绕垂直于立方体表面的中心轴（每根这样的轴同时垂直于两个面）旋转90度才能保持立方体不变。那么当然，一旦有人用其他方式旋转了立方体，比如按图8.1（c）中的那种方式，你仍然可以一下子认出那个立方体，但你也会同时发现有人碰过它了。而对称则像最老练的小偷，它们什么证据都不会留下。

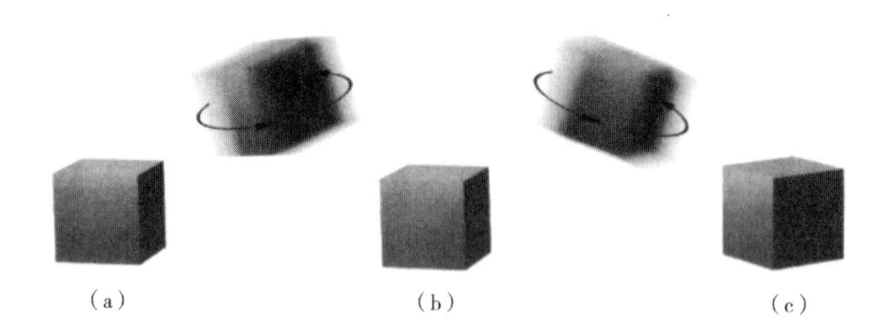

图8.1　图（a）中的立方体绕着其中一面的轴旋转90度或其整数倍，立方体保持不变，如图（b）所示；但旋转的度数若不是90度或其整数倍，立方体的旋转就能看得出来，如图（c）所示

所有的这一切都是有关物体在空间中的对称性的例子。已知物理学定律中所暗含的对称性与这些例子密切相关，只不过我们要以一种更为抽象的方式提出这个问题：施加于你或环境上的哪一种操作——不论其为真实的还是想象的——会对那些用以解释你所观测到的物理现象的定律没有任何影响？值得注意的是，所谓的对称性操作，并不是要求保持你的观测不变。我们真正关心的是，支配这些观

测的定律本身在对称性操作下是否不变；也就是说，用以解释你做对称性操作之前的观测的定律，同用以解释你做对称性操作之后的观测的定律是否完全一样。因为这是我们所讨论的中心思想，所以让我们花点时间看看某些例子。

让我们将你假想为一名体操运动员，过去4年间你一直在康涅狄格运动中心为准备奥运会而进行训练。经过日复一日的重复训练，你已经可以轻松地完成你的体操套路中的每一组动作——你很清楚在平衡木上需要用多大的劲才能完成挺身前空翻，在地板上跳多高才能完成一个直体后空翻转体720度，在双杠上把身体摆多快才能完成一次完美的空翻两周下。看起来，你的身体对牛顿定律有本能的感觉，因为正是这些定律支配着你身体的运动。现在，在纽约举办的奥运会真正开场了，你要在现场观众面前表演你的套路，你当然希望牛顿定律保持不变，因为你想展现出来的是与练习时完全一样的套路。而如我们所知，牛顿定律的确可以满足你的这种期待，它并不会随位置的改变而变化。纽约与康涅狄格不会有两套牛顿定律。我们相信，不论你在哪，牛顿定律都会是一个样子。即使你换个地方，支配你身体运动的定律也不会受到任何影响，就像那颗台球在旋转时看不出表面有任何变化一样。

这一对称性被称为*平移对称性*或*平移不变性*。平移对称性不仅在牛顿定律中成立。在用来描述电磁相互作用的麦克斯韦定律中，爱因斯坦的狭义相对论和广义相对论中，量子力学中，以及现代物理学形形色色的理论中，平移对称性都是成立的。

这里需要注意一点。你的观测与体验会因为你所处位置的变化而不同。如果你在月球上完成你的体操套路，你就会发现，当你的双腿使同样的力气向上跳时，身体弹起的轨迹却与在地球上时完全不同。当然，我们懂得其中的差异，知道这正是物理定律导致的。月球比地球轻很多，因而能够产生的引力也就小很多，从而使得你向上蹦起的轨迹与在地球上时完全不同。而这一事实——引力的大小取决于质量的大小——正是牛顿引力定律（以及更加精确的爱因斯坦广义相对论）的一个组成部分。你在地球上及月球上感受的不同并不代表引力定律随地点的变化而变化。相反，真正体现出来的只是环境的变化。所以，当我们说已知的物理定律本身不会因为康涅狄格和纽约——我们甚至可以把月球也加进去——的区别而有变化时，必须同时记得定律也依赖于环境的差异。总而言之，我们要记住的关键性结论是，用以解释自然现象的物理定律的框架绝不会随着位置的改变而发生变化。地理上的改变不会逼迫物理学家回到黑板前重新推导理论。

物理学定律不一定非得这样。我们也可以臆想出一个新宇宙，其中的物理定律就像地方及国家政府一样随时随处变化，我们在地球上所熟知的物理定律完全不能帮助我们了解月球、仙女星系、蟹状星云或是宇宙中其他位置的物理定律。事实上，我们并不真的那么确定在我们这里起作用的物理定律是否真的也在宇宙其他角落有效。但是我们的确知道，要是宇宙中某处的物理定律不同于我们所想，那它必须在那里找个出口把这种差异消化干净。因为越来越精确的天文学观测事实已向我们提供了足够可信的证据，证明在整个宇宙空间中，或者更准确地说至少在我们目前所能看到的宇宙空间中，物理定律是一致的。这一点更加突出了对称性的神奇威力。虽然我们只能在地球及其

附近活动，但空间平移不变性的存在，却使我们能够足不出户就洞悉整个宇宙的基本定律，因为在我们这里发现的物理定律同时也是整个宇宙的定律。

*转动对称性或转动不变性*与平移不变性本是近亲。这一对称性基于这样一种理念：不同的空间方向有相同的地位。在地球上的观测并不能使我们得出这样的结论，我们抬起头看到的景象与低下头时看到的完全不同。但是同样的，这也仅仅是环境的细微差别，而非其背后的物理定律本身特性的不同。如果你离开地球，漂浮在外太空，远离任何星星、星系或是其他重天体，转动对称性就会凸显出来；在黑洞洞的宇宙空间中，你找不出一个特殊的方向，四周全是一样的。要是你打算建造一个用以探索物质或力的性质的外太空实验室，那么你根本不必花心思在它的朝向问题上，因为基本定律根本不会被实验室朝向影响。要是哪天晚上某个捣蛋鬼打算改变一下实验室回转仪的设置，使其按一定角度绕某个方向的轴旋转，你也用不着担心这会对你探索物理定律的实验有什么影响，人类至今所完成的所有实验都可以证明这一预期。所以我们相信，掌控着你所进行的实验以及用以解释你所得到的实验结果的物理定律并不在乎你在哪里——平移对称性，以及你面朝哪里——转动对称性。[1]

正如我们在第3章中所讨论过的，伽利略及其他物理学家深刻认识到物理学定律还应当遵守另一种对称性。如果你的外层空间实验室以匀速运动——不论你以每小时5000米的速度运动还是每小时10万千米的速度运动——那么这种运动绝不会对用以解释你的实验观测的物理定律有任何影响，因为你与相对你静止的人不会有不同的观测结论。我们已经看到，爱因斯坦用一种完全不可预见的方式扩充了这一对称性，他提出无论相对于哪个观测者，光速都有确定的大小，绝不会因你或者光源的速度改变而改变。毫无疑问，这相当令人吃惊。因为一般情况下，我们认为一个物体的速度应该取决于其相对于外界环境的速度，观测到的速度依赖于观测者本身的速度。但是爱因斯坦从牛顿理论的缺陷顺藤摸瓜，发现了光的对称性，将光速提升到了不可侵犯的大自然定律层次，宣称其并不受运动的影响，正如白色的台球不会因旋转而改变一样。

爱因斯坦的下一项重大科学贡献——广义相对论，正是沿着这样的方向朝着具有更大对称性的理论继续前进。正如你可以将狭义相对论想成是在相对于彼此匀速运动的观测者之间建立对称性，你也可以将广义相对论想成是前进了一步的狭义相对论，它在相对于彼此加速运动的点之间建立对称性。这一点非常特别，因为我们强调过：你不能感受到匀速运动，但是你可以感受到加速运动。因而，描述你的观测的物理学定律看起来应该会因为你的加速而变得有所不同，以便解释你所感受到的额外的那部分力。而这正是牛顿理论的情况。我们在一年级物理课程中学习的牛顿理论，在加速情况下必须有所修改。而我们在第3章中讨论过的等价原理，则使爱因斯坦认识到，你无法分辨出在加速过程中所感受到的力同处于相应大小的引力场（加速度越大则相应的引力场也应当越强）时所感受到的力之间的差别。爱因斯坦凭借其精深的洞察力认识到，一旦将合适的引力场添加到外在的物理条件中，在你加速时，物理定律就不会发生变化。在广义相对论的框架下，所有的观测者，即使那些做任意大小变速运动的观测者，都具有平等的地位——他们彼此完全对称，因为每一个观测者都可以宣称自己处于静止状态，只要他们将各自所感受到的力算作不同的引力场的效应。这样一来，相对于彼此加速运动的观测者的观测事实之间存在差异就毫不为奇了，而且也不能再被算作是自然定律改变的证据了，这就如同你在地球和月球上分别完成你的体操套路的感受不同不能作为自然定律变化的证据一样。[2]

上面的这些例子使我们能够理解为什么很多人（我猜费恩曼也会同意）会认为在我们最深刻的科学认知排名中，自然定律背后的大量对称性可获得仅次于原子假说的亚军了。不过故事还远未结束。过去的几十年间，物理学家们将对称原理的地位大大提升到我们的科学探索之梯的最高一级。如果有人提出一条新的自然定律，我们就会很自然地问出：为什么要有这条定律？为什么要有狭义相对论？为什么要有广义相对论？为什么要有麦克斯韦电磁理论？为什么要有关于强相互作用和弱相互作用的杨-米尔斯场论（我们稍后再来谈这个理论）？回答这些问题时很重要的一点就是要知道这些理论的预言可以被精确的实验反复验证，这一点对于建立物理学家对这些理论的信心非常重要。但是除此之外，我们还得知道有一些其他的重要原因。

物理学家们之所以相信这些理论在正确的轨道上还有另外重要的理由，虽然不好形容，但是我们可以说是物理学家们*感觉*这些理论是正确的，而对称性的思想则对他们的这种感觉至关重要。正是因为没有理由认为宇宙中存在某一与其他位置相比独一无二的位置，所以物理学家们对平移对称性广泛地存在于自然定律中有信心。正是因为没有理由认为宇宙中存在某种与其他匀速运动相比独一无二的匀速运动，所以物理学家们有足够的信心将狭义相对论——在所有匀速运动的观测者之间建立对称性而得到的理论——视作自然定律的重要部分。更进一步，正是因为没有理由认为任何一个观测点——不管其加速与否——会不如其他观测点，所以物理学家们有足够的信心将广义相对论——能将这种对称性纳入囊中的最简单理论——视作掌控一切自然现象的基本真理。另外，我们即将看到，关于除引力之外的3种力——电磁力、弱核力与强核力——的理论，正是建立在另外一些更加抽象但同样引人注目的对称原理的基础之上。所以，自然界中的对称性并非是自然定律的结果。按照现代观点，对称性是自然定律的基础。

对称性与时间

对称性的思想不仅对于与自然界中的力有关的物理规律非常重要，对于时间本身也非常重要。没人能够给予时间一个明确的基本层面上的定义。但毫无疑问的是，时间在宇宙组成中的部分角色为变化的记录者。事物逐渐变化，不同以往，使我们注意到时间的流逝。手表上的指针指向不同的数字，太阳在天空中的位置发生变化，你复印的《战争与和平》的页码因为没有装订而越翻越乱，可乐瓶中出来的二氧化碳分子四处弥漫——所有的这一切都表明事物发生了变化，而时间的作用正在于它可以帮助我们注意到这些变化。按照约翰·惠勒的说法，时间就是大自然用以保证所有的一切——所有的变化——不至于一股脑儿发生的巧妙方法。

时间的存在取决于一种特殊对称性的缺失：对我们来说，即使定义与我们的日常感知类似的时时刻刻的概念，也需要宇宙中的万物必须时时刻刻有所改变。如果在今日之世界与过去之世界之间存在一种完美的对称性，如果时间的改变就像旋转白色台球一样不会带来任何变化，那么我们所感知到的时间实际上就并不存在。[3] 这并不是说图5.1中逐步展示的那种时空膨胀并不存在，它还是能够膨胀。但是因为时间轴上的一切都完全一致，所以宇宙的演化或改变这种说法就没意义了。时间只是这一实在性的舞台中的一个抽象概念——时空连续统的第四维——否则它就不可辨别。

然而，即使时间的存在与某种特别的对称性的缺失联系在一起，其在宇宙尺度上的应用则要求宇宙必须严格遵守另一种不同的对称性。其中的思想非常的简单并且可以回答你在阅读第3章时可能遇到的一个问题。既然相对论告诉我们时间的流逝快慢取决于你运动的速度以及你所处的引力场的强度，那么我们不禁要问：天文学家和物理学家谈起整个宇宙起始于某一特定时刻——今天的天文学家和物理学家认为这个时刻差不多是140亿年前——时又是什么意思呢？这140亿年又是相对于谁来说的呢？哪一台钟给出的140亿年？遥远星系上的智慧生命也会得出宇宙的寿命是140亿年的结论吗？而要是这样的话，又是什么保证了他们的钟和我们的钟同步校对过呢？这些问题的答案都取决于对称性——空间中的对称性。

如果你的眼睛可以看见波长远远超过红光或橙光的波长的光的话，你就不仅会在按下启动按钮时看到微波炉内部突然放射微波开始烘烤的景象，还将在我们这些普通人眼中漆黑一片的夜空中看到虽然暗淡但几乎均匀的红光。40多年前，科学家们发现宇宙中弥漫着微波——波长很长的光——辐射，这种微波辐射正是大爆炸刚刚结束时极度高热环境残留至今的冷却遗迹。[4] 宇宙微波背景辐射完全无害。早期宇宙处于难以想象的高热状态，但随着宇宙的演化与膨胀，辐射被稳定地稀释，慢慢冷却了。今天，微波辐射的温度只比绝对零度高2.7开。它所能搞出的最大恶作剧就是无线电视在信号不好以及调到一个没有节目的频道时所出现的雪花点。

但是这一微弱的静电噪声之于天文学家却如暴龙骨之于古生物学者：一扇通往较早时期的窗口对于重构遥远过去的一切极端重要。通过过去10年的卫星探测，人们发现了微波辐射的一个重要性质：微波辐射的分布极其均匀。不同天空区域的微波辐射之间的差异低于千分之一。要是在地球上，这样小的差异将使天气预报毫无意义。因为如果雅加达的气温是85华氏度的话，你立即就可以知道阿德莱德、上海、克利夫兰、安克雷奇[1]或其他任何一个城市的温度会在84.999华氏度—85.001华氏度。而在宇宙尺度上则完全不是这样，辐射温度的均匀性相当重要，之所以这么说有两个重要原因。

首先，辐射温度的均匀性提供了观测证据，证明宇宙在其早期并非由巨大的、高熵的物质团——比如黑洞之类——占据，因为这样参差不齐的物质环境只能留下同样参差不齐的辐射烙印。相反，辐射温度的均匀性证明了年轻的宇宙各向同性；而且，正如我们在第6章中所看到的那样，与引力有关时——比如早期质密宇宙时引力起的作用——各向同性意味着低熵。这无疑是件好事，因为我们对时间之箭的讨论要求宇宙在其开天辟地时低熵。我们在本书的这一部分的

1. 雅加达，印度尼西亚首都；阿德莱德，澳大利亚港市；安克雷奇，美国阿拉斯加州南部的港口城市。——译者注

目标之一就是尽我们所能解释这一观测事实 —— 我们想要搞清楚早期宇宙的各向同性、低熵的这种非常不可能的状态是怎样出现的。这会使我们在时间之箭的探源之路上迈出一大步。

第二点，虽然宇宙演化自大爆炸，但平均下来，整个宇宙各处的演化应当彼此类似。既然我们这里的温度与涡旋星系、后发星系团或者宇宙中的任意一处的温度都相同，那么太空中每一个地方的物理条件自大爆炸后一定按照相同的方式演化。这一推断非常重要，但是需要正确解释。仰望夜空，一眼看去，我们会觉得天空并非一成不变：各种不同种类的行星与恒星闪耀天际。问题的关键在于，当我们对整个宇宙展开分析的时候，我们采用的是宏观视野，这些“小”尺度上的不同完全可以平均掉，在大尺度上宇宙的确是均匀的。我们只需想想简单的一杯水，在分子层次上，水是杂乱无章的：这里有个H_2O分子，那里又什么都没有，而另一边又有一个H_2O分子，等等。但是，如果我们对小尺度的水分子做平均，只考虑日常生活水平上这种肉眼可见的“大”尺度上的水，我们就会发现水是清澈均匀的。我们仰望星空时看到的不均匀正类似于水在分子水平上的不均匀性。但也正如用肉眼看那杯水一样，当我们在足够大的尺度上 —— 以亿光年计数的尺度上 —— 研究宇宙的时候，宇宙就具有高度的各向同性。因而辐射的均匀性就既是物理定律又是整个宇宙外在物理条件的均匀性的活化石。

这一结论意义重大，因为有了它，我们就可以定义一个可用于整个宇宙的时间概念了。如果我们将变化的量度当成是时间流逝的一个有效定义，而整个空间的物理条件的均匀性就是贯穿整个宇宙的变化的均匀性的证据，那么我们就可以知道，时间流逝也具有均匀性。正如地球地理结构上的均匀性使得美洲的地理学家、非洲的地理学家以及亚洲的地理学家彼此认同地球的历史与年龄，贯穿整个空间的宇宙演化的均匀性也会使银河系的物理学家、室女座星系的物理学家以及蝌蚪星系的物理学家得到一个大家都认同的宇宙历史与年龄。毫无疑问，宇宙演化上的各向同性意味着我们这里的钟与室女座星系的钟以及蝌蚪星系的钟，在平均的意义下，都取决于几乎类同的物理条件，所以会按差不多相同的方式计算时间。因而，空间上的各向同性保证了宇宙的同步性。

尽管我略掉了一些重要的细节（比如在下一节中将讨论到的空间的膨胀），这一段的讨论还是突出了问题的核心：时间在对称性下的尴尬处境。如果宇宙有短暂的对称性——如果其处于完全不变的状态——那甚至连定义时间都变得很难。另一方面，如果宇宙没有空间上的对称性——比方说，如果背景辐射完全是杂乱的，不同区域的温度有巨大的差别——宇宙学意义上的时间也就失去含义了。不同位置的钟表按照不同的快慢摆动，如果你要问一下宇宙30亿岁时是什么样子，那答案就将取决于你究竟是按照谁的钟来谈那流逝的30亿年。那将非常复杂。幸运的是，我们的宇宙既没有那么多对称性导致时间失去意义，也并非一点对称性都没有，使得我们无法避开那种复杂性，令我们无法探讨宇宙总的年龄以及随时间的总体演化。

那么现在让我们将目光转向演化，来一起思考宇宙的历史。

将结构放大再思考

“宇宙的历史”这几个字听起来像个大题目，但是这个大题目的纲要却极其简单，并且在很大程度上依赖于一个重要的事实：宇宙正在膨胀。既然这*就是*解读宇宙历史的核心要素，而且是人类最伟大的发现之一，那还是让我们来了解一下我们究竟是怎样认清它的。

1929年，埃德温·哈勃利用位于加利福尼亚州帕萨迪纳的威尔森山天文台100英寸望远镜，发现他所能探测到的几十个星系都在离他远去。[5] 事实上，哈勃发现，如果一个星系离他越远，则远去的速度就越快。为了对尺度有一个感性的认识，让我们看看哈勃原始观测方式的升级版（哈勃太空望远镜，研究对象为几千个星系）给出的数据：距离我们1亿光年远的星系以每小时550万千米的速度离我们远去；距离我们2亿光年的星系的移动速度也变成了2倍，即以每小时1100万千米的速度离我们远去；距离我们3亿光年的星系的移动速度就变成了3倍，即以每小时1650万千米的速度离我们远去，如此等等。哈勃的发现之所以令人震惊是因为按照当时主流的科学和哲学观念，最大尺度上的宇宙是静止的、永恒的、固定不变的。但是哈勃那一记重拳粉碎了这一观念。而在理论与实验的美妙结合中，爱因斯坦的广义相对论可以为哈勃的发现提供一个优美的解释。

事实上，你可能不会认为得出一个解释会异常困难。毕竟，要是你路过一个工厂，看到各种各样的材料猛烈又凌乱地四散飞了出来，你将不难猜出发生了一场爆炸。如果你再沿着金属和混凝土的碎块往回搜索，你会发现所有的碎片都聚敛于一个位置，而那很可能就是爆炸现场。按照相同的推理，既然从地球上看——哈勃与其后的实验都证明过的——所有的星系都在远离，你可能就会推断出我们所在的位置正是远古时期大爆炸发生的位置，而各种恒星和星系就是那场大爆炸后均匀的、四散飞出的碎片。此类理论的问题在于，其中必有一个特别的位置——我们所在的位置——是宇宙诞生的独一无二之地。要真的是那样的话，这个理论就必须承受一个根深蒂固的不对称性：远离爆炸核心的区域——也就是离我们很远的地方——与我们这里将会相当不同。因为天文学上的实验数据并没有为这种不对称性提供证据，而我们也高度怀疑这种以人类为中心的解释带有前哥白尼时代的气息，这就要求对哈勃的发现给出一个更加复杂的解释，在这个新的解释中，我们所在的位置不应当在宇宙中居于某种特殊地位。

广义相对论给出了一个这样的解释。利用广义相对论，爱因斯坦发现空间和时间是可变的，而不是固定的；是有弹性的，而不是刚性的。他给出的方程，可以准确地告诉我们空间和时间如何随着物质和能量的存在而变化。20世纪20年代，俄罗斯数学家与气象学家亚历山大·弗里德曼和比利时牧师与天文学家乔治·勒梅特在将爱因斯坦理论应用于整个宇宙时各自独立地分析了爱因斯坦方程，并且得到了令人吃惊的结果。正如地球引力的存在使得接球手头上的棒球要么继续往上飞要么往下掉，而不会停在空中（除了到达最高点的那一瞬间），弗里德曼和勒梅特也认识到弥漫于整个宇宙空间的物质和辐射所具有的引力会使空间的结构要么拉伸要么压缩，就是不能保持固定不变的大小。事实上，这里用棒球做的比喻是极少数既抓住了物理本质又说清了数学内容的比喻。这是因为，掌控棒球离地面高度的方程同掌控宇宙大小的爱因斯坦方程非常类似。[6]

广义相对论中空间概念的灵活性为哈勃的发现提供了一种影响深远的解释方法。广义相对论没有按照工厂爆炸的宇宙学版本来解释星系的扩张运动，而是提出了空间本身已经膨胀了数十亿年。随着其自身的膨胀，空间也将星系拉离彼此，就像将生面团烤成松饼的过程中上面的芝麻点四散分离一样。因而，向外运动的起源并非是空间内部的爆炸导致的，而是空间自身持续不断地向外膨胀导致的。

为了更深刻地体会这一关键思想，我们再来想一下物理学家们常用来说明宇宙膨胀的非常有效的气球模型（这一类比的源头可追溯至一幅有趣的卡通画，可参见后面的注释。[7] 这幅卡通画最早出现在1930年的一份荷兰报纸上有关威廉·德·西特的访问内容后，这位科学家在宇宙学领域做出了奠基性贡献）。这一类比将我们的三维空间同较易形象化的气球两维表面联系起来了，如图8.2（a）所示，其中的气球正被越吹越大。等间距黏在气球表面的硬币代表的就是星系。注意随着气球被吹起，硬币纷纷远离彼此，这个例子很形象地说明了膨胀的空间如何驱使星系远离彼此。

这一模型的一个重要性质在于，硬币之间是完全对称的，因为从每一枚硬币上的林肯像的视角上，看到的都是一模一样的景象。为了更形象化一点，可以在脑海中将你自己缩小，躺到其中的一枚硬币上，然后看看气球表面上的所有方向（别忘了我们在这里将气球的表面类比成整个宇宙空间，所以如果你看的是除气球表面外的其他方向就没意义了）。你会看到些什么？你将看到气球上所有的硬币都会随着气球的膨胀而离你远去。换个硬币再试试，你又看到了什么？对称性使你每次都只能看到相同的事情：所有方向的硬币都离你远去。这一切实的图像很好地符合了我们的信念（越来越多的精确天文学数据都在支持这样的信念）：宇宙中1000多个星系中的任何一处的观测者，当他们在强大的望远镜的帮助下凝望夜空的时候，在平均意义下，他们看到的图像与我们所看到的会非常类似——周围的星系朝着所有的方向离我们远去。

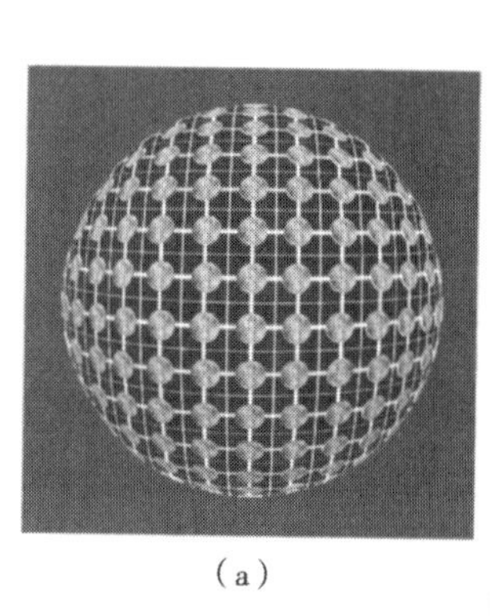

（a）

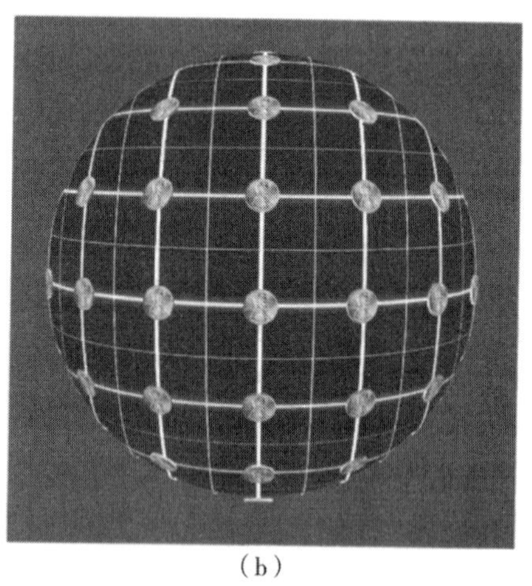

（b）

图8.2 （a）我们把大量的1美分等间距地黏到球面上。如果每个林肯（译注：1美分上的林肯像）都观察其他林肯，那么他们会发现他们看到的景象完全一样。我们对宇宙的认识就是这样，从宇宙中的任何一个星系看去，所看到的景象与其他星系看到的景象平均说来是一样的。

（b）如果球面扩张，每个硬币之间的距离就会拉大。两个硬币如果在图8.2（a）中的距离越大，它们在图8.2（b）的扩张中拉开的距离就会越大。而我们对宇宙的观测也是如此，被观测点距离观测点越远，它离开观测点的速度也就越快。以上的讨论中我们并未假定有任何一个特殊的硬币存在，而我们的宇宙中也没有任何星系如此特殊以至于我们可以将它选为宇宙的中心

所以，如果向外的运动起源于空间自身的膨胀，那么就不会像在一个固定的、先前即已存在的空间中的工厂爆炸事件那样需要一个特殊的作为向外运动的中心的点——没有特别的硬币，也没有特别的星系。每一个点——每一枚硬币，每一个星系——和其他的点具有

完全等同的地位。任何一个位置的视野*看起来*都像是在爆炸的中心：每一个林肯都会看到其他的林肯远去；所有的观测者，无论在哪个星系，都会像我们一样，看到其他的星系远去。但因为对所有的位置都是如此，所以不会存在特殊的或者说独一无二的位置，不会有那个作为所有的向外运动起源地的中心。

此外，这一解释并非仅能用空间各向同性的方式定性地说明星系的向外运动，还能定量地符合哈勃的观测数据及其后更加精确的实验观测所给出的数据。如图8.2（b）所示，如果气球在一定时间间隔内向外膨胀，比方说大小增加了2倍，所有的空间间距也将变为2倍：之前相距1米的硬币现在就会相距2米，之前相距2厘米的硬币现在就会相距4厘米，之前相距3厘米的硬币现在就会相距6厘米，如此等等。因而，在任一给定时间间隔内，两枚硬币间距的增加正比于其初始间距。而因为给定时间间隔内间距的增加意味着速度的增加，所以离得越远的硬币彼此远离的速度就会越快。本质上，两枚硬币之间的距离越远，两者之间的气球面积就越大，所以气球膨胀时它们被推离的速度也就越快。将这一推导过程准确地应用于空间及其含有的星系的膨胀过程，我们就可以解释哈勃的实验观测了。两个星系的间距越大，则其间的空间就越大，因而空间膨胀时这两个星系被推离得也就越快。

广义相对论将观测到的星系运动归结为空间的膨胀，从而不仅提供了一个将空间中的不同位置平等处理的解释，还一下子说明了所有的哈勃实验数据。就这样，人们轻松地走到盒子外（这里的“盒子”指的是空间），用精准的数据以及奇妙的对称性来解释实验观测，这样的阐释正是那种物理学家们会因其太过优美而不相信其可能出错的理论。空间结构正在膨胀这一猜想本质上符合全部观测。

膨胀宇宙中的时间

现在我们来看一个气球模型的变种。通过这个模型，我们可以更加准确地理解究竟怎样从空间——即使这里的空间指的是膨胀中的空间——的对称性来获得一个可以普遍应用于整个宇宙的时间概念。如图8.3所示，我们将图8.2中的硬币全部换成完全一样的钟表。根据相对论我们可以知道，如果这些完全一样的钟表所处的物理环境不同——处于不同的运动中或不同的引力场中——则它们所显示的时间变化快慢也将有所不同。但是简单地思考后我们即可知道，钟表之间将保留全部对称性，就像膨胀气球上的所有林肯那样。要是所有这些相同的钟表所处的物理条件一样，则将按照完全一样的快慢运转，

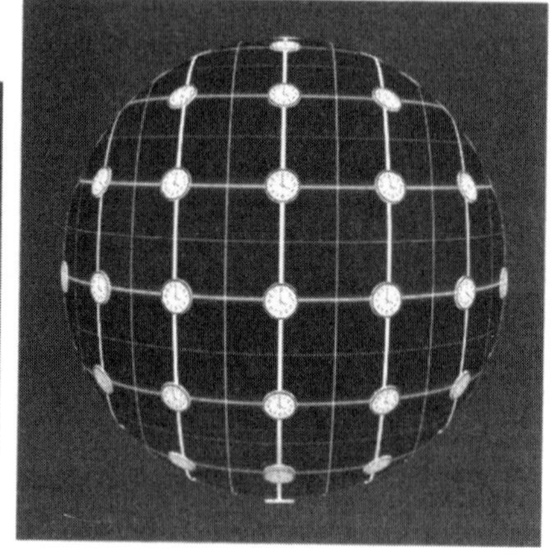

图8.3 随星系运动的钟表——其运动只取决于空间的扩张——可以当成是宇宙的钟表，虽然它们彼此相隔，却可以保持同步，这是因为这些钟表随空间而动，而不是穿越空间而动

记录的也将是完全一样的时间变化。与之类似，要是在一个膨胀的宇宙中所有的星系之间具有高度的对称性，那么随不同星系运动的钟表必将按照同样的快慢运转并且将记录下同样的时间变化。要不还能怎样呢？每一个钟表都等同于其他，平均说来，所有的钟表所处的物理条件几乎一样。这一点再次展现了对称性的强大。无须任何计算或者细致的分析，我们就可以认识到：物理环境的均匀性——通过微波背景辐射的均匀性以及整个空间中星系分布的均匀性体现出来[8]——使我们得到了时间的均匀性。

尽管这一段的逻辑推理非常直接，其结论却令人困惑。既然所有的星系都随着空间的膨胀而快速远去，那么随着不同星系运动的钟表也将彼此远去。而且，它们相对于彼此远离的速度由于两两之间距离的不同而各不相同。那么这样的运动会不会就像爱因斯坦的狭义相对论告诉我们的那样，使这些钟表失去同步性呢？出于多方面的考虑，我们可以说答案并非如此。下面我们用一种特别有用的方式来想清楚整个问题。

回忆一下第3章中说过的，爱因斯坦发现按照不同路径穿过空间的钟表其指针快慢不尽相同（这是因为向着不同方向运动的钟表需要将不同时间长短的运动挪用为空间中的运动，还记得用滑板上的巴特打的那个比方吗？小家伙必须通过运动才能从朝北转向朝东）。但是我们现在所讨论的钟表并不穿越空间运动。就像黏在气球上的硬币那样只是随着气球表面的膨胀而相对于彼此远去，每个处于宇宙中不同位置的星系在很大程度上也只是随着整个空间的膨胀而相对于其他星系远去。而这就意味着，相对于空间自身，这些钟表实际上处于静止状态，所以它们才会按照完全一样的快慢运转。正是这样的一些钟表——其运动仅仅来自于宇宙的膨胀——才能作为同步宇宙钟来测量宇宙的年龄。

当然，要知道的是，如果你带上你的表跳到火箭上，以极快的速度横穿宇宙，那你的运动速度就会超过宇宙膨胀的速度。如果你真这样做，你的表就将按不同的快慢运转，而你所得到的大爆炸时间就将是另一个结果。这样看待问题的角度当然是没问题的，但是是一个完全个人化的角度：这样一来你所测得的时间就与你的个人移动经历以及运动的状态息息相关。而当天文学家们探讨宇宙年龄的时候，他们想要的是一些普适的东西——他们寻找的是放之整个宇宙而意义不变的测量结果。整个宇宙空间变化的均匀性就提供了一种能达到这一目的的方法。[9]

事实上，微波背景辐射的均匀性为我们检验自身实际是否沿空间膨胀的方向运动提供了一种现成的方法。如你所知，尽管微波背景辐射在整个宇宙空间中具有各向同性的特点，可一旦你处于超出空间膨胀速度的运动之中，你就不会再观测到这种各向同性了。向我们疾驶而来的警车上的警笛声变得尖锐，而在飞快地离我们远去时警笛声又变得沉闷。微波背景辐射也是如此。如果你正在驾驶飞船高速飞行于宇宙空间中，那么迎面而来的微波的波峰波谷就会以一个较高的频率快速更迭，而从你的后面追过来的微波的波峰波谷的更迭频率则要低些。较高频率的微波意味着较高的辐射温度，所以你将感觉到你面前的辐射温度比你背后的辐射温度要高一些。而实际测量结果表明，在我们的地球这艘大“飞船”上，天文学家们的确发现某个方向上的微波背景辐射要热一些，而其相反方向上的微波背景辐射则要冷一些。这一事实告诉我们，不仅地球绕着太阳转，太阳绕着星系中心转，其实整个银河系都以一个超出宇宙膨胀速度的微小速度向着长蛇星座的方向运动。天文学家们只有修正了这个相对微小的速度对微波背景辐射的影响，才能清楚地看到微波背景辐射的确具有均匀性，天空中不同位置的温度非常均匀。而正是这种均匀性，不同位置之间的这种对称性，使得我们可以在描述整个宇宙的时候准确地谈论时间。

膨胀宇宙的奥妙

在我们对宇宙膨胀的阐释中有一些值得强调的细节。首先，在气球比喻中起作用的只是气球*表面*——两维的面（其上的每一个位置都可以用类似于地球上的经纬度来表示），而我们四下张望时看到的是三维的空间。我们之所以利用这个低维模型做例子是因为它既保留了真实情况中的本质概念，又可以形象地说明问题。我们用的是气球表面这一点你需要牢牢记住，特别是若你曾试图告诉大家气球模型中存在一个特殊点（你可能会说气球内的中心点就是个特殊点，因为气球表面所有的点都离它远去）的话。尽管你看到的这个事实是对的，但是它却对气球模型毫无意义，因为除气球表面上的点以外的任何一点都不对这一类比有任何意义。气球表面代表的就是整个空间。不在气球表面上的任何一点都只不过是这一类比的副产品，并不对应实际宇宙空间中的任何一点。[1]

第二点，如果星系所处的位置距离越远，其远离的速度就越大，那岂不就意味着距离我们足够远的星系将有可能以大于光速的速度远离我们而去？[10] 对于这个问题我们可以肯定地回答：是的。但这并不与狭义相对论矛盾。那这又是为什么呢？其中的道理又与随空间膨胀运动的钟表具有同步性有关。如我们在第3章中所强调过的，爱因斯坦证明*在空间中*运动的一切事物其速度都不可能超越光速。至于星系，在平均意义上，几乎不在空间中运动。星系的运动几乎可以完全归结于*空间结构自身的延展*。而爱因斯坦的理论并不禁止空间以一种可以驱使两点——比如两个星系——以超越光速的速度分离的方式运动。爱因斯坦的理论只限制随空间膨胀的运动被减除之后的运动速度，也就是说只限制超出空间膨胀之外的那部分运动速度。观测表明，对于沿着宇宙膨胀方向运动的星系来说，那些超出空间自身膨胀的运动速度非常有限，完全在狭义相对论所容许的范围之内，即便两个星系由于空间自身膨胀而有的分离速度超越了光速也没关系。[2]

---

1. 若不用这个两维的气球模型做类比，而是直接用一个球形的三维空间做类比的话，在数学上当然非常简单，但即便是专业的数学家和物理学家也很难形象地勾画出这一图像。你倒也可以试着想象一个实心的三维球，比方说没有洞的保龄球。但这实际上并不是一个可接受的形状。在我们想要的模型中，所有的点应该处于完全相同的地位，因为我们相信宇宙中所有的位置彼此类似（当然是在平均意义上）。但是保龄球上的点却彼此不同：有的就在表面，有的在内部，还有的正好位于球心位置。正如在两维气球模型中两维的表面围绕在三维的球体区域（包括气球中的空气）外，可接受的三维圆形也应该围绕在四维球体区域外。所以一个四维空间中的球体的三维表面才是一个可接受的形状。不过要是这么说还不能让你停止对一幅图像的渴求，那么你就可以像所有的专家做的那样：坚持利用易于想象的低维类比。事实上低维的类比几乎能够捕捉到所有本质特点。要不我们也可以考虑三维平直空间，与球体的圆形不同，平直空间具有可视化的特点。

2. 根据宇宙膨胀的速度是加速还是减速的不同，这样的星系所辐射出来的光可能会陷入令芝诺骄傲的困境之中：从另外一个星系辐射出来的光以光速穿越空间向我们飞来，但是我们两个星系之间的距离却以大于光速的速度扩大，从而导致向我们飞来的光永远都无法到达我们的身边。更为详尽的讨论可参见注释10。

第三点，要是空间不断膨胀，那么被拉离彼此的岂不并非只有星系？每一个星系内的空间膨胀也会使所有的恒星远离彼此，而每一个恒星内的空间膨胀，每一个行星内的空间膨胀，你我甚至世间万物内的空间膨胀，岂不会使构成各种事物的原子彼此远离？而每一个原子内的亚原子物质岂不也会被驱动着彼此远离？简而言之，空间的膨胀是不是使包括我们用的米尺在内的世间*万物*全部变大，从而使得我们根本无法知晓膨胀是否实际发生了呢？答案是否定的。再回想一下气球上的硬币模型。当气球表面膨胀的时候，所有的硬币远离彼此，但是这些硬币自身却没有膨胀。当然，要是我们通过在气球表面用黑笔画圈来代表星系的话，则随着气球的膨胀，那些黑圈也都变大了。但是真正抓住问题本质的是硬币而不是黑圈。每一枚硬币之所以保持大小不变是因为将锌原子和铜原子捏合到一起的力远远强于硬币胶黏其上的气球膨胀所产生的张力。与之类似，将独立的原子捏合到一起的核力，将你的骨头和皮肤捏合到一起的电磁力，以及使行星和恒星彼此接近构成星系的万有引力，都比因空间膨胀而产生的张力强得多，所以这些事物都不会变大。只有在最大的尺度上，远远大于每一个独立星系的尺度上，空间的膨胀才不会遇到任何抵抗（不同星系间的万有引力相当微弱，因为两者之间的距离太过巨大），因而只有在超星系的尺度上，空间的膨胀才会驱使事物远离彼此。

宇宙学，对称性与空间的形状

要是有人大半夜的把你从睡梦中叫醒，然后让你告诉他宇宙的形状——也就是整个空间的形状——是怎样的，朦朦胧胧的你大概会没法回答。不过即使在你醉醺醺的时候，你也知道爱因斯坦证明过空间就像橡皮泥一样，所以理论上它可以是任何形状。那么你什么时候又将怎样才能回答询问者的问题呢？我们居住在一个小行星上，这颗小行星绕着一颗毫不起眼的恒星运动，我们的太阳系不过是整个银河系边缘的一个星系，相比于其他千百万个星系没有任何特别之处。那你究竟该怎样才能对整个宇宙的形状有一个认识呢？好吧，随着困意渐渐退散，你的头脑逐渐清醒，认识到是时候再次搬出对称性来当救兵了。

如果你愿意采纳科学家们广泛持有的信念：在大尺度上，宇宙中所有的位置和所有的方向都是相对于彼此对称的，那你就很好地回答了询问者的问题。理由是，差不多所有的形状都*不可能*满足这一对称性的标准，因为差不多任何一种形状的某个部分或区域都在基本层面上区别于其他部分或区域。梨形上窄下宽，鸡蛋形两头尖中间粗。这些形状，虽然也具有某些对称性，但都不具有完全的对称性。将这些特别的形状排除，把视野投向那些每个区域每个方向都彼此类似的形状上，你就会发现还没被淘汰的已经出奇的少了。

我们曾经遇到过一个满足这些条件的形状。气球的球形对于在其膨胀的表面上建立所有的林肯像之间的对称性非常关键，故而这一形状的三维版本，所谓的*三维球面*，就是一个空间形状的候选者。但它并非是唯一一个能实现完全对称性的形状。我们继续利用易于可视化的二维模型来促进思考，想象一个*无限宽无限长*的橡胶薄片——完全未弯曲——其表面黏有等间距放置的硬币。随着整张薄片的扩张，我们再次得到了完整的对称性并且与哈勃的实验观测再次符合：每一位林肯都会看到其周围的林肯远离他而去，并且速度正比于距离，如

图8.4所示。因而，这一形状的三维版本——想象一大块正在膨胀的透明橡胶做成的立方体，其中均匀地铺洒着星系——就是另一个可能的空间形状（如果你偏爱拿厨房里的家什做比喻，那还是想象之前提过的带瓤松饼的无限大版本，这个松饼像是个立方体，只不过要不停地无限膨胀，其中的瓤扮演星系的角色。开始烘烤后，生面团变大，使得每一个瓤离彼此越来越远）。这一形状被称为*平直*空间，因为其不同于之前的球形：它并没有任何弯曲（这里的"平直"是数学家和物理学家所使用的意义，并非我们平常口头上那种"平底锅"中的"平"）。[11]

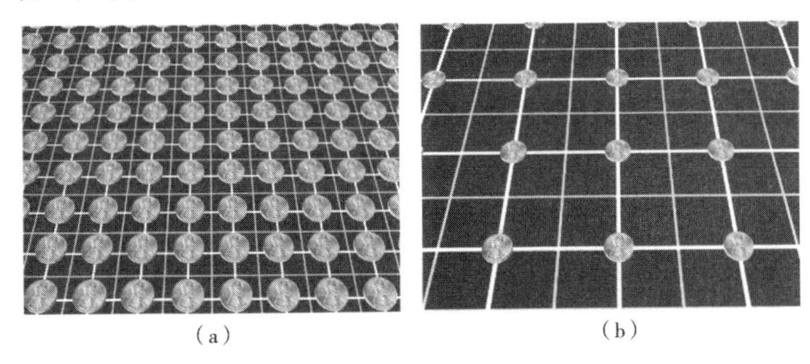

图8.4 （a）无限平面上的每一个硬币看到的景象都与其他的硬币看到的一样。（b）图（a）中的两枚硬币相隔越远，平面扩张时其间隔的增加就越大

球形和无限大平面形状的好处之一在于你可以沿着它们无穷无尽地走下去而不用担心到达边界。这一点非常不错，因为它能使我们避开一个非常棘手的问题：空间的边界之外有些什么？如果你走进空间的边界会发生什么？如果空间没有边界，那这些问题就没有意义。但我们需要知道上述的两种形状是通过不同的方式来实现这一极具吸引力的特性的。如果你在一个球形空间一直走下去，你就会发现自己就像麦哲伦，早晚会回到起始点，永远都不会碰到边界。相反地，

如果你是在无限大的平面上一直走下去，你会发现自己像电动兔[1]，永远不停，永远不会碰到边界，可是也永远无法回到起始位置。虽然这一点看起来像是弯曲和平直的形状在几何上的根本性差异，但是只要对平直空间做一些变化就会发现它将在这点上极其惊人地类似于球形。

为了形象化一点，让我们回想一下某些电子游戏，这种游戏看起来在屏幕上有边界，但实际是没有边界的，因为你不能掉出屏幕：一旦你在屏幕右边的边界消失，你就会立即出现在屏幕左边的边界；如果你在屏幕上边的边界消失，你就会立即出现在屏幕下边的边界。屏幕是“卷在一起的”，虽然区分了上下左右，并使整个屏幕平直（未弯曲）且有有限尺寸，却没有边界。数学上，这种形状被称为*二维环面*，如图8.5（a）所示。[12] 这一形状的三维版本——三维环面——

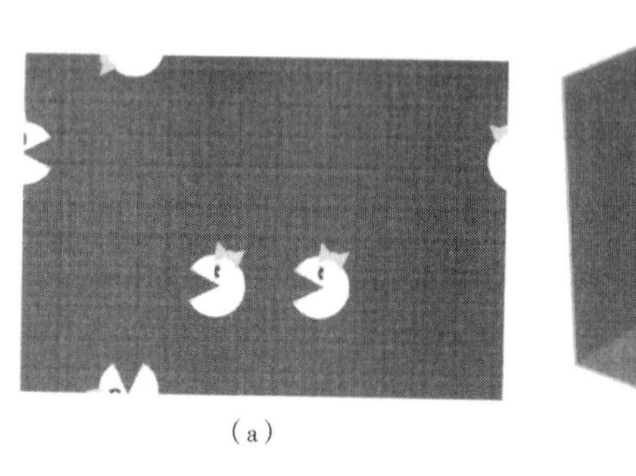

（a）

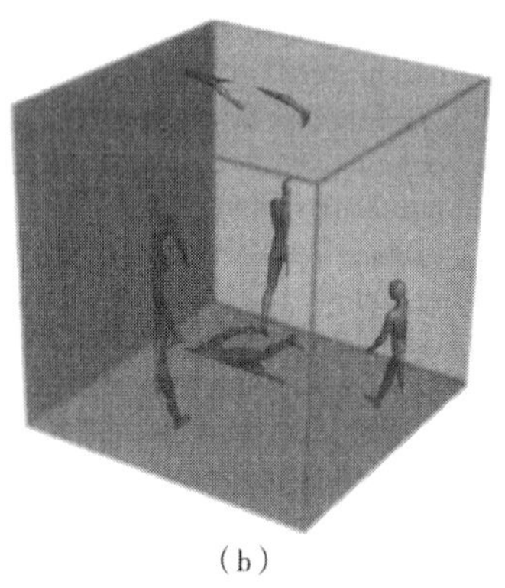

（b）

图8.5 （a）游戏机屏幕平坦（不弯曲）且有限，但是其中的画面却没有边界，因为游戏画面“蜷在一起”。数学上，这样的形状称为*二维环面*。
（b）相同形状的三维版本，称为*三维环面*。同样的，平坦且体积有限，只不过没有边界，因为蜷曲起来。你穿过一面就会从另一面出来

1. 电动兔，美国Energizer公司于1989年推出的一款玩具，打着鼓的兔子会一直向前走。——译者注

可以作为空间结构的另一种可能形状。你可以将这一形状想象成沿着3个维度蜷曲缠绕的巨大立方体：若你在这个立方体的顶部走到尽头，你就来到了底部，往后走到头就来到了前面，往左走到尽头就来到了右边，如图8.5（b）所示。这样的形状是平直的——再次提醒，这里指的平直是非弯曲的意思，不是平底锅那种平直——三维，在所有的方向上都是有限大小的，而且没有边界。

如果用膨胀空间的对称性来解释哈勃的实验观测，则空间的可能形状除了上述的这些外，还有另外一种。同三维球面那个例子一样，这个形状也很难在三维空间中画出，不过我们也可以用其两维替身——你可以把它当成品客薯片的无限大版本——来说明问题。这种形状叫作*马鞍面*，它是一种反球面：球面是高度对称的向外膨胀，马鞍面则是对称的向内凹陷，如图8.6所示。这里我们用点数学术语：球面具有*正曲率*（向外膨胀），马鞍面具有*负曲率*（向内凹陷），而平直空间——不管是无限大还是有限大小——则*无曲率*（既不向外膨胀也不向内凹陷）。[1]

1. 电子游戏屏幕可以作为无边界的平直空间的有限大小版，没有边界的马鞍面也有其有限大小的现实例子。我不想在这里继续讨论这一问题，大家只需要知道所有这3种可能的曲率（正，零，负）都可以用无边界的有限大小的形状代表（理论上，宇航员版的麦哲伦可以在任意一种曲率的宇宙中实现太空大航海）。

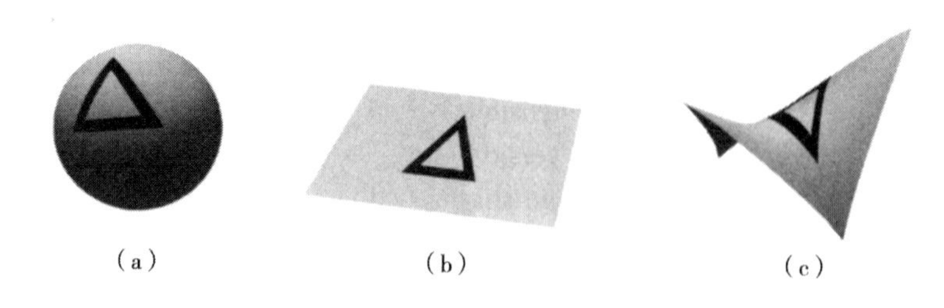

图8.6 用二维类比一下空间，一共有3种完全对称——也就是说，每一个位置看到的景象都与其他位置看到的一样——的弯曲，分别为：
(a)正曲率弯曲，一致向外鼓，举例来说就是球面；
(b)零曲率弯曲，没有任何弯曲，例如无限大平面或者游戏机屏幕；
(c)负曲率弯曲，全部向里弯，例如马鞍面

研究人员已经证明，正曲率、负曲率和零曲率已经穷尽了能满足对称性要求——所有位置之间具有对称性，所有方向之间也具有对称性——的所有可能曲率。而这实在令人吃惊。我们讨论的可是整个宇宙的形状，这本该有无限种可能性。但是，借助于对称性的强大威力，研究人员排除了绝大部分的可能性。所以，如果你允许对称性为你引路，而那个午夜来访的提问者又同意你猜猜仅有的几个答案的话，你就有可能应付得了他的挑战。[13]

不过你可能还是想知道，关于空间结构的形状这一问题，我们为什么会得到几种不同的答案呢？我们生活在一个宇宙中，为什么不能明确它究竟是哪种形状呢？好吧，我们前面所列的形状是仅有的能与我们的信念——我们相信每一个观测者，不管他处于宇宙中的哪个位置，在最大的尺度上看到的宇宙都应当是一样的——自洽的形状。但是对称性的这种思考，尽管挑选出了少数几个选项，却不能得到最终的唯一答案。要想得到那唯一的答案，我们还需要爱因斯坦的广义相对论。

爱因斯坦方程将宇宙中的所有物质与能量（这里还要出于对称性的考虑而假定这些物质和能量均匀分布）作为输入，得到的是空间的曲率。这里的困难之处在于，天文学家们用了几十年都无法最终确定宇宙中的物质和能量实际有多少。如果宇宙中所有的物质和能量均匀地分布于整个太空，而且其密度大于所谓的*临界密度*，即每一立方米中0.00000000000000000000001（10^{-23}）克[1]——每一立方米中5个氢原子，从爱因斯坦方程中得到的空间曲率将为正数；若宇宙中物质和能量的密度小于临界密度，则将从爱因斯坦方程中得出负曲率；若正好等于临界密度，则爱因斯坦方程告诉我们空间没有整体曲率。这一观测问题目前还没能得到确定的答案，但是目前最好的数据倾向于认为空间无曲率——也就是说实际上宇宙是平直的（但电动兔到底会不会朝着一个方向一直走下去并消失在黑暗中，又或者某天突然南辕北辙地绕到你背后——空间会不会一直膨胀下去或者会不会像电子游戏的例子那样蜷曲成首尾衔接——这样问题的答案仍然没有定论）。[14]

即便这样，就算我们不能对宇宙的形状给出一个最终的答案，我们也已很清楚地看到，我们之所以在将整个宇宙视作一个整体的时候也可以理解空间和时间，正是因为有了对称性这一核心要素的帮助。要是没有对称性的强力帮助，我们将举步维艰。

---

1. 时至今日，宇宙中的物质远多于辐射，所以用与质量相关的单位——克每立方米——表示临界密度最方便。还要注意的是虽然临界密度10^{-23}非常的小，但是宇宙中实在有太多的立方米了。而且，探讨的宇宙越古老，空间也就越小，能量或质量被压缩得也就越厉害，宇宙也就越致密。

宇宙学与时空

现在我们可以将膨胀空间的概念与第3章中讨论过的时空的面包片描述联系起来以说明宇宙的历史。还记得吗？在面包片描述中，每一片面包——即使是两维的——都代表着一个特别观测者的视角下某一时间点上的三维空间。不同的观测者，根据其相对运动的不同，按照不同的角度切面包。在前面遇到的例子中，我们并没有考虑空间的膨胀；相反，我们将宇宙的结构想象为固定且不随时间改变的。现在我们要将宇宙的演化也考虑进去，以便更好地探讨之前的那些例子。

为了达到这个目的，我们采用相对于空间静止的观测者——也就是说，观测者的唯一运动来自宇宙的膨胀，就像气球上的林肯像——的视角。再次指出，即使这些观测者相对于彼此运动，他们彼此之间还是有对称性的——他们的表显示相同的时间——因而他们以相同的方式切割时空片。在这种条件下，仅当他们的相对运动速度超过空间膨胀的速度，并且他们彼此在空间中的相对运动与空间膨胀导致的运动相反的时候，这些观测者的表才会变得不一致，导致他们的时空片的角度不再一样。我们还需指明的是空间的形状，出于对比的考虑，我们将考虑上面讨论过的可能性。

最容易画出的例子是平直的有限形状，就像电子游戏那样。在图8.7（a）中，我们给出了宇宙中的一片，你需要将该示意图看成是此时此刻的整个太空。简单起见，我们的银河系被画在图的中心，但你需要记住这并不表示我们的银河系有何特别之处，宇宙中没有任何位置有特殊的地位。图中的边界并不真正存在。图的上端并不就是宇宙的边界，你迈过最上端时将会回到最下端。与之类似，图的最左端也不是宇宙的尽头，迈过最左端你将回到最右端。而要想令这幅图符合天文学观测，我们还需要将图的每条边都从其中心点开始各向两边延伸至少140亿光年（差不多850亿兆千米），甚至更长也是可能的。

反之，我们抬头仰望漆黑清澈的夜空时看到的种种光亮都是很久以前——数百万年甚至上亿年以前——即已发射出来的光。这些光经过漫长的旅程，直到今日才到达我们这里，进入我们的天文望远镜中，使我们可以通过它们感受外太空的神奇景观。因为宇宙一直在膨胀，所以在这些光束刚刚射出的远古时代，宇宙比之今日要小得多。我们通过图8.7（b）来展示这一点。在这张图中，我们将*现在*的时间片放在最右端，从右至左的时间片代表的就是我们的宇宙在越来越早的时期的样子。如你所见，宇宙所处的时期越早，其整体尺度以及星系之间的间距就越小。

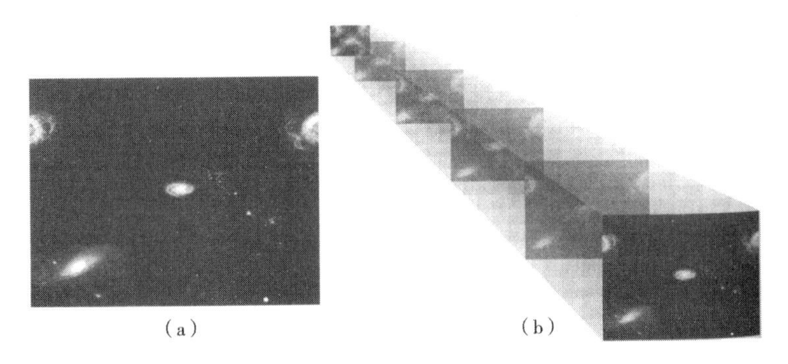

（a）　　（b）

图8.7　（a）现在的所有空间的示意图，假定了空间平坦且有限，也就是说看起来像游戏机屏幕。注意上右的星系绕回到上左。

（b）所有空间随时间演化的示意图，我们把时间分片以便看起来清楚些。要注意到空间的整体尺寸和星系的间隔随着时间回溯而减小

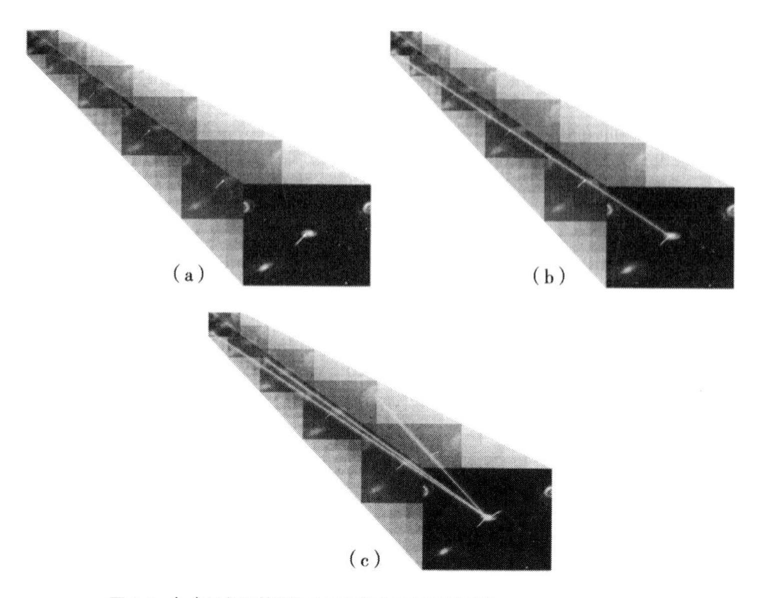

图8.8 (a)很久以前从远处发出的光正接近银河系。
(b)我们最终看到远方的星系时，我们看到的是穿越了空间和时间的远方星系，因为远方星系的光是在很久以前发出来的。高亮显示的是这束光在时空中的路径。
(c)我们今天所见的来自各种天体的光在时空中的路径

在图8.8中，你看到的是一束光的历史，这束光从遥远的，或许100亿光年外的河外星系射出，向着银河系中的我们飞来。在图8.8(a)的第一片中，这束光刚刚射出；从其后的那些片中我们可以看到，即使宇宙越变越大，这束光也照样离我们越来越近，最后来到我们跟前，如最右边的时间片所示的那样。在图8.8(b)中，我们将每一时间片中该光束的前端连接起来，就得到了这束光穿越时空的路径。因为我们可以从很多不同的方向接收到光波信号，所以我们另用一张图片[图8.8(c)]展示来自不同光源的光束在时空中留下的轨迹。

这些图片戏剧性地说明了为什么来自太空的光束能被用作封存

宇宙时间的胶囊。当我们望向仙女星系时，我们看到的光发自300万年以前，所以我们看到的实际上是仙女星系过去的样子。当我们望向后发星系团时，我们看到的光发自3亿年以前，所以我们看到的后发星系团比看到的仙女星系还要老。即使这个星系团中所有星系中的所有恒星此刻都一下子变成了超新星，我们所能看到的也是没有任何突变的景象，并且在接下来的3亿年间我们也不会看到它们的集体爆发；只有在3亿年后，超新星爆发时发出的光到达我们这里，我们才能了解当时发生的一切。与之类似，要是现在时间片上的后发星系团中的一位天文学家正在用一台超级天文望远镜探看我们地球，她所看到的也只会是大量的蕨类植物、节肢动物以及远古爬虫；她绝不会看到中国的万里长城或是巴黎的埃菲尔铁塔，要想看到这些，她还得再等3亿年。当然，这位天文学家想必已受过专门的宇宙学培养，明白她所看到的光源来自3亿年前的地球，并且将观测到的地球早期细菌知识安置于她自己的宇宙时空条的适当时期——适当的时间片上。

上述的一切都预先假定我们以及后发星系团中的天文学家仅随同空间的膨胀而运动，因为这一假定保证了她从时空条中切得的那片与我们的一致——即保证了我们与她对*现在*的认识具有一致性。不过，要是她不再跟我们同步，而是以大于宇宙膨胀的速度穿行于太空，那么她的时间片就会相对于我们倾斜，如图8.9所示。在这种情况下，就像在第5章时我们同丘巴卡一道发现的那样，这位天文学家的*现在*就会同我们所认为的过去或者未来（究竟是过去还是未来要看到底是向着我们运动还是远离我们运动）保持一致。需要注意的是，这样一来，她的时间片就不再具有空间上的各向同性。图8.9中每一个倾斜的时间片所描述的宇宙是一个包括一段不同时间点的宇宙，因而时间

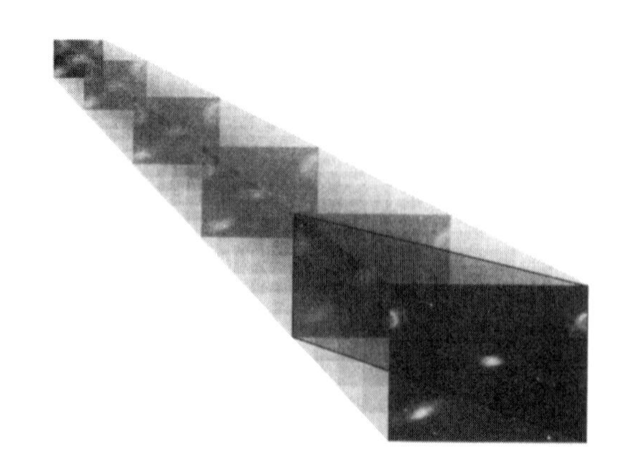

图8.9　一个超越宇宙空间膨胀速度的观测者的时间片段

片不再具有均匀性。这样一来，我们在描述宇宙历史时的复杂程度就会增加很多，而正是因为这样，物理学家和天文学家一般不愿采用这样的分析视角。一般来说，物理学家和天文学家采用的是仅随着宇宙膨胀而运动的观测者视角，这样一来所有的时间片都能保有各向同性——但从根本上讲，所有的视角都一样有效。

沿着宇宙时空条的左边望去，我们会发现宇宙变得越来越小，越来越密。当我们往自行车车胎中不断地打气时，车胎就会变得越来越热，而宇宙也是如此，当空间不断缩小，物质和辐射变得越来越密的时候，整个宇宙也就变得越来越热。如果我们追溯到宇宙诞生后的百万分之一秒，我们将发现宇宙如此之密而且如此之热，以至于普通物质都分解成由大自然中的基本粒子所构成的原初等离子体。而当我们继续追溯，直到接近时间为零的时刻——大爆炸的那一刻——整个的已知宇宙都将被压缩到一个小到难以想象的尺寸上，以至于相比于当时的宇宙，这句话结尾处的句号都是真正的庞然大物。由于早期的密度实在太过惊人，而且当时的物理条件又是那么极端，因此现代所能拥有的最好的物理理论都无法告诉我们当时的情况。出于一些我们将要在后面详加介绍的理由，20世纪发展出来的那些已经取得了巨大成就的物理定律在如此恶劣的条件下不再有效，使我们在时间的源头处失去了方向舵。我们即将看到，近年来的一些进展为我们点燃了希望的灯塔，不过即便如此，现在我们也只能承认自己对宇宙时空条最左端的那片起始区域认识并不完整，只能模模糊糊地将它画在那里——它就是我们的旧地图上的未知区域。最后我们用图8.10来给出一幅粗线条的宇宙历史示意图。

其他形状

到目前为止，我们一直假定宇宙空间具有像电子游戏屏幕那样的形状。对于其他的形状，我们也将得到一些相同的性质。比方说，如果实验数据最终证明空间为球面形状，那么当我们沿着时间追本溯源的时候就会发现，球面的尺寸变得越小，宇宙就变得越热越密。最后，在时间的尽头我们就遇到了某种大爆炸的起点。要想画出一幅图8.10那样的示意图可是一项很有挑战性的工作，因为球面很难被简单地、一个挨一个地摆好（不信你可以试着想象一个“球形面包切片”，它的每一切片都是一个球面，罩在上一个切面的外面）。不过除了画图上的这点困难，重要的物理部分都与我们前面的讨论一样。

无限大平直空间与无限大马鞍面也具有一些共同的性质，不过两者有一本质区别。来看一下图8.11，其中代表平直空间的时间片可以无限延展（当然，我们画出的只是其中的一部分）。我们所研究的时

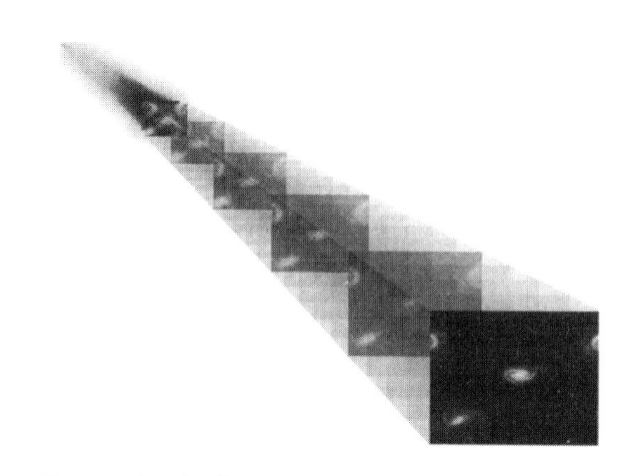

图8.10 平坦且有限的宇宙的历史——时空"片"。最左端之所以模模糊糊是因为我们对宇宙的开端一无所知

间越早，空间就越小。所以在图8.11（b）上我们可以看到，时间越是推向过去，星系就变得越密。但是，空间的整体大小却保持不变，这又是为什么呢？这个嘛，无限大是一件非常古怪的事。如果空间是无限大，那么你把它缩小1/2的话，空间就是原来的1/2，也就是1/2无限大，可是1/2无限大也是无限大。所以，当你逆着时间一路向过去探查，你会发现世间万物全都彼此靠近，密度也变得越来越大，但是宇宙的整个大小却仍是无限大；在无限大的空间内一切都变得越来越近。这将使我们得到一幅全然不同的大爆炸图像。

一般来说，我们将宇宙想象为诞生于一个点，大致如图8.10所示，这个点之外并没有空间和时间。然后，从某次突然的爆炸开始，空间和时间就开始摆脱它们的压缩形态，宇宙就开始膨胀。但如果宇宙的空间是无限大，*那么在大爆炸的那一刻就已经存在了一个无限大的空间区域*。在这原初的一刻，能量密度高涨，温度高得不可想象，但是这种极端条件无所不在，并不是只存在于某一点。按这种说法，大爆炸并不是发生于某一点，而是爆发于整个无限大的空间范围内的所有地方。将此与传统意义上的发源于一点的说法相比，这种大爆炸就相当于说有很多的大爆炸，无限大的空间范围内的每一点上都有大爆炸。大爆炸之后，空间膨胀，但是其整体大小却不可能发生变化，因为一个无限大的东西是不可能变得更大的。那么，为什么当你从图8.11（b）的左边往右边望去的时候，会发现星系（一旦它们形成）之类的事物之间的距离变大了呢？所有的观测者，无论你我还是其他的什么人，都会发现围绕着自己的星系正在远去，就像哈勃所发现的那样。

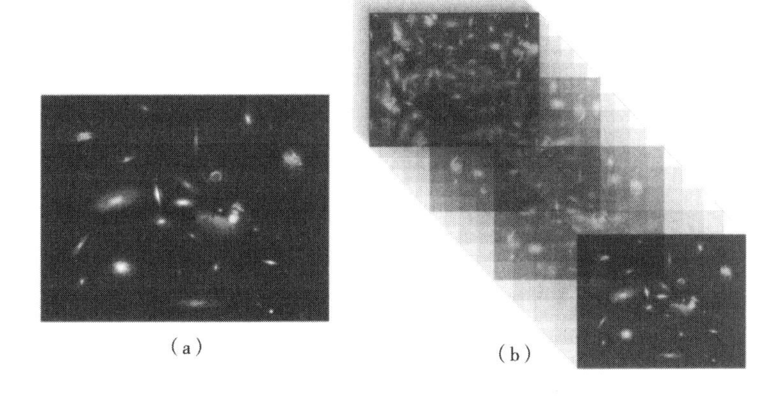

图8.11 （a）无限空间的图释，其中有大量星系。
（b）更早的时期星系收缩——所以星系离得更近且更加密集，无限空间的整体大小还是无限。我们对较早时期发生了什么一无所知，因而只好还用些模糊的片来代表，只不过这里都是无限空间

必须牢记的是，无限大平直空间并不仅仅是一个只具有学术上的意义的例子。我们将在后面的章节中看到，还存在着空间的整体形状并不是弯曲形状的坚实证据；而且，也没有证据表明空间为电子游戏屏幕那样的形状。因而我们可以说平直、无限大的空间形状真的是时空大尺度结构的有力竞争者。

宇宙学与对称性

对于对称性的思考显然已成为现代宇宙学发展中不可或缺的部分。时间的意义，把整个宇宙当成一个整体来研究时的时间概念是否可用，空间的整体形状，甚至是广义相对论的深层次理论框架，所有的这一切都在根本上依赖于对称性。即便如此，我们还将发现存在另外一种从对称性中获知宇宙演化的方法。通过对宇宙温度史的学习，我们将会发现，从大爆炸刚刚过去之后的极热时刻一直到我们测量外太空所得到的只有绝对温度几开的今天，整个的这个过程都可以从对宇宙温度的研究中了解到。而且，正如我即将在下一章中要阐释的，由于热与对称性之间的相互依赖关系，我们今日所看到的对称性很可能是远远丰富于今日的对称性的残存部分，而正是这些更为丰富的对称性铸就了早期宇宙，并且决定了有关宇宙的某些我们最熟悉且具有本质意义的性质。

第 9 章 蒸发真空

热，一无所有，统一

在整个宇宙历史中，大于95%的时间内，我们都可以这样简略地描述我们的宇宙：宇宙在膨胀。由于膨胀，物质继续扩散。宇宙的密度持续减小，温度继续降低。在最大的尺度上，宇宙具有对称、各向同性的外观。不过宇宙并不总是如此。关于最早时期，我们会有一段气氛热烈的报道，因为在那段时间里，宇宙在极速改变。我们现在知道，宇宙过去所发生的一切直接影响着我们今天对它的认识。

在本章中，我们将焦点集中在大爆炸之后的最初时刻。人们相信，宇宙的对称性在那个时候发生过巨变，而每一种改变都在宇宙的历史中留下了一段意义截然不同于其他的时期。尽管关于今日宇宙的报道可以参照几十亿年前的内容，但是报道宇宙中对称性极速变化的初创时期的工作则非常富有挑战性，因为我们完全不熟悉那个时候物质与力的基本结构。我们要了解的内容与热和对称性的相互影响有关，并且我们需要反思一下我们关于真空和一无所有的概念。我们将会看到，这样的反思将并不仅仅丰富我们关于宇宙最初时刻的知识，还能够引导我们向着牛顿、麦克斯韦，特别是爱因斯坦追寻的统一之梦迈进一步。同样重要的是，这样的一些理论进展将为最现代的宇宙学理论框架暴胀宇宙学——一种能够回答一些标准大爆炸宇宙学解释不了的最困难最麻烦的问题的方法——打下基础。

热与对称性

事物在极热或极冷的时候一般会有所改变。有的时候这种改变太过强烈，以至于你无法认出它的本来面貌。大爆炸之后处于极热状态的宇宙随着空间的膨胀和冷却而温度降低，了解温度改变所带来的效应将会帮助我们搞清宇宙的早期历史。但是真正开始之前，让我们先看看比较简单的例子，我们来了解一下冰。

如果你将一块非常冷的冰加热，你会发现最初没什么变化。虽然那个时候冰的温度在增加，但它看起来一点变化都没有。但是如果一直把它加热到0摄氏度，并且不停下来，你会突然看到发生了某些奇妙的事情。固态的冰开始融化成液态的水。不过这种熟悉的现象不是你要注意的，你要注意的是冰和水之间的密切关系。一种是坚硬的冰，而另一种是流动的水。只从表面看的话，我们很难想象它们的分子结构竟然都是H_2O。如果你以前从没见过冰和水出现在一起，你可能就会认为它们是完全无关的。那么在温度达到0摄氏度的时候，你就会非常吃惊地发现，它们可以彼此转化。

继续加热水，你又会发现除了温度升高外没有任何其他变化。等到温度达到100摄氏度的时候，又会突然出现一种变化：液态的水开始沸腾并且变成了水蒸气。表面看来，这种热得发烫的气体同液态的水和固态的冰没有任何关系。但是我们知道，这3种物质由相同的分子组成。从固态到液态以及从液态到气态的这种变化称为*相变*。如果温度变化的范围足够大[1]，大部分物质都会有类似的改变过程。

对称性在相变的过程中具有核心地位。在几乎所有的情况中，我们都会发现相变前后某种东西的对称性发生了变化。比如，在分子的尺度上，冰具有晶体结构，所有的H_2O分子排成有序的六边形。就像图8.1中的盒子一样，冰的分子也会在某些特定的操作下保持整体不变，比如绕着某些特定的轴转动60度这样的操作。另一方面，如果我们加热冰的话，其晶体结构就会化为混乱但均匀的分子团——液态的水——这样的结构在关于任何轴的任何角度的变换下都保持不变。因而，将冰加热使其经历固液相变，我们就可以使它具有更高的对称性（只靠直觉的话，你可能会认为更加有序的东西，比如冰，会具有更高的对称性，但事实并不是这样；如果我们说某种东西具有更高的对称性，那么这种东西一定能在更多的变换下——比如转动变换下——具有不变性）。

类似地，如果我们加热水使其变为水蒸气，其间的相变也会导致对称性增加。水中的H_2O分子紧紧挤在一起，每个分子氢的一面紧紧挨着其邻近氧的一面。如果你能够旋转这个或那个分子，你就会破坏水中的分子排列模式。但是当水沸腾变为水蒸气的时候，分子就会四处飘散；H_2O分子的排列方向就再也不具有任何规律可言，这个时候不管你怎样旋转单个分子或是一群分子，水蒸气表面上都没有任何改变。也就是说，固液相变能够增加对称性，液气相变也会增加对称性。对于大部分的物质（不过并不是所有物质[2]）来说，也是如此。当它们经历固液相变或液气相变的时候，对称性会相应地增加。

反过来，冷却水的时候也会有类似的过程发生，只不过方向要相反。例如，冷却水蒸气的时候，最开始什么变化也没有，但随着温度低于100摄氏度，水蒸气突然开始凝结成水；继续冷却水，仍然没有任何变化，直到温度低于0摄氏度，水突然开始结冰。还像前面那样考虑对称性的话——只不过一切相反——我们就会得出结论：在这样的两种相变过程中，对称性*减少*了。[1]

关于冰、水、水蒸气及其对称性，我们能说的就是这么多。那么它们与宇宙又有什么关系呢？我们现在就来谈谈。20世纪70年代的时候，物理学家们认识到并不只有宇宙中的物质才能经历相变，*宇宙本身作为一个整体也可以发生相变*。在过去的140亿年间，宇宙稳步地膨胀减压，就像一个压力减少的车胎会慢慢变凉，膨胀中的宇宙，它的温度也在稳定地降低。在这个温度降低的过程中，大部分的时间内什么特别的事情也没有发生。但是我们有理由相信，宇宙曾经历过某些特别的临界温度——就像水蒸气的100摄氏度和水的0摄氏度，在这样的临界点处宇宙急剧改变，对称性快速减少。很多物理学家相信我们现在生活在宇宙"凝聚"或"冻结"的相，现今的宇宙与早前的宇宙应该有很大的不同。说到宇宙的相变时，我们不能简单地把它理解成气体凝结成液体、液体冻结成固体的过程；虽然定性来说，宇宙的相变与这些人们熟知的相变过程有些类似。我们要了解的是，宇宙在某个温度经历相变的时候，发生凝结或冻结的"物质"不是别的，而是场——更确切地说，是*希格斯场*。我们马上就看看这究竟是怎么一回事。

---

1. 尽管对称性的减少意味着能够保持一切不变的操作更加少了，但在这些过程中释放到环境中的热却使得整体的熵——包括外部环境的熵——增加了。

力，物质，希格斯场

场的概念是很多现代物理学的理论框架。第3章中讨论过的电磁场或许是所有自然界中的场中最简单、最为人所熟知的一个。想想无线电、电视信号、手机沟通、太阳的热与光，我们所有的人都在电磁场的海浪中畅游。光子是电磁场的基本组成，我们可以将它看作电磁力的微观传递者。当你看到某个东西的时候，你可以这样想象：波动的电磁场正在进入你的眼睛并且刺激着你的视网膜；又或者说是大量的光子正进入你的眼睛并且刺激着你的视网膜。正因为如此，光子有的时候被称为电磁力的*信使粒子*。

引力场是另一种大家熟悉的场，引力场无时不在，始终如一地把我们和我们身边的事物牢牢地锚定在地球表面。和电磁场一样，引力场的波涛也使我们深深地浸入其中。在我们看来，地球的引力场起主要作用，但同时我们也能感受到太阳、月亮和其他星球的引力场带来的影响。正如光子组成了电磁场，物理学家们也相信引力场是由*引力子*组成的。虽然实验上还没能发现引力子，但是人们对此并不惊奇。引力是人们目前为止所发现的最弱的力（一块普通的电冰箱磁铁就能吸起来一个纸夹，也就是说这块普通的磁铁施加给纸夹的电磁力就能大过纸夹所受到的引力，可见引力是多么的弱），因而我们能够理解实验学家们还没能发现这种最弱的力的组成粒子。但即使这样，很多物理学家仍然相信引力子（引力的信使粒子）能像光子（电磁力的信使粒子）传递电磁力一样传递引力。你失手落下一只杯子的时候，你可以想象成是地球的引力场在推着这只杯子向下飞落；或者，你也可以用爱因斯坦更加精练的几何描述：地球的存在导致了时空结构的弯曲，杯子沿着弯曲的时空结构滑行；又或者，如果你相信引力子真的存在的话，你可以把这个过程想象成繁忙的引力子在杯子和地球之间来来回回地运动，传递着引力要“告诉”杯子向地球上落下的“信息”。

除了这两种著名的力场，自然界中还有另外两种力——*强核力*和*弱核力*，它们的影响也通过场表现出来。核力之所以不像电磁力和引力那么著名是因为它们只在原子和亚原子尺度上起作用。但即使这样，它们也影响着我们的日常生活：使太阳能够发光放热的核聚变，原子反应堆中的核裂变，以及放射性元素如铀和钚的放射性衰变等，其重要性不言而喻。强核力和弱核力的场称为杨-米尔斯场，这是根据杨振宁和罗伯特·米尔斯命名的，这两位物理学家在20世纪50年代提出了研究强核力和弱核力所需要的理论基础。正如电磁场是由光子组成，引力场被认为是由引力子组成，强核力场和弱核力场也有其微粒组分。强核力的粒子被称为*胶子*，而弱核力的粒子是W粒子和Z粒子。这些传递力的粒子的存在已经在20世纪70年代末80年代初由德国和瑞士的加速器实验证实。

场的概念也可以应用于物质。量子力学的概率波自身就可被看作遍布于空间的场，而正是这种场使得某个物质粒子按一定概率出现在某个位置。比如说，一个电子，既可以被看成是一个粒子——能够在图4.4所示的荧光屏上留下一个点，也可以（并且必须）被看成是一种波场，正是这种波场使得图4.3（b）中的荧光屏上出现干涉图样。[3] 事实上，尽管我并不打算进一步深入探讨，[4] 但有必要提一下，电子的概率波与所谓的*电子场*密切相关，电子场是一种在很多方面与电磁场非常类似的场，其中电子扮演着与电磁场中的光子类似的角色，电子是电子场的最小组分。这里对场的有关描述也适用于所有其他种类的物质粒子。

讨论过物质场和力场之后，你可能会认为我们已经讨论过所有的场了。但很多人相信故事远未结束。很多物理学家坚信，还有第3种场。虽然人们从未在实验上发现过这种场，但在过去的几十年间，这种场却一直在现代宇宙思想和基本粒子物理中扮演着重要角色。这种场被称为希格斯场，以苏格兰物理学家彼得·希格斯的名字命名。[5] 如果我们要在下一小节中讲到的思想是正确的，那么宇宙中就会填满希格斯海——大爆炸后的冷却残余——正是它的存在，组成你、我以及我们所遇到的一切事物的粒子才具有它们该有的很多性质。

冷却宇宙中的场

温度对场的影响同温度对物质的影响一样。温度越高，场的值就会变化得越猛烈——就像水壶中急剧沸腾的水的表面一样。无论是在今日冰冷的深层空间中（绝对零度之上2.7度，或者用惯用的方式表示，2.7开），还是在暖和些的地球上，场值的变化都不大。但是，在大爆炸之后的一瞬间，温度极高——在大爆炸之后的10^{-43}秒，人们相信那时的宇宙温度可高达10^{32}开——所有的场都处在剧烈动荡中。

随着宇宙渐渐膨胀，温度逐渐降低，物质及辐射最初所具有的巨大密度稳步衰减，宇宙中的大片区域变得前所未有的空荡，场的波动渐渐平息。对于大多数的场来说，这意味着它们的值总体上趋近于零。在某些时刻，某种场的值会略大于零（形成波峰）；而在另外的某些时刻，这种场的值又可能略微低于零（形成波谷），但是平均下来，大部分场的值都会逼近零——直觉上，我们认为场值在虚无的真空中就应该是零。

希格斯场就在这里登场了。研究人员已经认识到，在大爆炸之后的灼热温度下，希格斯场这种特殊的场具有同其他的场类似的性质：狂乱地上下波动。但是研究者们相信（正如温度降低得足够多时，水蒸气会凝结成液态的水），随着宇宙温度降低得足够多，希格斯场会在整个空间中凝聚成一个特别的*非零*场值。我们在物理学中将这个称为非零希格斯场真空期望值的形成——不过我们不用专业术语，我在下面会将其称为*希格斯海*的形成。

这多少有点像把青蛙扔到热的铁碗中时发生的事。我们一起来看看图9.1（a），图中是一个烧热的铁碗，铁碗的中间放着一些蚯蚓。刚开始的时候，青蛙会四处乱蹦——忽上忽下，忽左忽右——以免自己的腿被烫伤。总的来说，这个时候青蛙离铁碗的中心很远，甚至都不知道那里还有美味。但是随着碗的温度降低，青蛙渐渐冷静下来，懒得到处乱蹦了，于是它就会慢慢滑到碗的中央。在那里，它就会发现那些蚯蚓，然后享用自己的美味了，如图9.1（b）所示。

但如果碗的形状有所不同，如图9.1（c）所示，则结果就会有所不同。我们再想象一次：首先，碗还是很热，蚯蚓还是待在碗的中心，只不过现在碗的中心是鼓起的。然后，你再把青蛙扔进碗中，它又会四处乱蹦，还是没能注意到位于碗中心的礼物。接下来，温度逐渐降低了，青蛙又懒了下来，不再跳了，慢慢地顺着光滑的碗壁滑了下来。

但是因为现在的形状不一样了，青蛙到不了碗的中心了，这时不用费劲就能到达的地方是碗的谷底，而这里没有蚯蚓，如图9.1（d）所示。

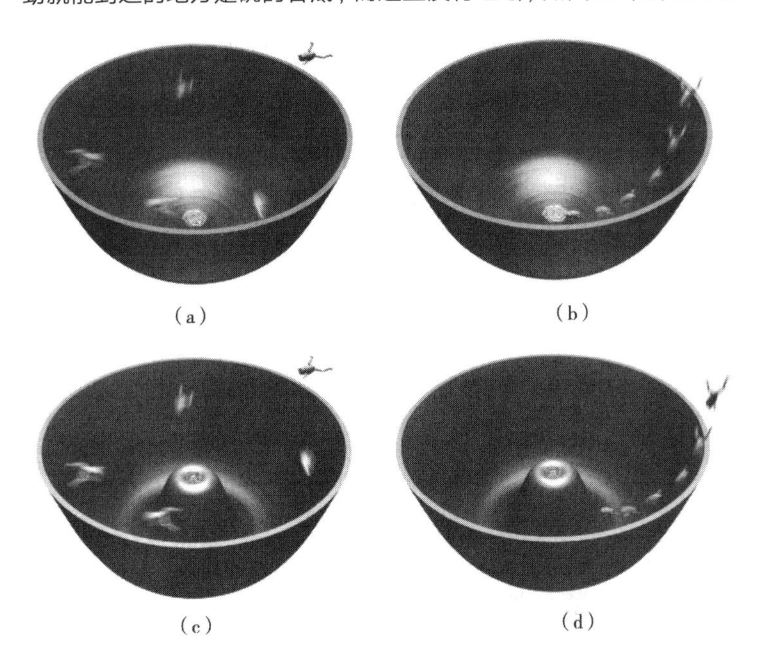

图9.1　（a）跳到滚烫铁碗中的青蛙被烫得四处乱蹦。
（b）碗慢慢凉了下来，青蛙也就渐渐不跳了，于是滑到了碗的中间。
（c）同（a）时的情况一样，只不过碗的样子不一样。
（d）同（b）的情况一样，只不过这次碗凉下去的时候，青蛙滑到了谷底，而这个位置离碗的中心（螺纹的地方）还有一段距离

如果我们将青蛙与蚯蚓之间的距离想象成场的值（青蛙离蚯蚓越远，场的值也就越大），将青蛙所处的高度想象成场中所具有的能量（青蛙在碗中的位置越高，场中的能量也就越大），那么，图9.1中的这些例子就能很好地帮助我们理解当宇宙温度降低时场的行为。宇宙的温度很高的时候，场的值也在急剧变化，就像碗中四处乱蹦的青蛙一样。随着宇宙逐渐冷却下来，场也变得“冷静”多了，场的值开始减

少变化，最终滑到最低能量状态的位置。

于是问题来了。就像青蛙例子一样，这里也可能有两种定性上不同的结果。如果场的能量碗——所谓的势能——的形状类似于图9.1（a）所示的那样，整个空间中的场值都会滑落为零，也就是势能碗的中心处，就像青蛙最终会滑落到蚯蚓堆一样。但是，如果场的势能看起来像图9.1（c）所示的那样，场值就不会总能落到零，也就是场的中心。相反，正如青蛙会滑到碗中的谷底，而那里到蚯蚓堆还有一段距离，场值也将滑落到凹处——此处与碗中心的距离非零——而这就意味着场有非零值。[6] 后者即为希格斯场的特性。随着宇宙冷却下来，希格斯场的值落入谷底，永远没法变成零。又因为我们所描述的乃是整个空间中一致发生的情况，所以整个宇宙中就会均匀地填满非零的希格斯场——希格斯海。

这一过程的发生原因使希格斯海的基本特性显露无遗。当空间中的某处变得越来越冷、越来越空时——因为其中的物质与辐射越来越少——该区域的能量就会变得越来越低。将这种情况推至极限，你将会认识到，如果将你某一空间区域的能量尽可能地降低，那么这一区域就会变得尽可能的空。对于填塞空间的普通场来说，当它们的场值滑落至图9.1（b）所示的碗中央时，它们的能量就达到最低；当它们的场值为零时，它们的能量也为零。这在直觉上很好理解，因为我们要想将空间中的某处变空，就得令一切事物，包括场值，都变成零。

但是对于希格斯场来说就不一样了。正如青蛙要想到图9.1（c）中的中央高地上并跟蚯蚓堆零距离的话，它就得有足够的力量从碗中的谷底蹦到高地上；希格斯场要想达到碗中央并且使其值为零的话，也得有足够的能量使其超越碗中的高地。相反，如果青蛙没什么劲了，它就会滑到碗中的谷底，如图9.1（d）所示——这样一来距离蚯蚓堆就是*非零*距离了。类似地，要是一个希格斯场没有能量或者能量太少的话，该希格斯场也只能滑落到碗谷——与碗中央的距离非零——从而具有非零的场值。

为迫使希格斯场有一个零值——看起来只有这个值才能使你将场从空间中完全除去，看起来也只有这个值才能使你获得什么也没有的空间——你必须*提高*它的能量，这样一来，从能量的角度说，空间就不会达到它所能达到的空。这听起来有点自相矛盾，消除希格斯场——也就是说使其场值为零——等价于为所讨论的区域注入能量。我们可以用那种消除噪声的耳机打个不太恰当的比方。这种耳机会制造声波来抵消来自外界的噪声，从而使环境噪声没有机会敲击你的耳膜。如果耳机工作良好，那它制造声音的时候你就什么也听不见，而当你把它关掉的时候你就会听到环境噪声。正如按程序制造的声音弥漫于耳机的时候，你听到的反而少了。研究人员相信，当其间弥漫着希格斯海的时候，冰冷的空间所拥有的能量才能达到最少——空间也才能达到尽可能的空。学者将最空的空间称为*真空*，现在我们知道，真空中实际上满是均匀的希格斯场。

为整个空间中的希格斯场假定一个非零值——形成希格斯

海——的这种程序被称为*对称性自发破缺*[1]，是20世纪后几十年中理论物理学界出现的最重要的思想。我们一起来看看这是为什么。

希格斯海与质量起源

如果希格斯场的值不为零——如果我们都在希格斯场的汪洋中畅游——我们是不是应该能够感觉到它或者看到它又或者能够用别的什么方式知道它的存在呢？当然是这样。现代理论宣称我们能够感知到希格斯场的存在。前后挥挥你的手臂，你能感觉到你的肌肉牵引着你的手臂来来回回地摆动。如果你再多握一只碗，你的肌肉就得更卖力一点才能使你挥动你的手臂，这是因为它需要移动更大的质量，因而也就需要更多的力。在这层意义上，一个物体的质量代表的是它抗拒被移动的能力；或更确切地说，一个物体的质量代表的是它抗拒运动状态的改变的能力。所谓运动状态的改变就是获得加速度，也就是被改变速度（不管是大小还是方向），比如开始向左运动，然后又向右运动，接着再向左运动。但是，这种抗拒被加速的能力来自哪里？或者，用物理学的语言说，是什么使得物体具有惯性？

在第2章和第3章中，我们看到了牛顿、马赫和爱因斯坦各自提出的种种回答，这些回答都只是这一问题的*部分*解答。这些物理学家

1. 这一术语并没什么特别的重要之处，但是我们简要地看看为什么是这样的术语。图9.1（c）与图9.1（d）中的谷底具有对称的形状——圆环状——每一点都与其他点一样（每一个点代表的都是最低能量的希格斯场值）。但是，当希格斯场值滑到碗底的时候，它会落在圆环形谷底的*某个*特殊位置，这样一来就在谷底“自发”地选择了一个特殊位置。换句话说，这样一来，谷底上的点就不再具有相同的地位了，因为有一个点被挑了出来，所以希格斯场破坏了或者说“破缺”了这些点之间先前的对称性。因而，将这些话组合起来就是，希格斯滑落到谷底某个特定的非零值的这一过程被称为*对称性自发破缺*。我们将在正文中讲讲与这种希格斯海的形成有关的对称性减少的某些切实方面。[7]

们都试图找到一种静止的标准，从而使得人们可以相对于这种静止来定义加速度，他们之所以讨论旋转水桶这个实验为的就是这个目的。对于牛顿来说，这一标准就是绝对空间；对于马赫来说，这一标准就是远方的群星；对于爱因斯坦来说，开始的时候这一标准是绝对时空（狭义相对论），之后换成了引力场（广义相对论）。但是，一旦确定下来这一静止的标准，特别是确定下了定义加速度的基准，这些物理学家就再也不深入探讨物体为什么会抗拒加速度了。也就是说，这些科学家中没有一个讨论过物体获得质量——也就是惯性，抗拒被加速的性质——的机制。现在我们有了希格斯场这一概念，物理学家们可以对这一问题给出答案了。

组成你手臂的原子，你捡起来的保龄球，都是由质子、中子和电子构成的。而实验学家们又在20世纪60年代末期发现，质子和中子是由3个更小的粒子组成，这种更小的粒子就是夸克。所以，当你挥动手臂的时候，你实际上在挥动组成手臂的夸克和电子，这样的观念将使我们接近事情的关键之处。现代理论所说的、我们都深浸其中的希格斯场，与夸克和电子都可以*相互作用*：这种相互作用使希格斯场阻碍了夸克和电子的加速，就好像掉进蜜罐的乒乓球会被黏得难以移动。正是这种阻力拖住了各种微粒的运动，从而使你能够感受到你自己手臂的质量以及你所挥舞的保龄球的质量，又或者你正在投出的其他物体的质量，甚至是你加速冲过百米终点时你整个身体的质量。因而，我们*的确*能感知到希格斯海的存在。我们每天使用数千次、用以改变这样或那样物体运动状态——通过施加加速度——的力都是为了抗拒希格斯海的阻力而存在的。[8]

蜜罐的这个比喻贴切地抓住了希格斯海的某些方面。你要是想给一个浸在蜜罐中的乒乓球加速的话，你就得付出比在乒乓球台上更大的力气才行——蜜罐中的乒乓球比不在蜜罐中的乒乓球更加抗拒速度的改变，看起来就好像乒乓球的质量变大了一样。希格斯海的情形与此类似：由于基本粒子与无所不在的希格斯海之间存在相互作用，基本粒子也会抗拒自身速度的改变——换种说法就是获得了质量。不过，我必须提醒读者注意的是，蜜罐的这个比喻有3处带有误导性质的地方。

首先，你总可以伸手到蜜罐里把乒乓球拿出来。这样，它那种抗拒加速的特点就消失了。但是基本粒子就不一样了。今天，人们普遍认为希格斯海无处不在；因而，我们没办法使粒子逃脱它的影响，无论什么地方的粒子都有它们本该有的质量。其次，蜜罐使得乒乓球抗拒所有的运动，但是受希格斯海影响的基本粒子只抗拒加速运动。一个在蜜罐中运动的乒乓球速度会慢慢减小，但是一个在外层空间匀速运动的粒子则不会因为希格斯海的“阻力”而速度减小，它仍旧保持匀速运动。只有当我们加速或减速一个粒子的时候，希格斯海才会通过我们所施加的力来展现它的存在。最后，考虑由基本粒子所构成的各种现实物质的时候，情况又有所不同，质量还有另外的来源。强核力将夸克结合在一起，组成质子和中子。也就是说，在夸克之间来来往往的胶子（强核力的信使粒子）将夸克“胶连”在一起。人们通过实验发现，胶子通常具有很高的能量。根据爱因斯坦的质能方程$E=mc^2$，我们知道，能量（E）可以以质量（m）的形式体现出来。因而，质子和中子内部的胶子可以为这些粒子的总质量带来很大的贡献。总而言之，更准确的说法是：希格斯海那蜜罐一般的黏滞力使电子和夸克这样的基本粒子获得质量；这些基本粒子又可以组合成复合粒子，比如说质子、中子以及原子之类；但是在这个组合过程中，其他的质量起源也要起作用。

物理学家们假定了希格斯海阻止不同种类粒子加速的能力有所不同。这一假定很重要，因为已知的各种基本粒子质量各不相同。比如，人们早就知道质子和中子是由两种夸克（分别称为上夸克和下夸克：质子由两个上夸克和一个下夸克组成；中子由两个下夸克和一个上夸克组成）组成的，多年的原子对撞机实验使人们又发现了另外的4种夸克。所有这些夸克的质量分布在一个很大的范围内——最小的只有质子质量的0.0047倍，而最大的则有质子质量的189倍。物理学家们认为，各种基本粒子的质量之所以彼此不同，是因为不同种类的基本粒子同希格斯海的相互作用强度各不相同。如果一个粒子同希格斯海的相互作用很小甚至根本没有，那它就只受很小或根本不受希格斯海的阻碍，因而其质量也就很小或者根本没有。光子就是一个这样的粒子，光子可以完全不受影响地穿行在希格斯海中，因而也就全无质量。另一方面，如果一个粒子与希格斯海的相互作用非常的强，那它就会有很大的质量。最重的夸克（顶夸克）的质量大约是电子质量的350000倍，也就是说，这种夸克与希格斯海相互作用的强度是电子与希格斯海相互作用强度的350000倍；在希格斯海中加速这样的夸克非常困难，这也就是这种夸克那么重的原因。如果我们将粒子的质量比作一个人的名气，那希格斯海就可以算作狗仔队：平常的老百姓可以随意地在成群的摄影师中穿行，但是政治名人或电影明星要想过去可就得费点劲了。[9]

我们这样来理解一个粒子的质量为什么不同于另一个粒子的质量当然可以，但是人们现今还不能从根本上解释已知粒子是怎样与希格斯海相互作用的。因而，人们也就无法从根本上解释基本粒子为什么具有实验上观测到的那个质量。不过，很多物理学家相信，要不是有希格斯海的存在，*所有的基本粒子都应该像光子一样无质量*。事实上，我们将会看到，这种情况很有可能就是宇宙最初时刻的情况。

冷却宇宙中的统一

水蒸气在100摄氏度的时候凝结成水，水在0摄氏度的时候结冰；理论研究告诉我们，希格斯场在千万亿（10^{15}）摄氏度的时候出现非零的真空期望值。这个温度大约是太阳中心温度的1亿倍；人们相信，这个温度也是大爆炸之后千亿分之一（10^{-11}）秒时的宇宙温度。在大爆炸之后10^{-11}秒之前，希格斯场剧烈振荡但平均值为零；就像100摄氏度以上的水在沸腾一样，这样温度的希格斯场也像沸腾了一样难以平静。希格斯海瞬间蒸发。没有了希格斯海，各种粒子的加速运动不受任何阻碍（狗仔队消失了），也就是说，所有的粒子（电子、上夸克、下夸克和其他的各种粒子）的质量都一样——全都是零。

这样的认识部分解释了希格斯海的形成为什么要用宇宙相变来描述。在由水蒸气到水和由水到冰的相变过程中，有两件重要的事情发生。一个是外在性质上的改变，另一个是对称性的减少。在希格斯海的形成过程中，我们也可以看到这两方面的改变。一方面，有一个性质上的转变：曾经无质量的粒子突然获得质量——我们今天看到的粒子所具有的质量。另一方面，这一转变过程伴随着对称性的减少：希格斯海形成之前，所有的粒子具有相同的质量——零质量，事物具有高度的对称性。如果你互换两种不同粒子的质量，没有任何人会发现，因为所有粒子的质量都一样。但是希格斯场凝聚之后，粒子的质量变为非零——且不等——值，质量之间的对称性不复存在了。

事实上，由于希格斯海的形成而减少的对称性非常多。10^{15}摄氏度以上，希格斯场还没有凝聚。这个时候，并不只是所有的物质粒子无质量，由于没有希格斯海的阻碍，所有力的粒子也无质量（如今，弱核力的信使粒子——W粒子和Z粒子的质量分别是质子质量的86倍和97倍）。这时，正如20世纪60年代由谢尔顿·格拉肖、史蒂文·温伯格和阿卜杜斯·萨拉姆最先发现的那样，所有力的粒子的无质量性意味着另一种美妙的对称性。

早在19世纪后期，麦克斯韦就认识到，原本人们以为彼此截然不同的电和磁，实际上是同一种力——电磁力——的不同方面（参见本书第3章的内容）。麦克斯韦发现，电和磁彼此补足，两者是一种更具对称性的统一整体的阴阳两面。格拉肖、温伯格和萨拉姆发现了这一故事的下面几章。这几位科学家发现，在希格斯海形成之前，力的粒子并不仅是有相同的质量——都是零，光子、W粒子和Z粒子在所有其他方面本质上也都一样。[10] 将一片雪花转过某些特殊角度，从而使其不同的梢部交换位置，雪花看起来完全没发生变化；在没有希格斯海的情况下，互换电磁力与弱核力的信使粒子——也就是将光子与W粒子和Z粒子交换，物理过程也不会发生变化。雪花在旋转变换中保持不变意味着某种对称性（转动对称性）的存在；互换不同力的信使粒子后物理过程不受影响也意味着某种对称性，这种对称性由于技术上的原因被称为*规范对称性*，其意义极其深刻。这些粒子的作用是传递力——它们是不同力的信使粒子——因而，这些粒子之间的对称性也就意味着力之间的对称性。所以，温度足够高的时候，今天无处不在的希格斯海将会被蒸发掉，此时的弱核力与电磁力别无二致。也就是说，随着希格斯海在足够高的温度下蒸发掉，弱核力和电磁力之间的区别也随之蒸发。

格拉肖、温伯格与萨拉姆扩充了麦克斯韦一个世纪前的陈年发现，他们发现电磁力和弱核力不过是同一种力的两面。这3位物理学家成功将电磁力和弱核力统一为我们今天所称的*电弱力*。

现如今，电磁力和弱核力之间的对称性已经不再明显地表现出来。这是因为，随着宇宙冷却，希格斯海形成，光子、W粒子与Z粒子分别以不同的强度与凝聚的希格斯场相互作用。这就是问题的关键所在。光子可以在希格斯海中自由穿行——就像不再引起狗仔队兴趣的过气明星一样——仍然保持无质量。但是W粒子和Z粒子——就像比尔·克林顿和麦当娜一样——则会受到希格斯海的阻碍，它们分别获得了各自的质量，一个是质子质量的86倍，另一个是质子质量的97倍（注意：狗仔队这个比喻可与大小无关，但质量是与大小有关的）。于是，我们看到的电磁力和弱核力就显得如此不同。两者背后潜在的对称性“破缺”了，深埋在了希格斯海中。

这样的结论令人非常吃惊。在今天的温度下看起来完全不同的两种力——与光、电和磁这些现象有关的电磁力，以及与辐射衰变有关的弱核力——在本质上竟然是同一种力的两个不同方面，而之所以看起来不同竟然是非零的希格斯场遮盖了这两种力之间的对称性。这也就意味着，我们平常以为完全虚无的空间——真空，一无所有——竟然扮演了一个关键的角色，正是它使得世界看起来如我们所见。只有蒸发掉真空，将温度提到足够高从而使希格斯场被蒸发掉——也就是说，希格斯场在整个空间中的平均值为零——潜藏在大自然中的完整对称性才会显现出来。

格拉肖、温伯格与萨拉姆发展这些想法的时候，人们还没能在实验上发现W粒子和Z粒子。带着对理论的力量和对称性的美的坚定信念，这3位物理学家满怀信心地向前推进理论。他们的勇敢得到了回报。实验适时地发现了W粒子和Z粒子，从而确证了电弱理论的正确性。格拉肖、温伯格与萨拉姆透过肤浅的表面现象——他们克服了一无所有造成的障眼法——发现了将自然界4种力中的两种联系起来的对称性。由于成功统一了电磁力和弱核力，这3位物理学家于1979年被授予诺贝尔物理学奖。

大统一

我还是个大一学生的时候，会时不时地拜访我的导师，物理学家霍华德·乔奇。大部分时候我没什么话好说，不过那一般没什么关系，乔奇总有一些令人兴奋的东西与感兴趣的学生分享。有那么一次，乔奇特别来劲地讲了1个多小时，满黑板都是符号和方程。我也听得非常激动，不住地点头。但是坦率地讲，我当时什么都没听懂。几年之后我才认识到，乔奇当时是在讲一些实验方案，他要用这些方案来检验他当时的理论发现——大统一理论。

电弱理论的成功使人们很自然地提出一个问题：如果自然界中的两种力在宇宙的早期曾是统一的整体的话，那么有没有可能在宇宙演化的更早期，温度更高的时候，自然界中的3种力甚至全部4种力之间的差别全都消失掉，从而导致自然界有更高的对称性？这个问题实际上提出了一种激动人心的可能性：大自然中很可能只有一种基本的力，这种基本的力在一系列的宇宙相变之后分化成了我们今天看到的截然不同的4种力。1974年，乔奇和格拉肖提出了第一个奔向这一完全统一目标的理论。他们的大统一理论，以及乔奇、海伦·奎因和温伯格后来的理念，向人们昭示了4种力中的3种——强核力、弱核力和电磁力——都是一种统一力的一部分；而这种统一力只在大爆炸之后的10^{-35}秒之内，温度高达万亿亿亿（10^{28}）摄氏度——太阳中心温度的数十万亿亿倍——的极端条件下才能存在。前面提到的几位物理学家提出，当温度高于10^{28}摄氏度时，光子、强核力的胶子，以及W粒子和Z粒子全部可以彼此自由交换——一种比电弱理论的规范对称性更强的规范对称性——而不会带来任何可观测的物理后果。乔奇和格拉肖据此提出，在这样的高能高温条件下，3种非引力的力粒子之间具有完整的对称性，也就是说，3种非引力的力之间具有完整的对称性。[11]

乔奇和格拉肖的大统一理论还告诉我们，之所以我们今天不能看到这种对称性——将质子和中子紧紧胶连在原子核内部的胶子看起来与弱核力和电磁力完全不同——是因为在温度小于10^{28}摄氏度的时候，出现了另一种希格斯场。这种希格斯场被称为*大统一希格斯场*（为了避免混淆，我们可以将参与电弱统一的希格斯场称为*电弱希格斯场*）。类似于它的电弱表弟，大统一希格斯场在10^{28}摄氏度以上也会剧烈波动；计算又告诉我们，当宇宙温度低于10^{28}摄氏度时，大统一希格斯场就会凝聚成非零值。而且，同电弱希格斯场一样，大统一希格斯海形成的时候，宇宙也经历了一次对称性减少的相变过程。这时，由于大统一希格斯海对胶子的影响不同于其对其他粒子的影响，因而强核力与电弱力分开，于是之前唯一的一种非引力的力就一分为二成了两种。再过一点时间，温度又下降了很多之后，电弱希格斯场凝聚，弱核力与电磁力也彼此分开。

但是这样一个美妙的想法——大统一，还没有得到实验的确证（不同于电弱统一）。而且正相反的是，乔奇和格拉肖的原始理论预言了宇宙早期对称性在今天的一条遗迹，这就是质子衰变；大统一理论预言质子可以衰变成其他不同的粒子（比如说反电子和π子之类）。但是在几个精心打造的地下实验室中，历经数年的艰苦实验寻找——这种实验就是很多年前乔奇在他的办公室里兴奋地向我描述的那种实验——并未发现*质子衰变*，一无所获。这样的实验结果宣判了乔奇和格拉肖理论的命运。不过，在那以后，人们又提出了原始理论的各种变种，这些变种理论可以不被质子衰变实验排除；但是同样的，所有的这些变种理论都没有得到实验的任何支持。

多数物理学家认为大统一是粒子物理中的一个伟大想法，只是还没有真正实现。因为人们已经在电磁力和弱核力中证明了统一和宇宙相变的有效性，所以在很多人看来，将其他的力包括到统一的框架下只是时间问题。我们在第12章中将会看到，在这个方向上，人们已经利用另一种不同的方法向前迈了一大步，这种方法就是*超弦理论*。尽管这一理论还不完善，仍在发展，但是人们第一次将所有的力——

包括引力在内——统一到了一个框架下。但是，即使只在电弱理论的框架下看，有一点也是非常清楚的：我们现在看到的宇宙所展现出来的并不只是早期宇宙的丰富对称性的残余。

以太的回归

对称性破缺的概念及其通过电弱希格斯场的实现，在粒子物理和宇宙学中扮演着核心角色。不过我们的讨论可能会使你想到下面这个问题：如果希格斯海是一种看不见但填满了我们过去认为虚无的真空的东西，那它岂不就是远古的以太概念的现代化身？我的回答是：既对也不对。让我稍做解释：说它对，是的，希格斯海的某些方面还真有点像以太。和以太一样，凝聚的希格斯场遍穿整个空间，无处不在，弥散于每一种物质中，而且作为真空的一个不可移除的性质（除非我们将宇宙加热到10^{15}摄氏度，但是这个我们做不到），希格斯海重新定义了一无所有这个概念。说它不对，因为希格斯海也有不同于原始的以太的地方。人们之所以引入以太的概念是为了替光波的传播找到介质，就像声波可以在空气中传播，那时的人们也要找到光波的传播介质。可希格斯海却与光的运动毫无关系，它对光速一点影响都没有，因而20世纪初通过研究光的运动而排除了以太的实验，对希格斯海一点威胁都没有。

而且，由于希格斯海对任何匀速运动的东西都没有任何影响，它就不能像以太一样找出一种特别的观测点。正相反，即使有希格斯海存在，所有的匀速观测者彼此地位仍然相同，希格斯海并不与狭义相对论冲突。当然，这些观测事实不能证明希格斯海的存在；我们只能说，这些观测事实表明，尽管希格斯海的某些特征类似于以太，但是希格斯海并不与任何理论或实验冲突。

如果真有希格斯场所形成的海，那么，它所带来的物理后果将在未来几年内在实验上得以确证。首先，就像电磁场是由光子组成的，希格斯场也是由某种粒子组成的，这种粒子的名字自然就是*希格斯粒子*。理论计算表明，如果真有弥漫于整个空间的希格斯海，那么希格斯粒子就应该能在大型强子对撞机（LHC）上的高能对撞残片中找到。LHC是一台巨大的原子对撞机，坐落于瑞士日内瓦的欧洲核子中心（CERN），将于2007年投入运行。简单地说，质子之间大量的正面对撞可能将一些希格斯粒子撞出希格斯海，这就好像水下的高能碰撞可能将某个H_2O分子敲出大西洋一样。实验将适时地告诉我们以太的这一现代版本究竟真的存在还是只能拥有以太以前被遗弃的命运。这一问题非常重要，因为我们已经看到，凝聚的希格斯场在当前的基本物理理论框架下扮演着深远而关键的角色。

如果我们不能发现希格斯海，那么我们就得好好反思一下我们已经用了30年的理论体系了。但是一旦找到了希格斯海，那就是理论物理学的一次重大胜利：它将使人们再一次见识对称性的威力，在我们闯入未知领域的时候，正是对称性帮助我们正确地进行数学推演。除此之外，确认希格斯海的存在还有其他的意义。首先，这将会直接证实今天各不相同的力在远古时期曾是统一的整体。其次，我们将会认识到我们长久以来对真空的直观认识——将一个区域内的一切全部取出从而使得该区域的能量和温度降到有多低就多低的水平——非常的幼稚。最空的真空也不必非得是空无一物。因此，不必使用精神方面的概念，就在我们寻找关于空间和时间的答案时，我们也能碰到亨利·摩尔的想法（见第2章）。对于摩尔来说，普通的真空概念毫无意义，因为空间总是盛装着神圣的精神。对于我们来说，普通的真空概念同样难以琢磨，因为真空中可能总是盛装了希格斯海。

熵与时间

图9.2中的是我们所讨论过的相变时间线，这幅图可以帮助我们更好地掌握从大爆炸开始的那一刻到你厨房中的鸡蛋煮熟时宇宙中发生的一系列重大事件。当然，关键的信息仍然隐藏在令人眼花缭乱的表面之下。但是你一定要记住，知道事物如何开始——《战争与和平》的书页顺序，可乐瓶中的二氧化碳分子，大爆炸时的宇宙状态——是知道事物如何演化的关键。只要还有余地，熵就会增加。只要开始很低，熵就会增加。如果《战争与和平》的页序本来就是乱的，再怎么抛撒它，它还是只能保持打乱的页序。如果宇宙开始于一个完全无序的高熵状态，那么以后的宇宙演化也只能保持这一无序状态。

图9.2所示的历史明显不是连续的、不变的、无序度的编年史。即使某些对称性因宇宙相变而消失，宇宙整体的熵还是在稳固的增加中。但是，在最开始宇宙必然处于高度无序的状态，这一事实允许我们将时间上的“向前”与熵增的方向联系起来，但是我们仍需为刚刚诞生时的宇宙那不可思议的低熵——不可思议的高度均匀性——找到一个解释。这就要求我们继续回溯并去努力理解最初时刻——图9.2中模糊地带——究竟是怎样的。现在我们就开始这个任务。

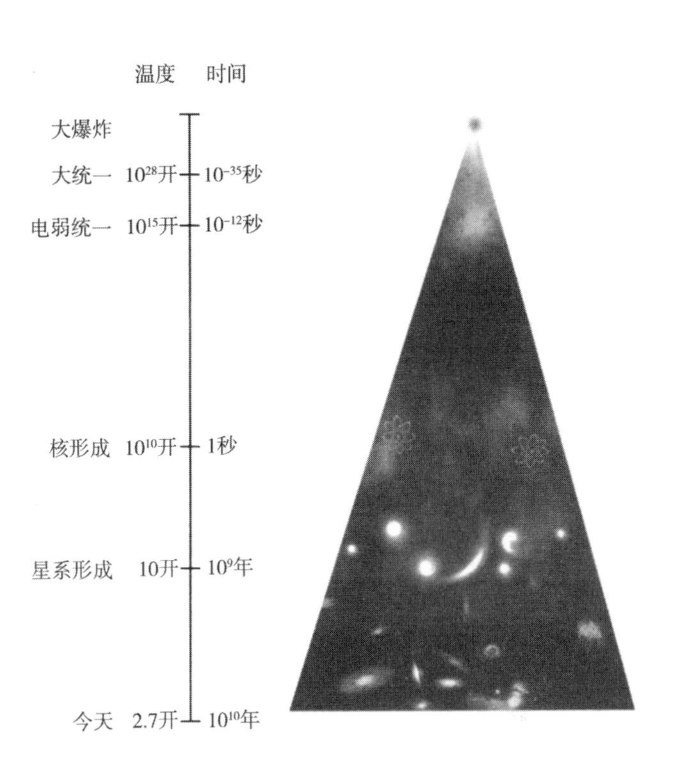

图9.2　图释宇宙学的标准大爆炸模型的时间线

第 10 章 解构大爆炸

到底是什么爆炸了

人们通常会认为大爆炸是关于宇宙起源的理论，这是一种错误的认识，大爆炸并不是这样的理论。在前面两章中，我们曾讨论过大爆炸理论的部分内容。大爆炸理论描述的是宇宙在某一瞬间突然诞生之后的演化情况，至于*在那个瞬间到底发生了什么，不是大爆炸理论能够回答得了的问题*。大爆炸理论只说假定最开始的时候有一场爆炸；然后它就把爆炸扔到一边了，并没有认真地讨论爆炸的问题。大爆炸理论并没有告诉我们到底是什么爆炸，为什么爆炸，怎样爆炸，而且老实地讲，大爆炸理论都没有告诉我们究竟是否真的有这样一场爆炸。[1] 事实上，只要你稍稍动动脑筋，你就会认识到大爆炸理论给我们出了个大难题。在宇宙的最初时刻，物质和能量处于极高密度的状态，这时引力[1]远大于各种力。但我们知道，引力是一种*吸引*力，引力会使事物彼此靠近。这样的话，又是哪种向外的力驱动空间扩展呢？看来，在大爆炸的时刻，一定有某种强大的排斥力扮演了关键的角色。但自然界中的哪一种力可以担当这个角色呢？

这个宇宙学中最基本的问题几十年都没有解决。然后，时间到了

---

1. 引力特指我们常说的万有引力，也就是重力，是自然界4种基本力中的一种。下文出现的吸引力或排斥力指的只是某种力具有吸引的性质还是排斥的性质。注意不要混淆。——译者注

20世纪80年代，爱因斯坦的一个老想法以一种新颖的形式得以复兴，摇身一变成了*暴胀宇宙学*。靠着暴胀宇宙学，人们终于为大爆炸找到了它该有的力——*引力*。这一答案很令人吃惊。物理学家们认识到，在适当的情形下，引力可以是排斥力；而根据暴胀理论，在宇宙的早期，正好有引力为排斥力所需要的必要条件。在一段就连纳秒都可算是永恒的极短时间内，早期宇宙为引力提供了一个舞台。在这个舞台上，引力可以表现出它不为人所知的一面——排斥性，这个时期的引力毫不留情地驱赶着空间中的一切，使之彼此远离。早期宇宙中，引力的排斥性如此之强，远远超出了人们以前想象的大爆炸强度。在暴胀宇宙学的框架下，早期宇宙的膨胀因子大到令人难以想象，远不是标准的大爆炸理论所预言的那样。暴胀宇宙学极大地扩充了宇宙学的内涵，与之相比，我们过去对宇宙学的认识渺小得简直就像千亿星系中的一颗星星。[2]

我们将在本章以及下面几章中讨论暴胀宇宙学。我们将会看到，暴胀宇宙学可以作为标准大爆炸宇宙学的“前端”，它对宇宙最初时刻的解释与标准的大爆炸宇宙学的解释有天壤之别。暴胀宇宙学解决了标准大爆炸宇宙学力所不及的问题，并且给出了一系列的预言；这些预言有的已经被实验验证，有的将在未来的几年内接受实验的检验。而最令人惊奇的是，暴胀宇宙学向我们展示了量子过程是如何通过宇宙膨胀将细小的波纹印到空间的结构中去，从而在夜晚的天空留下可见的烙印。除了这些成就，暴胀宇宙学还能帮助我们更加深刻地理解早期宇宙是如何获得它那极低的熵，而这将使我们比以往任何时候都更加接近时间之箭的解释。

爱因斯坦与排斥性的引力

1915年，在为他的广义相对论写下最后一笔后，爱因斯坦立即将这一理论应用到多种问题中。其中之一就是长期困扰着牛顿方程的水星近日点的进动问题。实验观测告诉我们，水星并不是按照同样的轨道绕着太阳运动，它的运行轨道总要比前一次的运行轨道改变一点。牛顿理论对于这一现象的理论计算值与实验观测值之间有一个小小的差别。爱因斯坦用他的广义相对论计算了这个问题，结果他算出来的值与实验观测值精确相符，这样令人吃惊的结果强烈地刺激了爱因斯坦的心脏。[3] 爱因斯坦又把他的广义相对论应用到另一个问题上：远方恒星所发出来的光在经由太阳到达地球的时候，其轨迹会因为时空弯曲而弯曲，爱因斯坦计算了这个弯曲量。1919年，两队天文学家——一队驻扎在非洲西海岸的普林西比岛，另一队在巴西——检验了这一预言。在有日食存在的情况下，天文学家们观测了刚好擦着太阳表面而来的星光（擦着太阳表面而来的星光受太阳的影响最厉害，而只有在日食的时候才能观测到这些星光），并将这次观测的结果与地球处在太阳和远方恒星中间时（这个时候，远方星光到达地球的轨迹几乎不会受到太阳引力的影响）所拍摄的星光照片相比，从比较中得到的弯曲角再次证实了爱因斯坦的理论计算。当观测结果发表出来的时候，爱因斯坦一夜成名。坦率地讲，当时的爱因斯坦可谓意气风发。

但是除了最初的成功，爱因斯坦许多年都不愿接受广义相对论方程带来的数学结果，因为他不满意将广义相对论应用到最浩渺的理论挑战——理解整个宇宙——时所得到的结果。早在第8章讨论过的弗里德曼和勒梅特的工作之前，爱因斯坦就认识到，广义相对论的方程意味着宇宙不可能是静态的；空间的结构可以拉伸也可以收缩，就是不能保持固定的大小。这也就意味着宇宙可能有一个明确的开端，而当宇宙被极大地压缩时，宇宙可能也会有一个明确的尽头。爱因斯坦坚决抵制广义相对论带来的这一结果，因为他和其他人都“知道”宇宙是永恒的，在大尺度上，宇宙恒久不变。因而，尽管广义相对论拥有美和成功，爱因斯坦还是再次打开了他的笔记本，试图修改方程，使其能够满足他们那个时代的人对于永恒宇宙的认识。这并没花他多少时间。1917年的时候，爱因斯坦就实现了这一目标，而他的方法就是为广义相对论方程引入新的一项：宇宙常数。[4]

爱因斯坦引入这样一项的办法不难掌握。任意两个物体，不管是棒球、行星、恒星、彗星或是你有的什么东西，它们之间的万有引力都是吸引力，因而万有引力总在试图拉近两个物体。地球和一个向上跳跃的舞蹈演员之间的万有引力会使舞蹈演员减速，在达到最大高度后落回地面。如果舞蹈指导者要求舞蹈演员浮在空中摆一个静态造型，那么，在舞蹈演员和地球之间就要有一种排斥力来平衡地球和舞蹈演员之间的万有引力：只有在万有引力与这种排斥力精确相消的条件下，舞蹈演员才能摆出静态造型。爱因斯坦认识到，对于整个宇宙来说，这一推论也成立。引力会减慢舞蹈演员上跃的速度，还能减慢空间的膨胀。没有能平衡万有引力的排斥力的话，舞蹈演员摆不出静态造型——她不能浮在固定的高度上；同样的，没有起平衡作用的排斥力的话，空间也不可能静止——空间不能保持固定的大小。爱因斯坦之所以要引入引力常数，就是因为他发现方程中有了这样一项后，万有引力就可以提供所需的排斥力。

但这样的数学项所暗含的物理意义究竟是什么呢？宇宙常数到底是什么，由什么组成，又是怎样抵消平常的吸引性万有引力从而产生向外排斥的力呢？对爱因斯坦工作——可追溯到勒梅特——的现代诠释告诉我们，引力常数是一种奇怪的能量形式，均匀地填充于整个空间。而我之所以说它“奇怪”，是因为爱因斯坦的分析并没有告诉我们这种能量来自哪里；而且，我们马上还会看到，他所采用的数学描述方式又保证了这些能量不会来自我们熟悉的质子、中子、电子或光子之类。今天的物理学家们在讨论爱因斯坦的宇宙常数时会使用“空间本身的能量”或“暗能量”这样的术语；这是因为，如果真有一个宇宙常数的话，空间就会充满你不能直接看到的某种透明的、无形的存在；被宇宙常数占据的空间仍然是黑暗的（这样的说法有点像很老的以太概念和年轻点的非零希格斯场概念。而后者和宇宙常数之间倒真的不只仅仅相似那么简单，它和宇宙常数的确有某种联系，我们马上就会看到这一点）。不过即使说不清宇宙常数的起源或身份，爱因斯坦也能算出它对于引力的意义；而爱因斯坦的结果，的确有不同寻常之处。

要想弄明白这点，你必须知道一个我们还没讲过的广义相对论性质。在牛顿的引力理论中，两个物体之间的引力强度只取决于两件事：物体的质量及其间的距离。物体的质量越大，彼此靠得越近，将物体拉近的万有引力也就越强。在广义相对论中情况也差不多是这样，只不过在爱因斯坦的方程看来，牛顿的注意力不应该只集中在质量上。广义相对论告诉我们，除了物体的质量（当然还有距离）之外，能量和压强也对引力场的强度有贡献。这一点很关键，我们现在来看看这究竟意味着什么。

假定现在是25世纪，而你被关在智力大厦内。最新的惩教实验正在进行，这一实验试图通过精英模式来训诫白领犯人。实验中，每个罪犯将获得一道题目，只有解决了这道题目，罪犯才能重获人身自由。住在你旁边囚室的犯人得到的题目是：为什么《盖里甘的岛》[1]的重新上映会在22世纪掀起狂潮，从而一举成为有史以来最受欢迎的电影？这个问题显然并不简单，看来这位可怜的人有得忙了。你抽到的问题要稍稍简单一些。有两个完全一样的固态金块，大小一样，金的纯度也完全一样。你所面临的挑战是：找出一种办法，使两块金块分别被轻轻地放到固定的精准天平上时，天平的示数不一样；前提是你不能改变其中任何一块中的物质数目，也就是说你不能采用切削焊割这样一些办法。如果你把这个问题交给牛顿，他马上就会告诉你这个问题无解。因为根据牛顿的理论，等量的金意味着等大的质量。既然测量金块所用的天平完全一样，刻度固定，施加于其上的地球引力也会一致。所以，牛顿自然会说，这样的两块金块一定会有相同的示数，没有任何例外的可能性。

但是作为一个25世纪的人，你在高中阶段就学过广义相对论了，所以你能够解决这道题目。广义相对论说两个物体之间的引力大小并不仅仅取决于物体的质量[5]（当然还有两者之间的距离），还取决于那些可以加到每个物体总能量上的额外贡献。所以我们还可以在物体的温度上做点手脚。温度是组成金块的金原子运动的平均快慢的量度，也就是说，温度是金原子活性的量度，反映的是金原子的平均动能大小。于是你就可以知道，只要加热金块，金原子就会运动得更猛

1.《盖里甘的岛》，20世纪60年代的美国电影，讲述被遗弃在岛上的演员，开始时感觉愉快，但在他们等待救援的漫长时间里，一个个开始变得性格乖戾。—— 译者注

烈，因而被加热的金块就会比没有被加热的金块更重。牛顿并不知道这个事实［1磅（1磅≈0.4526千克）重的金块温度升高10摄氏度，重量增加千万亿分之一，其效应非常之小］，但是你知道，所以你就能够逃脱囚困。

你回答了这个问题，但是你的罪很重，假释官在最后一刻决定你还必须再接受一次考验。这次他们给了你两个完全一样的玩具，就是那种打开盒子就有小人弹出的玩具。现在你要做的是再使这两个玩具有不同的重量。这次对你的限制苛刻了一点，你不但不被允许改变每一个玩具的质量，还不可以改变它们的温度。要是把这个问题给牛顿，他就只好一直被关在大厦里了。因为他还是只能给出那套解释：物体质量一样，因而重量必定一样，所以本题无解。而你呢？你还是可以求助于广义相对论：你可以把一个玩具中的小人紧紧地压在盒子底，让另一个玩具中的小人处在弹出的状态。为什么要这么干？答案是压缩中的弹簧比正常伸展的弹簧具有更多的能量。你花了力气压缩弹簧相当于给了弹簧能量，弹簧的弹力反映的就是你的劳动成果，使小人向外弹出的就是这股弹力。于是，我们又可以回到之前的说法：爱因斯坦告诉我们，任何多余的能量都会影响引力，从而使物体具有额外的重量。因此，小人被紧紧压到盒子底部的玩具将比小人正常伸展的玩具重那么一点点。牛顿不了解这一点，但是你知道，所以你就一定可以重获自由身。

第二个问题的解决方案向我们透露的正是广义相对论的微妙之处。爱因斯坦在他那篇有关广义相对论的论文中，用数学为我们展示了万有引力并不仅仅取决于物体的质量，也不仅仅取决于能量（比如热这种能量)，还取决于可能具有的*压强*。要理解宇宙常数的问题，我们就非得了解广义相对论的这一特点。而这也就是向外的压强——比如压缩的弹簧所具有的——被称为*正压*的原因。显然，正压将对万有引力有正的贡献。于是，关键之处来了：压强，并不同于质量和总能量，在某些情况下，某些区域的压强可以为*负*，这样的压强有向里吸而不是向外推的效应。虽然乍听之下没那么奇怪，但从广义相对论的角度来看，负压会导致某些非常奇怪的事情：*正压可以对普通的万有引力有贡献；负压贡献的却是"负"引力，也就是说，负压贡献的是排斥性的万有引力！*[6]

爱因斯坦的广义相对论带来的这令人错愕的结果，打破了人们200年来的固有信念——万有引力只能是一种吸引力。行星、恒星和星系，的确如牛顿告诉我们的那样，一直展示出来的是吸引力。但是，在某些情况下，当压强变得非常重要(在我们日常生活的条件下，压强带来的引力贡献完全可以忽略)，特别是负压(对于普通物质，如质子电子之类，压强是正的，因而宇宙常数不可能来自人们熟悉的普通物质)变得非常重要的时候，万有引力的效应可能令牛顿目瞪口呆，因为万有引力可能是*排斥力*。

这个结果对于由此而来的诸多推论非常重要，而且很容易被错误地理解，所以我要强调一下它的关键之处。在广义相对论的框架下，引力和压强既有联系又有区别。压强，或者更准确地说压强差，可以以自己的方式，一种非引力的力的面目出现。潜水的时候，你的耳膜就会感觉到压强差，因为耳膜外水压和耳膜内的气压彼此不同。这种说法完全没有问题。但在我们讨论的压强和引力问题中的压强则完全不同。根据广义相对论，压强对引力场有贡献，因而可以间接显示出力的效应——通过对万有引力有贡献体现出来。压强，虽然不同于质量和能量，但也是引力的一个来源。特别要注意的是，要是某一区域内的压强为负，那它在这个区域内就会贡献出排斥性的万有引力，而不是吸引性的万有引力。

这就意味着，假如压强为负，那么来自质量和能量的普通吸引性的万有引力，和来自负压强的排斥性的万有引力之间会存在一种抵消。如果区域内的负压强大到一定程度，那么排斥性的万有引力就会起主导作用；万有引力就会把物质彼此推开而不是拉近。于是宇宙常数就可以登场了。爱因斯坦加到广义相对论方程中的宇宙常数项相当于在空间中均匀地布满能量，方程又告诉我们这种能量具有负压强。而且，来自宇宙常数负压的排斥性万有引力会超越来自正能量的吸引性万有引力，因而排斥性的万有引力将起主导作用：*宇宙常数表现出的是排斥性的万有引力*。[7]

在爱因斯坦看来，这简直就是对症下药。遍布于整个宇宙的普通物质和辐射会展现出吸引性的万有引力，从而会将每一块空间拉向彼此。而新的宇宙常数项，同样遍布于整个宇宙，则会展现出排斥性的万有引力，从而将每一空间区域推离彼此。准确地调节该项的大小，爱因斯坦就可以用新的排斥性万有引力来平衡原有的吸引性万有引力，从而获得静态宇宙。

爱因斯坦还发现，由于排斥性的万有引力来自空间本身的能量和压强，因而它的强度具有累加性。也就是说，空间间隔越大，这种排斥性的万有引力也就会越大，这是因为更大的空间意味着更多的外推力。而在地球或者太阳系的尺度上，这种排斥性的万有引力微乎其微。只有在跨度巨大的宇宙尺度上，这种力才会变得明显。这样一来，在小到我们日常生活的尺度上，牛顿理论的成功和爱因斯坦自己的引力理论就不会有任何矛盾之处。总而言之，爱因斯坦可以舒舒服服地享受一下了：他既拥有了已由实验确认的广义相对论性质，又得到了一个静态的宇宙，这样的宇宙既不会膨胀也不会收缩。

有了这样的结果，爱因斯坦无疑会长舒一口气。如果10年苦心钻研所得到的广义相对论方程竟然不能同人们每天晚上仰望星空就能看到的静态宇宙事实相符的话，那爱因斯坦该有多揪心。但是，正如我们所见，10年之后情况急剧变化。1929年，哈勃发现人们对天空的简单认识可能是错误的。系统的观测告诉哈勃，宇宙可能并非处于*静态*，*而是*处于膨胀中。要是爱因斯坦相信原始的广义相对论方程的话，他本该在10多年之前就预言宇宙正在膨胀，而不是等到实验来发现这一事实。这样的实验发现毫无疑问可算作有史以来最伟大的发现之一——甚至可算作*最*伟大的发现。知道了哈勃的发现之后，爱因斯坦懊恼不已，他小心地将宇宙常数项从他的广义相对论方程中擦去了。爱因斯坦希望大家忘了宇宙常数的事，而大家的确也把宇宙常数忘记了，这一忘就是几十年。

但时间到了20世纪80年代，宇宙常数死灰复燃，并且以宇宙学思想史上最炫目的形式出现在大家面前。

蹦跳的青蛙和过冷却

对于向上飞去的棒球，你可以用牛顿方程（或者更准确的爱因斯坦广义相对论方程）来计算出它接下来的运动轨迹。一旦你算过一次，你就会彻底搞清楚球的运动。但是，这里还有个问题：最初是谁或者说是什么使球向上飞了出去？虽然你可以用数学算出球后来的运动情况，但球最开始的时候是如何启动的呢？对于现在的这个例子，答案当然很简单，就是棒球手扔出去的呗（当然，它也有可能是从停靠在一边的奔驰车的挡风玻璃上弹飞的，不管怎样，你总是知道的）。但所考虑的若是一个更复杂的类似问题，比如说宇宙膨胀的广义相对论解释，答案可能就不是这么明显了。

广义相对论方程允许宇宙膨胀。这一点最先由爱因斯坦和荷兰物理学家威廉·德·西特证明，随后弗里德曼和勒梅特也发现了相同的结论。但是，正如牛顿方程不会告诉我们最开始是什么使棒球飞起来，爱因斯坦的方程也没有告诉我们宇宙是怎么开始膨胀的。许多年来，宇宙学家们一直只把空间开始向外膨胀当成解释不了的初始条件，然后用方程来研究之后发生的事情。现在你明白我为什么会在前面说大爆炸理论没有告诉我们哪怕是一点有关爆炸本身的事情了吧？

1979年12月的一个晚上，一切都改变了。艾伦·古斯，斯坦福直线加速中心的一位年轻博士后研究员（现在是麻省理工学院的一名教授），告诉人们还有很多事情可以理解。是的，的确很多。尽管在20年后的今天，仍有很多细节未能搞清，但是艾伦·古斯的确做出了使宇宙学改头换面的重大发现，他的发现为大爆炸理论找到了一场爆炸，一场比所有人预想的都要大得多的爆炸。

古斯本不是一名宇宙学家，他原来的专业在粒子物理学领域。20世纪70年代末，古斯跟着康奈尔大学的亨利·泰研究大统一理论中希格斯场的有关问题。还记得我们在上一章中讨论过的内容吗？当希格斯场的值固定为某个特殊的非零值（这个非零值取决于希格斯场势能碗的具体形状）时，对称性自发破缺，希格斯场对空间区域贡献最低可能的能量。在早期宇宙中，温度极高的时候，希格斯场会强烈地波动，就像热铁碗中上蹿下跳的青蛙一样；但随着宇宙的冷却，希格斯场落到某个具体的值，这个时候其能量处于最低状态。

古斯和泰试图弄清的是：为什么希格斯场会延迟达到其最低能量态［图9.1（c）中势能碗的谷底］？如果我们用青蛙来类比古斯和泰的问题，那就是：如果在碗刚开始冷却的时候，青蛙的某一跳恰好跳到了碗的中央高地，那会怎样呢？而且，要是碗继续冷却，但是青蛙却一直待在碗的中央（美美地享受那些蚯蚓），而不是滑到碗的底部，又会怎样呢？或者用物理学的术语来说，在宇宙冷却的时候，如果希格斯场的值恰好波动到势能碗的中央并且一直保持在那里会怎样呢？如果是这种情况，物理学家就会说希格斯场处于*超冷*状态。这一名词传达的意思是：即使宇宙的温度低于希格斯场处于最低能量态时的温度，希格斯场仍处于较高能量态（在日常生活中也有这样的现象，比如高度纯净的水，就有可能在温度低于 0 摄氏度——正常情况下的冰点——的时候仍未结冰。这是因为晶体需要依托杂质才能生长，没有杂质的话，晶体无法生长，液态水就无法结冰）。

古斯和泰之所以对这种可能性感兴趣是因为这种可能性可能与研究人员在各种大统一的尝试中所遇到的一个问题有关(这个问题就是磁单极问题[8])。不过古斯他们还想到了另外的可能性,而这另外的可能性才是使其工作变得重要的真正原因。他们怀疑,伴随超冷希格斯场而来的能量——还记得吗?场的高度代表其能量,所以,只有当场的值在势能碗的谷底时场才会具有零能量——可能对宇宙的膨胀有重要影响。1979年12月上旬,古斯仔细地考虑了这些想法,得到了下面的结论。

达到稳定状态的希格斯场会在空间中填充能量,但并不仅仅如此。更为重要的是,古斯认识到,希格斯场还会对空间贡献均匀的负压。事实上,古斯发现,一旦将能量和压强考虑进来,达到稳定状态的希格斯场将具有和宇宙常数相同的性质:希格斯场在空间中填充能量和负压,这正是宇宙常数所具有的性质。于是,古斯就发现了超冷的希格斯场的确对空间膨胀有重要的影响:就像宇宙常数那样,希格斯场也能显现出使空间膨胀的排斥性引力。[9]

到了这里,因为你已经熟悉了负压与排斥性万有引力,所以你就可能会这样想:没错,古斯的确发现了一种来实现爱因斯坦宇宙常数想法的办法,但是那又能怎样呢?这有什么大不了的呢?宇宙常数的概念不是早就被扔到废纸篓里了吗?宇宙常数除了令爱因斯坦蒙羞外还有什么用呢?重新发现已经60多年没人理的东西有什么可值得激动的呢?

暴胀

我们现在就来说说古斯的发现妙处在哪。古斯发现，虽然超冷希格斯场具有很多宇宙常数所具有的性质，但是它并不只有宇宙常数才有的性质。事实上，超冷希格斯场与宇宙常数有两点关键的区别——而正是这两点区别使得两者完全不同。

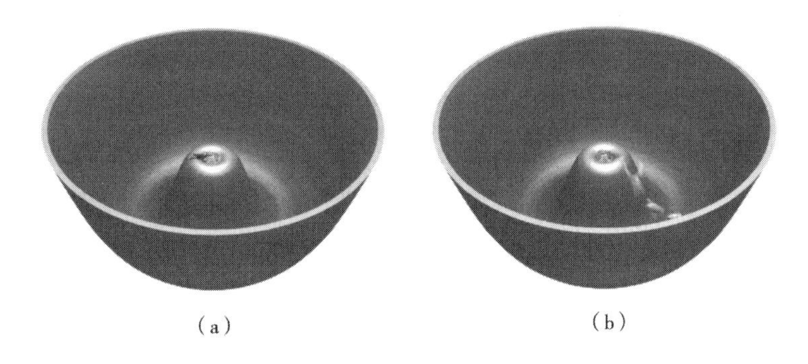

图10.1 (a)超冷希格斯场陷在势能碗的高能位置上，就像碗中凸起处的青蛙一样。

(b)一般来说，超冷希格斯场很快就会跌落到最低能量态，就像跳回到碗底的青蛙一样

首先，尽管宇宙常数是一个常数——常数就意味着不随时间改变，因而宇宙常数贡献的是稳定不变的外推力，但超冷希格斯场并不是常数。我们来想想居于图10.1(a)的碗中高处的青蛙。它虽然会在那里待上一会，但迟早会随随便便地跳一跳——这倒不是因为碗太烫，而完全是因为青蛙总会待得有些无聊——而这会使青蛙不小心掉下去，然后就像图10.1(b)那样滑落到碗底。希格斯场的行为就类似于此。当温度变得太低出现剧烈振荡时，希格斯场在整个空间中的值可能会固定在其势能碗的中心高地处。但是量子过程会带来很多随机波动，这些随机过程会使希格斯场的值涨落，离开中心的位置，从

而使得其能量和压强变为零。[10] 古斯的计算表明，这种涨落会由于势能碗的具体形状不同而有所不同，在有些情况下会在极短的时间内发生，这一极短的时间可能会短到0.0000000000000000000000000000000000001（10^{-35}）秒。随后，当时在莫斯科列别捷夫物理研究所工作的安德烈·林德和当时在宾夕法尼亚大学的保罗·斯坦哈特及其学生安德里亚斯·阿尔布莱奇发现了一种可以使希格斯的能量和压强在整个空间更有效也更均匀地变为零的办法（并且同时解决了古斯原始理论中的一些技术问题[11]）。这3位物理学家证明，如果势能碗像图10.2所示的那样，更加光滑、更有坡度的话，有没有量子过程就不重要了：希格斯场的值会很快滑到谷底，就像一个从山顶落下的球那样。这些分析的结论就是：如果希格斯场非得像宇宙常数一样，它也只能在一个瞬间内像宇宙常数。

图10.2　更光滑、更有坡度的凸起使得希格斯场更加容易滑到零能量谷，并且在整个空间中也更加均匀

第二个区别在于，爱因斯坦要仔细但任意地选择宇宙常数的值——可以贡献到每一寸空间的能量和负压——以使向外的排斥力与来自宇宙间普通物质和辐射的向内吸引力精确地平衡；而古斯却能

计算出他和泰所研究的希格斯场所贡献的能量和负压。古斯计算出来的值是爱因斯坦所选取值的大约10000000000000 000000000000000000000000000000000000000000000000000000000 00000000000000000000000000000（10^{100}）倍。显然，这个数字非常巨大。所以，与爱因斯坦的宇宙常数所带来的外推力比起来，由希格斯场的排斥性引力所导致的外推力简直就是无限。

我们再来看看这两个情况——即希格斯场停留在势能碗中心的稳定点，处于高能负压态，这样的状态仅能维持极短的瞬间；但是只要希格斯场处于这样的态，就会产生极其巨大的外推力——合在一起会有什么结果。古斯发现，这两种情况合在一起意味着一场时间极短但影响巨大的大爆炸。换句话说，这就意味着我们得到了大爆炸理论没给我们的东西：一场爆炸，而且是一场规模巨大的爆炸。这就是古斯理论激动人心之处。[12]

古斯的突破带给我们的是如下的宇宙图景。很久很久以前，宇宙极端致密，全部的能量都由希格斯场携带，而希格斯场处于远离其势能碗最低处的某个值上。为区别于其他的希格斯场（比如为普通粒子生成质量的电弱希格斯场，又或者大统一理论中的希格斯场[13]），我们将这个希格斯场称为暴胀子场。[1]因为其负压，暴胀子场会生成巨大的排斥性万有引力，这股巨大的力量使得每一片空间区域远离彼此；用古斯的话来说，暴胀子使宇宙暴胀。这股巨大的排斥性万有引力大约存在了10^{-35}秒，虽然时间短暂，但是由于它实在太过巨大了，

1. 物理学家们常常在某一名称后面加个“子”，表示相应的粒子。比如光加上“子”就是“光子”，电磁场的量子。

因而使得宇宙一下子膨胀到难以想象的地步。根据暴胀子场势能碗的具体形状不同，宇宙可能轻易地膨胀10^{30}倍、10^{50}倍、10^{100}倍，甚至更多倍。

这样的数字令人非常惊讶。膨胀10^{30}倍——最保守的估计——到底是怎样一种概念呢？想象一下吧，这就好比在眨一下眼的千亿亿亿分之一的时间内，一个DNA分子膨胀到了银河系那么大。对比来看，即使这最保守的估计也比标准大爆炸模型在相同时间内的膨胀量大百亿亿倍，这一瞬间的膨胀甚至比标准大爆炸理论中140亿年的累计膨胀量还要大！在很多暴胀理论模型中，实际计算出来的膨胀倍数都要大于10^{30}，这样的膨胀导致宇宙空间异常巨大，即使用我们最先进的望远镜，也只能看到全部宇宙的一小点。根据这些模型的理论预言，宇宙中大部分区域所发出来的光还从未曾到达过太阳系；而且，即使到了太阳和地球都消亡的那一天，很多地方发出来的光还不会到达。如果整个宇宙有地球那么大的话，我们能够看到的范围就只有一粒沙那么大。

大概在大爆炸开始之后的10^{-35}秒，暴胀子场从中心的稳定点跌落下来，其在整个空间中的值滑落到势能碗的底部，排斥性的万有引力消失了。随着暴胀子场的值滑落下来，它所积攒的能量也将释放出来，而均匀地填充于膨胀中的空间的普通物质和辐射就是产生于这股能量，就好像清晨的薄雾落到小草上成了露珠一样。[14] 这个时刻以后的故事就是标准的大爆炸理论了：大爆炸之后，空间继续膨胀并开始冷却，物质粒子聚成了星系、恒星和行星之类的结构，这些天体慢慢演变成我们今天看到的样子，如图10.3所示。

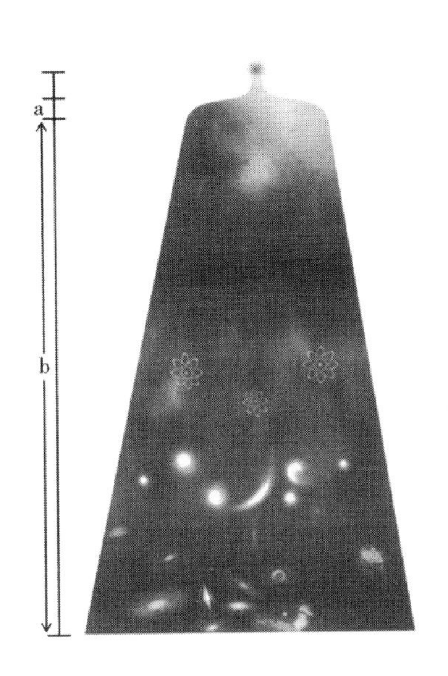

图10.3 （a）暴胀宇宙学在宇宙演化的早期插入了一段迅速、猛烈爆发的空间膨胀时期。
（b）猛烈的爆发之后，宇宙进入了大爆炸模型所提出的标准演化时期

古斯的发现——所谓的暴胀宇宙学——以及后来林德、阿尔布莱奇和斯坦哈特等人的改进版本，第一次解释了是什么使得空间膨胀。居于零能量之上的希格斯场能够提供一种使空间膨胀的外推力。古斯为大爆炸理论找到了一场爆炸。

暴胀理论体系

古斯的发现很快就被人们视作一项重大进展，迅速成为宇宙学领域的主要研究对象。但是有两点值得我们注意。首先，标准的大爆炸模型假定爆炸发生在零时刻——宇宙开始的时刻，因而爆炸是一次创生事件。暴胀理论中的爆炸发生在条件齐备的情况下——必须存

在暴胀子场，这样排斥性万有引力的向外大爆发才能有原料——并且不必去符合宇宙的“创生”。这也就是说，我们最好将暴胀大爆炸想成是已经存在的宇宙所经历的一次事件，而不必将其视为*就是*创造宇宙的事件。将图9.2中的某些部分变得模糊，我们就得到了图10.3，这样的做法是要告诉大家我们对宇宙的起源仍一无所知。特别是，如果暴胀宇宙学真的是正确的，那我们就要问这些问题：为什么会有一个暴胀子场？而它的势能碗又为什么恰恰拥有暴胀能够发生的特别形状？为什么会存在空间和时间这样的事物使得这些讨论能够发生？还有，用莱布尼茨的话来问就是，为什么是有而不是无？

另一点值得我们注意的是，暴胀宇宙学并不是一个独一无二的理论。它是一个建立在万有引力可以是推动空间膨胀的排斥力这一认识基础之上的宇宙学理论体系。关于外推力的种种细节——一旦暴胀发生，它要持续多久，外推力的强度，宇宙在暴胀期间膨胀的倍数，暴胀结束的时候究竟有多少能量变成了物质，诸如此类的问题——主要取决于暴胀子场势能的尺寸和形状，而这一点又是我们的现有理论不能回答的问题。所以，很多年来，物理学家们研究了暴胀理论的各种可能性——势能的各种可能形状，以及可能的暴胀子场数目，等等——从中挑选出了那些能够与当前的天文学观测符合的理论。我们要知道的是，暴胀理论的某些方面并不是细节之所在，而是对于各种暴胀模型来说都很普通的东西。按照定义，爆炸本身就有这样的一种性质，任何一种暴胀模型都有一场爆炸。但是，所有的暴胀理论都有的另外一些先天性质则很关键，是我们要详细考虑的部分，因为这些性质可以解决一些原始的大爆炸宇宙学所不能解决的问题。

暴胀与视界疑难

这些问题中的一个就是所谓的*视界疑难*，它与我们之前提过的微波背景辐射的均匀性有关。回想一下，我们曾经讲过来自空间某一方向的微波辐射与来自空间任意其他方向的微波辐射在极高的精确度（千分之一度的水平）上彼此相符。这一观测事实非常重要，因为它证明了空间的各向同性，可以大大简化宇宙学模型。在前面的章节中，我们曾经利用这种各向同性神奇地限制了空间可能的形状并探讨了均一宇宙时间。视界疑难这一问题在我们试图解释宇宙*如何*拥有均一性时出现。宇宙中的广大区域究竟是如何拥有彼此一致的温度的呢？

如果回想一下第4章，你或许会想到一种可能的解释：非定域量子纠缠除了可以使两个彼此间隔很远的粒子自旋关联之外，也可能会使间隔很远的空间区域温度关联。尽管这个想法听起来很有意思，但是别忘了第4章中的讨论是在完全受控的设定下进行，而空间强大的稀释能力会完全排除这种可能性。好吧，或许我们会找到更简单些的解释。或许很久以前，空间的各部分区域彼此非常接近，而这种彼此间的亲密接触使得彼此的温度也相同。这就好像把门开一会儿的话，原本温度很高的厨房和冰冷的卧室也会温度相同。但是，这种解释在标准的大爆炸理论中遭遇了失败的命运。我们现在来看一下为什么。

我们正在看这样一部电影，它讲述了宇宙从起源一直到今天的演化全过程。随便在什么时刻暂停一下电影，然后问问你自己：空间中的两块区域，就比如厨房和卧室吧，能够影响彼此的温度吗？它们能交换光和热吗？这种问题的答案取决于两个要素：区域之间的距离以及距离大爆炸的时间。如果两者之间的距离短于光在大爆炸之后的时间内可以行进的距离，那么它们就能够彼此影响，否则的话就不能。你现在可能会想，如果把我们的电影回放到足够接近大爆炸的时刻，可观测宇宙中的所有区域都会彼此影响；因为离大爆炸越近，不同空间区域的间隔也就越小，彼此也越容易相互作用。但是这样的推理太草率了，在这个思考过程中要考虑的并不仅仅是两者之间的距离是否足够的近，还要考虑留下来的时间是否足够的多。

我们现在来正确分析一下这个问题。慢慢回放这部关于宇宙的电影，我们要关注的是位于可观测宇宙两端的两块空间区域——这两块区域之间的距离已经超出了它们各自的影响范围。我们要想把它们的间距缩小一半的话，就要把电影回放到少于一半的地方。但即使这样的话，两者之间的距离还是太远以至于不能彼此影响：它们之间的距离虽然减半，但是大爆炸到那个时刻的时间还不到大爆炸到今天的时间的一半，而光在这样的时间内能够行进的距离也没有光在大爆炸至今的时间内行进距离的一半多。类似地，我们可以一直这样通过回放电影来缩短空间中那两块区域的间距，但是我们也将发现，这会导致两者越来越难以彼此影响。在这样的宇宙演化中，两块区域在远古时期挨得越近，我们就越难——而不是越容易——想象它们会平衡彼此的温度。相对于光可以行进多远所带来的困难，回溯时间所导致的沟通困难显然更严重一些。

这就是标准大爆炸理论中的问题。在标准的大爆炸宇宙学中，万有引力只是一种吸引力；而且，自从宇宙开始以来，它就一直扮演着减慢宇宙膨胀的角色。对于减慢的事物来说，走过给定区域所花掉的时间要更多一些。比方说，秘书[1]迅猛地冲出门去，在2分钟内就跑完了前半圈，但今天它没在最佳状态，所以后半圈花了3分钟才完成。回放这场赛马的时候，我们必须往回放到一半多的时间（全长5分钟的影片我们要回放到开始2分钟的时候）才能看到秘书跑到半圈标记的位置。与此类似，在标准的大爆炸理论中，引力所起的作用是减慢空间的膨胀，因而，如果我们从任意时刻开始回放宇宙演化的电影，我们必须回放多于一半的时间才能使得空间中两块区域之间的距离缩减为一半。因而，如上所述，这就意味着虽然空间区域在更早的时刻变得更近，但彼此间也变得越难——而不是越易——相互影响，因而它们的温度相同这一事实也就令我们越困惑——而不是越明白。

物理学家们将某一区域所发出来的光在大爆炸之后的时间内所能到达的最远位置以内的空间区域定义为这一区域的*宇宙视界*（简称*视界*）。视界可以类比为我们在地球表面的某个制高点所能看见的最远距离，当然这只是类比。[15] *视界疑难*这个谜题基于这样一种认识：如果空间中的两个区域的视界始终是分开的——永远不能彼此相互作用、交流，或者用任何方式彼此影响——那么它们怎么会有差不多完全一致的温度呢？

视界疑难并不是意味着标准的大爆炸模型不对，它只是需要解释。而暴胀模型就能提供这样的解释。

在暴胀宇宙学中有一个很短暂的时期，在这个时期内，排斥性的

---

1. Secretariat，秘书，世界上跑得最快的纯种马，1973年在美国肯塔基赛马会上创下了30多年不破的世界纪录。——译者注

万有引力驱动着空间越来越快地膨胀。在关于暴胀宇宙学的电影中，你只需回放到少于一半的时间就能看到空间区域的间隔减半了。这就好比秘书花了2分钟的时间跑完前半圈后，状态正佳，又猛地提速，只用了1分钟的时间就冲完了最后半圈。于是在看回放的时候，你只需要把时间回放到比赛开始2分钟的时刻——你所回放的部分（1分钟）少于一半的时间（1分半）——就能看到秘书冲过半程标志的画面了。与此类似，空间中两块不同区域的间隔在暴胀时期急速增长，且增长的速度越来越快，这就导致在你看宇宙这部电影的时候，也只需要回放到少于——实际上少很多——一半的时间就能看到间隔减半了。这样一来，随着时间越往后，空间中不同区域也就越容易相互影响。因为随着时间越往后，不同区域彼此沟通的时间就会越多。计算表明，如果暴胀使空间膨胀的倍数达到了10^{30}以上的话，这样的数量级在大多数的暴胀模型中都可以实现，我们现在所能看到的所有空间区域——所有我们测过其温度的空间区域——都可以彼此沟通，就像相连的厨房和卧室之间的沟通那样简单，因而最初时刻的宇宙很快就会拥有相同的温度。[16] 简而言之，暴胀阶段开始的时候，空间膨胀得很慢，整个空间的温度会变得一致，然后就进入了迅猛膨胀的阶段，一下子弥补了开始阶段的缓慢，临近的区域也彼此分开去了。

暴胀宇宙学就这样解释了弥漫于整个空间的微波背景辐射神秘的各向同性问题。

暴胀与平坦性疑难

暴胀宇宙学需要面对的第二个问题与空间的形状有关。在第8章中，我们强行使用了空间均匀对称的标准，找到了3种实现空间弯曲的方法。在两维的例子中，这3种可能性分别是正曲率（类似球面的形状）、负曲率（类似马鞍面的形状）以及零曲率（类似无限平坦的桌面或者有限尺度的电视游戏屏幕）。自从广义相对论建立以来，物理学家们就一直清楚这样一个事实：单位空间中的总物质或总能量——即*物质或能量密度*——决定了空间的曲率。如果物质或能量密度很高，空间就会把自己拉伸成球形，也就是说空间会有正的曲率。如果物质或能量密度很低，空间就会向外展成马鞍面，也就是说空间会有负的曲率。又或者像上一章讲过的那样，当空间中的物质或能量密度处于某一特殊值时——临界密度，相当于在每立方米的空间内有5个氢原子的质量（大约10^{-23}克）——空间将介于上述的两种极限情况之间，处于完美的平坦状态——也就是说，没有曲率。

现在我们来看看问题在哪。

掌控着标准大爆炸模型的广义相对论方程告诉我们，如果早期的物质或能量密度恰好精确地等于临界密度，它就不会随着空间的膨胀而发生变化，也就是说仍然保持在临界密度。[17] 但是，即使物质或能量密度只比临界密度高一点点或者低一点点，接下来的膨胀过程都会使物质或能量密度远离临界密度。我们来感受一下具体的数字，如果在大爆炸后的1秒时，宇宙恰好比临界状态差了一点点，物质或能量密度达到临界密度的99.99%，那么计算就会告诉我们，今天的宇宙中物质或能量密度将只有临界密度的0.00000000001%。这就像一个走在两面都是深渊的峭壁顶的登山者所面临的情况。每一步都落在峭壁顶的话就能安全通过。但是，稍稍迈错一步，不管是往右多一点还是往左多一点，倾斜都会瞬间放大，酿成不可挽回的后果（可能例子稍稍有点多了，不过还是很想讲一下。标准大爆炸模型的这个特点让我想起了很多年前大学宿舍的淋浴：如果你恰好调对了把手的位置，你就有舒服的温水洗澡。但你只要稍稍调错一点，不管是往哪边多偏了那么一点，你就会被烫得发红或是被冻得发抖。所以那时候很多同学干脆就不洗澡了）。

物理学家们几十年来一直试图测准宇宙中的物质或能量密度。到了20世纪80年代，虽然离最终的结果还有一段距离，但是有一点已经是确定无疑的了：宇宙中的物质或能量密度既不比临界密度大成千上万倍，也不是临界密度的成千上万分之一。这也就等于告诉我们，空间并没有充分地弯曲，既不是非常大的正曲率，也不是非常大的负曲率。这样的观测事实难免令标准大爆炸模型有点难堪。人们认识到，标准大爆炸模型要想与实验观测相符，就必须找到某种机制——人们还不能找到这样的解释——从而使早期宇宙的物质或能量密度极端地接近临界密度。举个例子，计算表明，在大爆炸后的1秒，宇宙中的物质或能量密度同临界密度之间的差别不能超过临界密度的百万亿分之一；如果物质或能量密度和临界密度的差别稍稍大于这一极小的量，那么标准大爆炸模型所预言的今日物质或能量密度就会远远大于实验观测值。因而，标准大爆炸模型中的宇宙就像在两面是深渊的峭壁顶前行的登山者一样，走在极端窄小的山脊上。数十亿年前的微小差别将会导致今天的宇宙千差万别。这就是所谓的*平坦性疑难*。

我们已经讲过了平坦性疑难的关键之处，但还是很有必要再强调一下，这里的重要之处在于虽然我们要理解平坦性疑难是一个问题，但这并不等于说有了平坦性疑难就意味着标准大爆炸模型是错的。对于平坦性疑难，大爆炸理论的忠实信徒会耸耸肩无所谓地回答道："宇宙当时的情况就是那样。"对于他们来说，只要好好地调节一下早期宇宙的物质或能量密度——从而使理论对今天的物质或能量密度预言与实验观测相符——平坦性疑难就不存在了。但是这样的回答让很多物理学家不舒服。如果一个理论，其成功要依赖于精细调节某些我们无法给予的基本解释的性质，那么这样的理论在物理学家看来就是极不自然的。由于标准大爆炸模型不能解释早期宇宙的物质或能量密度为什么非得精细调节到某个特定值，标准的大爆炸模型在很多物理学家看来具有很强的人为性。因而，平坦性疑难可说是找出了标准大爆炸理论有极强的初始条件——我们不了解的远古时期的情况——敏感性这个弱点；平坦性疑难告诉我们，标准大爆炸模型只有假定宇宙*必须如此*，才能解释一些问题。

相反，物理学家们希望看到的理论是所能给出的预言不依赖于我们无法知道的量（诸如很久以前的情况如何）的理论。这样的理论可靠而自然，因为它们给出的预言并不依赖于各种很难甚至不可能直接确定的琐碎细节。暴胀理论就是一个这样的理论，它对平坦性疑难的解释很好地反映了这一点。

这里关键的一点，是要注意到吸引性的万有引力会放大任何背离临界物质或能量密度的偏差，而暴胀理论中的排斥性万有引力则正好相反：它可以*减少*对临界密度的偏差。要想直观地感受一下这一点，只需想想宇宙的物质或能量密度和其几何上的曲率之间的联系。特别需要注意的一点是，即使宇宙在早期具有高度弯曲的形状，暴胀膨胀之后，也会出现一片大到足以覆盖今天所看到的整个可观测宇宙的区域，而这样的区域看起来将是平坦的。事实上，我们早就熟知这种几何特性：篮球表面的弯曲可以一目了然；但是地球也是圆的就没有那么明显了，很多的思想家花了很长时间才理解了地球表面也是弯曲的这一事实。造成这种结果的原因在于，在一切不变的情况下，某一事物越大，它的弯曲就会变得越缓，其表面上的某一大小不变的区域就会看起来越平坦。如果你把内布拉斯加州[1]绕在直径几百千米的球面上，如图10.4（a）所示，内布拉斯加州看起来就是弯曲的。但在地球表面，所有的内布拉斯加人都会承认，该州看起来是平坦的。而你要是把内布拉斯加州放到比地球还要巨大的球体表面，它看起来就会更加平坦。在暴胀宇宙学中，空间被拉伸得如此之多，以至于我们所看到的可观测宇宙只不过是一个巨大宇宙的小小一部分。所以，如图10.4（d）所示的巨球上的内布拉斯加州一样，即使整个宇宙是弯曲的，我们可观测的宇宙也几乎是平坦的。[18]

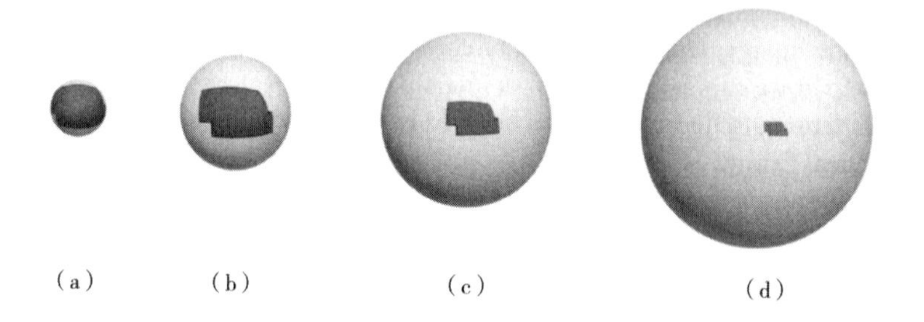

图10.4　图中大小固定的形状表示的是内布拉斯加州。可以看到，随着球的体积越来越大，其上的图形显得越来越平。这里，球代表的是整个宇宙，内布拉斯加州代表的是可观测宇宙——我们视界之内的宇宙

1. 美国中部的平原州，面积20万平方千米。——译者注

这就好像在登山者的鞋底和峭壁顶上都安有强大的磁铁一般，一旦登山者朝着错误的方向迈上一步，磁铁之间强大的吸引力就会把登山者的脚拉回到山脊。与此类似，即使早期宇宙偏离临界密度一点，从而导致失去平坦性；暴胀膨胀也会将我们讨论的这部分空间拉回成平坦的形状，同时，我们所讨论的物质或能量密度也会被拉回到临界值。

进展与预言

暴胀理论对视界疑难和平坦性疑难的独到见解代表着巨大的理论进步。对于标准的大爆炸宇宙学来说，为了使演化到今天的宇宙既具有各向同性的特点，又具有同实验观测值相一致的物质或能量密度，它就必须对早期的初始条件进行准确的、未经解释的甚至有些怪诞的精细调节。人们当然可以假定真有这样的精细调节存在，就像标准大爆炸模型的追随者宣称的那样。但是这样一种毫无道理的办法使理论充满了人为性。而另一方面，暴胀宇宙学并不需要考虑早期宇宙物质或能量密度的种种细节。按照它自己的宇宙演化方式，暴胀宇宙学预言了我们观测到的宇宙应该近乎平坦。这也就是说，按照暴胀宇宙学的预言，我们观测到的物质或能量密度应该非常接近临界密度。

对于早期宇宙的细节不敏感可算是暴胀理论的一个优美之处，正是因为有了这个性质，我们才能在对远古时期毫无了解的情况下给出确定的理论预言。但是我们也要问：这些预言是否能够经受得了精细的实验观测的检验呢？实验数据是否站在暴胀宇宙学一边呢？实验上是否观测到了暴胀宇宙学所预言的具有临界物质或能量密度的平坦宇宙呢？

多年的观测能告诉我们的答案只是“还不充分”。大量的天文学勘探仔仔细细地测量了宇宙中可见的物质或能量的总量，而这些勘探只得到了临界密度的5%。这样的观测结果显然不是标准大爆炸理论自然得出的极大密度或极小密度解释得了的——如果不考虑人为的精细调节的话——这也就是我在前面所说的，实验观测并没有发现今天宇宙的物质或能量密度比临界密度大成千上万倍或是其成千上万分之一。即便这样，5%离暴胀理论所预言的100%也还有很大的距离。但是，物理学家们早就认识到计算数据必须仔细，不能丢失任何可能性。天文学勘探发现的那5%只与能够发光的物质或能量有关，因为只有发光的能量或物质才能被天文望远镜看到。而早在几十年前，暴胀理论还没有诞生的年代，就已经有证据表明：宇宙很可能还有沉重的黑暗面。

黑暗预言

早在20世纪30年代，加利福尼亚理工学院的天文学教授弗里茨·兹威基（一位著名的科学家，其刻薄的性格是出了名的。他非常喜爱对称性，甚至因此会将他的同事称为混球，他的解释是，无论从哪个角度看他们都是混蛋——所以是球形对称的混蛋，就是混球[19]）就认识到，后发星系团（距离地球3.7亿光年的星系团，由上千个星系组成）的偏远星系中的可见物质移动得太快以至于无法聚集起足够的引力来使它们聚成团。兹威基通过分析指出，大多数快速移动的星系应该被甩出星系团，这就好像行驶中的自行车会甩出很多泥水一样。但我们却没有看到这样的现象。兹威基假定该星系团中还存在其他一些不能发光具有引力效应的物质，正是这些物质使该星系团聚在一起。通过计算，兹威基发现，要是这一解释正确的话，星系团质量的绝大部分就应该由这种不发光的物质组成。1936年，威尔森山天文台的辛克莱尔·史密斯发现了确实的证据，通过对室女座星系团的研究，史密斯得到了类似的结论。但是，这两个人的工作，连同后继的一些工作，都存在着各种各样的不确定性，使得人们还没法确认就是大量的不可见物质的引力将星系聚成星系团。

接下来的30年间，有关不可发光的物质的实验观测证据越来越多，[20] 但只有华盛顿卡耐基研究所的维拉·鲁宾，以及肯特·福特和其他少数人的工作才真正抓住了问题的关键。鲁宾和她的合作者研究了大量旋转星系中的恒星移动，他们的结论是：如果假定我们所看到的就是实际存在的全部，那么很多星系中的恒星将持续不断地向外飞去。这几位科学家的观测结果明确地告诉我们，可见的星系物质不可能产生出足够强的引力以控制住那些快速移动的恒星，使之不能自由飞散。详细的分析也同时指出，如果星系沉浸在不发光物质——其总质量需远远地超过星系中可见物质的质量——构成的巨大球状空间中（如图10.5所示），那么其中的行星就仍在引力的束缚之内。所以，就像有些观众只看到来回移动的白手套就能推断出魔术师隐藏在看不见的黑袍中一样，天文学家也能得出宇宙中充满着*暗物质*——那些不聚合成恒星因而不发光，所以除了借助于引力效应外没有任何办法知道它们存在的物质——的结论。而宇宙中的发光成分——恒星——仅仅是漂浮在暗物质之海中的灯塔。

图10.5　浸在暗物质中的星系（为了使读者看清楚，图中高亮部分表示的是不可见的暗物质）

如果必须有暗物质存在才能解释观测到的恒星和星系移动，那么，暗物质是由什么组成的呢？很遗憾，直到现在也没有人能给出肯定的答案。尽管天文学家和物理学家已经就暗物质是什么提出了很多种可能性——从各种奇异的粒子到小型黑洞，但暗物质究竟是什么仍然是天文学和理论物理学中的一个主要未解之谜。虽然不能确定暗物质究竟是什么，天文学家们还是能够通过准确地分析其引力效应来计算出暗物质在整个宇宙中究竟有多少。现在人们已经知道，暗物质大约占临界密度的25%。[21] 再加上普通可见物质贡献的5%，我们已经找到了暴胀宇宙学所预言的物质或能量密度的30%。

好吧，虽然这已经算是很大的进展了，但科学家们还是得挠头，因为他们还是要知道那玩忽职守的70%哪去了（当然，这么说的前提是暴胀宇宙学真的正确）。但是，两组天文学家在1998年得到的结果出乎所有人预料，于是历史绕了一个圈，我们再次感受到了爱因斯坦是多么富于预见性。

失控的宇宙

生病的时候，我们可能会听取不同医生的意见以确认自己的病情；物理学家们也是如此，如果他们得到的数据或理论带来了某些令人困惑的结果，物理学家们常常也会再从另外的角度看看同一个问题。如果从一个完全不同的观点出发也能得出与原始分析相同的结论的话，那么这种理论的可信度就很高。当从不同角度提出的解释最后都归结到一点的时候，我们就有理由相信这种解释已经切中要害。所以，很自然的，既然暴胀理论提出了某种异常怪异的东西——还没被观测到的那70%的宇宙物质或能量密度，那么物理学家们必定希望依靠它来再确认一次暴胀理论。而很久以来人们就知道对*减速因子*的测量正好可以帮这个忙。

从暴胀开始的那一刻起，吸引性的万有引力就在减慢宇宙的膨胀，其减慢率称为减速因子。对减速因子的测量将是另一个能独立反映宇宙中物质总量的角度：更多的物质，无论发光与否，将导致更强的引力，因而会更明显地减慢空间的膨胀。

很多年来，天文学家们一直在试图测出宇宙的减速，这种测量虽然在理论上直截了当，但在实际中却是一个挑战。当我们观测远方的天体——比如星系或类星体——的时候，我们实际看到的是它们很久以前的样子：它们离我们越远，我们所看到的就是越早时期的天体。因而，如果我们能够测得它们以多快的速度远离我们，我们就相当于测到了在过去的某个时刻宇宙以多快的速度膨胀；然后，我们再测另外一个距离处的膨胀速度，这就相当于我们在测另外一个时刻的宇宙膨胀速度。对比我们所测得的不同时期的宇宙膨胀速度，我们就会算出宇宙的膨胀在某段时间内减慢了多少，因而就求得了减慢因子。

所以，按这种方案测量减慢因子需要两个条件：一是要找到一种方法确定某一天体的距离（这样我们就可以知道这个天体在时间上距离我们有多远）；二是要找到一种方法测出该天体以多快的速度远离我们而去（这样我们就能知道在那个时候空间以多快的速率膨胀）。后一个要求很容易实现，远离我们而去的警车上的警笛音调变低，远离我们而去的天体上发出来的光的振荡频率也会变低。而且，诸如氢、氦、氧这样的原子——正是这些原子组成了恒星、类星体和星系——发出来的光已经在实验室中详细地研究过了，所以只要认真地对比我们从天体中测得的光的频率与实验室中的光的频率，我们就能得到某一天体离我们远去的速度。

但是前一个要求，找到一种确定某一天体距离我们多远的方法，则令天文学家们很是头疼。一般来说，我们会认为离我们越远的事物看起来越模糊，但是这一简单的事实却很难嫁接到定量测量上。你要想判断远方物体的亮度的话，就必须首先知道该物体的固有亮度——当它就在你附近的时候它有多亮。但是我们很难知道一个离我们几十亿光年远的物体的固有亮度到底是多少。一般的办法是找到一类天体，由于某种基本的天体物理原因，该类天体总是以准确固定的亮度发光。如果天空中缀满100瓦的灯泡，我们就好办了，因为这样的话，我们就可以根据灯泡的模糊程度来判断它到底离我们有多远（虽然看清很远地方的100瓦灯泡也是一种挑战）。但是宇宙空间并没有慷慨到这种程度，那么，我们该找什么东西来当标准亮度的灯泡呢？或者用天文学的话说，什么能起到*标准烛光*的作用呢？多年来，天文学家们已经研究了多种可能性，到目前为止最成功的一个选择是某一类特殊的超新星爆发。

当恒星用光它们的核燃料时，来自恒星核心的核聚变的向外压力就会消失，恒星就会在其自身引力的作用下向内破裂。随着恒星核心向自己坍塌，整个恒星的温度急速上升，有的时候就会导致一场规模巨大的爆炸，爆炸将会吹散恒星的外层，整个过程就像一场精彩的太空焰火表演。这种爆炸的恒星就是超新星，一颗超新星可以在几个星期的时间里始终保持着几十亿个太阳的亮度。它绝对是令人难以置信的天文奇观：单独一颗星星就会像整个星系那么亮！不同种类的恒星——不同大小，不同原子丰度，等等——会导致不同种类的超新星爆发。天文学家在很多年前就认识到某种超新星爆发总是具有相同的固有亮度，而这就是Ia型超新星爆发。

研究Ia型超新星首先要知道白矮星。白矮星——耗光了自己的核燃料但自身却没有足够的质量来触发一场超新星爆发的星体——会从附近的伴星中吸收表面物质。当白矮星的质量达到一个特定的临界值——大约是太阳质量的1.4倍，它就会通过核反应变为超新星。这样的超新星爆发总是发生在白矮星达到其临界质量的情况下，所以这种爆发的特性，比如其固有亮度等，总是大体上趋于同一个值。而且，因为超新星的亮度远远不是100瓦的灯泡所能比拟的，所以你不但可以有一个准确可靠的亮度源，还能在宇宙中够清楚地看到它。故而它们可以被称为标准烛光的最佳候选者。[22]

20世纪90年代，两组天文学家分别由劳伦斯·伯克利国家实验室的索尔·派尔穆特和澳大利亚国家大学的布赖恩·施密特领导，决意通过测量Ia型超新星的远离速度测出宇宙的减速因子，从而测得宇宙的总物质或总能量密度。识别一次Ia型超新星爆发相对比较简单，因为超新星爆发所发出来的光总是急速增强然后又慢慢变弱。但是真正找到一颗Ia型超新星爆发却并不容易，因为在一个星系中，Ia型超新星爆发每几百年才出现一次。不过，通过利用视野广阔的望远镜同时观测数千个星系的这一革命性技术，两组天文学家在距离地球不同远近的地方发现了将近50次Ia型超新星爆发。耐心地从实验数据中计算出每一个超新星距离地球的远近及其远离速度后，两组天文学家得出了完全出乎意料的结论：宇宙在大约70亿岁后，膨胀率从未减速过。这也就相当于说，膨胀率一直在加速。

这两个实验组发现，宇宙在其大爆炸后的70亿年间一直在减速膨胀，就像路遇高速收费站的汽车一样。人们所预期的正是这样的事实。但是，实验结果同时也告诉我们，就像一通过收费站的读卡器就踩油门的司机一样，宇宙的膨胀也在差不多70亿年的减速后开始加速。大爆炸之后的第70亿年的膨胀率小于第80亿年的膨胀率，而第80亿年的膨胀率又小于第90亿年的膨胀率，依此类推，以前任意一个时期的膨胀率都要小于今天的膨胀率。人们所预期的空间减速膨胀变成了完全出乎意料的加速膨胀。

这究竟是怎么一回事呢？这个问题的答案就与物理学家们曾经问过的那丢失的70%的物质或能量密度有关。

丢失的70%

现在想想1917年爱因斯坦引入的宇宙常数，你所拥有的信息足以让你明白宇宙加速是怎么回事。普通的物质和能量产生普通的吸引性万有引力，这种引力会减慢空间的膨胀。但是随着宇宙的进一步膨胀，宇宙间的事物分散得更加厉害，因此使膨胀减速的引力就变得更弱了。这一下事情出现了转机。如果真的有一个宇宙常数的话——并且它的值又小得恰到好处的话——那它所产生的排斥性万有引力在大爆炸之后的70亿年内就会被普通物质所产生的吸引性万有引力盖过，其净效果就是减慢宇宙的膨胀，而这一点正与实验数据相符。随着时间的流逝，普通物质分散得更开，其所产生的引力也就更弱；这时，宇宙常数（其值并不因为物质分散而有所变化）所产生的排斥性万有引力就会逐渐占据上风，于是减速膨胀的时期让位于加速膨胀的时期。

于是，在20世纪90年代后期，根据上述的推理和对数据的深入分析，派尔穆特组和施密特组都认识到，爱因斯坦在80年前为广义相对论方程引入宇宙常数并不是一个错误。他们认为宇宙的确应该有一个宇宙常数。[23] 但是他们并不认同爱因斯坦提出的宇宙常数大小，其原因在于爱因斯坦所追求的是排斥性万有引力和吸引性万有引力彼此相消从而导致静止的宇宙，而派尔穆特和施密特等人需要的是在某些年间排斥性的万有引力要居于主导地位。虽然派尔穆特和施密特等人的发现还需要进一步的实验确认以及更加仔细的分析，但我们必须得说，爱因斯坦再一次预见了宇宙的基本性质，只不过这次足足花了80年才得以用实验验证。

超新星的远离速度取决于普通物质的吸引性万有引力和由宇宙常数所提供的“暗能量”的排斥性万有引力之间的差别。如果将普通物质的总量——可见不可见的都算上——算作临界密度的30%的话，超新星研究者们发现，宇宙常数的暗能量必须贡献出70%的临界密度才能使超新星的远离速度满足实验观测。

这是一个令人印象深刻的数字。如果真的是这样，那么我们就不仅仅有普通物质带给宇宙的那无足轻重的5%的物质或能量，以及现在还无法确知其成分的暗物质带给宇宙的25%的物质或能量，我们还将拥有遍布于整个空间的宇宙常数所导致的那全然不同又神秘莫测的暗能量所贡献的宇宙的大部分物质或能量。如果这些想法真的正确的话，那么哥白尼的学说将会神奇地扩充：不但我们所在的位置不是宇宙的中心，就连组成我们的物质也只是沧海一粟。即使将质子、中子、电子全都从宇宙中拿走，宇宙的总质量或总能量也不会减少多少。

除此之外，70%这个数字还有另外一个令人印象深刻的原因。将宇宙常数贡献的70%和普通物质及暗物质贡献的30%合在一起的话，宇宙的质量或能量正好100%符合暴胀理论的预言！因此，超新星的数据所展现出来的外推力正好可以用暗能量来解释；而要正确地解释超新星数据，暗能量就要正好贡献出宇宙中看不见的那70%的质量或能量；而这丢失的70%正好是一直令暴胀宇宙学家挠头的问题。所以，有关超新星的实验测量与暴胀宇宙学形成了美妙的互补关系。两者彼此印证，分别是对方的佐证。[24]

将观测结果与暴胀理论组合起来，我们就得到了如图10.6所示的宇宙演化图像。极早期的时候，宇宙的能量存在于暴胀子场中，这时的暴胀子场并没处于最低能量态。由于负压的作用，暴胀子场驱动了一场暴胀膨胀。在大约10^{-35}秒之后，暴胀子场滑落到其势能碗的最低处，暴胀阶段结束，暴胀子场释放出了蕴藏的能量，这些能量转化成了普通的物质和辐射。之后的几十亿年间，这些常见的物质所释放出来的吸引性万有引力使空间的膨胀不断减速。但是随着宇宙逐渐

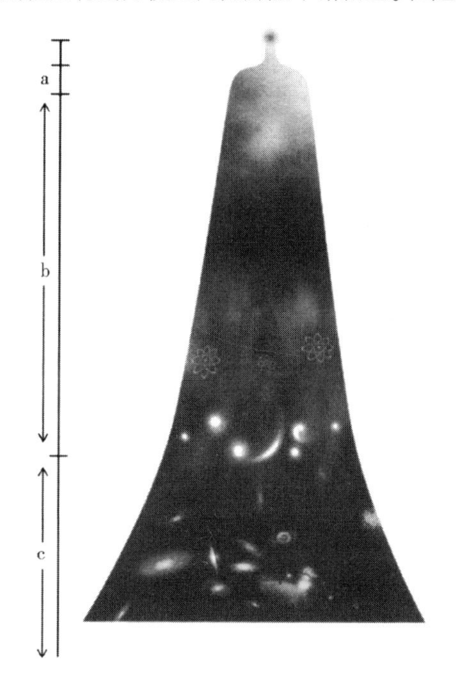

图10.6　宇宙演化的时间线。a. 暴胀。b. 标准的大爆炸演化。c. 加速膨胀时期

变得稀薄，这种排斥性的万有引力慢慢减小。时间到了距今大约70亿年前，普通的吸引性万有引力弱到了一定程度，这个时候来自宇宙常数的排斥性万有引力开始居于主导地位，于是空间的膨胀率开始上升。

距今大约100亿年的时候，除了离我们最近的一些星系，大部分星系都随着空间的膨胀而离我们远去，它们的速度快到超越了光速，所以我们无论使用什么样的望远镜都无法看到那些飞走的星系。如果这些理论真的是正确的话，那么到了遥远未来的某一天，宇宙将会变成巨大、空荡、毫无生气之所。

谜题与进展

有了这些发现之后，看起来我们已经解决了宇宙学中的种种疑难。标准大爆炸宇宙学不能回答的问题——是什么使空间向外膨胀？微波背景辐射的温度为什么一样？为什么空间看起来是平坦的？——被暴胀宇宙学一一解答。但即使这样，有关基本起源的困难问题仍然存在：暴胀之前是否还存在着某个时期？如果是的话，这一时期的宇宙是什么样子？是什么使暴胀子场离开它的最低能量态从而触发了一场暴胀？还有一个最新的问题，宇宙为什么会由这些好不般配的成分——5%的普通物质，25%的暗物质，70%的暗能量——组成呢？要是不考虑这样的宇宙成分极好地符合了暴胀理论关于宇宙要有100%的临界密度的预言，也不考虑暴胀理论还同时解释了在超新星的研究中所发现的宇宙膨胀的话，大多数物理学家都会觉得这种大杂烩似的组合毫无吸引力可言。很多人都会问：宇宙为什么会有这么复杂的组成呢？为什么这些全然不同的成分的比例会如此随机呢？

是不是有什么深层理论可以解释这些问题呢？

现在还没有人就这些问题提出令人信服的解释。正是这些问题和另一些紧迫的研究问题推动着当前的宇宙学研究；这些问题的存在时刻提醒着我们，在宣称我们已经完全理解了宇宙的起源之前必须解开这些混乱的结。不过，要是不考虑遗留的这些艰巨挑战，暴胀理论可算是当前最为成功的宇宙学理论。固然，物理学家们对暴胀理论的信心基于我们在本章中讨论过的那些成功之处。但是，暴胀理论并不仅仅有这些成功之处，人们对它的信心随着越来越多的发现而越来越足。我们将在下一章中看到，许多其他考虑因素——既有来自实验观测上的也有来自理论上的因素——同样会使工作在这一领域的物理学家们相信，暴胀理论是我们这一代物理学家对宇宙学所做的最重要、最持久的贡献。

第11章 缀满钻石的天空中的量子[1]

暴胀、量子涨落与时间之箭

暴胀理论的发现开启了宇宙学研究的新纪元，在那以后的20年间，关于这一方面的研究论文数以千计。科学家们搜遍了这个理论的犄角旮旯，他们的细致程度远超你的想象。尽管很多科学家在这方面的工作更多关注的是技术上很重要的细节，但还是有一些科学家走得很远，他们发现，暴胀理论并不仅仅能用来解释标准大爆炸宇宙学力所不及的那些宇宙学问题，还能够为很多老问题带来强有力的新办法。在这些老问题中的3个——星系之类的团状结构的形成，造就我们今日所见的宇宙究竟需要多少能量，以及（在我们的故事中最重要的一个问题）时间之箭的起源——上，暴胀理论取得了实实在在的，按某些人的说法甚至是令人叹为观止的进展。

让我们一起来看看。

用量子语言写的空中文字

暴胀宇宙学对视界疑难和平坦性疑难的解释只是其盛名的开始。

---

1. Beatles的一首歌曲，名字就叫作《缀满钻石的天空中的露西》（*Lucy in the Sky with Diamonds*）。——译者注

我们已经看到，这两个成就曾是它的主要贡献。但是随着时间的推移，越来越多的物理学家相信暴胀理论的另一项成就的重要性可能不亚于其在视界疑难和平坦性疑难这两个问题上的贡献。

这个重要的成就与一个到目前为止我还没有提请你注意过的问题有关，这个问题就是：星系、恒星、行星，或者其他一些宇宙中的团状结构究竟是怎么形成的呢？在前面的3章中，我们关注的一直是宇宙学意义上的大尺度，在这样的尺度上宇宙表现出来的是同一性；这一尺度如此之大，以至于我们可以将一个星系看作一个H_2O分子，而将整个宇宙看作一杯水。但是，宇宙学的研究不可能永远不触及星系之类的团状结构，随着我们的研究尺度变得越来越“精细”，我们早晚会问到有关星系的问题。于是，我们又遇到了一个谜题。

如果宇宙真的光滑均匀且在大尺度上各向同性的话——这是宇宙学的观测告诉我们的事实，所有有关宇宙学的理论其核心必是如此，那么小尺度上的团状结构是怎么出现的呢？标准大爆炸宇宙学的忠实信徒对这个问题不屑一顾，他们再一次用精细调节宇宙的初始条件来解决问题，他们会这样说：“极早期的宇宙大体上是均匀各向同性的，但是这种均匀性并不完美，在某些地方会有小小的疙瘩存在。至于为什么会这样，没有人知道，但当时的确就是如此。随着时间的推移，这些小疙瘩会逐渐变大，因为它们会比附近的环境具有更强的引力，因此会慢慢地把物质聚拢过来而变得越来越大。最终，这些小小的疙瘩变成了恒星、星系这样的结构。”乍看之下，这样的解释还算合理，可惜它有两大缺陷：这种说法既没能够解释初始时候为什么会有大体上的均匀性，也没能够解释为什么还有小小的但非常重要的不均匀性。这两个问题的存在，正好给了暴胀理论大显身手的机会。在前面的章节中我们已经讨论过暴胀理论是如何解释大尺度上的均匀性，现在我们来看看暴胀理论是如何对付另外一个问题的。在暴胀宇宙学中，最后导致恒星与星系形成的初始不均匀性来自量子力学。

这一重要的思想来自两种貌似毫不相干的物理学理论——空间的暴胀膨胀和量子力学的不确定原理——的相互影响。不确定原理告诉我们，宇宙中各种互补的物理性质的不确定度之间总有某种微妙的平衡。我们最熟悉的例子与物质有关（参见第4章）：我们将一个粒子的位置测得越精确，对该粒子速度的测量就会越不精确。除物质外，不确定原理还可以应用于场。类似于对物质的有关讨论，我们也可以根据不确定原理知道，空间中某一位置处某种场的值测得越准，该场在这点的值的变化率就测得越不准（在量子力学中，粒子的位置与位置的变化率——速度——构成一对互补关系，同样的，空间中某点的场值与该点处场值的变化率也构成一对类似的互补关系）。

我喜欢这样总结不确定原理：简单地说，量子力学使事物躁动不安。如果我们不能完全搞清楚一个粒子的速度，我们就没法知道它在下一时刻的位置，因为这一时刻的速度决定下一时刻的位置。在某种意义上说，粒子的速度可以取任意值；或者更确切地说，粒子处于多种速度的混合状态，因而粒子会处于毫无规律的狂乱运动状态。场的情况与此类似，如果我们不能将场值的变化率完全确定下来，我们就确定不了场值在下个时刻的大小。在某种意义上说，场以或这或那的速度上下起伏；或者更准确地说，我们可以假定场处于各种各样的改变率的混合状态，因而其值处于混乱随机的涨落之中。

在日常生活中，我们完全感觉不到粒子或场的量子涨落的存在，之所以如此是因为量子过程发生在亚原子尺度上。而我们知道，暴胀对亚原子尺度有很大的影响。突然而至的暴胀膨胀将空间拉伸到一个大得难以想象的程度，原本存在于微观尺度上的一切突然暴露在宏观尺度上。暴胀宇宙学的先锋们[1]率先认识到，不同空间位置的量子涨落之间的随机差别会导致微观尺度上存在极小的不均匀性；由于无迹可循的量子效应，某一位置的总能量可能会和另一位置的总能量有所不同。于是，到了空间暴胀的时候，这些微小的差别就会被放大到量子尺度之外，从而导致团状结构出现；这就好像我们吹大了气球的时候会看到上面本来看不清的小图案。物理学家们相信，标准大爆炸理论的忠实信徒无法证明而只是简单地归结为“当时就是那个样”的团状结构的起源正是上面解释的那样。暴胀宇宙学用不可避免的量子涨落的放大效应解释了一切：暴胀将量子涨落所带来的微小不均匀性放大到整个星空。

短暂的暴胀时期过后，这些小小的团状结构在接下来的几十亿年间由于引力的作用而继续增长。就像标准的大爆炸宇宙学描述的那样，由于团状结构比其周围的环境更加密实，因而有更强的引力，它们可以将周围的物质慢慢吸引过来，从而使自身变得更大。最后终于有一天，这些团状物质大到了一定程度，恒星、星系也就形成了。毫无疑问，小小的团状结构最终发展成星系要经历数不清的详细步骤，而我们对于其中的很多仍不了解。但是我们已经了解了整体框架：量子世界中，由不确定原理带来的量子涨落使得世间万物都不能保持完美的均匀性。对于经历过暴胀的量子世界来说，这种小尺度上的不均匀性将被放大成大尺度上的不均匀性，这种不均匀性会在未来的某一天导致星系之类的天体的形成。

基本思想就是这样，不想深究这个问题的读者可以略过下面的几段。但对于那些感兴趣的读者，我很愿意再进一步深入探讨一下。我们首先回忆一下前面讲过的内容：暴胀阶段结束的时候，暴胀子场的值将落到其势能碗的最低位置，蕴藏在暴胀子场中的能量和压强将全部释放出来。我们曾经说过，在整个空间中情况都是如此——暴胀子场不管在这里还是那里经历的都是相同的演化过程——这是我们从方程中自然得出的结论。不过，这种情况仅当我们略去量子效应时才严格成立。平均来说，暴胀子场的值的确会跌落到势能碗的最低位置，就像球会从斜面上滚落一样。但是，就像从碗中滑下来的青蛙可能会到处乱蹦，暴胀子场也会由于量子力学的不确定原理而处于随机涨落的状态。在场值降低的这个过程中，某些地方的值可能突然升高一下，另一些地方的值又可能突然比周围的值降得更低一点。正因为有这种量子涨落存在，不同位置的暴胀子场可能会在不同的时刻降至最低能量。也就是说，暴胀过程在空间中不同位置的结束时间可能有所不同，这样的话，不同位置处的空间膨胀率就有可能有微小的差别，由此造成的不均匀性——就像褶皱一样——有点类似于比萨师傅揉面团时着力不均而造成的凸包。人们一般认为，相比于天文学尺度，来自量子力学的涨落通常会因为太小而微不足道。但是在暴胀理论中，空间的膨胀倍数如此之大——每10^{-37}秒就能膨胀1倍，以至于临近位置在暴胀时间上的微小差别都会导致巨大的空间褶皱出现。事实上，人们在某些具体的暴胀模型中所做的计算表明，按这种机制产生的不均匀性可能有点太大了；所以有的时候研究人员非得仔细调节相关参数不可，要不然的话，理论所预言的宇宙可能会显得比实际情况臃肿得多。总之，暴胀宇宙学的确为我们带来了一种现成的机制，使我们得以理解小尺度上的不均匀性如何使得一个在最大尺度上看似均匀的宇宙中出现了恒星和星系这样的团状结构。

暴胀宇宙学告诉我们，遍布于整个天空如钻石般闪亮的那一千多亿个星系不是别的，正是量子力学在天空中的自我展示。对于我来说，这样的认识简直就是现代科学中最伟大的奇迹。

宇宙学的黄金时代

用卫星对微波背景辐射温度所做的细致入微的观测为上节讨论的那些思想提供了奇迹般的证据。我已经反复强调过，天空中各处的辐射温度彼此符合得很好。但我没有提过的是，这种符合只能到小数点后的第4位，实际上，不同位置的辐射温度有微小的差别。精确的实验观测——最早由1992年的COBE（宇宙背景探测器）完成，近年来的WMAP（威尔金森微波各向异性探测器）也贡献不菲——告诉我们，空间中某处的温度可能是2.7249开，另外的地方可能是2.7250开，还有的地方可能是2.7251开。

奇妙的是，天空中这种极其微小的温度变化竟有规律可循，而这种规律性又可以用解释天体形成的同一机制——暴胀过程将量子涨落放大——加以解释。简单地说就是，微小的量子涨落遍穿天际，这种涨落使得空间中的某处可能稍热一点，另一处又稍冷一点（来自稍密实些区域的光子必须用更多的能量来克服引力的作用；因此，相对于来自稍疏散区域的光子，这些光子的能量和温度要稍微低点）。以这样的观点为基础，物理学家们做了精细的计算，并根据计算结果预言了微波背景辐射温度随位置变化而变化的情况，如图11.1（a）所示（细节并不重要。图中横轴所示的是天空中两点的角度差，水平轴表示的是两点间的温度差）。图11.1（b）表示的是实验数据与理论预言之间的对比，其中黑点表示的是从卫星上得来的观测数据，我们可以看到，理论与实验符合到令人难以置信的程度。

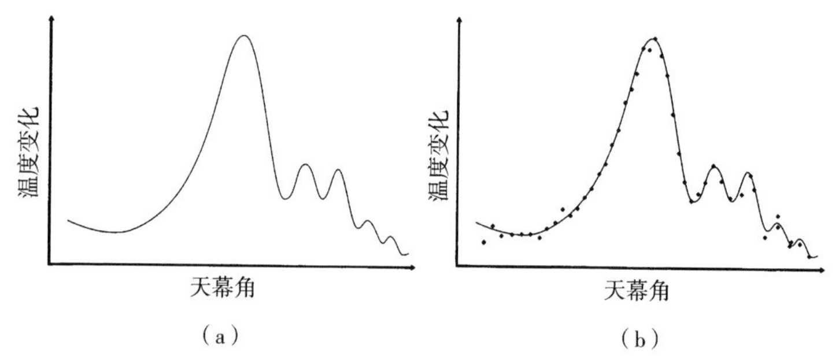

图11.1 （a）暴胀宇宙学所预言的微波背景辐射在天空中不同位置处的温度变化。（b）用来与理论预言对比的卫星实验观测数据

我希望你已经被实验数据和理论预言的符合程度深深触动，因为如果不是那样的话，就意味着我没能很好地传递出这一结果的神奇之处。所以，为以防万一，我还是再来强调一下这到底意味着什么。近年来，人们利用安装在卫星上的望远镜测量了微波光子的温度，这些光子已经朝我们飞了大约140亿年，其间并未受到任何阻碍。人们发现，来自空间中不同方向的光子具有几乎一样的温度，这些光子在温度上的差别只有千分之几的量级。而且，人们从观测数据中发现，来自不同方向的光子之间的微小差别具有某种特定的规律，这种差别上的规律性可以用图11.1（b）中的黑点表示。而最神奇的地方在于，今天的人们可以在暴胀理论的框架下利用理论计算来解释这些微

小的温度差——要知道，这种温度差可是在140亿年前就确定下来的——的规律性；而且，追本溯源，我们发现，这种解释的关键竟与量子力学的不确定原理有关。太神奇了，难道不是吗？

这一成功使很多物理学家相信暴胀理论的有效性。而且，同样重要的是，这样或那样的精确天文学观测（近年来才逐渐得以实现）使宇宙学从只能依靠假想与猜测的时期逐步过渡到有坚实实验基础的成熟时期，一个令工作在这一领域的科学家们兴奋万分的黄金时代即将到来。

创造一个宇宙

有了这样的一些进展，物理学家们已经等不及要看看暴胀宇宙学到底能走多远了。比如说，物理学家们很想知道，暴胀理论是不是能够回答莱布尼茨所提出来的终极问题——为什么会有宇宙存在？以我们现在的理解水平，这个问题可能太大了。即使某一宇宙学理论真的在这个问题上有所进展，我们也可以问，为什么会有这样一种特别的理论？它的假设、参数、方程都是哪来的？这样的话就仅仅算是把这个终极问题又往后推了一步。除非只依靠逻辑本身我们就能够要求宇宙存在，并且要求宇宙只能被唯一的一组方程和参数掌控，这样的话或许我们才会满意。但到目前为止，这还只能算是一场白日梦。

与此相关但没这么含糊不清的一个问题在各个年代都会被人们问到，这个问题就是：组成宇宙的质量或能量究竟来自何方？对于这个问题，暴胀理论尽管不能完全回答出来，却能带来一些新的灵感。

在探讨这个问题之前，我们先来想象一个巨大但柔软的盒子，这个盒子中满是跑跳不休的小孩子。这个盒子密封得很好，绝对不会散发热量或能量。但是整个盒子很柔软，它的墙壁甚至可以向外移动。孩子们不停地撞向墙壁——每次几百个孩子一起撞过去，一拨之后马上就是另一拨——这样一来，盒子就会慢慢膨胀。于是，你可能会想，由于盒子完全密封，孩子们的总能量会完全驻留在盒子内。要不然的话，那些能量还能去哪呢？这样的想法虽然貌似合理，但实则不然。能量还是有地方去的。孩子们在每次撞击墙的过程中都会消耗能量，这些能量的大部分都转化成了*墙的移动*。正是盒子的膨胀吸收消耗了孩子们的能量。

现在，孩子中的调皮鬼们打算换个玩法。他们用大量的橡胶带将彼此相对的两面墙钩住。这样一来，橡胶带就会对墙产生一个向内的负压力，这种负压力的作用效果正好与孩子们撞击墙的作用效果相反；这样设置的橡胶带不但没有将能量传递给盒子用以膨胀，相反的，橡胶带的负压还能“消化”膨胀的能量。随着盒子的膨胀，橡胶带也越拉越紧，而橡胶带越紧就意味着蕴藏于其中的能量越多。

当然，我们真正感兴趣的并不是膨胀的盒子，而是膨胀的宇宙。充满空间的也并不是孩子们和数不清的橡胶带。根据我们的理论，在宇宙演化的不同时期，空间中充满的是均匀的暴胀子场或是普通物质粒子（电子、光子、质子，等等）。但是，简单分析一下之后，我们就可以将从盒子的故事中得出的结论应用于宇宙。快速运动的孩子们会承受盒壁由于膨胀而向内施加的力，宇宙中快速运动的粒子也会承受宇宙由于膨胀而施加的向内的力：这种向内的力就是万有引力。根据这段分析（数学上也是如此），只要将万有引力替换为盒子的墙，我们就可以将宇宙类比为盒子。

因而，正如孩子们所拥有的总能量会在盒子膨胀的时候不停地转变为墙的能量而损失，普通的物质粒子和辐射所携带的能量也会在宇宙膨胀的时候不断地*转化为引力*而损失。此外，正如调皮鬼们的橡胶带会在膨胀的盒子内施加负压，均匀的暴胀子场也会在膨胀的宇宙内施加负压。所以，就像橡胶带的总能量会随着盒子的膨胀而增加，因为橡胶带可以从盒子的墙中抽取能量；暴胀子场的总能量也会随着宇宙的膨胀而增加，因为它可以*从引力中获得能量*[1]。

总而言之：随着宇宙膨胀，物质和辐射的能量遗失给引力，而暴胀子场则从引力那里获得能量[2]。

当我们试图解释构成星系、恒星或者宇宙间其他天体的物质和辐射的起源时，这种看法的重要性就会变得非常明显。按照标准大爆炸理论的说法，物质和辐射所具有的质量或能量会随着宇宙的膨胀而减少，因此，早期宇宙中的物质或能量远比今天我们所能看到的多。但

---

1. 橡胶带这个例子虽然很方便地说明了问题，但是有其不完美之处。橡胶带所施加的向内的负压阻碍了盒子的膨胀；而暴胀子场的负压则推动了宇宙的膨胀。两者之间的这一重要区别正好折射出了我们在上一章的第一节末尾强调过的问题：在宇宙学中，驱动空间膨胀的并不是均匀的负压强（只有压强差才会产生力的效果；均匀的压强，无论正负，都不会产生力的效果）。压强和质量一样，都会贡献出引力。负的压强贡献出的是排斥性的万有引力，驱动空间膨胀的正是这种排斥性的万有引力。不过这一点并不影响我们的结论。
2. 宇宙膨胀的时候，光子的能量损失可因为其波长的变长——所谓的*红移*——而得以直接观测到，光子的波长越长，其能量损失也就越大。微波背景中的光子就经历了差不多140亿年的此类红移，而这正好解释了它们的很长的——还是微波——波长和低温。物质经历与此类似的动能（由于粒子运动而具有的能量）损失，但是束缚于粒子质量中的总能量（其静止能量等于粒子静止时所具有的能量）并不变化。

是这样一来的话，标准大爆炸理论不但没能解释宇宙中现存的所有物质或能量的起源，还使自身陷入一场永无希望取胜的战斗中：越是早期的宇宙中，存在着越多的质量或能量等着标准大爆炸理论解释。

但是在暴胀理论中，一切恰恰相反。还记得吗？根据暴胀理论，物质和辐射产生于暴胀阶段的末期，这个时候的暴胀子场从势能碗的高处跌落到最低能量处，并且释放出所蕴藏的全部能量。因而，人们就要问暴胀理论是否能够解释这样的问题：在暴胀阶段结束的时候，暴胀子场如何才能产生足够多的物质或能量以符合今日宇宙中的物质和辐射的量？

这个问题的答案是：暴胀理论不费吹灰之力就能做到这一点。我们之前已经解释过，暴胀子场就像引力的寄生虫一样——以引力为食——所以暴胀子场所具有的总能量会随着空间的膨胀而增加。或者更准确地说，数学分析表明，暴胀子场的能量密度在整个暴胀时期保持不变，这就意味着暴胀子场所具有的总能量正比于暴胀子场弥漫于其中的空间的大小。我们在前面的章节中已经看到，宇宙的尺寸在暴胀时期将至少膨胀10^{30}倍，这意味着宇宙的体积将至少膨胀$(10^{30})^3=10^{90}$倍。所以，暴胀子场所具有的总能量增加了同样的倍数——10^{90}倍：当暴胀阶段趋于终结的时候，也就是在暴胀开始后的大约10^{-35}秒，暴胀子场总能量至少增加了10^{90}倍。这就意味着，一旦暴胀过程启动，即使暴胀子场最初所拥有的能量并不很多，它也会由于膨胀而将自身所拥有的能量放大到极大的地步。简单的计算告诉我们，即使暴胀子场最初填满的空间长度只有10^{-26}厘米，其重量不过20磅，它通过暴胀获得的能量也将多到足以解释今日宇宙间的一切物质之起源。[2]

因而，不同于标准大爆炸理论所给出的解释——这一解释将导致早期宇宙中的总物质或总能量多到无以言表；暴胀宇宙学，从最初微小的空间上以20磅的暴胀子场起家，通过不断地“挖掘”引力，制造出了今日宇宙的全部普通物质和辐射。当然，这绝不意味着暴胀理论回答了莱布尼茨的终极问题——为什么是存在一个宇宙而不是相反，因为我们还没能够解释为什么会有暴胀，甚至为什么会有空间存在。但是我们无法利用暴胀理论解释的东西已经只有20磅——甚至比我的狗洛基还轻，而这一点显然是标准大爆炸理论根本做不到的。[1]

暴胀，平滑性与时间之箭

或许我的狂热早已出卖了我，或许已经有读者们感觉到我的偏心了。但是说真的，在所有的当代科学进展中，人类在宇宙学领域所取得的成就最令我敬畏。看起来我永远都无法忘怀许多年前第一次读广义相对论时的那种迫不及待的心情了；就是在那个时候，我第一次认识到，原来我们可以利用广义相对论，从时空中我们所在的这小小角落出发，来了解整个宇宙的演化。几十年后的今天，技术的进步已经将过去只能抽象讨论的早期宇宙演化问题付诸实践检验，而我们也已看到，理论竟然真的有用。

---

1. 艾伦·古斯和艾迪·法依等多位研究人员已经探讨过在实验室中通过合成一小块暴胀子场从而创造一个宇宙的可能性。其中的麻烦之处并不仅仅在于我们还没能在实验上发现暴胀子场这一事实，还在于我们很难将重20磅的暴胀子场填充到边长不足10^{-26}厘米的空间内，要知道这样导致的密度将非常巨大——大约是原子核密度的10^{67}倍——这一水平已经远超我们现有的实验能力。我们不但现在做不到这样的事情，很可能在将来也做不到。

还记得吗？我们曾在第6章和第7章中讨论过，宇宙学的研究除了能令我们知晓时间和空间故事外，还能给我们以另外的启迪：帮助找到时间之箭的源头。通过那几章的讨论我们发现，关于时间之箭唯一可靠的一点是早期宇宙必定高度有序，也就是说，早期宇宙的熵必须极低；这个时期的熵将决定未来的熵的量，而宇宙必定会向着熵增的方向演化。要是人们根本就没有按照顺序装订好《战争与和平》这本书，那么书的页码就没法被弄乱，因为它本来就是乱的；同样的，早期宇宙若不是处于高度有序的状态，后来的宇宙所处的状态也没法变得更加无序——比如牛奶溅落、鸡蛋破碎、人们变老这样的无序状态——因为它本来就处于无序状态。于是我们的问题来了，高度有序的低熵状态究竟是怎么开始的呢？

在这个问题上，暴胀宇宙学可以派上用场。但在我们深入讨论之前，先让我来更加详细地说一说问题本身，以防止某些重要的细节逃过了你的眼睛。

因为有过硬的证据存在，大部分人都相信这样一点：在宇宙的早期历史中，物质均匀地遍布于空间。但是一般来说，这就意味着早期宇宙处于高熵状态——就像可乐瓶中的二氧化碳分子均匀地分散于房间内一样——而我们则很难解释这一点。不过，如果我们将引力也考虑进来的话——讨论整个宇宙的时候当然应该考虑引力——我们就得说，物质均匀分布的状态实际上是一种高度有序的低熵状态，因为引力原本会使物质聚团。与此类似，光滑均匀的弯曲空间也处于一种低熵的状态；相比于崎岖不平的弯曲空间，光滑的弯曲空间可算是高度有序（这就好比使《战争与和平》的页码有序的编号只有一种，但是使其页码混乱的编号却有很多种；空间也是这样，崎岖不平、怪模怪样的空间形状可有很多种，有序、光滑、均匀的空间形状可并不多）。于是就有一道难题留给了我们：为什么早期宇宙会处于一种物质均匀分布的低熵（高度有序）状态，而不是物质聚团分布——就像各种各样的黑洞——的高熵（高度无序）状态呢？为什么空间会异常准确地按照光滑、有序、均匀的形状弯曲，而不是按照皱皱巴巴——也好比黑洞那样——的形状弯曲呢？

保罗·戴维斯和堂·佩奇首先就这个问题进行了仔细的研究。[3]他们发现，暴胀宇宙学在这一研究中发挥了至关重要的作用。要看清这一事实，我们首先得记住这样一点，我们所讨论的这一问题基于这样一个假设，即物质一旦在某处聚团，就会形成较大的万有引力，从而吸引更多的物质聚拢过来；对应来说，空间中的某处一旦形成褶皱，就会产生更大的引力，从而使得褶皱更为严重，进而导致空间高度不均匀地弯曲。总之，将引力也考虑进来的话，物质聚团、空间出现褶皱才是高熵的状态。

但是我们也得知道，上述的推理过程依赖于这样一个假设：普通的万有引力是一种*吸引力*。物质聚团也好，空间出现褶皱也罢，它们的出现都是因为有更强的万有引力，能够把周围的物质吸引过来。但是暴胀阶段的万有引力是一种*排斥性*的力，所以这一阶段的情况会有所不同。比如说空间形状。排斥性万有引力那巨大的外推力会驱使空间迅速膨胀，从而拉平初始时的褶皱；这一过程有点像给气球吹气：

开始时皱皱巴巴的气球，吹足了气后就会鼓起来，从而变得光滑了。[1]而且，空间的体积在暴胀时期膨胀的倍数非常之巨大，因而使得聚团物质的密度大大减小了。我们可以这么想象这一情况：或许你养的鱼数目比较多，而你的鱼缸又不大，因而看起来那些可爱的小东西总是挤来挤去的，但如果把你的鱼缸换成奥运比赛所用的游泳池，那么这些小鱼就再也不会感到拥挤了。总之，虽然吸引性的万有引力使得物质聚团，空间出现褶皱，但是排斥性的万有引力则正好相反：它会消除这些效应，使宇宙变得光滑、均匀。

因而，暴胀时期结束的时候，宇宙的尺度变得难以想象的巨大，空间中的褶皱都被拉平了，原本聚团的物质也被冲散了。而且，随着暴胀子场滑落到势能碗的最低处，暴胀膨胀接近尾声，暴胀子场所蕴藏的能量将会释放出来，在整个空间中均匀地填满普通的物质粒子（虽然直到很小的尺度这种均匀性仍然存在，但是在更小的尺度上会出现量子涨落带来的不均匀性）。总之，我们已经前进了一大步。我们通过暴胀理论所得到的结果——*均匀地分布着物质的光滑而均匀的空间*——正是我们试图解释的东西。要想解释时间之箭，我们需要的正是这种低熵的初始状态。

---

1. 不要在这里搞糊涂了：我们在上一节讨论过的量子涨落的暴胀放大效应仍然会导致空间具有不均匀性，只不过这种不均匀性大概只有十万分之一那么点。这样小的不均匀性不会消除宇宙整体上的光滑性。我们现在讨论的是宇宙的这种整体上的光滑性是怎么出现的。

熵与暴胀

事实上，这一进展意义非凡。但是有两个问题还没有弄清。

首先，看似我们得到了这样的结论：暴胀膨胀使空间变得光滑，物质分布变得均匀，所以暴胀过程中总的熵似乎降低了，但这就意味着出现了某种破坏热力学第二定律的物理机制——而不是统计上的意外那么简单。要真是这样的话，那么不是热力学第二定律错了就是我们的推理错了。但实际上，我们并不需要面对这样的两难选择，因为总的熵并没有随着暴胀过程的发生而有所下降。真实的情况是，暴胀发生的时候，总的熵会有所增加，只不过*增加的总量比我们原本以为的量要少得多*。你已经知道，暴胀阶段结束的时候，空间会被拉扯得非常光滑，因而引力对熵的贡献——物质越是聚团、无序，空间越是不光滑，这种熵就越大——达到最小值。但是，暴胀子场在滑到其势能碗最低位置的时候，会释放出巨大的能量，这些能量会产生出数目惊人的物质——大约10^{80}个物质粒子与辐射。这些粒子的数目如此巨大，就像一本页数奇多的书一样，带来的熵不容小视。这样一来，即使引力熵有所降低，新产生的这些粒子带来的熵也足以补偿这种降低。因而，总的熵，正如我们根据热力学第二定律预料的那样，实际上增加了。

但是很重要的一点是，暴胀膨胀虽然平滑了空间而且保证了一个各向同性、均匀、低熵的引力场，但同时也使得引力场实际贡献的熵与本应贡献的熵之间*产生了一条巨大的鸿沟*。虽然在暴胀过程中总的熵增加了，却比*本来应该*增加的数量少得多。在这层意义上，我们可以说暴胀过程导致了一个低熵的宇宙：暴胀结束的时候，熵的确是增加了；但是增加的量并不是空间膨胀过程中的熵增量可比的。如果我们将熵比作财产税，那么暴胀过程就相当于纽约将撒哈拉沙漠纳入自己的版图：这样一来，总的税收自然是增加了，但是这种税收上的增加同面积上的增加完全不可比拟——面积惊人的撒哈拉沙漠只能贡献那么可怜的一点税收。

暴胀阶段一结束，万有引力就开始追讨那笔缺少的熵差。万有引力从空间不均匀性（当初量子涨落带来的小小不均匀性所埋下的种子）中聚集起来的每一块物质团——不管它是星系、恒星、行星，还是黑洞——都在增加着自身的熵，都在帮助万有引力实现它本该有的熵。考虑到这层意义，我们可以说，暴胀是这样一种机制：它制造了一个巨大的宇宙，却只给了这个宇宙很少的一点引力熵，从而为接下来的几十亿年间的引力聚集做好了铺垫，我们今日见证的正是这一结果。所以，暴胀理论为时间之箭找到了方向：它首先为时间之箭安排了一个极低引力熵的过去；然后，时间之箭的未来就是熵增的方向。[4]

我们沿着第6章中讨论过的时间之箭所引导的方向走下去的话，就会遭遇第二个问题。从一个鸡蛋我们想到了生蛋的鸡，从生蛋的鸡想到了鸡吃的饲料，又从鸡吃的饲料想到了太阳的光和热，再从太阳的光和热想到了大爆炸中均匀分布的原初气体。就这样，我们随着宇宙的演化回到了高度有序的过去，在旅程的每一个阶段我们都把低熵之谜留给了更古远的一个阶段。通过刚刚结束的讨论，我们认识到更早的暴胀膨胀阶段可以自然地解释大爆炸之后的光滑性和均匀性。但暴胀本身是怎么回事呢？我们能否解释这一串推敲的最初一环呢？我们最终能否解释为什么恰好存在暴胀膨胀发生的条件呢？

这个问题极为重要。不论暴胀理论能够解释多少谜题，只要暴胀理论没法发生，一切的讨论都是白费工夫。而且，由于我们无法回到过去直接看一看暴胀是否真的发生过，若想评判我们在为时间之箭设定方向方面是否取得了真正的进展，就要弄清楚达成暴胀膨胀所需的必要条件其可能性究竟有多少。换句话说，物理学家们对标准大爆炸理论依赖于精细调节成各向同性的初始条件非常不满，因为如此设置初始的动机仅来自实验观测，而不是理论自身的要求。简单地为早期宇宙假定一个低熵状态令人难以满意；同样的，不经解释就直接将时间之箭安插到宇宙中也令人不安。乍看之下，暴胀理论取得了一些进展，使我们了解到标准大爆炸理论中假设的一些东西实际上来自暴胀演化。可如果暴胀理论的启动也需要其他一些非常特别、极端低熵的条件，那我们岂不又回到原点了？我们只不过将大爆炸理论的特殊条件转换成了点燃暴胀的必要条件，而时间之箭的谜仍旧是个谜。

那么，暴胀发生的必要条件是什么呢？我们已经知道，暴胀子场的值只要在某段时间内在某个很小的区域内停留在势能碗的某一高地上，暴胀过程就将不可避免地发生。因此，我们的目标就是找出这种初始状态实际发生的可能性。如果最终发现这种初始条件很容易满足，我们就应该相信暴胀很可能实际发生过；但是，如果这种必要条件很难实现，我们就只好把有关时间之箭的问题再推迟一步作答——因为我们必须得先解释清楚启动一切的暴胀子场低熵状态是如何形成的。

在下面的讨论中，我将首先为大家讲讲在这个问题上已经理解得比较好的一面，然后再来谈谈有关这个问题人们还不清楚的地方。

玻尔兹曼的回归

我在前面的章节中曾经说过，我们最好将暴胀过程视作一次发生在已存在的宇宙中的事件，而不是将其视作一次创造宇宙的事件。虽然我们仍无法对前暴胀时期的宇宙形态给出一个无可争辩的说明，但还是让我们一起来看看在假定一切都处于完全平常的高熵状态下，我们能前进多少。为明确起见，让我们将原初的前暴胀时期的空间想象成坑坑洼洼的样子；相应地，暴胀子场高度无序，其场值就像热锅中的青蛙一样跳来跳去。

如果你在一台没有作弊的角子机上耐心地玩下去，早晚有一天会转出3颗钻石；原初宇宙的高能量的狂暴状态迟早也会由于偶然的涨落而使小块空间中暴胀子场的值跳到正确、不变的位置上，从而诱发暴胀膨胀的爆发。如我们在前面的章节中解释的那样，计算表明，只需要有很小块的空间——只需要10^{-26}厘米见方——就能确保宇宙膨胀（紧随暴胀膨胀的标准大爆炸膨胀），将空间拉扯到比我们今日所见宇宙大很多的地步。因而，根本不需要预先假定或者简单断言早期宇宙的条件正好适合暴胀膨胀发生，按这种方式思考的话，只要有一块20磅重的东西有超微观涨落发生，周围只需是普通、平淡无奇的无序环境，就能产生暴胀所需的必要条件。

而且，正如角子机会转出大量不能赢的结果，在原初空间的其他区域上也有其他种类的暴胀涨落发生。大多数情况下，这些涨落不会是正好的值，也不会足够均匀以使暴胀膨胀得以发生（即使在10^{-26}厘米见方的区域中，不同位置处场值间的差异也将极其巨大）。但对我们来说重要的是，只要有那么一小块空间能够诱导暴胀发生就行，它将成为低熵链上最初的一环，并会最终将我们带到熟悉的宇宙。因为我们所看到的只有这么一个大宇宙，我们也就只需要宇宙这台大角子机成功一次即可。[5]

我们一路追寻宇宙的踪迹，发现了来自原初混沌的统计涨落，对时间之箭的这一解释与玻尔兹曼的原始想法有异曲同工之妙。回想第6章，玻尔兹曼认为我们今天看到的一切，来自虽然不多但偶尔会有的总体无序中的涨落。而玻尔兹曼原始理论中的问题在于，偶然的涨落为什么会这么离谱，制造出了一个过度有序的宇宙，而本来不需要如此高度有序即可符合我们的生活所知。宇宙为什么会如此之大，存在着数以亿计的星系，而每个星系中又有数以亿计的恒星？宇宙为什么不走捷径呢？比如说，就制造出少数几个星系，甚至根本就只制造出一个星系。

从统计的观点看，较为温和的偶然涨落——带来一定程度的有序，但又不像我们今日看到的那么多——更是远远不可能。而且，因为平均说来熵是在增加的，所以玻尔兹曼的论证表明，我们所见的一切很有可能才刚刚得自于向着低熵态的偶然统计跃迁。回忆一下这是为什么：越靠近统计发生之时，所必须有的熵就越低（熵，一旦落到很低的位置，就要开始上涨，如图6.4所示。因而，如果涨落昨天发生，熵就落到昨天该有的位置，如果涨落10亿年前发生，熵就落到

10亿年前该有的更低位置)。因而,时间越靠后,所需要的涨落就越不可思议、越不可能。所以,向着低熵态的跃迁很有可能才刚刚发生。但是,如果我们接受了这种结论,我们就没法再相信记忆、记录,甚至当前讨论背后的物理定律——而这是我们无法忍受的。

玻尔兹曼思想的暴胀化身的巨大优点在于,早期的一小点涨落——在极小块空间内,到所需条件的适度一跃——将不可避免地导致我们所熟知的巨大且有序的宇宙。暴胀膨胀一旦开始,那小块的空间将会被无情地拉扯到最少如我们今日所见宇宙的尺度上。因而,宇宙为什么没抄近路就毫不奇怪了;宇宙为什么如此之大,其中为什么有这么多的星系也就毫不奇怪了。从一开始,暴胀就给了宇宙一笔神奇的交易。低熵的小块空间被暴胀的杠杆作用放大到宇宙的巨大跨度。最为重要的是,暴胀带来的并不是什么古老的大宇宙,它带来的是*我们的*大宇宙——暴胀解释了空间的形状,解释了大尺度上的均匀性,甚至还解释了“较小尺度”上的不均匀性,比如说星系以及背景辐射中的温度变化。暴胀利用涨落达到低熵状态,一下子解释了很多问题,并具有强大的预言能力。

玻尔兹曼可能一直都是对的。我们所看到的一切可能都来自原初混沌那高度无序的状态的偶然涨落。在其思想的暴胀实现中,我们可以相信自己的记录,可以相信自己的记忆:涨落并不是刚才发生的。过去真的存在,我们的记录就是已发生事情的记录。暴胀膨胀放大了早期宇宙的那一小点有序——它一下子就把宇宙变得极为巨大,但同时却只有很小的引力熵,所以,接下来继续伸展以及星系、恒星和行星形成的那140亿年,就不足为奇了。

事实上，这种方法告诉我们的还有更多。既然在百乐宫那众多的角子机上都有赢得大奖的可能，那么在高熵原初态和整体的混沌中，暴胀膨胀所需要的初始条件也没有理由非得来自单独的一块空间。所以，安德烈·林德提出，可能分布在或这或那的很多小块空间都经历了平滑空间的暴胀膨胀。如果真是这样，那么我们的宇宙就只不过是偶然的涨落使物理条件刚好有利于暴胀发生（如图11.2所示）时所萌生的众多宇宙中的一个，或许还会有更多的宇宙继续产生出来。而因为其他这些宇宙将永远与我们隔绝，所以我们可能永远都没有办法确认这种“多宇宙”图像是否正确。但是，仅作为一种理论框架的话，这种图像使得物理内涵既丰富又富于启发性。除了其他方面，它还为

图11.2 暴胀可以反复发生，新的宇宙总是萌芽于旧的宇宙

我们提出了另一种思考宇宙的方式：在第10章中，我将暴胀描述为标准大爆炸理论的“前端”，其中，所谓的爆炸是发生在瞬间的急速膨胀。但是，如果我们将图11.2中每一个宇宙的暴胀式发育视作其自身的爆炸，那么我们最好将暴胀视作包罗万象的宇宙学体系，在这个体系中，大爆炸就像演化一样，一个接一个地发生。因而，在这种方法

中，我们并不是将暴胀纳入标准大爆炸理论中，而是将标准大爆炸理论纳入暴胀理论中。

暴胀与鸡蛋

为什么你只能看到鸡蛋破碎而不会看到破碎的鸡蛋重新变得完整？我们所感受到的时间之箭来自何方？下面就是这一方法能够告诉我们的答案。通过普通的高熵原初态所常有的涨落中的某一瞬间机会，一块小小的20磅重的空间达到了能引发暴胀的条件。猛烈地向外膨胀将空间拉扯得极其巨大且极为平滑，随着暴胀趋近结束，暴胀子场将其因暴胀而被瞬间放大的能量以物质和辐射的形式均匀地填充到空间之中。随着暴胀子场的排斥性引力逐渐消失，普通的吸引性引力变得重要起来。而且，如我们所见，引力充分地利用了由量子涨落造成的微小不均匀性，使物质聚集成星系以及恒星，并最终形成了太阳、地球、太阳系中的其他天体，以及我们看到的宇宙所具有的其他特点（如我们讨论过的那样，大爆炸之后差不多70亿年的时候，排斥性引力再次取得主导地位，不过这只与最大的宇宙尺度上的事情有关；对于较小的实体，比如单独的星系或者我们的太阳系没有直接影响。对于这些小的天体来说，引力只具有普通的吸引性）。太阳那相对低熵的能量，被地球上低熵的植物以及动物生命形式利用，产生出更为低熵的生命形式，这些低熵的生命形式通过热与消耗慢慢地引起总的熵增。最终，这一链条上产生出了母鸡、母鸡下蛋，剩下的故事你都知道了：鸡蛋从你的厨房中的台子上滚落摔碎不过是宇宙不可抗拒地走向高熵状态过程中的小小一部分。暴胀拉伸使空间结构具有低熵、高度有序、均匀平滑的性质，这种性质类似于《战争与和平》中的页码按照正确的序号排列。正是这早期的有序状态——没有厉害的聚团或蜷曲，也没有庞大的黑洞——为宇宙接下来向着高熵方向的演化做好了准备，并带来了我们所感受到的时间之箭。以我们现在的理解水平，这就是所能获得的对时间之箭最完备的解释。

白璧微瑕

对我来说，暴胀宇宙学与时间之箭的故事非常有趣。从狂烈又活力十足的原初混沌中，产生出了均匀暴胀子场的超微观涨落，而这暴胀子场还不如乘飞机时所允许的手提行李重。它开启了暴胀膨胀，而暴胀膨胀又为时间之箭设定了方向，剩下的就都是历史了。

但是在讲这个故事的时候，我们做了一个未经证明的关键假设。为判断暴胀被启动的可能性，我们不得不指定暴胀出现之前的前暴胀时期的特征。我们预想的这一特别时期——狂乱、混沌、活跃——看起来很合理，但是将这种直观上的描述转换成数学语言并证明却极为困难。而且，这仅仅是猜测。在图10.3的模糊部分，没有这一信息，我们就没法对暴胀启动的可能性做出令人信服的判断；而对这一可能性的任何计算都敏感地依赖于我们所做的假设。[6]

因为我们的理解中有这样的缺陷，所以我们能给出的最合理的结论是，暴胀提供了一个将看起来全无干系的问题——视界疑难、平坦性疑难、结构起源问题、早期宇宙低熵问题——捆绑起来的强大理论框架，并提供了一种对付所有这些问题的解决之道。这样感觉像是对的。但是再进一步，我们需要一个能对付得了模糊地带的极端特性——极端的热以及巨大的密度——的理论，那样我们才能对宇宙的最初时刻有一个清楚的、毫不含糊的认识。

我们在下面的章节中将会学到，这将要求有一个理论，这个理论必须能够跨越或许是过去80年间理论物理所面对的最大障碍：广义相对论与量子力学之间的鸿沟。很多科学家相信，一个较新的，所谓的*超弦*理论已经达成了这个目标。但是，如果超弦理论真是对的，那么宇宙的结构将比所有人能够想象出来的还要奇特很多。

宇宙的结构

4

起源与统一

第 12 章 弦上的世界

弦论中的宇宙结构

让我们来想象这样一种宇宙，如果你想弄清这个宇宙中的任何一件事情，那么你必须首先完全弄明白关于这个宇宙的一切。在这个宇宙中，即使你只想稍稍了解一下行星为什么绕着恒星转，棒球为什么按着特别的轨迹飞，磁场或电池是怎么起作用的，光或者引力又是怎么一回事 —— 总之是关于这一宇宙的任何一件事情 —— 你都得先知道这个宇宙在最基本层面上的相互作用是怎样的以及这些相互作用是怎样作用到这个宇宙最基本的组成物质上的才行。谢天谢地，我们的宇宙并不是这样。

如果我们的宇宙就是上面描述的那个样子，我们就没办法取得任何科学进步。几个世纪以来，科学之所以能取得长足进展，就是因为我们可以一点一滴地研究这个世界；每一个新的发现都使我们对这个世界的认识深入一步，我们就是这样一步一步揭开这个世界神秘的面纱。牛顿不需要任何原子方面的知识就可以在运动与引力的研究方面迈出一大步。麦克斯韦不需要知道电子和其他带电粒子方面的知识就可以推导出有关电磁场的强大理论。爱因斯坦在构建时空如何在引力场中弯曲的理论时也不需要先想清楚时空的原始形态。所有的这些发现，连同另外一些身为当代宇宙概念基础的伟大发现指引着人类不断前行；在这个前进过程中，那些人类暂时回答不了的基本问题总是被堂而皇之地置于一边。即使没有人知道——即使现在也没人知道——给出所有这些谜题的究竟是一幅怎样的物理画卷，人们的每一个发现还是能对解释那些谜题贡献自己的一分力量。

换个角度我们可以发现，尽管今天的科学已经大大不同于500年前的科学，但科学进步还是可以归结为新理论颠覆旧理论。更准确地说，新的理论总是在更加精确或更具有普遍性的框架下精炼了旧有理论。牛顿的引力理论被爱因斯坦的理论超越，但是我们并不能因此就说牛顿的理论是错误的。当研究速度远远低于光速的物体运动以及强度不像黑洞附近那么强的引力场时，牛顿理论有着超乎想象的精确性。另一方面，这也并不是说爱因斯坦的理论只是牛顿理论的小小修正，爱因斯坦开启了一片全新的天地，在根本上改变了我们关于空间和时间的概念。但是在牛顿理论的适用范围内（行星运动，人类日常生活中的运动问题），牛顿理论无可替代。

我们相信每一个新的理论都使我们更加接近事实的真相，但是是否有一个终极理论存在——一个再也无法改进的理论，因为它在可能的最深层面上为我们解释了宇宙的奥秘——则是一个没有人知道答案的问题。但即使这样，过去300年间的探索之路使人们有理由相信有一个这样的理论存在。宽泛地说，每一种新的突破，都是将更宽广范围内的物理现象归结到更少的理论庇护之下。牛顿的理论告诉我们使天体运行的力同使物体掉到地面上的力是同一种力。麦克斯韦的发现告诉我们电和磁只不过是同一硬币的两面。爱因斯坦的理论则告诉我们空间和时间是不可分割的，两者就像迈达斯那轻轻一点和金子的关系一样[1]。20世纪早期整整一代物理学家的理论发现告诉我们，微观世界的种种神秘现象可以用量子力学精确地解释。晚近一些，格拉肖、萨拉姆和温伯格告诉我们电磁力和弱核力是同一种力——电弱力——的两种不同表现形式；而且，某些初步的间接证据表明强核力可能也是与电弱力统一在一起的。[1] 从所有的这些中我们可以看出一种模式，那就是不断地由复杂到简单，从多样到统一。看起来，解释之箭最终指向的将是一个强大的尚未被发现的理论，这一理论会将自然界中所有的力以及所有的物质统一到一个可以描述所有的物理现象的独一无二的理论框架下。

开启了现代统一理论之门的正是爱因斯坦，他穷尽30年的时光试图将电磁力与广义相对论统一到一个单独的理论中。在很长的一段岁月中，爱因斯坦独身一人苦苦寻觅着统一理论，但是他的热情却使他离开了物理学家群体的主流。在过去的20年间，寻求统一理论之梦再度燃起，爱因斯坦孤独的寻梦之旅已经成了一代物理学家的驱动力。不过相比于爱因斯坦时代，问题的焦点已经有所变化。尽管我们还没有一个可以将强核力与电弱力统一起来的完美理论，但是我们已经可以用基于量子力学的统一语言描述这3种力（电磁力、弱力和强力）。但是广义相对论描述第4种力所用的语言，仍然游离于理论框架之外。广义相对论是一个经典理论：没有使用任何的量子力学概率概念。现代统一计划最初的一个目标就是将广义相对论与量子力学统一起来，然后在同样的量子力学框架下描述所有的4种力。而人们已经发现这可能是理论物理学家所遇到的最难对付的一个问题。

1. 迈达斯（Midas）是希腊神话中小亚细亚中西部古国佛里吉亚（Phrygia）国王，爱财，能点物成金。——译者注现在我们一起来看看这究竟是为什么。

量子涨落与真空

如果要我来选出量子力学最特别的性质，那么我将选出不确定原理。诚然，概率与波函数提出了全新的理论框架，但是真正将量子力学与经典物理区别开的却是不确定原理。还记得吗？17世纪、18世纪时的科学家们相信，对物理实体的完备描述可归结为搞清楚构成宇宙的全体物质的位置与速度。随着场的概念在19世纪出现，这一观念被应用于电磁场和引力场，于是转而变为搞清楚在空间中的任意位置处每种场的值——就是每种场强——以及每种场的值的变化率。但是到了20世纪30年代，不确定原理改变了这种观念，它告诉人们，我们根本没办法同时搞清楚一个粒子的位置和速度，我们也没办法同时知道空间中某一位置的场强及其变化率。量子力学的不确定原理不允许我们同时知道。

正如我们在上一章中讨论的那样，不确定原理使微观世界成为动荡的王国。在更前面的章节中，我们曾讨论过由于不确定性导致的暴胀子场量子涨落，而不确定原理可以应用于所有的场。电磁场、强核力和弱核力场以及引力场，都可以归结为微观尺度上狂暴的量子涨落。事实上，这些场的涨落甚至在一般认为的既没有物质也没有场的真空中也同样存在。这一观念极其重要，不过要是你之前没有接触过这些问题的话，可能会感到非常困惑。如果空间中的某一区域什么也没有——也就是说它是真空——那还有什么东西可以涨落呢？好吧，想一想，我们已经知晓了什么都没有这种说法是非常微妙的，现代理论中的希格斯海就存在于整个空间。我现在所说的量子涨落就是要使什么都没有这个概念变得更加微妙，下面就是我要讲的真正意思。

在量子力学诞生之前（以及希格斯物理学诞生之前）的物理学中，如果某一空间区域中没有粒子并且每种场的值都为零，那么我们就说这一空间区域是完全空的。[1] [2] 现在我们加上不确定原理再来看看这一经典概念——空。如果一个场的场强为零，那我们就既知道这个场的场强——零，也知道这个场的场强变化率——也是零。但是根据不确定原理，我们没办法同时知道这两个值的大小。如果一个场在某一时刻具有确定大小的场强，目前我们说它为零，不确定原理就会告诉我们其场强的变化率将是完全随机的。完全随机的变化率意味着场强在接下来的时刻会随机涨高落低，即使在我们通常认为完全空荡的空间中也是如此。所以“空”在直觉上的概念——所有场的值都为零——与量子力学是完全不相容的。*一个场的值可以在零的上下涨落，却不能在一段时间内在空间中的某一区域中始终保持为零。*[3] 如果用专业的术语来说，物理学家们会将其形容为场具有真空涨落。

真空场涨落的随机性保证了在所有的微观区域上，既有涨高也有落低，因而其平均为零。这一现象就像是大理石的表面：虽然用肉眼看起来光滑如镜，但是如果用电子显微镜观察一下微小尺度上的大理石表面，我们就会发现其实它是参差不齐的。但是，虽然我们不能直

1. 为了写作的便利，我们只讨论那些场强为零即达到其最低能量的场。对于其他场——比如希格斯场——的讨论类似于此，只是有一点不同，就是涨落围绕着场强的*非零*值波动，但场却具有最低能量。如果你想说，只有其中不包含任何物质且所有的场都不存在，而不是仅仅其场强为零的空间区域才算是真空的话，那么请先阅读一下本章节的注释。

接看到那些真空涨落，半个世纪前的人们仍然想到了一些虽然简单却实用的方法，肯定了量子涨落（即使在真空中）的实在性。

1948年，荷兰物理学家亨德利克·卡西米尔发现了用实验测量电磁场真空涨落的方法。根据量子力学，电磁场在真空中的涨落可以呈现出一系列的波纹，如图12.1（a）所示。卡西米尔首先想到，如果在真空中放置两块普通的铁板，如图12.1（b）所示，那么真空中的涨落形状就会有所改变。即根据量子力学方程，铁板之间区域的量子涨落要稍稍弱于其外区域的量子涨落（仅当电磁场涨落在铁板处的值为零时成立）。卡西米尔仔细分析了场涨落的减小所带来的效应，发现了一些非常特别的东西。正如某一区域的空气减少会导致压强的不平衡（例如，在高海拔的区域，空气稀薄，因而你的耳膜所感受到的压强就会小些），铁板之间量子涨落的减小也会导致电压的不平衡：两块铁板之间的量子涨落变得比铁板之外区域的量子涨落小的话，所导致的电压差会使得两块铁板彼此接近。

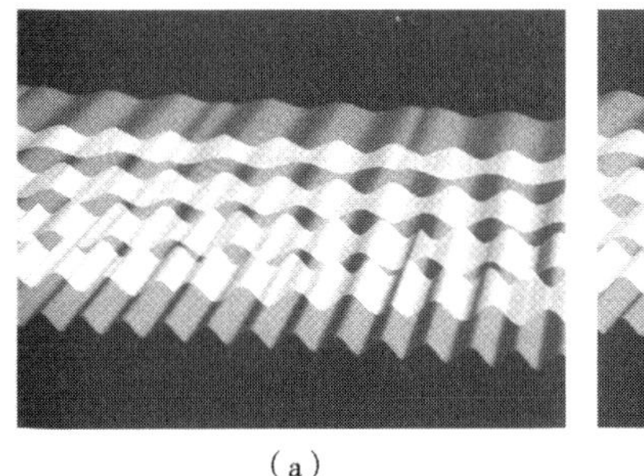

（a）

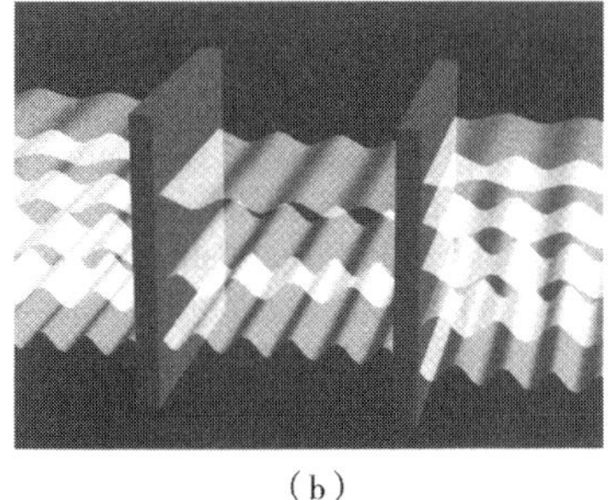

（b）

图12.1　（a）电磁场的真空涨落。（b）两块铁板之间以及其外的真空涨落

想想看吧，这有多么奇怪。你就仅仅把两块平常得不能再平常的铁板彼此平行地放到真空中，而这两块铁板的质量又非常之小，以至

于它们之间的引力相互作用完全可以忽略。周围再也没有其他的什么东西了，于是你想当然地会认为这两块铁板就会那样静静地待着。但是卡西米尔的计算却说事情并不是这样，他的计算告诉我们，这样的两块铁板会由于真空涨落造成的鬼魅般的压力而彼此靠近。

在卡西米尔提出他的这些论断之初，实验设备还没有精良到足以完成这种实验的地步。10年之后，另一位荷兰物理学家马库斯·斯巴尼开始尝试用实验检验卡西米尔力。从那以后，人们又进行了大量的精确实验。比如1997年，其时在华盛顿大学的史蒂夫·拉莫雷奥克斯在5%的精度上确证了卡西米尔力[4]（两块扑克牌大小的铁板如果间距为万分之一厘米，其间的卡西米尔力就相当于一滴眼泪的重量。由此可见，测量卡西米尔力是一件多么难的工作）。现在的科学家们几乎不再怀疑直觉上的真空概念——静止、冰冷、空无一物的空间——大错特错了。由于量子力学的不确定性，真空中有着丰富的量子行为。

20世纪的科学家们花了很多力气来发展用以描述电磁力、强核力与弱核力的量子行为的数学工具。这些力气并没有白费：用这些数学工具理论计算出来的结果可以在非常高的精度上与实验上测得的结果相比较（比如，对电子磁性质的量子效应的理论计算与实验结果的符合程度就高达十万分之一的精度）。[5]

但是，物理学家们几十年来一直都很清楚，在这些成就之外，量子涨落与物理定律之间有很多不和谐之处。

涨落与不谐[6]

到目前为止，我们还仅限于讨论空间中的场的量子涨落。那么空间本身的量子涨落呢？虽然听起来可能有点奇怪，不过这只是量子场涨落的另一个例子——可这个例子着实棘手。在广义相对论中，爱因斯坦提出引力可以用空间的蜷曲和弯曲加以描述，这位伟人证明了引力场可以通过空间（更具普遍性的说法是时空）的形状或几何来展现自己。就像其他的场一样，引力场也可以归结为量子涨落：不确定原理保证了在小尺度上，引力场也可以上下波动。既然引力场与空间的形状是同一个意思，那么引力场的这种涨落也就相当于空间本身的涨落。就像不确定原理的众多例子一样，在人类日常生活的距离尺度上，空间的涨落太小以至于没法为人们所直接感知，我们周围的一切还是光滑、宁静，尽在掌握。但是随着所观测尺度的减小，不确定性就会增大，量子涨落也变得越来越明显。

图12.2所示的就是这一情形，我们把空间逐渐放大以发现更小尺度上的空间结构。图中最底层示意的是平常尺度上空间的量子涨落，正如图所示，我们什么都看不到——量子涨落太小以至于无法观测，空间还是宁静平坦。我们进一步放大观测区域，就会观测到一定程度的涨落。在图的最上层，空间结构的尺度已经比*普朗克长度*——1厘米的十亿亿亿亿分之一（10^{-33}）——还要小，这时的空间变得沸腾躁动，喧嚣不已。从图中我们可以清楚地看出，平常所谓的那些“左右”“前后”“上下”等概念在小尺度的狂乱中全部失去了意义。还不只这些，考虑那些小于*普朗克时间*——1秒的千亿亿亿亿亿分之一（10^{-43}秒，在这一时间间隔内光可以走普朗克长度那么远）——的时

图12.2　将空间连续放大后我们发现，普朗克尺度之下的空间由于量子涨落而躁动不安（图中所示的是想象中的放大镜，每一个可以放大1000万倍到1亿倍）

间尺度时，我们平常的“以前”“以后”这样的时间概念也都失去了意义。就像一张模糊不清的照片，图12.2中的波动使得我们不可能分辨小于普朗克时间的两个时刻。这一切的结果就是，在小于普朗克距离与普朗克时间的尺度上，量子不确定性使得宇宙的结构扭曲混沌，通常的空间和时间的概念不再具有任何意义。

虽然细节上非常古怪，但是图12.2告诉我们的无非就是一个我们已经非常熟悉的事实：与某一个尺度有关的概念和结论无法应用到其他的尺度上。这是物理学的一个重要原理，我们一遍又一遍地遇到这个原理，即使在那些非常普通的知识中也能遇到。以一杯水为例，从日常生活的尺度来看，这杯水不过是光滑均匀的液体；但是我们在微观尺度上来看的话就不再是这样。小尺度上，光滑的图像被另一种完全不同的景象代替，那就是彼此间距很大的分子和原子。类似地，图12.2告诉我们的是，爱因斯坦的那些平滑弯曲几何式的空间和时间的概念，虽然可以在大尺度上强有力且高度精确地描述宇宙，但在极小的长度和时间上就不再有效了。物理学家们相信，就像那杯普通的水一样，空间和时间光滑的形象只能是一种理论近似，在超小尺度上，这种近似必将让位于更加基本的理论框架。而这一理论框架究竟是什么——时间和空间的“原子”和“分子”究竟是什么——则是物理学家们以极大的热情苦苦追寻的问题。不过物理学家们还没能找到答案。

即使我们还没有最终答案，图12.2仍然清楚地告诉我们：小尺度上，广义相对论所带给空间和时间的光滑形象必将被量子力学带来的狂躁涨落的形象替代。爱因斯坦广义相对论的核心原理——空间和时间形成柔和弯曲的几何形状，与量子力学的核心原理——不确定原理，这一原理告诉我们最小尺度上的时间和空间狂野动荡——之间存在着激烈的冲突。广义相对论与量子力学在核心层面上的这种冲突使得调和这两个理论成了过去80年间物理学家面临的最大困难。

这重要吗

实际上，广义相对论与量子力学的不相容性总是通过一种特别的方式展现。如果你将广义相对论与量子力学的方程组合到一起，那么你总会遇到一个麻烦：无限大。这是一个大问题，因为无限大毫无意义。实验学家们从未测到过任何无限大的数，刻度针从不曾指向过无限大，仪表永远也不会达到无限大，计算器处理不了无限大，一个无限大的结果差不多总是毫无意义。所有这一切告诉我们的就是：当把广义相对论的方程和量子力学的方程组合到一起的时候，出了什么大毛病。

需要注意的是，这里的问题并不同于我们在第4章中讨论量子非定域性时提过的狭义相对论与量子力学之间的问题。在第4章中我们了解到，为了将狭义相对论的原则（特别是所有匀速运动的观测者之间的对称性）与纠缠粒子的行为协调一致，我们需要对量子测量问题有一个更加完备的理解（详见第4章"纠缠与狭义相对论：反方观点"小节）。这一未被完全解决的问题并没有带来数学上的不自洽或是方程结果的无意义。恰恰相反，将量子力学与狭义相对论结合起来的方程给出了科学史上最精确的理论预言。狭义相对论与量子力学之间的小小麻烦告诉人们的是有一个研究领域需要进一步探索，而这并不影响将两个方程结合起来的理论预言能力。而广义相对论与量子力学的不相容却使得理论预言的能力完全丧失了。

不过即使这样，你仍然可以提出这样的问题：广义相对论与量子力学之间的不相容性真的有什么要紧吗？没错，将两个方程组合起来确实会带来无限大，不过你真的需要将它们组合起来吗？几十年的天文学观测已经证实，广义相对论可以以难以企及的精确性描述恒星、星系甚至整个宇宙的扩张这些宏观世界的物理；大量的实验同样证实量子力学在描述分子、原子、亚原子粒子这些微观世界的物理时威力强劲。既然这两个理论在其各自的领域内运转良好，我们为什么非要将它们组合起来呢？就让它们一直分开不是很好吗？为什么不就用广义相对论讨论那些又重又大的家伙，用量子力学讨论那些又小又轻的家伙呢？这样我们就可以庆贺人类已经在如此宽广的领域上了解了这个世界的物理现象。

实际上，这正是20世纪早期以来大多数物理学家一直做的事情，毫无疑问，这一直都是一种能获得丰富成果的好方法。在两种不同的理论框架下，物理学家们成就斐然。不过，仍然有很多理由要求广义相对论和量子力学之间的对抗必须得以调和。下面我们就来谈谈其中的两个理由。

首先，在大统一理论的层面上来看，人们很难想象统治我们这个宇宙的基本原理由两个彼此不能相容的理论组成。我们很难想象宇宙会把一切的事物泾渭分明地划分为两派，一派由量子力学描述，另一派则由广义相对论描述。把宇宙划分为两个不同派别的办法看上去是一个纯粹人为的办法，而且还非常笨拙。很多人相信，一定会有一个真正的深层次的统一理论将广义相对论与量子力学的矛盾调和起来，这样的一个理论可以应用到*一切尺度上的物理*。我们只有一个宇宙，因而很多人相信，我们应该也只有一个理论。

另外，尽管大部分的事物要么又大又重，要么又小又轻，因而从实践的角度看，可以利用广义相对论*或者*量子力学分别加以描述。不过，这个不是绝对的。黑洞就是一个很好的特例。根据广义相对论，组成黑洞的所有物质都被挤压到黑洞中心的一个很小的点上。[7] 这就使得黑洞的中心既极其的重又极其的小，因而必须依靠被分开的两个理论：我们需要广义相对论，因为黑洞的大质量会产生一个充实的引力场；我们也需要量子力学，因为所有的质量都被挤压到一个很小的尺度上了。但我们一旦将广义相对论和量子力学的两个方程组合起来，这个方程就会垮掉，所以没有人能够计算出黑洞的中心会发生什么。

黑洞就是一个好例子。不过如果你是一个真正的怀疑论者，那么你或许会问：这是不是也是一个我们不需要考虑的问题呢？因为我们如果不跳到黑洞的里面就没办法看到黑洞的里面发生了什么；而我们要是跳进去了，我们又不能将黑洞里面的情况报告给黑洞外面的世界，因而我们并不需要为黑洞里面是什么情况这样的问题而烦恼。但是对于物理学家来说，要是存在现有物理定律垮掉的领域——不管这一领域看起来多么古怪，那这就是一个真正的危险信号。只要已知的物理定律在某些情形下垮掉，那就明确地意味着我们还没有真正掌握最深层次的物理。毕竟宇宙总是正常运行，宇宙并没有垮掉。关于宇宙的正确理论至少应当满足这一标准。

好吧，这很合理，不是吗？但在我看来，由于量子力学与广义相对论的冲突而带来的问题中有一个更加需要尽快加以解决。我们再回头看看图10.6。可以看到，在将宇宙的演化串成一线方面，我们已经迈出了一大步，各个时期的演化前后一致且具有可预言能力。但是事情还没有最终完结，因为我们还没有彻底搞清楚接近宇宙诞生的时期所发生的事情。最初的时刻还是具有令人迷惑不解的神秘，那就是时间、空间的起源以及基本性质。那么是什么使我们不能揭开最初时刻的神秘面纱？就是量子力学与广义相对论之间的冲突。大质量的定律与小尺度的定律之间的矛盾使得我们没法补全宇宙演化模糊不清的那部分，宇宙形成之初的物理我们还是没办法洞察。

要理解这一点，让我们像在第10章中那样，倒过来放映一下宇宙演化这部片子，从膨胀的宇宙往回想象大爆炸。反过来想的话，每一种分散开来的东西又聚合到一起，我们的电影继续回放，宇宙变得越来越小，越来越热，越来越密。我们越接近时间上的零，整个可观测的宇宙也会变得越来越小，先是小到太阳那么大，接着只有地球那么大，然后只有保龄球那么大，梨那么大，一粒沙子那么大了——电影不断回放，宇宙越变越小。终于在某个时刻，宇宙只有普朗克长度那么大——1厘米的十亿亿亿亿分之一，而这个尺度上的量子力学和广义相对论又开始闹矛盾了。此刻，产生现今可观测宇宙的所有质量和能量都被包纳在一个小于原子大小万亿亿分之一的小点内。[8]

如同黑洞中心的情况一样，对早期宇宙的研究也需要求助于不相协调的两个理论：早期宇宙的大密度需要使用广义相对论来研究，而早期宇宙的超小尺寸又要求使用量子力学。于是，将两个方程组合到一起，一切又变得糟糕了。放映机卡住了，我们关于宇宙的回放只能到此为止了，于是我们还是不知道宇宙最初的那一刻。由于广义相对论和量子力学的冲突，我们仍然对早期宇宙一无所知，图10.6的开端还是只能混沌一片。

如果我们想要搞清楚宇宙的起源——所有科学中最深层次的一个问题——我们就必须解决广义相对论与量子力学之间的冲突。我们必须攻克由于“大”的定律与“小”的定律之间的矛盾而带来的问题，将两者融合成和谐一致的理论。

看似不可能的解决方式[1]

正如在爱因斯坦和牛顿身上所展现出来的那样，科学上的重大突破有的时候纯粹是来自某个科学家令人意想不到的天才。不过这样的时候并不多见。更多的时候，科学突破是由多位科学家的集体智慧催生的，每一个都在别人的基础之上做出进一步的工作，集腋成裘，最后取得一位科学家难以企及的成就。某位科学家想到的点子可能会促使其同事发现一些以前人们未曾注意到的关系，而这些新发现的关系可能会引发一次重要的突破，于是又开始了新一轮的科学发现。宽阔的眼界，熟练的技巧，灵活的头脑，对未曾预料到的联系的接纳能力，勤奋地工作，以及难以想象的运气都是科学发现的关键要素。近些年来，没有什么理论比*超弦理论*的发展更适合展现这一点。

很多科学家相信超弦理论将成功地调和量子力学与广义相对论。我们会看到，有理由相信超弦理论带给我们的将不止这些。尽管超弦理论目前还在研究中，但它很有可能是一个能够统一所有的力与所有的物质的理论，超弦理论很有可能实现甚至超越爱因斯坦之梦。我，还有很多科学家都相信，目前的研究仅仅是一个绚烂的开始，超弦理论最终将带给我们关于宇宙的最基本定律。然而，超弦理论并非孕育于某个试图达到这些伟大的长远目标的天才方法中。恰恰相反，超弦理论的历史中有的是偶然的发现，错误的开始，误失的良机，以及几乎被终结的命运。更确切地说，超弦理论是为了解决错误的问题而做

1. 本章的剩余部分讲述了超弦理论的发现并讨论了与统一和时空结构有关的关键思想。读过《宇宙的琴弦》（特别是第6章和第8章）的读者会非常熟悉某些内容，对于这些读者来说，略掉本章的剩余内容继续下面章节的阅读毫无问题。

出的正确发现。

1968年，加布里埃尔·维尼齐亚诺还是CERN的一位年轻的博士后研究员。和当时的许多物理学家一样，他致力于通过研究世界范围内各种原子对撞机上高能粒子的对撞结果来探索强核力。对数据中具有的模式和规律性经过数月的分析研究后，维尼齐亚诺神奇地发现这些数据同某一深奥的数学领域有着令人意想不到的联系。他发现有关强核力的这些数据同著名的瑞士数学家利昂纳德·欧拉在200多年前发现的一个公式（欧拉贝塔函数）可以精确匹配。也许这听起来没什么特别的——物理学家们总是使用不可思议的公式来研究问题——但在这里却着实是一个带有超前意味的意外发现，就像马车和缰绳跑到了马的前面一样。虽然并不总是，但大部分时候，物理学家都是先对所研究的问题有一个直观的物理图像，充分理解了他们正在探讨的物理问题之下掩盖的基本原理之后，才寻求正确的方程来给他们的直观物理图像建立一个坚实严格的数学基础。维尼齐亚诺则不是这样，他直接就得到了方程。维尼齐亚诺的天才之处在于从纷繁复杂的数据中发现了特别的规律性，并将这一规律性同200年前纯粹来自数学的公式联系起来了。

不过，维尼齐亚诺虽然得到了公式，但他却不知道如何解释这一公式为什么会有效。为什么欧拉贝塔函数会和影响粒子的强核力有关？维尼齐亚诺没有想清楚其中的物理图像。接下来的两年，情况仍未改观。直到1970年，斯坦福的莱昂纳德·萨斯金、尼尔斯·玻尔研究所的霍奇·尼尔森、芝加哥大学的南部阳一郎等人才分别弄清了维尼齐亚诺的发现的物理基础。这些物理学家证明，如果将两个粒子之间的强核力用一根连接粒子的极其细小的如橡胶管一样的绳子来解释的话，那么维尼齐亚诺和其他人所共同关注的量子过程就可以用欧拉公式描述。这些很小的弹性绳子就是所谓的“弦”。终于，马又跑到了马车的前面，弦论正式诞生了。

但先别忙庆祝。对于那些参与了这次研究的人来说，想清楚维尼齐亚诺公式的起源实在非常有成就感，因为那表明物理学家们正在一步步揭开强相互作用的神秘面纱。不过，这一发现并未掀起普遍性的狂热情绪，而且还差得很远。事实上，萨斯金的论文甚至遭到了期刊编辑部的退稿，理由是这一工作毫无意趣。萨斯金曾回忆那段经历：“我很吃惊，深受打击，非常沮丧，只好回家借酒浇愁。”[9] 尽管最后他和其他人有关弦的论文都被发表出来了，但是立即又遭受了两次毁灭性的挫折。仔细研究20世纪70年代早期的大量有关强核力的实验数据后，人们发现弦论的方法并不能非常精确地符合最新发现的结果。接下来，*量子色动力学*（QCD）出现了，这一基于传统的粒子和场——而不是弦——的理论可以令人信服地解释所有的实验数据。所以到了1974年，至少乍看起来，弦论遭到了重大的打击。

约翰·施瓦茨是弦论最早的狂热者之一。他曾经告诉我，从一开始他就觉得弦论深刻而意义重大。施瓦茨花费了数年的时间用以研究弦论方方面面的数学问题。抛开其他的成果不提，这一系列的研究导致了超弦理论——我们将会看到，超弦理论是原始弦论的一个重要的升级版——的发现。但是随着量子色动力学的巨大成功及在弦论框架下描述强核力的失败，在弦论上继续走下去似乎已无必要。不过，施瓦茨并没有放过弦论和强核力的不相匹，他不允许自己略掉这个问题。弦论的量子力学方程预言了一个非常特殊的粒子，这个粒子可以通过原子对撞机上的高能粒子碰撞大量地产生出来。就像光子一样，这一粒子的质量为零，但其自旋却为2。粗浅地说，这意味着这个粒子比光子转得快2倍。没有任何实验曾经发现过这样的一个粒子，因而这个粒子仅仅是弦论的众多未被证实的预言中的一个。

施瓦茨和他的合作者乔·谢尔克完全搞不清楚这个莫明其妙的粒子。直到某一天，他们将这个粒子与另外一个完全不同的问题联系了起来，这才取得了实质性的突破。尽管没有人能将广义相对论和量子力学结合起来，物理学家们还是可以定出一个成功的统一理论应有的一些性质。我们在第9章中曾经说过，微观层面上，电磁场通过交换光子来传递电磁力；引力场也是如此，只不过引力场交换的是另外一种粒子——引力子（基本粒子，引力的量子束）。虽然实验上尚未发现引力子，但是理论分析告诉我们引力子至少要有两个性质：无质量和自旋为2。引力子的这两个性质启发了施瓦茨和谢尔克——引力子的这两个性质正是弦论预言的那个讨厌粒子所具有的性质——促使他们迈出了大胆的一步。于是，看似失败了的弦论取得了梦幻般的成功。

施瓦茨和谢尔克提出，弦论根本就不应当被看作强核力的量子理论。他们认为，虽然弦论是在探索强核力的过程中发现的，但这个理论实际上是另一个完全不同的问题的答案。弦论实际上是第一个引力的量子理论。施瓦茨和谢尔克宣称，弦论所预言的自旋为2的无质量粒子正是引力子，而弦论的方程是引力的量子力学描述的具体表示。

施瓦茨和谢尔克于1974年发表了他们的论文。两人本希望这一设想会引起物理学家的广泛重视，但事与愿违，没有什么人对他们的理论感兴趣。现在回头来看，我们完全可以明白这是为什么。他们的想法似乎是非得为弦论找点什么用武之地。在解释强核力失败后，弦论的支持者们似乎不肯接受失败，他们好像竭尽全力也要找个能用得上弦论的地方。而且，在施瓦茨和谢尔克的理论中，弦的尺寸必须极大地改变一下，以便弦论中的候选引力子可以提供人们熟知的引力强度。我们都知道引力非常之弱[1]，而且根据弦论，越长的弦所传递的引力也会越强。基于这样的原因，施瓦茨和谢尔克发现他们的弦必须极其小才能够传递像引力那么弱的力；这样的弦必须小到普朗克长度，是之前作为强核力的理论时的万亿亿分之一。这样的情况无异于火上浇油。怀疑者们尖锐地指出，没有任何实验仪器有可能看到这么小的弦，这也就意味着这个理论完全不能用实验检验。[10]

另一方面，更加传统的非弦论式的点粒子与场的理论在20世纪70年代取得了令人目不暇接的成就。理论学家的大脑，实验学家的双手，全都被一个又一个实实在在的问题占据；人们不停地探索着新的理论，不断地用实验检验着理论的预言。既然在一个已经经受住了实践检验的框架下有这么多激动人心的工作等着人们去做，人们为什么要转投弦论呢？在这种情绪的感染下，尽管物理学家们知道他们的传统方法在调和广义相对论和量子力学方面存在着重大的问题，却没把这个问题当成一个亟待解决的问题。所有的人都承认这是一个重大的问题，未来的某一天我们必须面对这个问题。但是，在丰富的非引

1. 还记得吗？在第9章的注释中我们曾经提过，即使微不足道的磁体所产生的磁力也会大于整个地球所带来的引力，从而吸起一个纸夹。数值上来说，引力大约是电磁力的10^{-42}倍。

力工作的诱惑下，量子化引力这个难题还是扔到一边留着以后再说吧。最后，还有一点要知道的是，弦论在20世纪70年代中期还远远未形成体系。有一个引力子的候选者当然是一个成功之处，但是更多的概念性或技术性问题都还没有解决。弦论看起来很难克服那些未解决的困难问题，这个时候加入弦论的研究中多少带有一定的冒险意味。谁知道什么时候，弦论可能突然就死掉了。

但施瓦茨仍旧态度坚决。他相信弦论——第一个看似可能的用量子力学的语言描述引力的方法——的发现必定是一个重大的突破。如果大家都不感兴趣，好吧，没关系。反正他自己决意跟进，继续探索这个理论。人们真正注意到这个理论的时候，弦论已经发展到一定程度了。施瓦茨的果断具有真正的预见性。

20世纪70年代后期至80年代早期，施瓦茨与当时在伦敦玛丽女王学院的麦克尔·格林合作，一道解决弦论面临的一些技术性障碍。首要的问题是所谓的*反常*。我们不在这里讨论这个问题的细节。简单地说，反常是一个很恶劣的量子效应，它可以通过破坏某些不可撼动的守恒律——比如能量守恒——来毁掉一个量子理论。一个可行的量子理论必须没有反常。早期的研究发现弦论中具有反常，反常的出现是弦论没能引起人们兴趣的一个主要的技术性原因。即使引力子可以使弦论成为一个引力的量子力学理论，反常也会使得弦论遭受来自其自身的数学不自洽的困扰。

但是，施瓦茨认识到问题并没有坏到毫无办法的地步。或许，完整地计算后，人们会发现各种量子贡献带来的反常会在正确的组合之后彼此相消。于是，格林和施瓦茨承担了计算这些反常的艰苦工作。两人在1984年的夏天终于挖到了真正的宝藏。一个暴风雨夜，在科罗拉多阿斯本的物理中心工作到很晚的格林和施瓦茨完成了这一领域最重要的计算。计算结果表明，所有可能的反常以一种神奇的方式的确彼此相消了。他们发现，弦论中并没有反常，因而也无须遭受数学不自洽的困扰。格林和施瓦茨令人信服地证明了弦论在数学上是可行的。

这一次，物理学家们终于认真听他们的报告了。20世纪80年代中期，物理学的气候明显发生了变化。除引力之外的3种力的很多重要性质都已经理论算出且经过了实验检验。尽管还有很多重要细节尚未解决——直到今天也没解决——物理学家们已经开始着手对付另一个重大难题：如何将广义相对论与量子力学合并起来。这时，格林和施瓦茨走出了不被注意的物理学小角落，带着明确的、数学上自洽的、美学上也受欢迎的弦论猛地出现在公众面前，来告诉人们如何解决广义相对论和量子力学的合并问题。几乎一夜之间，弦论的研究者从最初的两人变成了上千人。第一次超弦革命到来了。

第一次革命

我于1984年秋天在牛津大学开始了我的研究生学习。接连好几个月，走廊里到处都是谈论第一次超弦革命的嗡嗡声。那个时候互联网还不发达，各种传闻还是快速散播有关信息的主要渠道。每天都能听到新突破的消息。研究人员普遍认为自从量子力学诞生的最初岁月以来，物理学界的气氛还未曾如此躁动。甚至有人严肃地谈论着理论物理的尽头近在咫尺。

对于大家来说，弦论还是新事物。早期的时候，弦论的细节还不能算是常识。我们这些在牛津的人非常幸运：麦克尔·格林那个时候曾专门到牛津做过弦论方面的报告，我们大多数人都开始了解弦论的一些基本思想以及重要主张。弦论所宣称的内容令人印象深刻。简单地说，弦论说了以下几点：

以一片任意事物为例——可以是一块冰，一块石头，一张铁片——我们想象着将它一分为二，然后再一分为二，一直这样做下去。我们一直切到非常小的尺度上。大约2500年前，古希腊人就提出了按这样的过程追寻最细微、不可再切、不可分割的成分的问题。现在我们已经知道这样做早晚会遇到原子，而原子并不是古希腊人要的答案，因为原子还能够被切成更细的组分。原子是可以切开的。我们已经知道，原子是由原子核和云集核外的电子组成；而原子核又是由质子和中子组成。20世纪60年代末，斯坦福直线加速器上的实验发现中子和质子也是由更基本的物质组成：每一个质子和中子都是由3个被称为夸克的粒子组成。我们在第9章曾提到过这些内容，也可以参看图12.3（a）。

在由高度精确的实验支持的传统理论中，电子和夸克被视为无空间结构的点粒子。如果按这种方式看的话，电子和夸克就代表着尽头——在物质的微观结构中能发现的大自然的最后一个俄罗斯套娃。而在这里弦论要登场了，它要挑战传统理论。以弦论的观点看，电子和夸克并不是没有尺寸的粒子。传统的点粒子模型只不过是一种近似，

图12.3 (a)传统理论将电子和夸克视为物质的基本组成。
(b)弦论则将每一个粒子看成振动的弦

每个粒子真正的样子是细小的振动着的能量丝，我们将其称为弦，如图12.3(b)所示。这些振动能量的线没有厚度，只有长度，因而弦是一维的实体。可是，弦实在太小了，比一个单个原子核的万亿亿分之一还要小(10^{-33}厘米)。所以，即使我们用最高级的原子对撞机来观测弦，我们看到的也只可能是点。

因为我们对弦论的理解还远未完备，所以没有人知道弦论是否就是故事的尾声——如果弦论是正确的，那么它就是最后一个俄罗斯套娃吗？弦是否也是由更基本的成分组成的呢？我们稍后再回到这个问题上，现在姑且按照历史发展，假定弦论就是一切的终点，我们就将弦先看作宇宙最基本的结构。

弦论与统一

刚刚简要介绍了一下弦论，为了更好地展示弦论的强大之处，我有必要更加完整地讲一讲传统的粒子物理。过去的几百年，物理学家们一路磕磕绊绊地追寻着宇宙的最基本结构。人们发现，差不多世上所有的一切都是由前面提到的夸克和电子——如第9章中所述，更准确的说法是电子和两种夸克，质量和电荷分别不同的上夸克和下夸克——组成的。而实验告诉我们，宇宙中还存在着其他更加古怪的粒子种类，这些粒子并不出现在我们平常见到的事物中。除了上夸克和下夸克，实验上还发现了另外4种夸克（粲夸克、奇异夸克、底夸克和顶夸克）和另外2种很像电子却要重一些的粒子（μ子和τ子）。大爆炸之后很有可能存在很多这些粒子，但是到了今天，人们只能在高能对撞机上看到它们的身影了。除此之外，实验上还发现了3种幽灵般的粒子，即所谓的中微子（电子中微子、μ子中微子和τ子中微子）。中微子在铅中穿行万亿千米就像我们在空气中行走一样自如。所有的这些粒子——电子和它的弟兄，6种夸克和3种中微子——就是现代物理学家关于古希腊的最小物质组成问题的答案。[11]

所有的这些粒子可以分为三"代"，如表12.1所示。每一代包括两个夸克、一个中微子和一个相应的电子类的粒子；不同代中相对应的粒子的区别只是质量不同。按代分类虽然使得粒子的种类看起来有规律可循了，但是这种粒子还是能搞得你有点头晕（甚至是眼花缭乱）。不过别怕，弦论的好处现在就体现出来了。弦论最美妙的一点就是能用一种方法驾驭这种明显的复杂性。

表12.1 三代基本粒子及其质量（与质子质量对比）

一代		二代		三代	
粒子	质量	粒子	质量	粒子	质量
电子	0.00054	μ子	0.11	τ子	1.9
电子中微子	$<10^{-9}$	μ子中微子	$<10^{-4}$	τ子中微子	$<10^{-3}$
上夸克	0.0047	粲夸克	1.6	顶夸克	189
下夸克	0.0074	奇异夸克	0.16	底夸克	5.2

注：实验已经确认中微子的质量不为零，但是还无法准确地测得其确切值。

在弦论中，真正的基本元素只有一种——各种不同种类的粒子不过是弦所能激发的不同振动模式。我们可以用常见的小提琴或大提琴的弦来加以说明。大提琴的弦有很多种振动模式，不同的振动模式对应着不同的音符。就是依靠这些不同的振动模式，大提琴才能演奏出各种不同的声音。弦论中的弦也是如此：这些弦也有着不同的振动模式，只不过这些振动模式对应的不是各种不同的声音，*弦论中不同的振动模式对应着不同的粒子*。需要认识到的关键之处在于，弦的某种特定振动模式产生的是某一特定的质量、特定的电荷、特定的自旋，等等——正是这些性质上的不同，使得一个粒子不同于另一个粒子。按某种模式振动的弦可能具有电子的性质，而按另一种不同模式振动的弦可能具有的是上夸克的性质，也可能是下夸克的性质，或者是表12.1中任何一种粒子的性质。构成电子的并不是“电子弦”，构成上夸克或者下夸克的也不是“上夸克弦”或者“下夸克弦”。*唯*一的一种弦就可以形成种类繁多的粒子，因为弦的振动模式种类繁多。

你或许明白了，弦论的这一特点意味着向统一迈出了一大步。如果弦论真的是正确的话，那么表12.1中那令人头晕目眩的粒子表所表示的就只是一种基本成分的不同振动模式。单独一种弦演奏出来的不同音符可以解释已观测到的所有粒子。在超微观尺度上，宇宙演奏了一曲弦交响乐来将所有的物质化为实在。

用弦论的方式解释表12.1中的粒子非常美妙。不过，弦论还能够让我们在统一之路上走得更远一些。在第9章以及前面的有关内容中，我们曾经讨论过大自然中的力在量子水平上是如何通过交换粒子来传递的，这些信使粒子可见表12.2。弦论中的信使粒子就像弦论中的物质粒子一样。也就是说，每一种信使粒子都是弦的某种振动模式。光子是弦的一种振动模式，W粒子是弦的另一种振动模式，胶子也是弦的一种特定的振动模式。还有，最重要的一点，施瓦茨和谢尔克在1974年发现的特别振动模式具有引力子的性质，因而引力也被包括到弦论的量子力学框架下了。这样一来，不仅物质粒子，还有信使粒子——甚至是引力的信使粒子——都来自弦的振动。

表12.2　自然界中的4种力，以及传递这4种力的粒子的名称和质量

力	传递力的粒子	质量
强	胶子	0
电磁	光子	0
弱	W,Z	86，97
引力	引力子	0

注：表中的数值是通过与质子质量比较所得。实际上有两种W粒子，所带电荷分别为+1和-1，质量相同。为简化起见，我们略掉这一细节而只说存在W粒子

综上所述，弦论不仅仅是第一个成功将引力和量子理论合并起来的理论，还是一个能够统一描述所有物质和所有力的理论体系。这就是20世纪80年代中期上千名理论物理学家从他们的老本行中抽出身来，投入弦论的研究中的原因。

为什么弦论会有用

弦论得以发展之前，科学进展的途中到处是合并引力与量子力学的失败之举。究竟是什么原因使得弦论能够获得这样巨大的成功呢？我们已经讲过施瓦茨和谢尔克是如何惊奇地认识到，按某种特别

模式振动的弦具有引力子的性质，因而两人提出弦论是一个可以用来合并引力和量子理论的现成框架。从历史发展的角度看，这就是弦论偶然降临人世的过程。但是，为什么只有弦论能够成功而其他的尝试均以失败告终呢？这值得我们进一步思考。图12.2展示的就是广义相对论和量子力学的矛盾——在超小的距离（时间）尺度上，量子不确定性变得如此严重以至于广义相对论所依托的平滑几何模型不再成立。现在的问题是，弦论是怎么解决这一矛盾的？难道弦论能够平复超小尺度上时空的猛烈涨落吗？

弦论主要的新特征在于其基本成分不再是一个点粒子——没有尺寸的点——而是有空间延展性的客体。这一点正是弦论能够成功合并引力与量子力学的关键。

图12.2所示的猛烈涨落起源于将不确定原理应用到引力场，随着尺度越来越小，不确定原理使得引力场的涨落变得越来越大。在超小尺度上，我们用引力子来描述引力场，这就好像我们在分子的尺度上用H_2O分子描述水。在这种框架下，引力场的猛烈涨落可以看作大量的引力子狂乱地飞来飞去，就像强大的龙卷风卷起泥土沙石一样。如果引力子是点粒子（弦论之前，所有试图合并引力与量子力学的失败之举都是基于这一观念），图12.2实际反映的是这些引力子的集体效应：距离尺度越小，躁动就会越猛。弦论改变了这一结论。

在弦论的框架下，每一个引力子都是一个振动的弦——不是点，长度大约为普朗克长度（10^{-33}厘米）。[12] 既然引力子是引力场最精细、最基本的成分，那么谈论小于普朗克长度的引力场行为就毫无意义。你的电视机屏幕的分辨率受像素大小限制，弦论中引力场的分辨率也受引力子尺寸的限制。因而，弦论中引力子（其他的一切也是如此）的非零尺寸为引力场的分辨率设定了一个极限，这个极限大约是普朗克尺度。

认识到这一点非常重要。图12.2中那不可掌控的量子波动的起源是我们将量子不确定性应用到任意小的尺度上——比普朗克长度还小的尺度上。在基于点粒子的理论中，这样使用不确定原理毫无问题；但是我们也看到了，这样的应用会把我们带到广义相对论失效的境地。但是基于弦的理论则有一个内置的保护措施。弦论中，弦就是最小的成分，所以我们的微观之旅到了普朗克长度——也就是弦的长度——也便到了尽头。在图12.2中，第二高的那层代表的就是普朗克尺度。我们可以看到，在这一尺度上，空间结构仍有波动，因为引力场还是要服从量子涨落。不过这里的涨落已经足够温和，不会与广义相对论产生不可挽回的冲突。广义相对论的数学部分必须适当修改以包括这些量子波动，这种修改不会带来数学上的麻烦。

总之，通过限制最小尺寸的“小”，弦论限制了引力场量子涨落的“大”——这个大刚好使得量子力学与广义相对论不会发生灾难性的冲突。就是这样，弦论调和了量子力学与广义相对论的矛盾，并且有史以来第一次，将两者合并起来。

小尺度上的宇宙结构

更为广义的空间和时空的超微观性质意味着什么？首先，关于时空的传统概念必然会受到挑战。在传统概念中，空间和时间的结构具有连续性——你总可以连续切割两点之间的距离或者两个时刻间的时间间隔，你可以一次又一次地将它们一分为二，无穷无尽。现在，你必须放弃这样的连续性概念；你不停地切割时空，最后总会达到普朗克长度（弦的长度）和普朗克时间（光走过弦长所用掉的时间），这个时候你会发现你无法继续分割空间和时间。一旦你达到宇宙最小成分的尺度时，“变得更小”这个概念便失去了意义。以无大小的点粒子为基础的理论体系中并没有这样的限制；但是弦是有尺寸的，所以弦论中有这样的限制。如果弦论是正确的话，关于时空的那些普通概念，我们所有日常生活所依赖的那些概念，在比普朗克尺度——弦本身的尺度——还小的水平上就不再有效。

至于在小于普朗克尺度的地方应该有什么新的概念，人们还未形成一致的看法。有一种可能性同前面讲过的内容——即弦论如何将量子力学与广义相对论合并起来——相一致，普朗克尺度上的空间结构类似于格点或网格，格线之间的空间超出了物理的范畴。就像走在一块普通布料上的超小蚂蚁，它只能在两条线之间蹦来蹦去。或许超小尺寸上的运动也是如此，只能从空间的一条“线”蹦到另一条。时间也是颗粒状的结构。单独的时刻彼此靠得很近，但不是连绵不断的。按这种方式思考的话，更小的空间和时间间隔的概念会在普朗克尺度上突然走到尽头。这就好比你总是可以把钱分成更小的份，可是最后，你总要面对一分钱，这个时候你突然就无法把钱继续分成小份了。超微观时空如果是格点结构的话，就根本不会有小于普朗克长度的距离或者小于普朗克时间的时间间隔这样的东西了。

另一种可能是，在极端的小尺度上，空间和时间并不是突然失去了意义，而是渐变地转成其他更加基本的概念。之所以不能说“变得比普朗克长度还小”这样的话，并不是因为你遇到了最基本的格子，而是因为空间和时间这样的概念变成了别的东西，因而你说“变得更小”时就像问9这个数是不是快乐一样无意义。也就是说，我们在宏观尺度上熟悉的空间和时间逐渐变成了超微观尺度上我们不熟悉的某种概念，它们的很多性质——比如长度和间隔——都变得毫无意义了。这就好比你可以研究液态水的温度和黏性——描述液体宏观性质所使用的概念——但是当你在单个H_2O分子的尺度上研究时，温度和黏性这些概念就变得毫无意义了。因而，尽管你可以在日常生活的尺度上一次又一次地分割空间和时间，但是当你来到普朗克尺度的时候，发生了某种变化，这种变化导致分割这样的事情毫无意义。

包括我在内的很多理论物理学家都强烈地感觉到沿着这条路走下去可能会得到一些成果。但是，只有找出空间和时间转变成了什么更加基本的概念，我们才能走得更远。[1]到目前为止，这仍是未解之谜。不过，在一些研究工作（我们会在最后一章中加以讨论）中已经提出了一些意义深远的可能性。

更小的点

讲到这里，看起来任何一位物理学家都很难抗拒弦论的诱惑。我

1. 事实上还有另外一种合并广义相对论与量子力学的方法——圈量子引力，我们会在第16章中简要讨论一下这个问题。其支持者的观点更加接近前一种假设——时空在小尺度上具有不连续的结构。

们终于有了弦论这样一个理论，它不仅仅承诺要实现爱因斯坦的梦想，还能调和量子力学与广义相对论之间的矛盾；它用振动的弦来描述世间万物，从而将所有的物质和所有的力统一起来，在弦论的世界中，超微观尺度上的空间和时间像转轮拨号电话一样好玩。一言以蔽之，弦论是一个能将我们对于宇宙的理解提升到一个全新层次的理论。但千万别忘了，还没有人看到过弦，而且除了我们将要在下一章中讨论的一些稀奇想法，即使弦论是正确的，人们也很可能永远都看不到弦。弦实在是太小了，直接观测弦就像是从100光年以外阅读现在的这一页文字。直接测量弦对我们的技术提出了很高的要求，我们现有的分辨率再得提高百亿亿倍才有可能。一些科学家大声嚷嚷着弦论这样远超直接实验检验的理论只能算是哲学或神学领域的研究对象，它不是物理。

我要说这样的观点缺乏远见，或者说非常的不成熟。或许我们永远都不能直接测量弦，不过这没关系，科学史中到处都是只能用间接的方法检验的理论。[13] 弦论并不谦虚，它的目标和许诺非常之大。这一点令人兴奋同时也有其意义，如果一个理论要成为关于宇宙的唯一理论，它就不能只在目前讨论的这种水平上马马虎虎地与现实世界匹配，它也应该在细微之处尽善尽美。正如我们马上就要讲到的，有一些办法可能可以检验弦论。

20世纪60—70年代的物理学家，在理解物质的量子结构和支配其行为的各种力（引力除外）方面迈出了非常大的一步。在实验结果与理论思考的双重推动下，人们得到了研究这些问题的理论框架，那就是粒子物理的*标准模型*。标准模型的基础是量子力学和表12.1中的物质粒子以及表12.2中传递力的粒子（标准模型并没有将引力纳入其中，因而需要忽略引力子。另外，标准模型中还有一种希格斯粒子没有在表中列出）。当然，这里的粒子都是点粒子。标准模型可以解释世界上所有的原子对撞机上产生的数据，因而标准模型的作者得到了极高的荣誉。但是，标准模型有其局限性，我们已经讨论过弦论之前的各种理论并不能成功地调和引力与量子力学。除此之外，标准模型还有另外一些问题。

标准模型既不能解释为什么正好是表12.2中列出的那些粒子传递各种力，也不能解释为什么物质正好是由表12.1中列出的那些粒子组成。物质为什么有三代？每代为什么有那些粒子？为什么不是两代或一代？电子的电荷为什么是下夸克电荷的3倍？μ子质量为什么是上夸克质量的23.4倍？顶夸克的质量为什么是电子质量的350000倍？宇宙中为什么会出现这些看起来完全随机的数字？标准模型将表12.1和表12.2（忽略其中的引力子）中的粒子都当作输入参数，然后精确地预言粒子之间的相互作用和影响。就像你的计算器不能解释你所输入的数字，标准模型也不能解释它的输入参数——各种粒子及其性质。

思索这些粒子的性质并不仅仅是一个为什么种种神秘细节恰好是这样或那样的学术问题。过去百年间的科学实践使科学家们认识到，宇宙之所以具有人们日常经验所熟知的那些性质完全是因为表12.1和表12.2中的那些粒子恰好具有它们该有的性质。假如某些粒子的质量和电荷稍稍变化一点，使恒星发光放热的核反应过程可能就不会发生；没有恒星的宇宙完全是另外一个世界。因而，基本粒子的各种详细特性是与所有科学中最深刻的问题联系在一起的，这个最深刻的问题就是：基本粒子所具有的性质为什么恰好可以使核反应过程发生，恒星发光，行星得以围绕恒星而形成，而且其中至少有一颗行星上出现了生命？

标准模型完全回答不了这些问题，因为粒子性质只不过是标准模型的一部分输入参数。如果粒子性质不能确定下来，标准模型就无法运作，也给不出任何答案。而在弦论中，粒子的性质是由弦的振动决定的，因而弦论可以为粒子的种种性质提供一个解释。

弦论中的粒子性质

为了更好地理解弦论是如何解释各种问题的，我们最好先对弦的振动如何导致粒子的性质有一个更好的认识，所以我们先来看看粒子最简单的性质——质量。

从$E=mc^2$这个公式中，我们可以知道质量和能量可以彼此转化，这一点就像美元和欧元是可以互相兑换的一样（与货币的兑换略有不同的是，能量和质量按固定汇率兑换，这个汇率就是c^2）。我们的生活依靠的就是爱因斯坦方程。太阳每秒可以将430万吨的物质转化为能量，我们生活所需的光和热就是这些能量的一小部分。未来的某一天，我们或许可以仿效太阳的方式在地球上安全地利用爱因斯坦方程，到那一天，人类或许就可以获得无穷无尽的能量了。

在上面的这些例子中，能量来自质量。爱因斯坦方程也可以反过来用——也就是说将能量转化为物质——而这正是弦论使用爱因斯坦方程的方式。弦论中，粒子的质量不是别的，正是弦的振动能量。例如，弦论是这样解释一个粒子为什么会重于另一个粒子的：构成较重粒子的弦比构成较轻粒子的弦振动得更加快速也更加猛烈。更快更猛的振动意味着更高的能量；而根据爱因斯坦方程，更高的能量意味着更大的质量。反过来说，一个粒子的质量越轻，也就意味着弦振动得越慢越平和；而无质量的光子和引力子则对应着弦可能有的最平静温和的振动模式。[1] [14]

粒子的其他性质，比如电荷和自旋等与弦的振动的其他一些更加深奥的性质有关。与质量相比，这些性质很难不用数学就加以描述，但基本思想是一样的：振动模式就是粒子的指纹，我们用来区分粒子的所有性质都由弦的振动模式决定。

20世纪70年代早期，物理学家曾分析过弦论的最初化身——玻色型弦论——的振动模式以便确定理论中预言的粒子的性质，但是他们遇到了一些麻烦。玻色型弦论中的每种振动模式都具有整数自旋：自旋0，自旋1，自旋2，等等。这是一个很大的问题，虽然传递力的粒子的自旋正是整数，但是物质的粒子（比如电子和夸克）的自旋并不是整数，这些粒子的自旋为半整数，即1/2。1971年，佛罗里达大学的皮埃尔·雷蒙德决定攻克这一问题。雷蒙德很快就找到了一种修改玻色型弦论方程的办法，修改后的方程可以将半整数的振动模式纳入其中。

---

1. 来自希格斯海的质量与弦的振动的关系将在本章后面的内容中加以讨论。

事实上，仔细地考查雷蒙德的研究，以及施瓦茨和他的合作者安德烈·内沃发现的结果，还有稍后一些的费迪南多·格里奥奇、乔·谢尔克和大卫·奥利弗的发现，人们认识到修改后的弦论中不同自旋的振动模式之间存在一种完美平衡——一种新颖的对称性。研究者们发现，新的振动模式按自旋相差1/2的方式成对出现。每一种自旋1/2的振动模式有自旋0的振动模式伴随；每一种自旋1的振动模式有自旋1/2的振动模式伴随。整数自旋与半整数自旋之间的对称性称为*超对称性*，于是，*超对称弦论*（简称*超弦*）诞生了。10年之后，施瓦茨和格林就是在超弦的框架下证明了所有威胁弦论的可能反常最终相消。因而，施瓦茨和格林的论文所引发的弦论革命更适合被称为第一次超弦革命（在后面的内容中，我们常常会提到弦和弦论，当我们这么说的时候，我们实际上指的是超弦和超弦理论）。

有了这些基础，我们可以脱离泛泛的讨论，仔细看看弦论关于这个宇宙究竟说了些什么。事情很清楚：弦所激发的各种振动模式中，必然有一些振动模式的性质与已知的粒子相符合。理论中有自旋1/2的振动模式，弦论必须使自旋1/2的振动模式与表12.1中所列出的已知物质粒子*精确*符合。理论中也有自旋1的振动模式，弦论也必须使自旋1的振动模式与表12.2中所列出的已知信使粒子*精确*符合。最后，如果实验上真的发现了自旋为0的粒子，比如希格斯场所预言的粒子，那么弦论就必须使自旋为0的振动模式与实验上发现的那些粒子的性质*精确*符合。总之，弦论要想成为一个正确的理论，它的振动模式必须能够解释标准模型的粒子。

弦论的机会来了。如果弦论是正确的话，它就能够解释实验上测得的粒子的性质，各种性质不过是弦所能激发的振动模式。如果弦的振动模式能够与表12.1和表12.2所列的粒子性质相匹配的话，那么不论实验上是否能够直接观测到弦的存在，我相信即使那些对弦论的最苛责的刁难者也会开始相信弦论。如果理论真的能与实验符合得很好的话，那么弦论不但能成为人们长久以来一直追寻的统一理论，还能够首次给予宇宙为什么是现在这个样子这一问题一个真正的基本解释。

那么弦论是如何应对这一挑战的呢？

振动太多了

弦论的第一次登场以失败告终。对于最早的那批先驱者来说，弦的不同振动模式有无数种，图12.4所示的就是这一无穷级数的最初几项。但在表12.1和表12.2中，只有有限的几种粒子存在，因而从一开始我们就很难和现实世界匹配得上。更为严重的是，如果我们利用数学来分析这些振动模式可能的能量——也就是质量——的话，我们会发现理论和实验观测存在着另一个明显的分歧。弦的可能的振动模式的质量与表12.1和表12.2中所列出的实验观测值并不一致。我们现在来看看这是为什么。

早在弦论刚刚诞生的日子，物理学家们就了解到弦的硬度反比于弦的长度（更准确地说是长度的平方）：越长的弦越容易弯曲，越短的弦会变得越硬。1974年，施瓦茨和谢尔克提出降低弦的尺寸以使之实现引力的强度，这种做法同时也导致了弦的张力增强，简单的分析表明弦中的张力大约是千万亿亿亿亿（10^{39}）吨，这个数值是钢琴中

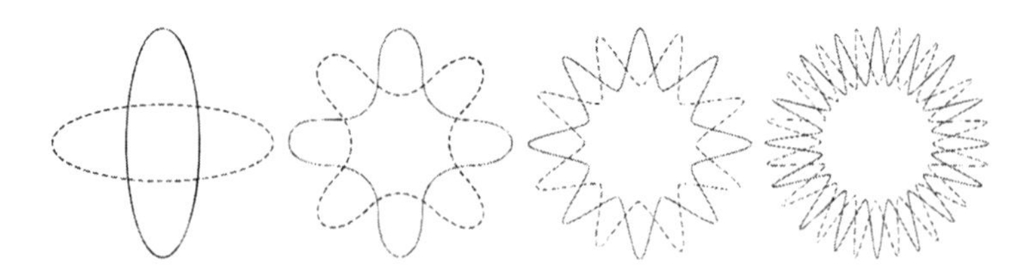

图12.4　弦的最初的几种振动模式

的弦的张力的100000000000000000000000000000000000000000（10^{41}）倍。想象一下吧，如果你想把一根细小又极其硬的弦弯成图12.4中的那些形状，你会发现峰和槽的数目越多的话，你所要花费的力气也就越大。反过来看，如果一根弦以这样一些形状振动，它所能释放出来的能量也将异常巨大。因而，除了最简单的振动模式，弦的其他所有的振动模式都意味着超高能量，根据$E=mc^2$，这也就意味着那些振动模式的质量超级巨大。

当我说“巨大”这个词的时候，我想表达的是真正的巨大。计算表明，弦振动的质量是一个级数，所有的质量都是一个基本质量的倍数，这个基本质量就是*普朗克质量*；这一点就像音乐中的和弦一样，泛音的频率都是基频的倍数。按粒子物理的标准，普朗克质量实在太过巨大了——差不多是质子质量的千亿亿倍（10^{19}），几乎是尘埃颗粒或者细菌那么重了。而弦振动的质量只能是普朗克质量的0倍、1倍、2倍、3倍等，这一事实表明，除了弦的0质量振动模式，所有的振动模式的质量都太过巨大了。[15]

如你所见，表12.1和表12.2中的个别粒子无质量，但是大部分粒子具有质量。相比于普朗克质量，这些有质量的粒子其质量非常之小，简直比文莱的苏丹需要借贷的概率还小。因而，我们可以很明显地看出已知粒子的质量并不满足弦论所预言的质量。这是否意味着弦论失败了呢？你或许会这么想，不过事实并非如此。无穷种振动模式的质量远大于已知粒子的质量，这一点的确是弦论必须战胜的一个挑战。多年的研究表明，有一些办法可能会帮助弦论跨越这一难关。

首先，实验告诉我们越重的已知粒子就越不稳定；重的粒子常常很快衰变成低质量粒子雨，这些低质量粒子再衰变，最终留给我们的是表12.1和表12.2中最轻、最为人们熟悉的粒子（举个例子，顶夸克会在10^{-24}秒内就衰变掉）。我们期望这样的机制对"超重"的弦的振动模式也成立，那样的话，我们就能够解释为什么在高热的早期宇宙中即使有大量的超重振动模式产生，在今天的宇宙中我们也看不到它们了。即便弦论是正确的，我们也很难看到弦的超重振动模式，或许我们唯一的机会是粒子加速器上的高能碰撞。但是，目前的加速器能量大概只是质子质量的1000倍；相比于弦论中的非最小振动模式（最小的振动模式对应着零质量的粒子），这样的能量实在是太微弱了。因而，弦论所预言的粒子塔中每一个质量都算得上很大，甚至最小的质量都要比目前技术水平能达到的能量大千万亿倍。所以弦论与实验观测并不矛盾。

从这一解释中我们可以很明白地看清一个事实：弦论与粒子物理唯一的接触机会就是弦的低能振动模式——也就是无质量粒子，因为其他的振动模式的质量都远远超越了当前技术的掌控范围。既然这样，我们就要问：为什么表12.1和表12.2中的大部分粒子都是有质量的呢？这是一个非常重要的问题，不过它并没有乍看之下那么可怕。普朗克质量非常巨大，即使目前已知的最重粒子——顶夸克，其质量也仅仅是普朗克质量的0.0000000000000000116（大约10^{-17}）倍；至于电子，它的质量仅仅为普朗克质量的0.0000000000000000000000034（约为10^{-23}）倍。所以，一阶近似下——直到10^{17}分之一都是有效的——同普朗克质量相比，表12.1和表12.2中的所有粒子都是零质量（一阶近似下，同文莱的苏丹相比，地球上的大多数人的财富都是零），正如弦论所预言的那样。我们的目标是改善这一近似，并且用弦论解释表12.1和表12.2中的粒子质量为什么会和零有一个小小的偏离。由此可见，无质量的振动模式与实验上的数据并不一致这一事实，并不像你一开始想象的那么严重。

虽然情况已经令人大受鼓舞，但是精细的分析并非易事。利用超弦理论的方程，物理学家们可以写出所有的无质量振动模式。其中之一就是自旋为2的引力子，而我们知道正是它的成功唤起了以后的研究；引力子的存在使得引力可以是量子弦论的一部分。计算告诉我们的另一件事是：自旋为1的无质量振动模式比表12.2中列出的粒子多很多；自旋为1/2的无质量振动模式也比表12.1中列出的粒子多很多。更为糟糕的是，自旋为1/2的无质量振动模式并没有表现出任何具有代的结构的迹象。更加仔细地分析后，人们发现，将弦的振动模式与已知粒子对应起来的确并非易事。

20世纪80年代中期时的情况就是这样，一方面，人们有理由因为超弦而激动万分；另一方面，人们又有理由对超弦保持怀疑。只有一点毫无疑问：超弦理论的确向着统一迈出了大胆的一步。超弦理论毕竟是第一个将引力和量子力学合并起来的自洽方法。它对物理学所做的一切就像罗杰·班尼斯特[1]与4分钟1.6千米：将不可能变为可能。超弦理论使我们相信，攻克20世纪物理学两大支柱之间的壁垒并非不可能。

当然，更进一步地分析，试图用超弦理论解释物质和自然界中的力的详细特质时，物理学家们遇到了困难。这些困难使得一些人质疑超弦理论。在怀疑者们看来，如果不提统一方面的潜在可能，超弦理论只不过是一种与物理的宇宙毫无关系的数学结构罢了。

在超弦理论的怀疑者们看来，前面讲过的问题并不是最紧要的，超弦理论的特性中有另外一个更为严重的弱点。现在我来介绍一下这个问题。超弦理论的确能够成功地将引力与量子力学组合起来，没有受困于数学上的不自洽，而数学上的不自洽却是之前的很多尝试失败的原因。但是，在超弦理论最初的几年里，物理学家们发现，如果宇宙有3个空间维度，超弦理论的方程就无法拥有那些令人羡慕的性质；仅当宇宙有9个空间维度的时候，超弦理论才具有数学上的自洽性。这也就是说，加上时间维度的话，超弦理论中的宇宙必须拥有十维时空。

与这个听起来非常古怪的要求相比，将超弦的振动模式与已知粒子种类精确地对应起来这个难题只能算是一个二等问题。超弦理论要求存在另外6个没人见过的空间维度。这可不是什么好事，这是一个问题。

1. 罗杰·班尼斯特，生于1929年，英国人，1954年成为第一个在4分钟内跑完1.6千米的人。——译者注这真的是一个问题吗？

早在超弦诞生之前，20世纪最初几十年的理论发现表明，额外维度根本不必成为一个障碍。而且，在20世纪末的更新版本中，物理学家们证明了额外维度有能力在弦论的振动模式与实验上发现的基本粒子之间搭起一座桥梁。

下面我们就一起来看看这赏心悦目的理论进展。

在更高的维度中统一

1919年，爱因斯坦收到了一篇论文。这篇很容易因为被当作奇思怪想而遭遗弃的论文出自没什么名气的德国数学家西奥多·卡鲁扎之手。在短短的几页纸上，作者提出了一种统一当时已知的两种力——引力和电磁力——的方法。为了达到统一的目的，卡鲁扎抛出了一种相当激进的方案，这一方案明显违背了一些非常基本、可以完全想当然，甚至不需要质疑的东西。卡鲁扎提出，宇宙并不是只有3个维度。他恳请爱因斯坦和物理学家们接受宇宙有4个空间维度的可能性。这样一来的话，连同时间一共就有了5个时空维度。

我们立即要问，这样做究竟意味着什么？我们说有3个空间维度时，我们指的是存在着3个独立的方向或轴，而你可以沿着这些方向运动。在你当前的位置，你可以定出左右、前后、上下这些方位。在一个三维的宇宙中，你所做的任何运动都是沿着这3个方向分别运动的某种组合。我们也可以这样说，在一个三维宇宙中，你需要3条信息才能确定一个位置。比如，在一座城市中，你需要知道某栋建筑的街道以及跟它相交的街道，还有具体的楼层，才能搞清一场晚宴到底在哪里举行。如果你希望客人们按时到达，那么你还需要第4条信息：时间。这就是我们说时空具有4个维度的原因。

而卡鲁扎提出，除了左右、前后、上下，*宇宙还有另外一个空间维度；由于某种原因，人们无法看到这个额外的维度*。如果真是这样的话，那就意味着事物还有另外一个独立的方向可以运动。因而我们需要4条信息才能在空间中定位。如果算上时间的话，我们需要的就是5条信息。

就是这样，爱因斯坦在1919年4月收到的那篇论文说的就是这个事情。问题在于，爱因斯坦为什么没把这篇论文扔掉呢？既然我们没有看到另外的维度——我们从来没有因为一条街道、一条交叉街道和楼层号这3条信息还不足以帮助我们找到想去的地方而懵懵懂懂——我们为什么要在乎这个古怪的想法？现在我们就来看看为什么。卡鲁扎发现，爱因斯坦的广义相对论方程在数学上可以相当容易地推广到具有更高空间维度的宇宙中。卡鲁扎进行了这样的扩充，然后很自然地发现，扩充后的广义相对论的高维版本并不仅仅包括了原始的广义相对论方程，还因为更多的维度而有了一些新的方程。仔细研究这些多出来的方程后，卡鲁扎发现了一些非常奇特的东西：这些方程居然是19世纪麦克斯韦发现的用以描述电磁场的方程！为宇宙添加了一个新的维度后，卡鲁扎竟然解决了爱因斯坦眼中所有物理学中最重要的一个问题。*卡鲁扎提出的理论体系可以将爱因斯坦的原始广义相对论方程和麦克斯韦的电磁场方程组合起来*。这就是爱因斯坦没有扔掉卡鲁扎论文的原因。

直观上，你可以这样理解卡鲁扎的理论。在广义相对论中，爱因斯坦重新认识了空间和时间；空间和时间的扭曲和拉伸，可以使引力以一种几何式的方式现身。卡鲁扎在他的论文中提出，空间和时间的几何疆界可以延伸得更远。爱因斯坦认识到引力可以看作普通三维空间和一维时间中的蜷曲和涟漪；而卡鲁扎发现，再加上一维空间的宇宙中会有更多的蜷曲和涟漪，而这些可以使他获得描述电磁场的方程。在卡鲁扎的手中，爱因斯坦用几何描述宇宙的方法强大到足以统一引力和电磁场。

当然，问题还是存在的。尽管数学上没有问题，却没有——现在也没有——任何证据证明存在着比我们熟知的三维还多的空间维度。那么卡鲁扎的发现只是理论上的一个意外呢，还是的确与我们的宇宙有着某种不为人所知的联系呢？卡鲁扎本人对自己的理论深信不疑——比如，他曾经研究过一篇游泳方面的文献，以便学会游泳潜入深海中。但是一个看不见的空间维度这样的想法，不管它在理论上是多么引人注意，实际上总是令人难以接受。1926年，瑞士物理学家奥斯卡·克莱因为卡鲁扎的想法注入了新的活力，他发现了一种隐藏额外维度的办法。

隐藏的维度

为了理解克莱因的想法，我们先来想象一下这样一个场景：菲利普·帕迪特[1]在珠穆朗玛峰与洛子峰[2]之间走钢索。我们从很多千米以外看到的这个场景，就像图12.5所示意的那样。钢索看起来就像条一维绳子——只在其长度的方向上延展。这时有个人告诉我们一条蚯蚓正在菲利普的前面一点慢慢地爬，我们这时只能为蚯蚓祈祷了，希望这个可怜的小家伙能够一直在菲利普的前面以免遭灭顶之灾。稍稍回过点神后，我们都认识到绳子并不是只有我们能看见的左右这个维度。尽管只用肉眼我们很难从远处看清楚，但是除了长度的方向，绳子的确还有另外一个维度：那就是缠绕在绳子上的"蜷曲"维度。我们在望远镜的帮助下看清了弯曲的维度，我们看到蚯蚓并不是只能在"长"的方向上左右爬动，它也能在很"短"的方向上，绕着绳子顺时针或逆时针爬动。也就是说，在绳上的每个点，蚯蚓都有两种独立的方向可以爬动（而这也正是我们说绳子的表面是二维时想表达的意思[3]）。因而，要想避开菲利普的脚，蚯蚓有两种选择：要么像我们之前认为的那样，始终爬在菲利普的前面；要么绕着绳子爬到下边，让菲利普先过去。

绳子向我们展示了维度——物体可以在其上移动的独立方向——可以有两种定性上完全不同的种类。维度既可以大到我们能够看见，就像前面所说的沿着那根绳索表面的左右维度；也可以小到我们很难看见，就像环绕绳索表面的顺时针、逆时针的那个维度。在

---

1. 艺人，曾于1974年8月7日在世贸中心双塔间表演空中走钢索，花了1小时跨越世贸中心两栋塔楼，之后遭逮捕入狱。后来，菲利普只能在中央公园为小朋友表演。——译者注
2. 洛子峰，海拔8516米，为世界第四高峰，地处珠穆朗玛峰以南3000米处，它们之间隔着一条山坳，即通常说的"南坳"。——译者注
3. 如果你非要把左和右、顺时针和逆时针分开来算，那么你会认为蚯蚓有四个方向可以选择。但是我们说"独立"这个词的时候，我们将那些在同一几何轴上的方向——比如左和右，又比如顺时针和逆时针，都是在同一个几何轴上——都算作一个方向。

图12.5 从远处看，拉紧的绳索好像是一维的。只有用很好的望远镜才能看到它蜷曲的第二维

我们所举的这个例子中，看到绳索表面小小的环绕维度并不难，我们所需的只是一台有效的放大设备。我们也很容易理解，蜷曲维度越小的话，看到它们也就越难。从几千米远的地方，看到一条钢索的蜷曲维度是一回事，要想看到一根牙线或者神经纤维的蜷曲维度则是另外一回事。

克莱因的贡献之处是：他首先提出，对于宇宙中的某个物体正确的事很可能对于宇宙本身也是正确的。也就是说，绳索的表面既可以有很长的维度也可以有小到很难看见的蜷曲维度，宇宙也是如此。或许我们熟知的3个空间维度——左右、前后和上下——就像绳索的水平维度，属于很容易看见的大维度。另一方面，就像绳索有很小且蜷曲的环形维度，空间的结构可能也有很小且蜷曲的环形维度，这一维度可能如此之小以至于我们现有的各种放大设备还不足以发现它们的存在。克莱因提出，由于尺度非常之小，这些维度成了隐藏的维度。

那么这些很小的维度究竟可以有多小？如果把量子力学引入克莱因的原始理论中的话，数学分析可以告诉我们这一额外的环形空间维度的半径可能只有普朗克长度那么长，[16] 这么小的长度显然是实验达不到的水平（当今世界最高水准的实验设备只能探测到千分之一原子核大小的长度，而普朗克长度是这个长度的千万亿分之一）。但是对于普朗克尺度的蚯蚓来说，这个又小又蜷曲的环形维度足够它在上面溜达了，正如图12.5中所示的那种绳索足够一条真正的蚯蚓绕着它爬来爬去。当然，真正的蚯蚓会发现在蜷曲的环形维度上转来转去没什么意思，因为没走多远就回到了起点；而这一点对于普朗克尺度的蚯蚓来说也很烦恼。不过，除了不够长这一点外，这一蜷曲的小小环形维度看起来跟普通的三维平直维度没什么分别。

为了对这个问题有一个直观的印象，我们必须注意到我们所说的蜷曲维度——顺时针、逆时针这个方向——*在沿着绳索延展维度的每一点都存在*。蚯蚓可以在沿着绳索延展方向的每一点绕着环形维度爬动。所以，我们可以说绳索表面可以描述为有一个长长的维度，且在这个长长的维度的每一点上都有一个小小的环形维度，如图12.6所示。把这一点记在脑中，因为克莱因就是用这样的办法隐藏了卡鲁扎的额外空间维度。

为了搞清这一点，我们再来一点一点地查看越来越小尺度上的空间结构，如图12.7所示。首先，在放大倍数不大的地方，什么新东西

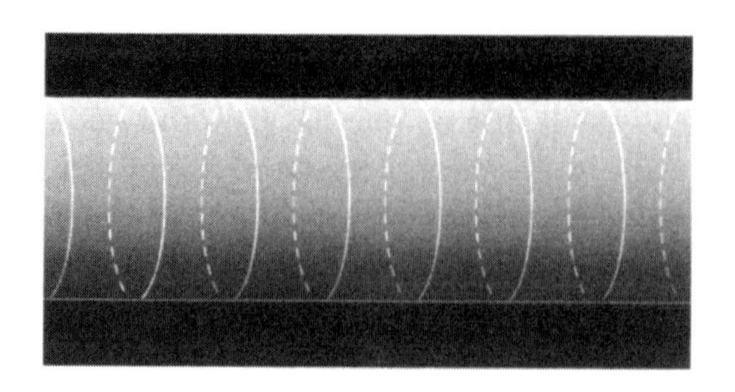

图12.6　拉紧的绳索表面，长长的一维的每一个点上都绕着一个维度

图12.7　卡鲁扎-克莱因方案说的是，在非常小的尺度上，每一个点都附着一个额外的蜷曲维度

也没有：空间仍然只是普通的三维结构（我们在书中用两维的格子示意性地代表）。但是，当我们到达普朗克长度——就是图中放大的最高层——的时候，克莱因提出，一种新的蜷曲的维度出现了。正如沿

着绳索延展方向的每一个点上都存在着一个环形维度，克莱因提出的环形维度也存在于我们熟知的三维空间的每一个点上。图12.7中，我们示意性地在沿着延展方向的每一个点上画了一个额外的环形维度（我们只能用格子示意性地说明，要是真的在每一个点都画一个圆环，那我们在这张图上就什么也看不清了），你可以看出这与图12.6中的绳索多么的类似。因此，在克莱因的方案中，空间有3个普通的平直维度，在这3个维度的每一个点上都有一个额外的环形维度。注意，额外维度并不是普通三维空间中的一个圈；或许这张示意图的局限性会使你这么想，但是千万别，因为不是这样。额外维度是一个全新的方向，与我们所熟知的3个方向完全不同，它存在于普通三维空间的每一个点上，因为太小，所以逃过了我们迄今为止最高级的设备的探测。

这样修改了卡鲁扎的原始思想之后，克莱因回答了宇宙是如何获得三维之外的维度并将它们隐藏起来的这个问题。从此之后，这一理论正式被称为*卡鲁扎-克莱因理论*。我们还记得，只要有一个额外的空间维度，卡鲁扎就可以将广义相对论与电磁场融合起来；因而，卡鲁扎-克莱因理论看起来明显就是爱因斯坦想要的理论。事实上，爱因斯坦和其他一些人的确因为通过一个全新的隐藏维度实现了统一而激动万分，人们花了大量力气来仔细研究这一理论。不久，人们就发现卡鲁扎-克莱因理论有自己的麻烦。最明显的一点是，将电子纳入额外维度框架下的努力均以失败告终。[17] 爱因斯坦本人直到20世纪40年代早期还偶尔涉猎卡鲁扎-克莱因体系，但是这一理论由于最初的许诺迟迟不能兑现而逐渐淡出了人们的视野。

不过，几十年之后，卡鲁扎-克莱因理论气势汹汹地卷土重来了。

弦论与隐藏的维度

除了试图解释微观世界时遭遇难题，还有另外一个原因使得科学家们在面对卡鲁扎-克莱因理论时犹豫不前。很多人觉得卡鲁扎-克莱因理论在假定隐藏的空间维度时太过随意，有太多任意性。克莱因并不是通过严格的推导一步步得出新的空间维度这一想法。相反，他就像变戏法一样突然从帽子中拿出了他的想法，之后的分析使他不经意间发现了广义相对论与电磁场的联系。因而，尽管这个发现本身非常伟大，却不带有某种必然性。如果你问卡鲁扎和克莱因为什么宇宙非得有5个维度，而不是4个、6个、7个，或者是7000个，他们大概只能搪塞你一句："为什么不是5个呢？"

但是30年之后，一切极速扭转。弦论成了第一个成功融合广义相对论和量子力学的方法；而且，弦论甚至有机会统一所有的物质和所有的力。但是，弦论的方程不但在四维时空中不起作用，在五维、六维、七维，甚至七千维中都不起作用。由于一些我们将要在下节讨论的原因，弦论的方程只在十维时空——九维空间加一维时间——中才起作用。弦论要求有更多的维度。

这是一个本质上全然不同的结果，人们从未在之前的物理学史中遇到这一情况。弦论之前，从没有任何理论说过宇宙应该有多少空间维度。从牛顿到麦克斯韦到爱因斯坦的每一个理论都假定宇宙有3个空间维度，就像我们假定太阳明天还会升起那么自然。卡鲁扎和克莱因通过提出有4个空间维度的方式首次挑战了这一假定，但带来了另一个假定——4个空间维度这个假定，虽然不同于3个空间维度的假定，但毕竟还是一个假定。而现在，弦论的方程首次*预言*了空间维度的数目。在弦论中，是计算——而不是假定、假设，甚至充满灵感地猜测——决定了空间维度的数目；但令人惊讶的一点是，算出来的空间维数竟然不是3个，而是9个。弦论*不可避免地*将我们带到了6个额外空间维度的宇宙，从而为唤醒卡鲁扎-克莱因理论提供了现成的背景。

原始的卡鲁扎-克莱因理论只假定存在一个额外维度，不过很容易就能推广到2个、3个，甚至弦论所要求的6个额外维度。比如，我们可以将图12.7中额外的一维环形换成图12.8（a）中的二维球面形（回想一下第8章中的有关讨论：球面是二维的，因为你只需要2条信息——比如地球表面的纬度和经度——就可以确定位置）。与讨论圆环时一样，你需要将球面想象成附着在普通三维空间的每一点上。为了使图12.8（a）易于辨认，我们只是示意性地用网格来表示三维空间。在这样的宇宙中，你需要5条信息才能定位：3条信息用来确定你在大维度中所在点的位置（比如所在街道、交叉街道和楼层这3条信息），另外2条用来确定你在该点的球面上所在的位置（需要知道经度和纬度）。当然，如果额外维度的半径足够小——是原子半径的数十亿分之一——那么在考虑相对很大的事物，如我们自己时，最后2条信息就无关紧要。不过，要是考虑的是超微观尺度上的事物，我们就必须将5个维度一起考虑。我们需要全部的5条信息才能定位超微观尺度蚯蚓。如果再算上时间的话，总共就需要6条信息才能在正确的时间赶到正确的地点参加晚宴。

我们再来深入一下。在图12.8（a）中，我们只考虑了球形的表面。现在我们来想象一下图12.8（b）中的情形，这时的空间结构也包括

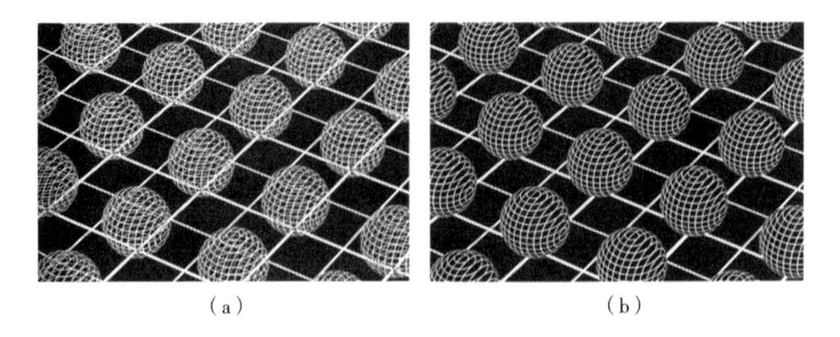

(a) (b)

图12.8 从近处看一个普通三维的宇宙，这个用格子表示的宇宙具有额外的以空心球形式存在的两个蜷曲维度[图(a)]，或者以实心球形式存在的3个蜷曲维度[图(b)]

球的内部区域——普朗克蚯蚓这回可以钻到球里面去了，就像普通的蚯蚓可以钻到苹果里面一样。于是我们需要6条信息才能明确蚯蚓的位置：3条信息确定它在普通的三维空间中所在点的位置，另外3条信息确定它在该点的球中的位置（经度、纬度、掘进深度），再加上时间，这就是一个七维宇宙的例子。

现在我们需要跳跃一下了。虽然很难画出，但是我们可以想象一下。我们需要想象在普通的三维空间的每一个点，并不仅仅像图12.7那样有一个额外维度，或是像图12.8（a）那样有2个额外维度，又或是像图12.8（b）那样有3个额外维度，而是有6个额外的空间维度。我承认我画不出这样的图，我所见过的人里也没有人能画出这样的图。但是它的意思很清楚。要想在这样的一个宇宙中确定普朗克蚯蚓的位置，我们需要9条信息：3条用以确定它在普通三维空间中所在点的位置；另外6条确定它在该点的六维蜷曲空间中的位置。再考虑到时间的话，这就是一个十维时空的宇宙，而这也正是弦论方程所要求的宇宙。如果额外的6个维度足够小的话，它们就能逃脱实验上的探测。

隐藏维度的形状

实际上，弦论的方程不仅仅决定了空间的维度数目，还可以决定额外维度可能具有的形状。[18] 在前面的几幅图中，我们只讨论了最简单的几种形状——环形、空心球面、实心球，而弦论方程选中的则是一类极其复杂的六维形，所谓的卡拉比－丘形或卡拉比－丘空间。这类形状是根据两位数学家尤金尼奥·卡拉比和丘成桐的名字命名的，这两位数学家早在弦论出现之前就在数学上发现了这类形状。图12.9（a）只是此类形状的一个粗略演示，要知道这张图是以二维演示六维，因此难免会有些失真。不过，我们还是能通过这张图对卡拉比－丘形状有一个大概的认识。如果弦论中额外的六个维度真的是图12.9（a）中的卡拉比－丘形，那么超小尺度上的空间就如图12.9（b）所示。在普通三维空间的每一个点上都有一个卡拉比－丘形。你，我，还有所有的人都被这些很小的形状环绕甚至占据着。可以这样说，你从一处走到另一处的过程中，你的身体在所有的9个维度中穿行，一遍一遍地穿出进入这些形状。但是平均下来看，似乎你没有进入任何的额外维度中。

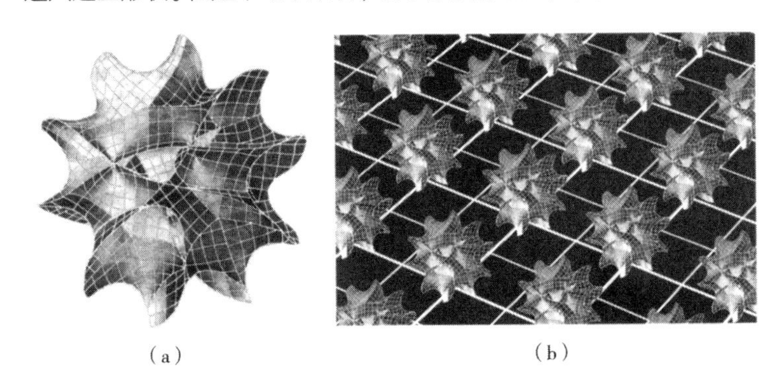

图12.9　（a）卡拉比－丘形的一个例子。
（b）具有卡拉比－丘形额外维度的空间放大图

如果这些想法真的正确，宇宙的超微观结构就有着丰富的花样。

弦物理与额外维度

广义相对论的优美之处在于引力的物理受空间几何的控制。考虑到弦论所提出的额外维度之后，你自然会想到几何控制物理的能力将大大增强。事实的确如此。我们首先来看一个我一直回避的问题：弦论为什么要求时空是十维？不用数学的话很难回答这个问题，不过还是让我尽量解释一下以便了解几何与物理是如何相互影响的。

想象一支被限制在平坦桌面的二维表面上振动的弦。这支弦可以产生很多不同的振动模式，但不管哪种模式，都是在桌子表面上向着左右或者前后振动。如果我们再允许这支弦在第三个维度中振动，也就是离开桌子表面向着上下振动，那无疑会产生另外一些振动模式。虽然我们很难画出在大于三维的空间中振动是什么样子，但这并不影响上述结论——更多的维度意味着更多的振动模式——的普适性。如果弦也可以在第四个空间维度中振动，那它就能产生出比只在三维空间中时更多的振动模式；如果弦还可以在第五个空间维度中振动，那它将能产生出比只在四维空间中时还多的振动模式，依此类推。认识到这一点非常重要，因为在弦论中有一个方程要求独立振动模式数目需要满足某种精确限制。如果这种限制被破坏，弦论的数学就会破产，它的那些方程将变得毫无意义。在一个只有3个空间维度的宇宙中，振动模式的数目太小，因而无法满足那一限制；而在有4个空间维度的宇宙中，振动模式的数目还是太小；在有5个、6个、7个、8个空间维度的宇宙中，振动模式的数目都太小，但是在有9个空间维度

的宇宙中，对弦的振动模式数目的限制被很完美地满足。正是因为这个原因，弦论需要有9个空间维度。[1] [19]

这已经很好地展示了几何与物理的交汇作用，而将其与弦论联系起来则使我们得到的更多，事实上，为先前遇到的一个严重问题找到了一种处理办法。还记得吗？当物理学家们试图将弦的振动模式同已知粒子种类联系起来的时候，他们遇到了大麻烦。物理学家们发现，存在着太多无质量的弦振动模式，而且更为糟糕的是，振动模式的具体性质无法与已知的物质与力的粒子性质相匹配。但我在前面没有提到的是——因为那时我们还没有讨论到额外维度——尽管这些计算考虑了额外维度的*数目*（部分地解释了为什么会发现这么多弦的振动模式），但没有将额外维度的小尺寸以及复杂*形状*一道考虑，而只是假定所有的空间维度都是平直且是完全展开的，这就是一个重要的区别。

弦如此之小，以至于即使额外维度蜷成卡拉比-丘形，弦还是会在这些方向上振动。而这一点非常重要，原因有两个。首先，这样才能保证弦总是会在所有的9个空间维度中振动，从而使得对振动模式数目的限制始终都能够被满足，即使额外维度收紧到一起也没有关系。其次，正如吹入大号[2]中的气流的振动模式会受乐器本身形状的弯曲扭折影响，弦的振动模式也会受额外6个维度的几何形状的弯曲扭折

---

1. 现在我们来为下面一章中将会遇到的内容做些准备，以便你能很好地了解相关进展。弦论学家早在几十年前就清楚地知道他们通常在弦论中用于数学分析的方程实际上只是某种近似（严格的方程早就被证明难于分析及理解）。不过，大部分人都认为近似方程已经精确到可以确定所需的额外空间维数的程度。近年来（令本领域内的很多物理学家感到非常震惊），一些弦论学家证明近似方程实际上*丢掉了*一维；现在人们普遍认为弦论需要7个额外的空间维度。我们将会看到，这并不会危及本章中讨论的内容，只是告诉我们本章中的内容也适用于一个更大的实际上更具统一性的理论框架。[20]

2. 大号，大型带活塞的低音铜管乐器。——译者注

影响。如果你将大号的形状变一变，比如将号管弄窄些或者将腔膛弄长些，气流的振动模式就会变化，从而使得乐器发出的声音有所变化。类似地，如果额外维度的形状及大小有所改变，弦的每一种可能的振动模式也都会受到很大的影响。而弦的振动模式决定着相应粒子的质量和所带的电荷，因此，额外维度在确定粒子性质方面扮演着重要角色。

认识到这一点非常关键。*额外维度准确的大小和形状对弦的振动模式有着重大的影响，从而对粒子的性质也有重大影响。*既然宇宙的基本结构——从星系和恒星的形成到我们所知的生命存在——敏感地依赖着粒子性质，我们可以说，宇宙的密码写在卡拉比-丘形的几何之中。

我们在图12.9中看到了卡拉比-丘形的一个例子，但要知道还有成百上千种卡拉比-丘形。于是问题就成了到底是哪一种卡拉比-丘形构成了时空结构中的额外维度部分。这是弦论所需要面对的最重要的问题之一，因为只有明确了卡拉比-丘形的具体形状，才能知道弦的振动模式的具体性质。可直到今日，这一问题仍未解决。原因在于，目前对弦论方程的理解还不能告诉我们怎样从很多卡拉比-丘形中挑出一种；从已知方程的角度看，每一种卡拉比-丘形都同样有效。而且这些方程甚至不能确定额外维度的大小。因为我们看不到额外维度，所以它们必须很小，但到底有多小则仍是我们所不知道的。

这算是弦论的致命缺陷吗？可能是吧，但是我并不这么看。我们在下一章中将会全面讨论到，弦论学家们多年来一直无法抓到精确的弦论方程，他们所做的大量工作依靠的都是*近似方程*。这些近似方程已经告诉了我们很多弦论的特性，但是在某些问题上——包括额外维度的准确大小与形状上——近似方程的缺点展现无遗。随着我们进一步深化数学分析，改进这些近似方程，确定额外维度的形式将成为我们的一个主要的——且可以达到的——目标。可惜到目前为止，我们尚未能实现这一目标。

不过，我们还是可以问问是否有*哪种*卡拉比-丘形可以使我们得到与已知粒子近似的弦的振动模式。这个问题的答案还是能令人感到欣慰的。

虽然我们远不能探索每一种卡拉比-丘形，人们还是找到了能够带来与表12.1和表12.2大体相符的振动模式的某些卡拉比-丘形。比如说，20世纪80年代中期，菲利普·坎德拉斯、加里·霍洛维茨、安德鲁·斯特劳明格以及爱德华·威滕（这些科学家认识到卡拉比-丘形对弦论的意义）发现卡拉比-丘形中所包含的每一个洞——在精确定义的数学语境中使用的术语——都将带来一代最低能量的弦振动模式。因而，有3个洞的卡拉比-丘形可用来解释表12.1中基本粒子重复出现的三代结构。事实上，人们发现了很多的这种有3个洞的卡拉比-丘形。在这些卡拉比-丘形中，人们进一步挑出能给出正确的信使粒子数目、正确的电荷，以及正确的核力性质以匹配表12.1和表12.2中的粒子的卡拉比-丘形。

这是一个鼓舞人心的结果，虽然还没有得到保证。在调和广义相对论以及量子力学的过程中，弦论可能已经达成了一个目标，只是我们发现几乎不可能达到另外一个同等重要的目标——解释已知物质和力的粒子的性质。那令人失望的可能性不会令研究人员退却。更进一步，计算出粒子的准确质量无疑是极具挑战性的。正如我们讨论过的，表12.1和表12.2中的粒子质量与弦最低能量的振动模式相差很大，足有千万亿倍。计算出这近乎于无限的差别超出了我们今日对弦论的理解。

事实上，我以及其他很多位弦论学家都在猜测，从弦论中得到表12.1和表12.2中的粒子的方式可能与从标准模型中得到这些粒子的方式非常相似。回想一下第9章，在标准模型中，整个空间中的希格斯场都取非零值，一个粒子所具有的质量的大小取决于当它试图从希格斯海中脱逃而出时感受到的拉力有多大。在弦论中很可能也有类似的机制。如果有数目巨大的弦在整个空间中按照相同的方式振动，那它们就会成为一种均匀的背景，而提供这种背景的意图与目的同希格斯海别无二致。最初没有质量的弦的振动模式，将通过在弦论版本的希格斯海中的运动和振动时感受到的拉力获得小的非零质量。

但需要注意的是，在标准模型中，给定粒子所感受到的拉力——也就是它所获得的质量——是由实验测量确定的并被作为输入参数放到理论中。而在弦论中，这种拉力——也就是弦的振动模式的质量——可追溯到弦之间的相互作用（因为希格斯场也是弦的振动模式），因而是可计算的。弦论，至少在理论上，允许通过理论本身给出所有粒子的性质。

不过还没有人能实现这种构想，但必须强调的是，弦论仍在不断完善之中。一直以来，研究人员都希望完全搞清楚这一方法在统一方面的巨大潜力。这一动机如此强烈，因为其潜在的回报实在太过丰厚。通过不断努力以及那么一点运气，弦论很可能会在某一天解释清楚基本粒子的性质，并且解释清楚宇宙为什么是这个样子。

弦论中的宇宙结构

尽管弦论的很多方面还不在我们的理解范围内，但它已经为我们展现了很多奇妙的新景象。最令人吃惊的是，在填补广义相对论与量子力学间的鸿沟的过程中，弦论向我们揭示了基本层面的宇宙可能存在着远多于我们直观感受到的维度，而这些额外的维度很可能是探索宇宙最神秘之处的关键。而且，弦论告诉我们，我们所熟悉的空间和时间概念不能被推广到亚普朗克尺度，这就意味着我们目前理解的空间和时间很可能只是某种我们现今尚未明晰的基本概念的近似。

在宇宙初创时期，时空结构的这些特点——今天的我们只能借助数学来探讨——可能是很明显的。早期，我们熟悉的3个维度也非常小时，我们现今在弦论中将其区别为大维度和蜷曲维度的这些空间维度，可能只有很小的区别，甚至根本没有区别。今天，这些维度在尺度上的不同，可能来自宇宙演化。而宇宙演化，可能通过某种我们尚未理解的机制，挑出了3个特殊的空间维度，并将我们前面讨论过的长达140亿年的膨胀任务交给了这3个特殊的维度。沿着时间之箭进一步回退，整个可观测宇宙都缩小到亚普朗克范围，宇宙变成了图10.6中的模糊地带。而在这个模糊地带中，熟悉的空间和时间都产自于更加基本的实体，而搞清楚这些实体，不管它们到底是什么，正是科学家们目前为止为之奋斗的研究工作。

要想进一步理解原初宇宙，乃至空间、时间的起源，以及时间之箭，我们必须使我们用来理解弦论——一个不久之前还看起来遥不可及的目标——的理论工具变得大大的锋利起来。现在我们已经看到，随着M理论的发展，进展已经超出了哪怕是最乐观的理论学家的最乐观估计。

第 13 章 膜上的宇宙

关于 M 理论中空间与时间的思索

在所有的科学发现中，弦论的发展轨迹最为崎岖。即使在其诞生30年后的今天，大部分的弦论学家仍然相信人们并没能对一个根本问题给予完备的回答，这个问题就是：什么是弦论？关于弦论，我们已经了解了很多。我们知道其根本特性，知道其主要的成就，知道它所给出的许诺，也知道它所面临的挑战；我们甚至还能使用弦论的方程来详细地计算出很多情形下弦的行为及其相互作用。但是大部分的弦论研究者仍然感觉到我们还缺乏那种人们在其他著名的科学成就中所拥有的核心原理。狭义相对论将光速视为常量；广义相对论拥有等效原理；量子力学拥有不确定原理。弦论学家们也在苦苦寻觅这样一种能抓住理论本质的原理来将弦论完善起来。

在很大程度上，这种缺陷的存在是因为弦论是零碎发展起来的，而不是基于某种深刻的洞察力。弦论的目标——将所有的力与所有的物质统一到量子力学的框架之下——是要尽可能地具有普适性，但是理论本身的演化却明显散碎。弦论在30多年前偶然诞生于人间之后，一些理论学家通过研究这些弦论的方程揭示了其关键性质，而另一些理论学家则通过研究那些关键的性质而发现了其暗含的深刻意义，弦论就是在这样的修修补补的过程中发展起来的。

弦论学家就像在其偶然绊倒的地方挖出了太空船的原始人一样。敲敲弹弹，原始人也可以慢慢地对太空船的操作方法有所感觉，逐渐发现所有的按钮和杆柄按一定的方式配合使用就可以操纵太空船。弦论学家们也有类似的感觉。多年的研究成果彼此吻合趋同，这样的事实给弦论学家带来了一种信心：弦论正在接近某一强大自洽的理论框架——虽然还不完善，但其最终必将以难以匹敌的清晰性和包容性揭示出大自然的内在规律。

近年来，被冠以*第二次超弦革命*的理论发展极好地体现了这一点。所谓的第二次超弦革命硕果累累，这次革命展示了盘绕于空间结构的隐藏维度，开启了新的实验检验弦论的可能性，提出我们的宇宙可能是众多可能性中的一种，发现在下一代高能加速器上可能创造出黑洞，还提出了新颖的宇宙学理论，在这一理论中，时间及其箭头就像土星那优雅的光环一样，彼此缠绕。

第二次超弦革命

我在下面将会讲一个令人尴尬的弦论细节，读过我前一本书《宇宙的琴弦》的读者可能会记得，在过去的30年间，人们发展出的不是一个，而是5个截然不同的弦论版本。这些版本的名字无关紧要，我们将其分别称为I型弦论、IIA型弦论、IIB型弦论、杂化O型弦论以及杂化E型弦论。所有的这些弦论都具有上一章介绍过的那些本质特征——其基本组成都是振动的弦——而且，正如20世纪70年代和80年代的有关计算所表明的那样，每一种弦论都需要6个额外的维度；但是，深入的分析表明，这5种弦论有着重大的区别。比如，I型弦论中的弦是上章讨论过的环，也就是所谓的*闭弦*，但是不同于其他弦论之处在于，这一理论中也有*开弦*——拥有自由的两端的弦。而且，计算告诉我们，不同版本的理论中，弦的振动模式以及每种模式彼此相互作用及影响的方式也各不相同。

弦论学家最想看到的当然是在未来的某一天，在与实验数据仔细对比后，人们可以将这5个不同版本中的4个放到纸篓里。坦率地讲，弦论中存在着5个不同的版本毕竟不是一件舒服的事。统一之梦的关键在于科学家们会被带到一个关于宇宙的独一无二的理论面前。如果研究人员只需建立一个理论框架就可以将量子力学和广义相对论统一起来，那么物理学家们便到了真正的天堂。如果是这样，即使没有实验数据，人们仍然有理由相信所有的一切都是可靠的。毕竟，已经有大量实验证据支持量子力学和广义相对论。看起来很明显，统治宇宙的自然法则必须彼此兼容。如果存在一个独一无二的理论，可以在数学上自洽地将拥有坚实实验基础的20世纪两大物理学支柱统一起来，那么这个理论的合理性是有强有力——虽然是间接的——证据支持的。

可弦论却有5个表面类似但细节不同的版本，这使得弦论的独一性受到质疑。即使某些乐天派会辩称未来的某一天实验将从中挑出独一无二的理论，我们仍然会为存在额外的4个自洽的理论而感到恼火。难道另外的4个仅仅是数学上的巧合吗？它们对现实的物理世界是否有某种意义呢？它们的存在会不会只是冰山一角？未来的某一天会不会有聪明的理论学家发现实际上有5个额外的版本，或者6个、7个，甚至无限多个数学上自洽的不同弦论方案存在？

20世纪80年代末90年代初，很多物理学家热衷于探索这种或那种弦论，5个版本之谜并不是一个研究者每天关注的问题。相反，在人们的信念中，它只能算是在不久的将来随着对各种弦论的认识都达到一定的高度后将会自动得到解决的众多问题中的一个。

时间到了1995年春天，在几乎没有任何征兆的情况下，这些谨慎的愿望一下子被超越了。在数位弦论学家（包括克里斯·赫尔、保罗·唐森、艾索科·森、麦克尔·达弗、约翰·施瓦茨，以及其他一些人）工作的基础之上，爱德华·威滕——20年间一直是最有声望的弦论学家——发现了一种隐藏的一致性，从而将5种弦论一下子统一起来了。威滕证明，这5种弦论并不是彼此无关，而是数学上用来分析某种独一理论的5种不同方式。正如将一本书翻译成5种不同的语言后，在不同语种的读者眼中，就是5种不同的书。5种弦论之所以不同，只是因为威滕还没能为这5种弦论编写好彼此之间翻译的字典。但是一旦编写完成，这样的字典就会明确告诉我们——正如人们可以从一个单独的母本得到5种不同的译本——5种弦论体系通过一个单独的母理论联系起来。这一统一的母理论可暂且称为M理论，M可以是很多意思——主体（Master）？宏伟（Majestic）？母（Mother）？魔幻（Magic）？神秘（Mystery）？矩阵（Matrix）？——只等世界范围内孜孜以求的研究者们最终完成威滕以深刻的洞察力发现的这一理论，我们便可以给它一个真正的名字了。

这一革命般的发现真是令人欣慰的重大飞跃。威滕用这一领域中最为人称道的几篇论文（以及随后皮特·哈罗瓦的重要工作）证明，弦论是一个单独的理论。弦论学家们再也不用为挑选候选者而尴尬了，爱因斯坦所追寻的统一理论一度因为有5种不同的版本而失去统一性，现在这种情况一去不返了。而且，一个统一理论能达到的最高程度上的统一就是统一于其自身。通过威滕的工作，每种独立的弦论所实现的统一性被扩充到整个弦论框架。

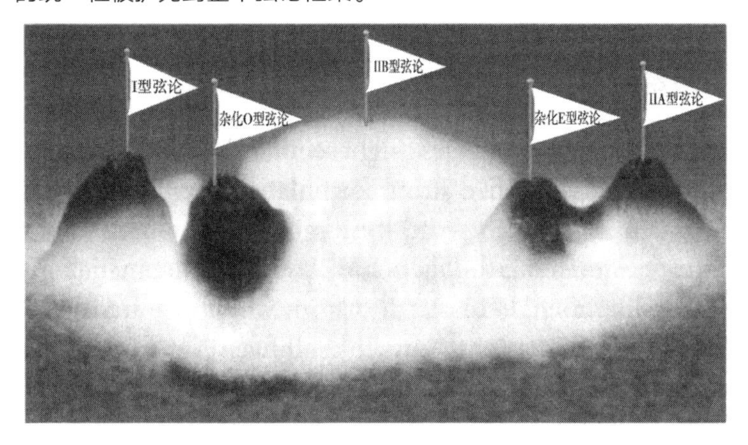

（a）

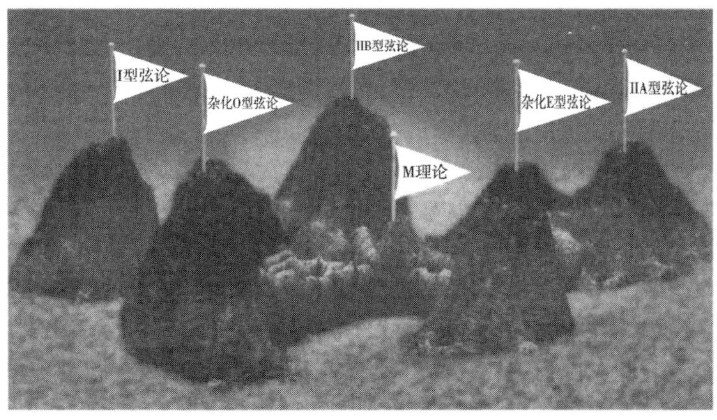

（b）

图13.1　（a）1995年之前弦论研究的示意图。（b）M理论所揭示的统一示意图

图13.1刻画的是威滕提出其发现前后5种弦论的状况，这一总结值得我们记住。正如图片所示的那样，本质上，M理论并不是一种新的方法；云消雾散之后，人们发现M理论承诺的是比任何一种单独的弦论所能提供的更加精确、更加完备的物理定律体系。M理论将5种弦论联系起来了，5种弦论的每一个只不过是更加伟大的理论体系的一个部分。

翻译的力量

图13.1示意性地说明了威滕发现的核心内容，但是这种表述方式可能使你感觉非常的具有技巧性。在威滕取得突破之前，研究者们认为有5种不同版本的弦论；在那之后，情况发生了变化。但是，要是人们从来都不知道有5种不同的弦论的话，那么最聪明的弦论学家证明了这5种弦论并不是全然无关的又有什么意义呢？换句话说，我们为什么将威滕的发现视作一场革命，而不仅仅是纠正了之前错误概念的一个普通观点呢？

现在我们就来回答这个问题。过去的几十年，弦论学家们一直被一个数学问题困扰。描述5种弦论中的任何一种的精确方程都极其难于处理分析，因此理论学家们常常被迫求助容易解决得多的近似方程。人们有理由相信，近似方程在很多情况下都会给出接近于真实方程结果的答案，但是近似——就像翻译一样——总会丢点什么。正因为如此，一些近似方程力所不及的关键问题显而易见地影响了理论的进展。

对于文字翻译中的不当之处，读者会有所知觉并加以修缮。有些语言功底很好的读者甚至可以直接反推原文。但是，弦论学家们却没有这样的机会。纯粹依靠威滕等人编写出来的字典的自洽性，我们就有很充分的理由相信5种弦论只不过是一种母理论——M理论——的5种不同描述，但是，弦论的研究者们还不能完善地理解这种理论上的联系。过去的几年间，我们在M理论的研究方面已经取得了一些进展，但是离最终准确完整地理解M理论仍有很长的路要走。在弦论的研究方面，我们好像得到了一个看似即将发现的母本的5种译稿。

对于很多读者来说，他们可能既没有原文（就像弦论），也不是很了解原文所用的语言，他们希望的是参考几种翻译成他们所熟知的语言的译文，以便更准确地了解原文。要是某些段落在不同语言的译本上彼此一致，读者们就会对这些译文有信心；要是彼此不一致，那就意味着翻译上的不准确或者不同的诠释。就是这样，威滕发现了5种不同的弦论只不过是深层理论的不同译本。事实上，威滕的发现开创了一条极其强大的战线，通过翻译的类比，我们可以很好地理解这一点。

我们完全可以想象有这样一种母本，其中有数不清的双关语、押韵或不押韵的诗句、特定文化中的笑话，这样的文字很难完整优美的从5种不同的译本中的单独一种翻译回原文。某些段落可能很容易翻译成斯瓦希里语，但其他段落则可能完全不适合这种语言；后面的这些段落可能非常适合翻译成因纽特语，但是其他的部分就可能翻译得含混不清。梵语或许能捕获某些深奥章节的妙意，但是另外一些章节，可能所有的5种语言全部束手无策，只有写成原文的语言才最适合表达那个意思。对5种弦论的研究就处于这样一种状况。理论学家们发现，对于特定的问题，5种弦论中的某一种可能会给出明晰的物理描述，但是另外几种就会在数学上太过复杂以至于难以应用。威滕的发现的威力正在于此。在他取得重大突破之前，弦论的研究者们要是遇到了非常难于处理的方程可能就会卡在那里，而威滕的发现告诉我们，每一个这样的问题都有另外4个译本——4种数学形式，很多时候其中的某一个并不是那么难于应付。因此，这本用于不同理论之间互译的字典常常可以用来将困难的问题翻译成相对简单的问题。

不过这并不总是非常简单。就像对于某些段落的翻译，所有的译本给出的翻译可能都不能令人满意，同样的，弦论中的某些问题在所有的5个理论中也可能都非常难于理解。这个时候，我们就只好参考原文了；也就是说，只有完全理解了难懂的M理论，我们才能取得进展。不过，这并不妨碍威滕字典的巨大威力，在很多情况下，威滕的字典都可以作为我们分析弦论的新的强有力的工具。

正如一段复杂文字的每一种翻译都为一个重要的目标而存在，每一种弦论也是如此。将我们从每一种单独的弦论中所学到的知识整合在一起，我们就可以回答那些单独的一个弦论无法回答的问题，发现那些超越了单独的每个弦论的特征。威滕的发现为理论学家们带来了5倍的强大火力来推进弦论研究的战线。正因为如此，我们才说威滕的发现引发了一场革命。

11个维度

新发现的强有力的工具为我们的弦论研究带来了什么样的成果呢？成果是大量的。这里，我会将注意力集中到对空间和时间的故事具有最重大影响的几个成果上。

首先，威滕工作最重要的发现是人们在20世纪70—80年代使用近似方程所得到的结论——宇宙必须有9个空间维度——实际上差了一个数。威滕的分析表明，根据M理论，宇宙应该有10个空间维度；也就是说，时空是十一维的。就像卡鲁扎发现一个五维的时空可以为电磁力和引力的统一提供理论框架，以及弦论学家们发现具有十维时空的宇宙可以为量子力学与广义相对论的统一提供理论框架，威滕发现具有十一维时空的宇宙可以用来统一所有的弦论。这就像在平地上看远处的村庄，5个不同的村子看起来彼此完全分开，但要是站在高山上的话——利用这个额外的垂直维度——人们就会发现这5个村子实际上是通过小路和大道联系起来的。从威滕的分析中引申出来的额外空间维度是在5种弦论之间找到联系的关键。

尽管威滕通过额外维度获得重大发现是符合达到统一理论的历史轨迹的，但是当他在1995年的年度国际弦论会议上抛出他的结果时，整个研究领域还是能感到强烈的震动。包括我在内的大部分研究人员长久以来一直研究近似方程，大家都认为所做过的分析已经最终回答了维度的数目这一问题。但是威滕，还是带来了令我们惊奇不已的东西。

威滕证明，之前所有的分析都采用了一种数学上的简化，这一简化等价于假设有一个迄今尚未认清的维度极其的小，比所有其他的维度都要小很多。事实上，这一维度实在是太小了，小到所有研究者使用的近似方程都没有能力发现这样一种极小维度存在的数学线索。因而所有的人都认为弦论只有9个空间维度。但是，依靠统一的M理论的新视角，威滕可以超越近似方程，更加细致地探索问题，从而发现有一个空间维度长久以来一直为人们所忽略。最终，威滕证明10多年来理论学家们研究而得的5个十维弦论体系实际上是一个单独的深层十一维理论的5种不同的近似描述。

你或许想问这个未料到的发现是否会使以前人们在弦论方面的工作变得一无是处。大体上讲，并不是这样。虽然新发现的第10个空间维度为理论带来了一个未曾预期的特性，但如果M理论真的是正确的话，那么第10个空间维度就应该比其他的空间维度小很多——就像很长一段时间以来人们在毫不知情的情况下假定的那样——人们之前所做的工作仍有其用武之地。不过，考虑到已知的方程仍然不能明确额外维度的大小和形状，弦论学家们在过去的几年花了很多的汗水来探索没那么小的第10个空间维度的可能性。其他的姑且不提，理论学家们努力研究所得到的大量结果将图13.1中关于M理论统一威力的示意性说明放在了坚实的数学基础之上。

我猜从十维升级到十一维——姑且忽略其对弦论或M理论数学结构的重要性——并不会明显地改变你对这个理论的想象。对于外行人来说，想象7个蜷曲起来的维度实在不比想象蜷曲起来的6个维度难多少。

但是与第二次超弦革命紧密联系的另一件事的确改变了弦论的直观图像。几位科学家——威滕、达弗、赫尔、唐森，以及其他几位——的集体智慧使人们相信，*弦论并不仅仅是弦的理论*。

膜

你在上一章一定遇到一个很自然的问题——为什么是弦？为什么一维的东西这么特别？在调和量子力学与广义相对论的过程中，我们发现关键之处在于基本组分要有大小，要是弦而不是点。两维的东西也可以有大小呀，比如微型的碟片或飞盘；又或者是三维的东西，比如棒球或土块之类的。甚至，既然理论可以有非常多的维度，那么基本组分完全可以是更高维的某种东西。那么，这些东西为什么不能在基本理论中扮演任何角色呢？

20世纪80年代与90年代早期，很多弦论学家似乎找到有一定说服力的回答。他们认为人们已经多次尝试利用高维的块状物作为基本组分来构建基本理论，这其中包括20世纪物理学的偶像人物，比如沃纳·海森伯和保罗·狄拉克。他们以及其后的很多研究工作表明，利用很小的块作为基本组分建构理论极其困难，这样的理论常常很难满足基本的物理学要求——比如，保证量子力学概率在0和1之间（负的和大于1的概率毫无意义），以及不能超光速通信。至于点粒子，始于20世纪20年代的半个世纪的研究表明，所有的这些要求都可以满足（当然，引力要暂且忽略）。到了20世纪80年代，施瓦茨、谢尔克、格林以及其他人10多年的探索使人们惊奇地发现，一维的弦也可以满足所有的那些要求（且必然包括引力）。但是，进一步将基本组分视为两维或更高空间维度的客体则几乎不可能。究其原因，则是方程所要考虑到的对称性在基本组分为一维客体（弦）的时候达到最大，之后迅速衰减。这里方程中的对称性比第8章中讲到的还要抽象（研究弦或更高维的东西的运动时，我们要一会儿靠近点，一会儿离远点，因而我们考虑的对称性就与突然改变我们的观测分辨率时方程如何变化有关)。这些转变对构建物理上合理的方程组非常关键,对于比弦更高维度的研究对象,这些所需要的对称性消失了。[1]

因此,当威滕的论文以及其后的大量研究工作[2]表明弦论及其所属的M理论中可以包含弦之外的基本组分的时候,弦论学家们再次被震惊了。研究显示理论中可以有两维的客体,很自然的,我们将其称之为膜(membrane,M理论中M的另一种可能解释),或者——为了系统的命名的高维兄弟——我们将其称为2膜。当然还有具有3个空间维度的客体,我们将其称为3膜。虽然很难形象化地想象出来,但是研究表明还有具有p个空间维度的客体,其中p可以为小于10的整数,它被称为——毫无悬念——p膜。因此,弦只是弦论中的一种组分,而不是唯一的组分。

这些组分之所以能够逃脱之前的理论研究,其原因与第十维度能够逃脱一样:近似方程太过粗糙以至于没能发现这些家伙。在弦论学家们用数学研究的理论框架内,所有的p膜都要比弦重很多。一个东西的质量越大,产生它所需要的能量就越多。近似方程的局限之处在于——方程本身固有的局限之处,所有的理论学家们都很清楚——当所描述的实体和过程与越来越多的能量有关的时候,方程本身的精确性就越来越差。当达到与p膜有关的极端能量时,近似方程就会失准,从而使膜潜伏于黑暗之中,这就是人们几十年都未能在数学上发现膜的原因。但是利用M理论提供的各种新方法,研究者们可以绕过之前的一些技术壁垒,从而依靠完整的数学视角,发现了盛装列队的高维组分。[3]

弦论中除了弦还可以有其他维度的组分存在，这一点并不比第十维的发现更易使早前的工作无效或过时。研究表明，要是高维的膜比弦重很多的话——就像在早前的工作中无意识地假定的那样——它们对大部分的理论计算几乎没什么影响。不过，就像第十维度并不是非得比其他9个维度小很多一样，高维的膜也不是必须非常的重。在很多理论假定的情况下，高维膜可以同最低质量的弦的振动模式有相同的质量，这时，膜就会对物理世界有重要的影响。比如，在我与安德鲁·斯特劳明格和戴维·莫里森合作的工作中，我们证明了膜可以将自己绕在卡拉比-丘流形的球面上，就像绕在柚子外面的用于真空封闭的塑料薄膜一样；要是那个流形收缩，绕在上面的膜也会跟着收缩，导致其质量减小。我们证明，这一质量减小会使空间完全坍塌撕裂——空间把自己撕破了——而紧绕的膜会保证不发生灾难性的物理后果。我在《宇宙的琴弦》一书中详细讨论了这一问题，在第15章讨论时间旅行的时候我们还会再简要地讨论一下这个问题，这里就不做详细阐述了。不过，从这个小插曲上我们可以清楚地看到高维的膜是如何对弦论的物理世界产生影响的。

回到我们当前的焦点所在，根据弦论或M理论，膜还可以以另外一种深奥的方式影响我们对于宇宙的认识。这宏伟辽阔的宇宙——我们所熟知的全部时空——可能本身就是一张巨大的膜。我们的宇宙可能是一个膜世界。

膜世界

检验弦论的正确性是一个巨大的挑战，因为弦实在太小了。但请别忘了决定弦的尺寸的物理。引力的信使粒子——引力子——是弦最低能量的振动模式，引力子交换的引力强度正比于弦的尺寸。引力如此之弱，因而弦的长度必定极小；计算表明，要使弦的引力振动模式交换的引力达到所观测到的大小，弦的长度就只能在普朗克长度的100倍左右。

从这个解释中，我们可以看出很高能量的弦并不是非得很小，只要它不和引力子（引力子是低能零质量的振动模式）直接联系就行。事实上，随着弦获得越来越多的能量，其振动也会变得越来越猛烈。但是，一旦突破某个特别的点，弦额外获得的能量就会有其他的作用：这些能量会使弦变长；而且，对于最终能有多长，并没有任何限制。因而，只要你不停地将能量注入弦中，它甚至可以长到宏观量级。以今天的技术水平，我们不可能做到这一点。但是，在大爆炸之后的极热、超高能的情况下，很长的弦可以产生出来。如果其中的某些长弦直到今天还存在的话，它们可能横跨天际。虽然可能性很小，而且更可能的情况是这样的长弦可能也非常的小，但是我们的确有可能在获自太空的数据中发现长弦存在的蛛丝马迹。或许某一天我们可以从天文学的观测中检验弦论。

高维度的p膜也不是非得很小，考虑到p膜比弦的维度还要多，定性上讲，存在着很多新的可能性。当我们试图描画一根长——或许是无限长——弦的时候，我们就会想象出一根存在于我们生活于其中的三维空间的很长的一维客体。就像一根长到我们视野的边际的电线一样。类似的，如果我们要描画一张很大的——或许是无限大——2膜，我们就会想象出一张存在于普通的三维空间中的二维表面。我想不出什么好的现实类比。或许我们可以想象一家拥有超大屏幕的汽车影院，那超大的屏幕非常的薄，又宽又高，挡住我们能看到的所有地方，这样的屏幕或许会帮我们想象一下2膜。但要是我们试图理解一下3膜的话，我们就会发现自己遇到了新问题。3膜有3个空间维度，因而，如果它非常大的话——或许可以是无限大——就会填满整个的三维空间。1膜和2膜，就好比是电线和屏幕，它们存在于我们的三维空间之内，而3膜占据的是我们整个的三维空间。

于是就有了一种非常吸引人的可能性。有没有可能我们此刻是生活在3膜上呢？就像白雪公主，她的世界存在于二维的屏幕——一张2膜上，而二维的屏幕又存在于三维的宇宙（影院的三维空间）。我们所知晓的一切有没有可能是存在于一张更高维度的屏幕——一张3膜上，而这张更高维度的屏幕又是存在于弦论或M理论的高维的宇宙呢？被牛顿、莱布尼茨、马赫、爱因斯坦这些人称为三维空间的东西有没有可能是弦论或M理论中某种特别的实体呢？又或者用相对论的语言说，闵科夫斯基和爱因斯坦提出的四维时空可不可能是一张3膜随时间演化时留下的轨迹呢？简而言之，我们知晓的宇宙可不可能是一张膜呢？[4]

我们生活在一张膜上这一可能性——所谓的*膜世界方案*——是弦论或M理论的最新演绎。我们将会看到，它使我们可以以一种新颖的方式思考弦论或M理论，这些想法枝繁叶茂。这里物理上的关键之处在于，膜很像是宇宙的威扣；[1] 在某种特别的方式下，它们可以非常

1. 维克罗（Velcro）牌的搭扣，由钩和毛两种结构组成，看看你的衣服上有没有这种扣子。——译者注

的黏。我们马上来讨论一下。

黏黏的膜与振动的弦

引入“M理论”这一术语的动机之一就是我们已经认识到“弦论”这一术语只能展现出理论的某一方面。早在精练的分析发现了高维膜的十几年前，理论研究就已经展示了弦的存在，所以“弦论”这一术语有其历史因素。不过，即使M理论允许各种各样维度的客体彼此平等，弦也要在我们的公式体系中扮演关键角色。原因之一很容易说清。正如20世纪70年代的研究者们不自觉地加以运用的那样，当所有的p膜远重于弦的时候，它们都可以被忽略。但是，弦之所以非常特别还有更加具有普遍意义的原因。

1995年，威滕宣布他的突破之后不久，加利福尼亚大学圣巴巴拉分校的乔·波金斯基想到了几年前他与罗伯特·利和戴瑾（音译）合作的论文，在那篇论文中，波金斯基发现了弦论有趣但相当晦涩的一个性质。波金斯基的动机和推导相当的技术化，我们不打算讨论其细节，只关心其结论。波金斯基发现，在某些情况下，开弦——还记得吗？那些两端松散的弦——的端点并不能完全自由地移动。就像用绳串起来的珠子，虽然可以自由移动，但是必须沿着绳；又像小时候玩的弹球游戏一样，球虽然可以自由移动，但是必须按照弹球桌表面的形状移动。开弦的端点也是这样，在空间的特点、形状或轮廓的限制下可以自由移动。在考虑到弦本身还可以自由振动后，波金斯基及其合作者证明弦的端点在某些区域会变得“很黏”或者说被“套牢”。

在某些情况下，这样的区域可以是一维的，此时弦的端点就像是用绳子串起来的珠子，而弦本身就像是那根绳子。又或者在另外的情况下，这样的区域可以是二维的，此时弦的端点就像是被一根绳子连起来的两颗弹球，它们只能在弹球桌上滚动。还有其他的情况，这样的区域可以是三维、四维，或者小于十的任意空间维数。波金斯基以及皮特·哈罗瓦和麦克尔·格林证明的这些结果，解决了在比较开弦和闭弦时长久存在的一个问题。[5] 不过他们的工作在最初的几年并没有引起人们足够的重视。直到1995年10月，在威滕新发现的启发之下，波金斯基重新审视了早前的这些工作之后，情况才发生了改变。

在波金斯基的论文中，有一个问题并没有得到完全解决，或许你在读上一段时曾意识到这个问题：如果开弦的端点在空间的某些区域可以被黏住，那么黏住它们的又是什么？绳子与弹球桌都可以脱离被限制于其中的珠子和弹球而独立存在。那么开弦的端点被限于其中的空间区域呢？这些空间区域中是否充满了弦论中的某些独立且基本的组分？是否正是这些家伙无情地抓住了开弦的端点？ 1995年之前，弦论还只是弦的理论的时候，人们没法找到能做这件事的候选者。但是在威滕的重大发现以及随之而来的大量成果涌现出来之后，波金斯基想到了问题的答案：如果开弦的端点被限制在空间中的某些p维区域上运动，那么这样的区域必须被p膜占据。[1] 波金斯基的计算表明新发现的p膜正有那种将开弦的端点牢牢抓住的能力，从而使开弦的端点只能在充满p膜的区域内运动。

1. 这些黏黏的家伙准确的名字是狄利克雷p膜，或者简称为D-p膜。我们将它简写为p膜。

为了更好地理解这些内容，我们来看一下图13.2。在图（a）中，我们可以看到一对2膜，很多开弦在其上来来回回振动不息，这些开弦的端点都被限制在各自运动的膜上。高维膜的情况非常类似，只是难以画出。开弦的端点可以在p膜上自由运动，但是不能离开膜。当它们想离开膜的时候，就会发现膜是黏到难以想象的东西。开弦的两个端点也可以分别附着于两个不同的p膜，这两个p膜的维数可以相同［图13.2（b）］，也可以不同［图13.2（c）］。

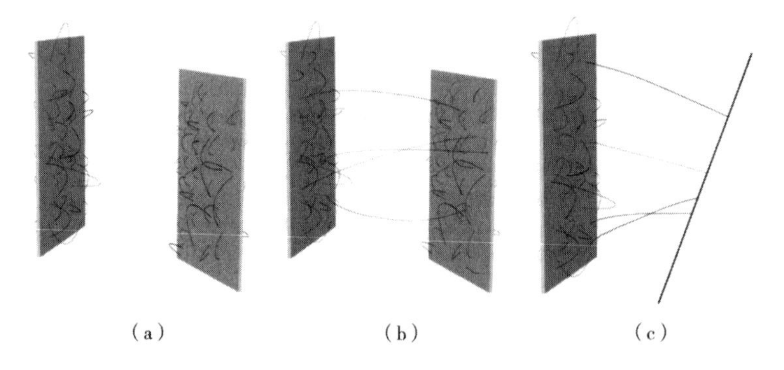

图13.2 （a）端点附着于二维膜（或者说2膜）的开弦。
（b）两个端点分别附着于两个2膜的开弦。
（c）两个端点分别附着于一个2膜和一个1膜的开弦

紧跟着威滕对各种弦论之间联系的发现，波金斯基发表了他的第二次弦论革命宣言。尽管20世纪理论物理学界中一些最聪明的头脑努力奋斗，却没能建立一个包含大于点（零维）和弦（一维）的维度基本组分的理论体系，但是威滕和波金斯基的工作，再配以很多当代顶级理论学家的深刻洞察力，物理学家找到了前进之路。这些物理学家并不仅仅建立了包含高维组分的弦论或M理论，波金斯基的洞察力还为理论上精细分析其中的物理性质提供了方法（当然前提是这些东西要真的存在）。波金斯基主张，在很大程度上，膜的性质是由端点附着在膜上的振动着的开弦的性质决定的。这有点类似于我们通过抚摸地毯上的绒毛来了解地毯的质地——那些绒毛的另一端就固定在地毯上——我们也可以通过研究一端附着在膜上的弦的性质来认识膜。

这一结果非常重要。它证明了这几十年来为了研究一维对象——弦——而制造的精妙数学工具也可以用于高维对象的研究，这个高维研究对象就是p膜。而妙不可言的是，波金斯基发现对高维对象的研究可以在很大程度上约化为对理论上更加熟悉的弦的研究，尽管弦也还是理论假设。在这种意义下，弦的特别之处就显现出来了。如果你懂得弦的性质，那么你就在一条通往理解p膜的漫长道路上了。

有了这些领悟，让我们再回到膜世界方案——我们全都生活在3膜上的这种可能性。

若我们的宇宙就是一张膜

如果我们生活在一张3膜上——如果我们的四维时空只是一段3膜在时间的长河中掠过的历史——那么我们就可以用全新眼光审视时空究竟是不是某种实物这一古老的问题了。我们所熟知的四维时空应是来自弦论或M理论中的一种实体——3膜，而不是某种模糊的抽象概念。按这种理念，我们的四维时空的实在性就会与电子或夸克的实在性一样（当然了，虽然你知道我们所直接感受到的时空舞台具有明显的实在性，可你还是会追问弦与膜存在于其中的更大时空——弦论或M理论的十一维时空——本身是否仍是实体）。但如果我们所知晓的宇宙真的是一张3膜，那我们岂不很轻易就会知道有某种东西——3膜——弥漫在我们周围？

不过嘛，我们已经学过的现代物理告诉我们，虽然在我们的身边的确弥漫着很多东西——希格斯海，满是暗能量的空间，无数的量子场涨落——但仅凭人们的直觉，所有的这些我们都没法感受到。因此，知道了弦论或M理论在“真”空的不可见事物单中又加了一项，实在没什么值得惊讶的。但让我们先别自以为是。上面提到的每一种可能，其对物理的影响，以及我们应如何证明其存在，我们都非常清楚。事实上，上面提到的三者之二——暗能量与量子涨落——我们已经看到有足够多的证据证明其存在了；至于希格斯场，当前或未来的对撞机实验将给予答案。那么，我们是否生活在3膜之中这个问题是不是也与之类似呢？如果膜世界方案正确的话，我们为什么没有看见3膜呢？我们究竟该怎样才能证明其存在呢？

这一问题的答案将清楚地告诉我们，膜世界方案中弦论或M理论的物理推论与早前的“免膜”方案（有时候人们也会将之亲切地称为无膜方案）到底有多么大的差异。让我们来看一个重要的例子，光的运动——光子的运动。弦论中的光子，如你所知，是弦的一种特殊振动模式。但是数学分析表明，在膜世界方案中，只有开弦的振动才能产生光子，而闭弦则不能，这就是膜世界方案与先前的理论的一个重大区别。虽然开弦的端点只能在3膜上移动，但在3膜上的运动却是完全自由的。这意味着光子（开弦的振动产生的光子）在我们的3膜中的运动既不会受到任何限制也不会遇到任何障碍，而这会使膜看起来完全透明——完全不可见，于是我们根本看不出自己实际上浸泡其中。

而同样重要的是，因为开弦的端点不能离开膜，所以它们不能进入额外维度。正如电缆中的金属线决定着外面的绝缘皮的形状，弹球机中的球会被限制在一定的路线内，我们那黏黏的3膜也会对其中的光子有所限制——光子只能在我们的三维空间中运动。因为光子为电磁场的信使粒子，因而对光子的限制也就意味着电磁力——光——只能被囿于我们的三维世界，如图13.3所示（我们画出的只是二维示意图）。

认清这一点将为我们带来非常重要的结果。在前面，我们要求弦论或M理论中的额外维度要很紧地蜷曲起来。很明显，之所以有这种要求是因为我们看不到额外维度，因而我们必须想办法把它们藏起来。而把它们藏起来的办法中有一种就是令它们小于我们以及我们用来探测的器材。但现在让我们在膜世界方案中重新审视一遍这个问题。我们究竟怎样探测事物呢？这个嘛，当我们使用肉眼的时候，我们用的实际是电磁力；当我们使用电子显微镜之类的强大器材时，我们用的实际也是电磁力；当我们用原子对撞机时，我们用来探测超微观尺度的力中的一种还是电磁力。但如果电磁力被限制在我们的3膜——三维空间中，那么，不论额外维度的尺寸有多大，仅有电磁力将无法探测到其存在。光子不能逃出我们的维度进入额外维度中，再返回我们的眼睛或设备中以便我们能够探测到额外维度的存在，*甚至在额外维度与我们熟悉的维度一样大的情况下也不行*。

所以，如果我们真的生活在3膜中，我们就有了另一种感受不到额外维度的解释了。额外维度并不是非得特别的小，它们也可以非常大。我们之所以看不到额外维度，在于我们看额外维度的*方式*。我们是用电磁力来看额外维度，而电磁力只能存在于我们的三维世界，无法进入额外维度中，就像睡莲叶子上的蚂蚁根本无从知晓叶子下面的深水，我们也可能漂浮在巨大而广阔的高维空间中，如图13.3（b）所示，但是电子力的特点——永远都无法逃离我们的三维世界——使我们没办法发现这一点。

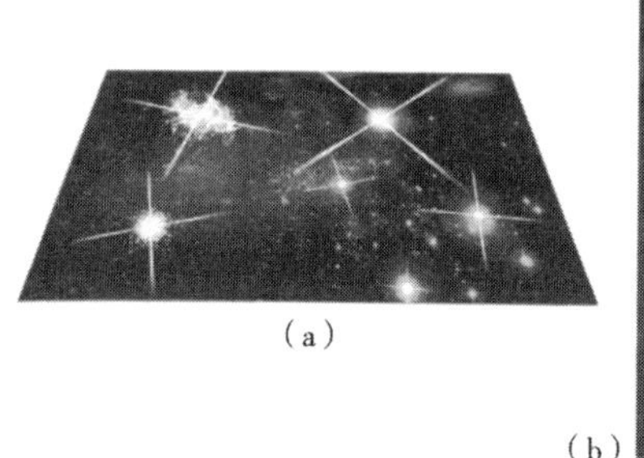

（a）

（b）

图13.3 （a）在膜世界方案中，光子为端点固定在膜上的开弦，所以光不能离开膜本身。

（b）我们的膜世界可能漂浮在还有额外维度的更高维空间中，而那些额外维度是我们看不到的，因为光不能离开我们的膜。附近可能也漂浮着其他的膜

好吧，你可能会说，电磁力只是大自然中的4种力中的一种，那其他3种呢？我们可以用它们来探测额外维度并发现其存在吗？对于强核力以及弱核力，答案还是：不行。在膜世界方案下，计算告诉我们这些力的信使粒子——胶子、W粒子与Z粒子——也是开弦的振动模式。所以它们像光子那样被囿于3膜之中，有强核力与弱核力参与的过程同样无法与额外维度联系起来。对于物质粒子来说同样的结论依然成立。电子、夸克以及其他所有种类的粒子都是端点在3膜上的开弦的振动模式。因而，在膜世界方案中，你、我以及我们能够看到的一切都被永远拘禁在我们的3膜中。把时间维度也算上的话，世间万物都困在我们的四维时空片中，其实应该说，几乎世间万物，因

为对于引力来说，情况就有所不同。对膜世界方案做一番数学分析后我们会发现，引力子来自闭弦的振动模式，这一点同我们之前讨论过的无膜方案中的情形是一样的。闭弦——没有端点的弦——并没被限制在膜上。闭弦自由自在，既可以在膜上运动，也可以离膜而去。所以，如果我们生活在膜上，我们并没有完全地隔绝于额外维度。通过引力，我们既可以影响额外维度，也可以被额外维度影响。在这样的方案中，引力是我们能与三维之外的额外维度取得联系的唯一办法。

在我们通过引力与额外维度取得联系之前，我们难免会想知道，额外维度究竟会有多大呢？这个问题非常有趣也非常尖锐，我们就来一起看看。

引力与大额外维度

退回到1687年，牛顿提出了他的普适引力定律，在这个定律中，牛顿实际上对空间维数做了很强的限定。牛顿并没有仅仅用嘴说两个物体之间的引力会随着物体间距离的变大而变弱，他提出了一个公式，即平方反比率，这个公式准确地描述了两个物体间的距离发生变化时物体间引力的变化规律。根据牛顿公式，如果你将两个物体间的距离翻番，那两者之间的引力就会变为原来的四（2^2）分之一；如果你将两者间距离变为3倍，那引力就会变为原来的九（3^2）分之一；如果你将两者间距离变为4倍，那引力就会变为原来的十六（4^2）分之一。更为一般性地说，引力会按距离平方衰减。在过去几个世纪的大量实践中，牛顿这一公式始终有效。

但问题在于力为什么随物体间距离的平方变化呢？力为什么不是随物体间距离的3次方（这样的话你将距离翻番，引力就会变为原先的1/8）或4次方（你将距离翻番，引力就会变为原先的1/16）变化呢？或者更加简单些，两个物体之间的引力为什么不是就反比于（这样的话，你将距离翻番，引力就会变为之前的1/2）距离呢？这些问题的答案与空间维数直接相关。

要想看出这一点，可以想想两个物体吸收和发射的引力子数目是怎样依赖于间距的，也可以想想两个物体所体验到的时空曲率是怎样随着两者间距离的增加而减小的。不过我们可以用一个虽然过时但相对简单些的办法来思考这个问题，这会使我们快速而且直观地得到这一问题的正确答案。我们先画一张图［图13.4（a）］，就像图3.1示意的是条形磁铁所产生的磁场那样，我们这里的图用来示意一个有质量的物体——比方说太阳——产生的引力场。磁场线从北极出发，绕着条形磁铁收于南极；引力场线则不同，它是呈放射状向所有的方向发射出去，直至无穷远。在给定位置处，另一个物体——比方说绕太阳运动的卫星——所感受到的引力强度正比于该位置处的场线密度。穿过卫星的场线数目越多，如图13.4（b）所示，则卫星感受到的引力就越大。

现在我们可以解释一下牛顿的平方反比率的起源了。让我们一起想象一个以太阳为中心并将卫星包括在内的球，如图13.4（c）所示，其表面积——同任意一个三维空间中的球体的表面积一样——正比于其半径的平方，在这里就是太阳到卫星距离的平方。这就意味着穿越球面的场线的密度——总的场线数除以球的表面积——将随着太

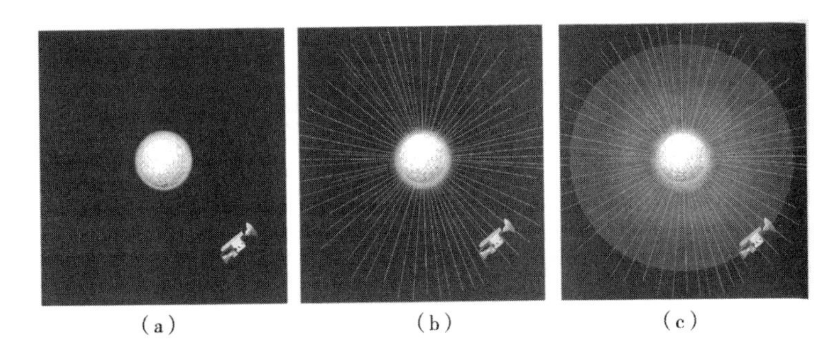

图13.4 图（a）中，太阳作用在物体（比如说卫星）上的引力，反比于其间距离的平方，因为太阳引力场线如图（b）所示的那样均匀延展，因而，到太阳距离为d处的场线密度反比于以d为半径的球面——如图（c）所示——的面积，而这个面积，根据几何知识，应正比于d^2

阳到卫星之间的距离的平方的增加而减小。如果你把太阳到卫星间的距离翻一番，同样数目的场线将平均分布于4倍大的表面积上，因而在这个距离上的引力就会变为之前的1/4。因而，牛顿的平方反比率引力公式实际上是三维空间中的球体的几何性质的反映。

与之相比，如果宇宙只有两个空间维度或者只有一个空间维度的话，牛顿引力公式该是什么样子呢？这个嘛，图13.5（a）给出的就是太阳与其环绕卫星的二维版本。因为圆周的长度正比于其半径的大小（而不是正比于其半径的平方），如果你将太阳与卫星之间的距离翻一番，场线的密度就会减小为原来的二（而不是四）分之一，因而太阳的引力就变小为二（而不是四）分之一。如果宇宙只有两个空间维度，那么引力就会反比于距离，而并非是反比于距离的平方。

如果宇宙只有一个空间维度，如图13.5（b）所示，那么引力定律就会变得更加简单。引力场线根本就没有地方弥散，所以引力根本不会随着距离变大而变小。如果你将太阳和卫星之间的距离翻番（假设在这样的宇宙中存在着这样的卫星），你会发现穿过卫星的引力场线还是那么多，两者之间的引力一点变化都不会有。

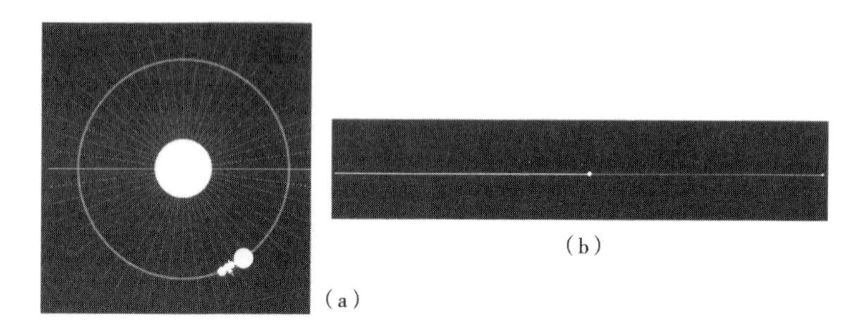

图13.5 （a）在一个只有两个维度的宇宙中，引力反比于距离，因为引力线按环形均匀地延展，而环形的周长正比于其半径。
（b）在一个只有一个维度的宇宙中，引力线没有地方延展，所以，不论间隔多远，引力都是常数

虽然不能画出来，但是我们得知道，图13.4和图13.5所示意的道理可以直接推广到四维、五维、六维乃至其他任意维度空间的宇宙。空间的维数越多，引力线延展开来的余地就越大。而引力线展开得越厉害，引力随距离变大而衰减的速度就越快。如果空间维数是4，牛顿定律就应该是立方反比率（距离翻番，引力变为之前的1/8）；如果空间维数是5，牛顿定律就应该是4次方反比率（距离翻番，引力变为之前的1/16）；如果空间维数是6，牛顿定律就应该是5次方反比率（距离翻番，引力变为之前的1/32）；对更高维的宇宙不过如是种种。

你可能会认为牛顿的平方反比率在解释大量的数据——从行星的运动到彗星的轨迹——上的成功证明我们生活在一个正好有3个空间维度的宇宙中。但是这个结论未免下得有些匆忙。我们知道，在

天文学尺度上，平方反比率的确被符合得很好；[6] 而我们也知道，在地球尺度上，平方反比率也被符合得很好，而且与我们看到的3个空间维度这一事实相一致。但是我们是否知道，平方反比率在更小的尺度上是否有效？引力的平方反比率是否被检验到多微观的尺度上了呢？实际上，实验学家对引力的平方反比率的验证只到毫米量级。如果两个物体的间隔有几个毫米大，那么实验数据告诉我们两者间的引力符合平方反比率的规律这一预言。但是再往下，继续探测更小尺度上的平方反比率就似乎是对实验技术的一大挑战了（量子效应以及引力非常微弱的特点使得实验非常复杂）。这个问题非常重要，因为对平方反比率的偏离将是存在额外维度的有力证据。

为了看清这一点，让我们用一个易于画出并分析的低维度玩具模型来说明问题。想象我们生活在一个只有一维空间的宇宙中——在这里，人们只能看到一个空间维度，而且几个世纪以来的实验证明物体间的引力绝不会因为物体间间距的变化而改变。在这个宇宙中，实验学家这些年来也忙着验证毫米尺度上的引力定律，没有得到过小于毫米量级的实验数据。进一步想象一下，这个宇宙——除了少数理论物理学家外无人知晓——实际上还有一个蜷曲起来的空间维度，如此则这个宇宙的形状就像菲利普·佩蒂特[1]的钢丝的表面，如图12.5所示。这会对未来更加精确的引力实验有什么影响呢？我们可以通过图13.6来推测答案。当两个很小的物体彼此靠近时——近到两者之间的距离比蜷曲维度的周长还要小时——空间的二维性就会立即显现出来，因为在这个尺度上引力场线本来就可以延展开来［如图

1. 菲利普·佩蒂特（Philippe Petit），法国杂技名人。1974年，佩蒂特在纽约世贸大楼间架起钢丝，并在钢丝上行走、舞蹈了45分钟。—— 译者注

13.6（a）所示]。因而，引力就不再是与距离无关了，而是反比于两个物体之间的距离。

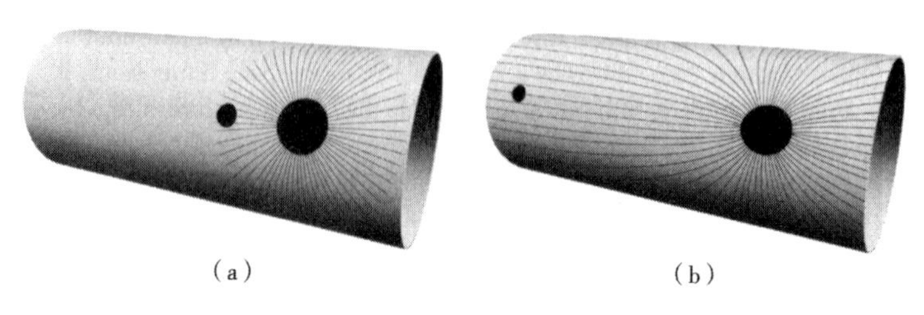

图13.6 （a）当两个物体靠得很近时，引力表现得像是在二维空间中。（b）当两个物体离得很远时，引力才表现得像是在一维空间中，此时引力为常数

因而，如果你是这个宇宙中的一名实验物理学家，你发展了一套复杂精妙又准确的方法来测量引力，那这就是你的发现。当两个物体极其接近的时候，甚至比蜷曲维度的尺寸还要小的时候，两个物体间的引力就会随着两者间距的变大而减小，就如在一个具有两维空间的宇宙中应有的那样。但是，当两个物体间的距离大于额外的蜷曲维度的尺寸时，事情就不一样了。大于蜷曲维度尺寸时，不论两个物体间的距离如何变化，引力场线都不会有任何延展。一旦引力场进入第二个蜷曲维度，它就四散开来——它会在这个维度中达到饱和状态——因而在这样的距离上看，引力场不会减小，如图13.6（b）所示。你可以将这种饱和与老房子中的管道对比。如果有人在你正要洗净头上的洗发香波时打开了厨房水池的水龙头，你就会感觉水压骤降，因为两个水龙头都要流水。要是再有人同时打开洗衣间的水龙头，你就会觉得水压再次下降，因为有更多个水龙头同时分享水流。而一旦房子中的所有水龙头都打开了，水压就会保持不变了。尽管这时再也没法流出你所期待的令人能够放松的高压水流，可一旦水流在所有

“额外的”水龙头间完全分流，则淋浴头的水压就不会再发生变化了。类似的，一旦引力场在额外的蜷曲维度中完全延展开来，引力就不会随着距离的改变而改变。

从你的数据中你可以推断出两件事。首先，从两个距离很近的物体间的引力场反比于距离这一事实中，你会认识到宇宙中有两个空间维度，而不是一个。其次，从引力场为常数这一点——几百年积累下来的实验数据——你可以得出结论，其中一维蜷曲了起来，蜷曲尺度大约就是引力场刚好能保持不变的距离。有了这样的结论，你就推翻了数百年乃至数千年来人们对于如此基本的空间维数的信念，而这看起来无疑比任何其他问题都更为惊人。

尽管出于视觉考虑，我们只是在低维的情况下讨论了这个问题，但对我们的三维宇宙来说，情况也是完全一样的。几百年来的实验数据告诉我们引力所遵循的乃是平方反比率，而这是空间有3个维度的有力证据。但1998年的时候，人们还从来没在小于1毫米的尺度上做过检验引力强度的实验（今天，如我们先前提过的那样，对引力的检验已经到了比毫米还小一个量级的水平上）。这样的实验状况使斯坦福大学的萨瓦斯·蒂莫普洛斯，现在哈佛大学的尼玛·阿卡尼哈迈德，以及纽约大学的吉亚·杜瓦利共同提出，*在膜世界方案中，额外维的尺寸可以大到毫米量级，并且还没有被实验探测到*。这一激进的设想促使很多实验组开始着手研究亚毫米尺度上的引力，以期发现对引力平方反比率造成破坏的实验证据。到目前为止，直至1/10毫米量级上，尚未发现这样的结果。因而，即便依靠当前最为精良的引力实验设备，*我们也没法证实我们是否真的生活在3膜中，以及额外维度的尺寸是*

否大到了1/10毫米量级。

这样的现实是过去10年间最令人吃惊的事情。利用除引力之外的其他3种力，我们可以探索直至十亿分之十亿分之一米的尺度上的物理，可没人发现额外维度存在的任何证据。但在膜世界方案中，除引力之外的这3种力在探索额外维度方面将毫无用处，因为它们都被局限在3膜之上。只有通过引力我们才能对额外维度有所了解。到今天为止，额外维度还是有可能厚到人们的头发丝那种程度，可我们却依然没办法在最为精良的设备上看到它们的存在。现在，就在你旁边，就在我旁边，就在我们每个人的旁边，就有可能存在着另一个空间维度——一个既不是左右，也不是前后，还不是上下的维度；一个虽然蜷曲起来但仍有可能大到吞下这张纸这么厚的东西的维，而这个空间维度仍在我们摸不着的地方。[1]

大额外维度与大的弦

膜世界方案将4种力中的3种限制在膜上，从而极大地放松了实验对额外维度尺寸的限制，但额外维度还不是这个理论中唯一可以比较大的东西。通过吸取威滕的独到见解，乔·莱肯、康斯坦丁·巴查斯连同其他人——伊格纳缇奥斯·安东尼亚迪斯，以及阿卡尼哈迈德、蒂莫普洛斯、杜瓦利等人认识到额外维度还有更为令人振奋的一面，低能的弦可能比先前认为的要大得多。事实上，这两个尺度——

1. 哈佛大学的丽莎·兰德尔和约翰·霍普金斯大学的拉曼·山德拉姆提出了另一种方案。在他们的理论中，引力也有可能被限制住，但不是被限制在膜上，而是通过额外维度的蜷曲方式被限制住。他们的方案使得额外维度的尺寸所受到的限制变得更加宽松。

额外维度的尺度与弦的尺度——是密切相关的。

我们在前面的章节中讲过，弦的基本大小是通过令其引力子振动模式按照观测到的强度传递引力而确定下来的。引力的微弱性使得弦非常的短，约为普朗克长度（10^{-33}厘米）。但是这一结论高度依赖于额外维度的形状。而其原因则在于，在弦论或M理论中，我们在这个广大的三维世界中观测到的引力强度实际上是由两个因素的相互影响导致的。一个因素是引力固有的基本强度，另一个因素就是额外维度的大小。额外维度越大，进入额外维度的引力就越多，从而使得出现在熟悉的维度中的引力就越弱。这就好比水管越粗则水压越小，因为在粗的水管中水可流动的空间更大。而更大的维度则会导致更小的引力，因为额外维度越大则引力延展的空间将会越大。

在确定弦的长度的最初计算中，科学家做了额外维度小到普朗克长度的假定，这就使得引力几乎完全不能渗入额外维度中去。在这样的假定下，引力之所以看起来很弱是因为它们*本来*就弱。但是现在，如果我们在膜世界方案中讨论问题并且允许额外维度比之前认为的大很多的话，则人们观测到的引力的微弱性就不再意味着引力本来就弱。相反，引力也可能是一种很强的力，而它之所以看起来很弱只是因为额外维度比较大，就像粗大的水管稀释了水压，大的额外维度也稀释了引力。顺着这种思路，如果引力真的比人们之前以为的大很多的话，弦也应该比人们之前以为的大很多。

到今天为止，对于弦究竟可以有多长这个问题还没有一个独一无二的确定答案。弦的大小和额外维度的大小都可以在一个比之前认为的要大很多的范围内变化，有了这种新发现的自由后，弦的长度有很多种可能性。蒂莫普洛斯及其同事认为，现有的实验结果，不管是来自粒子物理还是来自天体物理，全都表明未激发的弦不可能大于十亿分之十亿分之一米（10^{-18}米）。而这个长度虽然比我们日常生活中的小还要小很多，但已经比普朗克长度大10亿亿倍——*差不多比之前认为的大10亿亿倍*。如我们将要看到的那样，这就已经大到了可用下一代粒子加速器探测弦的信号的程度。

弦论遭遇实验

我们生活在一张大的3膜中的这种可能性，当然，只是可能性。而且，在膜世界方案中，额外维度可能比之前认为的要大得多这种可能性，以及相关的弦也可能比之前认为的大得多的这种可能性，也只是可能性。但它们确实是令人异常受到鼓舞的可能性。当然，即便膜世界方案真的正确，额外维度的尺度以及弦的大小还是有可能在普朗克长度的量级。但是，在弦论或M理论中弦和额外维度的尺寸可以很大的这种可能性——刚刚超越今日的技术能力——真可算是异想天开。因为这意味着我们至少有机会在未来的几年中，看到弦论或M理论与可观测的物理联系起来，从而成为一门实验科学。

这种机会有多大？我不知道，也没其他人知道。我的直觉告诉我这很可能没法成为现实，但我的直觉是基于在15年传统的普朗克大小的弦与普朗克大小的额外维度的框架下的工作产生的。或许我的观念早就过时了。令人欣慰的是，这些问题的解决一丝一毫都并不取决于任何人的直觉。如果弦真的很大，或者说如果额外维度真的很大，那么即将到来的实验将为我们带来激动人心的结果。

在下面的几章中，我们将讨论各种各样能够检验相对较大的弦和额外维度之可能性的实验，所以让我现在就开始吊起你的胃口。如果弦是十亿分之十亿分之一米大（10^{-18}米），则对应于图12.4中较高振动模式的粒子将不会有标准弦论中那样超过普朗克质量的巨大质量。相反，它们的质量只会是一个质子质量的一千乃至数千倍，而这样的能量已经低到了目前CERN正在建设中的大型强子对撞机的能量范围。如果这些弦的振动通过高能碰撞而被激发，那么加速器上的探测器将像新年夜的时代广场上的水晶球一样亮起来。大量从未被看到过的新粒子将被产生出来，它们的质量彼此关联，就像大提琴的不同和音之间彼此关联那样。大量数据中的弦论信号将如亲笔签名般清晰，即使粗心的研究者也不会注意不到它们的存在。

而且，在膜世界方案中，高能碰撞甚至可能会产生出——记着这点——微观黑洞。尽管我们一般将黑洞视作外太空中的某种巨型结构，但即便早在广义相对论创立之初，人们即已认识到只要你将足够多的物质握在你的手中，你就有创造出一个小黑洞的可能性。而这之所以不能成为现实，则是因为没有什么人——也没有什么机器——有如此大的挤压力以至于能压出一个小黑洞。相反，唯一可行的黑洞产生方式是这样的：一个质量巨大的星体的引力超过了星体核聚变过程所释放出来的向外的压力，使得星体向自身坍缩。但如果小尺度上引力的固有强度比之前认为的要大很多，那么只需要比之前认为的小很多的压缩力即可以产生出一个小黑洞。计算表明，大型强子对撞机通过高能质子对撞过程将正好获得足够的挤压力来制造大量的微观黑洞。[7] 想想看吧，这有多么不可思议。大型强子对撞机可能会成为一个生产黑洞的工厂！这些黑洞如此之小，而且它们的存在时间也将极为短暂，不会给我们带来哪怕一丝一毫的威胁（很多年以前，史蒂芬·霍金证明所有的黑洞都将通过量子过程土崩瓦解——只不过大的黑洞瓦解得很慢，而小的黑洞则将瓦解得很快）。但是这些微观黑洞的产生，将为一些人类所遇到过的最稀奇古怪的思想带来坚实的证据。

膜世界宇宙学

当前研究的一个主要目的，世界范围内的科学家们（包括我在内）不断热切追求的一个目标就是要用弦论或M理论的新观念来构建一个宇宙学理论。原因很明显：既不仅仅因为宇宙学要对付令其寝食难安的问题，也并不仅仅因为我们已然认识到自己熟悉的经验——比如时间之箭——的很多方面与宇宙诞生之初的状况紧紧联系在一起，更是因为宇宙学能为理论学家带来纽约为西纳特拉[1]提供的那种东西：证明自己的最好舞台。如果一个理论能够在宇宙最初时刻那种极端条件下取得成功，那它将在任何其他地方取得成功。

到目前为止，根据弦论或M理论构建宇宙学还在进行之中，研究者们一般朝着两个方向进发。第一个方法更为传统，正如暴胀为标准的大爆炸理论提供了一个简洁但意义深远的前端，弦论或M理论为暴胀提供了一个有关更早时期的、意义可能更加深邃的前端。在这个图景中，代表我们对宇宙最初时刻的无知的那一片模糊将因为弦论或M

1. 弗兰克·西纳特拉，美国著名艺人，成名于纽约。——译者注理论而变得清楚起来，在那之后，宇宙大戏将按照在前面的章节中讲过的取得了极大成功的暴胀理论设计的脚本一幕幕上演。

尽管在这一图景所要求的某些细节方面已经取得了一些进展（比如对为什么宇宙的空间维度中只有3个会经历膨胀的理解，以及某些数学工具的开发——这些数学工具可以用来分析暴胀之前无空或无时的领域），但成功一刻尚未来到。直觉上，尽管在暴胀宇宙学看来，越早时刻的可观测的宇宙会变得越小——因而也会变得更热、更密、更具活性——弦论或M理论却通过引入一个最小尺寸（如我们在上一章中的“小尺度上的宇宙结构”那一节中讲过的那样）来驯服有着蛮横狂暴的行为方式（用物理学的语言来说，是具有“奇异性”）的早期宇宙，而在我们所引入的这个小尺寸下，起作用的将只是一些新的、不那么具有奇异性的物理量。这种思考正是弦论或M理论在合并广义相对论与量子力学方面取得成功的关键所在。而且，我感觉我们很快就可以决定如何将这种思考应用于宇宙学范畴。但是，到目前为止，那模糊的一片还是一如既往的模糊，没人知道明晰什么时候才会来到。

第二种方法采用了膜世界方案，在其最为激进的实现中，抛出了全新的宇宙学框架。我们还远不知道这种方法能不能克服数学细节上的困难，但作为一个例子，它很好地向我们展示了基本理论上的突破如何在常见领域中留下新的足迹。这一新思想被称为*循环模型*。

循环宇宙学

从时间的角度看，我们感受的普通体验通常只有两种现象：一种有清楚的开始、中间，以及结尾（这本书，一场棒球赛，人的一生）；还有一种循环往复、周而复始（四季的变化，日升日落，拉里·金的婚礼[1]）。当然，仔细推敲的话，循环现象也有开始与结尾，因为循环一般也不是永恒存在。每天日升日落——地球一边自转一边绕着太阳公转——的过程只有50多亿年，在那之前，太阳和太阳系还没形成。而且总有那么一天，比方说50亿年后或者多少年后，太阳会变成红巨星，吞噬掉太阳系内的一切星体，地球也不能例外，那时就再也没有日升日落了，至少在太阳系没有了。

但这些都是现代的科学认识。对古人来说，循环现象看起来像是永恒不变的。而且对于很多人来说，循环现象使他们的生活运转，一次又一次地重新开始，实在是再正常不过的事情。每天每季的周而复始为人们设定工作与生活的节奏，所以无怪于一些最为古老的宇宙学会将世界的演变过程想象成循环过程。循环宇宙模型从拥有一个开始、中间，以及结尾的过程中解脱出来，视世界随时间变化如月亮随月相改变一般：在完成一个完整序列之后，时机成熟，世间万物重新开始另一次循环。

自从广义相对论被发现以来，人们已经提出了大量的循环宇宙模型，其中最为著名的是加利福尼亚理工学院的理查德·托尔曼于20世纪30年代开发的版本。托尔曼提出，人们观测到的宇宙膨胀可能会慢慢减缓，最终停下来，之后宇宙将经历一个慢慢变小的收缩期，但是最后不会终止于自身的猛烈聚爆。托尔曼认为，宇宙将会反

1. 美国著名节目主持人，他有过7次婚姻。——译者注

弹：空间会缩到某一极小的尺度上，然后*反弹*，再开始新一轮的膨胀，之后再次收缩，如此循环下去。宇宙会永不停歇地重复着这种循环过程——膨胀，收缩，反弹，再膨胀——这将绕开令人头疼的起源问题：在这样的方案中，起源的概念是没有意义的，因为宇宙一直就是那个样子并将永远那样下去。

但是托尔曼认识到，追溯回去，循环可能重复了几次，但不确定。原因在于，在每一次循环过程中，根据热力学第二定律，平均说来，熵都只能增加。[8] 而根据广义相对论，每一次循环开始时熵的总量将决定这次循环会持续多久。更多的熵意味着向外膨胀过程慢慢停下来并转成向内收缩之前的膨胀周期更长一些，因而每一次后续循环过程都会比前一次更久些。这等于说，前面的循环周期应该越来越短。用数学分析一下便会发现，循环过程周期的连续变短意味着这种循环不能推演到无穷远的过去。所以，即使在托尔曼的循环理论框架下，宇宙也会有一个开端。

托尔曼的想法带来了球形宇宙模型，但是正如我们所见，它早就被实验观测排除掉了。但是循环宇宙模型的一种新的实现——与平直宇宙有关——近年来在弦论或M理论的框架下发展起来。这一想法来自保罗·斯坦哈特及其在剑桥大学的同事尼尔·塔洛克（这一想法的提出离不开他们先前与柏特·欧弗拉特、内森·塞博格以及贾斯汀·霍里的合作成果）。他们提出了一种新的驱动宇宙演化的机制。[9] 简单说来，他们认为，我们生活在3膜中；我们的这个3膜与邻近的平行3膜每隔几万亿年就会发生一次剧烈碰撞，而来自碰撞的“爆炸”开启了每次新的宇宙循环。

这一想法的基本构建如图13.7所示，很多年前由哈罗瓦和威滕在非宇宙学的框架下提出。哈罗瓦和威滕当时正在试图完成威滕提出的5种弦论的统一，他们发现如果M理论中的7个额外维度中的一个有某种非常简单的形状——不是图12.7中的圆环，而是图13.7中那样很小的线段——并且被所谓的世界尽头之膜夹在中间，就像一本书被两片书立夹在中间那样，那么就可以在杂化E型弦论与其他弦论之间建立直接联系。他们如何找到这种联系的细节在这里既不明显也不重要（如果你感兴趣，可以参考《宇宙的琴弦》第12章）；这里关键的是，有一个起点自然地从理论本身中冒了出来。斯坦哈特和塔洛克就利用这些发现提出了他们自己的宇宙理论。

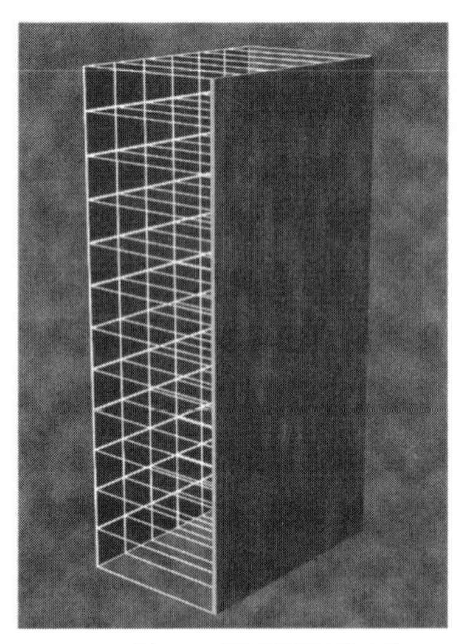

图13.7　间距很短的两片3膜

特别是，斯坦哈特和塔洛克将图13.7中的每张膜想象成有3个空间维度，而两张膜之间的线段就是第4个空间维度。剩下的6个空间维度蜷曲为卡拉比-丘空间（未在图中画出），而这个卡拉比-丘空间需要有恰当的形状以便用弦的振动模式解释已知的粒子种类。[10] 我们直接感知到的宇宙对应于两张3膜之一；如果你愿意，你可以将第二张3膜想象成另一个宇宙，那个宇宙中的居民，如果存在并且假定其实验技术与知识水平并未远远超越我们的话，也只知道空间有3个维度。在这种设定下，另一张3膜——另一个宇宙——其实就在旁边。它就盘旋在离我们不足1毫米远的地方（这里的间隔指的是第4个空间维度中的距离，如图13.7所示），但是由于我们的3膜如此之厚而且我们感受到的引力如此之弱，所以我们没有另一张3膜存在的直接证据，而那个宇宙中的居民也不会有我们存在的直接证据。

但是，根据斯坦哈特和塔洛克的循环宇宙模型，图13.7画的并不是它一直以来以及未来可能的样子。与之相反，在他们的方法中，两个3膜彼此吸引——就像被细细的橡皮带连起来了似的——而这就意味着每一个3膜都在驱动着另一个3膜的宇宙演化：这些3膜注定将处于无限循环的碰撞、反弹，以及再次碰撞，一而再、再而三乃至永远地生成它们各自膨胀的三维世界。可以看看图13.8来弄明白究竟是怎么回事，这张图一步步地展示了一次完整的循环。

第一阶段，两个3膜刚刚撞在一起，正要弹开。碰撞产生的巨大能量将巨量的高温辐射以及物质沉积在了每一张弹开的3膜中，而斯坦哈特和塔洛克认为——这一点非常重要——这些物质与辐射的具体性质同暴胀模型中产生出来的物质与辐射的性质有着极为类似的特征。尽管在这点上还存在着某些争议，但斯坦哈特和塔洛克依然可以宣称由两张3膜的碰撞导致的物理条件极其类似于我们在第10章

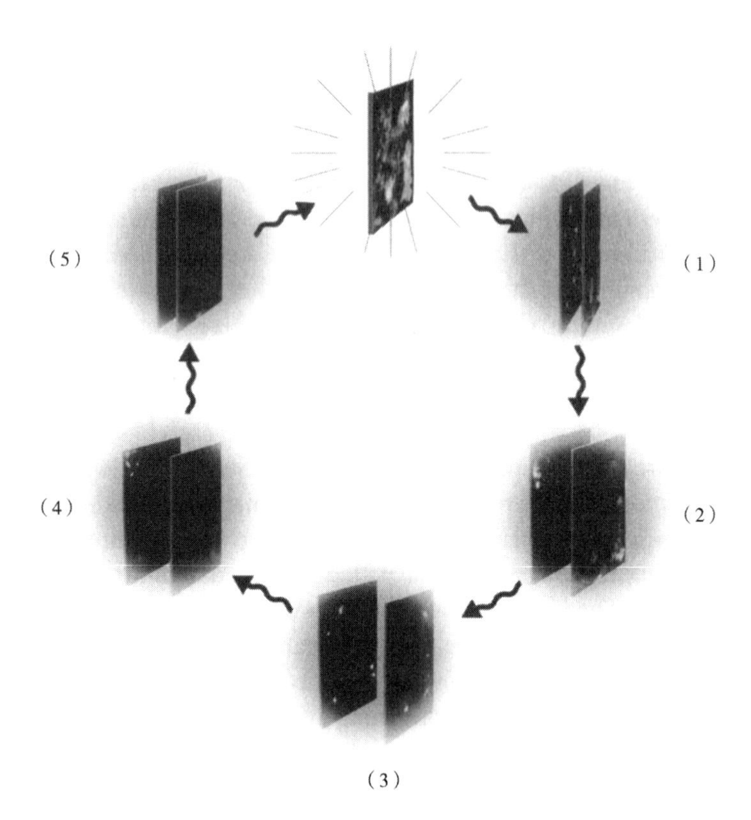

图13.8 循环宇宙模型中的不同阶段

中讨论过的传统方法中的暴胀膨胀爆发之后的瞬间的物理条件。所以毫不奇怪，对于我们的3膜上的假想观测者来说，循环宇宙模型中的下几个阶段在本质上将与图9.2（现在可以将这张图解释为描述了某张3膜中的宇宙演化）所示的标准方法中的相应阶段完全一样。也就是说，当我们的3膜从碰撞中弹出的时候，它就开始膨胀并冷却，而原初等离子体逐渐汇聚形成恒星与星系这样的宇宙结构，如图中第二阶段所示。然后，受我们在第10章中讨论过的近年来对超新星的观测启发，斯坦哈特和塔洛克将他们的模型重新设定，以便在循环进行到70亿年的时候——第三阶段——普通物质中的能量以及辐射会因膜的膨胀而得以足够稀释，从而使暗能量成分赢得足够优势，并通过其负压，驱动宇宙进入加速膨胀时代（这就要求对一些细节任意调节，但是会使模型与观测相符合，而在循环宇宙模型的支持者看来，这种符合正是提出这个模型的动机）。此后再过70多亿年，我们人类出现在地球上——至少按现在这个循环看是这样——感受着早期的加速阶段。然后在接下来的差不多3万亿年间，我们的3膜始终在膨胀。在这样漫长的岁月中，我们的三维空间被极大地拉伸，物质与辐射被充分地稀释，这使得膜世界看起来空空荡荡又天下大同：这就是第四阶段。

到那时，我们的3膜就完成了初始碰撞后的反弹，再次朝着另一张3膜飞去。当我们离另一次碰撞越来越近的时候，我们膜上的弦的量子涨落将使整个空荡荡的宇宙泛起细小的波纹，这是第五阶段。我们的3膜继续加速，小小的量子波纹变得剧烈起来；猛然间，毁灭性的碰撞来到了，我们撞向另一张3膜，碰撞之后我们又弹开，另一次循环开始了。量子涨落将记录下碰撞产生的辐射与物质的各向异性，就像在暴胀理论中那样，这些对完美的各向同性的偏离逐渐聚集起来，最终形成恒星与星系。

这就是循环宇宙模型（也被称为大碰撞模型，*big splat*）中的几个主要阶段。其基本假定——膜世界的碰撞——与已经取得成功的暴胀理论完全不同，但是在几个重要方面与暴胀理论却是相通的。这两个理论都要依靠量子扰动来生成最初的不均匀性，这是两者间非常重要的类似之处。事实上，根据斯坦哈特和塔洛克的论证，掌控循环宇宙模型中的量子涨落的方程与暴胀理论中的极其类似，因而两个理论所预言的不均匀性也几乎完全一致。[11] 而且，尽管循环宇宙模型中没有暴胀，却有一个长达万亿年温和加速膨胀时期。两者间真正的区别就在于一个急躁，一个耐心；暴胀理论在瞬间完成的事情，循环宇宙模型花了万亿年才做完。既然循环宇宙模型中的碰撞并不是宇宙的起源，那就有可能在上一次循环后3万亿年间慢慢消融宇宙学问题（比如平坦性疑难和视界疑难）。每一个循环后期那无数年和缓而稳定的加速膨胀将我们的3膜拉伸得既干净又平整，而且，除了微小却重要的量子涨落，整个宇宙空间均匀一致。因而，每一次循环那漫长的最后一个阶段——紧随其后的就是下次循环开端的大碰撞——产生的宇宙环境看起来竟与暴胀理论中的瞬间猛烈膨胀所产生的宇宙环境如此类似。

简评

在其发展的现阶段，暴胀与循环宇宙模型为我们带来了富于启发性的宇宙学框架，但是两者中的哪一个都不能给我们一个完整的理论。对宇宙最初时刻的主要条件的无知，迫使暴胀宇宙学的支持者们只能不经理论判定地去假设暴胀所需要的初始条件。如果真的有那些初始条件，那么暴胀理论就会解决大量的宇宙学难题，并且启动时间之箭。但这些成功都要以暴胀发生为先决条件。而且，暴胀宇宙学没法天衣无缝地嵌入弦论中，也不可能同时与量子力学和广义相对论保持一致。

循环宇宙模型也自有其短处。如同托尔曼模型，考虑到熵的问题

（以及量子力学[12]），循环宇宙模型的循环不会永远持续下去。相反，循环开始于过去的某个特定时间，所以，就像暴胀模型遇到的问题一样，我们也需要解释第一次循环是怎么开始的。如果我们解释了循环宇宙模型的开端，那么这个理论，如同暴胀理论，也将解决关键的宇宙学问题，并使时间之箭从每一次低熵的开天辟地，连续经历图13.8所示的那些阶段。但是，按我们现在的认识，循环宇宙模型还没法解释宇宙怎样以及为什么使自己满足图13.8所需的必要条件。比方说，为什么会有6个维度将自己蜷曲成特定的卡拉比-丘形，而同时还有一个维度忠实地保持着自己作为两个膜的间隔的形状？两个作为世界尽头的3膜为何会完美地联系起来，又为什么会以恰好的力吸引彼此以至于我们在图13.8中所描述的过程可以进行下去？而且，尤为重要的是，当两张3膜按循环宇宙模型版的大爆炸撞到一起时，到底发生了什么？

关于最后一个问题我们得说，比起暴胀宇宙学在时间零点遇到的奇异性，循环宇宙模型中的开天辟地问题要少得多。不同于暴胀宇宙学中所有的空间维度都被无限压缩，在循环宇宙模型中，只有一个维度被极度压缩；膜本身在每个循环过程中处于整体扩张之中，而不是压缩。斯坦哈特、塔洛克及其合作者们认为，这种情况意味着膜本身具有*有限*温度以及*有限*密度。但这只是一个具有高度不确定性的结论，因为到目前为止，还没有人能够得到更好的方程，并指出两个膜撞在一起时究竟发生了什么。事实上，到目前为止的分析表明，循环宇宙模型中的开天辟地也遭受着暴胀宇宙学在时间零点遇到的问题：数学工具破产。因而，宇宙学的奇异开端——它到底是宇宙的开端呢，还是我们目前这次循环的开端呢——还是需要一个严格的解决方案。

循环宇宙模型最吸引人的性质，是它将暗能量以及观测到的加速膨胀纳入自己的体系中的方式。1998年，人们发现宇宙正在加速膨胀时，这令大多数宇宙学家和天文学家困惑不解。尽管只要假定了宇宙中有合适数量的暗能量，暴胀宇宙学就能解释这种加速膨胀，但加速膨胀看起来总像是粗笨的附属品。与之相比，在循环宇宙模型中，暗能量的角色就自然和重要得多。3万亿年的缓慢而稳定的加速膨胀，对清除各种麻烦，稀释可观测宇宙使之近乎一无所有，重新设置所有条件准备下次循环十分关键。从这种角度看，暴胀宇宙学和循环宇宙模型都依赖于加速膨胀——暴胀模型接近其开端而在循环宇宙模型中靠近每次循环的尾声——但只有后者有直接的观测支持（记住，循环宇宙模型的设计就是要使我们刚刚进入3万亿年的加速膨胀阶段，而这样的加速膨胀是最近才被观测到的）。加速膨胀是循环宇宙模型的标志，但是，这也就意味着，假如未来的实验观测又表明不存在加速膨胀，那暴胀宇宙学还是能存活下来（尽管宇宙能量预算中那丢失的70%又要以新面孔出现了），可循环宇宙模型就不能了。

时空的新图景

膜世界方案与脱胎于其中的循环宇宙模型都是高度理论性的想法。我之所以在这里对其进行讨论并不是因为我认为它们正确，而是因为，我想展示一下按照弦论或M理论所启发的新方式，如何思考我们生活于其中的空间及其演化。如果我们生活在3膜中，那么几个世纪以来有关三维空间的形体存在的老问题就会得到确定的答案：空间是一张膜，因而空间真的是某种实在的东西。而膜并没什么特别之处，因为在弦论或M理论的高维空间中漂浮着其他很多各种维数的膜。

如果我们的3膜的宇宙演化就是与邻近3膜的重复碰撞，那么我们所知道的时间只能跨越宇宙众多循环——一次大爆炸，紧接着另一次，接着又一次，循环下去——中的一次。

对我来说，它是一个既激动人心又令人谦卑的版本。空间和时间或许远超我们的预期。如果真是那样，则我们所认为的“万物”可能只不过是更为丰富的实体的小小组成部分。

宇宙的结构

5

真实与想象

第 14 章 上天入地

关于空间与时间的实验

从阿格里琴托的恩培多克勒用土、空气、火和水解释宇宙到今天，人类对空间和时间的理解走过了漫长的旅程。我们所取得的很多成就，从牛顿理论到20世纪的革命性发现，都由于理论预言与实验结果的精确符合而得以验证。但时间推移到了20世纪80年代中期，我们似乎成了过去辉煌的受害者。在科学家们孜孜不倦的好奇心的驱动下，当代理论已进入实验技术无法触及的领域。

不过，实验学家们当然不会就此甘心，靠着勤奋和运气，他们找到了一些检验当代最前沿思想的方法，这些方法将在未来的几十年间付诸实践。我们在本章中将会看到，一些已经启动或正在计划中的实验将帮助我们弄清额外维度存在与否，暗物质和暗能量的组成，质量的起源与希格斯海，早期宇宙学的某些方面，超对称的相关内容，甚至弦论的真实性。所以，要是我们再有一点运气的话，一些在统一理论、空间与时间的性质以及宇宙的起源等方面富于想象力和革命性的思想将最终得以检验。

陷入困境的爱因斯坦

在为建立广义相对论而艰苦奋斗的那10年间，爱因斯坦从各种源头寻求灵感。其中，由18世纪的著名数学家卡尔·弗雷德里希·高斯、詹诺斯·波尔约、尼古拉·罗巴切夫斯基和格奥尔格·伯恩哈德·黎曼等人所创立的关于弯曲形状的数学带来的影响最为深远。我们在第3章曾经讨论过，欧内斯特·马赫的思想也曾为爱因斯坦带来过灵感。还记得马赫所提出的空间的关系概念吗？对于马赫来说，空间只是一种指定不同物体彼此之间的相对位置的语言，其本身并不是一种独立实体。起初，爱因斯坦是马赫观点的热情拥护者，因为在当时看来，马赫的观点最具相对论性。但是随着对广义相对论理解的加深，爱因斯坦认识到广义相对论与马赫观点并不能完全相容。根据广义相对论，在牛顿的那个在真空中旋转的桶中，水面会成凹陷状；这一点与马赫观点相矛盾，因为水面凹陷相当于暗示着绝对的加速概念。不过即使这样，广义相对论还是在很多方面同马赫的观点相一致，在未来的几年间，酝酿了差不多40年、造价高达5亿美元的实验将检验马赫原理中最著名的一个性质。

将在这个大型实验中研究的物理可以追溯到1918年。那一年，奥地利物理学家约瑟夫·兰斯和汉斯·塞林利用广义相对论证明：就像有质量的物体会使空间和时间弯曲——想想蹦床上的保龄球，旋转的物体也将拖曳其周围的空间（与时间）——这次你可以想想掉进果酱桶中的旋转石块。这一现象被称为*框架曳引*，我们来举个例子以说明这一现象。想象一个向着急速旋转的中子星或者黑洞自由下落的小行星，它会被卷入旋转空间的漩涡中，在其下落的过程中会被拖动着旋转，这种效应就是框架曳引。而这种效应之所以被称为框架曳引，是因为从小行星的角度看——从其参考系来看——它并没有被拖动旋转。不但没有旋转，小行星甚至是沿着空间格子按直线下落。但是由于空间形成了漩涡（如图14.1所示），格子变得扭曲，所以“直线下落”的概念和你以往在平直空间中形成的印象有所不同。

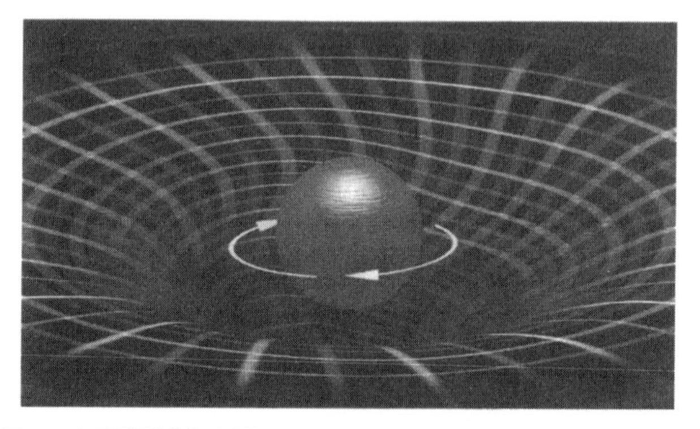

图14.1 有质量的旋转物体会拖曳其周围的空间——可以随便放入任何东西的框架

为了看清楚框架曳引效应和马赫原理之间的联系，让我们来试想一种由巨大的有质量的旋转空心球引起的框架曳引效应。1912年爱因斯坦（甚至在其完成广义相对论之前）首先进行了有关计算，1965年戴尔特·布里尔和杰弗里·科恩对爱因斯坦的讨论做了重要扩充，最后，1985年，德国物理学家赫伯特·菲斯特和K.布劳恩彻底完成了这一计算。这些物理学家的相关工作表明，空心球内部的空间会被旋转运动拖曳，形成漩涡状的旋动。[1] 如果被固定住的桶内装满了水——所谓的“固定住”指的是从远处的参考点看——并被放到这样的一个旋转空心球内，那么根据计算，旋转的空间会对处于静态的水施加力的作用，使水相对于桶旋转起来，水面凹陷下去。

这样的结果肯定会令马赫非常高兴。尽管他可能会不喜欢“旋转的”空间这样的说法——因为这样的术语将时空视作某种东西——但他肯定会对空间与桶之间的相对旋转运动导致水面形状改变非常满意。事实上，如果外壳具有足够大的质量，大到足以与整个宇宙的质量不相上下，那么根据计算可知，无论你将这一过程看作空心球绕着桶旋转，还是看作桶在空心球内旋转，都没有关系。正如马赫所主张的那样，唯一有关系的是两者之间的相对运动。我在上文中提到的这一计算没有用到除广义相对论之外的任何东西，所以它可算作爱因斯坦理论中一个具有明显的马赫性质的例子。（不过，根据标准的马赫式推理，在无限大的空宇宙中旋转的桶里，水面会保持平面不变；但是根据广义相对论所得出的结论则并非如此。菲斯特和布劳恩的计算告诉我们，质量足够大的旋转球面能够完全隔绝通常情况下球面外的空间所带来的影响。）

1960年，斯坦福大学的德莱奥纳德·席夫和美国国防部的乔治·普夫分别独立提出，框架曳引的广义相对论预言可以利用地球的自转实验检验。席夫和普夫认识到，在牛顿理论中，悬浮在高于地球表面的轨道上的回旋陀螺仪——连在一根轴上的旋转轮——会一直指向固定的方向。但是根据广义相对论，回旋陀螺仪的轴会由于地球的空间曳引而很轻微地旋转。与菲斯特和布劳恩的计算中用到的假想空心球相比，地球的质量非常之小，相应的，地球的旋转导致的框架曳引效应也非常之小。详细的计算表明，如果回旋陀螺仪的转动轴初始指向选定的参考星，一年之后，缓慢的空间旋转会使回旋陀螺仪的指向改变十万分之一度。这一度数大约是钟表上的秒针在两百万分之一秒中转过的角度，所以，这样的探测无疑是对当代科学技术及工程能力的巨大挑战。

经过40年的发展，产生了近百篇博士论文之后，由弗朗西斯·艾弗里特领导、NASA资助的斯坦福组已经准备启动这一实验，在未来的几年间，漂浮在400千米之外的太空中，装备着有史以来最稳定的回旋陀螺仪的引力探测器B卫星将开始探测由地球的自转导致的框架曳引效应。一旦这一实验取得成功，它将成为有史以来最精确的广义相对论实验，并为马赫效应带来第一个直接证据。[2] 该实验也可能探测到与广义相对论的预言有所偏离的结果，这种可能性也同样令人兴奋。如果真的得到这样的结果的话，广义相对论中这小小的不和谐之音将使我们初窥迄今未见的时空性质。

捕获波

广义相对论告诉我们的一件重要事情是质量和能量可以使时空结构发生蜷曲。我们在图3.10中曾展示过太阳周围的弯曲情况。但是，静态的图片不能说明所有的问题，它有一定局限性，因为静态图片不能告诉我们当质量和能量发生转移或者以某种方式改变其自身构成时，空间的蜷曲将如何演化。[3] 要是你非常老实地站在一张弹簧床上，弹簧床就会保持固定的弯曲形状；而一旦你开始乱蹦乱跳，弹簧床就会跟着上下起伏。广义相对论也能给出与此类似的预言，如果物质处于完美的静止状态，空间就会保持固定的蜷曲形状，如图3.10所示的那样；但是一旦物质运动起来，空间的结构就会有所起伏。爱因斯坦在1916—1918年间认识到这一点，就在那个时期，他利用时新的广义相对论方程证明——就像在广播天线上来来回回的电荷会产生电磁场一样（无线电波与电视信号就是这样产生的）—— 物质的猛烈涌动（比如超新星爆发）会导致引力波的产生。因为引力就是曲率，所以引力波就是曲率波。将一块鹅卵石投入池塘会激起层层涟漪，向外扩散，旋转的物质会导致向外传播的空间涟漪。根据广义相对论，遥远天际中的超新星爆发就像投入时空这片巨大的池塘中的鹅卵石一样，会激起层层涟漪，如图14.2所示。这张图展示了引力波与众不同的一个重要性质：不同于电磁波、声波和水波这些*穿行于*空间传播的波，引力波就通过空间*自身*传播。引力波传播的就是空间本身的扭曲波动。

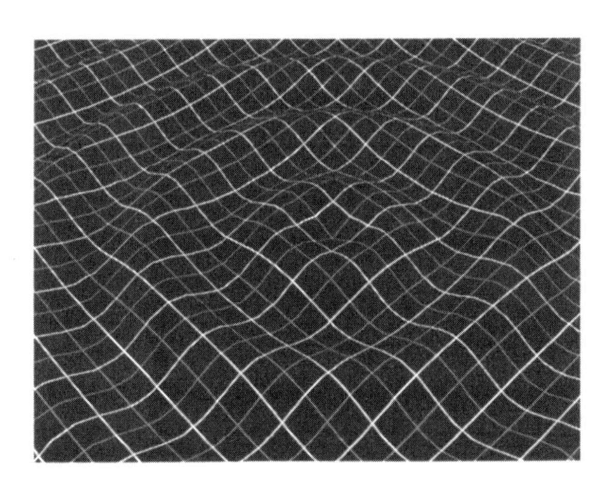

图14.2　引力波就是空间结构中的波纹

尽管现在的人们已经把引力波当作广义相对论的预言接受了下来，但是，有关这一课题的研究一直含混不清，饱受争议。造成这种情况的部分原因在于有些人死守着马赫哲学不放。如果广义相对论与马赫的思想完全协调一致，那么“空间的几何”就只能算是一种可以很方便地表述一个有质量的物体相对于其他物体的位置与运动的语言。以这种方式思考的话，真空这一概念将意味着真正的空空如也，那么讨论真空本身的波动还有什么合理性呢？很多物理学家曾试图证明假想中的空间中的波只不过是对广义相对论的数学的一种曲解。但是，所有的理论分析最后总是归结到正确的结论：引力波是真实的，空间可以波动。

引力波的波峰波谷川流不息，在某一方向上拉伸空间——及其中的一切，再在另一垂直方向上压缩空间——及其中的一切。如图14.3所示。原则上，你可以通过反复测量多个不同位置之间的距离，发现这些距离之间的比率有所变化来探测到引力波。

图14.3　引力波穿过物体的时候，会忽而这样忽而那样地拉伸物体（在这张图片中，典型引力波的扭曲尺度被极度地放大了）

但在实践中，没有人能够完成这样的任务，因而从未有人直接探测到引力波（即使这样，我们仍然有间接的有力证据支持引力波的存在[4]）。这一实验的困难之处在于，经过的引力波所带来的空间扭曲效应太小。1945年7月16日在新墨西哥州的Trinity[1]试爆的原子弹产生了相当于2万颗TNT炸药爆炸所产生的能量，所发出来的光异常强

1. Trinity，《圣经》中三位一体的意思。建造世界上第一颗原子弹的实验室选址于此后，其项目领导人奥本海默起了这样一个颇具意味的名字。——译者注

烈，以至于数千米之外的目击者仍需要带上护具以防止眼睛被原子弹产生出来的电磁波伤害。然而，即使你就站在放置原子弹的百英尺高铁塔之下，由爆炸所产生的引力波也仅仅会使你的身体拉伸不足原子直径的长度。引力波所带来的波动就是如此之弱，这无疑暗示着探测引力波是对技术能力的巨大挑战。（因为我们也可以将引力波看作数目巨大的引力子按同样的方式运动——就像电磁场是由数目很多的光子组成——所以引力波的影响之弱也暗示着探测到单个引力子非常困难。）

当然，我们感兴趣的并不是探测到原子弹爆炸所产生的引力波。但即便我们感兴趣的是能量要大得多的天体源产生的引力波，要探测到其存在也并非易事。天体源距离我们越近、质量越大，并且有关的运动能量越高、运动越猛烈，我们所接收到的引力波就将越强。但是，就算在10000光年远的距离上有一颗恒星变成了超新星，传到地球上的引力波的强度也就只能使1米长的杆拉伸千万亿分之一厘米——大约只是原子核尺度的百分之一。所以，除非在距离我们相对近些的位置上发生了某种出人意料的超大规模天体物理事件，否则的话，我们就只能通过发展能够探测在难以置信的小尺度上的尺寸变化的实验装置才能探测到引力波。

设计并建造了*激光干涉仪引力波探测器*（LIGO）（由美国国家科学基金出资，加利福尼亚理工学院和麻省理工学院联合运作）的科学家们接受了这一挑战。LIGO受人瞩目，具有令人难以相信的精度。它由两个空心管组成，每一个有4千米长，1米多宽，这两个管排成巨大的L形。激光在每一个管内的真空通道中同时照射，并被高度抛光的镜子反射，人们就用这样的装置高精度地测量相对长度。这一装置的设计思想在于，经过的引力波会使某一根管子相对于另一根有所拉伸，一旦这种拉伸足够大，科学家们就能探测到引力波的存在。

这样的管子之所以要造得很长是因为引力波带来的拉伸和压缩具有累加性。也就是说，如果引力波能把某个长4米的东西拉伸10^{-20}米，那么它就同时能把另一个4千米长的东西拉伸10^{-17}米。因而，探测的空间间隔越长，测得其长度发生改变就越容易。为了能够更好地利用这一点，LIGO实验实际上是让激光束在置于每根管子相反两端的镜子之间来来回回地反射上百次，这样可以利用每束激光实际探测大约800千米的长度。有了这样聪明的技巧和先进的工程技术，LIGO有能力探测到管中如人类头发丝的万亿分之一的长度——原子的亿分之一——上的改变。

对了，这样的L形装置实际上有两个。一个坐落于美国路易斯安那州的利文斯顿，另一个位于2000千米之外华盛顿州的汉福德。远方的天体物理喧嚣通过引力波使地球感受到的时候，会带给两个探测器相同的影响，我们在一个探测器上看到的引力波应该与在另一个探测器上看到的一样。用两台探测器进行这样的交叉检验非常有必要，因为即使人们采用了种种手段屏蔽探测器，那些生活中常见的振动（比如卡车通过时的隆隆声，链锯的嗡嗡声，轰然倒下的大树，如此等等）还是有可能会冒充引力波。而要求相隔很远的两个探测器上得到相同的结果则会排除掉这些可能的错误信息。

对于包括超新星爆发、非球形中子星的旋转运动，以及两个黑洞之间的碰撞在内的一大类可能产生引力波的天体现象，研究人员们都仔细计算了其引力波的频率——每秒钟内通过探测器的波峰波谷数。没有这些信息的话，实验家们就是在大海捞针；有了这些信息的话，实验家们就可以将他们的探测器聚焦到物理上感兴趣的波段。严格来讲，计算表明某些引力波的频率在每秒几千次左右；这些波要是声波的话，那它们就在人类的听觉范围内。中子星听起来就像音调急速升高的叽喳声一样，而一对碰撞的黑洞听起来则像被风当胸猛吹的麻雀发出的颤音一样。振荡于空间结构中的引力波就像丛林中的杂音一样，如果一切按计划进行，LIGO将是第一件能够收听这些声音的器具。[5]

使这一切如此令人激动的原因在于，引力波最大程度地展现了引力的两个主要性质：弱与无处不在。在所有的4种力中，引力与物质的相互作用最为微弱。正是这一点使得引力波能够穿过光无法通过的物质，使得我们能够触及以前隐藏起来的天体物理领域。而且，因为*万物*都受引力掌控（其他的力则并非如此，比如电磁力就只对带电物体有作用），所以世间的一切都有可能产生引力波以及可观测的信号。在这种意义上，LIGO可算是人类探索宇宙的转折点。

曾几何时，人类只能大睁双眼，仰望星空。17世纪，汉斯·利伯希[1]和伽利略改变了一切；在望远镜的帮助下，宇宙的广阔景象进入了人类的视野。很快，人类就认识到可见光只是整个电磁波段中很窄的一块。20世纪，在红外线、无线电、X射线以及伽马射线望远镜的

1. 荷兰米德尔堡的眼镜商，发明了望远镜。——译者注

帮助下，宇宙在我们的眼前变得焕然一新，我们看到了用肉眼不能看到的波段处的宇宙景象。现在，21世纪到了，天空的疆域在我们的面前再一次扩大了。利用LIGO及其未来的升级版[1]，我们将能以一种全新的方式重新审视宇宙。我们没有使用电磁波，而是使用了引力波；没有利用电磁力，而是利用了引力。

为了更好地体会这种新技术可能带来的革命性进展，我们可以想象有一群外星世界的科学家刚刚知道了如何探测电磁波——光，他们还在思考这一发现在短期内将如何改变他们对宇宙的认识。我们也正好处在第一次探测到引力波的前夜，与那些外星科学家所处的情况很类似。我们仰望这个宇宙已经几千年了，现在，人类有史以来第一次得到了聆听它的机会。

寻找额外维度

1996年之前，在大部分将额外维度的想法纳入其中的理论模型中，额外维度的尺度都是普朗克量级的（即10^{-33}厘米）。这样的量级比当前实验可能触及的区域小了足足17个量级，如果技术上没有什么奇迹发生的话，普朗克尺度上的物理不可能进入我们的研究领域。但是如果额外维度很“大”，大于万亿亿（10^{-20}）分之一米——大约是原子核尺度的百万分之一，那么普朗克尺度上的物理就有可能成为我们的研究对象。

1. 其中之一是计划中的激光干涉仪空间天线（Laser Interferometer Space Antenna，LISA），LIGO的太空版，由多个彼此间隔百万千米的飞船组成，这些飞船扮演着组成LIGO的管子的角色。LIGO也有可能与VIRGO合作，VIRGO是法国-意大利联合运行的引力波探测器，坐落于比萨城外。

正如我们在第13章中讨论过的那样，如果有一些额外维度“非常大”——大到几微米的水平上——对引力强度的精确测量就将揭示它们的存在。这样的实验已经进行了几年，技术上也是日新月异。到目前为止，人们还没有发现偏离三维空间中平方反比率的迹象，研究人员正在进一步探索更小的尺度。一旦发现偏离的信号，物理学的基础将被猛烈撼动。这样的信号会提供只对引力开放的额外维度存在的坚实证据，并对膜世界机制和弦论或M理论提供强劲的间接证据。

如果额外维度不小，但又并不是非常大，那么精确的引力实验就可能探测不到它们的存在，但是其他的间接方法还有可能起作用。比如说，我们在前面的讨论中曾经提到过，额外维度的存在暗示着引力的内禀强度可能比之前认为的要大。引力在观测上的微弱性可能是由于引力部分渗透到了额外维度中导致的，而不是由于其本身微弱导致的；在很小的尺度上，引力还不能进入额外维度，引力可能很强。由此导致的其他推论姑且不提，单说产生小黑洞所需要的质量和能量，就有可能比之前在一个引力本身就很弱的宇宙中预计需要的能量少很多。在第13章中，我们曾经讨论了这样的微观黑洞在大型强子对撞机——现在正在瑞士的日内瓦建造中的粒子加速器，预计于2007年完工[1]——上的高能质子-质子碰撞过程中产生的可能性。这样的前景激动人心。肯塔基大学的阿尔佛雷德·夏皮尔和加利福尼亚大学欧文分校的乔纳森·冯为我们带来了另一种令人兴奋的可能性。他们发现，宇宙线——穿过太空而来、连续地轰击着大气层的基本粒子束——也有可能导致微观黑洞的产生。

---

1. 由于技术上的原因，截至2008年年初，LHC并未启动，而是于2009年才开始运行。目前运行良好。——译者注

宇宙线粒子最初于1912年由奥地利科学家维克多·海斯发现。90多年过去了，关于宇宙线仍有很多未解之谜。每秒钟都会有大量的宇宙线进入大气层，并产生数以十亿计的次级粒子雨，这些次级粒子会顺利地穿过你我的身体，其中的一部分有可能被分布于这个星球上的各种专用探测器观测到。但是没有人能够完全知晓组成宇宙线的粒子究竟有哪些种类（虽然我们知道它们中的绝大部分是质子），我们仅仅知道宇宙线中的一部分高能粒子来自超新星的爆发。至于能量最高的那些宇宙线粒子究竟起源于何方，人们还没有什么好的想法。比方说，1991年10月15日，位于犹他州沙漠中的蝇眼宇宙线探测器观测到一个能量相当于300亿个质子质量的粒子划过天际。这一粒子所具有的能量如此巨大，几乎同马里亚诺·李维拉[1]投出的快球中的单个亚原子粒子所具有的能量一样大，是大型强子对撞机（LHC）上产生的粒子的能量的1亿倍。[6] 这样的观测事实令人非常困惑，因为没有任何已知的天体物理过程能够产生如此高能量的粒子，实验学家们一直在用更加精确的探测器收集更多的数据以便解决这一谜题。

对于夏皮尔和冯来说，超高能宇宙线粒子究竟来自何方还不是最值得关注的问题。这两位物理学家认识到，不论这样的粒子来自哪里，只要微观水平上的引力远远强于人们以前所认为的程度，这些超高能宇宙线粒子就有能力在撞入高层大气的时候创造出一个小黑洞。

通过碰撞产生出来的这些小黑洞对实验学家们和大尺度上的世界完全无害。这些小黑洞一产生出来很快就会分解，随之放出大量具

---

1. 纽约扬基队的终结投手，以投快速球著称，被称为扬基守护神。—— 译者注

有某种特征的其他比较基本的粒子。事实上，微观黑洞非常短命，以至于实验学家们甚至没有办法直接探测到它们的存在；实验学家们只能通过仔细分析落到探测器上的微观黑洞粒子雨来发现蛛丝马迹。世界上最灵敏的宇宙线探测器，皮埃尔·奥格天文台——可观测的范围差不多有整个罗德岛那么大[1]——正在阿根廷西部的大草原上建造。夏皮尔和冯估计，如果所有的额外维度都是10^{-14}米那么大的话，那么只要收集一年的数据，奥格探测器就有可能发现由产生于高层大气的微观黑洞导致的特征粒子碎片。如果奥格探测器没有发现这样的微观黑洞信号，那么额外维度就必须更小。找到产生于宇宙线碰撞的微观黑洞的残留信息的概率当然很小，但一旦成功，就无疑为我们打开了第一扇能看得到额外维度、黑洞、弦论以及量子引力的窗户。

除了黑洞的产生，研究人员在未来的10年间还可以利用另外一个基于加速器的方法来寻找额外维度。有的时候，兜里的硬币悄悄地就不见了，怎么回事呢？因为硬币顺着兜中的漏洞跑到衣服的夹层中了。用加速器来发现额外维度这一方法的核心思想就是复杂版的“跑到夹层中了”。

能量守恒是物理学中的一条核心原理。尽管能量可以以多种形式存在——被球棒击飞的棒球因为运动而具有动能，因为向上飞行而具有重力势能，因为撞击地面和激发各种振动而具有声能和热能；但只要你把所有种类的能量全部算清楚，你就会发现过程结束时的总能量总是等于过程开始时的总能量。[7] 直到今天，人们还没有发现任

1. 或者说差不多有3个香港那么大。——译者注

何与这一完美的能量平衡定律相冲突的物理事件。

但是在考虑额外维度理论时，情况可能会有所不同。人们可能会在最新升级的费米实验室和即将运行的大型强子对撞机上的高能物理实验中发现一些破坏能量守恒的过程——碰撞结束时的能量少于碰撞开始时的能量的过程，不过，具体如何要看假想中的额外维度究竟有多大的尺寸。造成这种情况的原因有点类似于你弄丢的硬币：能量（引力子所具有的）也有可能钻到缝隙中——微小的额外空间——从而导致计算能量的时候会少掉一部分。这种"丢失能量信号"的可能性以另一种方式告诉我们，宇宙的结构所具有的复杂性远超我们的直接所见。

必须承认，我对额外维度的理论稍有些偏心。毕竟，我在这一领域奋斗的时间已经超过15年了，额外维度的某些方面在我心中占有特殊地位。不过，即使承认了我的偏心，我还是要说：我很难想象出有什么发现比找到超出了我们所有人都熟悉的三维的额外维度的证据更令人兴奋了。在我心目中，眼下还没有什么其他重要想法的实验验证能够如此彻底地震撼物理学的基础，能够使我们必须去质疑基本层面上看起来不证自明的真实性原理。

希格斯、超对称，还有弦论

近来，人们之所以要升级费米实验室的加速器和建造庞大的大型强子对撞机，并不仅仅是出于探索未知的科学好奇心以及发现额外维度的考虑，还有很多特殊的动机，其中之一就是找到希格斯粒子。我们在第9章中曾经讨论过，令人迷惑不解的希格斯粒子是希格斯场——物理上假想的场，其所形成的希格斯海能赋予其他种类的基本粒子以质量——的最小组成。当前的理论研究和实验进展都在向人们暗示，希格斯粒子的质量应该为质子质量的100~1000倍。如果希格斯粒子的质量就在这一范围的下限附近，那么费米实验室就有很大的机会在未来的几年内找到希格斯粒子。当然，如果费米实验室没能成功但是估算的质量范围还是正确的话，大型强子对撞机应该在10年之内产生大量的希格斯粒子。希格斯粒子——的发现将是一个里程碑式的成就，因为它将最终确认一种理论粒子——物理学家和宇宙学家在没有任何实验证据的情况下提出了几十年的粒子——的存在。

费米实验室和大型强子对撞机的另一个主要目标是发现超对称的证据。回忆一下第12章，我们曾经讨论过自旋相差1/2的超对称粒子对以及超对称的想法如何起源于20世纪70年代早期的弦论研究。如果真实世界真的具有超对称性，那么每种已知的自旋1/2的粒子都会有一种自旋0的超对称伴；每种已知的自旋1的粒子都会有一种自旋1/2的超对称伴。比如说，自旋1/2的电子会有一种自旋为0的伙伴，称为*超对称电子*（supersymmetric electron），或简称为*超电子*（selectron）；自旋1/2的夸克会有一种自旋为0的伙伴，称为*超对称夸克*（supersymmetric quarks），或简称为*超夸克*（squarks）；自旋1/2的中微子会有一种自旋为0的*超中微子*（sneutrino）相伴[1]；对于自旋为1的胶子（gluon）、光子（photon）、W玻色子和Z玻色子来说，也分别有自旋1/2的gluinos、photinos、winos与zinos相伴（是的，物理

1. 在国内的文献中，超电子、超夸克、超中微子也会译作标量电子、标量夸克和标量中微子，因为自旋为0的粒子是所谓的标量粒子。——译者注

学家们在命名上总有些偷懒）。

那么为什么没人探测到这些假想中的粒子呢？对此，物理学家们只能解释这些超对称粒子的质量比对应的已知粒子的质量大。理论分析表明，超对称粒子的质量可能是质子质量的1000倍左右，如果真是这样的话，实验上没有看到任何这些粒子的信号就不足为奇了——现有的原子对撞机没有足够的功率来制造出这些粒子。不过，这一现状将在接下来的10年间得以改变。首先，费米实验室最近升级的加速器就有可能发现超对称粒子。其次，就像前文关于希格斯的讨论一样，要是费米实验室没有发现超对称的证据，但之前的理论对超对称质量范围的估计非常准确的话，大型强子对撞机就应该能够制造出这些粒子。

超对称的实验验证将是最近这20多年间基本粒子物理领域最重大的进展。这一进展将使我们对于超出成功的粒子物理标准模型的新物理的理解更进一步，并且间接证实弦论至少没有在错误的轨道上前进。但请注意，它并不能证明弦论本身。虽然超对称是在发展弦论的过程中建立起来的，但是物理学家们早就认识到超对称是更具普遍性意义的原理，并且可以非常容易地纳入传统的点粒子物理方案中。超对称的实验验证虽然确立了弦论体系的一个重要组成部分并且会为下一步的研究指明方向，但它绝对不能算是弦论的信号。

另一方面，如果膜世界方案正确的话，即将到来的加速器实验就有能力验证弦论。我们在第13章已经简要地介绍过，要是膜世界方案中的额外维度大到10^{-16}厘米的话，那么不仅引力要比以前认为的大，弦也比以前认为的要长得多。因为弦的长度越长，硬度就会越小，振动弦所需要的能量也就会越小。在传统的弦论体系中，弦的振动模式所具有的能量超出了当代加速器最高能量的千万亿倍；而在膜世界方案中，弦的振动模式所具有的能量可能只有质子质量的一千倍。要真是这样的话，大型强子对撞机上的高能对撞就会像在钢琴里跳来跳去的高尔夫球一样，有足够多的能量弹奏出弦振动模式的多种音节。实验学家们将会发现大量的前所未见的新粒子——也就是大量的前所未见的弦的振动模式——这些新粒子对应着弦论中不同的谐振模式。

这些粒子的性质及其之间的关系将明白无误地告诉我们：它们都只是同一壮丽的宇宙乐章的一部分，它们虽不相同却是彼此相关的音符，它们都只是同一种物体——弦——的不同振动模式。在可预见的将来，膜世界方案将是弦论最可能被直接验证的一种方案。

宇宙的起源

我们已经在前面的章节中看到，宇宙微波背景辐射在20世纪60年代中期被发现后，就一直在宇宙学的研究中扮演着重要角色。原因很明显：当宇宙处于幼年的时候，空间中满是带电粒子——电子、质子，等等，这些带电粒子会由于电磁力的缘故而连续地辐射光子。到了大爆炸之后的30万年左右，宇宙逐渐冷却，电子和质子组成了电中性的原子。从这个时候开始，辐射就开始几乎不受干扰地在整个空间中穿行，从而为我们留下早期宇宙的快照。每立方米的空间中差不多有4亿个原初宇宙微波光子，它们就是早期宇宙留下的遗迹。

最早测得的宇宙微波背景辐射在温度上呈现出明显的均匀性。但正如我们在第11章中讨论过的那样，晚近的一些探测——最早的宇宙背景探测器（COBE）以及稍后的一系列更先进的探测器所做的一些探测——发现了一些温度细微改变的证据，如图14.4（a）所示。图中，不同的灰度标示着不同的数据，较亮的部分和较暗的部分之间的温度差一般在万分之几度左右；那些斑点表示的是天际中微小但不可忽略的温度变化。

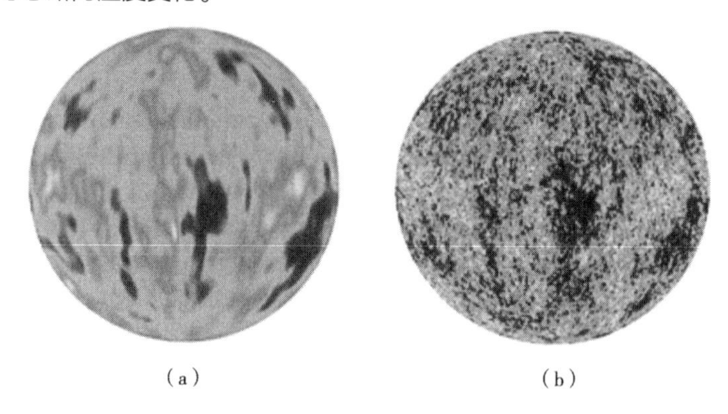

图14.4 （a）COBE卫星所收集的宇宙微波背景辐射。自从大爆炸后的30万年起，这种辐射就无阻地穿行于宇宙中，所以这张图片反映的是距今差不多140亿年以前的宇宙微小温度变化。
（b）由WMAP收集到的更加精确的数据

COBE实验不但有了重大的发现，还从根本上改变了宇宙学研究的特点。COBE之前的宇宙学数据一般非常的粗糙。那个时候，一个宇宙学理论只要能够大体上符合天文学观测，就会使人们相信它。理论学家们可以在几乎不怎么需要理会观测限制的情况下抛出一个又一个理论，因为本来观测限制就少得可怜，仅有的几个又非常的不精确。但是COBE开启了一个新纪元，宇宙学理论要受到一系列标准的严格限制。现在，任何一个新提出的理论在被人们接受之前，先得成功地算出还在不断增加的大量精确的实验结果。2001年，由NASA和普林斯顿大学合资兴建的威尔金森微波各向异性探测器（WMAP）卫星开始以近乎COBE的40倍的分辨率和灵敏度测量微波背景辐射。将WMAP的最初结果[图14.4（b）]与COBE的结果[图14.4（a）]相对照，你就会立即看出WMAP能够画出的图究竟有多么精细。正在由欧洲空间局建造的另一颗卫星——普朗克——计划于2007年发射，如果一切按计划进行，普朗克卫星的分辨率将达到WMAP的10倍左右。

大量精确实验数据的出现结束了宇宙学研究中良莠不齐的局面，暴胀理论成了主要的理论候选者。但是，我们在第10章曾经提到过，暴胀理论并不是只有一个版本。理论学家们已经提出了很多个不同版本的暴胀理论（旧暴胀理论、新暴胀理论、暖暴胀理论、混合暴胀理论、超暴胀理论、援暴胀理论、永暴胀理论、扩充暴胀理论、混沌暴胀理论、双暴胀理论、弱标度暴胀理论、超自然暴胀理论，要知道这些还不是全部），每一种版本都具有标志性的短时间急速膨胀爆发阶段，但是在细节上又各不相同（场的数目或势能的形状有所不同，以及究竟是哪一种场位于势能最低的位置等区别）。这些理论中的差别导致了在预言微波背景辐射性质时候的区别（具有不同能量的不同场有些微不同的量子涨落）。通过与WMAP和普朗克卫星所得到的实验数据相比较，我们可以排除很多种理论上的可能性，使我们对宇宙的理解更进一步。

事实上，我们可以利用实验数据来为宇宙学研究领域进一步瘦身。尽管被暴胀膨胀放大的量子波动可以为观测到的温度变化提供一个合理的解释，但是暴胀理论还是有一个竞争者。我们在第13章讲过的由斯坦哈特和塔洛克提出的循环宇宙模型就是另一种可能的理论候选者。当循环宇宙模型中的两个3膜彼此相对靠近的时候，量子涨落会使不同的部分以些微不同的速率彼此接近。当这两片3膜在差不多3万亿年后最终撞在一起的时候，膜上的不同位置会在不同的时刻彼此碰撞，就像两张粗糙的砂纸拍在一起那样。两片膜没能够完美地均匀接触导致了每一片膜不能完美地均匀演化。而我们已经假定这两片膜中的一片就是我们的三维空间，所以膜的非完美均匀演化就是我们能够探测到的不均匀性。斯坦哈特、塔洛克及其合作者提出，这种不均匀性导致的温度变化可以与暴胀理论所预言的温度变化具有相同的形式；因此，只用我们现在所拥有的数据的话，我们没法区分循环宇宙模型与暴胀理论的宇宙学预言，两者都能解释当前的实验观测。

不过，在未来的10多年里，越来越多的精细数据有可能将两种方法区分开。在暴胀理论的框架下，被指数膨胀放大的并不只有暴胀子场的量子涨落，还有空间结构中的微小量子波纹。因为空间中的波纹不是别的，正是引力波（参见我们关于LIGO的有关讨论），所以暴胀理论预言早在宇宙的最初时刻就有引力波产生。[8] 我们一般将这种引力波称为*原初引力波*，以区分于晚近时期由于猛烈的天体物理现象而产生的引力波。而在循环宇宙模型中则正好相反。在这一模型中，对均匀性的偏离是慢慢建立起来的，整个过程所用掉的时间长得不可想象，这是因为两片膜要花差不多3万亿年的时间才能碰撞一次。膜的几何结构和空间的几何结构并没有迅速改变，这意味着根本就*不*会出现空间波纹。因而，循环宇宙模型根本就没有预言原初引力波的存在。所以，一旦原初引力波被实验验证，那就意味着暴胀理论又取得了一次重大胜利，而循环宇宙模型则被实验排除。

LIGO的灵敏度很有可能无法探测到暴胀理论所预言的引力波，但是建造中的普朗克卫星和另一个卫星实验——宇宙微波背景偏振实验（CMBpol）——则有可能从实验验证这一预言。这两个实验，特别是CMBpol，所关注的并不仅仅是微波背景辐射的温度变化，还会测量*偏振*——所探测到的微波光子的平均自旋方向。详细解释起来会涉及一连串的相关知识，所以我们在这里只是简单地说一下：来自大爆炸的引力波可能会在微波背景辐射的偏振中留下某种印记，而这种印记可能大到足以被实验发现的程度。

所以，10年之内，我们就可能会搞清楚究竟是真的有大爆炸这么一回事呢，还是我们所熟悉的宇宙实际上是一张3膜。在这个宇宙学的黄金年代，即使一些最疯狂的想法也得到了用实验检验的机会。

暗物质、暗能量以及宇宙的未来

我们曾在第10章中了解到：大量的理论和观测证据表明，宇宙的组成中只有5%是我们熟悉的物质——质子和中子（电子在普通物质中所占的份额少于0.5%），25%是所谓的暗物质，而另外的70%是暗能量。但是，物理学家们仍然没能搞清楚这些暗物质和暗能量究竟是些什么。很自然，人们首先会猜想暗物质也是由质子和中子组成的，只不过以某种特殊的方式组合在一起，没有形成发光的星体。然而，理论上的原因使得这样的猜想不可能正确。

通过精细的实验观测，天文学家很清楚整个宇宙中到处都是的轻的核元素——氢，氦，氘，锂——的平均相对丰度。物理学家们相信这些轻核通过某一过程形成于宇宙的最初几分钟，理论计算这种形成过程得到的结果与实验观测符合得非常好。理论和实验的这一精确符合是现代理论宇宙学的重大成就之一。但是，这种理论计算首先假定暗物质不是由质子和中子组成的；如果暗物质是由质子和中子组成的话，那么在宇宙的尺度上，质子和中子就会成为宇宙的主要构成物质，这样一来实验观测就将理论排除掉了。

那么，如果组成暗物质的不是质子和中子，又是什么呢？直到今天，虽然人们提出了大量的可能性，可是还没有人能够真正解决这个问题。从轴子到zino的很多名字都被人们拿出来当暗物质的候选者，毫无疑问，任何一位回答出这一问题的科学家必将被请到斯德哥尔摩一游[1]。人们还未曾探测到哪怕是一个暗物质粒子，这一事实对暗物质的候选者们提出了很强的限制。这是因为暗物质并不只存在于外太空，它们遍布于整个宇宙，也会存在于你我的身边。关于暗物质的很多理论都会告诉我们，每秒钟都会有数以10亿计的暗物质粒子穿过你我的身体，因而可能的暗物质候选者必须得是那些穿过物质但不留下痕迹的粒子。

中微子可算是一种可能性。计算表明，大爆炸产生出来的中微子的残留丰度大约是每立方米5500万，只要3种中微子中能有一种重达质子质量的一亿分之一（10^{-8}），它们就能够被当作暗物质的候选者。

1. 每年12月，诺贝尔奖都会在瑞典首都斯德哥尔摩颁发。——译者注尽管近来的实验已经获得了中微子具有质量的有力证据，但是测得的中微子质量实在太小，是所需要的程度的差不多一百分之一，所以中微子很难是暗物质。

另一个比较有希望的提议与超对称粒子——特别是photino，zino以及higgsino（分别是光子、Z玻色子和希格斯粒子的超对称伴）——有关。上述的这些粒子是超对称粒子家族中最冷漠的一些家伙，它们常常可以在几乎不受影响的情况下毫无声息地穿过地球，使得我们很难追寻到它们的踪影。[9] 通过计算在大爆炸过程中到底产生了多少这样的粒子以及存活到今天的还有多少，物理学家们估算出这些粒子的质量应该在质子质量的100 ~ 1000倍之间，只有这样它们才能充当暗物质。这是一个非常诱人的结果，因为人们在完全不考虑暗物质和宇宙学的情况下，单从超对称粒子模型和超弦的各种研究中得出的相关粒子质量范围也是这么大。两类研究的结果交汇到了一起，这样的事情只有在暗物质就是由超对称粒子构成的情况下才能说得通。因而，我们也可以把在世界上现有的和即将启用的加速器上寻找超对称粒子看作寻找可能性很高的暗物质候选者。

直接探测穿越地球而过的暗物质粒子的实验也进行一段时间了。毫无疑问，这样的实验极具挑战性。每秒钟，在1/4平方米的面积上大约会穿过100万个暗物质粒子；但即使这样，每天能在专为暗物质而设计的探测器上留下痕迹的暗物质粒子一般不会超过一个。到目前为止，人们还没能成功地探测到暗物质粒子。[10] 既然暗物质还没有使任何人获得诺贝尔奖，实验学家们当然会更加努力迎难而上。在未来的几年间，暗物质的身份很有可能最终得以确认。

暗物质存在的最终确认及其身份的直接认证将是科学上的重大进步。人类将有史以来第一次搞清如此基本却又难以捉摸的东西：宇宙的主要物质组成。

正如我们在第10章中看到的那样，近来的实验数据强烈地向我们暗示，即使暗物质的身份得以确认，有关宇宙内容的版图中仍有一大块尚需实验检验：对超新星的观测提供了一些证据——宇宙中70%的能量可用一种具有外推作用的宇宙常数来说明。作为过去10年间最令人激动并且最出乎意料的发现，宇宙常数——充塞于空间的能量——的证据还需要更为严格的检验。为此，人们已经想出了很多的办法，一些还在计划之中，而另一些已经启动。

微波背景辐射实验也要扮演非常重要的角色。图14.4中的斑点——每一个斑点代表的是温度相同的一块区域——反映的是空间结构的整体形状。如果空间的形状像球一样，比如说像图8.6（a）所示的那样，向外的膨胀就会使斑点变得比图14.4（b）中的大一点；如果空间的形状像图8.6（c）所示的那种马鞍面，向内的收缩就会使斑点变小一点；如果空间的形状像图8.6（b）所示的一样是平面，斑点就有可能变大也有可能变小。由COBE首先进行，WMAP进一步改善的精确测量强有力地支持了空间是平坦的这一主张。这样的测量结果不仅与暴胀模型的理论预言相吻合，也与超新星的观测结果完美吻合。我们已经知道，宇宙的空间平坦意味着总质量或总能量密度等于临界密度。这样一来，普通物质和暗物质一共占宇宙总密度的30%，暗能量再贡献了余下的70%，一切就都和谐一致了。对超新星结果的进一步直接确认是超新星加速探测器（SNAP）的目标之一。由劳伦斯 · 伯克利实验室的科学家们设计的SNAP是一台随卫星轨道运动的望远镜，它将观测的超新星数目是目前已研究过的数目的近20倍。SNAP不仅能确认早前的观测结果——即宇宙的70%为暗能量，还将更加精确地测定暗能量的性质。

你瞧，虽然我把暗能量描述成了爱因斯坦宇宙常数的另一个版本——恒定不变地推动着空间膨胀的能量——但还是有另一种密切相关却有所不同的可能性。还记得我们有关暴胀宇宙学的讨论吗（那只四处蹦的青蛙）？某个场在其场值高于最低能量时可以像宇宙常数一样，驱使空间加速膨胀，不过这样的过程仅能持续一小段时间。这个场迟早会回归到其势能碗的最低位置，向外的推力也随之消失。在暴胀宇宙学中，这个过程发生于短短的一瞬间。但要是引入一种新的场并小心地选取其势能形状，物理学家们就有办法使加速膨胀变得不那么猛烈但更加持久，这样的话，该场就可以在跌回到最低能量位置之前，以相对较慢但持久的外推力驱动空间加速膨胀很长时间——长达几十亿年。这样的想法引出了另一种可能，即，我们有可能正在经历极度柔和版的暴胀膨胀——且有理由相信这一膨胀过程开始于宇宙的最初时刻。

真实的宇宙常数与后一种可能性——即所谓的*精质*（quintessence）——之间的区别对于今天来讲并不重要，但从长远来说却对宇宙影响深远。宇宙常数是一个*常数*，它使得宇宙可以永不停息地加速膨胀。在宇宙常数的作用下，宇宙的膨胀会变得越来越快，宇宙的疆域也会越来越辽阔，同时，宇宙也变得更加稀薄、荒凉。但是由精质导致的膨胀会在某个时刻之后慢慢终结，与永远加速膨胀的宇宙相比，这样的宇宙拥有一个不那么荒凉的未来。通过测量空间加速度在长时间间隔的变化（通过观测不同远近——也就是不同时间——的超新星来进行这种测量），SNAP将有可能得以辨别这两种可能性。一旦SNAP为我们解开暗能量是否真的就是宇宙常数这一谜题，我们就有机会洞察宇宙未来的命运。

空间、时间以及猜想

探索空间和时间性质的旅程漫长遥远，其间满是各种惊奇，而且毫无疑问，人类在这一旅程中仍处于起步阶段。在过去的几个世纪里，人类经历了一个又一个重大突破，这些突破以激进的方式一次又一次地改变了我们关于空间和时间的概念。我们在这本书中所讨论的理论和实验进展代表着我们这一代物理学家们对这些概念的梳理，并且很有可能就是我们科学遗产的主要部分。在第16章中，我们将要讨论一些最新的带有猜想性质的进展。通过这样的讨论，我们或许可以看一看人类探索旅程的下一步可能通向何方。但是首先，我们将在第15章中想想另外一些不同的方向。

科学发展没有确定的模式，历史一再告诉我们，思想上的突破通常是通往技术手段的第一步。人类在19世纪理解了电磁力，正是这一理解使我们最终拥有了电报、无线电和电视。有了电磁的相关知识，再加上稍后人类对量子力学的理解，我们又拥有了计算机、激光，以及种种数不胜数的电子器件。对核力的理解既使人类得到了有史以来最强大的危险武器，也使人类有希望在未来的某一天只靠大量的盐水就能满足整个世界的能源需求。我们对空间和时间的深入理解会不会也只是类似的技术发展模式的第一步呢？我们有没有可能在未来的某一天了解时间和空间的奥妙，利用我们的相关知识实现一些现今只能出现在科幻故事中的构思呢？

没有人知道，但是我们可以一起看看我们已经有了些什么以及哪些神奇的构思有可能在未来的某一天得以实现。

第 15 章 超距传输器与时间机器

在时空中旅行

退回到20世纪60年代，当时的我或许真的是缺乏想象力。但在企业号[1]的甲板上看到电脑确实令我感到难以置信。作为一个20世纪60年代的小学生，我可以接受空间跃迁，我也可以接受宇宙中到处都是说着英语的外星人；但我真的难以想象竟然有一台这样的机器：它可以根据要求立即播出历史人物的画面，详细解说任何已有设备的技术细节，又或者调出任何一本已出版著作。这样的一台机器超越了我的想象极限，令我很难相信。20世纪60年代末的时候，一个小孩当然会认为永远都不会有办法收集、存储如此巨量的信息。但仅仅半个世纪后，我就可以坐在厨房里用笔记本电脑无线上网，可以使用语音识别系统，还可以看《星际迷航》，手都不抬一下就可以在巨型的知识库中寻找资料——重不重要的都可以找到。诚然，《星际迷航》中23世纪的电脑有着令人羡慕的速度和效率，但是今天的我们也可以预见，一旦真的到了23世纪，我们的电脑技术将大大超越影片中勾画的水平。

上面讲的只是科幻小说预言未来的众多例子中的一个。但在《星

1. 美国著名电视剧《星际迷航》中的飞船。—— 译者注

际迷航》这部电视剧中，最值得称道的仪器还得算是超距传输器——走进一间舱室，按一下按钮，然后你就被传送到遥远的地方或完全不同的时代。有没有可能在未来的某一天，人类真的可以超越空间与时间的局限，自由穿梭于时空，探索时空的最远疆界呢？科幻小说与科学之间的鸿沟有没有可能被填平呢？考虑到我已经告诉过你们，我小的时候完全没有办法相信真的会有信息革命到来的这一天，你们完全可以质疑我在预言未来技术突破方面的能力。所以，我们在这一章中不会妄加猜测未来会有什么，而要谈谈在朝着掌控空间和时间、实现超距传输器和时间机器前进的方向上，我们在理论和实践上已经取得了哪些进展。

量子世界的瞬间移动

在传统的科幻故事中，*超距传输器*（或者按照《星际迷航》中的名称——*传送器*）先要扫描某个物体以确定其全部组成信息，然后将这些信息发送到远方的某个位置，在那里，另一台机器将按照这些信息重构该物体。不管是先将物体本身“分解”，然后将其原子、分子与蓝图一起传送到远处来构建该物体的副本，还是直接用远端的分子和原子来构建物体的副本，都只是不同版本的小说式虚构。我们将会看到，过去10年间发展起来的超距传输方法在本质上与后一种情形倒有些接近，但由此引出两个问题。第一个是标准但棘手的哲学难题：如果真的可能的话，究竟从什么时候开始，我们才可以将副本识为、称为、认为是原始的物体，并像对待原始物体一样对待副本？第二个问题是，是否有可能——即使只是理论上的可能——完美地扫描一个物体，准确地探明其组成成分以便我们可以完美地绘制出该物体的蓝图从而重建该物体？

在由经典物理定律掌控一切的宇宙中，我们对第二个问题可以做出肯定的回答。理论上，组成一个物体的每个粒子的所有性质——每个粒子的类型、位置、速度，等等——都可以完全确定下来，并作为重构物体的蓝图传送到远方。当然，完全确定组成一个物体的全部基本粒子的所有信息会难得超乎想象；但是，在经典宇宙中，唯一的障碍来自复杂程度，而不是物理。

在一个由量子物理掌控的宇宙中——比如说我们的宇宙就是这样，情况则不是这么简单。我们已经知道，所谓的测量将使一个物体种种可能的性质中的一个脱离量子迷雾，使之获得确定的值。比如说，当我们观测一个粒子的时候，我们所观测到的当然是某一确定的性质，但这一性质并不能反映我们观测之前该粒子所具有的杂烩式量子性质。[1] 因而，一旦我们想要复制一个物体，我们就将面对量子的第二十二条军规[1]。要想复制，我们就必须知道要复制些什么，要想知道复制些什么，我们就必须观测，而观测又会造成改变，所以我们要是按照我们所看到的进行复制的话，那复制的产物就不是观测之前的那个物体了。这就表明在量子世界中，超距传输是不可能实现的，并且这种不可能并不是由技术上的复杂性造成的，而是由量子物理的先天局限性造成的。但是，我们在下一节中将会看到，20世纪90年代早期，一个国际物理学家团队找到了一种巧妙的方法绕开了这一结论。

---

1. 美国作家约瑟夫·米勒的名著《第二十二条军规》使“第二十二条军规”这个词进入英语，用以指无论怎么做都不行的限制性条款。——译者注

至于第一个问题，即原始物体与副本之间的关系，量子物理给了一个明确又鼓舞士气的答案。根据量子力学的原理，宇宙中的所有电子都彼此类同，因为它们都具有完全一样的质量，完全一样的电荷，完全一样的弱核力和强核力性质，以及完全一样的自旋。而且，已经经受住了实验检验的量子力学告诉我们：上面所列举的这些电子性质就是电子所能具有的*全部*的性质。按这些性质来看，全体电子彼此类同，而且也不存在其他可以用来区分电子的性质。同样，所有的上夸克彼此全同，所有的下夸克全同，所有的光子全同，总之，任何一种基本粒子都会彼此全同。几十年前量子方面的先驱者就认识到，粒子可以被看作一个场最小可能的波包（比如说光子就是电磁场最小的波包），而且，根据量子力学，一个场的这种最小组成总是全同的（或者，我们可以在弦论的理论框架下这样理解，同一种类的粒子之所以有全同的性质是因为它们都是同一种弦的全同振动模式）。

同一种类的两个粒子唯一有可能有所区别的地方是它们处于不同位置的概率，它们的自旋指向特定方向的概率，以及它们具有特定的速度和能量的概率。又或者按照物理学家们习惯的说法，两个全同粒子可以处于不同的*量子态*。但要是同一种类的两个粒子处于同一种量子态的话——有一种可能性不能算在内，即，一个粒子有极大的概率在*这*，而另一个粒子有极大的概率在*那*——量子力学原理就会保证它们不可区分，并且这种不可区分并不仅是实践意义上的，更是理论意义上的。这样的粒子可算是完美的双胞胎。一旦两个粒子交换彼此的位置（或者更准确地说，交换两个粒子处于给定位置的概率），我们将没有任何办法发现这种交换。

因此，我们可以这样想，开始的时候我们把一个粒子放于此处，[1] 然后不管通过什么办法把另一个放在远处的同一种类粒子置于完全相同的量子态（使之具有相同的自旋指向概率、能量概率等），这样制备的粒子就将与原始粒子不可区分，这样的过程就可以称为量子超距传输。当然，要是原始粒子在整个过程中毫发无损的话，你可能更愿意将这个过程称为量子克隆或量子传真。但是我们将会看到，这些想法的科学实现将无法保护原始粒子 —— 在超距传输过程中它将会不可避免地被改变 —— 所以我们不会为到底取什么名称而感到两难。

很多哲学家以不同的方式思考过的一个更为紧要的问题是，在一个粒子身上能实现的事情是不是也能在真正的宏观物体身上实现呢？如果你可以将你的DeLorean[2] 的每一个组成粒子都从一个地方传输到另一个地方，并且在这个过程中确保每个粒子的量子态以及彼此之间的相互关系100％地被复制，那你是不是就成功地传送了一台轿车呢？尽管没有实践经验可供参考，但是理论上得来的证据倒是强烈地支持已经成功传送这样的结论。决定一个物体看起来是什么样子，摸起来是什么感觉，听起来是什么声音，闻起来甚至尝一下是什么味道的就是物体中原子和分子的排列，所以传送过去的轿车应该就是原始的DeLorean —— 碰花的地方还在那里，左边的车门还是嘎吱嘎吱地响，你养的狗留下的尿骚味什么的也全都有 —— 它也能像原来的那辆一样随时急转弯，油门踩起来的感觉也不会有所不同。传送过去

1. 超距传输要讨论的是将一个处于此处的物体传输到别的地方，因此，在本节探讨有关问题时，我说的话常常会带来一种感觉 —— 好像粒子可以有确定的位置似的。事实上，更准确的说法应该是“一个有很大概率处于这一位置的粒子”或者“有99％的概率处于这一位置的粒子”，当然，谈到一个粒子被传输到某一位置时也应该这么说。但是为了不这么啰里啰唆，我就用了不太严格的语言。
2. DeLorean，汽车品牌。科幻电影《回到未来》中的时间机器就是用这个牌子的运动型轿车改装而成的。—— 译者注

的车究竟是原来的那辆还是精确的副本这一问题无关紧要。如果你要求联合量子海陆货运公司[1]将你的轿车用轮船从纽约运往伦敦，但他们却悄悄地用了超距传输的办法传送过去，那么只凭辨认的话,你永远也不会知道他们没按你的要求做——甚至连理论上的可能性都没有。

但搬运公司传送的是你的猫，或者为了满足你那独特的品位，你要求搬运公司对你本人来一次越洋传送，那又会有什么问题呢？走出接受室的猫或者人还是走进超距传输器的那只猫或那个人吗？我个人认为，是的，猫还是那只猫，人还是那个人。再次声明，我们没有任何相关数据，我或者任何其他人能做的都只是猜测。但是按我的思考方式，任何一个活着的人，只要他体内的全部原子和分子与组成我身体的原子和分子处于完全一样的量子态的话，那我就要说“他”就是我。即使“原始”的我在“拷贝”生成后仍然存在，我（我们）也会毫不犹豫地宣称每一个都是我。我们应该有同样的想法，都会发自肺腑地觉得彼此并不高于对方。思想、记忆、情感和看法这些东西建立在组成人体的分子与原子性质的基础上，要是这些基本成分具有相同的量子态的话，那么由这些基本成分构成的人也会有完全一样的意识。时光流逝，我们各自的经历将使我们彼此不同。但是我相信，从此以后将有两个我，而不是一个“真一点”的原始我加上一个“假一点”的拷贝我。

事实上，我倒愿意不那么严格地讨论一下。我们的物理组成无时无刻不在变化，只不过有的时候变得多些，有的时候变得少些，但是

1. 联合海陆货运公司，United Van Lines，美国物流公司。作者在这里改用了其名称。——译者注

我们还是我们自己。哈根达斯冰激凌会使我们血液中的脂肪和糖的含量增多；MRI（磁共振）会使大脑中一些原子核的自旋方向改变；心脏移植和抽脂术自不必说，每一百万分之一秒，普通人身体中会有一万亿个原子焕然一新。我们处于连续不断的变化之中，但是我们每个人的身份并没有发生变化。所以，即使超距传输后的那个“我”与本来的我在物理态上并没有完全吻合，那个“我”和本来的我仍可能是一模一样的人。在我的书中，那个“我”完全可以成为真的我。

当然，如果你相信除了物理成分，生命还意味着很多其他的东西的存在，特别是心灵的话，那么你的超距传输的成功标准可能会比我的严格一些。人们关于这一棘手的问题——我们每个人的身份究竟在多大程度上取决于我们物理上的身体——已经以各种不同的形式争论过多年，但还是没有找到令所有人满意的答案。我认为一个人的身份只取决于其物理上的身体，而另外一些人则并不认同。总之，没有人可以宣称已经找到了终极答案。

我们姑且先不讨论你在传输人类这一假想问题上究竟持何种观点。借助于量子力学的神奇力量，科学家们已经成功地证明单个粒子可以——实际上已经实现过——超距传输。

我们一起来看看。

量子纠缠与量子传输

1997年，其时还在因斯布鲁克大学的安东·泽林格领导的一组物理学家和罗马大学的A. 弗朗塞斯科 · 德 · 玛蒂尼领导的另一组物理学家[2]分别成功地实现了光子的超距传输。在这两个实验中，处于某一特别的量子态的初始光子被成功地传送到了另一个位置，虽然这两次实验只是横跨实验室的短距离传输，但是人们有理由相信同样的过程可以在任意距离上实现。这两个实验组所使用的技术基于另一组物理学家——IBM沃森研究中心的查尔斯 · 本耐特，蒙特利尔大学的吉尔斯 · 布拉萨德、克劳德 · 克莱玻和理查德 · 约茨扎，以色列物理学家艾舍尔 · 帕里茨，以及威廉斯学院的威廉 · 伍特斯——1993年关于量子纠缠的理论探讨（参见第4章）。

回想一下，两个处于纠缠状态的粒子——比如说两个光子——有一种奇特又密切的关系。若每一个光子都有确定概率的自旋指向（向下或向上），并且每一个光子在被测量的时候都会在各种可能性中随机“选择”，那么一旦这两个光子中的某一个做出“选择”，另一个就会跟着立即做出“选择”，即便空间间隔很远也是如此。我们曾在第4章中说明了人们无法利用纠缠粒子来实现两个不同位置之间的信息超光速传输。要是我们在相隔很远的位置上分别放置纠缠光子，然后分别连续测量这些纠缠光子，那么我们就会发现每一台探测器所收集到的数据只是一些随机序列（与粒子的概率波相一致的粒子自旋指向）。只有当我们对比不同的探测器上收集到的结果时，我们才会清楚地看到这些结果惊人的一致。但要实现这种对比的话，我们必须首先通过某种常规的、低于光速的通信方式交换彼此所得到的结果。既然进行结果对比之前人们无法获知任何可以表明不同位置的光子处于量子纠缠的证据，人们实际上就没法通过量子纠缠实现超光速通信。

不过，即使纠缠现象无法用于实现超光速通信，人们还是会形成这样的感觉——粒子之间的长距离关联非比寻常，很有可能会在某些非常规的事情上起作用。1993年，本耐特及其合作者就发现了这样一种可能性，他们发现量子纠缠很有可能用于量子传输。你可能实现不了超光速通信，但如果你想要的只是低于光速的粒子传输的话，量子纠缠可能会帮上你的忙。

这一结论背后的推理巧妙曲折——尽管数学上直截了当，我们现在就来感受一下。

假设我现在要把一个光子——称为光子A——从我纽约的家中传送到我在伦敦的朋友尼古拉斯那里。简单起见，我们来看一下我如何才能够准确地传送光子A的自旋所处的量子态，也就是说，我怎样才能使尼古拉斯获得一个自旋指向概率与光子A的自旋指向概率完全相同的光子。

我不能先测量一下光子A的自旋，然后打电话告诉尼古拉斯，让他在伦敦制备一个与我观测到的光子一样的光子；因为我观测到的结果将会被我的观测本身影响，所以观测后的结果不能真实地反映观测之前光子A所处的状态。那么我能怎么做呢？本耐特及其合作者提出，第一步是把一对处于纠缠态的光子——光子B和光子C——分给我和尼古拉斯，人手一个。我们怎样获得这两个光子并不重要。我们就先假定大洋彼岸的我和尼古拉斯分别得到了这对光子中的一个，比如说我得到了光子B而尼古拉斯得到了光子C，那么要是我沿着某一给定轴测量光子B的自旋，尼古拉斯也对光子C做同样的测量的话，我们就将得到完全一样的结果。

然后第二步，根据本耐特及其合作者的步骤，并不是直接测量光子A——我想要传输的那个光子——那样明显没有什么干涉作用。我应该做的是测量光子A及纠缠光子B的联合性质。例如，根据量子力学原理，我可以在不分别测量每个光子自旋的情况下测量光子A和光子B是否关于某一垂直轴具有相同的自旋。与此类似，量子力学也允许我在不分别测量每个光子自旋的情况下测量光子A和光子B是否关于某一水平轴具有相同的自旋。虽然我无法利用这种测量得到光子A的自旋，但我却能测得光子A的自旋与光子B的自旋之间的关系，而这种关系是非常重要的信息。

远在伦敦的那个光子C与光子B处于纠缠状态，所以，一旦我知道了光子A和光子B之间的关系，我就能推求出光子A和光子C之间的关系。如果我在这个时候打电话给尼古拉斯，告诉他光子A的自旋相对于光子C的自旋是怎样的，他就能知道怎样操控光子C才可以使其量子态与光子A的量子态正确匹配。在尼古拉斯实施了必要的操作之后，他所拥有的那个光子就与光子A全无二致了。然后我们就可以宣布已经成功地传输了光子A。比如我们来看一下最简单的例子：一旦我在测量后发现光子B的自旋同光子A的自旋完全一样，那我就能推断出光子C的自旋也和光子A的自旋完全一样，于是，什么都不用做了，我们已经完成了对光子A的传输过程。光子C与我们要传输的光子A处于完全相同的量子态。

大体上就是这样。上面介绍的是大体上的想法，要想解释清楚具体操作步骤上的量子传输，我必须再讲一讲一个到目前为止还没有谈及的关键要素。当我对光子A与光子B进行联合测量的时候，我测得的是光子A的自旋相对于光子B的自旋是怎样的。但是，正如在所有的量子测量中都不可避免的那样，测量本身会对光子有影响。因此，我所测得的并不是测量之前光子A的自旋与光子B的自旋之间的关系，而是在光子A和光子B都被测量行为干扰了之后两者之间的关系。所以，乍看之下，我们似乎再次遭遇了我在开头讨论如何直接复制光子A时遇到的量子麻烦：测量过程导致的不可避免的干扰。好在我们还有光子C。既然光子B与光子C处于量子纠缠状态，那么我使纽约的光子B受到的干扰也会在身处伦敦的光子C的身上体现出来。这就是我们在第4章中讨论过的量子纠缠的奇妙性质。事实上，本耐特及其合作者在数学上证明了测量所导致的干扰可以通过光子B和光子C之间的纠缠显现在远方的光子C身上。

这样的结果相当有趣。通过测量，我们可以知道光子A与光子B的关系，但测量也会带来一个棘手的问题——光子A和光子B都会由于测量的介入而被干扰。但是因为有纠缠的存在，光子C被引入我们的问题中——即使相隔千里，量子纠缠也会起作用——并且可以帮助我们分离出干扰的效应，从而使我们获得在测量过程中丢失的原始信息。如果我现在再给尼古拉斯打电话告知测量的结果，他就知道了测量产生干扰后光子A的自旋和光子B的自旋之间的关系，然后，再通过光子C，他就会知道干扰本身的影响。这个时候尼古拉斯就可以利用光子C除去测量所导致的干扰效应，从而跳过量子障碍，实现光子A的复制。本耐特及其合作者详细地证明了，至多通过对光子C进行一些简单的操控（如何操控要看我在电话里告诉了尼古拉斯哪些有关光子A和光子B的关系的信息），尼古拉斯就可以用光子C及其自旋指向精确地复制出*在我进行测量之前*的光子A所处的量子态。而且，不但光子A的自旋可以被复制，光子A的量子态的其他性质（比如说光子A处于某一能量的概率）也可以通过类似的办法得以复制。因此，利用这个方法，我们就可以实现光子A从纽约到伦敦的超距离传输。[3]

如你所见，量子超距传输包括两个步骤，其中的每一个都会传递重要但又互补的信息。首先，我们将要进行传输的光子和某一纠缠光子对中的一个光子合在一起进行联合测量。在测量过程中产生的干扰会由于古怪的量子非定域性而体现在另一个位于远方的纠缠光子身上。这就是第一步，超距传输过程中清楚的量子部分。在第二步中，测量结果本身会通过较为传统的方式（电话、传真、E-mail，等等）传送到远方的接收站，这个步骤可称为超距传输过程中的经典部分。将这两个步骤结合到一起，通过对位于远方的另一个纠缠光子进行某种直接操作（比如说绕某个特定轴进行旋转），我们就可以复制出与想要传送的光子具有相同的量子态的光子，从而实现超距传输。

有两个关键的量子传输性质需要注意一下。既然光子A的原始量子态已经被测量过程破坏，那么位于伦敦的光子C就成了*唯一一个具有原始光子态的光子*。原始光子并没有两个拷贝，所以我们不应该将这个过程称为量子传真，而应该称为量子传输。[4] 而且，即使我们把光子A从纽约传送到了伦敦——伦敦的那个光子已经与原始的光子A完全一致——我们还是不知道光子A的量子态。现在，伦敦的这个光子已经与在我们开始种种操作之前的那个纽约的光子A有完全一样的自旋指向概率了，但是我们并不知道这个概率究竟是多少。事实上，这正是量子传输中的绝妙之处。测量导致的干扰使我们无法获知原始光子A所处的量子态，但是按我们讲的办法，*我们并不需要知道一个粒子的量子态就能传输这个粒子*。我们需要知道的只是其量子态的某个方面，也就是在与光子B的联合测量中所获知的那些信息。接下来的事情就可以统统交给处于量子纠缠状态的远方光子C了。

按照这个办法实现的量子传输取得了丰硕的成果。20世纪90年代早期，制备纠缠光子对已是标准化的程序了，但人们还没有实现对两个光子的联合测量（就是前面讲的对光子A和光子B的联合测量，术语上讲就是贝尔态测量）。泽林格和德·玛蒂尼所领导的这两个实验组的成功之处就在于独创性地发明了联合测量的实验技术并在实验室中实现了这种技术。[5] 1997年，这两个组分别实现了目标，成为世界上最早实现单个粒子超距传输的实验组。

现实中的超距传输

你、我、DeLorean以及所有的一切都是由很多个粒子构成，所以很自然的，下一步需要考虑的就应该是如何将量子超距传输应用到这样大的粒子集合上，从而使我们实现将宏观物体从此地传送到彼处。但是，从传送一个粒子过渡到传送整个宏观物体可不是那么简单的事，这中间要完成的很多任务都不在研究者们现阶段所具有的能力范围之内，本领域的很多权威人士甚至认为或许等相当长的一段时间后人们才有可能实现这样的目标。下面纯粹为了凑趣，我们可以一起来看看泽林格的梦想在未来将如何实现。

假设我要把我的DeLorean从纽约传送到伦敦。这次我和尼古拉斯需要的就不仅仅是一对纠缠光子了（那是传送一个光子时我们所需要的全部），现在，我们每人要有一间库房，里面装满了质子、中子、电子以及其他的一些粒子，这些粒子要多到足以建构起一辆DeLorean；而且，在我的库房中的所有粒子要和尼古拉斯的库房中的所有粒子处于量子纠缠状态（如图15.1所示）。我还需要一台设备用

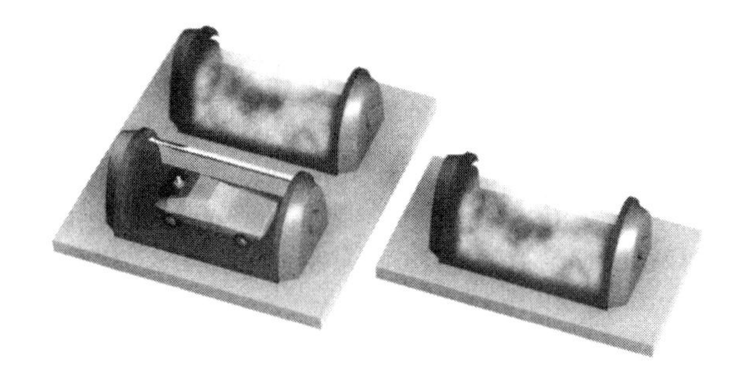

图15.1　假想中的物体超距传输。首先需要在传输地和目的地准备两个完全一样的粒子库，这两个粒子库中的粒子处于量子纠缠态；然后对传输地的粒子库和要传输的物体做一次联合测量。这些测量的结果将为操控第二个粒子库中的粒子提供必要的信息，根据这些信息人们可以利用第二个粒子库中的粒子复制物体，完成超距传输

以对组成我的DeLorean的所有粒子和库房中飞来飞去的粒子来一次联合测量（就好像对光子A和光子B进行联合测量一样）。因为两个库房中的粒子存在纠缠，所以我在纽约所做的测量也会影响尼古拉斯在伦敦的库房中的粒子（就如同光子C可以反映出对光子A和光子B所做的联合测量）。然后我就打电话告诉尼古拉斯我的测量结果（这次电话注定要花掉大笔的电话费，因为我要告诉尼古拉斯的是10^{30}个结果），这样的话，他就可以根据这些数据对他的库房中的粒子进行

种种操作（就像我前面在电话里告诉尼古拉斯如何对光子C进行操作一样）。一旦尼古拉斯完成了这些任务，在他的库房中的粒子就会和测量前的DeLorean中的粒子处于完全一样的量子态，这时，就像我们之前讨论过的那样，尼古拉斯已经有了DeLorean。[1]这台DeLorean已经被成功地从纽约传送到了伦敦。

现在你明白了吧，以我们今天的能力，上面讲的每个量子传输步骤都不能完成。一台DeLorean差不多有千亿亿亿个粒子。虽然现在的实验学家们已经能够使多对粒子处于纠缠状态，但离使宏观物体中的粒子处于纠缠状态还相去甚远。[6] 所以，单单准备两间库房，并使其中的粒子处于纠缠状态就已经远远超越了今天的能力范围。而且，对两个光子进行联合测量都可以算作巨大的成功，可想而知，对数以百亿亿计的粒子进行联合测量在今天是超乎想象的。以我们今天的水平估计，客观地讲，要是就用我们传输单个光子时所采用的办法的话，那么实现宏观物体的超距传输将是很遥远的未来——甚至是永远不可能——的事情。

但是，考虑到科学技术领域中最常见的事情就是对不可能的超越，我必须要说，虽然宏观物体的超距传输看起来不可能实现，可是，谁知道未来会怎样呢？40年之前，企业号上的那种计算机看起来也是完全不可能的。[7]

---

1. 对于粒子集合来说——与单个粒子不同——量子态也需要囊括这个集合中每个粒子之间彼此关系的有关信息。所以，要想准确地复制组成一台DeLorean的粒子的量子态，我们必须确保这些粒子之间的关系也被正确地复制。在这个过程中，唯一的变化只能是这些粒子的位置——从纽约变到了伦敦。

时间旅行之惑

毫无疑问，如果超距传输宏观物体能像打电话叫联邦快递或等地铁那么容易的话，我们的生活肯定会和现在大不一样。那种空想中才有的旅行就会成为现实。旅行或运送的概念将发生革命性的巨变，在便利性和实用性方面的飞跃将重塑人类的世界观。

即使这样，超距传输对我们的宇宙观产生的影响也无法与时间旅行可能带来的冲击相提并论。大家都明白，只要有足够的耐心和决心，我们总能从一个地方到达另一个地方，尽管有的时候只存在理论上的可能性。虽然技术上的问题会使我们的空间旅行受到一定的限制，但只要在满足这些限制的基础上，我们总可以根据自己的愿望决定去哪。但是我们能从现在去到别的什么时刻吗？我们会根据自己的生活经验毫不犹疑地回答：只有一种办法，就是等着那一时刻的到来——等着时钟一秒又一秒地走到那个要去的时刻。显然，我们能去的时刻由不得自己选择，它只能是未来的某一时刻，而不能是过去的时刻。如果要去的时刻比“现在”要早，那么根据经验，我们立即就会得出判断：这绝不可能。回到过去根本不是选项之一。与空间旅行不同，时间旅行毫不理会个人意愿。说到时间，我们只能朝着一个方向不停前进，无论愿意与否。

要是我们能像驾驭空间那样容易地驾驭时间，我们的世界观就不仅仅是发生改变了，那将会是整个人类历史上最了不得的转折点。考虑到这种不可抗拒的强大影响力，我常常会吃惊于竟然没有多少人注意到有一种时间旅行——向着未来去的旅行——的理论基础早在

20世纪早期就已经诞生了。

爱因斯坦一发现狭义相对论时空的性质，就想到了飞向未来的可能性。如果你想看看一千年、一万年甚至是一千万年后地球上的景象的话，你就要看看爱因斯坦的物理定律，它会教你做到这一点。你需要建造一台速度接近光速——比方说达到光速的99.9999999996%——的飞行器。然后你就全速冲进太空，飞上一天，或者10天，甚至27年——这里说的时间指的是你在飞船上感受到的时间。之后你再扭过头来全速返回地球。那么你回来的时候，地球上已经过了一千年、一万年或者是一千万年。狭义相对论的这一预言毫无争议，并且已经在实验上得到了证实，这只是我们在第3章就讲过的速度增加会使时间变慢的一个例子。[8] 当然，建造一台速度接近光速的飞行器远远超过了当代的技术水平，所以人们根本没法检验这样一个预言。但正如我们之前讨论过的那样，研究人员已经用其他的一些例子证实了时间变慢的预言，比如说在速度远低于光速的商务飞机上就有速度变慢的情况；又比如说μ子之类的基本粒子以接近光速的速度穿过加速器时也会有时间变慢的现象（静止的μ子会在差不多两百万分之一秒的时间内衰变为其他粒子，也就是说它的寿命大概只有这么长。可μ子运动得越快，它自己的钟就会走得越慢，也就是说它的寿命也就越长）。总之我们可以找到很多使我们相信狭义相对论的正确性的理由；至于使我们怀疑狭义相对论的证据，现在还一条也没有。按狭义相对论的方法飞向未来将全如预言的那样有效。而我们之所以无法进入这样一个时代，完全是因为技术上的不足，而不是理论本身的限制。[1]

当我们思考另一种时间旅行——回到过去——的可能性时，我们遇到了一些棘手的问题。当然，你很有可能非常熟悉其中的一些，比如说，回到过去阻碍自己的出生这类标准的时间旅行悖论。在很多科幻小说中，这样的事情都是通过暴力手段达到；但我们也可以采用不这样极端但同样有效的方式介入过去——比如说阻止你父母的相逢——达到影响你的出生的目的。这里的悖论很清楚：要是你根本没被生出来，那么你怎么可能存在？特别是，你又怎么能够回到过去阻止他们相逢呢？要想回到过去阻止你父母的相逢，你就首先得被生出来呀；但要是你被生出来了，并且回到了过去使你父母不能相逢，那你就*不*会被生出来了。我们就这样陷入了逻辑上的死循环。

再来看看另一个与此类似的悖论，这个悖论是由牛津的哲学家麦克尔·杜麦特受其同事大卫·多奇启发后提出来的，这个悖论以略有不同、可能更令人困惑的方式捉弄着我们的大脑。现在就来讲一下这个悖论的一个版本。假设我造出了一台时间机器，然后用它到了10年后的未来世界。在“请你吃豆腐”（大规模的疯牛病使人们有了心理阴影，未来的人们早就没了对汉堡包的那种热情，请你吃豆腐一举超过了麦当劳）简单地吃过午餐后，我找到了最近的网吧，想上网看看

---

1. 脆弱的人体也是限制之一：在合理的时间内达到所需要的速度必须要有非常大的加速度，这样的加速度可能远远超过人体的承受能力。还要注意到，时间变慢使我们有可能——至少有理论上的可能性——到达太空中非常远的地方。要是一个火箭离开地球后以99.99999999999999999%的光速朝着仙女座星系飞去，那么我们可能就得等600万年才能看到它的归来。但在这样的速度下，火箭上的时间将比地球上的时间慢得不可想象。对火箭上的宇航员来说，回到地球的时候，整个行程刚刚用掉8小时（我们姑且先把宇航员根本承受不了达到这样的速度而必须有的巨大加速度这件事放在一边，先假定他或她可以承受这样的加速度，并且安全返航）。

弦论研究的进展如何。我感到非常惊喜。我发现弦论中所有的未解之谜全部告破。弦论已经被完全研究清楚了，并且已经被成功地用于解释所有已知的粒子性质。人们已经找到了额外维度的确切证据；弦论所预言的超对称粒子——它们的质量、电荷等的性质——已经在大型强子对撞机上全部得到验证。人们再也不需要有所怀疑了：弦论就是宇宙的统一理论。

我进一步探查，看看到底是谁做出了这样重大的贡献，结果我大吃一惊。突破性的论文发表于一年之前，作者是丽塔·格林，我妈妈！我太吃惊了。我并没有不敬的意思：我妈妈人非常好，但她不是一位科学家，也不明白为什么有些人愿意成为科学家。而且，我把我的上一本科普书《宇宙的琴弦》拿给她看，她才翻了几页就扔在一边，因为她一看这些书就头疼。所以，她怎么能写出弦论的那篇关键性论文呢？我在网上读了她的那篇论文，完全折服于文中简单而深刻的推理。在文章末尾的致谢中，她提到在托尼·罗宾斯研讨会上我让她克服恐惧追寻自己内心深处的物理学家梦想，并对我自那以后多年来在数学和物理方面的细心指导表示感谢。啊！我明白了。原来她也参加了在我启程来往未来之前的那次研讨会。我看我最好回到那个时候再来给些指导。

于是，我又回到了那个时候，开始指导我妈妈学习弦论。可惜进展并不顺利。一年过去了，两年过去了，虽然我妈妈在很努力地学习，可她还是不得要领。我开始变得担忧起来。我们又付出了几年，收效还是甚微。这时，我真的担忧起来了。离她的论文预计发表时间已所剩无几。她到底是怎样写出那篇论文的？最后，我做了一个重大决定。

当我在未来读到她的文章的时候，我留下了非常深刻的印象，始终都没有忘记。所以，与其让她自己做出发现——看似越来越不可能了——还不如我来告诉她究竟该怎么写，这样才能确保把我记忆中的那篇论文的每一点都囊括进去。她发表了那篇论文。很快，整个物理世界沸腾起来了。我在我的未来世界读到的每一件事都发生了。

但是这里有一个问题。到底谁应该获得我妈妈的那篇奠基性论文所带来的荣誉？这个人显然不能是我。因为我是通过读她的论文才学到那些理论的。可又怎么能是我妈妈呢？她所写出来的一切都是我告诉她的呀。当然，这里问题的关键并不是谁应该获得荣誉，而是新的知识、新的见解、发表在我妈妈的论文中的新思想到底是哪来的？我到底能指着谁说"就是这个人或这台计算机得出了新的结论"呢？我没有这种洞察力，我妈妈也没有，而且在这里也没有其他人什么事，我们甚至连计算机都没用过。但是，那些精彩的理论不知如何全都出现在她的论文中。很明显，在一个允许既向过去又向未来的时间旅行的世界里，知识会凭空产生。或许这个问题不像阻止你出生那个问题那么令人费解，不过也够古怪的了。

我们到底该如何对待这些悖论和古怪的事呢？我们是否能够得出这样的结论：朝向未来的时间旅行是由物理定律保证的，朝向过去的时间旅行必须得丢掉？有些人可能会这么认为。但是，我们即将看到，我们总归有办法应对这些讨厌的问题。但这并不意味着我们有可能通过时间旅行回到过去——那是我们很快就要讨论到的另一个问题——而是意味着朝向过去的时间旅行至少不会被我们刚刚讨论过的这些问题排除掉。

反思谜题

回想第5章，我们曾从经典物理的角度出发讨论过时间的流动，并得到了一幅与直观印象全然不同的物体图像。一路谨慎地探求使我们形成这样的看法：时空就像一块冰，时空中的每一个时刻都永远地冻结在那里。这与人们通常的看法——时间就像河流一样，带着我们从一个时刻流向下一个时刻——截然相反。这些冻结的时刻按不同运动状态中的不同观测者的不同方式汇聚成了*现在*，汇聚成了同一时刻发生的事件。时空块可以被切成不同的“现在”的概念，为了更好地体会这一点，我们也将时空比喻成一块可以从不同的角度切片的面包条。

但要是先把各种比喻放在一边，第5章告诉我们的是：时刻——组成每一块时空条的事件——就是时刻。时刻是永恒的。所有的时刻——每一个事件——都将永远存在，就像空间中的每一个点都永远存在一样。时刻并不是一被观测者的“聚光灯”照亮就活灵活现起来，那样的物理图像虽然符合我们的直觉，但经不住逻辑分析。真实的情况是，时刻一旦被照亮，便会永远都被照亮。时刻不会改变，时刻永远都是那样。被照亮只是组成时刻的多个不会改变的性质中的一个。从图5.1中，我们可以很清楚地看出这一点。在图5.1中，我们可以看到组成宇宙历史的所有事件，它们全都静止不变地待在那里。关于同一时刻到底发生了什么事件，不同的观测者有不同的结论——因为观测者们从不同的角度切削时空片——但是所有的时间片及其组成事件却是普适的。

量子力学对时间的经典物理图像做了一定的修改。比如说，我们在第12章中曾经看到，在极小的尺度上，空间和时空将不可避免地变得崎岖起伏。但是（参见第7章），要想完全利用量子力学来讨论有关时间的问题必须首先解决量子力学的测量问题。解决之道有很多，其中之一——所谓的多世界诠释——特别适合用来讨论由时间旅行引出的矛盾，我们会在下一节中进行有关内容的讨论。在本节中，我们先停留在经典物理的层次，用时空的冰块、面包条比喻来讨论有关问题。

假设你已经成功地回到了过去，并且阻止了你父母的邂逅。直觉上好像我们都知道那意味着什么：在你回到过去之前，你的父母相遇了——比如说，在1965年12月31日午夜[1]钟响的时候，他们相逢于纽约的晚会——然后又及时地生下了你；又过了许多年，你决定回到过去——1965年12月31日，也就是在这个时候，你改变了一切，使你的父母没有办法相逢，于是你妈妈也就没办法生下你。在前面我们曾经提到，对时间更为合理的描述是所谓的“时空片描述”，现在我们就用时空片描述来看看前面的“直觉式描述”到底有哪些问题。

本质上讲，直觉式描述之所以不正确就是因为假定了时刻可以变化。根据直觉式描述，1965年12月31日午夜钟响的时刻（采用了标准的世俗时间片）“起初”是你父母相逢的时刻，“后来”，由于你的介入，1965年12月31日午夜钟响的那一刻，你父母相隔几千米，甚至根本不在同一个大陆上。这种叙述事件的方式的问题在于把时刻看成是

---

1. 当然，我实际上应该说1966年1月1日，不过没关系。

可以变化的了，但我们已经知道，时刻是不变的，它们就只能是本来的那个样子。时空片应当是一种稳固不变的存在。一个时刻根本不可能“起初”一个样，“后来”又一个样。

如果你真的用时间机器回到了1965年12月31日，那你就会出现在那里，你过去一直在那里，将来也一直在那里，你永远都不可能不在那里。不会有两次1965年12月31日——一次你不在那里，一次你又在那里。在图5.1中，你静止不变地存在于时空片中各种不同位置处。如果你今天决定乘坐时间机器回到1965年12月31日晚间11点50分，那么这个时刻就会出现在那些能找到你的时空片中。你于1965年新年前夜在纽约的露面将是时空永恒不变的性质。

这样一种认识仍会使我们得到一些离奇的结论，但不会再有悖论了。比如说，你会出现在1965年12月31日晚间11点50分的时空片中，但是在那之前的时空片中完全没有你的任何记录。这虽然非常奇怪，却并没带来任何悖论。如果有个家伙看到你在11点50分突然出现，他可能会吓坏了，但要是他问你是哪来的，你就可以非常酷地回答：“未来。”至少到目前为止，我们还没在这样的场景中发现任何逻辑上的矛盾。当然，更加值得关注的是：你开始执行任务，阻止你父母相遇，这时又会发生些什么呢？要是非得坚持“时空块”观点的话，那么我们就只能这样回答：你肯定无法成功。不管你在新年前夜做些什么，你都终将失败。想要阻止你父母相逢——虽然看似并不难——在逻辑上是绝对行不通的。你父母肯定会在午夜时分相逢。你不会消失，你在那里，你“一直”都将在那里。每个时刻都存在，全都不会发生改变。将变化这一概念用在时刻身上绝对是对牛弹琴。你父母在

1965年12月31日午夜钟声响起的时候相逢于纽约，没有任何事情会改变这一事件，因为这一事件是永恒不变的事件，它在时空中永远有一席之地。

事实上，现在你再想想，回忆起童年的时候你曾经问过你的父亲他是怎样向你妈妈求婚的，你还记得他说他根本毫无准备。他在求婚前几乎从没见过你妈妈。但就在新年前夕纽约的一个晚会上，他看到一个男子——竟然宣称自己来自未来——不知道从什么地方突然冒了出来，这可把他吓坏了，简直不知所措，以至于一见到你妈妈他就昏头昏脑地决定求婚了。当时就是这样。

关键之处在于时空中全部的不变的事件必须能合成连续的自洽的统一整体，这样的宇宙才有意义。你乘时间机器回到1965年12月31日这件事，根本就是你在履行自己的命运。有一个人突然出现在1965年12月31日晚间11点50分的时空片中，而在之前的时空片中并没有这个人。要是假想我们身在图5.1之外，我们就会直观地看到这一切，我们也会看到那个出现在1965年12月31日晚间11点50分的时空片中的人就是现在年龄的你。要想使这些几十年前的时空片有意义，你就必须回到1965年。而且，我们这些“世外”之人还看到你父亲在1965年12月31日晚间11点50分战战兢兢地问了你个问题，然后就跑开了，接着在午夜时分遇到了你妈妈；再跳过几张时空片，我们看到你父母结婚了，又过不久你出生了，你慢慢长大了，然后有一天，你进了时间机器。如果真的有可能进行时间旅行的话，我们就再也不可能单单用更早时刻的事件就可以解释某一时刻的事件了（无论从谁的角度看都是如此）。但是，要是把全部的事件放在一起考虑的话，我们就会有一个合理的、连续的、毫无矛盾的故事了。

正如我们在前面一节强调过的那样，无论怎样发挥想象力，这也绝不意味着我们有可能通过时间旅行回到过去。但是上面的分析很清楚地告诉我们，那些所谓的悖论，比如说阻止自己的出生等，根本就是逻辑不清的产物。即使你能乘时间机器回到过去，你也什么都改变不了，就像无论怎样你也不能让π不是3.1415926……一样。如果你真的回到了过去，那你就是，并且永远都是过去的一部分，而这个过去与使你旅行到这里来的过去别无二致。

置身于图5.1之外的话，这种解释严谨又条理分明。纵览整个时空片，我们看到的是环环相扣、井然有序的宇宙连字谜。但是，在1965年12月31日的你看来，一切都那么令人困惑。我在前面的分析中说明，无论你费多大的劲，你都不可能用经典物理的办法阻止你父母的邂逅。你可以眼睁睁地看着他们相遇。你甚至可以为他们的邂逅安排机会；当然，你安排的邂逅可以不用像我在前面随随便便讲的那样。你可以一再地回到过去，过去可能有很多个你，每一个你都想阻止你父母的相逢。但要想成功地阻止你父母邂逅就必须改变一些东西，而这些东西会使“改变”这一概念失去意义。

但是，即使我们有了这些抽象的思考，我们也会忍不住问这样的问题：你为什么成功不了？如果你就在晚间11点50分的晚会现场，看到了你年轻时代的妈妈，到底是什么使你没法把她带走？又或者说，你看到了你年轻时代的父亲，但究竟是什么使你不能——这么说实在大不敬，但还是说了吧——给他来一家伙？难道你没有自由的意志了吗？从这里开始，量子力学就要登场了。

自由意志，多重世界，时间旅行

自由意志，即使不给时间旅行增加新的麻烦，也是个很棘手的问题。经典物理学定律带有确定性。正如我们在前面的章节中看到的那样，如果你既能准确地知道现在这个时刻事物是怎样的，又能洞悉全部经典物理学定律的话，那你就能准确地说出在任意给定时刻——无论是过去的某一时刻还是未来的某一时刻——事物是怎样的。这样的方程与假定存在的个人的自由意志毫无关系。所以，有些人就会根据这一点得出这样的结论：在经典宇宙中，自由不过是假象而已。你是由粒子组成的，如果物理定律可以确定任意时刻你的粒子的一切——这些粒子都在哪，它们都是如何运动的，等等——那你决定自己行动的意志力就完全可以推算出来。我相信这样的说法，但是有些人——他们认为人类不只是粒子的总和——并不以为然。

无论怎样，这些想法都没什么实际价值，因为我们所生活在其中的这个宇宙遵循的是量子物理，而不是经典物理。在量子世界中，真实世界的物理，虽然跟经典物理所描述的世界有些相似之处，但是还有些重要的区别。正如你在第7章中学到的那样，如果你知道了此时此刻整个宇宙中所有粒子的量子波函数，那么薛定谔方程就会告诉你你所感兴趣的任意时刻的波函数。量子物理在这一点上的确具有经典物理的那种确定性。但是，观测会给量子力学的故事增添很多新的篇章，正如我们所见，有关量子测量问题的热烈争论仍然未熄。如果有那么一天，物理学家们最终认定薛定谔方程就是量子力学的一切，那么整个量子物理，就会具有同经典物理一模一样的确定性。有了经典物理的确定性，有些人就可以说自由意志不过是假象；而有些人会不同意。但是如果现在的我们错过了量子力学的部分故事——如果从概率性到确定性的结果还需要某些超出标准量子体系的东西——那么自由意志至少有可能在物理定律中找到一个具体的实现。可能真像某些物理学家推断的那样，在未来的某一天，人类会发现有意识的观测行为是量子力学不可或缺的一个元素，是从量子迷雾中提取结果的催化剂。[9] 就我个人而言，我觉得这极其不可能，但是我找不到证明它不对的办法。

现在的局面是自由意识的地位及其在基本物理定律中扮演的角色仍不清楚。所以我们接下来就分别分析一下这两种情况——自由意识本就是一种假象；自由意识其实是真实的。

如果自由意识本是假象，并且我们有可能通过时间旅行回到过去的话，那么你无法阻止你父母相逢这件事就没什么好奇怪的了。尽管你感觉你可以掌控自己的行为，但其实不能，真正在背后起作用的是物理定律。当你想过去把你妈妈带走，或者给你父亲来一枪的时候，物理定律就会起阻碍作用。时间机器可能会在错误的地点着陆，使得你到达的时候他们都已经相会了；也有可能在你扣动扳机的时候，枪却卡住了；还有可能你虽然射出了子弹，却打歪了，直接把你父亲的情敌打中了，反而为你父亲扫清了障碍；再还有这样的可能：当你走出时间机器的时候，你再也没有阻止他们相逢的想法了。不管在你走进时间机器时你在想些什么，你走出时间机器时的行为只能是和谐一致的时空故事中的一部分。物理定律绝不允许任何有违逻辑的行为。

你做的一切都会很好地符合逻辑，现在如此，以后也将一直如此。你改变不了那些不可改变的事实。

如果自由意识不是假象，并且我们有可能通过时间旅行回到过去的话，量子物理就会给出与经典物理完全不同的说法。大卫 · 多奇所倡导的另一种非常吸引人的说法使用了量子力学的多世界诠释。还记得我们在第7章中提到过的多世界诠释吗？在这个理论框架下，包含在波函数中的每一种可能结果——粒子各种可能的自旋指向或者粒子可能出现的位置——都会分别出现在各自的平行宇宙中。我们所看到的任意给定时刻的宇宙都只是量子力学所允许的无限种可能演化中的一种。这个理论体系引人注意的一点在于它所提出的解释：我们觉得自己可以自由地选择做这做那，而这一点反映的是我们在接下来的时刻进入或这或那的平行宇宙的可能性。当然，既然在平行宇宙中你我都有无数个拷贝，那么我们就有必要在这个宽泛的框架下解释一下个人身份与意志的概念了。

就时间旅行和可能的悖论，多世界诠释提出了一种新颖的解决办法。你返回1965年12月31日晚上11：50，拿出你的枪，瞄准你的父亲，扣动扳机。枪响了，你击中了目标。但是这件事情并没有发生在你登上时间机器的那个平行宇宙，所以你的旅行并不是一趟时间旅行，而是从一个平行宇宙来到另一个平行宇宙的旅行。在你扣动扳机击中目标的这个平行宇宙中，你的父母没法相遇——在这样一个宇宙中，多世界诠释保证了我们的存在（因为符合量子力学的所有可能的宇宙都会存在）。所以，根据这样的说法，就没什么悖论存在了，因为每个给定时刻都会有位于不同平行宇宙中的各种不同的版本；根据多世界诠释，时空片会有无穷多个，而不是唯一的一个。在原来的宇宙中，你的父母相逢于1965年12月31日，后来你出生了，长大了，不知怎地就和你父亲的关系变得恶劣了，你着迷于时间旅行，开始了你去往1965年12月31日的时间之旅。而在你所到达的那个宇宙中，你父亲被刺于1965年12月31日晚上，那个时候他还没有遇到你妈妈，刺杀他的凶手宣称自己是他未来的儿子。你在这个宇宙中的版本永远都不会被生出来，不过没关系，那个扣动扳机的你的确是有父母的。只不过他们生活在另一个平行宇宙中。至于这个宇宙中的人们是相信你的故事还是把你看成妄想症患者，那我就不知道了。但可以肯定的是，在每一个宇宙中——你离开的那个宇宙以及你来到的这个宇宙——人们都会讨厌自相矛盾的事情。

而且，即使按照现在这种宽泛的说法，你的时间旅行也不会改变过去。对于你离开的那个宇宙，这一点很明显，因为你回到的根本就不是它的过去。至于你去往的那个宇宙，你在1965年12月31日晚上11：50出现也没有改变那个时刻：因为你的确并且永远都会在那个时刻出现在那个宇宙。于是我们再一次看到，根据多世界诠释，在每一个平行宇宙中发生的事件都是物理上自洽的事件。在你到达的那个宇宙中，的确根据你的心意发生了谋杀事件。你在1965年12月31日晚上11：50的露面，以及你所造下的一切罪孽，都是那个宇宙永远不可抹去的真实之一。

多世界诠释也会对那些不知道从哪突然冒出来的知识——比如我妈妈写出来的那篇弦论方面的发轫之作——给予类似的解释。按照多世界诠释的说法，在无数平行宇宙中的一个中，我妈妈的确迅速成了弦论方面的专家，我所看到的那篇弦论论文全都是她一个人写出来的。当我决定飞往未来的时候，我的时间机器恰好把我带到了那个她写出了论文的宇宙。我在我妈妈的那篇论文中读到的结果事实上是她在那个宇宙中的版本首先发现的。然后我回到了我的时代，我妈妈在这个平行宇宙中的版本实在是没办法理解物理学了。在多年教而未果的情况下，我选择了放弃，然后告诉她怎样写出那篇论文来。于是我们看到，在这个解释里丝毫没有“理论的关键性突破究竟是谁做出来的”这种困惑。真正的理论发现者是我妈妈在另一个宇宙中的版本，在那个宇宙中的“她”是一个物理学天才。而我的几次时间旅行带来的结果就是将那个宇宙中的我妈妈做出来的发现带给了另一个平行宇宙中的我妈妈。如果你觉得平行宇宙这种解释要比找不到文章作者这件事——极具争议性的命题——好理解的话，那你就为知识和时间旅行的相互影响找到了一个稍好些的解释。

我们在这节或前一节中讨论过的这几种方案都不一定是对时间旅行所带来的悖论的*真正*解释。这些解释方案告诉我们的是，回到过去的时间旅行并不会因为这样的悖论就被排除掉。即使以我们现在的理解力，物理学家们也能找到很多方法来规避掉这些悖论。但是，没有排除掉远不等于承认它的可行性。所以，我们现在来问几个主要的问题。

时间旅行能回到过去吗

大部分清醒的物理学家都会回答不可能。我也会说不可能。但是这个不可能并不同于有些问题的不可能，比如说，狭义相对论会允许一个有质量的物体达到并且超过光速吗？又或者麦克斯韦理论会允许带一个电荷的粒子分解成总共带两个电荷的几个粒子吗？对于这些问题，我们会毫不犹疑地回答你，不可能，这种不可能是经过实践检验的。

事实上，没人能够证明物理定律已经将回到过去的时间旅行排除掉了。正相反，倒是有几个物理学家列出了几条建造时间机器的理论方法。要是你拥有无限的技术能力，可以任意地运用已知的物理学定律，那么你就有可能建造出一台时间机器（我们所说的时间机器指的是既能飞往未来也能回到过去的时间机器）。我们这里说到的时间机器可不是H. G. 威尔斯所描述的那个旋转式的小发明或布朗博士那台加大马力的DeLorean[1]。而且所有的设计元素都刚好和已知的物理定律擦边，这就使很多研究人员猜想，等到我们对大自然规律的认识再进步一点，现有的和未来的时间机器方案可能就不仅仅是纸上谈兵了。但就今天而言，这种猜测仅仅基于一种感觉和一些间接证据，没有实际的根据。

至于爱因斯坦本人，在正式发表广义相对论之前的那十几年高强度研究过程中，他也曾经思考过通过时间旅行回到过去的可能性。[10] 坦白地讲，他要是没想过这些可能性那才奇怪呢。因为他对空间和时间激进的诠释摒弃了长久以来的教条，人们自然会不断地问：这场巨变还能持续多久？人们熟知的、来自日常经验的、纯直觉式的时间性质中还有哪些能够幸存下来？但爱因斯坦之所以没在时

---

1. H. G. 威尔斯（1866—1946），英国著名的科幻小说家。名著《时间机器》是他的第一部科幻小说；布朗博士，电影《回到未来》三部曲中的疯狂科学家，他把自己的DeLorean轿车改装成了时间机器。—— 译者注

间旅行这个问题上发表什么文章是因为他单凭自己并没能做出什么有价值的东西。但在他的广义相对论的文章发表后的10多年间，另一些物理学家慢慢地做出了点东西。

广义相对论的早期论文中有几篇与时间机器有关，包括苏格兰物理学家W. J. 范 · 斯托克姆[11]写于1937年的一篇论文和爱因斯坦在高等研究院的同事科特 · 哥德尔于1949年所著的另一篇论文。范 · 斯托克姆研究了广义相对论中的一个假象问题——一个高密度的无限长圆柱体绕着它自身的无限长轴做旋转运动的有关问题。范 · 斯托克姆对这个并非物理上真实的无限长的圆柱体进行了一番研究，得出了一些有意思的东西。我们在第14章中曾经看到，有质量的旋转体将曳引空间做漩涡状的旋动。在范 · 斯托克姆所考虑的情况中，这种旋动如此巨大，以至于我们可以根据数学上的分析发现，被拉进漩涡之中的并不只有空间，还有时间。简单地讲，旋动使得圆柱体周围的时间方向发生扭曲，所以绕着圆柱体的圆周运动可以把你带回过去。如果你的火箭绕着圆柱体飞行，那么你就能够返回到你开始这趟旅行之前的那个时刻。当然，没人能够造出一个无限长的圆柱体。但是这篇论文作为早期的一篇暗示广义相对论并不会排除回到过去的时间旅行的论文，其价值不可磨灭。

哥德尔在他的论文中讨论的也是一种与旋转物体有关的情况。但哥德尔所关注的并不是在空间中旋转的物体，他感兴趣的是在整个空间都在旋转的情况下会发生些什么。马赫可能会认为这毫无意义。如果整个宇宙都在旋转，那么我们就找不到一个旋转运动可以参照的物体。所以按照马赫的观点，一个旋转的宇宙与一个静止的宇宙毫无区别。而这正是马赫的空间关系概念中另一个没能被广义相对论肯定的例子。根据广义相对论，谈论整个宇宙的旋转是有意义的，而且这种可能性会带来简单的可观测结果。比如说，如果你在旋转的宇宙中射出一束激光，那么广义相对论就会告诉你这束激光将按弯曲路径而不是直线路径射出（你要是骑在旋转木马上，然后用手中的玩具枪向上射出子弹，那么这颗子弹的路径就有点像我们所讨论的这束激光的路径）。哥德尔的分析之所以令人惊奇在于他认识到：如果你的火箭在旋转的宇宙中按照某一适当的轨迹运行，那你就有可能在你出发之前回到火箭升空之处。因而，旋转的宇宙本身就是一台时间机器。

爱因斯坦对哥德尔的发现表示了祝贺，但也同时提出进一步的探索可能会表明那些使得广义相对论方程允许时间旅行回到过去的解会与其他基本的物理要求相矛盾，从而使其失去物理上的意义，变成纯粹的数学意外。至于哥德尔的解，近来精确的实验观测已将其直接现实意义减小到最低的程度，因为观测结果表明我们的宇宙并没处于旋转之中。但是范·斯托克姆和哥德尔的工作放出了瓶中的妖精；之后的几十年间，人们发现了更多使爱因斯坦方程允许向过去时间旅行的解。

近些年来，人们对设计假想中的时间机器的兴趣又浓厚起来了。20世纪70年代，弗兰克·蒂普勒重新分析并且精炼了范·斯托克姆所提出来的解决方案；而1991年，普林斯顿大学的理查德·哥特发现了另一种建造时间机器的方法，他的方法利用了所谓的宇宙弦（假想中早期宇宙所残留下来的无限长、灯丝似的东西）。这些贡献都非常重要，但最容易讲清楚的是由基普·索恩及其在加利福尼亚理工学院的学生们提出来的一种方案——有关的概念我们曾在早前的章节中有所讨论。索恩他们利用的是虫洞。

虫洞时间机器的蓝图

我在这里先把建造一台索恩所构想的虫洞时间机器的基本步骤列在这里，在下一节中我们将详细讨论索恩雇佣的承建商将会遇到哪些问题。

虫洞是假想的空间通道。虫洞类似于穿山而过的隧道，那种穿山而过的隧道可以缩短两个不同位置之间的距离（没有它的话你就只好翻过山才能到另一个位置）。虫洞所起的作用就类似于此，但它同传统意义上的隧道有一个重要的区别。传统意义上的隧道是在已经存在的山体上凿出来的——没有隧道的时候，山和山所盘踞的地方就已经在那里了——而虫洞则是沿着一条全新的、之前并不存在的空间管构建出一条连接空间中两个不同位置的通道。即使你把穿山而过的隧道废掉，那里的空间仍然存在。但你要把虫洞移除的话，它原本所占据的空间就消失了。

图15.2（a）中所示意的就是连接Kwik-E-Mart和斯普林菲尔德核电站[1]的虫洞，当然这种画法有些误导之处，因为虫洞画成了横跨斯普林菲尔德小镇的样子。更准确一点的话，虫洞应该被想成是一个全新的空间区域，并且这个区域只在其端点——或者说端口——才与

1. 这两个地名都是在动画片《辛普森一家》中出现的，其中Kwik-E-Mart是一家连锁超市。——译者注

我们熟悉的普通空间相交。你要是以为只在斯普林菲尔德大街上走走，抬头看看天就能找到虫洞的话，那你就大错特错了。看到这个虫洞的唯一方法是走进Kwik- E-Mart，在店里你会发现平常的空间中开着一个洞——一个虫洞的端口。往洞里看去，你会看到核电站的内部，也就是图15.2（b）中的第二个端口的位置。图15.2（a）中另一个容易被误解之处在于虫洞看起来似乎并不是一条捷径。将图15.2稍稍改动一下变成图15.3的样子，这个问题就解决了。如你所见，通过常规的路径从Kwik-E-Mart到核电站的确是比通过虫洞要远些。图15.3之所以会画得扭曲完全是因为我们很难在平面上画出广义相对论几何，但即使画成这样，这张图也会给我们带来一些虫洞的直观感受。

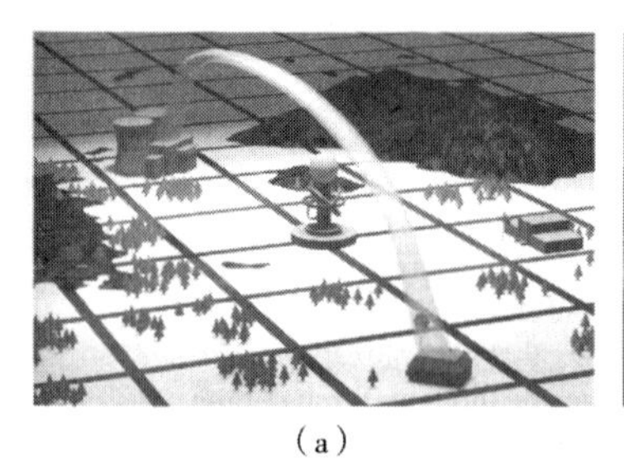
（a）

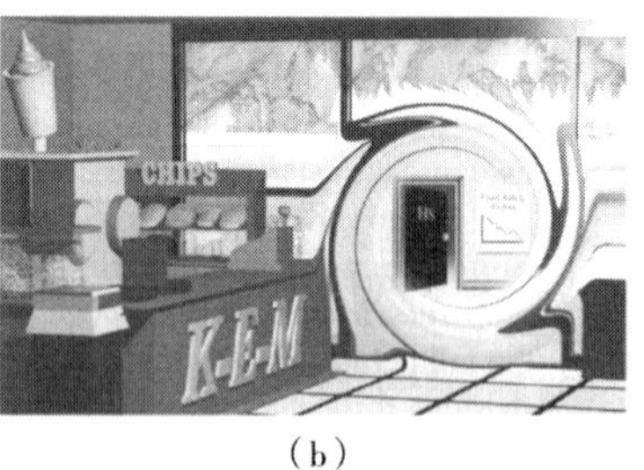

（b）

图15.2　（a）Kwik-E-Mart和核电站之间的虫洞。
（b）视线穿过虫洞看到的景象，洞的一端是Kwik-E-Mart，而另一端就是核电站

图15.3　利用几何，我们可以更加清楚地看到虫洞真是一条捷径（虫洞实际的端口分别在Kwik- E-Mart和核电站内，图中很难显示这一点）

没有人知道虫洞是否真的存在，但是早在很多年前物理学家们就证明了虫洞是广义相对论的数学所允许的内容，当作游戏搞搞相关理论研究是完全没有问题的。20世纪50年代，约翰·惠勒及其合作者成为虫洞研究方面的先锋人物，他们一道发现了虫洞的很多基本数学性质。到了近一些的时候，索恩及其同事发现虫洞不仅仅是空间上的捷径，也可以是时间上的捷径，从而使虫洞研究领域空前繁荣起来。

现在我们来看看索恩的想法。想象这样一幅场景：巴特和莉莎分别站在斯普林菲尔德虫洞的两端——巴特在Kwik-E-Mart这端，而莉莎在核电站那端——懒散地聊着给霍默准备什么样的生日礼物，巴特准备来一趟跨星系的短程旅行（给霍默带点他喜欢的仙女座炸鱼条回来）。莉莎本来对这趟行程不感兴趣，但是考虑到她自己一直很想看看仙女座，所以她就劝说巴特把他那边的端口挂到飞船上，这样她就可以看看仙女座的样子。你或许会认为要是巴特把端口挂到飞船上一起走的话，虫洞就会被抻长，但这是在假定虫洞是普通空间才会有的情况。其实不然。如图15.4所示，由于奇妙的广义相对论几何，虫洞的长度会在整个行程中保持不变。这一点非常关键。即使巴特的飞船飞往仙女座，他与莉莎之间的虫洞的长度也不会发生变化。而这就使虫洞作为捷径的角色更加明显了。

为明确起见，我们姑且假定巴特的飞船以99.999999999999999999%光速的速度飞行了4小时才到达仙女座，在这个过程中他与莉莎一直通过虫洞聊天，就像起飞之前那样。当飞船到达仙女座的时候，莉莎让巴特停下来以便她能清楚地看一看仙女座的风景。但是巴特觉得应该赶快叫上一份外卖炸鱼条，然后掉头返航。虽然莉莎对这么快就返航

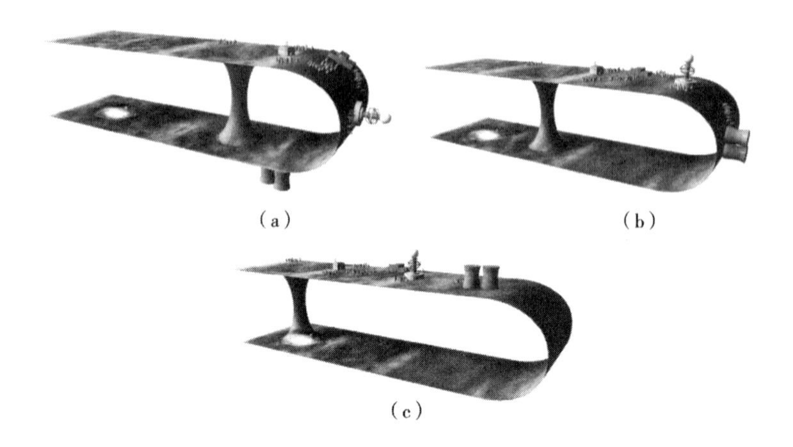

图15.4 （a）连接Kwik-E-Mart和核电站的虫洞。
（b）虫洞开启的下端连的是外层空间（从核电站连到未画在图中的宇宙飞船）。
（c）虫洞的一端到达了仙女座星系，另一个端口则还在Kwik-E-Mart。在整个航行过程中，虫洞的长度并未发生变化

感觉很气恼，但还是同意继续和巴特聊天。4小时再加几把五子棋后，巴特安全地降落在斯普林菲尔德高中。

当他从舷窗中望出去的时候，巴特一下子呆住了。那些建筑看起来完全不一样了，滚球场上空漂浮的计分板显示现在已经是他离开之后差不多600万年的时候了。“嘿，哥们，怎么回事！？”他对自己说道，过了一会，一切都搞清楚了。他记起最近通过心连心的方法从杂耍鲍勃那里学到的狭义相对论：你运动得越快，你的钟就会变得越慢。如果你乘坐高速宇宙飞船出去遛一圈然后回来，那么你飞船上的时间可能仅仅过了几小时的光景，但是外面的世界已经过了成千上万年。快速地计算后巴特确认，以他航行的速度来看，飞船上的8小时意味着外面世界的600万年。计分板上的时间是正确的，巴特认识到他已

经来到了未来的地球。

“……巴特！你在哪？巴特！”莉莎从虫洞里喊道，“你能听到我说话吗？加快油门，我想按时回家吃饭。”巴特看了看虫洞的端口，告诉莉莎他已经降落在斯普林菲尔德高中的草坪上了。从虫洞中仔细地看了看后，莉莎发现巴特没说谎，但从Kwik-E-Mart往斯普林菲尔德高中的方向望过去，莉莎没能发现飞船的影子。“我糊涂了。”她说。

“实际上，这很好理解，”巴特得意洋洋地回答道，“我的确是降落在了斯普林菲尔德高中，只不过是600万年后的斯普林菲尔德高中。你从Kwik-E-Mart的窗户看不到我，因为你虽然看对了地方，但没看对时间，你早了600万年。”

“对了，没错，狭义相对论的时间延迟效应，”莉莎赞同道，“很酷。但不管怎么说，我想按时回家吃饭，所以快爬过虫洞，我们得快点。”“好的。”巴特应道，然后爬出了虫洞。他在阿普[1]那儿买了黄油棒，然后就和莉莎回家了。

注意，虽然巴特一会儿就穿过了虫洞，但这却意味着他穿过了整整600万年。巴特与他的飞船还有虫洞的端口降落在600万年后的未来。他只需要走出飞船，同人们谈上几句，看看报纸，就会确认这一切都是真的。但是，一旦他爬出虫洞，就会又回到现在和莉莎在一起

1. Kwik-E-Mart便利店的印度裔老板。——译者注

了。任何一个像巴特一样穿过虫洞的人也都有同样的遭遇：他也将穿越600万年的时间。与此类似，任何人从位于Kwik-E-Mart的虫洞端口爬进去都会来到巴特飞船降落的600万年后。这里的关键之处在于巴特并不是仅带着虫洞的端口穿越空间。他的这趟旅行也使虫洞的端口穿越了时间。巴特的旅程把他自己和虫洞的端口带到了未来的地球。简而言之，巴特将一条空间隧道变成了一条时间隧道，他将一个虫洞变成了时间机器。

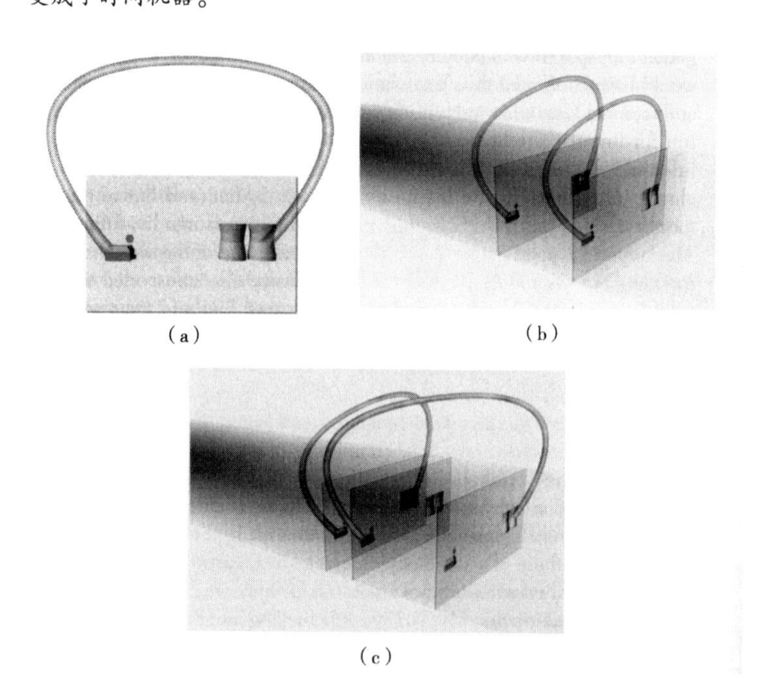

图15.5 （a）某个时刻所创建的虫洞，将空间中的两个位置联系起来了。
（b）如果虫洞的两个端口之间没有相对运动，它们就会以相同的速率“穿过”时间，这样一条虫洞连接的是相同时间的两个区域。
（c）如果虫洞的一个端口处于往返旅程中（图中未示），那它所用掉的时间就会少些，因而这样的虫洞连接的就是不同时刻的两块空间区域，这样的虫洞就是一台时间机器

图15.5是这个过程的一张粗略示意图。在图15.5（a）中，我们可以看到一个虫洞将空间中的两个位置联系起来了，之所以这样画虫洞是为了使之区别于普通空间。在图15.5（b）中，我们展示了这个虫洞的演化，这里假定了虫洞的两个端口全部处于静止状态（时间片为静止观测者的时间片）。在图15.5（c）中，我们展示了当虫洞的一个端口被挂在往返行程的飞船上时的情况。对于运动的虫洞端口来说，它的时间就像运动的钟的时间一样会变慢，所以运动的端口被传送到了未来（如果运动的钟仅仅过了1小时，而静止的钟却过了千年的话，运动的钟就来到了静止的钟的未来）。因而，静止的虫洞端口连接的并不是同一时间片的端口，它通过虫洞连接的是*未来*时间片的端口，如图15.5（c）所示。除非虫洞的端口又运动了，否则的话两个端口之间的时间差就会一直存在。任意时刻，只要你从一个端口进去再从另外一个端口出来，你就成了时间旅行者。

建造一台虫洞时间机器

现在，我们已经搞清楚了建造一台时间机器需要有哪几步。第一步：找到或者干脆创造一个虫洞，这个虫洞要宽到能把你或者你想通过时间机器传送的东西放进去的程度。第二步：使得虫洞的两个端口之间存在时间差——也就是说，使一个端口相对于另一个端口运动。理论上讲，这就行了。

但在实践中能行吗？正如我在开始时提到的，人们甚至不知道是不是真的有虫洞存在。有些物理学家说在空间结构的微观层次上存在很多微小的虫洞，这些小虫洞产生于引力场的量子涨落。如果是这样的话，那么我们面临的挑战就是如何将它们放大到宏观尺度。至于究竟应该怎么达到这种效果，人们已经提出了一些建议，不过那些方案都非常晦涩，不在有趣的理论妙想范围内。而另一些物理学家则将制造宏观虫洞当作广义相对论应用方面的工程项目。我们知道空间反映的是物质和能量分布，所以，只要能很好地控制物质和能量，我们就有可能使某块空间区域变成虫洞。这种方法还有另外一个难点，正如我们非得在山上撕开一个口子才能建造穿山隧道一样，我们也必须在空间结构中撕开一个口子才能给虫洞找一个端口。[12] 没人知道物理定律是否允许我们这么干。我在弦论方面的工作（参见第13章“膜”小节）表明，某些类型的空间撕裂是没问题的，但我们到目前为止还不清楚这样一些缝隙是否与制造虫洞有关。即使按最好的情况来看，获得宏观虫洞的想法也是一个*非常*长的时期内才有可能实现的梦想。

而且，就算我们想出了什么办法得到了宏观虫洞，事情也没完，我们还要面临一大堆的困难。首先，早在20世纪60年代，惠勒和罗伯特·弗勒就曾利用广义相对论方程证明，虫洞是不稳定的。虫洞壁会一瞬间就向内塌陷，这就使得我们没法用它做任何旅行。但是后来，物理学家们（索恩、莫里斯以及马特·维瑟）又发现了绕过塌陷问题的可能途径。如果虫洞不是空的，而是含有具有外推力的物质——所谓的*奇异物质*（exotic matter），那么虫洞就有可能持续开放并且稳定。虽然奇异物质的效应有点类似于宇宙常数，但奇异物质生成外推的排斥性万有引力纯粹是由于具有负能（而不是宇宙常数的负压特征[13]）。在某些非常特别的情况下，量子力学会允许负能量的存在[14]，但生产足够多的奇异物质来维持宏观虫洞的开放显然是一项巨大的挑战（比如说，维瑟曾经计算过，要想打开1米宽的虫洞，所需要的负能差不多等于太阳在过去100亿年间产生的总能量[15]）。

其次，即使我们通过什么方法找到或者制造出了宏观虫洞，并且有办法支撑洞壁使之不坍缩，还使两个端口之间有了一定的时间差（比如说，让其中的一个端口绕另一个端口高速飞行），要想得到一台时间机器也还得克服另外一些困难。包括霍金在内的几位物理学家提出了新的可能性。他们指出，真空涨落——由于各种场的量子不确定性而带来的涨落，如我们在第12章中讨论过的那样，即使对于平坦空间，这种涨落也是存在的——可能会在虫洞变成时间机器的时候摧毁它。其原因在于就在穿越虫洞的时间旅行变得可行时，一种可怕的反馈机制——就像有的时候我们拿的麦克风与音箱的位置不合适而产生刺耳的啸叫——可能开始起作用。未来的真空涨落可能也会穿过虫洞而回到过去，而回到了过去的真空涨落可能也会顺着普通的空间和时间而来到未来，再次进入虫洞，再次回到过去，如此循环往复，使虫洞中出现一直增加的能量。推测起来，这样的能量可能会毁灭虫洞。理论研究表明这是一种真正的可能性，但真要实际计算又需要我们理解弯曲时空中的广义相对论和量子力学，因此，这一问题尚未有定论。

显然，建造一台虫洞时间机器将面临巨大的挑战。但是我们还不能下定论究竟是能还是不能，除非我们对量子力学和引力的理解更上一层楼，而这种提升可能需要通过弦论的发展。尽管单靠直觉，大部分物理学家都认为通往过去的时间旅行并不可行，但在今天，这个问题尚未盖棺定论。

宇宙观光

谈到时间旅行的时候，霍金提出了一个有趣的问题。他问道："如果真的可以做时间旅行，那么我们为什么从来也没遇到过来自未来的客人呢？"你可能会说："或许我们早就遇到过了。"你也可能进一步辩解道："这些时间旅行者中的大部分都被我们扔到紧锁的病房里去了，剩下的那些多半不敢表明自己的身份。"当然，霍金的话半是玩笑，我的回答也是这样，但他提出的问题却很严肃。如果你也像我一样认为，我们尚未遇到过任何来自未来的人，那是不是可以说时间机器根本是不可能的呢？毫无疑问，要是未来的人们真的成功地建造出了时间机器，那么某些历史学家必定要亲身到现场研究一下第一颗原子弹的建造，第一次的月球之旅，或者第一台电视机的投产。所以，要是我们相信从未有来自未来的人访问过，那么也就相当于说我们相信根本不可能有时间机器这回事。

但实际上，这可不是一个必然的结论。*乘坐时间机器并不能回到第一台时间机器建造出来以前的时代*。对于虫洞时间机器来说，仔细看看图15.5就会明白这一点。尽管虫洞的两个端口之间有时间差，尽管这种时间差使得我们可以向未来或向过去做时间旅行，但你却不能去一个早在时间差建立起来之前的时刻。虫洞本身并不能存在于时间片左边很远的地方，所以你也没办法到达那样的地方。因而，假如说时间机器在距今1万年后建造出来，那一时刻无疑将吸引很多时间旅客，但是在那之间的时代，比如说我们这个时代，就是时间机器永不可及的了。

我们对自然定律的现有理解不仅能告诉我们如何避免显而易见的时间旅行悖论，还能为建造时间机器这样的想法出谋划策，这一点实在令我感到非常新奇。可别当我错了，我可属于清醒物理学家行列——我们凭直觉认定未来的某一天利用时间机器回到过去的可能性将会被物理定律排除掉。但在明确的证明出现之前，我们最好公正客观地保持着开放式思维。至少，研究这些问题的物理学家们不自觉地深化了我们对极端条件下的空间和时间的理解。他们可能正朝着时空高速路迈出关键的第一步。不管怎么说，在我们成功地造出时间机器之前的每一个时刻都将一去不返，永远地弃我们以及我们之后的人类而去。

第 16 章 幻象的未来

空间和时间的前景

对于物理学家来说，其一生的大部分时间都在困惑的状态中度过，这甚至可算是一种职业病。要想在物理学领域获得成功就得学会在通往真理的曲折道路上爱上疑惑。对含混不清的东西无法忍受的感觉激发了普通人身上所蕴藏的非凡天赋和创造性，有待调和的不谐事物特别容易使人集中思想。但是在探索之路上——在为解决著名问题而进行的研究工作中——理论学家们必须穿越迷茫的丛林，他们所能依靠的导引只能是直觉、模糊的概念，断断续续的线索与计算。而且，由于大多数的研究者有掩饰痕迹的习惯，所以在很多复杂困难的细节上，人们常常一无所知。但是千万不要忘记没有什么可以轻易获得。大自然不会轻易说出它的秘密。

在本书前面的很多章节中，我们读到了很多有关人类追寻空间和时间之意义的故事。尽管我们已经谈到了很多既深刻又令人惊奇的思想，但是仍有种种疑惑未能弄清楚，我们仍未到达可直呼“Eureka”[1]的那一刻。毫无疑问，我们仍在丛林中探寻出路。那么，未来的路在何方？时空故事的下一章应该是些什么内容？显然，没有人知道。但

1. Eureka意为“明白了”“搞清楚了”。据说古希腊著名学者阿基米德在洗澡的时候突然想清楚了测量不规则物体体积的办法，兴奋地跳出浴缸，高呼：“Eureka！”——译者注

是近年来，一些线索已初见端倪；虽然这些散碎的证据还不能连成完整一致的物理图像，但很多物理学家仍然相信这些证据暗示着宇宙学上另一次大突破的来临。于此之际，很多物理学家相信时间和空间这样的概念不过是埋藏在物理真实性中的更加精细丰富的基本理论的一种幻象。在即将结束本书之际，让我们试着了解一下这些零散的线索并初窥我们探寻宇宙结构之旅的下一站在哪个方向。

空间和时间是基本概念吗

德国哲学家伊曼努尔·康德认为，要是把空间和时间的概念剔除掉，思考并且描述宇宙就不单单是有难度了，而是根本就不可能。坦率地讲，我能理解康德为什么会这么想。无论什么时候，只要我坐下来闭上双眼，试着想一想某个或某件既不占任何空间也没经历任何时间的东西或事情，我都会大脑短路。有空间才会有内容，有时间才有变化，两者总是无声无息地存在着。具有讽刺意味的是，埋头于数学计算（这时候用的常常是时空）的时候，才是我的大脑与时空的概念联系最紧密的时候，因为这些数学练习能够短暂地吞没我的思想，在某种抽象意义上就像没有空间和时间一样。但是思想本身以及思想需要依托的身体则还是不得不占据着时间和空间。要真的清除了空间和时间，那么甩掉你的影子简直易如反掌。

然而，很多当代主流物理学家怀疑，空间和时间虽然无处不在，却不一定是真正的基本概念。就像炮弹的坚硬源于组成炮弹的原子的集群性质，玫瑰的香气源于组成玫瑰的分子的集群性质，猎豹的敏捷源于其肌肉、神经以及骨骼的集群性质，空间和时间的性质——这本书中所讨论的主要东西——也可能源于某种我们尚不清楚的基本成分的集群性质。

物理学家有时会将这些可能性归结为一句话：时空根本是一种幻象。一种有争议的描述，其意义需要合理的解释。不管怎么说，当你被炮弹击中，或者闻到了玫瑰的香气，或者正好看到了飞奔的猎豹的时候，你是无论如何也不会因为这些事物都有其更加基本的结构而否定其存在的。相反的，我想我们大多数人都会同意这些由各种物质汇聚起来的事物自有其存在性，而且，要想了解这些事物，我们仅仅知道作为其组分的原子或分子的性质是不够的，我们还需要研究其整体的性质。但是，由于它们都是由更基本的物质组成，所以我们不会去试着建立一个基于炮弹、玫瑰以及猎豹的宇宙理论。类似的，即使空间和时间真是某种复合实体，那也并非就意味着我们所熟知的空间和时间表象——不论是牛顿的桶还是爱因斯坦的引力——只是一种幻象；无须怀疑，不论未来我们对时间和空间的理解有什么样的发展，空间和时间在实际意义上仍将保有其无处不在的地位。而且，复合时空的概念意味着一种对宇宙更为基本的描述——既不需要空间也不需要时间的宇宙——尚未被发现。这样，空间和时间这种幻象就只是人类所臆造的概念之一，对宇宙最深刻的解读将使我们看清楚空间和时间这一信念将土崩瓦解。当你在原子以及亚原子水平上研究物质的时候，炮弹的硬度、玫瑰的香气、猎豹的速度都不再有任何意义；与之类似，当我们钻研大自然的最基本法则的时候，空间和时间的概念也将自行消融。

时空并不是最基本的宇宙组成可能使你觉得有点牵强。在这一点上你的感觉可能是对的。但有关时空并不与最基本的物理定律相关联的说法并不是一个胡诌的理论。相反，这种想法的提出正是基于一系列理性的思考。下面我们一起来看看其中最出色的几个想法。

量子平均

在第12章中，我们曾讨论过空间结构以及宇宙中的其他事物究竟是怎样被归结为量子不确定性的涨落的。你或许还记得，正是这些涨落，一下子冲垮了点粒子理论；也正是这些涨落，使得人们无法从点粒子理论中得到一个合理的量子引力理论。弦论则不然，它用圈和片代替了点，抹平了涨落——从根本上减小了量子涨落的幅度。就是这样，弦论成功地统一了量子力学和广义相对论。然而，大大减弱了的时空涨落仍然可以存在（就像图12.2中倒数第二层所展示的放大效果），而我们将以它们为线索来思考时空的命运。

首先，我们了解到，人们所熟知的空间和时间——就是浮现在我们脑海中、运用在方程式中的那个空间和时间——来自某种平均过程。当你的脸贴近电视机荧屏的时候，你看到的是一个个像素。这时的感觉与你在一个舒适的距离看电视时的感觉大为不同。这是因为，当你的眼睛没法分辨单独的像素时，它就会把各个像素组合起来平均一下，从而得到平滑过渡的图像。请你注意，只有通过这样的平均过程，由大量的像素构成的图像看起来才是连续的画面。同样，时空的微观结构中也存在着随机波动，但是由于不能在那么小的尺度上分辨时空，我们没法直接知晓这些随机波动。我们的肉眼，甚至我们最为强大的设备，会将这些波动平滑起来得到均匀连续的感觉，就像看电视那样。由于这些波动是随机的，因而在一个小区域内“向上”的波动很可能同“向下”的波动一样多，这样平均一下，大体上就会彼此相消，使我们看到一个平和的时空。但是，与电视机的情形类似，*时空之所以以平滑安稳的形式出现，仅仅是由于平均过程的存在。*

我们熟悉的时空其实是一种幻象，对于这一说法，量子平均提供了一个非常实际的解释。平均方法的用途很多，但天生就有不能为深层细节提供清楚图像的特点。尽管平均说来，每个美国家庭有2.2个孩子，但你能找出一个有2.2个孩子的家庭吗？尽管一加仑牛奶的平均价格是2.783美元，你却找不到一家按这个价格卖牛奶的商店。我们熟悉的时空也是这样，尽管其自身为平均过程的结果，却不能描述那些我们想要将其称为“基本”的概念的细节。空间和时间只是一种近似，一种集群概念，一种在除最微观尺度外的几乎所有尺度上研究宇宙的极好工具，一种类似于有2.2个孩子的家庭的幻象。

我们来看看第二种相关的见解：尺度越小则量子涨落越强意味着不断地将距离或间隔分割成更小单位的概念可能会在普朗克长度（10^{-33}厘米）与普朗克时间（10^{-43}秒）附近走到尽头。我们在第12章中讨论过这一想法。我们曾经强调过，尽管这一概念与我们从日常生活中获得的空间和时间的感受完全不同，但与日常生活有关的性质被推广到微观尺度时变得面目全非实在没什么值得惊奇的。既然空间和时间的无限可分性是我们日常生活中所熟知的性质，那么这一概念的不再适用就成了另一条线索：暗示我们微观尺度上隐藏着某些我们不了解的东西——或许可称为时空基底的半成品的东西——它构成了我们所熟悉的时空概念。我们认为这*尚未明确*的组分，这最基本的时空体，不可以再被分成更小的片；因为我们最终会到达量子涨落非常猛烈的尺度，而在那里将没有我们日常在大尺度上感受到的时空。看起来基本层次上的时空组分——不管它到底是什么——被平均过程彻底地改变了面貌，以至于成为我们在日常生活中所体验到的时空。

因而，在最深层次的大自然定律中寻找熟悉的时空可能就像一个音符一个音符地听贝多芬的《第九交响曲》，或者就像一笔一笔地看莫奈的画。在最基本的层面上，自然界中的时空就像这些人类表现力中的极品一样，其整体与其部分完全不同，全无类似之处。

翻译中的几何

另一种想法，物理学家称之为*几何对偶性*的理论，同样提出时空可能并不具有基本性，只不过提出这一论断的角度相当不同。相比于量子平均，描述这一理论时需要更多的专业术语，因此你要是觉得这一小节太过晦涩，那就略过不读好了。不过很多研究者都认为这些想法是弦论中最具象征意义的内容，因而努力读一读，试着了解其主旨还是很值得的。

我们在第13章中看到，本以为不同的5种弦论究竟为什么是同一种理论的5种翻译。我们在众多内容中特别强调这一点，是因为很多时候这种翻译会使极其困难的问题变得简单一些。但是，在统一5种理论的翻译字典中，有一种目前为止我一直忽略没提的特性。将一个问题从一种弦论中的形式翻译到另一种弦论中的形式时，其困难度会大幅度变化；同样的，将一个问题从一种时空的几何形式描述转换到另一种时空的几何形式描述时，问题的困难度也会有大幅度变化。我要说的就是这个。

在我们的日常生活中，空间只有三维，时间只有一维，而弦论则需要更多的维度。这就使我们有理由探讨额外的维度究竟藏在哪里这样的问题，就像我们在第12章和第13章中做的那样。我们当时找到的答案是这些额外的维度会蜷曲起来，它们蜷曲以后的尺度如此之小，以至于我们目前的实验水平还无法触及。在那些章节中，我们也弄明白了在我们熟悉的大维度上的物理依赖于额外维度的精确大小以及形状，因为额外维度的几何性质会影响弦的振动模式。很好，现在来谈谈我之前故意忽略的问题。

能够将一种弦论中提出的问题翻译为另一种弦论中的不同问题的那本字典，*也可以用来将第一个理论中的额外维度的几何翻译为第二个理论中的额外维度的几何*。比方说，假如你正在研究IIA型弦论的物理内涵，在这个理论中，额外维度蜷曲到特定的大小和形状，那么，你所得到的每个结论至少在理论上可以从被翻译到其他弦论（比如IIB型弦论）中的同一问题中推演出来。但是，要想在不同的理论中完成问题的翻译，就得*要求*IIB型弦论中的额外维度按特定的几何形式蜷曲，而这特定的几何形式将取决于——*但通常来说却区别于*——IIA型弦论中的额外维度的几何形式。简而言之，具有按某种几何形式蜷曲的额外维度的给定弦论等价于——可被转译为——具有按*不同*几何形式蜷曲的额外维度的另一种弦论。

而且，时空几何上的差异并不会很小。比方说，要是IIA型弦论中的一个维度被蜷曲为一个圆环，如图12.7所示，那么那本字典就会告诉你这个理论完全等价于其中一个额外维度蜷曲为圆环的IIB型理论，而且，IIB型弦论中的圆环半径*反比*于IIA型弦论中的圆环。如果一个圆环很小，另一个就会很大，反之亦然，因而没有任何办法可以分清两种几何（这里我们用普朗克常数的倍数来表示距离。如果一个圆环的半径为R，则数学字典会告诉你另一个半径为1/R）。你可能会觉得搞清楚哪个是大圆环哪个是小圆环非常容易，但在弦论中可真的没有那么容易。所有的观测都得自于弦之间的相互作用；而这两种弦论，具有一个大圆环维度的IIA型弦论和具有一个小圆环维度的IIB型弦论，只不过是同一物理的不同翻译版本——只不过是不同的表述方式而已。你在一种弦论框架下描述的所有观测都可以在另一种弦论中找到完全等价的描述，尽管每种理论的语言以及所给出的解释会有所不同。[之所以有这种可能，则是因为对于沿圆环维度运动的弦来说，可能存在两种定性上全然不同的构造：一种是弦像绕在锡杯上的橡胶圈那样绕在圆环维度上；另一种则是弦被固定在圆环维度的某处而不是绕着它。前者具有*正比*于圆环半径的能量（半径越大，缠绕它的弦就要被拉伸得越长，因此弦中蕴藏的能量也就越大）；后者具有*反比*于半径的能量（半径越小，弦在圆环维度所能占据的就越多，所以弦运动时由于量子不确定性而导致的能量也就越大）。值得注意的是，要是我们可以将原本的圆环半径*反换*，并同时将“蜷曲的”弦同“不蜷曲的”弦交换，则物理能量——以及更普遍意义上的物理——将不受影响。这一点正是字典在将IIA型弦论翻译为IIB型弦论时所需要的，也正是两种显然不同的几何——大圆环维度和小圆环维度——可以彼此等价的原因所在。]

若我们将额外维度的形状由简单的圆环变为第12章中讲过的更为复杂的卡拉比-丘流形，我们还将得到类似的想法。额外维度蜷曲为特定的卡拉比-丘流形的某种弦论可以被字典转译为额外维度蜷曲为不同的卡拉比-丘流形的另一种弦论（我们说两者互为*镜像*或者*对偶*）。在这些例子中，不仅卡拉比-丘流形的大小可以不同，它们的形状，包括其上的洞的种类和数目，也可以不同。但是那本翻译字典却能保证它们按照正确的方式有所区别，因而，尽管额外维度的尺寸和形状不同，不同的理论所蕴含的物理却是完全相同的（在一个给定的卡拉比-丘流形中可能有两种类型的洞，弦的振动模式——以及所诱导的物理——仅对两种类型的洞的数目*之差*敏感。所以，如果在某个卡拉比-丘流形上有 2 个第一种类型的洞，以及5个第二种类型的洞；而在另一个卡拉比-丘流形上有5个第一种类型的洞，以及2个第二种类型的洞，那么虽然这两个卡拉比-丘流形的几何形状不同，但它们对应的理论将带来同样的物理[1]）。

从另一个角度看，这对“空间并非基本概念”这一猜测是一个有力的支持。用5种弦论中的某一种描述宇宙的人将会宣称包括额外维度在内的空间具有某种特殊的大小和形状；而用另一种不同的弦论描述宇宙的人将会宣称包括额外维度在内的空间具有另一种不同的大小和形状。这两个人观测的是同一个*物理*宇宙，却给出了两种不同的*数学*描述，而这并不意味着两者中必有一个是错的。他们可能都是正确的，尽管他们有关空间的结论——大小和形状——不尽相同。还需要注意的是，这里并不是说他们按照不同的却等效的方式切割时空，

1. 要是对与圆环以及卡拉比-丘流形有关的几何对偶性的细节有兴趣的话，请参见《宇宙的琴弦》第10章。

就像狭义相对论中那样。这两位观测者所不能达成共识的乃是时空自身的整个结构。这就是关键之所在。如果时空真的是基本的，大多数物理学家都会认为每个人，不论其视角如何——不管他们用的理论语言是怎样的——都将会就时空的几何性质达成共识。但现在的情况是——至少在弦论中是——使用不同理论的人们不能就时空结构达成共识，而这一点正意味着时空很可能是个次级现象，而不是基本概念。

因而我们就自然地被带到这样一个问题前：如果前面两节所讨论的线索的确为我们指引了正确的方向，即我们熟悉的时空只不过是某种基本实体的大尺度表象，那么这种实体究竟是什么？它又具有哪些性质呢？今天还没有人能够回答这个问题。但是在探寻这个问题的路上，研究者们发现了更多的线索，而最重要的线索来自对黑洞的思考。

黑洞的熵有什么用

黑洞可算是宇宙中最难以捉摸、最老谋深算的家伙。从外部来看，黑洞要多简单有多简单。黑洞的3个特性分别是质量（质量将决定黑洞的大小，也就是其中心到其视界——一旦触碰则有去无回的隐蔽表面——的距离）、电荷，以及自旋速度。这就是黑洞。只要搞清了这几点就可以看到黑洞向宇宙展现的面貌。物理学家将这一点总结为“黑洞无毛”，也就是说黑洞缺乏那种有个性的具体特征。如果你见过了一个具有特定质量、电荷和自旋（当然，你只能间接地通过环绕黑洞外的气体和星体来获得这些信息，因为黑洞是黑的）的黑洞，那你就见过了所有具有相同质量、电荷和自旋的黑洞。

然而，黑洞岩石般坚硬的外表下，却匿藏了现今所知的宇宙中最极端的狂乱。在一切具有给定尺寸的任意可能组成的物理系统中，黑洞包含着最高可能性的熵。根据第6章讲过的内容，我们可以粗略地讲，这一结论得自于熵的定义——熵是物体内部组分重排数目的量度，与物体的外在无关。至于黑洞，虽然我们并不知道在其内部究竟有些什么——因为我们根本不知道物质撞进黑洞后会发生些什么——我们却可以心安理得地说黑洞内部成分的重新排列组合并不会对黑洞的质量、电荷和自旋产生影响，就像把《战争与和平》的页码打乱重排不会影响这本书的重量一样。既然质量、电荷以及自旋完全决定了一个黑洞展现给外部世界的面貌，那么所有的那些重排组合我们可以统统无视，于是我们说黑洞具有最大可能的熵。

即使讲了这么多，你还是可能会提出用下面这样的办法增加黑洞中的熵。首先造一个与给定黑洞同样大小的空心球，然后往里充气（氧气、氢气、二氧化碳，什么都行）并使之遍布整个球内部。你充进去的气越多，气体的熵就会越多，因为气体分子越多意味着可能的重排组合数目就越多。于是你就会说，只要你不停地充气，这样一直下去，早晚会超过黑洞的熵。这个办法听起来挺高明，但是广义相对论却告诉你这行不通。你充进去的气越多，球体所包容的质量就越大。在你还没来得及将它充到等体积的黑洞所含有的熵的时候，球体内不断增加的质量就会达到一个临界值，这时球体及其内部的一切就会变成一个黑洞。我们其实找不到什么办法绕过这一点。黑洞就是拥有最大的混乱度。

如果你继续往黑洞里打气，其中的熵将会怎样增加呢？熵当然会继续增加，只不过游戏规则却需要变一变。当有物质跃入黑洞贪婪的视界内时，黑洞的熵毫无疑问会增加，但是其大小也会增加。黑洞的大小正比于其质量，因而，只要你往里注入更多的物质，黑洞自身就会变得更重更大。所以，一旦你通过制造黑洞的办法使某一区域内的熵达到了最大值，那就再也找不到什么增加这个区域内的熵的办法了。这一区域内的混乱度再也不能增加了。其中的熵已经满了。无论你做什么，不管你是充进更多的气还是扔进去一辆悍马，你都只能使黑洞所占据的空间增加。因而，黑洞中所包含的熵的多少告诉我们的不仅仅是黑洞的基本性质，还会告诉我们空间自身的某种基本性：某一空间区域——任何空间区域内，不分地点、时间——内所能容纳的最大的熵等于与该区域等大小的黑洞中所能容纳的熵。

那么，给定尺寸的黑洞中到底能够包含多少熵呢？这正是有趣之处。我们先靠直觉猜想，用比较容易想象出来的事物来举例，比方说我们先来分析一下特百惠[1]塑料容器中的空气的熵。如果你把两个一样的特百惠容器对接在一起，那么体积就会翻倍，相应的空气分子数目也会翻倍，于是你就会认为熵也翻倍了。具体的计算[1]也将确证这种猜测，并会同时告诉你其他一切（比方说温度、密度等）没有发生变化。我们熟悉的物理系统中的熵正比于其体积。于是我们自然会猜测那些我们不太熟悉的物理系统中的熵也将正比于体积，因此我们就会得出结论说黑洞中的熵正比于其体积。

20世纪70年代，雅克布·贝肯斯坦与史蒂芬·霍金发现这种猜

---

1. 特百惠，美国知名家用塑料制品品牌。——译者注

测并不正确。他们的数学分析证明黑洞的熵并非正比于其体积，而是正比于其视界的*面积*——粗略说来是正比于其表面积。这是一个全然不同的结果。要是你把黑洞的半径翻倍，其体积就会变为原来的8（2^3）倍，而其面积则只变为原来的4（2^2）倍；要是你把黑洞的半径变为原来的100倍，其体积就会变为原来的100万（100^3）倍，而其面积则只变为原来的1万（100^2）倍。黑洞体积的变化速度要大于黑洞表面积的变化速度。[2] 因而，虽然黑洞所能够包含的熵是所有给定大小的事物中最多的，但贝肯斯坦与霍金却证明黑洞所包含的熵比我们之前简单估算的结果小得多。

熵正比于表面积并不仅是黑洞同特百惠容器之间的一个古怪差别，要是那样的话我们就可以做个笔记然后继续往后讲。我们已经知道（即使只是在理论上），黑洞为空间区域内所能填充的熵的数量设定了上限：取一个与所要讨论的区域等大小的黑洞，找到这个黑洞中的熵的大小，这个数值*就是*所要讨论的空间区域中所能容纳的熵的上限。既然这个熵，如贝肯斯坦与霍金证明的那样，正比于黑洞的表面积——黑洞的表面积正好等于所讨论的区域的表面积，因为我们假定两者具有相同的大小——我们就可以得出结论说任意给定空间区域内所能容纳的最大熵正比于该*区域*的表面积。[3]

这里所得到的结论同思考塑料容器中的气体所得到的结论（在那段讨论中我们发现容器中的熵正比于容器的体积而不是表面积）之间的分歧很容易解释：因为我们事先假定了容器内的气体分子均匀分布，所以我们在讨论塑料容器时实际上忽略了引力；可是不要忘了，当引力起作用的时候，事物会聚团。当密度很低的时候，忽略引力是没问题的，但如果所讨论的问题牵涉到很大的熵，密度很高，那引力就要起作用了，而那段用特百惠塑料容器所做的分析就不再有效了。这种极端条件需要贝肯斯坦与霍金那种基于引力的计算，得到的结论也应当是空间区域中所能容纳的最大熵正比于其表面积，而不是体积。

话说回来，我们为什么要在乎这些呢？原因有两个。

首先，熵界提供了另外一条超小尺度上的空间具有细小结构的线索。具体说来，贝肯斯坦与霍金发现，如果你在头脑中往黑洞视界上画一张跳棋盘，其中每个小格子的大小都是一个普朗克长度乘以一个普朗克长度（所以每个这样的“普朗克方块”的大小是10^{-66}平方厘米），那么黑洞的熵就等于填满整个黑洞表面所需要的小格子的数目。[4] 到了这里我们就很难放过这样一个结论：每一个普朗克方块就是一个最小的空间基本单元，它所具有的熵就是最小单位的熵。这就意味着——即使只是在理论上——普朗克方块内什么都发生不了，因为任何一种活动都会带来无序度的提升，而那就会导致普朗克方块内的熵大于贝肯斯坦与霍金算出来的那一个单位的熵。于是又一次，我们从一个全然不同的视角出发，最后得出了存在基本空间实体的认识。[5]

另外，对一位物理学家来说，某一空间区域中可能存在的熵的上限是一个临界的，几乎具有神圣意义的量。要明白为什么会这样，试着想象一下你正在跟一位行为精神病学家一起工作，你的任务是每时每刻详细记录一群过度活跃的小朋友之间的相互影响。每天早上你都会祈祷上帝，希望今天小朋友能够表现得好点，因为小朋友们制造的麻烦越多，你的活就越麻烦。虽然直观上看理由很明显，但我们还是有必要说清楚：小朋友们的行为表现越混乱，你需要记录下来的内容就越多。宇宙就给了物理学家们一个这样的挑战。一个基本层面上的物理理论需要描述给定区域内一切正在发生的事——或者可能会发生的事，即使这事只有理论上的可能性。而且，就像记录小朋友们的活动那样，一个区域内所能容纳的混乱程度越高——即使只有理论上的可能性——物理理论所必须说明的内容就越多。因而，一个区域内所能容纳的最大熵就是一块简单但锋利的试金石：物理学家们期望真正意义上的基本理论应该能够完美地匹配出任意空间区域的最大熵。这个真正的基本理论应该几乎不需要调节参数就能与大自然相符，其所能记录的最大混乱度应该正好等于一个区域所能有的最大无序度，既不多也不少。

问题在于，如果对特百惠容器的思考所得出的结论具有无限的有效性，那么一个基本理论就得有能力计算正比于任意区域体积的混乱度。但是这种思考却没将引力算在内，而一个基本理论又必须包括引力，于是我们知道了一个基本理论只要有能力计算正比于任意区域表面积的混乱度就足够了。从前面几段给出的例子中，我们可以清楚地看到，对于比较大的空间区域，混乱度正比于面积会比正比于体积小得多。

因而，贝肯斯坦与霍金的结果告诉我们，在某种意义上，一个包括了引力的理论将比一个没有包括引力的理论简单些。包括了引力的理论所必须描述的“自由度”将更少——能够变化因而会对混乱度有贡献的东西更少。这一认识本身就非常有趣，而假如我们沿着这种思路更进一步的话，我们就将发现一些极为古怪的事情。如果任意给定的空间区域内的熵的最大值正比于空间的表面积而不是体积的话，那么真正基本的自由度——那些能够带来混乱度的特性——*或许存在于区域的表面而不是内部*。或许，宇宙中真正的物理过程都发生在一张薄薄的环绕着我们的遥远表面上，我们所看到和体验到的一切只不过是这些过程的一个投影。或许，宇宙就像全息图一样。

这一想法非常古怪，但正如我们将要论及的那样，它最近得到了很多实质性的支持。

宇宙是一幅全息图吗

所谓的全息图实际上是一张二维的塑料板，但这张塑料板上所刻蚀的内容在适当的激光照射下会投影出三维的图像。[6] 早在20世纪90年代，荷兰诺贝尔奖得主杰拉德·特霍夫特与弦论的另一个创造者莱昂纳德·萨斯金就曾提出，宇宙本身的运行模式可能就像全息图一样。这两位物理学家提出了一个惊人的想法：我们在日常生活的三维世界中所观测到的过去、现在和将来可能是发生在遥远的二维表面上的物理过程的全息投影。按他们新奇的观点，我们和我们所看所做的一切就像全息图一样。在柏拉图看来，普通的人类感知所感受到的只不过是真实的影子，全息原理承认这一点，只不过认为位置应该颠倒一下。影子——那些存在于低维表面的扁平家伙——才是真实的，而看起来结构更加丰富的高维事物（我们，以及我们周围的整个世界）反倒是影子那轻盈的投影。[1]

尽管这是一个相当不可思议的想法，并且我们也不知道这个想法究竟能在多大程度上帮助我们最终搞清楚时空，特霍夫特和萨斯金的所谓“全息原理”还是非常有启发性。正如我们在上一节中所讨论过的，空间中某块区域所能容纳的最大熵由该区域的表面积而不是体积决定。于是自然就会想到，宇宙最基本的组成，其最基本的自由度——携带着整个宇宙的熵的那些东西，就像携有《战争与和平》的熵的书页——就应该在宇宙的边界面上而不是在宇宙的内部。我们在宇宙的“体内”——用物理学家常说的话即为“在体空间（bulk）中”——所体验的一切，实际上是由发生在边界面上的物理所决定的，正如我们在全息投影中看到的一切是由刻蚀在塑料板上的信息编码决定的一样。物理定律如同宇宙的激光，照亮宇宙的真实过程——发生在远方薄薄的表面上的过程——并产生出我们日常生活的全息幻象。

我们还没能搞明白究竟怎样才能在真实世界中实现全息原理。困难之一在于我们对宇宙的传统描述，将宇宙想象成无限膨胀下去或者蜷曲回自身——就像球面或者电子游戏屏幕那样（参见第8章），不管怎样宇宙都不会有什么边界。这样一来，这个所谓的“边界全息面”究竟该被安置在哪就成了问题。而且，物理过程看起来不就是在我们的掌控之中吗？不就是发生在宇宙内部吗？怎么看也不像是连

---

1. 如果你不愿意再提柏拉图，那么就可以用膜世界原理所提供的全息图说法来理解整件事。在这个说法中，影子就是它本来的意思。假想我们生活在包裹于四维空间外面的3膜上（就像三维的苹果外面的二维苹果皮）。全息原理说的就是我们的三维感知实际上是发生在我们的膜世界所包裹着的四维世界的物理的影子。

其位置都弄不清楚的边界的事物决定了体空间中发生的一切。难道全息原理要告诉我们的是，那种种一切尽在掌控的感觉和自主意识其实都是虚幻的？又或者我们应该将全息原理看成某种对偶性？根据这种对偶性，每个人可以基于品味而不是物理选择熟悉的表述方式——在体空间中起作用的基本物理定律（这种体空间内的物理定律符合人类的直觉与感知），或者不熟悉的表述方式——在宇宙边界上起作用的基本物理定律，这两种视角彼此等价。关于这些重要的问题目前仍有很多争议。

1997年，在先前几位弦论学家的启迪下，阿根廷物理学家胡安·马达西纳取得了重大突破，出人意料地推动了对这些问题的思考。马达西纳的发现并没有直接回答全息原理在我们的真实世界中所扮演的角色问题，他只是按照传统的物理学家风格，找到了一个理想模型——一个假想的宇宙，在这个假想的宇宙中，关于全息原理的各种奇思妙想可以通过数学变得具体而精细。出于技术上的原因，马达西纳研究了一个具有4个空间维度和1个时间维度的假想宇宙，并且假定这个宇宙的所有维度都有相同的负曲率——你可以把这样的假想宇宙想象成图8.6（c）中那样的品客薯片。标准的数学分析表明这个五维时空有一个边界，[7] 并且就像所有的边界一样，这个边界也比它所包裹的形状少1个维度：也就是说该边界有3个空间维度和1个时间维度（和以前一样，我们还是很难想象高维形状的样子，所以你要是非得在脑海中想点什么东西的话，那就想象有一听番茄罐头——罐头盒中的三维番茄就可以类比于五维时空，而罐头盒表面的二维铁皮就类比于我们所要讨论的四维时空边界）。马达西纳又将弦论所要求的那些额外的蜷曲维度考虑进来，然后他满怀信心地提出：一个生活在这个假想宇宙中的观测者（番茄罐头中的观测者）所见证的物理可以由发生在这个宇宙边界上的物理（罐头盒表皮上的物理）全盘描述。

尽管这一研究工作所讨论的内容并不是真实世界的物理，但它却给出了将全息原理具体实现的第一个坚实且可数学化处理的例子。[8] 依靠这种办法，人们对于将全息原理应用于整个宇宙多了一些概念上的认识。比如说，在马达西纳的工作中，物理定律的体空间描述和边界描述是完全等价的，两者之间不存在谁高谁低的问题。这里的精神实质就如同5种弦论之间的关系，体空间理论与边界理论彼此互为转译。这种特殊翻译的不平凡之处在于，体空间理论比等效的边界理论有更多的维度。另外，体空间理论中包括了引力（因为马达西纳是靠弦论得出这些结果的，而弦论是包括了引力的），而计算表明边界理论中则不包括引力。不过，在一个理论中提出的任何问题或者完成的任何计算都可以被翻译为另一个理论中的问题和计算。尽管不熟悉字典的人可能会认为两个理论中彼此对应的问题与计算一点关联性都没有（比如说，边界理论没有包括引力，因而在体空间理论中与引力有关的问题都得被翻译成边界理论中面目全非的无引力问题）；但是一个对于两种语言都很熟悉的人——同时为这两种理论的专家——却能看出两者之间的对应关系，并且会知道在不同理论中对应问题的答案以及对应计算的结果必定彼此符合。事实上，到目前为止完成的所有计算全部支持这一论断。

要想搞清楚这其中的种种细节显然是很困难的，但不要被这些细节遮住了要点。马达西纳的结果非常神奇。他在弦论的框架下，具体地实现了全息原理，虽然仅是一种与现实世界无关的理论上的讨论。马达西纳证明了某种没考虑引力的量子理论其实是另一种包括了引力且多一个空间维度的量子理论的翻译，而且两者无法区分。而为了将这些思想应用于更加真实的宇宙——我们的宇宙——而展开的研究计划正在进行中，但由于技术上的复杂性，进展非常缓慢（马达西纳之所以选择了一个假想的研究对象就是因为他所选用的研究对象在数学分析上稍微容易一些，而更加接近于真实的例子则很难对付）。不管怎样，我们现在已经知道了弦论——至少在某种程度上——有能力支持全息原理的概念。而且，就像早前讲过的几何翻译的例子，这里讲到的全息原理也提供了一条时空不具有基本性的线索，除了时空的尺寸和形状可以在不同的理论之间来回翻译，空间维度的数目也可以在完全等价的不同理论之间改变。

越来越多的线索都指向同一个结论：时空的形式只是一个无关紧要的细节，在不同的物理理论体系下，时空的形式会发生改变，而不是具有真实性的一个基本元素。就像单词cat的字母数、音节以及元音全都不同于其西班牙语翻译gato一样，时空的形式——其形状、大小以及维数——也会在翻译过程中有所改变。对于任何一位运用某种理论来思考宇宙的观测者来说，时空看起来都是那么真实且不可或缺。而一旦这位观测者将其理论体系变变样子，用一个等价的翻译版再去分析，就会发现先前的真实与不可或缺已不再成立。因而，如果这些想法是正确的——我必须强调它们已被严格证明——那空间和时间的地位就会被强烈动摇。

在本章讨论过的所有例子中，我认为最有可能在未来的研究中扮演重要角色的将是全息原理。全息原理发端于黑洞的一个基本性质——黑洞的熵，而很多物理学家都会同意，对黑洞的熵的认识需要坚实的理论基础。即使我们现有理论的细节需要有所改变，任何合理的引力理论也都必须为黑洞留有一席之地，于是从中得出的有关熵界的讨论将继续有效，全息原理也仍有用武之地。弦论自然而然地顺应全息原理——至少在可应用数学分析的例子中是这样的，是全息原理可靠有效的另一个强有力的证据。我认为，不管未来有关空间和时间的基础的研究会把我们带到哪里，也不管等待我们的是弦论或M理论的哪种疯狂变种，全息原理都将继续保持其先导性概念的地位。

时空的组分

纵观全书，我们时不时地就会提到时空的超小尺度组分，尽管我们进行了很多有关其存在性的间接讨论，但到目前为止我们还没有谈过它们究竟可能是些什么。之所以如此实在不得已，因为我们根本不知道它们是些什么。或者，我可以这么说，一旦需要辨识时空的基本成分时，我们才发现我们根本不知道令我们信心满满的究竟是些什么。尽管这是我们思考过程中的一个主要障碍，但还是有必要从历史发展角度来仔细看看这个问题。

要是你能够对19世纪晚期的科学家做一个问卷调查，看看他们对物质的基本组成有些什么样的看法，你会发现根本找不到一个大家普遍认同的答案。一个多世纪前，原子假说还有很多争议，很多著名的科学家——欧内斯特·马赫就是其中之一——认为原子假说是错误的。而且，从原子假说被广为接受的20世纪前叶开始，科学家们就没有停止过更新原子论的图像，越来越多的基本组分被不断提出（比如说，先是提出了质子和中子，后来又提出了夸克）。沿着这条路一路走来，最新的一步就是弦论。但是因为弦论一直不能得到实验的证实（即使弦论被实验证实，那也并不意味着排除了其他有待发展的更高级理论），我们必须坦白承认对自然界中的物质的基本组成的研究尚未到头。

空间和时间被纳入现代科学理论可追溯到牛顿时代的17世纪，而对其微观组分的严肃思考则需要20世纪广义相对论和量子力学的发现。因而，从时间角度说，我们对时空的研究才刚刚起步；因而，不能给时空“原子”——时空最基本的组分——一个明确的说法并不是这个研究项目上的一大污点，甚至可以说是远远不是。我们所得到的已经够多了——我们已经搞清了大量完全有别于日常经验的时空性质——这已经证明我们比一个世纪前进步了很多。对大自然的最基本元素——不论是物质的基本组分还是时空的基本组分——的研究，将会是我们在未来一段时间内所面临的强大挑战。

对于时空来说，在寻找其基本组分方面目前存在两个大有希望的方向。其中之一为弦论，而另一个则是所谓的*圈量子引力*理论。

弦论的方案要么令你直觉上觉得很不错，要么令你感到非常困惑，全看你究竟把它想得多难。当我们说到时空的“结构”时，我们的话中已经暗含了弦论的提案，或许时空就是由弦编织起来的，就像衬衫是由线编织起来的那样。这就好比将大量的线按照一定的模式连接起来就产生了衬衫的结构，或许将大量的弦按照一定的模式连接起来就产生了我们通常称为时空结构的东西。物质，比方说你和我，则可归结为振动的弦的再次聚合——就像明快的音乐是由一个个单调的声音组成或是漂亮的绣花是由朴素的材料织成，而物质还将在时空的弦织成的框架中移动。

我认为这是一个引人入胜的想法，可惜还没人能够将它转变成精确的数学语言。我只能告诉你，它实在是比你想象的还要难对付。比方说，要是你的衬衫被完全扯烂了，就会剩下一堆线头——虽然视环境不同，你可能会感到难堪或者恼火，但不会感到有什么神秘之处。而讨论的对象变成弦的话——在我们讨论的这个想法中，弦就是用来编织时空的线——那就颇费脑力了（至少对我是这样）。我们究竟该怎样看待这“堆”从时空布片上扯下来的弦？或许更为切中要害的说法应是，我们究竟该怎样看待还没有缝合成时空之布的弦呢？我们可能会简单地将这些弦类比成织成衬衫的线——就将弦想象成需要编织起来的原材料——但要这么想的话就丢掉了一个极其重要的细节。在我们勾画的图像中，弦是在时空中振动。但是，若时空之布是由弦有序编织起来的话，*就根本没有空间，也没有时间*。在我们要讨论的这个想法中，空间和时间的概念根本就没有意义，除非数不胜数的弦交织起来编成时空。

因而，要想令这个方案有意义，我们还需要一个理论框架来描述弦。在这个框架下，我们用不着从一开始就假定弦在默认存在的时空中振动。我们需要一个无空无时的弦论体系，在这个体系中，时空来自弦的集群效应。

尽管我们在这个方向上已经取得了一些进展，但还没人能够给出这样一套无空无时的弦论体系——物理学家将具有这种属性的体系称为*不依赖于背景的体系*（使用这样术语的原因在于，物理学家们将时空视作一个不严格的背景，以区别于发生于其中的物理事件）。与之相反的是，本质上所有的方法都认为，弦是在时空中移动以及振动，而时空的概念则是“用手”放到理论中的；时空并非脱胎于理论本身——在物理学家设想的不依赖于背景的体系中，时空就应该来自理论本身——而是由理论学家添加到理论中去的。很多研究者将不依赖于背景的体系的发展看作弦论所面临的未解决问题中最重大的一个。不依赖于背景的体系的发展不仅会对我们关于时空起源的认识有所启发，还可能是我们在第12章最后遇到的重大问题——理论目前还不能挑选出额外维度的几何形式——的解决工具。一旦其有关任意给定时空的数学公式问题得以解决，我们的研究就可以进行下去，弦论也将有能力勘察所有的可能性，并从中找出正确的那个。

“把弦当作织起时空之线”这个方案所面临的另一大难题在于，如我们在第12章中讲过的，弦论中除了弦还有其他东西。这些其他组分在时空的基本组成中扮演的又是什么角色？这一问题在膜世界方案中变得尤为尖锐。如果我们所感受到的三维空间是一个3膜，那么这个膜究竟是本身即不可再分呢？还是由理论中的其他组分构成呢？比方说，膜究竟是由弦构成的呢？还是说膜和弦都具有基本性呢？或者我们还需要考虑其他的可能性吗？比方说膜和弦其实都是由更基本的元素构成这种可能性。这些问题就是现今的研究前沿。但既然这最后一章所关注的只是迹象与线索，就让我讲一个引起诸多关注的相关思想。

稍早前，我们讲过人们可以从弦论或M理论中找到各种膜：1膜、2膜、3膜、4膜，如此等等。尽管之前我没特意强调过，但理论中也可以有0膜——没有空间延展性的组分，就像点粒子那样。0膜看起来与整个弦论或M理论格格不入，弦论或M理论本来就是要从点粒子理论的框架下解脱出来，以调和量子引力中剧烈的波动。然而，0膜就跟它那如图13.2所示的高维兄弟们一样，附着于弦而来，因而其相互作用完全受弦掌控。所以，毫不奇怪的是，0膜不会有同传统的点粒子一样的行为；而且，最重要的是，0膜彻底参与到超微观时空涨落的延展及减弱中；0膜并不会重新引入困扰着同样试图融合量子力学和广义相对论的点粒子方案的致命缺陷。

事实上，罗格斯大学的汤姆·班克斯，得克萨斯大学奥斯丁分校的威利·费施勒，以及斯坦福大学的莱昂纳德·萨斯金和史蒂芬·森克尔提出了一个弦论或M理论，在这个理论中，0膜才是基本组分，它们可以组合到一起生成弦及其他高维的膜。这一提案，所谓的矩阵理论（matrix theory）——M理论中的M的又一层意义——引发了一股后续研究热潮，但是其中所涉及的数学如此之难，以至于到目前为止科学家们还没法将这个理论完善起来。不过，物理学家们在这个理论框架下努力完成的计算看起来是支持这一提案的。如果矩阵理论正确，那就意味着一切事物——弦、膜，甚至时空本身——都是由0膜的恰当集合构成。这一理论的研究前景令人振奋，研究者们持谨慎的乐观态度，认为未来几年的进展将使人们了解该理论的有效性。

到目前为止，我们一直沿着用弦论研究时空结构的道路前进。但正如我提到过的，还有另一条道路，它来自弦论的主要竞争对手——

圈量子引力。圈量子引力出现于20世纪80年代，是另一种有希望将广义相对论和量子力学融合起来的方案。我不打算详细讲解该理论了（如果你有兴趣，可以看看李·斯莫林的优秀作品——《量子引力的3条道路》），但会提一下对我们目前的讨论特别有意义的几个关键点。

弦论和圈量子引力全都宣称自己实现了人们长久以来寻找引力的量子理论这个目标，但两者达到这一目标的方式却完全不同。取得成功的粒子物理学几十年来的传统就是寻找物质的基本组成，弦论发轫于粒子物理；对于弦论的最早研究者来说，引力最多只是一个稍远的次要关注点。与之相反的是，圈量子引力则脱胎于一个与广义相对论紧密相连的传统；对于这一方法的大量研究者来说，引力一直都是主要焦点之所在。一言以蔽之，弦论学家从小（量子理论）开始，进而包围大（引力），而圈量子引力的追随者则从大（引力）开始，进而包围小（量子理论）。[9] 事实上，正如我们在第12章中看到的那样，弦论最初是作为在原子核内起作用的强核力的量子理论发展起来的；后来人们才偶然认识到，弦论实际上可以将引力纳入其中。而另一方面，圈量子引力从爱因斯坦的广义相对论出发，试图将量子力学纳入其中。

弦论与圈量子引力这两个理论彼此首尾对应。在某种意义上，一个理论所取得的重大成就将是另一个理论的重大挫折。比方说，弦论试图用振动着的弦的语言来融合所有的力与所有的物质，其中也包括引力（避开圈方法的完整统一）。传递引力的粒子引力子，只不过是弦的一种特殊振动模式，因而弦论可以很自然地用量子力学的语言描述这些基本的引力丛如何运动、如何相互作用。然而，正如我们刚刚提到过的，弦论体系目前主要的缺陷即在于预先假定了弦运动以及振动于其中的时空的存在。相反，圈量子引力的主要成就——这一点令人印象深刻——则在于其并不假定时空的存在。圈量子引力就是一个不依赖于背景的体系。然而，从这个极其陌生的以无空、无时为起点的理论中，抽取出普通的空间和时间，以及在大尺度上获得人们熟悉且已取得成功的广义相对论的性质（用目前的弦论体系可能很容易做到），却远非易事。而且，与弦论相比，圈量子引力在对引力子动力学的理解上几乎没有前进半步。

也有一种调谐两者的可能性，即弦论的追随者与圈量子引力的拥趸所构建的可能是同一种理论，只不过出发点相差巨大。这两种理论都与圈有关——在弦论中，圈就是弦圈；而在圈量子引力中，不用数学语言实际上很难描述圈指的到底是什么，但大体说来指的是空间的基本圈，这可能意味着两者之间有某种联系。而对于少数在两个理论中都可以很好地研究的问题，比如说黑洞的熵，两个理论给出的结果完全相符，这个事实也进一步支持了两者可能是同一理论这种可能性。[10] 而且，在时空组分的问题上，两者都提出时空可能有某种微小的结构。我们已经知道了弦论所提供的有关这一问题的线索，而来自圈量子引力的线索虽然复杂但是更具说服力。圈方面的专家已经证明，圈量子引力中的无数圈可以彼此交织在一起——就像细细的羊毛卷可以编织成毛衣——生成在大尺度上看起来如同时空中的区域一般的结构。最令人欢欣鼓舞的是，圈方面的专家计算出了这种空间表面可以容许的面积。什么意思呢？比方说你可以找到1个电子、2个电子或者202个电子，但你就是不能找到1.6个电子或其他分数个电子。圈量子引力的专家们用计算证明，他们找到的空间的表面积只能是1

普朗克长度的平方或者2普朗克长度的平方，又或者202普朗克长度的平方，总之不会是分数个普朗克长度的平方。再次重申，这是一个空间——就像电子——具有不可再分的结构的重要理论线索。[11]

若要我斗胆猜一猜未来的发展的话，我估计圈量子引力学家们开发的不依赖于背景的体系会为弦论学家借用，为不依赖于背景的弦论体系开道铺路。我猜，这星星之火可能会燃起第三次弦论革命；乐观估计的话，这第三次弦论革命可能会解开很多深奥的谜题，这样的进展可能会为有关时空的漫长故事画上圆满的句号。在较早的章节中，我们有关空间、时间以及时空的观点就像钟摆一样，在相对论者与绝对论者之间摆来荡去。我们曾问道：空间是具体的还是抽象的？时空是具体的还是抽象的？而人类在过去几个世纪的思考，带给我们的却是各种彼此不同的观点。我相信，一个能够在实验上验证的，可以将广义相对论和量子力学联合起来的不依赖于背景的理论将会为这些问题提供令人满意的答案。由于这样的理论所具有的不依赖于背景的特性，这个理论中的不同部分会彼此关联，但这个理论中不会有从外面放进去的时空，理论中的各个元素将找不到一个搭好的背景舞台。重要的将只是相对关系——这是一个具有莱布尼茨或者马赫这样的相对论者所持有的精神实质的答案。那么，由于该理论中的组分——弦、膜、圈，或者在未来的研究中发现的其他什么东西——结合起来产生了我们熟悉的大尺度时空（不论是我们的真实时空还是在假想实验中有用的理论例子），时空重新变得具体起来。这一点类似于我们之前对广义相对论的讨论：即使在一个空空如也、平直、无限大的时空中（一个有用的假想例子），旋转着的牛顿的桶中的水面也会凹陷。关键之处在于，时空和更加切实的物质之间的界限会变得模糊，因为两者都来自理论——在基本层面上无空无时的理论——中更加基本的元素的适当集合。如果最终的答案真是这样，那莱布尼茨、牛顿、马赫以及爱因斯坦就都要宣布分享胜利了。

太空的里外

预测科学的未来既有趣又富于建设性。预测科学的未来就是要在更为宽广的背景中看待我们今日之事业，特别是我们为之努力的目标。但要说到猜想有关时空自身的研究的前景，那就难免会带有某种神秘色彩了：因为我们所要思考的乃是主宰着我们对真实性的理解的概念。再次重申，不论未来有何发现，空间和时间无疑都将继续扮演我们个人体验的载体这个角色；空间和时间，无论时光如何流逝，都将一成不变。将会持续发生改变的，将会发生不可思议的变化的，乃是我们对空间和时间所提供的框架——从实验的真实性角度说，空间和时间为我们搭建的舞台——的理解。几个世纪的思索之后，空间和时间仍然是我们最熟悉的陌生人。空间和时间从不介意现身于我们的日常生活，却始终巧妙地将自己的基本组成掩藏于其无处不在的影响力之下。

在过去的20世纪，通过爱因斯坦的两个相对论，通过量子力学，我们已经对先前那些隐藏起来的空间和时间之特性不再陌生了。时间的变慢，同时性的相对性，其他的时空片，作为空间和时间蜷曲和弯曲原因的引力，真实性的概率性，长程量子纠缠，所有的这些问题早已超出了19世纪时世界上最棒的物理学家的研究计划，但实验数据与理论诠释可以证明，这些问题的确存在。

在我们这个时代，我们也有能使自己震撼的奇思妙想。暗物质和暗能量看来必是宇宙的主要成分。爱因斯坦的广义相对论所预言的引力波——时空结构中的波纹——在未来的某一天可能会使我们有机会洞察时间。遍布整个空间的希格斯海，一旦得到实验的证实，将会帮助我们搞清楚粒子如何获得质量。暴胀式膨胀，有可能解释宇宙形状，解开宇宙在大尺度上的各向同性之谜，并为时间之箭点明方向。弦论用圈和能量片代替点粒子，并且承诺实现爱因斯坦之梦——用一个单独的理论统一所有的粒子和所有的力。弦论的数学中自然出现的额外空间维度，有可能在未来10年内通过加速器实验得以验证。在膜世界理论中，我们的三维世界被假定为漂浮在高维时空中的众多世界中的一个。甚至就连时空本身也成了问题，空间和时间的微观结构本身就是由更基本的无空无时的实体构成。

接下来的10年间，前所未有的强大加速器将为物理学家们提供急需的大量数据；很多物理学家都相信，从计划中的高能实验中收集的数据将验证很多我们讲过的新理论。我也无法免于这种狂热，也在急切地期盼着结果。在我们的理论能够与可观测量、与可检验的现象联系起来之前，它们一直徘徊在危险的边缘——它们是否能同真实世界关联起来还没人知道。新的加速器能将实验与理论更加紧密地联系起来，我们这些物理学家希望新的加速器能将大量的想法变成扎实的科学理论。

但还有另外一种令我觉得奇妙到无与伦比的想法，虽然其胜出的机会非常之小。在第11章中，我们讨论过如何在清晰的夜空中看到小小的量子涨落效应，其根据就是宇宙的膨胀会将这小小的量子效应充分拉伸，使之聚团，成为恒星和星系的种子（还记得我们做的那个类比吗？气球上的涂鸦随着气球的膨胀而在气球表面延展开来）。这个例子展示的就是通过天文学观测探索量子物理的办法。而且我们还可以进一步深入下去。或许宇宙的膨胀会使更小尺度上的过程的印记或特征——有关弦之物理，或者更普遍意义上的引力，或者超微观尺度上时空自身的微小结构——得以放大，并通过复杂但可以通过天文学办法观测的方式使其影响得以彰显。或许，宇宙已经将其微小纤维或结构在天空中清楚地画了出来，我们需要做的只是对其特征加以识别。

对深层次物理前沿理论的检验可能需要能够重新创造出大爆炸之后从未再现过的猛烈瞬间的强力加速器。但对我来说，比起确证我们有关超小尺度的理论——我们有关超小尺度上的空间、时间，以及物质组成的理论，没有什么其他的理论能更具诗情画意，也没有什么其他结果更为优雅，更不会有什么其他的统一理论会更加完备了。

注释

第1章

[1] 物理学家阿尔伯特·迈克耳孙于1894年在致芝加哥大学的Ryerson实验室的献词中引用过开尔文勋爵的话（见D. Kleppner, *Physics Today*, 1998年11月）。

[2] 罗德·开尔文，“Nineteenth Century Clouds over the Dynamical Theory of Heat and Light”，*Phil. Mag.* li–6 th series, 1（1901）。

[3] 阿尔伯特·爱因斯坦、内森·罗森和鲍里斯·波多斯基，*Phys. Rev.* 47, 777（1935）。

[4] 亚瑟·爱丁顿爵士，*The Nature of the Physical World*（Cambridge, Eng.: Cambridge University Press, 1928）。

[5] 就像第6章注释2中更加详尽的解释那样，这样的说法有点过头，因为有些与相对奇怪的粒子（比如K介子和B介子）有关的例子表明，所谓的弱核力并没有平等地对待过去和未来。然而，从我以及其他思考过该问题的人的角度看来，由于这些粒子并没有在决定日常物体性质中起关键作用，所以它们不可能对解释时间之箭的谜团有什么重要作用（虽然，我不得不补充一句，没有人能肯定）。因此，虽然从技术水平上来说，这样描述有点过头，但我可以肯定，假设这些定律平等地对待过去和未来，并不会犯什么大错——至少在解释时间之箭的谜团时是这样。

[6] Timothy Ferris, *Coming of Age in the Milky Way*（New York: Anchor, 1989）.

第2章

[1] 艾萨克·牛顿，《自然哲学之数学原理》。*Sir Isaac Newton's Mathematical Principle of Natural Philosophy and His System of the World*, A. Motte与Florian Cajori译（Berkeley: University of California Press, 1934）, vol. 1, p.10。

[2] 同上，p.6。

[3] 同上。

[4] 同上，p.12。

[5] 阿尔伯特·爱因斯坦为Max Jammer的著作*Concepts of Space: The Histories of Theories of Space in Physics*（New York：Dover，1993）写的序言。

[6] A. Rupert Hall，*Isaac Newton，Adventurer in Thought*（Cambridge，Eng.：Cambridge University Press，1922），p.27.

[7] 同上。

[8] H.G.Alexander编辑，*The Leibniz：Clarke Correspondence*（Manchester：Manchester University Press，1956）。

[9] 在那些反对空间可以独立于居于其间的物质而存在的人中，我以莱布尼茨为代表，但还有其他许多人也尽力维护相同的观点，其中克里斯蒂安·惠更斯和贝克莱主教较为知名。

[10] 参见，比如说Max Jammer的著作，p.116。

[11] V. L. 列宁，*Materialism and Empiriocriticism：Critical Comments on a Reactionary Philosophy*（New York：International Publications，1909）。 为*Materializm' i Empiriokrititsizm'：Kriticheskia Zametki ob' Odnoi Reaktsionnoi Filosofii*（Moscow：Zveno Press，1909）的英文第2版。

第3章

[1] 对于受过数学训练的读者而言，这4个方程是：

$\nabla \cdot E = \rho / \varepsilon_0$，$\nabla \cdot B = 0$，$\nabla \times E + \partial B / \partial t = 0$， $\nabla \times B - \varepsilon_0 \mu_0 \partial E / \partial t = \mu_0 J$

其中E，B，ρ，J，ε_0，μ_0分别表示电场强度、磁场强度、电荷密度、电流密度、自由空间的介电常量和自由空间的磁导率。如上所示，麦克斯韦的方程将电磁场的变化率与电荷、电流联系起来。不难看出这些方程暗示着电磁波的波速为$1\sqrt{\varepsilon_0\mu_0}$，而这实际上就是光速。

[2] 关于这些实验在爱因斯坦发展狭义相对论的过程中所起的作用还存在争议。在爱因斯坦的传记*Subtle Is the Lord*：*The Science and the Life of Albert Einstein*（Oxford：Oxford University Press，1982）pp.115–119中，亚伯拉罕·派萨认为，从爱因斯坦后几十年的陈述中可以看出他承认迈克耳孙–莫雷实验的结果。Albrecht Fölsing在*Albert Einstein*：*A Biography*（New York：Viking Press，1997）pp.217–220中也写道，爱因斯坦承认迈克耳孙–莫雷实验的结果以及早期寻找以太证据时所做实验的无效结果，比如阿曼德·菲佐的工作。但Fölsing和许多科学史家们都认为这些实验在爱因斯坦思想的形成中起了次要的作用。爱因斯坦首先是受数学的对称性、简易性和神秘的物理直觉引导的。

[3] 如果我们想要看到任何事物，光就不得不到达我们的眼睛；同理，如果我们要看到光，光本身也要先到达我们的眼睛。因此，当我说巴特看到飞驰的光时，这只是一种简略的说法。我们可以想象巴特有一队助手，都以和巴特相同的速度运动着，并且分布于他和光束所走路径的不同位置。他们不断给巴特更新信息：光走了多远以及光到达他们的时间。于是，基于这些信息，巴特就可以计算光比他快多少。

[4] 爱因斯坦对于时间和空间的见解源于狭义相对论，有许多基本的数学推导。如果你感兴趣的话，可以看一下《宇宙的琴弦》的第2章（在该章的注释中有很多数学细节）。埃德温·泰勒和约翰·阿奇博尔德写有一篇更加专业但非常清楚的报告*Spacetime Physics*：*Introduction to Special Relativity*（New York，W. H. Freeman & Co.，1992）。

[5] 以光速运行时，时间将停止是一个非常有趣的概念，但不要对这做过多解释。狭义相对论表明没有物体可以达到光速：一个物体运动得越快，我们就越难使它的速度增大。由于小于光速，我们

将不得不给物体一个无限大的推力使其运动得更快，但这是我们所不能做到的。这样看来，“永恒的”（不受时间影响的）光子的说法仅限于*无质量*的物体（光子就是一个例子），因此“永恒之物”不过是一些可以达到标准的粒子而已。如果我们想要知道狭义相对论是如何影响我们的时间感受的，不妨想象一下当我们以光速运动时宇宙发生了什么变化，这是一个非常有趣且有益的游戏，最终我们的焦点将集中在物体比如我们将会发生哪些变化上。

[6] 见亚伯拉罕·派萨的*Subtle Is the Lord*：*The Science and the Life of Albert Einstein*（Oxford：Oxford University Press，1982）pp.113-114。

[7] 为了使描述更加精确，我们将水面处于凹形的情形定义为水在旋转，反之则水没在旋转。从马赫式的角度来看，在一个空的宇宙里没有旋转的概念，因此水面总是平的（或者，为了避免出现没有重力作用于水的问题，我们说连接两块石头的绳子总是松弛的）。这里的陈述即为，通过对比，狭义相对论中有旋转的概念，即便在真空的宇宙中也是如此，因此水面可以是凹的（连接两块石头的绳子是紧绷的）。从这种意义上来说，狭义相对论背离了马赫的观点。

[8] Albrecht Fölsing，*Albert Einstein*：*A Biography*（New York：Viking Press，1977），pp.208-210.

[9] 数学功底不错的读者将会发现，如果我们通过选择单位，使光速取每单位时间走单位距离的形式（如每年1光年，每秒1光秒，其中1光年约9万亿千米，1光秒约300000千米），那么光将以45度的光线穿越时空（因为这样的对角线满足单位时间内走单位空间，两个时间单位内走两个空间单位，等等）。因为没有物体能够超越光速，所以任何物体在某一时间段走过的空间不可能比光更多，因此该物体穿越时空的路径一定与图的中心线（该线起于面包皮，穿越了面包的中心，最后止于面包皮）呈一定角度，并

且该角度要小于45度。而且，爱因斯坦指出，以速度v运动的观测者的时间片——该观测者处于某一时刻时的全部空间——都符合一个方程。为简易起见，假设只有一个空间维度$t_{运动}=\gamma[t_{静止}-(v/c^2)x_{静止}]$，其中，$\gamma=(1-v^2/c^2)^{-1/2}$，$c$表示光速。当单位$c=1$时，$v<1$，因此对于运动的观测者的时间片而言——$t_{运动}$取定值的位置——$(t_{静止}-vx_{静止})$=定值。这样的时间片与静止的时间片（$t_{静止}$=定值的位置）之间存在一定角度，因为$v<1$，所以它们之间的角度小于45度。

[10] 对于数学功底不错的读者而言，闵科夫斯基时空的最短路径——两点之间最短的时空长度——是不依赖于任何坐标或参考系的几何实体。它们是内在的、绝对的、几何的时空性质。明确地说，用闵科夫斯基的度规标准来看，（类时）最短路径是直线（该线与时间轴的角度小于45度，因为不可能出现比光速更快的速度）。

[11] 重要的是所有的观测者，不管他们的运动状态如何，都将在这一点上达成一致。我们的描述中已间接说明了这一点，但它更值得我们直接说明。如果一件事情是另一件事情的原因（我扔了一块石头，结果砸碎了窗户的玻璃），则所有人都会同意原因发生在结果*之前*（所有人都认为我先扔石头，*然后*窗户的玻璃碎了）。对于数学功底不错的读者而言，用数学的示意图描述将不难看出这一点。如果事件A是事件B的原因，那么从A到B的线条与每个时间片（事件A发生时观测者所看到的时间片）相交的角度将大于45度（空间轴与AB线之间的角度——轴位于给定的时间片——大于45度）。举个例子来说，如果A和B发生在空间的同一位置（橡皮筋绑着我的手指[A]，结果我的手指变白[B]），那么连接AB的线条将与时间片呈90度的角度。如果A、B发生在空间的不同位置，从A到B发生的任何事情所造成的影响（我扔的石头从射击点到达窗户）都将比光速慢，这就意味着角度将不同于90度（无速度时的角度），也不会小于45度——也就是说，与时间片（空间轴）的角度将大于45度（本章的注释9中曾说明因光速的限制，这类运动轨迹最多呈45度）。现在我们再来看看

注释9，处于运动状态的观测者的时间片与静止的观测者的时间片呈一定角度，但这个角度总是小于45度（因为两个观测者之间的运动速度总是小于光速）。因为因果相关事件的角度总大于45度，观测者（他的速度肯定小于光速）的时间片，不可能先遇到结果再碰到原因。对所有的观测者而言，先因后果。

[12] 如果电磁感应比光速还快，上一条注释中所说的先因后果的观点将受到挑战。

[13] 艾萨克·牛顿，*Sir Isaac Newton's Mathematical Principles of Natural Philosophy and His System of the World*，A.Motte与Florian Cajori译（Berkeley：University of California Press，1934），vol.1，p.634。

[14] 因为在地球表面不同位置所受到的引力不同，所以一个双臂伸展开的、处于自由落体运动的观测者也可以探测到剩余的引力的影响。也就是说，如果观测者下落时释放了两个棒球——一个从伸展开的右胳膊扔出，另一个从左胳膊扔出——每个都朝地心的位置下落。这样，从观测者的角度来看，他将竖直下落到地心，而他右手释放的球将竖直向下运动并稍微向左边一点，左手释放的球将竖直下落并稍微向右边一点。经过仔细的测量，观测者将发现这两个球之间的距离慢慢减小了；它们彼此向对方移动了一点儿。之所以是这样，关键就在于，棒球从空间中两个略为不同的位置释放，所以它们自由下落到地心的路径也略有不同。因此，对爱因斯坦观点更准确的描述应为：一个物体的空间体积越小，它通过自由下落消除引力就越彻底。虽然这是理论中非常重要的一点，但在我们的讨论中完全可以放心地将其忽略。

[15] 要想更详细、更通俗地了解一下广义相对论对空间和时间的蜷曲的解释，可以看看《宇宙的琴弦》第3章。

[16] 对于有过数学训练的读者而言，爱因斯坦的方程为$G_{\mu\upsilon}=(8\pi G/c^4)T_{\mu\upsilon}$，其中等式左边是用爱因斯坦张量表示的时空曲率，右边是用能量-动量张量表示的宇宙中物质和能量的分布。

[17] 查尔斯·迈斯纳、基普·索恩和约翰·阿奇博尔德·惠勒合著的*Gravitation*(San Francisco: W. H. Freeman and Co., 1973), pp.544-545。

[18] 在1954年,爱因斯坦给同事的信中写道:"实际上,人们应当不要再谈马赫原理了。"(在亚伯拉罕·派萨的《上帝是微妙的》一书中被引用,p.288)

[19] 就像前文中提到的,连续几代人把该想法归功于马赫,尽管他在自己的著作中并没有以这种方式明确地表达出来。

[20] 这儿需满足的一个条件是:那些在宇宙起源时距离我们很远,以至于它们的光——或引力作用——没有足够的时间到达我们的物体,对我们感受到的引力不会产生影响。

[21] 专业的读者可能会意识到这种说法,从学术的语言来看,有点说过头了,因为对于广义相对论而言,存在非平凡的(也就是说,非闵科夫斯基空间)真空。我在这里利用一个简单的事实做了简化,即没有引力存在的情况下,狭义相对论可被看作广义相对论的一种特殊情况。

[22] 为了平衡,我们来看一下不同意这一结论的物理学家和哲学家的说法。即使爱因斯坦放弃了马赫原理,在最近30年间,马赫原理仍自有其存在价值。现在关于马赫原理有各种各样版本的诠释,比如,一些物理学家认为广义相对论实际上从根本上包含了马赫观点;只是时空并不具有它本可以具有的某些特殊形状——例如像真空宇宙的无限大平直时空。或许,他们提出,其他一些并不现实的时空——其中满是恒星和星系之类——实际上满足马赫原理。其他人则重塑了马赫原理的体系。在他们的体系中,问题不再是物体(比如说被绳子系着的两块石头或装满水的桶)在真空宇宙是怎样的,而是各种不同的时间片——各种不同的三维空间几何——究竟是怎样通过时间与其他时空片联系起来的。对有关这些想法的现代思考极具参考价值的是*Mach's Principle*:

From Newton's Bucket to Quantum Gravity（《马赫原理：从牛顿的桶到量子引力》），Julian Barbour与Herbert Pfister编辑（Berlin：Birkhäuser，1995），该书收集了与此问题有关的一些论文。有趣的是，该书包含了一项民意测验：40名物理学家和哲学家对马赫原理的看法。大多数人（90%以上）认为广义相对论并不完全符合马赫原理。另一本以明显的超马赫式观点对此问题进行讨论，并在一定程度上适合普通读者阅读的，优秀且极其有趣的书是Julian Barbour的*The End of Time*：*The Next Revolution in Physics*（Oxford：Oxford University Press，1999）。

[23] 喜爱数学的读者在知道爱因斯坦认为空间不能独立于它的度规（描述时空距离关系的数学工具）而存在的观点后会感到很受启发，如果有人移走了每一样东西——包括度规——时空将不再是某种实体。当提到“时空”的时候，我指的都是一个拥有可解爱因斯坦方程的度规的流形，因此我们所得出的结论，用数学语言说就是，度规时空才是某种实体。

[24] Max Jammer，*Concepts of Space*：*The Histories of Theories of Space in Physics*（New York：Dover，1993），p. xvii.

第4章

[1] 更确切地说，这看起来像是个可以追溯到亚里士多德的古老概念。

[2] 就像本书后面将要讨论的，在许多领域中（像大爆炸和黑洞）还存在着大量未解之谜，这些谜题至少可以部分归结为：体积过小，密度过高，从而造成爱因斯坦的优雅理论无法适用。因此，这里的描述适用于大部分情况，但已知定律无法应用的极端情况除外。

[3] 本文的最早读者中有一位擅长伏都魔咒，他告诉我，有些东西可以根据施魔咒者的意念——也就是灵魂——从一个地方被传送到另一个地方。因此，我这个充满幻想的非定域性例子——决定于你是否会伏都魔咒——可能是错的。不管怎么说，你搞清

楚其中的思想就行了。

[4] 为了避免混乱，我再强调一下我刚才说的，“宇宙并非定域性的”，或者“我们在此地做的事情会与彼地的事情发生联系”，我并不是指能用瞬间的意念控制远在千里之外的事物。换句话说，我指的是相隔很远的地点（这两个地点距离非常远以至于都没有足够的时间让光从一个地点到达另一个地点）发生的事情之间的联系——通常以测量结果之间的联系的形式表示。因此，我指的是物理学家们所说的*非定域关联*。乍看之下，这样的关联可能不会使你特别惊奇。如果有人送给你一只盒子，里面有一只手套，而配套的另一只手套送给了你远在千里之外的朋友，你们其中任何一人打开各自的盒子看到的手套将与另一人的存在关联：如果你看到的是左手戴的那只，你朋友将看到右手那只；如果你看到右手那只，你朋友将看到左手那只。显然，这种关联并没有什么神秘之处。但是，就像我们逐渐要讨论的，量子世界中这种明显的关联就是一种与众不同的性质了。这就好像你有一副“量子手套”，一只左手的，一只右手的，当观察或者相互作用时，它们就会表现出明显的偏手性。诡异之处在于，虽然观察时每只手套都会随机选择偏手性，但即使它们被相隔很远，这两只手套也会一前一后地选择相应的偏手性：如果一只选择左边，另一只就会选择右边，反之亦然。

[5] 量子力学预言的微观世界与实验观测完全符合。就凭这一点，它就得到了大家的普遍认同。然而，本章中将要讨论的量子力学的具体特点，完全不同于常识，而且由于理论的数学公式（关于理论如何填补微观现象和宏观测量结果之间的空白的不同公式）不同，人们就如何诠释理论（然而，理论可以从数学上解释各种各样的令人迷惑的数据）的各种特点并没有达成共识，包括非定域问题。在本章中，我持一种特殊的观点，我觉得它是建立在现代流行理论的理解和实验结果的基础上的最令人信服的观点。但在这儿我得强调一下，并不是所有的人都同意这个观点，在后面的注释中详尽地解释完该观点之后，我将简要地介绍一下别人的观点并介绍更多相关的参考资料。我也得强调一下，在稍后的讨论

中，实验将与爱因斯坦的信念（他认为实验数据只能用粒子具有明确但隐藏起来的性质来解释，而该性质*没有任何非定域纠缠*）相矛盾。不管怎样，这个观点的失败只能排除一种定域宇宙，它不能排除粒子有明确但隐藏起来的性质的可能性。

[6] 对于数学功底不错的读者而言，我们来看看这种描述可能导致的误解。对于多粒子系统而言，概率波（用标准术语的话，就是波函数）与刚才所讲的内容有本质上一样的诠释，但概率波被定义为粒子在*位形空间*的函数（对一个单独的粒子而言，*位形空间*与真实空间同构，但如果是N粒子系统，则它就变成3N维的了）。这对于我们思考波函数是一个真实的物理实体还是仅仅是一个数学工具非常重要，因为如果站在前者的立场，我们就需要认同位形空间的实在性——第2章、第3章主题的有趣变异。在相对论量子场论中，场可以在通常的四维时空中定义，但也有一些用得比较少的体系，使用了推广的波函数——定义在更为抽象的空间“场空间”上的所谓*波泛函*。

[7] 我在这儿提到的实验是*光电效应*实验，在该实验中，光照在各种金属上使金属表面发出电子。实验学家们发现，光的强度越高，发射出去的电子就越多。而且，实验还表明每个发射出去的电子的能量是由光的颜色——频率——决定的。爱因斯坦认为，如果光是由粒子组成的话，这很容易理解，因为光强越大就意味着光束中光的粒子（光子）越多——而且光子越多，撞击金属表面的机会就越多，从而使得金属发出的电子也越多。进一步来看，光的频率会决定每个光子的能量，因此每个发射出去的光子的能量将精确地与数据相符。光子的粒子性最终在1923年被亚瑟·康普顿通过电子和光子的弹性散射实验证实。

[8] 索尔维国际物理讨论会，《第5届索尔维国际物理讨论会会议论文集》（*Rapport et Discussions du 5ème Conseil*）（Paris，1928），pp.253 ff。

[9] Irene Born，trans.，《玻恩和爱因斯坦书信集》（New York：

Walker, 1971), p.223。

[10] 亨利·斯坦普, *Nuovo Cimento* 40 B (1977), 191–204。

[11] 戴维·玻姆是20世纪量子力学领域最富有创造性的科学家之一。他于1917年出生于宾夕法尼亚州，曾是伯克利罗伯特·奥本海默的学生。在普林斯顿大学教书时，他曾被众议院非美活动调查委员会传唤，但他拒绝在听证会上做证。后来他离开美国，先后在巴西的圣保罗大学(São Paulo)、以色列的理工大学(Technion)、伦敦大学的伯克贝克(Birkbeck)学院任教授。1992年，他在伦敦逝世。

[12] 当然，如果你等的时间足够长，你对一个粒子做的事情，从原理上讲，会影响另一个粒子：一个粒子可以发出某种信号警告另一个粒子它正被测量，而且该信号也会影响接收粒子。然而，由于没有信号会比光的速度更快，所以这种影响不会即刻发生。现在讨论的关键点在于，我们测量粒子绕某一给定的轴自旋时，会发现其他粒子也绕该轴自旋。因此，粒子之间的任何一种“标准”通信——光速或亚光速通信——都不能说明问题。

[13] 在本节和下一节中，我对贝尔发现的归纳，受到David Mermin的美妙文章的启发：*Quantum Mysteries for Anyone*, *Journal of Philosophy* 78, (1981), pp.397–408;*Can You Help Your Team Tonight by Watching on TV?*收录在*Philosophical Consequences of Quantum Theory*: *Reflections on Bell's Theorem*, James T.Cushing与Ernan McMullin编辑(University of Notre Dame Press, 1989);*Spooky Action at a Distance*: *Mysteries of the Quantum Theory* 发表于*The Great Ideas Today* (Encyclopaedia Britannica, Inc., 1988)，以上全部收录在N.David Mermin的*Boojums All The Way Through* (Cambridge, Eng.: Cambridge University Press, 1990)。如果有人对有关这些想法的技术问题感兴趣，那么最好从贝尔本人的论文开始，它们大部分都收录在J.S.贝尔《量子力学可以言说的和不可以言说的》(Cambridge, Eng.: Cambridge

University Press, 1997)。

[14] 虽然定域性假设对爱因斯坦、波多斯基和罗森的论证是非常重要的，但研究者们努力寻找的却是其论证中其他一些元素的错误，力图避免得出宇宙允许非定域性存在的结论。比如说，有些人偶尔会声称所有数据需要的是我们放弃所谓的实在主义——物体拥有的被测到的那些性质与测量过程无关。在这里，这样的看法错过了重点。如果EPR的论证得到了实验的证实，那么量子力学的长程关联性也没有什么神秘之处，它们不会比传统的长程关联性（比如你在这边发现左手手套就一定能够在那边发现右手手套）更令人惊奇。但这种推理受到了贝尔-埃斯拜科特实验结果的驳斥。现在，即使我们为了回应EPR的驳斥而放弃实在主义——就像我们在标准量子力学中所做的，这也不会对削弱空间上相隔很远的*随机*过程之间的长程相关性的奇异性有多大帮助；当我们放弃了实在主义，手套就如注释4中所说的那样，成为"量子手套"。放弃实在主义无论如何也不会使观察到的非定域关联看起来不那么诡异。事实上，正是受EPR、贝尔和埃斯拜科特结果的启发，我们才试图保持实在主义——举个例子来说，正如在本章后面部分将要讨论到的玻姆理论中的情形——我们需要用来与数据保持一致的非定域性看起来更加严重，它与非定域的相互作用有关，而不仅仅是非定域关联。许多物理学家反对这样的选项，因此放弃了现实主义。

[15] 见穆雷·盖尔曼，*The Quark and the Jaguar*（《夸克与美洲豹》）（New York: Freeman, 1994），以及Huw Price的*Time's Arrow and Archimedes' Point*（Oxford: Oxford University Press, 1996）。

[16] 狭义相对论不允许任何曾比光速慢的物体超越光速限制。但如果某物*总是*比光跑得更快，它也不会被狭义相对论严格排除在外。这种假设的粒子被称作*超光速粒子*。大多数物理学家认为超光速粒子不存在，但有一些人则认为存在这种可能性。根据狭义相对论的方程，这种比光速还快的粒子具有一些特殊性质，所以目前，没有人发现它们有何种特殊用途——即使只是在理论假设

上也没什么用。在现代研究中，人们普遍认为有超光速粒子的理论并不可靠。

[17] 数学功底不错的读者应该记着，本质上讲，狭义相对论要求物理定律具有洛伦兹不变性，也就是说，物理定律要在闵科夫斯基时空中的SO（3，1）坐标变换下具有不变性。那么，如果量子力学可以完全用洛伦兹不变性方式表达的话，我们就可以说它与狭义相对论相符。现在，相对论性的量子力学与相对论性的量子场论正在朝这个目标努力，但关于它们是否可以在洛伦兹不变的框架内解决量子力学的测量问题，人们还没有达成一致意见。举个例子来说，在相对论性场论中，可直接以洛伦兹不变的方式来计算各种实验结果的概率幅和概率。但标准做法描述了在量子概率范围内的或这或那的特定结果出现的方式——也就是说，在测量过程中发生的事情。这对量子纠缠而言是一个特别重要的问题，因为该现象会受实验者行为——测量纠缠态粒子特性的行为——的影响。有关更深入的讨论，请参考Tim Maudlin, *Quantum Nonlocality and Relativity*（Oxford：Blackwell，2002）。

[18] 对于数学功底不错的读者，下面就是所做预言与这些实验相符的量子力学计算。假设探测器测量到的自旋所绕的轴分别是垂直、绕垂直轴顺时针旋转120度以及绕垂直轴逆时针转120度（就好比表盘上的中午12点、4点和8点；有两个表盘，每个对应一个探测器，相对放置），为了便于讨论，想象一下，有两个电子，以所谓的单态形式背靠背地朝着探测器飞去。这种总自旋为零的态保证了如果一个电子处于自旋绕某轴向上的态的话，另一个电子将处于自旋向下的态，反之亦然。（还记得吗？在正文中为了方便，我曾将电子之间的关联描述为如果一个电子自旋向上，另一个电子自旋也将向上，如果一个自旋向下，另一个也向下；事实上，关联是指自旋处于相反的方向。为了与正文呼应，你可以将两个探测器想象为刻度相反，因此一个自旋向上，另一个则自旋向下。）基础量子力学的标准结果表明，如果两个探测器所测得的电子自旋所绕的轴之间的角度为θ，那么它们测量到相反自旋值的概率为$\cos^2(\theta/2)$。因此，如果校准探测器的轴（$\theta=0$），它

们一定会测得相反的自旋值（类似于我们在正文中所讲的，当为探测器设定相同的方向时，测得的值总是相同的），如果把轴的方向调成 +120°或 −120°，则两个探测器测得相反自旋的概率为 $\cos^2(+120°或-120°)=1/4$。现在，如果探测器的轴的方向是随机选择的，那么有1/3的概率指向相同的方向，2/3的概率指向相反的方向。因此，整体来看，发现相反的自旋的概率为（1/3）（1）+（2/3）（1/4）=1/2，和实验数据一致。

你可能觉得有点奇怪：在定域性假设的前提下，自旋关联的概率（大于50%）竟会大于我们用标准量子力学（恰好50%）算出的自旋关联；你可能会想，量子力学的长程纠缠应该产生更多的关联。事实上，确实如此。这里应当这样想：全部测量中有50%的关联性时，对于左右探测器的轴选定相同方向的测量来说，量子力学将带来100%的关联性。在爱因斯坦、波多斯基和罗森的定域性宇宙中，对于选定相同的轴方向的测量来说，要想有100%的符合，就需要全部测量中有大于55%的关联性。粗略地讲，在定域宇宙中，全部测量中50%的关联性将使得在选择相同轴的前提下出现小于100%的关联性——也就是说比我们在非定域宇宙中发现的关联性要小。

[19] 你可能会想，从一开始，波函数的瞬间坍缩就与光速设定的速度上限相矛盾，因而必会与狭义相对论相矛盾。如果概率波像水波那样，你的结论将不容置疑。概率波的值在一个很大的范围内突然衰减为零，简直比太平洋的海面瞬间宁静、海水停止流动还要让人惊奇。但是，量子力学的支持者们提出，概率波不同于水波。虽然概率波描述物质，但它本身并不是物质。这些支持者们继续说，光速限制只适用于物质性对象，而其运动都可以直接看到、感觉到、探测到。如果仙女座星系中电子的概率波衰减为零，仙女座星系的物理学家们将100%探测不到电子。仙女座星系的任何观测都不能表明概率波的突变与一些成功的探测行为——比如说在纽约发现电子——有关。只要电子本身没有以大于光速的速度从一个地方运动到另一个地方，就不会与狭义相对论相矛盾。正如你所看到的，唯一发生的事情是在纽约——而不是在别的什么地方——探测到电子。我们甚至都不需要讨论它的速

度。因此，虽然概率波的瞬间坍缩是一种令人困惑不解的迷惑而且有问题的理论（在第7章中有更全面的讨论），但这并不意味着它与狭义相对论矛盾。

[20] 关于这些观点的讨论，可以参考Tim Maudlin, *Quantum Nonlocality and Relativity*（Oxford: Blackwell, 2002）。

第5章

[1] 对于数学功底不错的读者而言，从方程$t_{运动}=\gamma[t_{静止}-(v/c^2)x_{静止}]$（在第3章的注释9中曾讨论过）中，我们发现丘巴卡在某一给定时刻的现在目录中将包含地球上的观测者声称是$(v/c^2)x_{地球}$之前发生的事情，其中$x_{地球}$表示丘巴卡距离地球的距离。以上的描述是假设丘巴卡远离地球而去。如果是朝向地球运动，v的方向相反，因此向地球移动的观测者将声称这样的事件发生在$(v/c^2)x_{地球}$之后。令$v=16$千米/时，$x_{地球}=10^{10}$光年，我们发现$(v/c^2)x_{地球}$大约为150年。

[2] 这个数字——和后文中描述丘巴卡朝向地球的运动时用到的一个类似的数字——在本书出版时都是有效的。但随着地球上时间的流逝，它们会变得没那么精确。

[3] 数学功底不错的读者应该注意到，从不同角度切割时空条的比喻正是狭义相对论课程上教授过的时空图概念。在时空图中，从被认为是静止的观测者的角度看，某一特定时刻的所有三维空间都可以用一条水平线来表示（或者，在更准确的图示中，用一个水平面来表示），而时间可以用垂直轴来表示（在我们的叙述中，每个“面包片”——平面——代表的是某一时刻的所有空间，而横穿面包的轴则是时间轴）。时空图为讲清你和丘巴卡的现在片提供了一种有力的工具。

图中的细实线为相对于地球（为了使问题简化，我们假定地球既没有旋转也没有加速，这些因素对我们要讨论的问题并不重要，只能带来没有必要的复杂性）静止的观测者的等时线（现在片），细虚线为相对于地球以约15千米/时的速度运动的观测

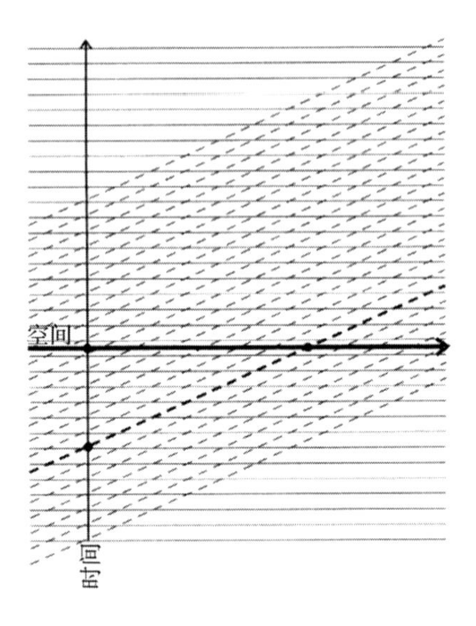

者的等时线。当丘巴卡相对于地球静止时，细实线就代表了他的现在片（而你在整个故事中都安静地待在地球上，这些细实线总代表着你的现在片），粗实线代表的是包含了待在地球上的21世纪的你（左边的黑点）和他（右边的黑点）的现在片，你们俩都老老实实地坐在那里读书。当丘巴卡远离地球而去时，虚线就代表了他的现在片，粗虚线代表的是包含了丘巴卡（正站起来开始走）和约翰·维尔克斯·布思（左下的黑点）的现在片。注意，接下来的一条虚线时间片将包含丘巴卡走动（假设他仍然在四处逛）和21世纪的你静坐着读书。因此，你的某个时刻将出现在丘巴卡的两张现在目录上——一张是他走动之前的，另一张是他走动之后的。这就表明，简单的直觉上的*现在*概念——在被应用于整个空间时——可以被狭义相对论转换为具有不寻常性质的概念。而且，这些现在目录并不会违反因果关系：标准的因果关系（参见第3章注释11）仍然强而有力。丘巴卡的现在目录之所以会突变是因为他自己突然改变运动状态，从一个参考系跃入另一个参考系。但是，对于到底是哪个事件影响了哪个事件，所有的观测者——都用单独一种良好定义的时空坐标——都会认同同一个说法。

[4] 专业读者会意识到我把时空假设为闵科夫斯基时空。其他几何学中类似的论证不一定会适用于整个时空。

[5] 《阿尔伯特·爱因斯坦和米歇尔·贝索书信集：1903—1955》（*Albert Einstein and Michele Besso Correspondence 1903—1955*，P.Speziali编辑，Paris：Hermann，1972）。

[6] 这里的讨论意在对下面的问题给出一个定性上的认识。这个问题就是，你对自己所经历过的生活——正是这种生活经历留给了你那些记忆——有一种感受，这种感受的根基是由你此刻的感受和前一刻的回忆共同形成的，但是这个形成过程是怎样的？比如说，如果你的大脑和身体不知何故达到了与此刻一样的状态，那么你将体验到与你的记忆能够证实的那段经历相同的感觉（假设所有体验的根据都可以在大脑和身体的物理状态中找到），即便那些经历从未发生过，只是人为地印在你的大脑里也没关系。这里的讨论有一个简化之处，即假定了我们能感觉或体验到某一瞬间发生的事情，而事实上大脑识别和诠释它所收到的任何刺激都需要一段时间。不过，这一点虽然不错，却与我所要讨论的内容没有特别的相关性；这虽然有趣，却会带来不必要的复杂性，而这种复杂性来自于用与人类的体验直接相关的方式分析时间。就像我们先前讨论到的，以人类为例子可以使我们的讨论更为通俗直观，但我们需要剔除那些从生理上看更加有趣而不是在物理上重要的部分。

[7] 你可能想知道本章的讨论与第3章中讲过的物体以光速“穿越”时空有什么联系。对那些数学功底不错的读者，这个问题可以粗略地回答为一个物体的历史可以表示为时空中的一条曲线——时空条中的一条路径，这条路径就是粒子所有时刻所在位置的集合（正如我们在图5.1中看到的那样）。穿越时空“运动”这一概念可以直观地表示成指明该路径（但是不要想象成追溯映入眼帘之前的路径）。在这条路上的“速度”可以这样得出：用路径的长度（两点之间的距离）除以该路径上某人或某物携带的表所记录的时间差。我们又一次遇到了不与时间流逝有关的概念：你需

要做的只是看一下表在这两点的示数。你会发现，不论运动方式怎样，用这种方式得出的速度都等于光速。数学功底不错的读者会意识到这里的原因是：在闵科夫斯基时空的度规为$ds^2=c^2dt^2-dx^2$，其中dx^2是欧几里得长度 $dx_1^2+dx_2^2+dx_3^2$ ，而钟表的时间（“固有”时间）为$d\tau^2=ds^2/c^2$。所以，很明显，刚才所定义的穿越时空的速度可由$ds/d\tau$给出，结果等于c。

[8] 鲁道夫·卡那夫“自传”收录在*The Philosophy of Rudolf Carnap*，P.A. Schilpp编辑（Chicago：Library of Living Philosophers，1963），p.37。

第6章

[1] 注意，我们提到的不对称性——时间之箭——来自于事件*在*时间中的发生顺序。你可能也想知道时间本身的不对称性——比如说，就像在后面的章节中我们将看到的，根据某些宇宙理论，时间可能曾有一个开始但可能不会有结束。这些是全然不同的时间不对称性概念，我们在这儿的讨论主要关注前者。虽然如此，在本章末我们将看到，事件在时间上的不对称性取决于早期宇宙历史的特殊条件，因此，可以将时间之箭与宇宙学的方方面面联系起来。

[2] 对于有数学功底的读者而言，让我来更为准确地说明一下时间反演对称性意味着什么，并谈谈一个有趣的例外，它对于我们本章中所讨论问题的意义还不完全明了。时间反演对称性概念可以简单地表述为，当一套物理定律的方程有解时，比如解为$S(t)$，$S(-t)$也是该方程的一个解，则我们称该物理定律具有时间反演对称性。举个例子来说，在牛顿力学中，力取决于粒子的位置，若$x(t)=[x_1(t),x_2(t),\cdots,x_{3n}(t)]$是$n$个粒子在三维空间中的位置，则$x(t)$为方程$d^2x(t)/dt^2=F[x(t)]$的解，这也就意味着$x(-t)$也满足于牛顿方程，也就是说$d^2x(-t)/dt^2=F[x(-t)]$。注意$x(-t)$代表穿越相同位置——比如$x(t)$——的粒子运动，只不过是以相反的顺序、相反的速度而已。

在更普遍的情况下，物理定律也为我们提供了将物理系统的状态从初始时刻t_0演化到$t+t_0$时刻的运算法则。具体一点说，这种运算法则可以看成映射$U(t)$，它可以将$S(t_0)$映射到$S(t+t_0)$，即：$S(t+t_0)=U(t)S(t_0)$。如果映射T满足$U(-t)=T^{-1}U(t)T$，我们就可以说得出$U(t)$的定律具有时间反演对称性。用通俗的语言来说，这个方程说的是，通过适当运算（用T来表示）物理系统某一时刻的状态，物理系统根据理论定律顺着时间方向在一段时间t内的演化［用$U(t)$来表示］等于系统逆着时间方向在同样时间t内的演化［用$U(-t)$来表示］。举个例子来说，如果我们将粒子系统的状态指定为粒子在某一时刻的位置和速度，那么T就可以在保持所有粒子位置不变的情况下使速度反转。这样的粒子分布顺着时间方向在t时间内的演化等于粒子的原始分布逆着时间方向在t时间内的演化（T^{-1}因子消除了速度的反转。因此，到最后，不仅粒子的位置回到t个单位时间以前，它们的速度也将如此）。

某些定律中的T运算比牛顿力学中的T运算还要复杂。举个例子来说，如果我们研究带电荷粒子在电磁场中的运动，逆向速度还不足以使方程得出粒子回溯的演化。磁场的方向也需要反转（之所以有这种要求是为了使洛伦兹力公式中的$v\times B$项保持不变）。因而，在这种情况下，T运算包含了这两种变换。除了反转所有粒子的速度外，我们还需要做些其他的事情的这一事实对正文中的讨论没有影响。重要的是，粒子在一个方向上的运动与物理定律自洽的话，在另一个方向上的运动也与物理定律自洽。我们需要反转磁场不过是某种巧合，并没有什么特别的重要性。

而在弱核力相互作用中，事情就不是这么简单了。弱相互作用需要用特殊的量子场论来描述（将在第9章中简要地讨论一下），一个普适的定理证明（还需要保证量子场论具有定域性、幺正性、洛伦兹不变性——这样的量子场论才是人们感兴趣的），量子场论在电荷共轭运算C（将粒子替换为其反粒子）、宇称运算P（将粒子的位置变换到镜像位置），以及时间反演运算T（将时间t换为时间$-t$）的联合作用下总是具有对称性。所以，我们可以将运算T定义为CPT的乘积，但如果T具有不变性，就会要求还有一种CP运算存在，T不应被简单地解释为原来的粒子回溯其路径（因为，粒子的种类也会被这样的T运算改变——粒子变成反粒子——所以逆向返回的并不是原来的粒子）。我们会发现，对于某些实验，我们没法很好地解释。对于某些特殊的粒子（比如K介子以及B介子）来说，它们可以在CPT运算下保持不变，但是在单独的T变换下没法保持不变。1964年，詹姆斯·克洛宁、瓦尔·菲奇（因为这一工作，他们两人获得了1980年诺贝尔物理学奖）及其合作者通过证明K介子破坏CP对称性（这就意味着必然会破坏T对称性，因为需要保持CPT不被破坏）间接地确认了这一点。更加晚近的时候，T对称性的破坏通过CERN的CPLEAR实验以及费米实验室的KTEV实验得以直接确立。简单地讲，这些实验证明，如果有人给你展示一段有这些介子参与的过程的影片，那么你就有办法看出这段影片到底是按正确的时间顺序播放，还是反着播放。换句话说，这些特殊的粒子可以区分过去和未来。还不清楚的是，这与我们每天所感受到的时间之箭是否存在某种联系。不管怎么说，这些奇特的粒子虽然可以在对撞机实验上瞬间产生出来，却不是我们熟悉事物的组成粒子。对于包括我在内的很多物理学家来说，这些粒子展示的时间不可反转性看起来并不会对时间之箭的谜题有多大影响，所以我们不打算进一步讨论这些例外。但问题是，其实没人真的知道是不是这样。

[3] 我有时候发现，对于碎蛋壳真的重新聚合起来形成未破碎的蛋壳这样的理论命题，要接受起来还真是挺难的。但是，自然定律的时间反演对称性，正如在前一条注释中更为详细地探讨过的那样，会确保这样的事情能够发生。微观上，鸡蛋的破碎是一个与组成蛋壳的各种分子有关的物理过程。鸡蛋破碎，蛋壳四散，这是因为鸡蛋被摔碎过程中受到的冲击将分子强行拉开。如果这些分子运动反向发生，那么它们就会重新组合在一起，以先前的形式重新成为蛋壳。

[4] 为了使我们能够集中注意力，以现代方式思考这些思想，我会将一些有趣的历史略去。玻尔兹曼自己对熵这一主题的思考在19世纪70—80年代经历过重大精炼。在那个时期，他与一些物理学家的相互影响和交流对他来说是非常有帮助的，这些科学家包括詹姆斯·克拉克·麦克斯韦、开尔文勋爵、约瑟夫·洛施密特、

约什亚 · 威拉德 · 吉布斯、亨利 · 庞加莱、S. H. 勃柏利，以及欧内斯特 · 切梅罗。事实上，玻尔兹曼最初认为他可以证明，对于孤立的物理系统，熵会一直并且绝对化地不减，而不只是这样的熵减过程不太可能发生。但是来自上述以及其他一些物理学家的反对意见，促使玻尔兹曼强调这个问题中的统计或概率方法，而这种方法一直用到了今天。

[5] 我想象着我们正在用现代经典文库（Modern Library Classics）版的《战争与和平》，Constance Garnett 译，共1386面。

[6] 数学比较好的读者应该会注意到，由于数太大了，熵实际被定义为可能的排列数的对数，不过这一细节在这里与我们无关。但是，从理论的角度看，这一点非常重要，因为熵是所谓的*广延量*这一点非常方便，这意味着如果你把两个系统合在一起，那么整体的熵就是两个系统各自的熵的和。而仅当熵是对数的形式，这一点才会成立，因为在这种情况下，总的排列数会等于各自排列数的乘积，因而排列数的对数是相加性的。

[7] 尽管在理论上，我们可以预言每一页被放在哪里，你可能还是会关心决定着页序的另一个元素：你怎样把这些页整齐地摞在一起。这与所要讨论的物理无关，但如果它令你心烦的话，你可以这样想象：我们同意你把它们一张张地捡起，从离你最近的那张开始，然后再捡起离那张最近的一张，如此下去（而且，怎样确定最近的纸张都是一样的，比如说，我们都同意从纸张距离我们最近的一个角开始量起）。

[8] 以为对于不多的一些页，就能在达到预言其页序（运用某些方法将它们堆在一起，参见前一条注释）的精度上成功地算出其运动，实际上是*极其*乐观的想法。根据纸张柔韧性与重量的不同，这样一个相对“简单”的计算也远远超越了今天的计算机的能力。

[9] 你可能会担心，定义页序的和定义一群分子的熵之间存在着根本性的差异。毕竟，页序是离散的——你可以一页一页地数清它，

虽然所有的可能性总数会很大，但它是确定的。而相反的是，即使单独一个分子，其运动和位置都是连续的——你没法一个一个地数清，因而可能性的总数会是无限大（至少在经典物理中是这样）。所以，我们怎样数清分子的排列数呢？这个嘛，简单地说，这是个好问题，却是个被完全解决了的问题——要是这能让你感到满意，那你就不用看下面的这段内容了。详细地回答你这个问题需要用到一点数学，要是没有基础的话可能不太好理解。物理学家用*相空间*——一个6N维空间（N为粒子数），其中的每个点代表着一个粒子的位置和速度（描述每个粒子的位置需要3个数，速度也是一样，因而N个粒子需要6N个数）——来描述经典多粒子系统。关键之处在于，相空间可以被划分为不同区域，给定区域内的所有点对应着具有外在相同整体性质的分子的速度速率分布。如果相空间给定区域的分子排布从一个点变化到同一区域的另一个点，那么在宏观上我们是没法区分这种变化的。现在，我们就不需要数清给定区域内点的数目——与数清不同页序的排列数最直接的类比，但这种类比会导致无限大——物理学家们就用相空间中每一个区域的*体积*来定义熵。体积越大，则区域内的点越多，因而熵就越大。而区域的体积，即使是很高维度的空间中的区域，也可以有严格的数学定义。（数学上，需要选取所谓的测度，对数学比较好的读者，我要指出，对于与给定宏观态相一致的所有微观态，我们通常选取的测度都是一样的——也就是说，与给定宏观性质有关的微观分布被假定为等权重。）

[10] 特别是，我们知道一种它可能发生的方式：如果几天前，CO_2还在瓶中，那么从我们上面的讨论中我们可以知道，如果你现在同时反转每一个CO_2分子的速度，以及每一个与CO_2分子有相互作用的分子的速度，等上几天后，你将发现所有的CO_2分子又聚集起来回到了瓶中。但是这种速度反转没法应用于实践，每件事看起来只能按其自己的步调发生。不过我需要指出，我们可以在数学上证明，只要等待的时间足够长，CO_2分子早晚会按自己的步调*退回到瓶中*。19世纪，法国数学家约瑟夫·刘维尔证明的一个结果可以用来构建所谓的庞加莱可逆定理（Poincaré

recurrence theorem)。根据这一定理，如果你的等待时间足够长，一个有限体积内具有有限温度的系统(比如封闭空间内的CO_2分子)将会达到与其初始态任意接近的态(在本例中，所有的CO_2分子都被封闭在可乐瓶中)。问题在于，你到底得等多久它才会发生？对于一个其组分很多的系统来说，这个定理告诉我们，要想使其按自身步调回到其初始状态，你的等待时间可能会比宇宙的年龄还长。然而，理论上重要的是，如果你有足够的耐心，能够等待足够长的时间，那么空间中所有的物理系统都会回复到其初始状态。

[**11**] 你可能会想，水为什么会结成冰呢？那岂不意味着H_2O分子变得更加有序？换句话说，岂不是获得了较低而不是较高的熵？这个嘛，大体上说来，液态的水变成固态的冰，会向周围的环境释放能量(而当冰化成水的时候，则会从环境中吸收能量)，而这会导致环境中的熵有所提高。当环境温度足够低的时候，低于零摄氏度，环境中的熵增超过了水中的熵减，因此，结冰过程是一个熵减少的过程。这就是冬天会结冰的原因。类似的，当你冰箱中的冰块形成时，H_2O分子中的熵固然是减少了，但是在这个过程中冰箱会向周围的环境释放热量，因而会导致总的熵是增加的。对数学比较好的读者，更加准确的说法是，我们所讨论的这种自发现象由所谓的“自由能”掌控。直观上，自由能是一个系统中可以用来做功的那部分能量。数学上，自由能F，由$F=U-TS$来定义，其中U代表总能量，T代表温度，S代表熵。如果某一过程会导致自由能减少，那该过程就可以自发产生。低温下，液态水中U的减少超过了固态冰中S的减少(超过了$-TS$的增加)，因而这个过程会自然发生。而在高温下(零摄氏度以上)，冰由固态到液态或气态的转变则是符合熵的要求的(S的增加超过了U的改变)，因而也会自然发生。

[**12**] 直接应用熵的论证究竟是怎样使我们得出记忆与历史记录是对过去的不可信赖的记述这一结论的，关于这个问题，要想看看较早的讨论，可以参看C. F. von Weizsäcker的*The Unity of Nature*(New York: Farrar, Straus and Giroux, 1980)中第138—146页，

最初发表在*Annalen der Physik* 36（1939）。要想看较新些的优秀作品，可以看看大卫·阿尔伯特的*Time and Chance*（Cambridge，Mass.：Harvard University Press，2000）。

[13] 事实上，因为物理定律无法区分时间上的前与后，所以对半小时前——晚上10点——完全结成冰块的解释同预言半小时后——晚上10点——小冰渣完全结成冰块一样，都可以说是极为荒唐的——从熵的角度讲。相反，对晚上10点时液态的水，到了晚上10点半的时候慢慢形成了冰渣这一现象的解释，则与预测到了晚上11点的时候，那些冰渣又化为水在道理上是一样的，都是我们熟悉且可预期的事情。对后一种现象的解释，从晚上10点半看，前后的结冰和融化现象完全是对称的，而且与我们的实际观测是相符的。

[14] 特别细心的读者可能会想到，我在讨论中错误地使用“初始”这个词，因为这相当于插入了时间上的不对称性。按更为准确的语言，我想表达的是，我们会需要特殊的条件使时间维度的一端变得特别。在后面将会更加清楚，特殊的条件就是低熵的边界条件，而我所谓的“过去”，就是时间维度上满足这一条件的那一端。

[15] 时间之箭要求低熵的过去这一想法已经有很长的历史了，可追溯到玻尔兹曼及其同时代的人。在汉斯·雷肯巴赫著的*The Direction of Time*中有详细讨论（Mineola，N.Y.：Dover Publication），罗杰·彭罗斯著的《皇帝的新脑》以特别有趣的定量方式对此有所讨论。

[16] 回想一下，我们在本章中的讨论并没有考虑量子力学。如史蒂芬·霍金于20世纪70年代证明的那样，当量子力学的效应被考虑进来时，黑洞会允许一定数量的辐射逃离出去，但这不会影响它们被称为宇宙中最高熵的物体。

[17] 一个很自然的问题是，我们怎么知道未来不会有新的对熵有影响的限制出现。答案是我们没办法知道，某些科学家甚至提出一

些实验，用以探测这些将来的限制对我们今天能够观测到的事物的影响。有一篇非常有趣的文章探讨了将来的和过去的一些对熵的限制的可能性，即Murray Gell-Mann与James Hartle合著的*Time Symmetry and Asymmetry in Quantum Mechanics and Quantum Cosmology*，收录在J. J. Halliwell，J.Pérez-Mercader，W.H.Zurek编辑的*Physical Origins of Time Asymmetry*（Cambridge，Eng.：Cambridge University Press，1996）。同一文集的第四和第五部分中也有一些关于这个问题的有趣文章。

[**18**] 在这一章中，我们一直在用“时间之箭”这个词，用以表达时空的时间轴（任意观测者的时间轴）具有不对称性这一明显事实：按时间轴的方向排列顺序的事件非常多，但是反向顺序的事件，即便不是没有，也很少发生。很多年来，物理学家和哲学家一直在将事件顺序分成不同子类，在这些子类中，至少在理论上，时间上的不对称性可以归结于逻辑上独立的解释。比如说，热量总是从热的物体流向较冷的物体，反之则不行；电磁波总是从恒星或者电灯泡这样的源射出，看起来却永远不会聚拢回这些源；宇宙看起来是在碰撞，而不是在收缩；我们记住的是过去而不是未来（这些分别被称为热力学、电磁学、宇宙学、心理学上的时间之箭）。所有的这些都是时间不对称现象，不过至少在理论上，这些现象有可能从全然不同的物理原理中获得其各自的时间不对称性。我的观点（很多人也有这样的观点，而另一些人则不）是，除宇宙学上的时间之箭外，其他的时间不对称现象在基本层面上没有什么区别，它们都可以被归结为同样的解释——我们在本章中讲过的解释。比方说，电磁辐射为什么向外传播而不是向内传播？要知道这两种情形都是麦克斯韦方程的解。这个嘛，由于我们的宇宙有提供这些向外放射的波的低熵、连贯、有序的源——比如说恒星或电灯泡——而这些有序的源的存在又可追究到宇宙起源时的更为有序的环境，参见正文中的讨论。解释心理学上的时间之箭要稍微难一些，因为对于我们还没有搞懂的人类思想来说，还没有微观物理基础。但是，对于与计算机有关的时间之箭，人们却取得了一些进展。进行计算，完成计算，记录结果，对于这些基本的计算顺序，其中的熵的性质人们已经搞清

楚了（查尔斯·本耐特、罗尔夫·兰道尔和其他一些人的贡献），且与热力学第二定律符合得非常好。因而，如果人类思想类似于计算过程，我们就可以对其应用类似的热力学解释。但是，也需要注意到，与宇宙正在膨胀而不是收缩这一事实紧密联系的不对称性，实际上与我们一直在探索的时间之箭有关，但在逻辑上却是完全不同的。即使宇宙慢慢减速，停止下来，再开始转入收缩过程，时间之箭还是会指向同一个方向。即便宇宙膨胀过程反转过来变成了收缩，物理过程（鸡蛋破碎，我们变老，等等）还是会像往常一样发生。

[19] 数学比较好的读者应当注意到，当我们使用这种概率声明时，我们假定了一种特别的概率测度，从而，与我们*此刻*所看到的宏观事物相容的所有微观态都有相同的测度。当然，还有另外一些我们能用的测度，比如说，大卫·阿尔伯特在*Time and Chance*中倡导使用的概率测度，对于所有的微观态——与我们*此刻*所看到的宏观事物以及他所谓的过去假设（the past hypothesis，宇宙开始于低熵态这一明显的事实）相容的微观态——都是一样的。利用这样的测度，我们可以不用考虑那些与低熵的过去——为我们的记忆、记录以及宇宙学理论所确证——不相容的历史。按这种思考方式，一个低熵的宇宙是没有概率问题的；根据假设，宇宙按低熵方式开始的概率为100%。但仍有一个重大问题：宇宙*为什么*会按那种方式开始？关于宇宙的问题甚至都没在概率背景下表述。

[20] 你可能会忍不住争辩，已知宇宙在早期之所以低熵不过是因为其尺寸远比今天要小，因而，正如书页较少的书熵也低些，早期宇宙中的组分所可能有的排列数要更少些。但是，只依靠这种说法说服自己是没有用的。很小的宇宙也可以有很高的熵。比方说，我们宇宙的命运之一（尽管很不可能）就是在未来的某一天停止膨胀，然后向内爆裂，结束于所谓的大收缩（big crunch）。计算表明，即使宇宙的尺寸在向内爆裂阶段减小，熵也仍会增加，这就显示了小体积并不一定意味着低熵。不过，我们将会在第11章中看到，宇宙初期的小尺寸的确会在我们当今对低熵起源的最佳解释中占有一席之地。

第7章

[1] 众所周知，如果你所研究的是三体乃至更多体相互作用的运动问题，经典物理的方程是不能精确求解的。所以，即使在经典物理中，任何有关大群粒子运动的语言也都只能是近似的。但问题在于，在经典物理中，对近似的精确度不会有基本层面的限制存在。在经典物理掌控的世界中，所用的计算机能力越强，位置和速度的初始数据给得越精确，我们所能得到的结果就越精确。

[2] 在第4章结尾，我注意到贝尔、埃斯拜科特以及其他人的结果并没有排除粒子总是有确定的位置和速度——即便我们没法同时确定这些量——这种可能性。而且，玻姆版的量子力学清楚地实现了这种可能性。因而，尽管人们普遍认为，像电子在被测量之前不会有一个位置这种事，属于传统方法的量子力学中的标准性质。但是严格说来，将其作为一条普遍适用的声明未免太牵强了些。记住，在玻姆的方法中，我们将会在本章稍后讨论到，粒子总是与概率波“相伴”；也就是说，玻姆的理论总要用到粒子*与*波，而标准方法用的是互补性，可概括为粒子*或*波。因而，我们所探求的结论——如果我们单说一个粒子在每一个确定的时刻通过空间中一个确定的点（在经典物理中我们*就*会这么做），那对过去的量子力学描述绝对是不完备的——但还是正确的。在传统方法的量子力学中，我们必须将一个粒子在给定时刻所能占据的大量位置都考虑进去，而在玻姆的方法中，我们也必须将“导”（pilot）波——而它也可以延展至很多个位置——包括进去（专家级读者应该会注意到，导波只不过是传统量子力学中的波函数，尽管其在玻姆理论中的化身相当不同）。为了避免无边的限定，我们在接下来的讨论中将使用传统的量子力学观点（最为广泛使用的方法），对玻姆以及其他方法的评论将放在本章最后。

[3] 要想看看数学化一点但同时又高度教学式的说明，可以参考理查德·费恩曼与A. R. 希布斯合著的*Quantum Mechanics and Path Integrals*（Burr Ridge, Ill.: McGraw-Hill Higher Education, 1965）。

[4] 你可能会忍不住援引第3章中的讨论——从那里的讨论中我们

了解到在光速时时间停止——来辩称，从光子的角度看，所有的时间都一样，所以，光子在经过分束器时“知道”探测器的开关如何设定。但是，我们用其他慢于光速的粒子，比如电子，也可以做这样的实验，而结果不变。因而，从这样的角度不能揭示物理实质。

[5] 这里讨论的实验设置以及实际确认的实验结果，来自于Y.Kim，R.Yu，S.Kulik，Y.Shih，M.Scully，*Phys.Rev.Lett*，vol.84，No.1，pp.1–5。

[6] 量子力学也可以基于一个沃纳·海森伯于1925年提出来的不同形式（所谓的矩阵力学）的等价方程。对数学比较好的读者而言，薛定谔方程可以写为：$H\psi(x,t)=i\hbar[d\psi(x,t)/dt]$，其中$H$代表哈密顿算符量，$\psi$代表波函数，而$\hbar$为普朗克常数。

[7] 专业读者应该会注意到我在这里略掉了不太明显的一点，即，我们必须得对粒子波函数取复共轭，以保证其为时间翻转版的薛定谔方程的解。也就是说，第6章注释2中讲到的T操作将波函数$\psi(x,t)$映射为$\psi^*(x,-t)$。这对文中的讨论没有影响。

[8] 玻姆实际上重新发现并进一步发展了一种可追溯到路易·德布罗意公爵的方法，所以，这种方法有时候被称为德布罗意–玻姆方法。

[9] 对数学比较好的读者来说，玻姆的方法是在位型空间中*定域的*，但在真实空间中*非定域的*。波函数在真实空间中一个位置处的改变会立即对位于远处的其他粒子产生影响。

[10] 要想看看对Ghirardi-Rimini-Weber方法极为清楚的处理以及其在理解量子纠缠中的作用，可以看看J.S.贝尔的“Are There Quantum Jumps？”收录于*Speakable and Unspeakable in Quantum Mechanics*（Cambridge，Eng.：Cambridge University Press，1993）。

[11] 有些物理学家认为，单子上所列的问题不过是量子力学早期认识不清所带来的无关副产品。按这种观点，波函数只不过是用来预言（概率）的理论工具，除了数学上的实在性不应再有任何其他实在性（这种方法有时候被称为“闭嘴，去计算”方法，因为这种方法鼓励人们用量子力学和波函数的语言，而不要费力气去想波函数的实际意义）。而另一种不同的方案则认为波函数永远也不会真的坍缩，只不过是其与环境的相互作用使它*看起来像是*坍缩了（我们稍后将讨论这种方法的一个版本）。我很赞同这种想法，并且实际上，我真的相信波函数坍缩的概念最终将被废弃。但是，我对前一种方法不太满意，就像我不准备放弃思考这个问题：当我们“不看”这个世界的时候它到底发生了些什么。至于后一种方法——按我的看法，在正确的方向上的那个——还需要进一步的数学发展。最后应该得到的结果是，测量带来的某些东西，*就是*，或者*类似于*，或者*看起来像是*波函数坍缩。要么通过更好地理解外界影响，要么通过尚未发现的其他方法，必须搞清楚波函数到底是怎么回事，而不能简单地扔到一边不加理会。

[12] 还有另外一些与多世界诠释有关的争议性问题超出了多世界理论本身的夸夸其谈。比如说，在每一个观测者都有无限多个复制品的框架下，定义概率的概念本身就是一种挑战，因为对所谓的观测者来说，其测量被假定为归结于那些概率。如果某一给定的观测者只是众多复制品中的一个，那么当我们说他或她以某一特定的概率测得或这或那的结果时，我们表达的究竟是什么意思呢？哪一个才是真正的“他”或“她”？这个观测者的每一个复制品都将测得——以100%的概率——他或她所存在于其中的那个宇宙或这或那的结果，所以，在多世界体系中，整个概率体系都需要仔细探究。而且，数学比较好的读者应该会注意到一个技术性的问题，根据在如何精确定义多世界上的不同，人们需要选出特定的本征基矢。但是，本征基矢究竟该怎么选出呢？关于所有的这些问题，人们有很多讨论及文章。但是到目前为止，还没有哪个答案被普遍接受。我们随后将讨论到的基于退相干概念的方法会对这些问题有所帮助，特别会对本征基矢的选择问题有

所启示。

[13] 玻姆或德布罗意-玻姆方法从未取得过广泛关注。或许原因之一在于，如贝尔在他的文章“The Impossible Pilot Wave”（收录在*Speakable and Unspeakable in Quantum Mechanics*中）中指出的那样，就连德布罗意和玻姆对他们发展的那套理论都没有特别的好感。但是，也正如德布罗意指出的那样，德布罗意-玻姆方法扫清了更为标准的方法中的很多含混不清以及主观性的东西。如果没有其他理由，即使这个方法是错的，能够知道下面这个事情也是值得的，即，粒子在所有时刻都可以有确定的位置和确定的速度（即使在理论上，这也是我们力所不及的测量），且标准的量子力学预言——不确定性及所有其他——全部得以确认。反对玻姆方法的另一条意见是，这个体系中的非定域性比标准量子力学更为“严重”。这就意味着，玻姆方法从最外层起就将非定域相互作用作为理论的核心元素；而在量子力学中，非定域性则埋藏得很深，只能通过间隔很远的测量中的非定域关联才能得以体现。但是，正如这一方法的支持者论辩的那样，隐藏起来并不代表会少出现，而且，标准量子力学在测量问题——只有在这个问题上非定域性才会显现出来——上含混不清，而一旦这个问题得以解决，那么非定域性可能就不会再藏在暗处了。还有一些人提出，创建玻姆理论的相对论版本时会遇到很多障碍，虽然在这方面也取得了一些进展（可以参见，比方说贝尔的“Beables for Quantum Field Theory”，收录在上面提过的同一文集）。所以，在脑海中记住有另一种方法存在无疑是有益的，即便最后量子力学证明另外的方法不过是螳臂当车也没关系。数学比较好的读者可以看看Tim Maudlin的《量子非定域性与相对论》（Malden，Mass.：Blackwell，2002），其中对玻姆理论以及量子纠缠的论述非常不错。

[14] 有关更普遍意义下的时间之箭更为深入以及技术性的讨论，特别是退相干所起的作用，可以参考H.D.Zeh著的*The Physical Basis of the Direction of Time*（Heidelberg：Springer，2001）。

[15] 下面给出的例子将有助于你了解退相干发生得到底有多快——环境的影响将以多快的速度压过量子干涉，从而将量子概率转变为熟悉的经典物理。下面就是一些例子，其中涉及的数字只是个大概，但所要传达的要点却是很清楚的。在你屋子里漂浮的灰尘，其波函数在空气分子涨落的影响下，会在万亿亿亿亿分之一（10^{-36}）秒的时间内退相干。如果这粒尘埃被完美隔离，只能与阳光有相互作用，那么其波函数的退相干就会慢一些，但也只有十万亿亿分之一（10^{-21}）秒。如果这粒尘埃漂浮在漆黑一片、空无一物的外太空中，且只与大爆炸之后残留下来的微波背景光子相互作用，那么其波函数将会在百万分之一秒的时间里退相干。这些数字都极小，这意味着即使是尘埃这么小的东西，其退相干过程都发生得如此之快。而更大的物体，退相干过程发生得还要更快。毫无疑问，即便我们的宇宙是量子宇宙，我们周围的世界看起来也只能就是现在这副模样［可以参考，比如说，E.Joos的“Elements of Environmental Decoherence”，收录在*Decoherence: Theoretical, Experimental, and Conceptual Problems*，Ph.Blanchard，D.Giulini，E.Joos，C.Kiefer，I.-O. Stamatescu等编辑）（Berlin: Springer，2000）］。

第8章

[1] 更准确地说，康涅狄格的物理定律与纽约的物理定律之间的对称性不仅仅有平移对称性还有转动对称性。当你在纽约表演你的体操套路时，相对于你在康涅狄格的练习，你所改变的不只是位置，你所面对的方向很可能也发生了改变（比方说练习的时候朝东而比赛的时候朝北）。

[2] 通常情况下，我们会说牛顿运动定律相应于“惯性观测者”，但是如果我们进一步追究究竟何为惯性观测者，则我们将会陷入概念循环：惯性观测者指的是牛顿定律对其完全成立的观测者。要想搞明白这究竟是怎么回事，可以这样想：牛顿定律只是将我们的注意力都转移到一大类特别有用的观测者身上了，而这类观测者对运动的描述完全并且定量的符合牛顿理论的框架。根据定义，这些就是惯性观测者。技术上讲，所谓的惯性观测者就是那些不

受任何力的作用的观测者，亦即那些不处于加速状态的观测者。而爱因斯坦的广义相对论则与之相反，广义相对论可应用于所有的观测者，无论其是否处于运动状态。

[3] 如果在某段时期，我们周围*所有*的变化都停止了，我们就感受不到时间的流逝了（身体及大脑的所有功能当然也不运作了）。但这是否就意味着图5.1中的时空条走到了尽头呢？或者换种说法，是否在时间轴上不再有变化——也就是说，时间能不能走到尽头或者以某种形式上的意义继续存在——是一个既难以回答又与我们的生活体验和感受相去太远的假想问题。需要注意的是这一假想情形与熵不能继续增加的最大无序态是有区别的，在那个问题上，虽然熵不能增加，但是微观上的改变，比如气体分子四散流动，仍然可以发生。

[4] 宇宙微波背景辐射于1964年由贝尔实验室的两位科学家阿诺·彭齐亚斯与罗伯特·威尔逊在测试卫星通信上使用的大型天线时首先发现。彭齐亚斯和威尔逊遇到了无法消除的背景噪声（他们甚至对掉落在天线内的鸟粪——“白噪声”——也不放过）。在普林斯顿的罗伯特·迪克及其学生皮特·洛尔、大卫·威尔金森与吉姆·皮伯尔斯的关键性理解的帮助下，他们最终认识到天线中出现的噪声实际上是起源于宇宙大爆炸的微波辐射（乔治·伽莫夫、拉尔夫·奥弗尔和罗伯特·赫尔曼在此前即已做出的宇宙学上的重要工作为微波背景辐射的发现奠定了理论基础）。我们在后面的章节中将会论及，微波辐射带给我们的是30万年前的宇宙的清晰图像。在远古时期，干扰光束正常运动的电子与质子这样的带电粒子，通过相互作用形成电中性的原子，从而使得光大体上可以自由传播。从那以后，这些远古时期的光——产生于宇宙早期的光——就不受阻碍地穿行于宇宙之中，到了今天就成了遍布宇宙的微波光子。

[5] 这里所涉及的物理现象（将在第11章中有所讨论）即是所谓的*红移*。普通的原子，比如氢原子与氧原子，会发射出一定波长的光，实验室中的实验就能很好地记录下这些光的波长。当这样的

物质作为远去的星系的组分时，它们所发出的光的波长变长了，就像远去的警笛声被拉长音调变低了一样。而红色波长的光是肉眼所能看到的最长波长的光，所以我们把这种光的波长的拉伸效应称为红移效应。红移效应随着远离速度的变大而增加，因而只要将所测得的光波长与实验室中的光波长相比较，我们就可以算出远方天体的速度（实际上这只是红移中的一种，即所谓的多普勒效应。引力也可以引起红移现象：光子在逃出引力场的时候，其波长将变长）。

[6] 更准确地说，热衷于数学的读者会注意到，若一个半径为R而质量密度为ρ的球体表面有一个质量为m的粒子，则该粒子将处于加速状态，d^2R/dt^2为（$4\pi/3$）$R^3G\rho/R^2$，故有（$1/R$）$d^2R/dt^2=$（$4\pi/3$）$G\rho$。如果我们简单地将R视作宇宙半径，ρ为宇宙密度，那么这就是关于宇宙演化尺寸的爱因斯坦方程（忽略压强的影响）。

[7] 参见P.J.E.Peebles, *Principles of Physical Cosmology*（普林斯顿：普林斯顿大学出版社，1993），81页。图示中写道："谁真的能够吹破这个球呢？究竟是什么使宇宙膨胀？是Lambda！除此之外再也给不出其他答案了。"（Koenraad Schalm翻译）Lambda即所谓的宇宙常数，在第10章中我们将对其有所探讨。

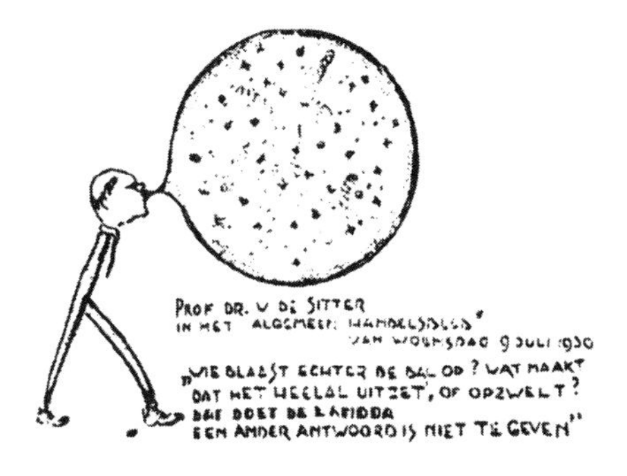

[8] 为避免混淆，我们需要注意到硬币模型的一个缺点是所有的硬币都彼此相同，而对于星系则显然并非如此。不过关键在于在最大

的尺度上——一亿光年的距离上——星系之间的个体差异可以被平均掉，因而当我们分析的是非常巨大的空间体时，每一个这样的空间的整体性质上的差异可以被忽略不计。

[9] 你也可以小心翼翼地飞到黑洞外缘上，停留在那里，始终开着飞船引擎，以防被黑洞吸进去。黑洞奇强无比的引力场会使时空强烈弯曲，而这会使你的手表相比于你在星系中其他普通位置（相对空旷很多的宇宙空间）时慢得多。你的手表记录的时间依然有效。但是，就像你开着快车到处转时对时间的感受并不总是符合实际时间一样，你在黑洞外记录的时间也只是你的个人体验。当我们要把整个宇宙当作一个整体研究时，对我们更有益的是能够广泛应用与接受的时间概念，而这样的时间概念需要由沿着宇宙空间膨胀方向运动，位于更加微弱、更加均匀的引力场中的钟来提供。

[10] 数学较好的读者应当注意到光将沿着时空度规的类光测地线，为明确起见，我们取$ds^2=dt^2-a^2(t)(dx^2)$，其中$dx^2=dx_1^2+dx_2^2+dx_3^2$，$x_i$为随动坐标。令$ds^2=0$以满足类光测地线的要求。我们将在时间$t$发射的光传播到时间$t_0$时的总随动距离写作$\int_t^{t_0}[dt/da(t)]$。如果我们用时间$t_0$时标度因子$a(t_0)$乘以该积分的值，我们就算出了在此时间间隔内光所传播的物理距离。这种算法被广泛用于计算给定时间间隔内光的传播距离，以便了解空间中的某些点之间，比如任意两点之间，是否有因果性联系。如你所见，对于加速膨胀来说，即便是任意大的t_0，该积分的值也是有限的，而这表明光并不能传播到任意远的随动位置。因而，在一个加速膨胀的宇宙中，存在着我们永远无法与之联系的区域，或者反过来说，存在着永远无法与我们取得联系的区域，我们称这些区域处于我们的视界之外。

[11] 当分析几何形状的时候，数学家和物理学家会采用一种定量的曲率方法，这种方法发展于19世纪，是今天所谓的微分几何的一部分。关于曲率的测量，我们可以用一种技术性不那么强的思考方式，即考虑画在感兴趣的形状上的三角形。如果这个三角形的所

有内角加起来等于180度，就像画在平面上的三角形那样，我们就说这一形状是平直的。但如果该三角形的内角加起来大于或小于180度的话，例如画在球面上（因为球面向外膨起，因而画在球面上的三角形内角和大于180度）或马鞍面上（马鞍面则是向内收缩，从而使得画于其上的三角形内角和小于180度）的三角形，我们就说这个形状是弯曲的。如图8.6所示。

[12] 要是你将一个圆环面的两个不同面的垂直边缘黏在一起（之所以可以这样是因为两个面是可以区分的——你在一个面上走到尽头就到了另一面）你就得到了一个柱面。接着，你再同样地把上下边缘（现在这个上下边缘是一个环的上下边缘了）黏在一起，你就得到了一个油炸面圈。因而，油炸面圈是一种想象或者表示圆环面的方式。这种表示的复杂性在于油炸面圈不再像圆环面一样扁平了！但它实际上还是扁平的。利用前一条注释中给出的曲率概念，你会发现画在油炸面圈表面的各种各样三角形的内角和都是180度。油炸面圈看起来鼓鼓囊囊的，完全是我们将一个两维形状嵌入到三维世界所造成的假象。出于这样的理由，我们在当前章节的内容中使用两维或三维环面明显不弯曲的表示。

[13] 需要注意，我们已经放宽了对形状和弯曲概念的区别。完全对称的空间一共有3种*曲率*：正、零、负。两种形状可以完全不同但有相同的曲率。比方说，平面显示屏和无限大的平直桌面。因而，对称性可以帮助我们将空间的弯曲减少为3种可能，但是这3种不同弯曲方式的空间形状则可能有较多种（根据数学家们所关注的整体性质来加以区分）。

[14] 到目前为止，我们所关注的只是三维空间的曲率——时空片中空间部分的曲率。但是，虽然很难给出图像，我们还是需要知道，对于所有的3种空间曲率（正、零、负），整个四维时空都是弯曲的，我们研究的宇宙越接近于大爆炸，其曲率就越大。事实上，对于大爆炸时刻附近的宇宙，时空的四维曲率变得如此之大，以至于爱因斯坦方程不再成立。我们将在后面的章节中详细探讨这一问题。

第9章

[1] 如果你将温度提升到更高，你会发现物质的第四态，即所谓的*等离子体态*。当物质处于这种状态时，物质中的原子进一步分解为组分粒子。

[2] 有一些很奇怪的物质，比如说罗谢尔盐，这些物质会在高温下变得无序，而在低温下变得有序——与我们通常认为的变化反着来。

[3] 物质场与力场的一大区别可以表述为沃尔夫冈·泡利*不相容原理*。这一原理指出，尽管大量的力的粒子（比如光子）可以组合在一起成为量子时代之前的物理学家（如麦克斯韦）可接受的场，例如你每次走进黑暗的房间打开电灯时看到的场。但是，根据量子物理的定律，物质粒子却不能按这样连续的、有组织的方式协作（或者更准确地说，两个相同种类的粒子，比如两个电子，不能占据相同的量子态，而光子则没有这样的限制。因而，物质场不能有这种宏观的、类经典的显现形式）。

[4] 在量子场论的框架下，所有的已知粒子都被看作潜在的场的激发态，每种粒子都与相应的场有关。光子是光子场——也就是电磁场——的激发态；上夸克是上夸克场的激发态；电子是电子场的激发态，如此等等。按这种方式，所有的物质与所有的力都可以用统一的量子力学语言加以描述。一个关键问题是，用这种语言描述引力的所有量子性质已被证明是极度困难的，我们将在第12章中讨论这一问题。

[5] 希格斯场虽是以彼得·希格斯命名，但还有很多其他物理学家——托马斯·基布尔、菲利普·安德森、R.布劳特、弗朗索瓦·恩格尔特以及其他人——在将希格斯场引入物理学中及其理论发展中扮演过重要角色。

[6] 记住，场的值决定于其到碗心处的距离，所以，即便其场值落到碗谷时场的能量为零（因为高于碗谷之处代表着场的能量），其场值也并非为零。

[7] 在正文中，希格斯场的值由其与碗中央的距离给出。你可能会问，碗的圆环形谷底上的点——这些点到碗中央的距离都一样——究竟是怎样给出任意而不是相同的希格斯场值呢？答案是，数学比较好的读者很容易明白，谷底不同的点所表示的希格斯场的值在大小上是一样的，但是其相位却不同（希格斯场的值是复数）。

[8] 理论上，物理学中的质量概念有两个。其中之一是正文中讲过的概念：质量是物体用以抗拒加速的性质。有的时候，这样定义的质量被称为*惯性质量*。第二个质量概念与引力有关：物体的质量表征的是该物体在给定强度的引力场（比如地球的引力场）中所受到的引力的大小。有时，这一质量概念被称为*引力质量*。乍看之下，希格斯场只与惯性质量有关。但是，广义相对论的等效原理声称，一个物体在加速运动中感受到的力与在相应大小的引力场中感受到的力不可区分——两者完全等效，这就意味着惯性质量与引力质量在概念上的等效。故而，希格斯场与我们提到的两种质量都有关，因为根据爱因斯坦的理论，两者是等效的。

[9] 我在这里感谢拉斐尔·凯斯帕，他向我指出这里的描述是大卫·米勒教授的获奖比喻的一个变种。1993年，英国科学部长威廉·瓦德格雷夫向英国物理学会提出一个挑战，让物理学家们提出最好的比喻来说明为什么纳税人的钱应该花在寻找希格斯粒子上。大卫·米勒教授赢得了这一挑战。

[10] 数学比较好的读者应该认识到，光子、W玻色子以及Z玻色子在电弱理论中同属于SU（2）×U（1）群的伴随表示，因而在该群的作用下可以交换。而且，电弱理论的方程在这个群的作用下会展现出完全的对称性，在这种意义上，我们说力的粒子彼此关联。更为准确地说，在电弱理论中，光子是明显的U（1）对称性的规范玻色子与SU（2）的U（1）子群的规范玻色子的一种特殊混合；因而，光子与弱规范玻色子有很密切的关系。但是，由于对称群的乘积结构，4种玻色子（实际上有2种W玻色子，彼此电荷相反）在群的作用下并非完全混合。在某种意义上，弱相互作用与

电磁相互作用是一种数学体系的不同部分，但这种数学体系本身并不是完全统一的。当强相互作用被包括进来的时候，这个群变得更大，加入了一个SU（3）因子——“色”SU（3）——这样一来这个群就有3个独立因子SU（3）×SU（2）×U（1），这样进一步表明完整统一性的缺失。这也是将在下面小节中讨论的大统一理论的部分动机：大统一理论试图找到一个可以描述更高能标上的力的半单（李）群——只有一个因子的群。

[11] 数学比较好的读者应该认识到，乔奇和格拉肖的大统一理论基于SU（5）群，这个群包括了SU（3）群——与强核力有关的群，以及SU（2）×U（1）群——与电弱力有关的群。在他们的工作之后，物理学家也曾研究过其他一些可能的大统一群，比如SO（10）以及E6群。

第10章

[1] 我们将会看到，大爆炸理论中的所谓爆炸，并不是发生在已经存在的空间中的某一位置，所以我们并不会问爆炸究竟发生在哪里这种问题。我们用到的对大爆炸缺点的有趣描述来自艾伦·古斯，可参见他的 *The Inflationary Universe*（Reading，Eng.：Perseus Books，1997），p.xiii。

[2] “大爆炸”这一术语有时被用来代表发生在时间零点——宇宙诞生之时——的事件。但是根据我们在下面的章节中的讨论，广义相对论会在时空零点破产，没有人能够弄清楚时空零点发生了什么。正是因为有这种缺失，我们才说大爆炸理论并不考虑大爆炸的事情。在本章中，我们所有的讨论都局限在方程不会破产的情况下。暴胀宇宙学就是利用这种有良好定义的方程告诉我们，我们想当然地理解成爆炸的那一段空间急速膨胀的过程究竟是怎么回事，而这是大爆炸理论所不能告诉我们的。当然，这种方法还是不能回答宇宙创生之初——如果真有这样的时刻的话——发生了什么。

[3] 亚伯拉罕·派萨，*Subtle Is the Lord*：*The Science and the Life of*

Albert Einstein (Oxford: Oxford University Press, 1982), p.253。

[4] 对于数学比较好的读者，爱因斯坦将原始方程$G_{\mu\nu}=8\pi T_{\mu\nu}$替换为$G_{\mu\nu}+\Lambda g_{\mu\nu}=8\pi T_{\mu\nu}$，其中Λ代表宇宙常数的大小。

[5] 在本文中，当我提到物体质量的时候，我指的都是其所有组成粒子合起来的总质量。如果一个立方体，比方说，由一千个金原子组成，那么这个立方体的质量就是单个金原子质量的一千倍。这一定义与牛顿体系相一致。根据牛顿定律，这样的立方体的质量就是单个金原子质量的一千倍，也就是说该立方体比单个金原子重一千倍。而根据爱因斯坦的理论则不是这样，立方体的重量还会依赖于原子的动能（以及其他对立方体的总能量有贡献的量）。这样的结论根据的是公式$E=mc^2$：更多的能量（E），无论其来源为何，都将意味着更多的质量（m）。因而，换一种方式表达这一点就是：因为牛顿不知道$E=mc^2$，所以导致其引力定律中用到的质量定义丢掉了各种能量的贡献，比方说与运动有关的能量的贡献就被丢掉了。

[6] 这里的讨论对理解深层次物理有启发性，但未能抓住全部要点。压缩的弹簧释放出来的压强的确会对盒子受到的地球引力有影响。但是，这是由于压缩的弹簧影响了盒子的总能量，如前所述，根据广义相对论，总能量才是重要的。不过我在这里解释的要点在于，压强本身——而不只是通过其对总能量的贡献——也会产生引力，就像质量和能量会产生引力一样。在广义相对论的框架下，压强受引力作用。另外，还需要注意的是，我们提到的排斥性引力为充满着具有负压而不是正压的东西的空间区域的*内部*引力场。在这种情况下，负压贡献的排斥性引力场会作用于区域本身。

[7] 数学上，宇宙常数用一个数，通常是Λ来代表（参见注释4）。爱因斯坦发现，不管Λ取正还是取负，他的方程都会有完美的意义。正文中的讨论关注的是对现代宇宙学（以及我们将会讨论到的现代天文学观测）有特别意义的情形，也就是令Λ为正数，因

为这种取法将带来负压以及排斥性的引力。令Λ为负数将带来通常的吸引性的万有引力。还需要注意的是，由于宇宙常数带来的负压是均匀的，因而这种压强不会直接导致力的产生：只有压强差才能产生力；就好比在水下的时候你的耳膜内外有压强差，所以耳膜会感到压力。而宇宙常数释放出来的力纯粹就是引力。

[8] 人们熟悉的磁体总是有北极和南极。而与之相反的是，大统一理论告诉我们，可能存在一个纯为北极或南极的粒子。这样的粒子被称为磁单极子，它们会对标准大爆炸宇宙学有很深刻的影响。但人们从未观测到这些粒子。

[9] 古斯与泰认识到，超冷希格斯场会起到宇宙常数的作用；在此之前，马丁内斯·维特曼和其他人也曾认识到这一点。事实上，泰曾告诉我，要不是《物理评论通讯》（*Physical Review Letter*）对文章页数有限制，他们就不会在文章末尾加上一句，以说明他们的模型会导致一个指数膨胀时期的出现。但是泰也指出，是古斯首先认识到这样的一段指数膨胀时期（在本章和下一章中将有所讨论）有重要的宇宙学意义，从而一举奠定了暴胀在宇宙学中的核心地位。

有时科学发现的历史会很复杂，俄罗斯物理学家阿列谢·斯塔罗宾斯基在古斯的研究出来之前的几年，通过另一种方法生成了我们所谓的暴胀膨胀，可讲述其研究的论文并未在西方世界赢得广泛的知名度。不过，斯塔罗宾斯基在他的文章中也并没强调这样一段急速膨胀会解决关键的宇宙学问题（比如稍后将会讨论到的视界疑难和平坦性疑难），这就部分解释了为什么他的研究没能像古斯的工作那样引起强烈反响。1981年，日本科学家也发展了一种暴胀宇宙学，甚至在更早的时候（1978年），俄罗斯科学家甘纳迪·切比索夫与安德烈·林德也有过暴胀的思想，但他们都认识到——仔细研究时就会发现——这样的想法中有一个关键问题（参见注释11）不能克服，因而没有发表他们的研究成果。

数学比较好的读者很容易看出加速膨胀是如何产生的。爱因斯坦方程之一为$d^2a/dt^2/a=-4\pi/3(\rho+3p)$，其中$a$、$\rho$、$p$分别为宇宙的标量因子（其“大小”）、能量密度以及压强。注意如果方程的右边为正，标量因子就会加速增加：宇宙的增长率就会随时间变大。对于盘踞在势能碗中央高地的希格斯场来说，其压强密度就会变得等于负的能量密度（宇宙常数也是这样），这样一来方程的右边就只能是正的了。

[10] 这些量子跃迁背后的物理是第4章讲过的不确定原理。我会在第11章以及第12章中清楚地讨论量子不确定性在场上的应用，但我先在这里简要地讲解一下作为预习。空间中给定点处的场值，以及给定点处的场值变化率，对于场来说至关重要，就如位置与速度（动量）对于粒子至关重要一般。因而，正如我们不能同时知道一个粒子的位置与速度；在空间中的任何一点，一个场也不会同时有确定的值及确定的场值变化率。某一时刻的场的值越为明确，其场值的变化率就越不确定——换句话说，下一时刻场值发生改变的可能性就越大。而量子不确定性带来的这种变化，就是我要说的场值中的量子跃迁。

[11] 林德、阿尔布莱奇与斯坦哈特的贡献绝对是非常重要的，因为古斯的原始模型——现在被称为*旧暴胀理论*——有一个严重的缺陷。还记得吗？超冷希格斯场（或者，我们按照专业术语将之称为*暴胀子场*）的一个值位于其能量碗的中央高地，这个值在整个空间中具有*均一性*。这样一来，因为之前我已经讲过超冷希格斯场可以极快地跃迁到其最低能量值，所以我们就得问问，这样的由量子效应导致的跃迁有没有可能于同一时刻在整个空间发生？答案是否定的。相反，正如古斯提出的那样，希格斯场释放到零能量值的过程会通过所谓的泡沫核化（Bubble Nucleation）过程发生：暴胀子场在空间中某点处的场值变为零，产生了一个向外延展的泡沫，这个泡沫的外壳以光速运动，泡沫所过之处，暴胀子场的值都跌落为零。在古斯眼中，正是这随机出现在任意位置的大量泡沫最终使宇宙空间中的所有地方的暴胀子场的场值都跌落为零。这里的问题，古斯本人也意识到了，在于围绕着泡沫的空间中仍有非零能量的暴胀子场，这样的区域仍会急速暴胀膨胀，驱使泡沫彼此远离。因而，根本没法保证所有正在变

大的泡沫会合在一起形成巨大的均匀的空间膨胀。而且，古斯提出，在暴胀子场的能量跌落为零的过程中，其能量并未丢失，而是转化为普通的物质及辐射粒子留驻宇宙。为了使模型能同实验观测相符合，这种转化必须带来*均匀的*遍布于整个空间的物质与辐射分布。在古斯提出的机制中，这种转化会通过泡沫外壳的碰撞而得以发生，但是计算——古斯与哥伦比亚大学的埃里克·温伯格做了这个计算，剑桥大学的史蒂芬·霍金、依安·摩斯以及约翰·斯图尔特也做了该计算——表明，如此得到的分布并不均匀。而且，细细推敲古斯的原始暴胀模型会发现很多重大问题。

林德、阿尔布莱奇与斯坦哈特的才智——现在被称为*新暴胀理论*——解决了这些令人头疼的问题。这几位科学家将势能碗的形状变成了图10.2中的样子，这样一来，暴胀子场就会自然地从能量山上“滚”落到能量谷中，得到零能量值，这样渐变适度的过程并不需要原始理论中的量子跃迁。而且，正如这几位科学家通过计算证明的那样，这种渐变的滚落至谷底的过程充分延长了空间的暴胀膨胀，以至于单个的泡沫能够轻而易举地变大到包容整个可观测宇宙的程度。因而，在这种方法中，根本没必要担心泡沫的结合问题。具有同等重要性的是，在旧暴胀理论中，暴胀子场中的能量通过泡沫的碰撞转化为普通的粒子与辐射，而在新暴胀理论中，暴胀子逐渐地在全空间中统一地完成这个能量转化过程，整个过程类似于摩擦：随着从能量山上滚落——在整个空间中统一地滚落——暴胀子场通过与熟悉的粒子与辐射的场之间的“磨蹭”（相互作用）将能量传递给粒子与辐射。因而，新暴胀理论保留了古斯理论的所有成功之处，并同时修补了旧理论的重大问题。

在新暴胀理论带来重要进展差不多一年之后，安德烈·林德取得了另一个突破。新暴胀要想成功实现，一系列关键元素必须得以满足：势能碗必须有正确的形状，暴胀子场的值一开始必须在势能碗的高位（更专业化点说，暴胀子场值本身在足够大的空间膨胀中必须保持均匀性）。尽管宇宙有可能满足这样的条件，林德却找出了一种更为简单，也更少人为设计的方式实现暴胀膨胀。林德认识到，即使用一个较为简单的势能碗，比如图9.1（a）

中所示的那样，即使不精细调节暴胀子场的初始值，暴胀也有自然发生的可能。他的想法是这样的。想象一下，在极早期宇宙中，一切都处于“混沌”状态——比如说，很可能有一个暴胀子场，其场值随机地变来变去。在空间中的某些位置，其场值可能很小，而在另一些位置，其场值可能中等，还有一些位置，其场值可能很高。于是，在场值很小或者中等的位置处可能就没什么特别值得注意的事情发生。林德认识到，在场值很高的位置处（即便该区域很小，比如只有10^{-33}厘米见方也没关系），一些极其有趣的事情可能会发生。当暴胀子场的场值很高的时候——当暴胀子场位于图9.1（a）中的势能碗的高位时——一种宇宙摩擦开始起作用了：场值倾向于滚下山到较低势能处，而其高场值又会导致起阻碍作用的力产生，在这种力的作用下，场值下滑速度很慢。这样一来，暴胀子场的值就几乎保持不变（就像新暴胀理论中的势能山顶部的暴胀子一样），并会贡献一个几乎恒定的能量和一个几乎恒定的负压强。现在我们已经很熟悉了，暴胀膨胀必须在一些条件得以满足的情况下才会发生。因而，既不需要有一个特别形状的势能碗，也不需要特别设置暴胀子场的位型，早期宇宙的混沌环境就可以自然地诱发暴胀膨胀，所以不用奇怪。林德将这种方法称为*混沌暴胀*。很多物理学家将此视为最为可信的暴胀理论。

[**12**] 对这段历史比较熟悉的读者应该认识到，古斯的发现之所以令人振奋，其原因在于——正如我们简要提过的那样——它能解决重要的宇宙学问题，比如视界疑难以及平坦性疑难。

[**13**] 你可能会想知道，电弱希格斯场，或是大统一希格斯场会不会扮演双重角色呢？既扮演我们在第9章中讲过的角色，又要在希格斯海形成之前的早期宇宙中，驱动暴胀膨胀？研究人员的确提出过一些此类模型，但这些模型通常都有一些克服不了的技术问题。暴胀膨胀最令人信服的实现方式就是用一个新的希格斯场扮演暴胀子场的角色。

[**14**] 参见本章注释11。

[15] 比方说，你可以将我们的视界想象为巨大的球面，而我们位于球心；自从大爆炸以来，这个球面就将那些我们能够与之联系的区域（球面内的区域）与我们无法与之联系的区域（球面外的区域）分割开来。今天，我们的“视界球”的半径差不多是140亿光年；在整个宇宙历史的前期，这个半径要小得多，因为可供光传播的时间并不多。亦可参见第8章注释10。

[16] 这正是暴胀宇宙学解决视界疑难的关键所在，为避免混淆，让我来就解决办法的关键步骤做一番提示。如果某天晚上，你和你的好朋友在旷野中通过开关灯来交换光信号，你们玩得很高兴。你会发现，不管你们切换信号以及跑离彼此的速度有多快，你们总是可以交换信号下去。为什么会这样？这个嘛，要是想收不到你朋友照向你的光，或者你朋友想收不到你照过去的光，你们彼此远离的速度就要大于光速，而这是不可能的。那么，为什么在宇宙初期（因而具有相同的，比如说，温度）还可以交换光信号的空间区域，到了今天就会发现彼此超出了对方的沟通范围呢？你和你朋友的例子就能说明这个问题，答案就是，再也无法联络彼此的区域一定是以大于光速的速度远离彼此。而事实上，暴胀阶段的排斥性万有引力那巨大的外推力的确能够驱动不同的空间区域以大于光速的速度远离彼此。再说一遍，这与狭义相对论并不矛盾，因为光所设定的速度极限是相对于穿越空间的运动而言的，而不是相对于空间自身的膨胀而言的。所以，暴胀宇宙学一个新颖且重要的特性即在于，在一个极短时期内，空间超光速膨胀。

[17] 注意，临界密度的数值会随着宇宙膨胀而减小。但问题的关键在于，如果在某个时刻宇宙实际的质量或能量密度等于临界密度，那么实际密度就会按照与临界密度完全一样的方式减小，并始终与临界密度保持相等。

[18] 数学比较好的读者应该会注意到，在暴胀阶段，我们宇宙视界的大小固定不变，而空间膨胀了很多（将第8章注释10中的标度因子取为指数形式，就能轻易地看出这一点）。正是因为这样，所

以在暴胀理论的框架下，我们可观测的宇宙只是巨大宇宙中的一个小斑点。

[19] R. 普莱斯顿，*First Light*（New York：Random House Trade Paperbacks，1996），p.118。

[20] 若想一般性地了解一下暗物质，可以参看L. 克劳斯，*Quintessence：The Mystery of Missing Mass in the Universe*（New York：Basic Books，2000）。

[21] 专业读者应该会看出，我并没有区分各种来自不同尺度（星系尺度、宇宙尺度）的观测的暗物质问题，因为暗物质对宇宙质量、密度的贡献是我在这里唯一的兴趣点。

[22] 实际上，对于这是否就是所有Ia型超新星背后的物理机制（我在这里感谢为我指出了这一点的D.思博格尔）这一点，仍存在着某些争议，但是这些事件的一致性——这才是我们需要讨论的——却有扎实的观测证据。

[23] 非常有趣的一点是，早在得到超新星的结果的很多年前，在普林斯顿大学的吉姆·皮伯尔斯，凯斯西储大学的劳伦斯·克劳斯，以及芝加哥大学的迈克尔·特纳等人所做的预见性的理论工作中，就提出宇宙可能会有一个小的非零宇宙常数，那时，很多物理学家并没有认真对待这种观点，但到了今天，有了超新星数据后，人们的态度发生了巨大的变化。同样需要注意的是，我们在本章的前面部分看到，宇宙常数的外推力可由希格斯场模拟；因为希格斯场就像碗中高处的青蛙那样，可以盘踞在其最低能量之上的位置。所以，虽然宇宙常数可以符合实验数据，但超新星研究人员所得出的更为准确的说法却应该是：空间中必然充斥着如宇宙常数一般能生成外推力的东西（希格斯场也可以产生长期的外推力，而不是只能产生暴胀宇宙学中原初时刻短暂的外推力。我们将在第14章中讨论这一内容，在那里，我们将要考虑一些类似于数据是否真的需要宇宙常数来解释，或者是否存在具有相同

引力效应的其他实体这样的问题）。研究人员常常用“暗能量”这一术语来指代一种宇宙组分，这种组分不可见，但会使空间中的区域彼此之间产生推力，而不是拉力。

[24] 用暗能量来解释观测到的加速膨胀为人们普遍接受，但是也有一些理论走得更远。比如说，在某些理论中，在极大的尺度上——宇宙学尺度上，引力的大小与牛顿理论以及爱因斯坦的理论所预言的强度有一定偏差，而这种偏差就可以用来解释所观测到的实验数据。还有一些人并不相信实验数据意味着宇宙加速膨胀，他们认为需要有更加精确的数据来确认这一点。在脑海中记下这些其他的想法很重要，特别是未来的观测可能会改变现有的解释这一点。但是目前来说，大多数科学家相信正文中所描述的理论解释。

第 11 章

[1] 20世纪80年代早期，指出量子涨落是如何带来空间上的各向异性的科学家以下列人物为主：史蒂芬 · 霍金，阿列谢 · 斯塔罗宾斯基，艾伦 · 古斯，So-Young Pi（韩裔，英文音译），詹姆斯 · 巴登，保罗 · 斯坦哈特，迈克尔 · 特纳，维亚切斯拉夫 · 马克哈诺夫以及甘纳迪 · 切比索夫。

[2] 即使有了正文中的讨论，你可能还是会对一个暴胀子小块中的那么少量的质量或能量究竟怎样才能导致可观测宇宙中那么大量的质量或能量感到迷惑。究竟怎样才能在结束的时候搞出那么多质量或能量呢？这个嘛，正如在正文中解释过的，暴胀子场，利用其负压，从引力中“挖掘”出了能量。这就意味着，随着暴胀子场中的能量增加，引力场中的能量将会减少。早在牛顿时代即已为人所知的一个引力场性质是，其能量可以达到任意大小的负。因而，引力场就像一家愿意无限贷款的银行——引力能够提供无限的能量，这些能量就是暴胀子场在空间膨胀时抽取出来的。

均匀的暴胀子场的初始核特定的质量和大小取决于人们所研究的暴胀宇宙学模型的细节（尤其是，暴胀子场的势能碗的准确形状）。在正文中，我假定初始暴胀子场的能量密度为每立方厘米10^{82}克，这样的话，（10^{-26}厘米）^{3}=10^{-78}立方厘米内的总质量就有10千克，也就是20磅之多。这是传统型暴胀子模型中的典型数值，但只是为了令你对所涉及的数字有一个粗浅的直观感觉。为了了解一些可能的范围到底有多大，我们来看看安德烈·林德混沌暴胀模型（参见第10章注释11），其中，我们的可观测宇宙来自一个小的初始核，横竖只有10^{-33}厘米左右（所谓的普朗克长度），而其能量密度则更高，达到每立方厘米10^{94}克，将这样的数值组合起来我们可以看出，总能量将只有10^{-5}克（所谓的普朗克质量）。在这些暴胀理论中，初始核就像一粒尘埃那么重。

[**3**] 参见Paul Davies的文章"Inflation and Time Asymmetry in the Universe"，刊登于*Nature*，301卷398页；Don Page的文章"Inflation Does Not Explain Time Asymmetry"，刊登于*Nature*，304卷39页；以及Paul Davies的文章"Inflation in the Universe and Time Asymmetry"，刊登于*Nature*，312卷524页。

[**4**] 为了解释清楚本质所在，我们最好将熵想成两部分，一部分来自时空和引力，另一部分可归结为其他的一切，这样我们就能在直观上抓住要点。但是，我得指出的是，给出一个数学上严格的处理——其中，引力对熵的贡献被明确地找到，分离出来，并加以解释——是非常困难的。不过，这并不会危及我们的定性结论。一旦遇到这样的麻烦，你要知道的是，整个讨论的很大部分都可以在不涉及引力熵的情况下重新表述。如我们在第6章中强调过的那样，当有关的是普通的吸引性的引力时，物质聚团。这样的话，物质将引力势能转化为其自身的动能，接着，其中的一部分动能又以辐射的形式从物质团中释放出来。这是一个熵增的事件（粒子平均速度越大，相应的相空间体积就越大；相互作用导致的辐射产生增加了总的粒子数——而辐射和粒子都会使总的熵增加）。这样一来，我们在正文中所说的*引力熵*就可以重新表述为*引力导致的物质熵*。当我们说引力熵很低的时候，我们指的是引力使物质聚团而产生的大量熵。在实现这样的熵的过程中，物质的聚团导致了不均匀的、非各向同性的引力场——时空的蜷

曲和褶皱，而在正文中，我将其描述为有了较高的熵。但是，随着讨论变得清楚，我们实际可以这么想，物质越是聚团（以及过程中产生的辐射），就越会有较高的熵（相比于均匀分布时）。这点非常的好，专家级读者可能会注意到，如果我们将经典引力背景（经典时空）视为引力子的相干态，那它本质上就是一种独一无二的态，因而具有低熵。只有将问题适当粗化，我们才有可能得到熵的排布。正如这条注释所强调的，这并没有什么特别的必要性。另一方面，要是物质聚团足以产生黑洞，那就会有一种无可辩驳的熵的排布方式：黑洞视界的表面积将正比于黑洞的熵（我们将在第16章中探讨这些问题）。而这种熵，毫无疑问，应该被称为引力熵。

[5] 正如鸡蛋破碎和破碎的鸡蛋再变回完好的鸡蛋这两种可能性都存在，量子导致的涨落长成较大的各向异性（如我们讲过的）或充分关联的各向异性协力压低这种增长也都具有可能性。因而，要想用暴胀解释时间之箭，就得要求初始的量子涨落之间没有足够的关联度。再说一遍，如果我们按玻尔兹曼式的方式思考，那么在所有能导致暴胀发生条件的涨落中，迟早有一个会真的满足这个条件，导致我们知道的这个宇宙开动起来。

[6] 有一些物理学家会宣称情况比我们讲的要好一点。比如说，安德烈·林德就认为，在混沌暴胀中（参见第10章注释11），可观测宇宙来自普朗克尺度大小的硬核，这个硬核中包含着具有普朗克尺度能量密度的均匀暴胀子场。在这种假设下，林德进一步提出，在如此之小的硬核中的均匀暴胀子场的熵差不多等于任意其他暴胀子场的熵，因而，暴胀所需的条件实在没什么特别之处。普朗克尺度的硬核中的熵如此之小，却与普朗克尺度的硬核中可能具有的熵一样大小。期待中的暴胀膨胀一下子产生了，一瞬间，创造出了一个有着极高熵的巨大宇宙，但是由于其平滑均匀的物质分布，这个宇宙中的熵仍远远未到它本可能有的熵的量。时间之箭所指的方向正是可填平这巨大的熵壑的方向。

虽然我对这乐观的看法有些偏心，但不能忘了小心谨慎，除非我们对诱发暴胀物理有了更好的把握。比如说，专家级读者应该会注意到，这个看法用到了那些有关高能（普朗克级）场模式——可以对暴胀的开始有所影响并会在结构形成中扮演重要角色的模式——的很好却未经证明的假设。

第12章

[1] 我在这里能想到的间接证据与这样一个事实有关：除引力之外的3种力的强度取决于力起作用的环境的能量和温度。在能量和温度很低的时候，比如在我们日常生活的环境中，3种力的强度各不相同。但是有间接的理论和实验证据表明：当温度很高的时候，比如宇宙的最初时刻，3种力的强度将趋近于一点。这就相当于间接告诉我们，这3种力在基本层面上很有可能是统一的，只是到了能量和温度很低的时候才显示出区别。更为详尽的讨论可参见《宇宙的琴弦》第7章。

[2] 我们知道某种场——比如任何一种已知的力场——是宇宙组成中的一种，我们就知道这种场无处不在——宇宙中的每个角落都有它的身影。我们没法将场驱除掉，就像我们没法驱除空间本身一样。我们最多只能使它们取其能量最小时的场值。对于力场——比如电磁场——而言，这个值就是零——我们在正文中有所讨论。对暴胀子场或标准模型中的希格斯场（为简要起见，我们不在这里讨论这种场）来说，这个值就可能不是零，具体是多少要取决于其势能的准确形状——参见我们在第9章、第10章中的有关讨论。如我们在正文中所说，为了使我们的讨论顺畅，姑且只讨论那些一旦场值为零即达到最低能量的场的量子涨落。我们所得到的结论也可以不经修改直接推广到希格斯场和暴胀子的涨落。

[3] 实际上，数学不错的读者应当注意到，不确定原理表明：能量的涨落反比于我们测量的时间分辨率。所以，我们测量场的能量所用的时间分辨率越精细，场的涨落就越大。

[4] 在这个验证卡西米尔力的实验中，拉莫雷奥克斯修改了实验设置：考察的对象变成了球面透镜与石英片之间的吸引力。更加

晚近的时候，意大利帕多瓦大学的詹尼·卡鲁格诺、罗伯托·奥诺佛里奥及其合作者采用了更为困难的原始卡西米尔实验设置——两个平行板——再次做了这个实验（使两块板保持完美的平行状态是一项艰巨的实验挑战）。到目前为止，这组人在15%的水平上证实了卡西米尔的预言。

[5] 回头来看，即使爱因斯坦没在1917年引入宇宙常数，量子物理学家们也会在几十年后按他们自己的方式引入宇宙常数。你可能还记得，爱因斯坦——以及当代的宇宙常数支持者们——将宇宙常数视为一种弥漫于整个空间的能量，却无法搞清楚这种能量的起源。我们现在知道，量子物理在空间中塞满了起伏不定的场；而且，我们还可以通过卡西米尔的发现直接看到，这些微观场在空间中塞满了能量。事实上，理论物理面对的一大挑战就是要证明所有场的涨落的联合贡献在真空中产生的总能量——总宇宙常数——并没有大于超出在第10章讨论过的超新星观测所带来的限制。到目前为止，还没有人成功地做到这一点。精确的理论分析早被证明超出了目前的理论能力；而近似计算得到的结果比观测大很多，又表明近似错得厉害。很多人都将解释宇宙常数的值（是否如长久以来认为的那样为零，或是暴胀及超新星数据暗示的很小但非零）视为理论物理尚未解决的重大问题之一。

[6] 我将在本节中讲一种能看出量子力学与广义相对论的矛盾的方法。但是为了紧跟我们寻找空间和时间真正性质这一主题，在尝试调和广义相对论与量子力学的过程中，我也会把注意力放到一些不那么切实的但具有潜在重要性的谜题上。将经典的非引力理论（比如麦克斯韦的电动力学）转换为量子理论的程序，如果被直接用来转换经典的广义相对论（比如布莱斯·德维特的工作——现在被称为惠勒-德维特方程），那么就会有一些极有吸引力的问题出现。在这类理论的核心方程中，时间变量并不会显示出现。所以，在这样量子化引力的方法中，并不需要数学上明显地出现时间——就像其他的基本理论所必需的那样。时间上的演化通过我们认为在常规方式下会有所改变的宇宙物理性质（比如说其密度）得以体现。至今还没人知道这种量子化引力

的方式恰当与否（尽管在这个体系的一个支流上——*圈量子引力*——已经取得了一些进展，参见第16章），所以人们并不清楚明显的时间变量的缺失是否是某种深层次的暗示（时间是衍生概念吗？）。在本章中，我们的注意力将集中于另一种调和广义相对论和量子力学的方法——*超弦理论*。

[7] 黑洞"中心"这种说法有点用词不当，就好像空间中真有这么个位置似的。而大体上讲，原因在于，当越过黑洞视界——黑洞外边缘——时，空间和时间的角色互换了。事实上，正如你不能停在一秒而不进入下一秒，你一旦越过黑洞视界，就会被拖进黑洞"中心"。在时间上向前进和在黑洞中向着中心去的这种类比关系是受黑洞的数学描述所启发。因而，不要把黑洞中心想成空间中的一个位置，最好要把它想成是时间上的一个位置。而且，因为你逃不脱黑洞的中心，所以你可能会认为黑洞的中心在时空中的位置就是时间的尽头。这可能是对的。但是，因为标准的广义相对论方程在这样极端的质量密度下不再成立，我们不太有做这种明确陈述的能力。很明显，这意味着我们有了不会在黑洞中破产的方程，我们有可能洞察时间的重要性质，而这是超弦理论的目标。

[8] 同前几章一样，当我说"可观测宇宙"时，我指的是，在大爆炸以后，我们可以与之联系——哪怕只有理论上的可能性——的宇宙部分。在一个空间上无限大的宇宙中，比如第8章中所讨论的宇宙，在大爆炸的那一刻，所有的空间并不会缩成一个点。当然，我们越是往回看，宇宙可观测部分的一切就会被挤压到越小的空间中。但是，虽然很难刻画，可就是有一些事物——距离我们无限远的事物——与我们永远分割开来，不管物质和能量密度变得多高都将是这样。

[9] 莱昂纳德·萨斯金，见《优雅的宇宙》，NOVA，3小时PBS系列节目，2003年10月28日与11月4日首播。

[10] 事实上，设计检验超弦理论的实验时所遇到的困难，一直是导致

超弦理论不被接受的重要障碍。但是，如我们在后面的章节中将会看到的那样，在这个方向上已经取得了很大进展。即将到来的加速器实验以及太空实验很有希望为超弦理论提供至少是间接的支持证据，要是够幸运的话，可能还不止如此。

[11] 尽管我没在正文中清楚地讲到，但有必要知道，所有的已知粒子都有*反粒子*——具有相同质量、相反力荷（比如相反符号的电荷）的粒子。电子的反粒子就是正电子，上夸克的反粒子当然就是反上夸克，以此类推。

[12] 我们在第13章中将会看到，弦论中的一些最新工作表明，弦可能会比普朗克长度大很多，而这会带来很多重要的影响——比如使理论变得可通过实验验证。

[13] 原子的存在最初就是通过一些间接方法讨论（比如对各种化学物质按一定比率组成的解释，以及之后对布朗运动的解释）；黑洞的存在最初也只能通过间接效应——其附近星体的气体落入其中——得以确认，而不能直接“看到”。

[14] 既然一根轻微振动的弦也有一定质量，你或许会想知道，弦的振动模式是否有可能导致零质量粒子。答案——再次强调一下——与量子不确定性有关。不管弦有多么安静，量子不确定性都会使其产生最小水准的涨落。而且，量子力学的古怪之处在于，这些不确定性导致的涨落具有*负的*能量。将这种负能量与来自普通弦的最轻微的振动导致的正能量合在一起，总质量或总能量就是零。

[15] 对数学比较好的读者来说，较为准确的说法应该是，弦的振动模式的质量平方等于普朗克质量平方的整数倍。更加准确的说法是（与第13章中要讲的近期进展有关），这些质量的平方等于*弦的标度*（反比于弦的长度的平方）的整数倍。在传统弦论体系中，弦的标度与普朗克质量非常接近，这就是在正文中我只简单地说普朗克质量的原因。但是，在第13章中，我们将讨论弦的标度与

普朗克质量不同的情况。

[16] 即使只用简单的术语也不难理解，普朗克长度是怎样进入克莱因的分析中的。广义相对论和量子力学一共使用了3个常数：c（光速）、G（引力的基本强度）以及 $\hbar$（刻画量子效应大小的普朗克常数）。这3个数组合到一起可以产生一个有长度单位的量：$(\hbar G/c^3)^{1/2}$。根据定义，这就是普朗克长度。将这3个常数的数值代入后，我们发现普朗克长度大约是 1.616×10^{-33} 厘米。因而，除非理论中能够出现一个与1差别很大的无量纲数——而这样的数在一个简单的、体系良好的物理理论中并不常见——否则我们就会认为普朗克长度就是长度（比方说蜷曲维度的长度）的特征大小。不过，要注意的是，这并不会排除掉维度比普朗克长度大很多的可能性，我们在第13章中将会看到严格探讨这种可能性的有趣进展。

[17] 使一个粒子具有电子电荷，但同时却有相对较小的质量，早被证明为不可能的任务。

[18] 注意，促使我们在第8章中用对称性要求来限制宇宙形状的是3个*大维度*中的天文学观测（比如微波背景辐射）。这些对称性对可能存在的6个额外维度没有影响。图12.9(a)基于安德鲁·汉森的构想。

[19] 你可能会想知道，除了空间有额外维度外，时间能不能有额外维度。研究人员（比如南加利福尼亚大学的伊特扎克·巴斯）探索过这种可能性，研究结果证明构建一个具有第二个时间维度的理论看起来在物理上是合理的。但这第二个时间维度到底与本来的时间维度同等重要，还是只是某种永无实际意义的数学产物呢？一般的看法趋向于后者。而与之相反的是，最直接的弦论文章都会告诉我们，额外维的空间维度一丝一毫都像我们平常感受的三维空间那样真实。

[20] 弦论专家（以及那些读过《宇宙的琴弦》第12章的读者）将会认

识到，更为准确的说法应该是，某些弦论体系（将在本书的第13章中讨论）允许与十一维有关的极限。弦论最好应该被想成是基本层面上的十一维时空理论呢，还是应将十一维时空体系视为某种与其他极限具有同等地位的某种特定极限（比如说，在IIA型理论中，将弦的耦合常数取得很大）呢？在这点上仍有很多争论。这个方向上的讨论与我们在一般水平上的讨论关系不大，而我之所以采用第一种观点，在很大程度上是因为确定又一致的总维数在语言上比较简便些。

第13章

[1] 对于数学比较好的读者来说，我在这里讨论的是*共形对称性*——这一对称性指的是对时空中的体积所做的任意共形角变换可有假设的基本组分消除。弦要占用两维时空面，弦论的方程在两维共形群——一个*无限*维度的对称群——下具有不变性。与之相反，对于其他数目的空间维度——与本身不是一维的物体相关联——共形群都只是有限维。

[2] 对这些发展做出重大贡献（要么做了奠基性工作，要么做出了后续发现）的科学家有很多：麦克尔·达弗、保罗·霍维、稻见武夫、凯利·斯黛拉、埃里克·博格舒夫、埃尔金·赛金、保罗·唐森、克里斯·赫尔、克里斯·蒲柏、约翰·施瓦茨、艾索科·森、安德鲁·斯特劳明格、柯蒂斯·卡兰、乔·波金斯基、皮特·哈罗瓦、戴瑾、罗伯特·利、赫尔曼·尼克莱、伯纳德·德维特，以及另外一些没有提到名字的科学家。

[3] 事实上，如在《宇宙的琴弦》第12章中解释过的那样，第十个空间维和p膜之间还有一种更为紧密的联系。当你增加某个理论，比如说IIA型弦论中的第十个空间维度的大小时，一维的弦延展成两维的类似于管子内部形状的膜。如果你假定第十维很小，就像总与这些发现无关似的，内管看起来就像弦似的，并且其行为也像弦似的。同弦的情况一样，这些膜是否不可再分，或者换句话说，是否由更加精细的成分组成，仍然没有答案。根据现有的认识，弦论或M理论中的成分已经是宇宙的最基本组分，然而，

还有更加基本组分存在的可能性并未完全被堵死。因为接踵而来的很多东西已经与我们的问题相距太远，所以在我们的讨论中，将只采用最简单的观点，即现有的这些组分——弦以及各种维度的膜——已经是最基本成分。那么，前面的讨论所得出的结论——更高维度的基本客体没法被纳入物理上合理的框架之中——又是怎么回事呢？这个嘛，先前的推理本身植根于另一种量子力学近似方案，这种方案虽然标准化且有充分的实验依据，但就像任何近似一样，都是有其局限性的。尽管研究人员尚未弄清楚将更高维度的客体纳入量子理论的有关的所有细节，但是，这些高维成分却与5种弦论都那么适合又那么自洽，以至于几乎每个人都相信不可能存在对基本又神圣的物理定律的可怕破坏。

[4] 事实上，我们有可能生活在更高维度的膜上（4膜，5膜……），其中3个维度为普通空间，而其他的维度是理论所要求的更小的额外维度。

[5] 数学比较好的读者应该会注意到，弦论学家早就知道闭弦遵从所谓的T对偶性（在本书的第16章、《宇宙的琴弦》第10章中有所解释）。基本上，T对偶性说的是，如果所谓额外维度的形状都是圆环，那么弦论将完全无法知道圆环半径是R还是1/R。原因在于，弦既可以绕着环运动（“动量模式”），也可以盘绕在环上（“缠绕模式”），将R与1/R对换，物理学家们认识到只是这两种模式所扮演的角色互换了，而理论的整体物理性质并没有发生变化。对这串推理重要的是弦得是闭弦；因为对于开弦来说，没有拓扑稳定地缠绕于圆环维度的概念。所以，乍看之下，开弦和闭弦在T对偶下表现得完全不同。而利用开弦的狄利克雷（D膜中的D）边界条件进一步分析后，波金斯基、戴瑾、利以及哈罗瓦、格林和其他一些研究者解开了这一谜题。

[6] 一些试图避免引入暗物质与暗能量的方案提出，在大尺度上被广为接受的引力行为也可能与牛顿和爱因斯坦认为的有所不同，它们就是这样解释所看到的物质与引力效应的不符。但是，这不过

是些猜想性的方案，既没有实验根据也没有理论支持。

[7] 引入这个想法的物理学家是S.吉丁斯、S.托马斯、萨瓦斯·蒂莫普洛斯以及G.兰斯伯格。

[8] 注意，这样脉动宇宙的收缩阶段与反过来的膨胀阶段是不一样的。物理过程，比如鸡蛋破碎、蜡烛熔化等，在膨胀阶段中普通的“向前”时间方向上会发生，在接下来的收缩阶段会继续发生。这就是为什么熵在两个阶段中都是增加的。

[9] 专家读者应该会注意到，循环模型可以用某张3膜上的四维有效场论的语言表述，在这种形式下，循环模型会有一些更为人所熟悉的标量场驱动的暴胀模型的性质。当我说“激进的新机制”时，我想说的是用碰撞的膜的术语的概念性描述，而碰撞的膜模型本身就是一种全新的思考宇宙学的方法。

[10] 不要数维数数糊涂了。两张3膜，以及其间的空间，共有4个维度，加上时间就是5个。这样就为卡拉比-丘流形留有6个维度。

[11] 一个重要的例外，我们将在本章的结尾提到并将在第14章进一步加以讨论，它与引力场中的各向异性有关，即所谓的原初引力波。在这一点上，暴胀宇宙学与循环宇宙模型有所不同，因而这是一种可以通过实验区分两种理论的办法。

[12] 量子力学保证了总会有一个非零概率使得偶然的涨落摧毁循环过程，从而导致模型慢慢停下来。即便这一概率很小，它也迟早会发生，因而循环不能无限期进行下去。

第14章

[1] A.Einstein, “Vierteljahrschrift für gerichtliche Medizin und öffentliches Sanitätswesen” 4437 (1912). D.Brill and J.Cohen, *Phys.Rev.* Vol.143, no.4, 1011 (1966); H.Pfister and K.Braun,

Class. Quantum Grav. 2, 909 (1985).

[2] 在席夫和普夫提出他们的想法之后的40年间，人们也做了很多其他的关于框架曳引的实验。这些实验（由布鲁诺·伯托蒂、伊格纳奇奥·丘弗里尼、彼得·本德领导的实验组，以及I.I.夏皮罗、R. D. 里森博格、J. F. 钱德勒、R. W. 拜伯科克领导的实验组）研究了月球以及绕地球运行的卫星的运动，并且从中发现了一些框架曳引效应的证据。引力探测器B卫星的优势在于，它是这方面第一个真正周详的实验，完全在实验学家的掌控之下，因而将给出框架曳引最精确、最直接的实验证据。

[3] 尽管这些图片可以非常有效地带给读者有关爱因斯坦发现的直观感受，但它们还有其他的局限性：不能展示时间蜷曲。而这一点非常重要，因为根据广义相对论，像太阳这样的普通物体，与黑洞之类的极端情况不同，时间蜷曲（你越靠近太阳，你的钟就走得越慢）远比空间蜷曲来得明显。在纸上画出时间蜷曲并不容易，在纸面上反映出时间蜷曲如何对地球绕太阳的椭圆轨道之类的弯曲空间轨道产生影响也不简单，这正是图3.10（我所看到过的有关广义相对论的图片大抵如此）只展示空间蜷曲的原因。但我们必须在脑中牢记：在很多普通的天体物理环境中，时间蜷曲更为主要。

[4] 1974年，拉塞尔·哈斯和约瑟夫·泰勒发现了双脉冲星——绕着彼此运动的两个脉冲星（急速旋转的中子星）。因为这两个脉冲星运动得很快并且靠得很近，所以根据广义相对论的预言，这两个脉冲星将会释放出巨量的引力辐射。尽管很难直接观测到这种辐射，但是广义相对论告诉我们，这种辐射将通过其他办法展示自身的存在：辐射带走的能量将使这两个脉冲星的轨道周期逐渐衰减。自其被发现后，人们就一直在观测这样的双脉冲星，观测结果的确显示出其周期在衰减——并且在千分之一的水平上与广义相对论的预言相符合。因而，即使我们不能直接探测到引力辐射，我们还是有其存在的有力证据。因为双脉冲星的发现，哈斯和泰勒于1993年被授予诺贝尔物理学奖。

[5] 但是，见上面的注释4。

[6] 从动力学的角度看，宇宙线可算是天然的加速器，并且这台加速器的能量远比我们现有的和短期内会拥有的加速器的能量高。它的缺点在于，虽然宇宙线中的粒子能量非常高，但我们却完全无法操控粒子碰撞——一旦涉及宇宙线碰撞，我们只能当个被动的观测者。而且，给定能量的宇宙线粒子的数目会随着能级的增加而减少。要是每秒钟地球表面每平方千米的范围内进入一百亿个能量等价于质子质量（相当于大型强子对撞机设计能量的千分之一）的宇宙线粒子的话，那么每个世纪撞入地球表面每平方千米的范围内的最高能量（相当于千亿倍质子质量的能量）的粒子只有一个。最后，加速器可以让粒子沿相反方向快速碰撞，从而获得很高的质量能量，但是宇宙线粒子只能撞上相对能量低得多的大气粒子。不过，这些缺点也并不是不能克服。依靠过去几十年的努力，实验学家们已经通过研究更加丰富的低能宇宙线数据掌握了很多本领，而且，为了对付那极少量的高能碰撞，实验学家们已经建造了大批量的探测器来捕获尽可能多的粒子。

[7] 专业读者可能会认识到在一个具有动态时空的理论中能量守恒问题非常深奥。当然，爱因斯坦方程所有源的应力张量具有协变不变性，但这并不一定意味着整体的能量守恒律。有理由认为，应力张量并不对应着引力能量——广义相对论中人所共知的艰深概念。在足够短的距离和时间尺度上——比如加速器实验的距离和时间尺度——局域能量守恒肯定有效，但要小心处理整体能量守恒的问题。

[8] 这里指的是最简单的暴胀理论中的情况。研究人员已经发现，在暴胀理论更为复杂的版本中，这种引力波的产生可能会被压低。

[9] 可行的暗物质候选者必须得是稳定或者说长寿的粒子——不能分解成其他粒子。最轻的超对称粒子就有这种性质，因而，更准确的说法是zino、higgsino以及photino中最轻的一个将是合适的暗物质候选者。

[10] 不久之前，一个在意大利的Gran Sasso实验室工作的意大利-中国联合研究组（暗物质实验组，Dark Matter Experiment，DAMA）宣布了一个令人兴奋的消息：他们首次成功地直接探测到了暗物质。但是，直到目前为止，还没有其他的实验组能够证实该组宣布的消息。事实上，另一个实验，坐落于斯坦福，由美国以及俄罗斯的研究人员共同参与的低温暗物质探寻（Cryogenic Dark Matter Search，CDMS）已经采集了大量的数据，很多人相信CDMS的实验数据已经在很高的置信度上排除了DAMA的结果。除了这几个，还有很多其他的寻找暗物质的实验正在进行之中。要想阅读相关的资料，可以看看这个网址：http：//hepwww.rl.ac.uk/ukdmc/dark_matter/other_searches.html。

第15章

[1] 这里的说法忽略了隐变量理论，比如玻姆的理论。但即使在这样的理论中，我们想要传输的也是物体的量子态（波函数），所以仅仅测量位置或速度是不够的。

[2] 泽林格的研究组还包括下列人员：迪克·勃米斯特、潘建伟、克劳斯·马特尔、曼弗莱德·伊布与哈罗德·韦恩福尔特；德·玛蒂尼的研究组还包括：S. 贾科米尼、G. 米兰尼、F. 西阿里诺以及E. 罗姆巴蒂。

[3] 对那些熟悉量子力学体系的读者来说，这里是量子传输的关键步骤。假定我在纽约的那个光子的初始态具有如下形式：$|\psi\rangle_1 = \alpha|0\rangle_1 + \beta|1\rangle_1$，其中$|0\rangle$与$|1\rangle$为两个光子的极化态，我们再令系数正定，归一，但可取任意值。我的目标是要给尼古拉斯足够的信息以便他能在伦敦制成一个处于完全相同的量子态的光子。为了达成这一目标，尼古拉斯与我首先获得一对处于纠缠态的光子，该纠缠态，比方说，可以为$|\psi\rangle_{23} = (1/\sqrt{2})|0_2 0_3\rangle - (1/\sqrt{2})|1_2 1_3\rangle$，因而，三光子系统的初始态就是$|\psi\rangle_{123} = (\alpha/\sqrt{2})\{\,|0_1 0_2 0_3\rangle - |0_1 1_2 1_3\rangle\,\} + (\beta/\sqrt{2})\{\,|1_1 0_2 0_3\rangle - |1_1 1_2 1_3\rangle\,\}$，当我对光子1和光子2进行贝尔态测量的时候，我就将这个态投射到下面4个态中的一个：$|\Phi\rangle_{\pm} = (1/\sqrt{2})\{\,|0_1 0_2\rangle \pm |1_1 1_2\rangle\,\}$以及

$|\Omega\rangle_{\pm}=(1/\sqrt{2})\{\ |0_1 1_2\rangle \pm |1_1 0_2\rangle\ \}$。现在，如果我用粒子1和粒子2的本征态为基重新表示初始态，则有：$|\psi\rangle_{123}=1/2\{\ |\Phi\rangle_{+}(\alpha|0_3)-\beta|1_3\rangle\ )+|\Phi\rangle_{-}(\alpha|0_3\rangle+\beta|1_3\rangle+|\Omega\rangle_{+}(-\alpha|1_3\rangle+\beta|0_3\rangle)+|\Omega\rangle_{-}(-\alpha|1_3\rangle-\beta|0_3\rangle)\}$。因而，在我测量之后，我使这个4种态叠加起来的系统“坍缩”到了其中的一种上。一旦我跟尼古拉斯通信（通过普通的办法）告知他我发现的是4种态中的哪一种，他就会知道该如何操作光子3使之被复制为初始的光子1。比方说，如果我发现测量结果是$|\Phi\rangle_{-}$，那尼古拉斯就不需要对光子3采取任何行动，因为，如上所述，它就已经是光子1的初始态了。如果我得到的是其他结果，尼古拉斯就需要做一些适当的转动（如你所知，是根据我得到的结果进行操作），以使光子3处于需要的态上。

[4] 事实上，数学比较好的读者将会注意到，证明所谓的量子不可克隆定理不算很难。假定我们有一个幺正克隆算符U，将任意态作为输入，这个算符可以输出两个同样的态（对于任意给定的$|\alpha\rangle$，将U作用于$|\alpha\rangle\to|\alpha\rangle|\alpha\rangle$）。注意，将U作用于$(|\alpha\rangle+|\beta\rangle)$这样的态会得到$(|\alpha\rangle|\alpha\rangle+|\beta\rangle|\beta\rangle)$，而这并不是原始态的双重拷贝$(|\alpha\rangle+|\beta\rangle)(|\alpha\rangle+|\beta\rangle)$。因而，并不存在这样一个可以用于量子克隆的算符U（伍特斯与祖莱克于20世纪80年代早期率先做出证明）。

[5] 参与到量子传输的理论与实验实现的发展中的研究人员还有很多。除了在正文中提到的那些，当时还在剑桥大学的佐藤胜彦也在罗马实验中扮演了重要角色，加利福尼亚理工学院的杰弗瑞·金博尔研究组也曾在量子态连续性质的超距传输中取得领先。

[6] 要想对多粒子纠缠体系那极其有趣的进展有一番了解的话，可以参考一下例如B.Julsgaard，A.Kozhekin以及E.S.Polzik合写的“Experimental Long-Lived Entanglement of Two Macroscopic Objects”，*Nature* 413（Sep.2001），400-403。

[7] 利用量子纠缠与量子传输的众多研究领域中，最激动人心也最活跃的一个就是量子计算领域。要想对近年来的量子计算状况

有一个了解，可以参考Tom Siegfried的*The Bit and the Pendulum*（New York：John Wiley，2000）以及George Johnson的著作*A Shortcut Through Time*（New York：Knopf，2003）。

[8] 速度增加时时间变慢的一个效应——我们在第3章没有讨论但是在本章却非常重要——是所谓的双生子佯谬。这一问题很容易描述：如果你我以匀速相对于彼此运动，我会认为你的时钟比我的慢一些。但是因为你与我都可以宣称自己处于静止系，所以在你看来是我的时钟变慢了一些。我们两个都以为是对方的时钟变慢了，这里看起来存在着矛盾，但实际并非如此。匀速运动的时候，我们双方的时钟始终在远离彼此，因而没法面对面地比对一下，看看到底谁的时钟"真的"慢。而其他间接的比对（比方说，我们可以通过手机通信来对比一下时间）都会因为空间距离的存在而花一些时间，而这就必然会带来不同观测者对"此刻"定义不同的这种复杂性，如我们在第3章及第5章中讨论过的那样。在这里我不打算深究这个问题，总之要记住，一旦将这种狭义相对论所带来的复杂性处理清楚了，我们每个人都宣称对方的时钟慢于自己这件事就不再矛盾了（可以参考诸如E.Taylor与J.A.Taylorde的《时空物理》，以了解一下完整的、技术层面的同时也是基本意义上的讨论）。使事情变得更为复杂的是，你减速，停下，转弯，朝我过来面对面地比对时钟，以图消除不同的"此刻"定义所带来的复杂性。当我们面对面的时候，到底谁的时钟变慢了呢？这就是所谓的双生子佯谬：如果你和我是一对双胞胎，当我们再次碰面的时候，我们是一样大呢，还是我们中的某一个看起来老些呢？答案是我的时钟会比你的时钟走得更快——如果我们是双胞胎，我更老些。我们可以有很多种方式来解释为什么会这样，最简单的是要注意到，当你改变你的速度经历加速度时，我们在视角上的对称性消失了——你绝对可以宣称你在运动（因为你可以感觉到它——或者，用我们在第3章中的讨论，不同于我，你的旅程在时空中留下的不会是一条直线），因而你的时钟会慢于我的时钟，对你来说，时间流逝得更少。

[9] 约翰·惠勒曾提出过一种量子宇宙中以观测者为中心的可能性。

归结到他著名的格言就是"在成为被观测到的现象之前，任何基本现象都不能被算作现象"。你可以从约翰·惠勒与肯尼斯·福特合著的*Geons，Black Holes，and Quantum Foam：A Life in Physics*（New York：Norton，1998）中对惠勒多姿多彩的物理人生有更多的了解。罗杰·彭罗斯也曾在他的著作*The Emperor's New Mind*以及*Shadows of the Mind：A Search for the Missing Science of Consciousness*（Oxford：Oxford University Press，1994）中探讨过量子物理与意识的关系。

[10] 可参见，例如，P.A.Schilpp编辑的*The Library of Living Philosophers*卷七《阿尔伯特·爱因斯坦》中的"Reply to Criticisms"（New York：MJF Books，2001）。

[11] W.J.van Stockum，*Proc.R.Soc.Edin.* A 57（1937），135.

[12] 专业读者应该能看出来我在这里做了简化。1966年，约翰·惠勒的学生罗伯特·格罗克证明，不通过折叠空间的方法构建虫洞至少在理论上是行得通的。但是不同于更为直观的，通过折叠空间的方法构建虫洞——在这个方法中只有虫洞还不能实现时空旅行，在格罗克的方法中，构建阶段本身就会要求时间发生扭曲，而人们可以自由地来往于古今（但不能回到构建事件开始之前）。

[13] 简略地讲，如果你以接近光速的速度穿越一块含有这些奇异物质的区域，并将你所测得的能量密度取平均，你会发现你得到了一个负值。按物理学家的说法，这样的奇异物质破坏所谓的平均弱能量条件。

[14] 实现奇异物质的最简单办法为第12章中讨论过的卡西米尔实验，所依靠的就是平行板间电磁场的真空涨落。计算表明，正是平行板间的量子涨落与真空中的量子涨落之间的差值，导致了负的平均能量密度（以及负压）。

[15] 如果只想在科普意义上而非专业层面上了解一下虫洞，那么可以参考Matt Visser的*Lorentzian Wormholes*：*From Einstein to Hawking*（New York：American Institute of Physics Press，1996）。

第16章

[1] 数学比较好的读者可以回忆一下第6章注释6的内容。熵被定义为重排数目（或者说状态数目）的对数，而这一点对于给出本例的正确结果非常重要。你将两个特百惠家用塑料容器对接起来，空气分子的各种状态就可以这样描述：先给出第一个容器中的空气分子状态，再给出第二个容器中的空气分子状态，因而两个容器连接起来后的重排数目就等于分开时每一个的重排数目的平方。取对数之后，熵变为单独一个容器中的熵的2倍。

[2] 你应该注意到，拿体积和面积做比较没有任何意义，因为两者的单位根本就不同。正如正文中说明的那样，我在这个地方的真正意思是，体积随半径变大而变大的速率要快于面积随半径变大而变大的速率。因为熵正比于面积而不是体积，所以熵随着某一区域尺寸的变大而变大的速率就要小于若熵正比于体积的变大速率。

[3] 尽管这里已经抓住了熵界的本质，但是专业读者可能会注意到我做了简化。由拉斐尔·波索提出的更加准确的界，指出通过零超曲面（任何一点都有非正的聚焦参数Θ）的熵流被限定在A/4内，其中A为零超曲面的类空截面的面积（“光片”）。

[4] 更准确地说，一个黑洞的熵，等于普朗克单位下其视界的面积除以4，再乘以波尔兹曼常数。

[5] 数学比较好的读者可以回忆一下第8章的注释。还有另一种视界概念——宇宙视界，它是观测者能够以及不能够与之具有因果性联系的事物之间的分割面。人们相信对于这样的视界，其面积仍正比于熵。

[6] 1971年，匈牙利裔物理学家丹尼斯·盖博因*全息照相术*的发现而被授予诺贝尔奖。盖博从20世纪40年代开始一直致力于寻求从物体上反射回来的光波中捕获更多信息的方法，而其最初的动机是改进电子显微镜的分辨能力。我们以照相机为例来说明盖博的研究。照相机会记录下从物体上反射回来的光波的强度，光强越高，相片上的相应位置就会越亮，而光强越低，相片上相应位置就会越暗。盖博和另一些人认识到，光强只是光波所携带的部分信息。比如说我们观察图4.2（b）：尽管干涉图案受光的强度（振幅）影响（振幅更高的波产生更亮的图案），但是图案的产生却是因为来自每一个小缝的叠加波在沿着探测屏的方向上达到波峰、波谷或中间高度的位置不同。波的这一种信息即所谓的*相位信息*：若两列波在某一点彼此加强（两列波同时到达波峰或同时到达波谷），则称这两列波*同相*；若两列波在某一点彼此削弱（一列波到达波峰而另一列波到达波谷），则称这两列波*异相*。而且，更为普遍的是，这两列波有在这两种极端情况之间——部分加强，部分削弱——的相位关系。干涉图案记录的就是干涉光波的相位信息。

盖博发明了一种在特别设计的胶片上同时记录从物体上反射的光波的强度和相位的方法。用现代的语言说，他的方法非常类似于图7.1中的实验设置，只不过其中一束激光在射向探测屏时会被感兴趣的物体弹回。如果屏上备有包含了适当感光乳胶的底片，就将记录下自由传播的光束与被物体反射回来的光束之间的干涉模式——以在胶片表面上留下微小的刻蚀线的方式记录。干涉模式将会既记录下反射回来的光的强度，又记录下两束光之间的相位信息。盖博的思想为科学带来的后续影响非常重要，为范围广泛的多种测量技术带来了巨大的进步，但是对于普通大众来说，全息术对人们的影响更多地体现在艺术和商业领域。

普通的照片之所以看起来是平面的，在于其所记录的只是光强。要想得到深度的话，你还需要相位信息。原因在于，当光波传播的时候，它会周期性地经历波峰和波谷，所以相位信息——或者更准确地说，从物体上相邻点反射回来的光束的相位差——记录了光线传播远近的差别。比如说，当你从正面看一只猫时，猫的眼睛比猫的鼻子要远一点，这种远近之差就被记录在从猫脸部不同部位反射回来的光的相位差中。用一束激光照在全息图上，我们就能得到这张全息图所记录的相位信息，于是我们就可以将深度也添加到图片中。其结果我们都曾见过：二维塑料片上显现出了令人吃惊的三维影像。但需要注意的是，你的眼睛并不是用相位信息看出深度。相反，你的眼睛用的是视差：从给定点发出，进入你的左眼以及右眼的光线在角度上的微小差别就是你得到的信息，大脑再将信息解码成点的远近。这就是——比方说——当你失去一只眼的视力时（或者闭上一只眼时），你对深浅远近的感知会受到影响的原因。

[7] 对更加偏爱数学语言的读者而言，这里可以这样表述：一束光——或者按更具普遍意义的说法——一束无质量粒子，可以在有限时间内从反德西特空间的内部传播到无限远的空间，然后返回。

[8] 对更加偏爱数学语言的读者，马达西纳的工作是在$AdS_5 \times S^5$的框架下展开的，其边界理论来自AdS_5的边界。

[9] 这一说法更像是社会学的语言而不是物理学的。弦论脱胎于量子粒子物理学，而圈量子引力则传承于广义相对论。但是我们必须注意到，就今天而言，只有弦论才能和广义相对论的成功预言联系起来，因为只有弦论才能在大距离尺度上令人信服地回归到广义相对论。圈量子引力虽然在量子范畴内很好理解，但其与大尺度现象之间的鸿沟却很难拉近。

[10] 更准确地说——正如我们在《宇宙的琴弦》一书中的第13章所讨论过的——自从贝肯斯坦和霍金在20世纪70年代做了那些工作，我们已经知道了黑洞中有多少熵。但是，这些研究者们走过的途径却相当迂回，且从未能和用以说明他们所发现的熵的微观重排（参见第6章）很好地相容。20世纪90年代中期，两位弦论学家弥补了这一空白。安德鲁·斯特劳明格和卡姆兰·瓦法很巧妙地发现了黑洞和弦论或M理论中的膜的某些结构之间的关系。简单地说，他们能够证明，在膜的某些特别组合下，某

些特别的黑洞能够容纳正好等于其基本组分(不论其基本组分是什么)重排数的熵。他们在数这些膜的重排数(取对数)时发现，所得到的答案正好对应黑洞的表面积(普朗克单位下)除以4——正好就是多年前发现的黑洞的熵。在圈量子引力中，研究人员能够证明黑洞的熵正比于其表面积，但是得到精确的结果(普朗克单位下的表面积除以4)却绝非易事。如果某一参数，所谓的Immirzi参数，选择得当，那么准确的黑洞熵可以从圈量子引力的数学中得出；但从理论本身，人们却找不到能被普遍接受的基本解释来说明这一参数的正确值究竟是怎样得到的。

[11] 在整个章节中，我都在压缩定量上很重要但是概念上没什么用处的数值参数。

术语表（以汉译拼音为序）

暗能量 [dark energy]：
假想中均一的充满于空间的能量或压力；是一个比宇宙常数更具普遍性意义的概念，因为其能量或压力随时间变化。

-

暗物质 [dark matter]：
充满空间的物质，有引力效应但是并不发光。

暴胀宇宙学 [inflationary cosmology]：
宇宙学理论，认为早期宇宙曾经有过一个空间迅速膨胀的短暂时期。

-

暴胀子场 [inflaton field]：
能量与负压驱动暴胀发生的场。

-

背景独立性 [background independence]：
在一个物理理论中，空间和时间来自更基本的概念，而不是自明地存在于理论中。

-

闭弦 [closed string]：
弦论中的能量丝，环形。

-

标准蜡烛 [standard candles]：
内禀亮度已知的物体；可用于测量天文学距离。

-

标准模型 [standard model]：
由量子色动力学以及电弱理论组成的量子力学理论；描述除引力外的所有物质与力。基于点粒子概念。

-

波函数 [wavefunction]：
见“概率波”。

-

不确定原理 [uncertainty principle]：
量子力学原理；互补的两种物理性质同时测量时，其不确定度要受到一个基本的限制。

场 [field]：
弥漫于空间的“迷雾”或“物质”；传递力或者描述粒子的存在、运动。数学上，在空间中的每一个点用一组量子数来表示场的值。

-

超对称 [supersymmetry]：
一种对称性；将整数自旋的粒子（传递力的粒子）与半整数自旋的粒子（物质粒子）交换时，物理定律保持不变的性质即为超对称性。

-

超弦理论 [superstring theory]：
基本元素为一维的圈（闭弦）或者振动能量片（开弦）的理论，这一理论将广义相对论与量子力学统一起来，并且引入了超对称。

D 膜，狄利克雷 p 膜 [D-branes，Dirichlet-p-branes]：
p 膜具有“黏性”开弦的端点可以附着在 p 膜上。

-

大爆炸理论 / 标准大爆炸理论 [big bang theory/standard big bang theory]：
认为宇宙自其诞生后便处于膨胀的理论。

-

大收缩 [big crunch]：
一种可能的宇宙终结形式，类似于大爆炸的反面；空间向自身坍缩。

大统一 [grand unification] :
试图将强力、弱力，以及电磁力统一在一个理论框架下的理论。

-

电磁场 [electromagnetic field]:
施加电磁力的场。

-

电磁力 [electromagnetic force]:
自然界 4 种基本力之一；作用于带电荷的粒子。

-

电弱理论 [electroweak theory] :
将电磁力与弱核力统一为电弱力的理论。

-

电弱希格斯场 [electroweak Higgs field] :
在冰冷虚无的空间中获得非零值的场；赋予基本粒子以质量。

-

电子场 [electron field] :
电子为最小的组分的场。

-

对称性 [symmetry] :
在某种变换下，物理系统保持不变的性质就是对称性（例如，将一个完美的球绕球心做旋转运动时，球的表面不发生变化）；对物理系统的变换不会对描述该物理系统的物理规律起作用，即称该物理规律具有此种变换对称性。

-

对称性自发破缺 [spontaneous symmetry breaking] :
专业文献中对希格斯海形成的称法；对称性自发破缺意味着本来明显的对称性隐藏了起来或者被破坏了。

-

多世界诠释 [many worlds interpretation] :
一种量子力学解释，所有概率波允许的可能性都能在不同的宇宙中得以实现。

F

负曲率 [negative curvature]:
小于临界密度的空间的形状，呈马鞍状。

概率波 [probability wave] :
量子力学中描述在给定位置发现粒子的概率的波。

-

概率波坍缩，波函数坍缩 [collapse of probability wave，collapse of wavefunction] :
概率波的变化，展开的概率波变成窄峰的形状。

-

干涉 [interference] :
叠加起来的波产生不同图样的现象。在量子力学里，干涉意味着看起来完全不同的可能性组合到一起。

-

哥本哈根诠释 [Copenhagen interpretation] :
一种对量子力学的诠释。大尺度上的物体遵从经典物理定律，而小尺度上的物体遵从量子力学定律。

-

惯性 [inertia] :
物体保持运动状态不变的性质。

-

光以太 [luminiferous aether] :
见“以太”。

-

光子 [photon] :
电磁力的信使粒子，一“束”光。

-

广义相对论 [general relativity] :
爱因斯坦的引力理论；空间与时间是弯曲的。

黑洞 [black hole] :
一种物理实体；只要距离足够近（小于黑洞视界），黑洞巨大的引力场就可以吞噬一切，即使光也不能例外。

J

加速度［acceleration］：
速度在大小与（或）方向上的改变。

-

加速器，原子碰撞机［accelerator，atom smasher］：
粒子物理的研究工具；将粒子以高速对撞。

-

胶子［gluon］：
强核力的信使粒子。

-

经典物理［classical physics］：
本书中指的是牛顿理论与麦克斯韦理论；一般指的是所有的非量子力学理论，包括狭义相对论与广义相对论。

-

纠缠，量子纠缠［entanglement，quantum entanglement］：
一种量子现象，空间上相隔很远的两个粒子之间具有关联性。

-

绝对空间［absolute space］：
牛顿的空间观；将空间视作永不改变的客体，并且与其内部的一切事物相独立。

-

绝对论者［absolutist］：
持绝对空间观点的人。

-

绝对时空［absolute spacetime］：
狭义相对论的空间观；将空间与时间视作不可分割的统一整体，这个统一整体不会发生改变且独立于其内部的一切事物。

卡鲁扎-克莱因理论［Kaluza-Klein theory］：
物理理论，这一理论中的宇宙可以具有高于 3 的空间维度。

-

卡西米尔力［Casimir force］：
真空场涨落的不平衡产生的量子力学力。

-

开尔文［Kelvin］：
利用绝对零度（最低温度，在摄氏温度制中为 -273℃）来标度的温度单位。

-

开弦［open string］：
弦论中的能量丝，像一个小片。

-

可观测宇宙［observable universe］：
在我们的宇宙视界之内的那部分宇宙；这部分宇宙由于距离我们足够近，现今的我们可以观测到它所发出的光，也就是说这部分是我们能够看到的宇宙。

-

夸克［quarks］：
受强核力支配的基本粒子；有 6 种类型的夸克（上夸克，下夸克，奇异夸克，粲夸克，顶夸克与底夸克）。

量子测量疑难［quantum measurement problem］：
概率波所具有的无数可能性如何在测量的时候让位于唯一的结果，这一问题就是量子测量疑难。

-

量子力学［quantum mechanics］：
20 世纪 20—30 年代建立的理论，描述原子及亚原子尺度的物理。

-

量子色动力学［quantum chromodynamics］：
强核力的量子力学理论。

-

量子涨落［quantum fluctuations，quantum jitters］：
由于不确定原理的存在，场的值在小尺度上不可避免地急速变化。

临界密度 [critical density]：
使空间保持平坦所需的质量或能量密度；大约每立方米 10^{-23} 克。

-

路径选择信息 [which-path information]：
声明粒子从源到探测器所走路径的量子力学信息。

M

M 理论 [M-theory]：
将 5 种不同版本的弦论统一起来的理论，关于所有的力与所有的物质的完整的量子力学理论，目前尚不完备。

-

膜世界方案 [braneworld scenario]：
弦论或 M 理论所引申出来的一种可能性，我们熟悉的三维世界实际上是一张 3 膜。

-

马赫原理 [Mach's principle]：
马赫提出的原理，所有的运动都是相对的，静止的标准由宇宙中的平均质量分布提供。

N

能量碗 [energy bowl]：
见"势能碗"。

P

P 膜 [p-brane]：
空间维度为 p 的弦论或 M 理论的要素之一。也见"D 膜"。

-

平坦空间 [flat space]：
一种可能的宇宙空间形态，其中没有弯曲。

平移不变性，平移对称性 [translational invariance，translational symmetry]：
已知自然定律的一种性质即在不同空间方位处的自然定律都是一样的。

-

平直性疑难 [flatness problem]：
宇宙学理论必须回答的疑难，即所观测到的空间是平直的。

-

普朗克长度 [Planck length]：
在这一长度（10^{-33} 厘米）之下，量子力学和广义相对论之间的矛盾变得明显；传统的空间概念不再适用。

-

普朗克时间 [Planck time]：
指 10^{-43} 秒长的时间，这一时间内，光可以传播普朗克长度的距离；在这样小的时间间隔内，传统的时间概念不再成立。

-

普朗克质量 [Planck mass]：
指 10^{-5} 克大小的质量（这样大的质量只相当于一点灰尘的重量，却是质子质量的一千亿亿倍）；弦的特征质量。

强核力 [strong nuclear force]：
对夸克起作用的自然力；将所有的夸克封闭于质子和中子之内。

热力学第二定律
[second law of thermodynamics]：
平均起来，任意时刻物理系统的熵总是趋向于增加的方向。

-

弱核力 [weak nuclear force]：
自然界中的基本力之一，在亚原子尺度起作用；诸如放射性之类的现象即与其有关。

S

熵 [entropy]：
物理系统混乱度的量度；大小与系统所有基本状态数有关。

-

时间反演对称性 [time-reversal symmetry]：
已知自然定律的一种性质，即时间指向不同方向时，物理定律不发生变化。在任意时刻，过去的物理定律都与未来的物理定律精确一致。

-

时间片 [time slice]：
同一时刻的所有空间；整块时空的一片。

-

时间之箭 [arrow of time]：
时间指向——从过去到未来。

-

时空 [spacetime]：
将时间与空间整合到一起的概念，由狭义相对论首先引出的概念。

-

势能 [potential energy]：
场或物体中的能量。

-

势能碗 [potential energy bowl]：
场所具有的能量在给定值的形状，专业文献中称为场的势能。

-

视界 [event horizon]：
黑洞外的假想球面；进入球面内的任何物质都无法逃离黑洞的引力。

-

视界疑难 [horizon problem]：
宇宙学理论面对的一大疑难，即解释在彼此宇宙学视界之外的不同空间区域为何具有类似的性质。

-

速度 [velocity]：
物体运动的大小和方向。

T

统一理论 [unified theory]：
将所有的力与物质纳入同一框架的理论。

W 粒子，Z 粒子 [W and Z particles]:
传递弱核力的信使粒子。

-

微波背景辐射 [microwave background radiation]：
见“宇宙微波背景辐射”。

希格斯场 [Higgs field]：
见“电弱希格斯场”。

-

希格斯场真空期望值 [Higgs field vacuum expectation value]：
希格斯场在真空中获得非零期望值；希格斯海。

-

希格斯海 [Higgs ocean]：
在本书中特指希格斯场真空期望值。

-

希格斯粒子 [Higgs particles]：
希格斯场的量子。

-

狭义相对论 [special relativity]：
爱因斯坦的理论，时间和空间并不是单独绝对的，而是取决于不同观测者的相对运动。

弦论 [string theory]：
物理理论，基本研究对象为振动着的一维能量丝（见“超弦理论”）；不需要在理论中引入超对称。有时也用作“超弦理论”的简称。

-

相对论者 [relationist]：
持如下观点的人：所有的运动都是相对的，空间不是绝对的。

-

相变 [phase transition]：
温度在足够大的范围内变化时，物理系统会发生性质上的突变。

-

信使粒子 [messenger particle]：
最小单位的力，力的效应通过其得以传递。

以太，光以太
[aether，luminiferous aether]：
假想中占据空间的物质，光以其为传播介质；并不存在。

-

引力子 [gravitons]：
假想的传递引力的信使粒子。

-

宇宙常数 [cosmological constant]：
假想中均匀地充满于空间的能量或压力；起源与组成未知。

-

宇宙视界，视界
[cosmic horizon，horizon]：
宇宙开始之后，其外的光就无法到达我们的位置。

-

宇宙微波背景辐射 [cosmic microwave background radiation]：
早期宇宙留下的剩余电磁辐射，弥漫于整个空间。

-

宇宙学 [cosmology]：
研究宇宙起源及演化的学科。

Z

真空 [vacuum]：
最虚无的空间；最低能量态。

-

转动不变性，转动对称性 [rotational invariance，rotational symmetry]：
物理系统或物理定律在转动变换下保持不变的性质。

-

自旋 [spin]：
基本粒子的量子力学性质。有点类似于陀螺的转动，基本粒子也有转动（具有内禀角动量）。

推荐书目

有关空间与时间这一问题，无论是一般性文献还是专业性文献数目都非常巨大。下面所列出的这些参考文献大都适合一般读者阅读，但其中也有少量文献要求读者有一定的知识储备。就我个人而言，这些文献都是大有裨益的，相信对于那些渴望进一步探索本书中所提到的各种理论进展的读者也能起到很好的引路作用。[1]

Albert, David. *Quantum Mechanics and Experience.* Cambridge, Mass.: Harvard University Press, 1994.

——. Time and Chance. Cambridge, Mass.: Harvard University Press, 2000.

Alexander, H. G. *The Leibniz-Clarke Correspondence.* Manchester, Eng.: Manchester University Press, 1956.

Barbour, Julian. *The End of Time.* Oxford: Oxford University Press, 2000.

——and Herbert Pfister. *Mach's Principle.* Boston: Birkhäuser, 1995.

Barrow, John. *The Book of Nothing.* New York: Pantheon, 2000.

Bartusiak, Marcia. Einstein's Unfinished Symphony. Washington, D. C.: Joseph Henry Press, 2000.

Bell, John. *Speakable and Unspeakable in Quantum Mechanics.* Cambridge, Eng.: Cambridge University Press, 1993.

Blanchard, Ph., and D. Giulini, E. Joos, C. Kiefer, I.-O Stamatescu. *Decoherence: Theoretical, Experimental and Conceptual Problems.* Berlin: Springer, 2000.

Callender, Craig, and Nick Hugget. *Physics Meets Philosophy at the Planck Scale.* Cambridge, Eng.: Cambridge University Press, 2001.

Cole, K. C. *The Hole in the Universe.* New York: Harcourt, 2001.

Crease, Robert, and Charles Mann. *The Second Creation.* New Brunswick, N. J.: Rutgers University Press, 1996.

Davies, Paul. *About Time.* New York: Simon & Schuster, 1995.

——. How to *Build a Time Machine.* New York: Allen Lane, 2001.

1. 这些书中，只有部分有中译本，国内出版的可能收录不全。—— 译者注

——.*Space and Time in the Modern Universe.* Cambridge，Eng.：Cambridge University Press，1977.

-

D.Espagnat，Bernard. *Veiled Reality.* Reading，Mass.：Addison-Wesley，1995.

-

Deutsch，David. *The Fabric of Reality.* New York：Allen Lane，1997.

-

Ferris，Timothy. *Coming of Age in the Milky Way.* New York：Anchor，1989.

-

——.*The Whole Shebang.* New York：Simon & Schuster，1997.

-

Feynman Richard. *QED.* Princeton：Princeton University Press，1985. 费恩曼，《QED光与物质的奇异性》，商务印书馆。

-

Folsing，Albrecht. *Albert Einstein.* New York：Viking，1997.

-

Gell-Mann，Murray. *The Quark and the Jaguar.* New York：W.H.Freeman，1994. 盖尔曼，《夸克与美洲豹：简单性和复杂性的奇遇》，湖南科学技术出版社。

-

Gleick，James. *Isaac Newton.* New York：Pantheon，2003.

-

Gott，J.Richard. *Time Travel in Einstein's Universe.* Boston：Houghton Mifflin，2001.

-

Guth，Alan. *The Inflationary Universe.* Reading，Mass.：Perseus，1997.

-

Greene，Brian. *The Elegant Universe.* New York：Vintage，2000. 布莱恩·R. 格林，《宇宙的琴弦》，湖南科学技术出版社。

-

Gribbin，John. *Schrödinger's Kittens and the Search for Reality.* Boston：Little，Brown，1995.

-

Hall，A.Rupert. *Isaac Newton.* Cambridge，Eng.：Cambridge University Press，1992.

-

Halliwell，J.J.，J.Pérez-Mercader，and W.H.Zurek. *Physical Origins of Time Asymmetry.* Cambridge，Eng.：Cambridge University Press，1994.

-

Hawking，Stephen. *The Universe in a Nutshell.* New York：Bantam，2001. 史蒂芬·霍金，《果壳中的宇宙》，湖南科学技术出版社。

-

——and Roger Penrose. *The Nature of Space and Time.* Princeton：Princeton University Press，1996. 史蒂芬·霍金，罗杰·彭罗斯，《时空本性》，湖南科学技术出版社。

-

——，Kip Thorne，Igor Novikov，Timothy Ferris，and Alan Lightman. *The Future of Spacetime.* New York：Norton，2002.

-

Jammer，Max. *Concepts of Space.* New York：Dover，1993.

-

Johnson，George. *A Shortcut Through Time.* New York：Knopf，2003.

-

Kaku，Michio. *Hyperspace.* New York：Oxford University Press，1994.

Kirschner, Robert. *The Extravagant Universe.* Princeton: Princeton University Press, 2002.

-

Krauss, Lawrence. *Quintessence.* New York: Perseus, 2000.

-

Lindley, David. *Boltzmann's Atom.* New York: Free Press, 2001.

-

——.*Where Does the Weirdness Go?* New York: Basic Books, 1996.

-

Mach, Ernst. *The Science of Mechanics.* La Salle, Ill.: Open Court, 1989.

-

Maudlin, Tim. *Quantum Non-locality and Relativity.* Malden, Mass.: Blackwell, 2002.

-

Mermin, N, David. *Boojums All the Way Through.* New York: Cambridge University Press, 1990.

-

Overbye, Dennis. *Lonely Hearts of the Cosmos.* New York: HarperCollins, 1991.

-

Pais, Abraham. *Subtle Is the Lord.* Oxford: Oxford University Press, 1982. 亚伯拉罕·派萨，《爱因斯坦传》（上、下），时代文艺出版社。

-

Penrose, Roger. *The Emperor's New Mind.* New York: Oxford University Press, 1989. 罗杰·彭罗斯，《皇帝新脑》，湖南科学技术出版社。

-

Price, Huw. *Time's Arrow and Archimedes' Point.* New York: Oxford University Press, 1996.

-

Rees, Martin. *Before the Beginning.* Reading, Mass.: Addison-Wesley, 1997.

-

——.*Just Six Numbers.* New York: Basic Books, 2001. 马丁·里斯，《6 个数：塑造宇宙的深层力》，上海科学技术出版社。

-

Reichenbach, Hans. *The Direction of Time.* Mineola, N.Y.: Dover, 1956.

-

——.*The Philosophy of Space and Time.* New York: Dover, 1958.

-

Savitt, Steven. *Time's Arrows Today.* Cambridge, Eng.: Cambridge University Press, 2000.

-

Schrödinger, Erwin. *What Is Life?* Cambridge, Eng.: Canto, 2000. 欧文·薛定谔，《生命是什么》，湖南科学技术出版社。

-

Siegfried, Tom. *The Bit and the Pendulum.* New York: John Wiley, 2000.

-

Sklar, Lawrence. *Space, Time, and Spacetime.* Berkeley: University of California Press, 1977.

-

Smolin, Lee. *Three Roads to Quantum Gravity.* New York: Basic Books, 2001.

-

Stenger, Victor. *Timeless Reality.* Amherst, New York: Prometheus Books, 2000.

Thorne，Kip. *Black Holes and Time Warps.* New York：W.W.Norton，1994. 基普 · S. 索恩，《黑洞与时间弯曲》，湖南科学技术出版社。

-

von Weizsäcker，Carl Friedrich. *The Unity of Nature.* New York：Farrar，Straus，and Giroux，1980.

-

Weinberg，Steven. *Dreams of a Final Theory.* New York：Pantheon，1992. 温伯格，《终极理论之梦》，湖南科学技术出版社。

-

——. *The First Three Minutes.* New York：Basic Books，1993. 史蒂文 · 温伯格，《宇宙最初三分钟——关于宇宙起源的现代观点》，中国对外翻译出版有限公司。

-

Wilczek，Frank，and Betsy Devine. *Longing for the Harmonies.* New York：Norton，1988.

-

Zeh，H.D. *The Physical Basis of the Direction of Time.* Berlin：Springer，2001.

图书在版编目（CIP）数据

宇宙的结构 /（美）布莱恩·R. 格林著；刘茗引译 . — 长沙：湖南科学技术出版社，2018.1
（2024.10 重印）
（第一推动丛书 . 物理系列）
ISBN 978-7-5357-9513-7
Ⅰ . ①宇… Ⅱ . ①布… ②刘… Ⅲ . ①宇宙学—普及读物②物质—普及读物 Ⅳ . ① P159-49 ② O4-49
中国版本图书馆 CIP 数据核字（2017）第 226155 号

YUZHOU DE JIEGOU
宇宙的结构

著者
[美] 布莱恩 · R. 格林
译者
刘茗引
责任编辑
吴炜 戴涛 李蓓
装帧设计
邵年 李叶 李星霖 赵宛青
出版发行
湖南科学技术出版社
社址
长沙市湘雅路 276 号
http://www.hnstp.com
湖南科学技术出版社
天猫旗舰店网址
http://hnkjcbs.tmall.com
邮购联系
本社直销科 0731-84375808

印刷
长沙艺铖印刷包装有限公司
厂址
长沙市宁乡高新区金洲南路350号亮之星工业园
邮编
410604
版次
2018 年 1 月第 1 版
印次
2024年10月第 8 次印刷
开本
880mm × 1230mm 1/32
印张
22
字数
447000
书号
ISBN 978-7-5357-9513-7
定价
89.00 元